LA DEUXIÈME ANNÉE

D'ARITHMÉTIQUE

REVISION — ARITHMÉTIQUE COMMERCIALE
NOTIONS DE TENUE DES LIVRES EN PARTIE SIMPLE
GÉOMÉTRIE PRATIQUE — DESSIN LINÉAIRE

à l'usage des Candidats

AU CERTIFICAT D'ÉTUDES PRIMAIRES

PAR

P. LEYSSENNE

Professeur de mathématiques au collège Sainte-Barbe, à Paris,
Délégué à l'Inspection générale de l'enseignement primaire,
Vice-président du comité de l'Association des membres de l'enseignement,
Officier d'Académie.

Ouvrage adopté pour les écoles de Paris, du Havre, de Limoges, etc.

PARTIE DU MAITRE

CONTENANT

1º La solution simple ou raisonnée des Exercices et des
   Problèmes ;
2º Un grand nombre de nouveaux Problèmes propres à
   être donnés comme sujets de composition.

PARIS

LIBRAIRIE CLASSIQUE ARMAND COLIN ET Cie

1, 3, 5, RUE DE MÉZIÈRES

(A côté de la Mairie Saint-Sulpice.)

Recueil de Problèmes (*première partie*), par MM. Leyssenne et Bousquet. » 75
Recueil de Problèmes (*deuxième année*), par MM. Leyssenne et Cuir... » 80
La Troisième année d'Arithmétique (Algèbre, géométrie, comptabilité,
arithmétique agricole, etc.) (*En préparation.*)

LA DEUXIÈME ANNÉE
D'ARITHMÉTIQUE

RÉVISION — ARITHMÉTIQUE COMMERCIALE
NOTIONS DE TENUE DES LIVRES EN PARTIE SIMPLE
GÉOMÉTRIE PRATIQUE — DESSIN LINÉAIRE

à l'usage des Candidats

AU CERTIFICAT D'ÉTUDES PRIMAIRES

PAR

P. LEYSSENNE

Professeur de mathématiques au collège Sainte-Barbe, à Paris,
Délégué à l'Inspection générale de l'enseignement primaire,
Vice-président du comité de l'Association des membres de l'enseignement,
Officier d'Académie.

Ouvrage adopté pour les écoles de Paris, du Havre, de Limoges, etc.

PARTIE DU MAITRE

CONTENANT

1° **La** solution simple ou raisonnée des Exercices et des Problèmes ;
2° **Un** grand nombre de nouveaux Problèmes propres à être donnés comme sujets de composition.

PARIS

LIBRAIRIE CLASSIQUE ARMAND COLIN ET Cie

1, 3, 5, RUE DE MÉZIÈRES

(A côté de la Mairie Saint-Sulpice.)

1880

PRÉFACE

Un élève qui se propose d'embrasser une carrière agricole, industrielle ou commerciale, n'a pas besoin d'approfondir certaines théories abstraites, qui n'ont d'intérêt qu'au point de vue des mathématiques pures ; si on condamne cet élève à les étudier, on risquera de le voir s'égarer dans les démonstrations et s'effrayer d'une étude dans laquelle il n'entrevoit rien qui puisse lui être profitable. On aura ainsi ralenti ses progrès et perdu l'occasion de l'instruire sur des sujets d'une utilité immédiate et incontestable.

Nous plaçant à ce point de vue, nous nous sommes étendu sur les *quatre opérations*, sur le *système métrique*, sur les *règles de trois* et sur la méthode de *réduction à l'unité*, qui offrent de si fréquentes applications, et nous avons reporté dans un *Supplément* les théories du plus grand commun diviseur, du plus petit commun multiple, du plus petit dénominateur commun, et la décomposition des nombres en facteurs premiers, études excellentes pour les jeunes gens qui se préparent à passer un examen, mais qui trouvent peu d'applications dans la vie pratique.

L'enseignement de la *géométrie*, tel qu'il est trop souvent pratiqué dans les écoles primaires, se rapproche de trop près des programmes des écoles secondaires. Ainsi étudiée à un point de vue exclusivement *théorique*, la géométrie apparaît aux élèves comme une science très difficile, qu'ils ne tardent pas à prendre en aversion. Cependant la géométrie offre des connaissances de la plus grande utilité et d'une constante application. Il suffit de citer les notions relatives aux lignes parallèles, aux perpendiculaires, aux angles, aux polygones, au cercle, à la mesure des lignes, des surfaces et des volumes, pour montrer que le menuisier, le charpentier, le maçon, le peintre en bâtiments, le commerçant même et l'agriculteur ont besoin d'étudier la géométrie pratique. Ne retenant donc de cette science que ce qui peut trouver son application immédiate, nous avons réservé pour le cours de *Troisième Année* la démonstration des théorèmes.

Le *dessin linéaire* n'est qu'une application de la géométrie ; il fournit des exercices qui expliquent et éclairent la leçon. Nous avons entremêlé ces deux matières d'enseignement, et nous les avons complétées par des exercices et par des problèmes faciles à résoudre. En procédant ainsi, nous espérons avoir transformé en une étude attrayante et profitable une étude qu'on néglige trop souvent, parce qu'on ne sait peut-être pas en tirer tout le parti utile.

L'ouvrage se termine par quelques notions élémentaires sur la *tenue des livres* en partie simple.

Dans tout le cours de ce livre, les *règles* ont été exposées aussi brièvement que possible et expliquées immédiatement par un exemple. Les données des *problèmes* ont été empruntées aux choses de la vie usuelle, du commerce, de l'industrie, de l'agriculture. Enfin, pour stimuler les élèves et donner à chacun la conscience de sa force, nous avons reproduit un grand nombre de problèmes donnés dans les concours cantonaux et dans les examens pour le certificat d'études et pour les brevets de capacité ; ces problèmes contribueront à enlever à ces diverses épreuves ce qu'elles ont d'inconnu et de *redoutable* dans l'imagination des jeunes gens.

La *Troisième Année d'arithmétique* sera le complément de cet ouvrage : elle contiendra des notions d'*algèbre*, de *comptabilité* proprement dite, de *géométrie théorique*, d'*arithmétique agricole*, de *physique*, de *chimie* et de *cosmographie*, c'est-à-dire le minimum obligé des connaissances nécessaires aux élèves de l'enseignement primaire supérieur. On y trouvera en outre de nouveaux problèmes donnés dans les concours et dans les examens,

LA DEUXIÈME ANNÉE
D'ARITHMÉTIQUE

PREMIÈRE PARTIE

NUMÉRATION

NOTIONS PRÉLIMINAIRES

1. — **Grandeur.** On appelle **grandeur** ou **quantité** tout ce qui peut être augmenté ou diminué, tout ce qu'on peut *compter* ou *mesurer*, comme une somme d'argent, la longueur d'un mur, le poids d'un ballot, etc.

2. — **Compter.** Tantôt les quantités se présentent *distinctes* les unes des autres, comme des soldats, des moutons, des arbres, des livres ; il suffit alors de les *compter*.

3. — **Mesurer.** Tantôt les quantités forment un *tout complet*, comme la longueur d'un mur, le poids d'un ballot, la contenance d'une barrique ; il faut alors *mesurer* ces grandeurs, c'est-à-dire chercher combien le mur a de mètres, combien le ballot pèse de kilogrammes, combien la barrique contient de litres.

4. — **Unité.** On appelle **unité** l'une des grandeurs qui se comptent (un soldat, un mouton, un arbre, un livre), ou la grandeur qui sert à mesurer toutes les grandeurs de même espèce (un mètre, un kilogramme, un litre).

5. — **Nombres.** Pour compter ou pour mesurer des grandeurs on se sert de **nombres** ; ainsi on dit *quinze* soldats et *quinze* mètres, *vingt* moutons et *vingt* kilogrammes, *cent* arbres et *cent* litres. *Quinze*, *vingt* et *cent* sont des *nombres*.

Les nombres sont **abstraits** lorsqu'ils ne désignent aucune espèce de grandeur particulière : *quinze, vingt, cent.*

On dit quelquefois que les nombres sont **concrets** lorsqu'ils désignent des grandeurs d'une espèce particulière : quinze *arbres*, vingt *mètres*, cent *francs*. Mais dans ces expressions, les véritables nombres sont encore *quinze, vingt* et *cent*.

6. — **Arithmétique.** L'arithmétique est la science des nombres. Elle nous enseigne à *calculer*, c'est-à-dire à faire des *opérations* sur les nombres.

CHAPITRE PREMIER

NUMÉRATION DES NOMBRES ENTIERS

DÉFINITIONS

7. — La **numération** nous apprend à *nommer* et à *écrire* tous les nombres.

8. — Il y a deux sortes de numération, la numération *parlée* et la numération *écrite*.

La numération **parlée** nous apprend à *nommer* les nombres au moyen d'un petit nombre de *mots*.

La numération **écrite** nous apprend à les *écrire* au moyen d'un petit nombre de *chiffres*.

Les vingt-deux mots.

9. — Pour nommer **tous** les nombres usités dans le langage ordinaire, il n'a fallu que **vingt-deux** mots, qui sont :

Un.	Dix.	Cent.
Deux.	Vingt.	Mille.
Trois.	Trente.	Million.
Quatre.	Quarante.	Billion *ou* Milliard.
Cinq.	Cinquante.	
Six.	Soixante.	
Sept.	Septante *ou* Soixante-dix.	
Huit.	Octante *ou* Quatre-vingts.	
Neuf.	Nonante *ou* Quatre-vingt-dix.	

Les dix chiffres.

10. — Pour écrire **tous** les nombres, il ne faut que **dix** chiffres, qui sont :

1	2	3	4	5	6	7	8	9	0
Un	Deux	Trois	Quatre	Cinq	Six	Sept	Huit	Neuf	Zéro

Des unités simples.

11. — Pour former les nombres, on part de l'**unité** que l'on nomme aussi *un*; on ajoute une seconde unité à la première, et on a le nombre *deux*; puis on continue en ajoutant successivement *une unité* aux nombres déjà formés.

On a ainsi le tableau suivant :

Un				qu'on écrit	1
Un	et	un	font deux	—	2
Deux	et	un	— trois	—	3
Trois	et	un	— quatre	—	4
Quatre	et	un	— cinq	—	5
Cinq	et	un	— six	—	6
Six	et	un	— sept	—	7
Sept	et	un	— huit	—	8
Huit	et	un	— neuf	—	9
Neuf	et	un	— dix	—	10

12. — Les neuf premiers nombres sont appelés *unités simples*.

13. — Les *unités simples* forment le **premier ordre** et se placent au *premier rang*.

14. — **Dix unités simples** font une **dizaine**.

Des dizaines.

15. — On compte par **dizaines**, comme on compte par *unités*.

Une	dizaine	ou DIX,	qu'on écrit	10
Deux	dizaines	ou VINGT,	—	20
Trois	dizaines	ou TRENTE,	—	30
Quatre	dizaines	ou QUARANTE,	—	40
Cinq	dizaines	ou CINQUANTE,	—	50
Six	dizaines	ou SOIXANTE,	—	60
Sept	dizaines	ou SOIXANTE-DIX,	—	70
Huit	dizaines	ou QUATRE-VINGTS,	—	80
Neuf	dizaines	ou QUATRE-VINGT-DIX,	—	90
Dix	dizaines	ou CENT,	—	100

16. — Les *dizaines* forment les unités du **deuxième ordre** et se placent au *deuxième rang*.

17. — **Dix dizaines** font une **centaine** ou **cent**.

Des centaines.

18. — On compte par **centaines** comme on compte par *dizaines* et par *unités*.

Une	centaine ou cent	qu'on écrit	100
Deux	centaines ou deux cents	—	200
Trois	centaines ou trois cents	—	300
Quatre	centaines ou quatre cents	—	400
Cinq	centaines ou cinq cents	—	500
Six	centaines ou six cents	—	600
Sept	centaines ou sept cents	—	700
Huit	centaines ou huit cents	—	800
Neuf	centaines ou neuf cents	—	900
Dix	centaines ou mille	—	1000

19. — Les *centaines* forment les unités du **troisième ordre** et se placent au *troisième rang*.

20. — **Dix centaines** font un **mille**.

Entre deux dizaines consécutives.

21. — Pour former les nombres compris *entre deux dizaines consécutives*, on se sert des **neuf** premiers nombres, de la manière suivante :

Dix-*un*	ou onze	qu'on écrit..............	11
Dix-*deux*	ou douze	—	12
Dix-*trois*	ou treize	—	13
Dix-*quatre*	ou quatorze	—	14
Dix-*cinq*	ou quinze	—	15
Dix-*six*	ou seize	—	16
Dix-*sept*		—	17
Dix-*huit*		—	18
Dix-*neuf*		—	19

Vingt et *un*, vingt-*deux*, vingt-*trois*, ... vingt-*neuf*, qu'on écrit 21, 22, 23 ... 29.

Trente et *un*, trente-*deux*, trente-*trois*, ... trente-*neuf*, qu'on écrit 31, 32, 33, ... 39.

Quarante et *un*, quarante-*deux*, ... quarante-*neuf*, qu'on écrit 41, 42, ... 49.

Cinquante et *un*, cinquante-*deux*, ... cinquante-*neuf*, qu'on écrit 51, 52, ... 59.

Soixante et *un*, soixante-*deux*, ... soixante-*neuf*, qu'on écrit 61, 62, ... 69.

Soixante et *onze*, soixante-*douze*, ... soixante-*dix-neuf*, qu'on écrit 71, 72, ... 79.

Quatre-vingt-*un*, quatre-vingt-*deux*, ... quatre-vingt-*neuf*, qu'on écrit 81, 82, ... 89.

Quatre-vingt-*onze*, quatre-vingt-*douze*, ... quatre-vingt-*dix-neuf*, qu'on écrit 91, 92, ... 99.

REMARQUES. — I. On voit qu'au lieu de *dix-un, dix-deux, dix-trois, dix-quatre, dix-cinq, dix-six*, on dit : *onze, douze, treize, quatorze, quinze, seize*.

II. Entre *soixante* et *quatre-vingts*, entre *quatre-vingts* et *cent*, par une exception très fâcheuse, on se sert des vingt premiers nombres [1].

III. Dans le midi et dans l'est de la France, on dit aussi et plus régulièrement *septante*, au lieu de *soixante-dix*; *octante*, au lieu de *quatre-vingts*; *nonante*, au lieu de *quatre-vingt-dix*.

Entre deux centaines consécutives.

22. — Pour former les nombres compris *entre deux cen-taines consécutives*, on se sert des **quatre-vingt-dix-neuf** premiers nombres, de la manière suivante :

Cent-*un*	101	Cent-*vingt*	120
Cent-*deux*	102	Cent-*trente*	130
Cent-*trois*	103	Cent-*quarante*	140
Cent-*quatre* ..	104	Cent-*cinquante*	150
Cent-*cinq*	105	Cent-*soixante*	160
Cent-*six*	106	Cent-*soixante-dix*	170
Cent-*sept*	107	Cent-*quatre-vingts*	180
Cent-*huit*	108	Cent-*quatre-vingt-dix*	190
Cent-*neuf*	109	Cent-*quatre-vingt-dix-neuf*.	199
Cent-*dix*	110	Deux cents	200

Classe des unités.

23. — Les unités simples, les dizaines d'unités et les centaines d'unités forment la **classe des unités** ou la *première classe*.

---

1. « Les Gaulois ne comptaient pas par *dizaines*, mais par *vingtaines* : ils disaient *deux-vingts, trois-vingts, quatre-vingts, cinq-vingts*, etc. De *soixante* à *cent* nous avons imité leur procédé de numération.

« L'expression *quinze-vingts* désigne encore aujourd'hui un hôpital de Paris, bâti originairement pour *trois cents* chevaliers à qui les Sarrasins avaient crevé les yeux. » (Extrait de la *Grammaire historique* de MM. Larive et Fleury.)

Classe des mille.

24. — On compte par **mille** comme on compte par *unités.*

Un mille	qu'on écrit	1 000	Cent mille qu'on écrit		100 000
Deux mille	—	2 000	Deux cent mille	—	200 000
Trois mille	—	3 000	. . . .		. . . . .
. . . .		. . . .	Neuf cent mille	—	900 000
Dix mille	—	10 000	Mille mille	—	1 000 000
Vingt mille	—	20 000			
. . . .		. . . .			

25. — *Dix* mille font une *dizaine* de mille.
Cent mille font une *centaine* de mille.
Mille mille font **un million.**

26. — Les *unités de mille* sont les unités du **quatrième ordre** et se placent au *quatrième rang.*

Les *dizaines de mille* sont les unités du **cinquième ordre** et se placent au *cinquième rang.*

Les *centaines de mille* sont les unités du **sixième ordre** et se placent au *sixième rang.*

27. — Les unités de mille, les dizaines de mille et les centaines de mille forment la **classe des mille** ou la *deuxième classe.*

Entre deux mille consécutifs.

28. — Pour former les nombres compris *entre deux mille consécutifs,* on se sert des **neuf cent quatre-vingt-dix-neuf** premiers nombres, de la manière suivante :

Mille *un*	1001	Mille *dix*	1010	Mille *cent* [1]	1100
Mille *deux*	1002	Mille *vingt*	1020	Mille *deux cents*	1200
Mille *trois*	1003	Mille *trente*	1030	Mille *trois cents*	1300
Mille *quatre*	1004	Mille *quarante*	1040	Mille *quatre cents*	1400
Mille *cinq*	1005	Mille *cinquante*	1050	Mille *cinq cents*	1500
Mille *six*	1006	Mille *soixante*	1060	Mille *six cents*	1600
Mille *sept*	1007	Mille *soixante-dix*	1070	Mille *sept cents*	1700
Mille *huit*	1008	Mille *quatre-vingts*	1080	Mille *huit cents*	1800
Mille *neuf*	1009	Mille *quatre-vingt-dix*	1090	Mille *neuf cents*	1900
				Deux mille	2000

Classe des millions.

29. — On compte par **millions** comme on compte par *unités* et par *mille.*

---

1. On dit *onze cents* plutôt que *mille cent;* *douze cents* plutôt que *mille deux cents;* *treize cents* plutôt que *mille trois cents,* etc.

30. — *Dix* millions font une *dizaine* de millions.

Cent millions font une *centaine* de millions.

Mille millions font un **billion** ou **milliard**.

31. — Les *unités de millions* sont les unités du **septième ordre** et se placent au *septième rang*.

Les *dizaines de millions* sont les unités du **huitième ordre** et se placent au *huitième rang*.

Les *centaines de millions* sont les unités du **neuvième ordre** et se placent au *neuvième rang*.

32. — Les unités de millions, les dizaines de millions et les centaines de millions forment la **classe des millions** ou la *troisième classe*.

Classe des billions ou milliards.

33. — On compte par **billions** ou **milliards** [1] comme on compte par *unités*, par *mille* et par *millions*.

34. — Les *unités de billions* sont les unités du **dixième ordre** et se placent au *dixième rang*.

Les *dizaines de billions* sont les unités du **onzième ordre** et se placent au *onzième rang*.

Les *centaines de billions* sont les unités du **douzième ordre** et se placent au *douzième rang*.

35. — Les unités de billions, les dizaines de billions et les centaines de billions forment la **classe des billions** ou la *quatrième classe*.

36. — Le nombre des classes est **illimité** et on cite quelquefois les *trillions*, les *quatrillions*, les *quintillions*, etc.; mais ces nombres sont si élevés qu'ils ne trouvent pas d'application.

Résumé.

37. — En résumé, les nombres employés dans le langage usuel forment *quatre* classes :

La *première classe* est la classe des **unités simples**.

La *deuxième classe* est la classe des **mille**.

La *troisième classe* est la classe des **millions**.

La *quatrième classe* est la classe des **billions** ou **milliards**.

38. — Chacune de ces classes comprend trois ordres :

La classe des **unités simples** comprend les *unités simples*, les *dizaines* d'unités et les *centaines* d'unités.

---

1. On dit surtout *milliard* quand il s'agit d'argent.

La classe des **mille** comprend les *unités* de mille, les *dizaines* de mille et les *centaines* de mille.

La classe des **millions** comprend les *unités* de millions, les *dizaines* de millions et les *centaines* de millions.

La classe des **billions** comprend les *unités* de billions, les *dizaines* de billions et les *centaines* de billions.

39. — C'est ce qu'on voit par le tableau suivant :

QUATRIÈME CLASSE BILLIONS			TROISIÈME CLASSE MILLIONS			DEUXIÈME CLASSE MILLE			PREMIÈRE CLASSE UNITÉS		
12e ordre.	11e ordre.	10e ordre.	9e ordre.	8e ordre.	7e ordre.	6e ordre.	5e ordre.	4e ordre.	3e ordre.	2e ordre.	1er ordre.
Centaines de billions.	Dizaines de billions.	Unités de billions.	Centaines de millions.	Dizaines de millions.	Unités de millions.	Centaines de mille.	Dizaines de mille.	Unités de mille.	Centaines d'unités.	Dizaines d'unités.	Unités simples.

Conventions fondamentales.

40. — Toute la numération *parlée* repose sur la convention suivante :

Convention. *Une unité d'un ordre quelconque vaut* **dix** *unités de l'ordre immédiatement inférieur.* Ainsi :

Une centaine de billions vaut dix dizaines de billions.
Une dizaine de billions — dix unités de billions.
Une unité de **billion** — dix centaines de millions.
Une centaine de millions — dix dizaines de millions.
Une dizaine de millions — dix unités de millions.
Une unité de **million** — dix centaines de mille.
Une centaine de mille — dix dizaines de mille.
Une dizaine de mille — dix unités de mille.
Une unité de **mille** — dix centaines simples.
Une centaine simple — dix dizaines simples.
Une dizaine simple — dix unités simples.

41. — Inversement :

Dix unités	font	une dizaine.
Dix dizaines	—	une centaine.
Dix centaines	—	un **mille**.
Dix mille	—	une dizaine de mille.
Dix dizaines de mille	—	une centaine de mille.
Dix centaines de mille	—	un **million**.
Dix unités de millions	—	une dizaine de millions.
Dix dizaines de millions	—	une centaine de millions.
Dix centaines de millions	—	un **billion** ou **milliard**.
Dix billions	—	une dizaine de billions.
Dix dizaines de billions	—	une centaine de billions, etc.

42. — **Conséquence.** Une unité de chaque **classe** vaut **mille** unités de la classe immédiatement inférieure. Ainsi :

Un mille	vaut	*mille* unités.
Un million	—	*mille* mille.
Un billion ou milliard	—	*mille* millions.

Inversement :

Mille unités	font	un mille.
Mille mille	—	un million.
Mille millions	—	un billion ou milliard.

43. — Toute la numération *écrite* repose sur la convention suivante :

Convention. *Tout chiffre placé à la* **gauche** *d'un autre représente des unités* **dix** *fois plus fortes que cet autre.*

Ainsi un chiffre placé au *premier* rang représente des *unités simples*.

Placé au *deuxième* rang, il représente des *dizaines d'unités*.

Placé au *troisième* rang, il représente des *centaines d'unités*.

Placé au *quatrième* rang, il représente des *unités de mille*.

Placé au *cinquième* rang, il représente des *dizaines de mille*.

Et ainsi de suite.

Exemple. — Soit le nombre

$$83257$$

Le chiffre 8, qui est placé au cinquième rang, représente des dizaines de mille.

Le chiffre 3, qui est placé au quatrième rang, représente des unités de mille.

8 3 2 5 7

Le chiffre 2, qui est placé au troisième rang, représente des centaines d'unités.

Le chiffre 5, qui est placé au deuxième rang, représente des dizaines d'unités.

Le chiffre 7, qui est placé au premier rang, représente des unités simples.

Comment on lit un nombre.

44. — Pour *lire* un nombre quelconque, il suffit de savoir lire un nombre de *trois chiffres*.

Exemple. — Soit à lire le nombre :

6 5 2

Le 6 étant placé au troisième rang représente six centaines ou six cent; le 5 étant placé au deuxième rang représente cinq dizaines ou cinquante; et le 2 étant placé au premier rang représente deux unités.

Le nombre proposé doit donc se lire :

Six cent cinquante-deux.

Ceci dit, on peut énoncer la règle suivante :

45. — **Règle.** Pour *lire* un nombre quelconque, on le partage en **tranches** de **trois** chiffres à partir de la droite; cela fait, on énonce chaque tranche comme si elle était seule, en commençant par la gauche, et en donnant à chaque tranche le nom qui lui convient.

La première tranche à droite est la tranche des **unités**.
La deuxième tranche est la tranche des **mille**.
La troisième tranche est la tranche des **millions**.
La quatrième tranche est la tranche des **billions**.

Exemple. — Soit à lire le nombre :

[gauche.]   3 4 2 5 3 9 6 4 8 2 7   [droite.]

Je le partage en tranches de trois chiffres à partir de la droite :

billions millions mille unités
[gauche.]   34   253   964 827   [droite.]

J'énonce chaque tranche comme si elle était seule, en commençant par la gauche et en donnant à chaque tranche le nom qui lui convient :

34 billions, 253 millions, 964 mille, 827 unités.

Remarque. — La dernière tranche à gauche peut n'avoir que *un* ou *deux* chiffres; mais les autres tranches ont toujours *trois* chiffres.

46. — Théoriquement il existe une autre manière de lire un nombre entier; elle consiste à donner à chaque chiffre le nom de l'*ordre* qu'il représente. Ainsi le nombre

$$23471$$

pourrait se lire : 2 dizaines de mille.

3 unités de mille.

4 centaines d'unités.

7 dizaines d'unités.

1 unité.

Remarque. — Cette manière de lire un nombre, inusitée dans la pratique, trouve cependant son application dans la numération des mesures métriques (voir *Système métrique*); elle constitue en outre un excellent exercice qui sert à expliquer le mécanisme des quatre règles, dont on s'occupera dans le chapitre suivant.

Comment on écrit un nombre.

47. — Pour *écrire* un nombre quelconque, il suffit de savoir écrire un nombre de *trois chiffres*.

Exemple. — Soit à écrire le nombre :

Huit cent trente-quatre.

Ce nombre étant composé de huit centaines, de trois dizaines et de quatre unités, il suffira d'écrire un 8 pour représenter les centaines, un 3 pour représenter les dizaines, puis un 4 pour représenter les unités, de façon que le 8 soit à la gauche du 3 et le 3 à la gauche du 4. On aura ainsi :

$$834$$

Ceci dit, on peut énoncer la règle suivante :

48. — **Règle.** Pour *écrire* un nombre quelconque, on écrit chaque classe comme si elle était seule, à partir de la gauche, mais on a soin de remplacer par des **zéros** les unités, les dizaines ou les centaines qui peuvent manquer.

Exemple. — Soit à écrire le nombre :

Vingt-cinq *millions*, trois cent soixante-quatre *mille*, vingt-neuf *unités*.

J'écris :

millions mille unités

[gauche.]   25 364 029   [droite.]

Remarques. — I. La dernière classe à gauche peut n'avoir qu'*un* ou *deux* chiffres : c'est ce qui a lieu ici, où la classe des millions n'a que deux chiffres : 25.

II. La classe des unités simples n'ayant que des dizaines et des unités, on a remplacé par un zéro les centaines qui manquent : 029.

III. Si une classe entière manquait, on la remplacerait par trois zéros.

Ainsi le nombre

3 millions, 235 unités,

dans lequel la classe entière des mille manque, s'écrira

3 000 235

la classe des mille étant remplacée par trois zéros.

De même le nombre

4 billions

s'écrira

4 000 000 000,

les classes des millions, des mille et des unités étant remplacées par trois séries de trois zéros.

Valeur absolue et valeur relative des chiffres.

49. — Un chiffre a deux valeurs : une valeur **absolue** et une valeur **relative**.

La valeur *absolue* d'un chiffre est celle qu'il a lorsqu'il est seul : ainsi le chiffre 5 vaut *cinq*.

La valeur *relative* d'un chiffre est celle qu'il acquiert par le **rang** qu'il occupe : ainsi le chiffre 5 peut valoir cinq unités, cinq dizaines, cinq centaines, cinq mille, etc., selon qu'il est placé au premier, au deuxième, au troisième, au quatrième rang :

5   50   500   5000

50. — Le chiffre **zéro** n'a par lui-même aucune valeur, mais il n'en joue pas moins un rôle important dans la numération, parce qu'il tient la place des unités des divers ordres qui peuvent manquer dans un nombre.

51. — Par opposition au *zéro*, qui n'a aucune valeur par lui-même, on a donné le nom de *chiffres significatifs* aux neuf autres chiffres, 1, 2, 3, 4, 5, 6, 7, 8, 9, qui ont une valeur par eux-mêmes, indépendamment de celle qu'ils peuvent acquérir par la place qu'ils occupent dans un nombre.

EXERCICES SUR LA NUMÉRATION

Exercice 1 (page 17).

Répondez par écrit aux questions suivantes en consultant le texte qui précède.

1. Qu'appelle-t-on grandeur? — R. Voir page 5, n° 1.
Qu'appelle-t-on unité? — Voir page 5, n° 4.
2. Les nombres vingt-quatre, trente-deux sont-ils concrets ou abstraits? — R. Abstraits.
3. Les nombres dix-huit moutons, neufs chevaux sont-ils concrets ou abstraits? — R. Concrets.
4. Qu'est-ce que l'Arithmétique? — R. Voir p. 6, n° 6.
5. Qu'est-ce que la numération? — Voir page 6, n° 7.
6. Combien faut-il de chiffres pour écrire tous les nombres, et quels sont ces chiffres? — Voir page 7, n° 10.
7. Combien faut-il de mots pour nommer les nombres usités dans le langage ordinaire, et quels sont ces mots? — R. Voir page 6, n° 9.
8. Combien y a-t-il de dizaines dans soixante? — R. Six. — Dans trente? — R. Trois. — Dans quarante? — R. Quatre. — Dans quatre-vingts? — R. Huit. — Dans soixante-dix? — R. Sept. — Dans vingt? — R. Deux. — Dans cent? — R. Dix. — Dans dix? — R. Une.
9. Comment forme-t-on les nombres compris entre deux dizaines consécutives? — R. Voir page 8, n° 21.
0. Comme exemple, formez les nombres compris entre trente et quarante. — R. On ajoute à *trente* les 9 premiers nombres : Trente et un. — Trente-deux. — Trente-trois. — . . . . — Trente-neuf.
11. Combien y a-t-il d'unités dans une dizaine? — R. Dix. — Dans une centaine? — R. Cent.
12. Combien y a-t-il de centaines dans un mille? — R. Dix.
13. Combien y a-t-il d'unités de mille dans un million? — R. Mille.
14. Combien y a-t-il d'unités de millions dans un billion? — R. Mille. — Dans un milliard? — R. Mille.

Exercice 2 (page 17).

1. Quel rang occupent les unités de mille? — R. Le quatrième. — Les centaines d'unités? — R. Le troisième. — Les dizaines de mille? — R. Le cinquième. — Les unités de millions? — R. Le septième. — Les centaines de mille? — R. Le sixième. — Les dizaines de millions? — R. Le huitième. — Les unités simples? — R. Le premier.
2. Quelle est la classe formée par les unités de mille, les dizaines de mille et les centaines de mille? — R. La deuxième. — Par les unités simples, les dizaines simples et les centaines simples? — R. La première. — Par les unités de billions, les dizaines de billions et les centaines de billions? — R. La quatrième.

3. Combien les nombres employés dans le langage usuel forment-ils de classes et quelles sont ces classes? — R. Quatre classes qui sont : la classe des unités, la classe des mille, la classe des millions et la classe des billions.

4. Quel nom donne-t-on à la réunion de dix unités? — R. Dizaine. — De dix dizaines? — R. Centaine. — De dix centaines? — R. Mille. — De mille mille? — R. Million. — De mille millions? — R. Billion.

5. Quel nom donne-t-on à la réunion de cinq dizaines? — R. Cinquante. — De trois dizaines? — R. Trente. — De huit dizaines? — R. Quatre-vingts ou octante. — De six dizaines? — R. Soixante. — De deux dizaines? — R. Vingt. — De quatre dizaines? — R. Quarante. — De sept dizaines? — R. Soixante-dix ou septante. — De neuf dizaines? — R. Quatre-vingt-dix ou nonante. — De dix dizaines? — R. Cent.

6. Sur quelle convention repose la numération *parlée?* — R. Voir p. 12, n° 42.

7. Citez un exemple à l'appui de cette convention. — R. Une unité de mille vaut dix centaines simples.

8. Sur quelle convention repose la numération *écrite?* — R. Voir p. 13, n° 43.

9. Citez un exemple à l'appui de cette convention. — R. Soit 487.

Le chiffre 8 placé à la gauche du chiffre 7 des unités représente des dizaines;

Le chiffre 4 placé à la gauche du chiffre 8 des dizaines représente des centaines.

10. Montrez par un exemple que vous choisirez vous-même comment on lit un nombre quelconque. — R. Soit 48 587 960.

Je partage ce nombre en tranches de 3 chiffres à partir de la droite, j'énonce séparément chaque tranche comme si elle était seule, en commençant par la gauche et en donnant à chacune le nom qui lui convient, et je dis : 48 millions, 587 mille, 960 unités.

11. Combien chaque tranche doit-elle contenir de chiffres? — R. Trois.

12. La dernière tranche à gauche ne fait-elle pas exception? — R. La dernière tranche à gauche peut n'avoir qu'un ou deux chiffres.

13. Écrivez un nombre dans lequel la dernière tranche à gauche n'aura qu'un chiffre. — R. 8 457 328.

14. Écrivez un nombre dans lequel la dernière tranche à gauche aura deux chiffres. — R. 27 345 860.

15. Que savez-vous sur la numération de vingt en vingt à partir de soixante jusqu'à cent? — R. Entre soixante et quatre-vingts, entre quatre-vingts et cent, on ne compte pas par dizaines, mais par vingtaines.

Exercice 3 (page 18).

1. Montrez par un exemple que vous choisirez comment on écrit un nombre quelconque. — R. Voir p. 15, n°⁵ 47 et 48.

2. Écrivez un nombre de huit chiffres, dans lequel la classe des mille n'aura que des dizaines et des unités. — R. 52 047 821.

3. Écrivez un nombre de cinq chiffres dans lequel il n'y aura pas de centaines d'unités. — R. 23 084.

4. Écrivez un nombre de neuf chiffres dans lequel la classe des mille manquera. — R. 324 000 745.

5. Qu'est-ce que la valeur *absolue* d'un chiffre? — R. Celle qu'il a lorsqu'il est seul; ainsi le chiffre 8 vaut *huit*.

6. Qu'est-ce que la valeur *relative* d'un chiffre? — R. Celle qu'il acquiert par le rang qu'il occupe : ainsi le chiffre 8 peut valoir 8 *unités*, 8 *dizaines*, 8 *centaines*, etc., selon qu'il est placé au 1er, au 2e, au 3e rang : 8, — 80, — 800.

7. Dans le nombre 427, quelle est la valeur relative du 4? — R. 4 centaines. — Du 7? — R. 7 unités. — Du 2? — R. 2 dizaines.

Quelle est la valeur absolue de ces mêmes chiffres? — R. Quatre, sept, deux.

8. De quels ordres se compose un nombre de trois chiffres? — R. D'unités, de dizaines et de centaines simples.

Un nombre de quatre chiffres? — R. D'unités, de dizaines, de centaines simples et d'unités de mille.

Un nombre de cinq chiffres? — R. D'unités, de dizaines, de centaines simples, d'unités de mille et de dizaines de mille.

Un nombre de six chiffres? — R. D'unités, de dizaines, de centaines simples, d'unités de mille, de dizaines de mille et de centaines de mille.

9. Citez un exemple de chacun de ces nombres. — 25875. — R. 237. — 1875. — 342571.

10. Combien y a-t-il d'ordres dans une classe? — R. Trois.

11. Écrivez un nombre où les trois ordres de la première classe soient représentés. — R. 20743.

12. Écrivez un nombre où les trois ordres de la troisième et de la première classe soient représentés par des chiffres significatifs. — R. 843 000 624.

Exercice 4 (page 18).

Lisez et écrivez en toutes lettres les nombres suivants :

(1) 157 407 408. — R. Cent cinquante-sept millions, quatre cent sept mille, quatre cent huit unités.

(2) 73 514 923 336. — R. Soixante-treize billions, cinq cent quatorze millions, neuf cent vingt-trois mille, trois cent trente-six unités.

(3) 465 620 105 943. — R. Quatre cent soixante-cinq billions, six cent vingt millions, cent cinq mille, neuf cent quarante-trois unités.

(4) 956 147 657. — R. Neuf cent cinquante-six millions, cent quarante-sept mille, six cent cinquante-sept unités.

(5) 96 349 247. — R. Quatre-vingt-seize millions, trois cent quarante-neuf mille, deux cent quarante-sept unités.

(6) 12 014 716 655. — R. Douze billions, quatorze millions, sept cent seize mille, six cent cinquante-cinq unités.

(7) 403 026 000 285. — R. Quatre cent trois billions, vingt-six millions, deux cent quatre-vingt-cinq unités.

(8) 735 977 060. — R. Sept cent trente-cinq millions, neuf cent soixante-dix-sept mille, soixante unités.

(9) 110 523 492 614. — R. Cent dix billions, cinq cent vingt-trois millions, quatre cent quatre-vingt-douze mille, six cent quatorze unités

(10) 3 000 402 507. — R. Trois billions, quatre cent deux mille, cinq cent sept unités.

Exercice 5 (page 18).

1° Écrivez en toutes lettres les nombres compris entre 300 et 400. — R. Trois cent un, trois cent deux, etc.

2° Écrivez en chiffres les nombres compris entre 1750 et 1900. — R. 1 751, 1 752, 1 753, etc.

Exercice 6 (page 19).

Combien y a-t-il d'unités de mille, de centaines d'unités, de dizaines d'unités et d'unités simples dans les nombres suivants :

(1) Dans cent trente-quatre? — R. 1 centaine d'unités, — 3 dizaines d'unités, — 4 unités.

(2) Dans trois cent dix-huit? — R. 3 centaines, — 1 dizaine, — 8 unités.

(3) Dans trois cent quarante-deux? — R. 3 centaines, — 4 dizaines, — 2 unités.

(4) Dans quinze cent neuf? — R. 1 unité de mille, — 5 centaines, — 0 dizaine, — 9 unités.

(5) Dans quatre cent quinze? — R. 4 centaines, — 1 dizaine, — 5 unités.

(6) Dans neuf cent deux? — R. 9 centaines, — 0 dizaine, — 2 unités.

(7) Dans quatre cent dix-sept? — R. 4 centaines, — 1 dizaine, — 7 unités.

(8) Dans cinq cent dix-neuf? — R. 5 centaines, — 1 dizaine, — 9 unités.

(9) Dans trois cent soixante-quatorze? — R. 3 centaines, — 7 dizaines, — 4 unités.

(10) Dans deux cent cinquante-huit? — R. 2 centaines, — 5 dizaines, — 8 unités.

(11) Dans dix-huit cent neuf? — R. 1 unité de mille, — 8 centaines, — 0 dizaine, — 9 unités.

(12) Dans cinq cent cinquante-deux? — R. 5 centaines, — 5 dizaines, — 2 unités.

(13) Dans sept cent vingt-sept? — R. 7 centaines, — 2 dizaines, — 7 unités.

(14) Dans huit cent neuf? — R. 8 centaines, — 0 dizaine, — 9 unités.

(15) Dans dix-sept cent quatorze? — R. 1 unité de mille, — 7 centaines, — 1 dizaine, — 4 unités.

Écrivez en chiffres les nombres qui précèdent.

1°	134.	6°	902.	11°	1809.
2°	318.	7°	417.	12°	552.
3°	342.	8°	519.	13°	727.
4°	1509.	9°	374.	14°	809.
5°	415.	10°	258.	15°	1714.

Exercice 7 (page 19).

Combien y a-t-il d'unités de mille, de centaines d'unités, de dizaines d'unités et d'unités simples dans les nombres suivants :

(1) Dans treize cent quatorze? — R. 1 unité de mille, — 3 centaines, — 1 dizaine, — 4 unités.

(2) Dans dix-huit cent vingt-sept? — R. 1 unité de mille, — 8 centaines, — 2 dizaines, — 7 unités.

(3) Dans treize cent trente? — R. 1 unité de mille, — 3 centaines, — 3 dizaines, — 0 unité.

(4) Dans mille vingt-quatre? — R. 1 unité de mille, — 0 centaine, — 2 dizaines, — 4 unités.

(5) Dans dix-sept cent vingt? — R. 1 unité de mille, — 7 centaines, — 2 dizaines, — 0 unité.

(6) Dans deux mille huit cents? — R. 2 unités de mille, — 8 centaines, — 0 dizaine, — 0 unité.

(7) Dans quatorze cent cinq? — R. 1 unité de mille, — 4 centaines, — 0 dizaine, — 5 unités.

(8) Dans quinze cent vingt-quatre? — R. 1 unité de mille, — 5 centaines, — 2 dizaines, — 4 unités.

(9) Dans huit mille cinq? — R. 8 unités de mille, — 0 centaine, — 0 dizaine, — 5 unités.

(10) Dans trois mille deux cent trente-sept? — R. 3 unités de mille, — 2 centaines, — 3 dizaines, — 7 unités.

(11) Dans cinq mille huit cent neuf? — R. 5 unités de mille, — 8 centaines, — 0 dizaine, — 9 unités.

(12) Dans onze cent vingt-neuf? — R. 1 unité de mille, — 1 centaine, — 2 dizaines, — 9 unités.

(13) Dans mille dix-neuf? — R. 1 unité de mille, — 0 centaine, — 1 dizaine, — 9 unités.

Écrivez en chiffres les nombres qui précèdent. — R. (1) 1314. — (2) 1827. — (3) 1330. — (4) 1024. — (5) 1720. — (6) 2800. — (7) 1405. — (8) 1524. — (9) 8005. — (10) 3237. — (11) 5809. — (12) 1129. — (13) 1019.

Exercice 8 (page 19).

Écrivez en chiffres les nombres suivants :

(1) Quatre cent vingt-sept mille, huit cent trente unités. — R. 427 830

(2) Deux millions, vingt-quatre mille, trois unités. — R. 2 024 003 unités.

(3) Quatre cent cinquante-deux mille, dix-sept unités. — R. 452 017.

(4) Deux billions, sept mille, vingt-quatre unités. — R. 2 000 007 024.

(5) Cinq milliards, trente-neuf millions, vingt-sept mille francs. — R. 5 039 027 000 fr.

(6) Quatre millions, quatre cent trente-cinq unités. — R. 4 000 435.

(7) Cinq cent cinquante-trois billions, deux cent dix-sept millions, cinq cent trente sept mille, huit cent quinze unités. — R. 553 217 537 815.

(8) Huit millions, dix mille, cinq unités. — R. 8 010 005.

(9) Trente-neuf millions, huit cent cinquante-trois unités. — R. 39 000 853.

(10) Neuf cent soixante-treize millions, huit cent quatre-vingt-douze mille, six cent trente-sept unités. — R. 973 892 637.

(11) Quarante-quatre millions, cinq mille, trente-sept unités. — R. 44 005 037.

(12) Vingt-quatre millions, neuf cent trente-cinq mille, quatre-vingt-dix-sept unités. — R. 24 935 097.

(13) Neuf millions, huit cent cinquante-deux mille, treize unités. — R. 9 852 013.

(14) Quatre cent seize millions, neuf cent trente-huit unités. — R. 416 000 938.

(15) Dix-huit cent mille. — R. 1 800 000.

(16) Quatorze cent millions. — R. 1 400 000 000.

(17) Six cent cinquante-quatre millions, trente-deux mille, trois cent quarante-deux unités. — R. 654 032 342.

CHAPITRE II

NUMÉRATION DES FRACTIONS DÉCIMALES ET DES NOMBRES DÉCIMAUX

52. — **Fractions.** Les grandeurs que l'on mesure ne contiennent pas toujours un nombre exact d'unités : par exemple, un mur peut avoir plus de *trois* mètres et moins de *quatre* mètres de longueur ; un vase peut contenir plus de *cinq* litres et moins de *six* litres, etc.

Pour mesurer les grandeurs plus petites que l'unité, on se sert d'unités plus petites, que l'on obtient en divisant l'unité principale en plusieurs parties *égales*.

Ces parties égales de l'unité se nomment des *parties aliquotes* ou des **fractions**.

53. — **Fraction décimale.** Si l'unité est divisée en *dix*, en *cent*, en *mille*, en *dix mille*... parties égales, ces parties de l'unité, qui sont de **dix** en **dix** fois plus petites, et qui se nomment des *dixièmes*, des *centièmes*, des *millièmes*, des *dix-millièmes*, etc., sont des **fractions décimales**.

Par exemple : 1 dixième, 8 dixièmes, 1 centième, 39 centièmes, sont des **fractions décimales**.

54. — Ainsi une **fraction décimale** est une partie de l'unité, ou la réunion de plusieurs parties de l'unité, divisée en parties de **dix** en **dix** fois plus petites [1].

55. — **Nombre décimal.** On appelle *nombre décimal* tout nombre composé d'*unités entières* et d'une *fraction décimale*.

Ainsi les nombres

24 unités,   8 dixièmes,
42 unités, 39 centièmes,

sont des nombres décimaux. Les 24 unités et les 42 unités représentent la *partie entière* ; les 8 dixièmes et les 39 centièmes représentent la *partie décimale*.

De la virgule.

56. — Dans un nombre décimal la partie entière et la partie décimale sont séparées par une **virgule** ; la partie entière est à *gauche* de la virgule, la partie décimale est à *droite*.

---

1. Le mot *décimal* vient du mot latin *decem*, qui veut dire *dix*, ou mieux du mot *decimus*, qui veut dire *dixième*. Voilà pourquoi on a donné le nom de *décimale* à notre numération, et pourquoi *dix* est dit la BASE de cette numération.

Ainsi les nombres décimaux $\left\{\begin{array}{l}24 \text{ unités } 8 \text{ dixièmes} \\ 42 \text{ unités } 39 \text{ centièmes}\end{array}\right.$ s'écrivent $\left\{\begin{array}{l}24,8 \\ 42,39\end{array}\right.$ la *virgule* sépare les 24 unités des 8 dixièmes, et les 42 unités des 39 centièmes.

57. — Dans une fraction décimale, la partie entière qui manque est remplacée par un *zéro*.

Ainsi les fractions $\left\{\begin{array}{l}5 \text{ dixièmes} \\ 42 \text{ centièmes}\end{array}\right.$ s'écrivent $\left\{\begin{array}{l}0,5 \\ 0,42\end{array}\right.$

Conventions.

58. — Les deux conventions fondamentales de la numération parlée et de la numération écrite des nombres *entiers* (nᵒˢ 40 et 43) s'appliquent également aux *fractions décimales*.

59. — **Première Convention.** Chaque unité décimale est *dix* fois plus *grande* que l'unité décimale immédiatement *inférieure*.

Ainsi : Une unité   vaut *dix* dixièmes.
     Un dixième   — *dix* centièmes.
     Un centième   — *dix* millièmes.
     Un millième   — *dix* dix-millièmes.
     Un dix-millième   — *dix* cent-millièmes.
     Un cent-millième   — *dix* millionièmes, etc.

Absolument comme on a vu que :
     Une dizaine   vaut *dix* unités.
     Une centaine   — *dix* dizaines.
     Un mille   — *dix* centaines, etc.

En sorte que les unités entières et les fractions décimales forment une suite non interrompue d'unités qui sont de *dix* en *dix* fois plus grandes, ou de *dix* en *dix* fois plus petites, suivant qu'on commence la série par les unités les plus faibles, ou par les unités les plus fortes.

Toutes les unités sont réunies dans le tableau suivant :

Unités simples............ Unités simples.
Dizaines — .... Dixièmes.
Centaines — .... Centièmes.
Unités de mille.......... Millièmes.
Dizaines — .... Dix-millièmes.
Centaines — .... Cent-millièmes.
Unités de millions........ Millionièmes.
Dizaines — .... Dix-millionièmes.
Centaines — .... Cent-millionièmes.

60. — Deuxième Convention. Un chiffre placé à la *droite* d'un autre représente des unités *dix* fois *plus petites* que cet autre.

Par conséquent, si l'on compte à partir des unités et vers la droite :

Un chiffre placé au 1er rang représente des *dixièmes*.

—	—	— 2e rang	—	des *centièmes*.
—	—	— 3e rang	—	des *millièmes*.
—	—	— 4e rang	—	des *dix-millièmes*.
—	—	— 5e rang	—	des *cent-millièmes*.
—	—	— 6e rang	—	des *millionièmes*, etc.

Autrement dit :

Les *dixièmes* sont au *premier* rang, à droite de la virgule.. 0,3

Les *centièmes* sont au *deuxième* rang............ 0,02

Les *millièmes* sont au *troisième* rang 0,004

Les *dix-millièmes* sont au *quatrième* rang....... 0,0007

Les *cent-millièmes* sont au *cinquième* rang....... 0,00008

Les *millionièmes* sont au *sixième* rang.......... 0,000005

61. — Une fraction décimale peut contenir à la fois des dixièmes, des centièmes, des millièmes, etc.

Ainsi le nombre

     trois dixièmes, deux centièmes et quatre millièmes

s'écrit :   0,324

Comment on lit un nombre décimal.

62. — Règle. Pour *lire* un nombre décimal, on énonce d'abord la partie *entière;* puis on lit la partie *décimale*, comme s'il s'agissait d'un nombre entier; mais on a soin de donner au **dernier** chiffre décimal **le nom** de l'ordre qu'il représente.

EXEMPLE. — Soit à lire le nombre décimal

         43,625.

J'énonce d'abord la partie *entière* 43 ; puis j'énonce la partie *décimale*, 625, comme si c'était un nombre entier ; mais comme le dernier chiffre 5 occupe le *troisième* rang après la virgule, et qu'il représente par conséquent des *millièmes*, j'ajoute ce mot : *millièmes*, après 625. De sorte que le nombre proposé se lit :

         43 **unités**, 625 millièmes [1].

---

1. Pour trouver le nom de l'ordre représenté par le dernier chiffre, il suffit d'appliquer à chaque chiffre décimal, à partir de la virgule, le nom de l'ordre qu'il représente.

Dans l'exemple cité, je dis : **le 6 représente les** dixièmes; le 2, les centièmes; **le 5, les** *millièmes.*

EXPLICATION. — 1 dixième vaut 10 centièmes, et par conséquent 10 fois 10 ou 100 millièmes; donc 6 dixièmes vaudront 600 millièmes.

1 centième vaut 10 millièmes, donc 2 centièmes vaudront 20 millièmes.

Ainsi on a : 600 millièmes, 20 millièmes et 5 millièmes; en tout, 625 millièmes.

63. — Théoriquement, il existe deux autres manières de lire les nombres décimaux.

La première consiste à donner à chaque *ordre* le nom qui lui convient.

Ainsi le nombre décimal qui précède

$$43,625,$$

pourrait s'énoncer

43 unités, 6 dixièmes, 2 centièmes, 5 millièmes.

64. — La deuxième manière consiste à faire abstraction de la virgule et à lire le nombre décimal comme s'il s'agissait d'un nombre entier, en ayant soin de donner au dernier chiffre décimal le nom de l'ordre qu'il représente.

Ainsi, le nombre donné ci-dessus pourrait se lire

quarante-trois mille, six cent vingt-cinq millièmes.

En effet, 1 unité vaut mille millièmes, donc 43 unités vaudront 43000 millièmes. Par conséquent 43 unités et 625 millièmes vaudront 43625 millièmes.

Comment on écrit un nombre décimal.

65. — **Règle.** Pour *écrire* un nombre décimal, on écrit d'abord la partie entière, puis la **virgule**, puis la partie décimale; mais on a soin de placer le **dernier** chiffre décimal **au rang** qui lui convient, en remplaçant par des **zéros** les ordres qui peuvent manquer.

S'il n'y a pas de partie entière, on y supplée par un **zéro** suivi d'une **virgule**.

Ainsi 3 unités 25 centièmes s'écrivent $3,25$
     13 unités 5 millièmes   — $13,005$
        15 centièmes $0,15$

Pour écrire le nombre 13 unités 5 millièmes, j'ai dû remplacer par *deux zéros* les dixièmes et les centièmes qui manquent, afin que le chiffre 5 des millièmes fût placé au rang qui lui convient, c'est-à-dire au *troisième* rang.

Pour écrire le nombre 15 centièmes, j'ai remplacé les unités qui manquent par un *zéro* suivi d'une *virgule*.

CHAPITRE III

PRINCIPES SUR LA NUMÉRATION

66. — Premier principe. On rend un nombre entier DIX, CENT, MILLE... fois **plus grand** ou **plus petit** en ajoutant ou en supprimant UN, DEUX, TROIS **zéros** à sa droite.

EXEMPLES. — 1º Soit le nombre

24

Si j'ajoute un *zéro* à sa droite, j'ai le nombre

240

Le 4 qui occupait le rang des *unités* occupe le rang des *dizaines;* le 2 qui occupait le rang des *dizaines* occupe le rang des *centaines.* Chaque chiffre ayant acquis une valeur *dix* fois plus grande, le nombre tout entier est devenu *dix* fois plus grand.

Le même raisonnement prouverait qu'en ajoutant *deux* zéros à la droite d'un nombre, on rend ce nombre *cent* fois plus grand ; qu'en ajoutant *trois* zéros, on le rend *mille* fois plus grand, etc...

2º Soit encore le nombre

36000

Pour le rendre *cent* fois plus petit il suffit de supprimer *deux* zéros, soit :

360

En effet, chaque chiffre a acquis une valeur *cent* fois plus petite ; donc le nombre tout entier est devenu *cent* fois plus petit.

67. — Si le nombre donné n'est pas terminé par des zéros ou s'il n'en contient pas assez, on le rend DIX, CENT, MILLE.... fois **plus petit** en séparant par une virgule UN, DEUX, TROIS... **chiffres décimaux.**

EXEMPLE. — Soit le nombre

674

Pour le rendre *cent* fois plus petit, je sépare *deux* chiffres décimaux sur sa droite, et j'ai le nombre

6,74

Le 4 qui occupait le rang des *unités* occupe le rang des *centièmes ;* le 7 qui occupait le rang des *dizaines* occupe le rang des *dixièmes ;* le 6 qui occupait le rang des *centaines* occupe le rang des *unités.* Chaque chiffre ayant acquis une valeur *cent* fois plus petite, le nombre tout entier est devenu *cent* fois plus petit.

68. — Deuxième principe. On ne change pas la valeur d'un *nombre décimal* en ajoutant ou en supprimant à sa droite un ou plusieurs *zéros*.

EXEMPLES. — 1° Soit le nombre décimal

$$23,74$$

Je dis que si j'ajoute un zéro à la partie décimale, soit

$$23,740$$

je n'en change pas la valeur.

En effet, on voit d'abord que dans les deux nombres les chiffres significatifs occupent la même place : le 7 la place des dixièmes, le 4 la place des centièmes, etc., ils ont donc conservé leur valeur.

On sait aussi (n° 59) que 7 dixièmes valent 70 centièmes ou 700 millièmes ; que 4 centièmes valent 40 millièmes ; donc 7 dixièmes plus 4 centièmes, ou 74 centièmes, valent 740 millièmes.

2° Soit encore le nombre décimal

$$3,400$$

Je dis que si je supprime les deux zéros placés à sa droite, soit :

$$3,4$$

je n'en change pas la valeur.

En effet, l'on voit que dans les deux nombres les chiffres significatifs occupent la même place : le 3 la place des unités, le 4 la place des dixièmes ; ils ont donc conservé leur valeur.

69. — Troisième principe. On rend un nombre décimal, DIX, CENT, MILLE... fois **plus grand**, en avançant la virgule de **un, deux, trois**... rangs vers la **droite**.

Si le nombre des chiffres significatifs est insuffisant, on le complète par des *zéros*.

EXEMPLES. — 1° Soit le nombre décimal :

$$5,387$$

Si j'avance la virgule d'*un* rang vers la droite, j'obtiens le nombre :

$$53,87$$

Je dis que ce nombre est *dix* fois plus grand que le premier. En effet chaque chiffre représente des unités *dix* fois plus fortes que celles qu'il représentait auparavant : le 5, qui représentait des *unités*, représente des *dizaines* ; le 3, qui représentait des *dixièmes*, représente des *unités*, etc. Donc le nombre tout entier est devenu *dix* fois plus grand.

De même, je rendrai le nombre

$$5,387$$

cent fois plus grand, si j'avance la virgule de *deux* rangs vers la droite, soit :

$$538,7$$

Je le rendrai *mille* fois plus grand, si j'avance la virgule de *trois* rangs vers la droite, soit :

$$5387$$

2° Soit encore le nombre

$$5,3$$

que l'on veut rendre *mille* fois plus grand.

Comme la virgule doit être avancée de trois rangs, j'ajoute *deux* zéros à la droite du nombre 5,3 qui devient 5,300 sans changer de valeur (n° 68); puis on avance la virgule de *trois* rangs, ce qui revient à la supprimer, et on a le nombre entier

$$5300.$$

70. — Quatrième principe. Inversement, on rend un nombre décimal DIX, CENT, MILLE... fois **plus petit**, en reculant la virgule de **un, deux, trois...** rangs vers la **gauche**.

Si le nombre des chiffres significatifs est insuffisant, on le complète par des *zéros*.

EXEMPLES. — 1° Soit le nombre décimal :

$$432,5$$

Si je recule la virgule d'un rang vers la gauche, j'ai le nombre

$$43,25$$

Je dis que ce nombre est *dix* fois plus petit. En effet, le 2 qui représentait des *unités* représente des *dixièmes*, etc...; chaque chiffre représente des unités *dix* fois plus *faibles* que celles qu'il représentait auparavant, donc le nombre tout entier est devenu *dix* fois plus *petit*.

Si je recule la virgule de *deux* rangs vers la gauche, j'ai le nombre

$$4,325$$

qui est *cent* fois plus petit, etc.

2° Soit encore le nombre

$$5,3$$

que l'on veut rendre *mille* fois plus *petit*.

Comme il faut reculer la virgule de *trois* rangs vers la gauche, et qu'il n'y a que le chiffre 5 à la gauche de la virgule, on ajoute *deux* zéros sur la gauche du 5, on place la virgule, et puis on écrit encore le zéro des unités; on a ainsi :

$$0,0053.$$

EXERCICES SUR LA NUMÉRATION DES NOMBRES DÉCIMAUX.

Exercice 9 (p. 27).

Répondez par écrit aux questions suivantes :

1. Dans le nombre 24,35, indiquez la partie entière et la partie décimale. — R. La partie entière est 24 et la partie décimale est 35.

2. Qu'est-ce qu'une fraction décimale ? — R. Voir p. 20, n° 54.

3. Combien y a-t-il de dixièmes dans une unité ? — R. Dix. — Combien de centièmes ? — R. Cent. — Combien de millièmes ? — R. Mille.

4. Qu'est-ce qu'un nombre décimal ? — R. Voir p. 20, n° 55.

5. Comment sépare-t-on la partie entière de la partie décimale ? — R. Par une virgule.

6. Quel rang occupent les dixièmes à droite de la virgule ? — R. Le premier.

7. Quel rang occupent les centièmes ? — R. Le deuxième.

8. Quel rang occupent les millièmes ? — R. Le troisième.

9. Quel rang occupent les dix-millièmes ? — R. Le quatrième

10. Quel rang occupent les millionièmes ? — R. Le sixième.

11. Donnez un exemple dans lequel vous expliquerez la manière de *lire* un nombre décimal. — R. Voir p. 22, n° 60.

12. Combien une unité vaut-elle de centièmes ? — R. Cent. — De dixièmes ? — R. Dix. — De millièmes ? — R. Mille.

13. Combien un dixième vaut-il de centièmes ? — R. Dix. — De millièmes ? — R. Cent. — De dix-millièmes ? — R. Mille.

14. Écrivez en toutes lettres le nombre 4,832. — R. Quatre unités, huit cent trente-deux millièmes.

15. Expliquez comment les 8 dixièmes deviennent 800 millièmes. — R. 1 dixième vaut 100 millièmes, donc 8 dixièmes vaudront 8 fois 100 ou 800 millièmes.

16. Expliquez comment les 3 centièmes deviennent 30 millièmes. — R. 1 centième vaut 10 millièmes; donc 3 centièmes vaudront 30 millièmes.

17. Donnez un exemple sur lequel vous expliquerez la manière d'*écrire* un nombre décimal. — R. Voir p. 23, n° 65.

18. Pourquoi la numération a-t-elle reçu le nom de numération *décimale?* — R. Parce que sa base est *dix* et que le mot *décimale* vient d'un mot latin qui veut dire *dix.*

19. Combien y a-t-il de dix-millièmes dans un centième ? — R. Cent.

20. Combien y a-t-il de millièmes dans un dixième ? — R. Cent.

21. Combien y a-t-il de centièmes dans une unité ? — R. Cent.

22. Une fraction décimale n'a pas de partie entière; par quel chiffre la remplace-t-on ? — R. Par un zéro.

23. Quel nom donne-t-on aux chiffres décimaux qui occupent le troisième rang à droite de la virgule ? — R. Millièmes. — Le premier rang ? — R. Dixièmes. — Le quatrième rang ? — R. Dix-millièmes. — Le deuxième rang ? — R. Centièmes.

24. Si un ordre manque dans une fraction décimale, par quel chiffre le remplace-t-on? — R. Par un zéro.

25. Comment rend-on un nombre entier 10, 100, 1000..... fois plus grand? — R. En ajoutant à sa droite un, deux, trois zéros.

26. Rendez le nombre 36 cent fois plus grand et expliquez votre manière de faire. — R. Pour rendre le nombre 36 cent fois plus grand, j'ajoute deux zéros à sa droite et j'ai 3 600. Le 6 qui occupait le rang des unités occupe le rang des centaines, et le 3 qui occupait le rang des dizaines occupe le rang des mille; chaque chiffre ayant acquis une valeur cent fois plus grande, le nombre tout entier est devenu cent fois plus grand.

27. Comment rend-on 10, 100, 1000... fois plus petit un nombre entier terminé par des zéros? — R. Il suffit de retrancher un, deux, trois de ces zéros.

28. Rendez 10 fois plus petit le nombre 320 et expliquez votre manière de faire. — R. Je retranche le zéro. Le chiffre 2 qui occupait le rang des dizaines occupe le rang des unités et le chiffre 3 qui occupait le rang des centaines occupe le rang des dizaines; chaque chiffre ayant acquis une valeur dix fois moindre, le nombre est devenu dix fois plus petit.

29. Que fait-on pour rendre 10, 100, 1000... fois plus petit un nombre entier qui ne se termine pas par des zéros? — R. On recule la virgule vers la gauche de 1, 2, 3 rangs.

30. Appliquez cette règle sur le nombre 748, que vous rendrez cent fois plus petit. — R. 7,48.

31. Que se passe-t-il quand on écrit un ou plusieurs zéros à la droite d'un nombre décimal? Expliquez-le par un exemple. — R. Quand on écrit un ou plusieurs zéros à la droite d'un nombre décimal, on ne change pas sa valeur.

Soit le nombre 32,45. Si on ajoute un zéro à la partie décimale, le nombre n'est pas changé : 32,450. En effet, les chiffres significatifs occupent la même place : le 4, la place des dixièmes; le 5, la place des centièmes : ils ont donc conservé leurs valeurs.

32. Qu'arrive-t-il quand on supprime un ou plusieurs zéros à la droite d'un nombre décimal? Expliquez-le par un exemple. — R. Quand on supprime un ou plusieurs zéros à la droite d'un nombre décimal, il ne change pas de valeur.

Soit le nombre 4,500. Si on supprime les deux zéros, on n'en change pas la valeur : 4,5. En effet, les chiffres significatifs occupent la même place : le 4, la place des unités; le 5, celle des dixièmes : ils ont donc conservé leurs valeurs.

33. Comment rend-on un nombre décimal 10, 100, 1000... fois plus grand? Expliquez-le par un exemple. — R. On rend un nombre décimal 10, 100, 1000 fois plus grand en avançant la virgule de 1, 2, 3 rangs vers la droite.

Soit 23,645. En avançant la virgule d'un rang vers la droite, j'obtiens 236,45, nombre 10 fois plus grand que le premier; en effet, chaque chiffre représente des unités 10 fois plus fortes qu'auparavant; donc le nombre entier est devenu 10 fois plus grand.

34. Comment rend-on un nombre décimal 10, 100, 1000 fois... plus petit? Expliquez-le par un exemple. — R. On rend un nombre décimal 10, 100, 1000 fois plus petit en reculant la virgule de 1, 2, 3 rangs vers la gauche.

Soit le nombre décimal 523,4. En reculant la virgule d'un rang vers la gauche, j'obtiens 52,34, nombre 10 fois plus petit que le précédent, puisque chacun de ses chiffres représente des unités 10 **fois plus faibles.**

Exercice 10 (page 28).

1° Écrivez en toutes lettres les nombres décimaux suivants, d'après la règle du n° 62.

(1)	2,46	(11)	541,6	(21)	200,0734
(2)	3,7	(12)	25,3	(22)	3 904,8009
(3)	48,2	(13)	5,091	(23)	420,35
(4)	7,134	(14)	3,025	(24)	40 906,27040
(5)	15,09	(15)	140,0618	(25)	18,001802
(6)	123,045	(16)	5,802	(26)	60,4005006
(7)	38,66	(17)	2,666	(27)	404,720
(8)	3,009	(18)	0,070	(28)	8,4551
(9)	2,071	(19)	4,004012	(29)	23,92635
(10)	5,42	(20)	5,00029	(30)	148,724175

(1) 2,46. — R. Deux unités, quarante-six centièmes.

(2) 3,7. — R. Trois unités, sept dixièmes.

(3) 48,2. — R. Quarante-huit unités, deux dixièmes.

(4) 7,134. — R. Sept unités, cent trente-quatre millièmes.

(5) 15,09. — R. Quinze unités, neuf centièmes.

(6) 123,045. — R. Cent vingt-trois unités, quarante-cinq millièmes.

(7) 38,66. — R. Trente-huit unités, soixante-six centièmes.

(8) 3,009. — R. Trois unités, neuf millièmes.

(9) 2,071. — R. Deux unités, soixante et onze millièmes.

(10) 5,42. — R. Cinq unités, quarante-deux centièmes.

(11) 541,6. — R. Cinq cent quarante et une unités, six dixièmes.

(12) 25,3. — R. Vingt-cinq unités, trois dixièmes.

(13) 5,091. — R. Cinq unités, quatre-vingt-onze millièmes.

(14) 3,025. — R. Trois unités, vingt-cinq millièmes.

(15) 140,0618. — R. Cent quarante unités, six cent dix-huit dix-millièmes.

(16) 5,802. — R. Cinq unités, huit cent deux millièmes.

(17) 2,666. — R. Deux unités, six cent soixante-six millièmes.

(18) 0,070. — R. Soixante-dix millièmes.

(19) 4,008012. — R. Quatre unités, quatre millièmes, douze millionièmes.

(20) 5,00029. — R. Cinq unités, vingt-neuf cent-millièmes.

(21) 200,734. — R. Deux cents unités, sept cent trente-quatre millièmes.

(22) 3 904,8009. — R. Trois mille neuf cent quatre unités, huit mille neuf dix-millièmes.

(23) 420,35. — R. Quatre cent vingt unités, trente-cinq centièmes.

(24) 40 906,27040. — R. Quarante mille neuf cent six unités, vingt-sept mille quarante cent-millièmes.

(25) 18,001802. — R. Dix-huit unités, mille huit cent deux millionièmes.

(26) 60,4005006. — R. Soixante unités, quatre millions cinq mille six dix-millionièmes.

(27) 404,720. — R. Quatre cent quatre unités, sept cent vingt millièmes.

(28) 8,4551. — R. Huit unités, quatre mille cinq cent cinquante et un dix-millièmes.

(29) 23,92635. — R. Vingt-trois unités, quatre-vingt-douze mille six cent trente-cinq cent-millièmes.

(30) 148,724175. — R. Cent quarante-huit unités, sept cent vingt-quatre mille cent soixante-quinze millionièmes.

2° Écrivez en **toutes** lettres les nombres (1) à (10) d'après la manière indiquée au n° 63.

(1) 2,46. — R. Deux unités, quatre dixièmes, six centièmes.
(2) 3,7. — R. Trois unités, sept dixièmes.
(3) 48,2. — R. Quarante-huit unités, deux **dixièmes.**
(4) 7,134. — R. Sept unités, un dixième, trois centièmes, quatre millièmes.
(5) 15,09. — R. Quinze unités, neuf centièmes.
(6) 123,045. — R. Cent vingt-trois unités, quatre centièmes, cinq millièmes.
(7) 38,66. — R. Trente-huit unités, six dixièmes, six centièmes.
(8) 3,009. — R. Trois unités, neuf millièmes.
(9) 2,071. — R. Deux unités, sept centièmes, un millième.
(10) 5,42. — R. Cinq unités, quatre dixièmes, deux centièmes.

3° Écrivez en toutes lettres les nombres (11) à (20) d'après la manière indiquée au n° 64.

(11) 541,6. — R. Cinq mille quatre cent seize dixièmes.
(12) 25,3. — R. Deux cent cinquante-trois dixièmes.
(13) 5,091. — R. Cinq mille quatre-vingt-onze millièmes.
(14) 3,025. — R. Trois mille vingt-cinq millièmes.
(15) 140,0618. — R. Un million quatre cent mille six cent dix-huit dix millièmes.
(16) 5,802. — R. Cinq mille huit cent deux millièmes.
(17) 2,666. — R. Deux mille six cent soixante-six millièmes.
(18) 0,070. — R. Soixante-dix millièmes.
(19) 4,004012. — R. Quatre millions quatre mille douze millionièmes.
(20) 5,00029. — R. Cinq cent mille vingt-neuf cent-millièmes.

Exercice 11 (page 28).

Écrivez en chiffres les nombres décimaux suivants :

(1) Huit unités, vingt-quatre centièmes. — R. 8,24.
(2) Cinq cent soixante-trois millièmes. — R. 0,563.
(3) Dix-huit unités, quarante-sept millièmes. — R. 18,047.
(4) Trente-sept unités, huit centièmes. — R. 37,08.
(5) Quatre unités, huit cent vingt et un dix-millièmes. — R. 4,0821.
(6) Cent six millièmes. — R. 0,106.
(7) Quatre cent cinq unités, soixante-trois dix-millièmes. — R. 405,0063.
(8) Quatre cent seize cent-millièmes. — R. 0,00416.
(9) Treize unités, sept cent quatre-vingt-un dix-millièmes. — R. 13,0781.
(10) Huit mille soixante-treize cent-millièmes. — R. 0,08073.
(11) Seize mille neuf millionièmes. — R. 0,016009.
(12) *Quatre mille deux cent trente-sept cent-millièmes.* — R. 0,04237.
(13) Trente-quatre unités, sept millièmes. — R. 34,007.
(14) Trente-six dix-millièmes. — R. 0,0036.
(15) Neuf unités, six cent trente-quatre millièmes. — R. 9,634.
(16) Quarante-deux unités, trois cent sept millièmes. — R. 42,307.
(17) Quarante-cinq dix-millionièmes. — R. 0,0000045.
(18) Quatre mille huit cent soixante-trois millionièmes. — R. 0,004863.

(19) Sept cent quatre-vingt-treize mille trente-six dix-millionièmes. — R. 0,073036.

(20) Neuf cent trois mille dix-huit billionièmes. — R. 0,000903018.

(21) Un million quatre-vingt mille dix-billionièmes. — R. 0,0001080000.

(22) Trois millions quatre mille cinq cent millionièmes. — R. 3,004500.

(23) Vingt-quatre millions cinq cent mille huit billionièmes. — R. 0,024500008.

Exercice 12 (page 29).

Répondez aux questions suivantes :

1. Dans 3 unités, combien de dixièmes? — R. 30. — De centièmes? — R. 300. — De millièmes? — R. 3 000. — De dix-millièmes? — R. 30 000. — De cent-millièmes? — R. 300 000. — De millionièmes? — R. 3 000 000.

2. Dans 2 unités 5 dixièmes, combien de dixièmes? — R. 25. — De centièmes? — R. 250. — De millièmes? — R. 2 500. — De dix-millièmes? — R. 25 000. — De cent-millièmes? — R. 250 000. — De millionièmes? — R. 2 500 000.

3. Dans 4 unités 7 millièmes, combien de millièmes? — R. 4 007.

4. Dans 6 unités 3 centièmes, combien de centièmes et combien de millièmes? — 603 centièmes. — 6 030 millièmes.

5. Dans 9 unités 2 dixièmes et 5 centièmes, combien de centièmes et de millièmes? — R. 925 centièmes. — 9 250 millièmes.

6. Dans le nombre 5,982, combien de dix-millièmes, de cent-millièmes et de millièmes? — R. 59 820 dix-millièmes. — 598 200 cent-millièmes. — 5 982 millièmes.

7. Dans 453,27, combien de centièmes et combien de millièmes? — R. 45 327 et 453 270.

Exercice 13 (page 29).

Écrivez un nombre décimal qui contienne :

1. 8 dixièmes et 4 millièmes. — R. 0,804.

2. 4 unités et 18 centièmes. — R. 4,18.

3. 5 dixièmes, 9 centièmes et 15 dix-millièmes. — R. 0,5915.

4. 3 millièmes et 46 millionièmes. — R. 0,003046.

5. 2 dixièmes et 28 dix-millièmes. — R. 0,2028.

6. 2 unités, 40 centièmes et 3 cent-millièmes. — R. 2,40003.

7. 5 unités de chaque ordre décimal, jusqu'aux millionièmes. — R. 0,555555.

8. 3 unités de chaque ordre décimal jusqu'aux millionièmes. — R. 0,333333.

9. Le même nombre, à l'exception des dixièmes et des centièmes. — R. 0,003333.

10. Le même nombre, à l'exception des millièmes et des dix-millièmes. — R. 0,330033.

11. Le même nombre, à l'exception des centièmes et des dix-millièmes — R. 0,303033

Exercice 14 (page 29).

Répondez aux questions suivantes :

1. Combien y a-t-il d'unités dans 60 dixièmes? — R. 6. — Dans 500 dixièmes? — R. 50. — Dans 8 000 dixièmes? — R. 800.

2. Combien y a-t-il d'unités dans 57 dixièmes? — R. 5. — Dans 574 dixièmes? — R. 57. — Dans 5 772 dixièmes? — R. 577.

3. Combien y a-t-il d'unités dans 1 293 dixièmes? — R. 129. — Dans 1 293 centièmes? — R. 12. — Dans 1 293 millièmes? — R. 1.

4. Combien y a-t-il de dixièmes dans 4 386 centièmes? — R. 438. — Dans 4 386 millièmes? — R. 43. — Dans 4 386 dix-millièmes? — R. 4.

5. Combien y a-t-il de centièmes dans 23 749 millièmes? — R. 2 374. — — Dans 23 749 dix-millièmes? — R. 237. — Dans 23 749 cent-millièmes? — R. 23. — Dans 23 749 millionièmes? — R. 2.

6. Combien y a-t-il de millièmes dans 1 835 246 millionièmes? — R. 1 835.

Exercice 15 (page 30).

1. Convertissez 2,3   en dixièmes. — R. 23 dixièmes.
2.   —   4,27   en centièmes. — R. 427 centièmes.
3.   —   5,186   en millièmes. — R. 5 186 millièmes.
4.   —   8,45   en millièmes. — R. 8 450 millièmes.
5.   —   8,6   en millièmes. — R. 8 600 millièmes.
6.   —   32,7   en centièmes. — R. 3 270 centièmes.
7.   —   0,04   en dix-millièmes. — R. 400 dix-millièmes.
8.   —   0,038   en cent-millièmes. — R. 3 800 cent-millièmes.
9.   —   0,0042 en millionièmes. — R. 4 200 millionièmes.
10.   —   1,005   en millionièmes. — R. 1 005 000 millionièmes.
11.   —   2,0304 en millionièmes. — R. 2 030 400 millionièmes.
12.   —   18,6   en dix-millièmes. — R. 186 000 dix-millièmes.

Exercice 16 (page 30).

(Effectuez les opérations suivantes. Le résultat sera écrit d'abord en chiffres,
puis en toutes lettres.)

1. Rendez *dix* fois plus *grands* les nombres :

     45 — 372 — 8 — 160 — 3,54 — 8,621 — 0,009.
R.   450 — 3 720 — 80 — 1 600 — 35,4 — 86,21 — 0,09.

2. Rendez *cent* fois plus *grands* les nombres :
     5 — 103 — 1,4572 — 6,38 — 19,2 — 0,7 — 0,004.
R.   500 — 10 300 — 145,72 — 638 — 1 920 — 70 — 0,4.

3. Rendez *mille* fois plus *grands* les nombres :
     18 — 526 — 4,9 — 343 — 6,521 — 70,5744 — 33,149163.
R. 18 000 — 526 000 — 4 900 — 343 000 — 6 521 — 70 574,4 — 33 149,163.

4. Rendez *dix* fois plus *petits* les nombres :
     540 — 48 000 — 660 — 10 700 — 59,7 — 502,6 — 94 — 7.
R.   54 — 4 800 — 66 — 1 070 — 5,97 — 50,26 — 9,4 — 0,7.

5. Rendez *cent* fois plus *petits* les nombres :
     100 — 47 000 — 890 — 1 704,5 — 150 — 386 — 27 — 3.
R.   1 — 470 — 8,90 — 17,045 — 1,50 — 3,86 — 0,27 — 0,03.

6. Rendez *mille* fois plus *petits* les nombres :
50 000 — 61 800 — 4 670 — 5 224,3 — 405,6 — 88,9 — 78 — 9.
R. 50 — 61,8 — 4,67 — 5,2243 — 0,4056 — 0,0889 — 0,078 — 0,009.

17. Exercice de revision (page 30).

1. Écrivez en toutes lettres les nombres 432 900 246. — 340,23. — R. Quatre cent trente-deux millions, neuf cent mille, deux cent quarante-six unités. — Trois cent quarante unités, vingt-trois centièmes.

2. Écrivez en chiffres le nombre six millions, deux mille, vingt-neuf unités. — R. 6 002 029.

3. Mettez une virgule après le 6, et lisez le nombre ainsi formé. — R. Six unités, deux mille vingt-neuf millionièmes.

4. Écrivez en chiffres les nombres 24 millièmes, — 144 dix-millièmes. — 144 millions 2 unités. — R. 0,024, — 0,0144, — 144 000 002.

5. Écrivez en toutes lettres les nombres 53 005 350. — R. Cinquante-trois millions, cinq mille, trois cent cinquante unités. — 7 932 215 089. — R. Sept billions, neuf cent trente-deux millions, deux cent quinze mille, quatre-vingt-neuf unités. — 0,2064. — R. Deux mille soixante-quatre dix-millièmes. — 2 000,0064. — R. Deux mille unités, soixante-quatre dix-millièmes.

6. Ces deux derniers nombres ne peuvent-ils pas être énoncés de la même manière? Que faut-il faire pour éviter de les confondre? — R. Oui, on peut dire dans les deux cas : deux mille soixante-quatre dix-millièmes ; mais, pour éviter de les confondre, on doit dire dans le premier cas : zéro unité, deux mille soixante-quatre dix-millièmes ; et dans le second cas : deux mille unités, soixante-quatre dix-millièmes ; ou encore, lire le premier d'un seul trait et le second en deux parties, en faisant une pause après le mot mille.

7. Comment fait-on pour lire un nombre entier? — R. Voir page 14, n° 45.

8. Comment fait-on pour lire un nombre décimal? — R. Voir p. 22, n° 62.

9. Écrivez en chiffres le nombre 2 millions 644 mille 224 dix-millièmes. — R. 264,4224.

10. Combien d'unités entières dans ce nombre? — R. 264 unités entières.

11. Comment rend-on un nombre entier 10 000 fois plus grand? — R. En ajoutant 4 zéros à sa droite.

12. Comment rend-on un nombre entier 10 000 fois plus petit? — R. En séparant par une virgule 4 chiffres décimaux sur sa droite.

18. Exercice de revision (page 30).

1. Comment fait-on pour écrire un nombre entier? — R. Voir p. 15, n° 48.

2. Comment fait-on pour écrire un nombre décimal? — R. Voir p. 23, n° 65.

3. Écrivez les nombres 47 millions, 19 mille, 7 unités. — R. 47 019 007.
   —   —   304 dix-millièmes. — R. 0,0304.
   —   —   500 mille unités, 2 dix-millièmes. — R. 500 000,0002.

4. Comment rend-on un nombre décimal 1 000 fois plus grand? — R. En avançant la virgule de 3 rangs vers la droite.

5. Comment rend-on un nombre décimal 1 000 000 de fois plus petit? — R. En reculant la virgule de 6 rangs vers la gauche.

6. Rendez 1 000 000 de fois plus petit le nombre 53 000 535. — R. 53,000535.

7. Combien faut-il d'unités d'un ordre pour faire une unité de l'ordre immédiatement supérieur? — R. Dix.

8. Que représente un chiffre placé à la gauche d'un autre chiffre? — R. Des unités dix fois plus fortes que cet autre.

9. A quoi sert la virgule dans les nombres décimaux ? — R. A séparer la partie entière de la partie décimale.

10. Combien de mots faut-il pour énumérer les nombres depuis *un* jusqu'à un *trillion ?* — R. Vingt-trois.

11. Pourquoi sépare-t-on en tranches de trois chiffres un nombre qu'on veut lire ? — R. Parce que chaque classe se compose de trois ordres : unités, dizaines et centaines.

12. Toutes les tranches ont-elles nécessairement trois chiffres ? — R. La dernière à gauche peut seule n'avoir qu'un ou deux chiffres.

CHAPITRE IV

DES CHIFFRES ROMAINS

71. — Les dix chiffres 1, 2, 3, 4, 5, 6, 7, 8, 9, 0 s'appellent *chiffres arabes*.

Les anciens Romains se servaient de chiffres très différents, qu'il est utile de connaître, parce qu'ils s'emploient encore aujourd'hui pour indiquer les dates dans les inscriptions de monuments, pour marquer les heures sur les cadrans des horloges et des montres, pour numéroter les chapitres d'un livre, les volumes ou tomes d'un ouvrage, etc. On appelle ces chiffres : **chiffres romains.**

Voici les chiffres romains avec leur valeur :

I	V	X	L	C	D	M
Un.	Cinq.	Dix.	Cinquante.	Cent.	Cinq cents.	Mille

72. — **Première règle.** Plusieurs chiffres semblables écrits les uns à la suite des autres *s'ajoutent :*

Ainsi le nombre II représente   2, c.-à-d.   1 plus 1.
   —   III   —   3,   —   1 plus 1 plus 1.
   —   XX   —   20,   —   10 plus 10.
   —   XXX   —   30,   —   10 plus 10 plus 10.
   —   CC   —   200,   —   100 plus 100.
   —   CCC   —   300,   —   100 plus 100 plus 100.

73. — **Deuxième règle.** Tout chiffre placé à la *gauche* d'un chiffre plus fort que lui *se retranche* de celui-ci.

Ainsi le nombre IV représente   4, c'est-à-dire   5 moins 1.
   —   IX   —   9,   —   10 moins 1.
   —   XL   —   40,   —   50 moins 10.
   —   XC   —   90,   —   100 moins 10.

74. — Troisième règle. Tout chiffre placé à la *droite* d'un chiffre plus fort que lui *s'ajoute* à celui-ci :

Ainsi le nombre VI représente	6,	c'est-à-dire	5 plus 1.
—	Xl	—	11,	—	10 plus 1.
—	LX	—	60,	—	50 plus 10.
—	CX	—	110,	—	100 plus 10.

75. — Tableau des nombres écrits en chiffres romains.

I......................	1	XXX (20 plus 10)....	30
II.....................	2	XL (50 moins 10)...	40
III....................	3	L....................	50
IV (5 moins 1)........	4	LX (50 plus 10).....	60
V.....................	5	LXX (50 plus 20)....	70
VI (5 plus 1).........	6	LXXX (50 plus 30)..	80
VII (5 plus 2)........	7	XC (100 moins 10)..	90
VIII (5 plus 3).......	8	C....................	100
IX (10 moins 1).......	9	CC...................	200
X.....................	10	CCC.................	300
XI (10 plus 1)........	11	CD (500 moins 100).	400
XII (10 plus 2).......	12	D....................	500
XIII (10 plus 3)......	13	DC (500 plus 100)...	600
XIV (10 plus 4).......	14	DCC..................	700
XV (10 plus 5)........	15	DCCC................	800
XVI (10 plus 6).......	16	CM (1000 moins 100).	900
XVII (10 plus 7)......	17	M....................	1000
XVIII (10 plus 8).....	18	MM...................	2000
XIX (10 plus 9).......	19	MMM.................	3000
XX (10 plus 10).......	20	MMMM...............	4000
XXI (20 plus 1)......	21	MMMM CM XCIX.....	4999
XXII (20 plus 2)......	22		
XXIII (20 plus 3).....	23	$\overline{\text{V}}$..............	5 000
XXIV (20 plus 4)......	24	$\overline{\text{X}}$..............	10 000
XXV (20 plus 5).......	25	$\overline{\text{XX}}$.............	20 000
XXVI (20 plus 6)......	26	$\overline{\text{L}}$..............	50 000
XXVII (20 plus 7).....	27	$\overline{\text{C}}$..............	100 000
XXVIII (20 plus 8)....	28	$\overline{\text{D}}$..............	500 000
XXIX (20 plus 9)......	29		

EXERCICES SUR LES CHIFFRES ROMAINS

Exercice 19 (page 33).

Écrivez en chiffres arabes les nombres suivants écrits en chiffres romains, et expliquez-les :

On dira :

> 3 fois 10, 30. 5 moins 1, 4. 30 et 4, 34.
> 50 moins 10, 40. 5 plus 1, 6. 40 et 6, 46.

et ainsi de suite.

R. (1)	XXXIV. . . 34	(12) CXXXIV. . . . 134	(23) CCLXXI. . . . 271
(2)	XLVI. . . . 46	(13) CXLVI. 146	(24) CCLXXXIV. . . 284
(3)	LVIII . . . 58	(14) CL. 150	(25) CCXCVI 296
(4)	LXIX. . . . 69	(15) CLXXXV. . . . 185	(26) CCCVIII. . . . 308
(5)	LXXV . . . 75	(16) CXCII. 192	(27) CCCXXXIII. . . 333
(6)	LXXXVIII . 88	(17) CCI. 201	(28) CCCXL. 340
(7)	XCI 91	(18) CCXVI. 216	(29) CCCLX. 360
(8)	XCVII . . . 97	(19) CCXXIV. . . . 224	(30) CCCLXXV . . . 375
(9)	CV. 105	(20) CCXXXVIII. . . 238	(31) CCCXCII. . . . 392
(10)	CXIX. . . . 119	(21) CCXL. 240	(32) CCCXCIX. . . . 399
(11)	CXXI. . . . 121	(22) CCLIII. 253	

Exercice 20 (page 33).

Écrivez en toutes lettres les chiffres romains donnés dans les phrases suivantes :

Louis XII (douze) succéda à Charles VIII (huit), et eut pour successeur François Ier (premier). Henri II (deux), fils de François Ier (premier), eut pour successeurs ses trois fils François II (deux), Charles IX (neuf) et Henri III (trois). La maison de Bourbon monta ensuite sur le trône de France en la personne de Henri IV (quatre), auquel succéda son fils Louis XIII (treize). Puis viennent sans interruption Louis XIV (quatorze), fils de Louis XIII (treize); Louis XV (quinze), arrière-petit-fils de Louis XIV (quatorze), et Louis XVI (seize), petit-fils de Louis XV (quinze). Louis XVII (dix-sept), fils de Louis XVI (seize), mourut sans avoir régué. Après la chute de l'empereur Napoléon,

Louis XVIII (dix-huit), frère de Louis XVI (seize), remonta sur le trône, et eut pour successeur Charles X (dix), autre frère de Louis XVI (seize).

Louis XIV (quatorze), né en MDCXXXVIII (1638), monta sur le trône en MDCXLIII (1643), et mourut en MDCCXV (1715), à l'âge de LXXVII (77) ans, après en avoir régné LXXII (72).

La République a été proclamée en France une première fois le XXII (22) septembre MDCCXCII (1792), une seconde fois le XXIV (24) février MDCCCXLVIII (1848), et une troisième fois le IV (4) septembre MDCCCLXX (1870).

Une inscription latine gravée sur la porte Saint-Denis, à Paris, indique qu'elle fut construite l'an MDCLXXII (1672).

Exercice 21 (page 33).

Écrivez en chiffres romains les nombres suivants et expliquez votre façon de faire :

On dira :

1 000		se représente par	M.
	60, ou 50 + 10	—	par LX.
	6, ou 5 + 1	—	par VI.
Donc	1 066	—	par MLXVI,

et ainsi de suite.

R. (1) 1 066 MLXVI   (7) 1715 MDCCXV   (13) 1 830 MDCCCXXX

(2) 1 299 MCCXCIX   (8) 1 789 MDCCLXXXIX   (14) 1 848 MDCCCXLVIII

(3) 1 492 MCDXCII   (9) 1 793 MDCCXCIII   (15) 1 851 MDCCCLI

(4) 1 515 MDXV   (10) 1 798 MDCCXCVIII   (16) 1 870 MDCCCLXX

(5) 1 610 MDCX   (11) 1 804 MDCCCIV

(6) 1 613 MDCXLIII   (12) 1 814 MDCCCXIV

NOTIONS PRÉPARATOIRES SUR LE SYSTÈME MÉTRIQUE

76. — Il y a **huit** unités de mesures, qui sont :

Le mètre	pour	les	longueurs
Le mètre carré	pour	les	surfaces.
L'are	pour	la	surface des terrains.
Le mètre cube	pour	les	volumes.
Le stère	pour	le	volume des bois de chauffage.
Le litre	pour	les	capacités.
Le gramme	pour	les	poids.
Le franc	pour	les	monnaies.

A ces huit unités principales il faut ajouter leurs *multiples* et leurs *sous-multiples décimaux.*

Multiples.

77. — Les *multiples décimaux* des mesures métriques s'expriment à l'aide des mots **déca, hecto, kilo, myria.**

Déca	signifie	dix.
Hecto	—	cent.
Kilo	—	mille.
Myria	—	dix mille.

Sous-multiples.

78. — Les *sous-multiples décimaux* des mesures métriques s'expriment à l'aide des mots **déci, centi, milli.**

Déci	signifie	dixième.
Centi	—	centième.
Milli	—	millième.

Du mètre.

79. — Les multiples du mètre sont :

Le décamètre qui vaut	*dix* mètres.........	10 mètres.
L'hectomètre —	*cent* mètres........	100 —
Le kilomètre —	*mille* mètres........	1000 —
Le myriamètre —	*dix mille* mètres....	10000 —

80. — Les sous-multiples du mètre sont :

Le décimètre qui vaut un	*dixième* de mètre	$0^m,1$
Le centimètre — un	*centième* de mètre	$0^m,01$
Le millimètre — un	*millième* de mètre	$0^m,001$

De l'are[1].

81. — L'are n'a qu'un multiple :

L'hectare, qui vaut *cent* ares................. 100 ares.

   Et un sous-multiple :

Le centiare, qui vaut un *centième* d'are........   0ᵃ,01

Du stère.

82. — Le stère n'a qu'un multiple :

Le décastère qui vaut *dix* stères............. 10 stère

   Et un sous-multiple :

Le décistère, qui vaut un *dixième* de stère.... 0ˢᵗ,1

Du litre.

83. — Les multiples du litre sont :

Le décalitre qui vaut *dix*   litres.............. 10 litres.
L'hectolitre   —   *cent* litres............... 100 —

84. — Les sous-multiples du litre sont :

Le décilitre qui vaut un *dixième* de litre........ 0ˡ,1
Le centilitre   —   un *centième* de litre....... 0ˡ,01

Du gramme.

85. — Les multiples du gramme sont :

Le décagramme, qui vaut *dix*   grammes......... 10 gr.
L'hectogramme   —   *cent* grammes........ 100
Le kilogramme   —   *mille* grammes......... 1000

86. — Les sous-multiples du gramme sont :

Le décigramme, qui vaut un *dixième* de gramme.. 0ᵍʳ,1
Le centigramme   —   un *centième*   — .. 0ᵍʳ,01
Le milligramme   —   un *millième*   — .. 0ᵍʳ,001

Du franc.

87. — Le franc n'a pas de multiples.

Les sous-multiples du franc sont :

Le décime qui vaut   un *dixième* de franc....... 0ᶠ,1
Le centime   —   un *centième* de franc....... 0ᶠ,01

---

1. Pour les multiples et les sous-multiples du mètre carré et du mètre cube,
voir plus loin *Système métrique.*

DEUXIÈME PARTIE

LES QUATRE OPÉRATIONS

CHAPITRE PREMIER

ADDITION DES NOMBRES ENTIERS ET DES NOMBRES DÉCIMAUX

88. — Les **quatre** opérations fondamentales de l'arithmétique sont: l'addition, la soustraction, la multiplication et la division.

Addition.

89. — L'**addition** est une opération qui a pour but de **réunir** plusieurs nombres de la même espèce en **un seul,** qu'on nomme **somme** ou **total.**

EXEMPLE. — Soit à additionner les nombres 4, 2, 5, 7.

Je dis : 4 et 2 font 6, et 5 font 11, et 7 font 18.
Je fais une addition.

Le nombre 18 est la *somme* ou *le total.*

$$\left.\begin{array}{r} 4 \\ 2 \\ 5 \\ 7 \\ \hline 18 \end{array}\right.$$

90. — On ne peut additionner ensemble que des objets **de même espèce** : des billes avec des billes, des francs avec des francs.

91. — Le *total* exprime toujours des unités *semblables* à celles qui ont servi à le former.

Ainsi des billes ajoutées à des billes donnent un total de billes ; des francs ajoutés à des francs donnent un total de francs.

Signe de l'addition.

92. — Pour indiquer que deux ou plusieurs nombres sont à additionner, on les réunit par le signe $+$, qu'on énonce *plus*.

EXEMPLE : $3 + 8 + 4 + 7 = 22$

Lisez :   3 *plus* 8 *plus* 4 *plus* 7 *égale* 22

93. — Le signe $=$, qu'on énonce *égale*, est le signe de l'*égalité*.

ADDITION DES NOMBRES ENTIERS.

Addition des petits nombres entiers.

94. — **Règle.** On doit s'habituer à additionner de tête, c'est-à-dire sans rien écrire, les nombres d'un chiffre, et les petits nombres de deux chiffres.

EXEMPLE. — 4 et 5, 9 ; et 3, 12 ; et 6, 18 ; et 2, 20, etc.

Addition des nombres entiers de plusieurs chiffres.

95. — **Règle.** Pour additionner des nombres de plusieurs chiffres, on écrit ces nombres **les uns au-dessous des autres**, de manière que les *unités* soient sous les *unités*, les *dizaines* sous les *dizaines*, les *centaines* sous les *centaines*, etc.

Cela fait, on additionne séparément les unités, puis les dizaines, puis les centaines, etc.

EXEMPLE. — Soit à additionner les nombres suivants :

$$\begin{array}{r} 1243 \\ 512 \\ 6231 \\ \hline \text{Total}\ldots 7986 \end{array}$$

Je dis : 3 *unités* et 2 font 5, et 1 font 6, je pose 6 au-dessous des *unités*.

4 *dizaines* et 1 font 5, et 3 font 8, je pose 8 au-dessous des *dizaines*.

2 *centaines* et 5 font 7, et 2 font 9, je pose 9 au-dessous des *centaines*.

1 *mille* et 6 font 7, je pose 7 au-dessous des *mille*.

Total : 7986.

Pour plus de rapidité, je dis : 3 et 2, 5, et 1, 6, je pose 6, — 4 et 1, 5, et 3, 8, je pose 8, — 2 et 5, 7, et 2, 9, je pose 9, — 1 et 6, 7, je pose 7.

Et plus rapidement encore : 3, 5, 6, — 4, 5, 8, — 2, 7, 9, — 1, 7.

De la retenue.

96. — Règle. Si la somme des *unités* dépasse **9**, on pose les unités sous la colonne des unités, et on **reporte** le chiffre des dizaines sur la colonne des dizaines. — On fait de même pour les *dizaines*, pour les *centaines*, etc., jusqu'à la dernière colonne, sous laquelle on écrit la somme telle qu'on la trouve.

Exemple. — Soit à additionner les nombres suivants :

$$
\begin{array}{r}
8\,7\,9 \\
9\,8\,4 \\
5\,4\,2 \\
\hline
\text{Total}.\,.\,.\quad 2\,4\,0\,5
\end{array}
$$

Je dis : 9 *unités* et 4 font 13, et 2, 15, je pose 5 sous les unités et je *retiens* 10 unités ou 1 dizaine.

1 *dizaine* de retenue et 7 dizaines font 8, et 8, 16, et 4, 20, je pose 0 sous les dizaines, et je *retiens* 20 dizaines ou 2 centaines.

2 *centaines* de retenue et 8 centaines font 10, et 9, 19, et 5, 24, je pose 4 sous les centaines, et j'*avance* 2.

Total : 2 4 0 5.

Pour plus de rapidité, je dis : 9 et 4, 13, et 2, 15, je pose 5 et je retiens 1 ; — 1 et 7, 8, et 8, 16, et 4, 20, je pose 0 et je retiens 2 ; — 2 et 8, 10, et 9, 19, et 5, 24, je pose 4 et j'avance 2.

Et plus rapidement encore : 9, 13, 15 ; — 8, 16, 20 ; — 10, 19, 24.

ADDITION DES NOMBRES DÉCIMAUX.

97. — Règle. L'addition des nombres décimaux se fait absolument comme celle des nombres entiers ; il suffit de placer toutes les **virgules** les unes au-dessous des autres, y compris celle du total.

Exemple. — Soit à additionner les nombres décimaux suivants :

$$
\begin{array}{r}
7\,3,6\,2\,4 \\
8,5\,3\,9 \\
5\,4\,7,2\,8 \\
1\,4,6\,3\,2 \\
\hline
\text{Total}.\,.\,.\quad 6\,4\,4,0\,7\,5
\end{array}
$$

Je dis : 4 *millièmes* et 9, 13, et 2, 15, je pose 5 sous les millièmes, et je *retiens* 10 millièmes ou 1 centième.

1 *centième* de retenue et 2, 3, et 3, 6, et 8, 14, et 3, 17, je pose 7 sous les centièmes, et je *retiens* 10 centièmes ou un dixième.

1 *dixième* de retenue et 6, 7, et 5, 12, et 2, 14, et 6, 20, je pose 0 sous les dixièmes et je *retiens* 20 dixièmes ou 2 unités, etc.

Pour plus de rapidité, on dit : 4 et 9, 13, et 2, 15, je pose 5, et je retiens 1, etc., comme précédemment.

Et plus rapidement encore : 4, 13, 15, etc.

De la manière de chiffrer.

98. — On doit prendre de bonne heure l'habitude de **bien former** les chiffres.

99. — En chiffrant avec soin, on évite les erreurs et on s'épargne la peine de faire de longues recherches pour rectifier un calcul inexact.

Comment on doit placer les chiffres.

100. — Quand on a plusieurs nombres à superposer, comme dans l'addition, tous les chiffres de même ordre doivent être placés exactement **les uns au-dessous des autres.**

Cette disposition a une telle importance que, dans les registres de comptabilité, tous les chiffres sont alignés à l'aide de petites lignes *sur lesquelles* on écrit.

On doit additionner rapidement.

101. — On doit s'habituer de bonne heure à additionner **rapidement**, en prononçant le moins de mots possible.

Les comptables de commerce parcourent des yeux les longues colonnes de chiffres de leurs registres et posent les totaux sans remuer les lèvres.

Ils parviennent ainsi à vérifier en quelques instants un compte ou une facture, ce que chacun doit pouvoir faire rapidement.

De la preuve.

102. — On appelle **preuve** d'une opération une seconde opération destinée à vérifier le résultat de la première.

103. — Les *preuves* donnent seulement une grande *probabilité* d'exactitude, mais elles ne donnent pas la *certitude*, car il peut arriver qu'on commette dans l'opération et dans la preuve soit les mêmes erreurs, soit des erreurs qui se compensent.

Preuves de l'addition.

104. — La manière de faire la preuve de l'addition varie suivant la longueur de l'addition.

105. — **Première preuve.** Lorsque l'addition est courte, on en fait la preuve en recommençant l'opération de **bas en haut.**

FR. C.	
438,25	
879,30	
42,55	
8,05	
72, »	
273,85	
4290,30	
267, »	
34,45	
823,75	
2045,35	
294,95	
37,25	
278,15	
17, »	
2089,60	Total partiel
12491,80	
36,75	
834,90	
279,45	
82,10	
455,30	
1572,50	
380,55	
25,05	
947,25	
3578, »	
273,40	
931,70	Total partiel
9396,95	
27,05	
432,25	
5783,45	
267,10	
39, »	
231,35	
83,55	
25,35	
359,25	
161,20	
428,30	Total partiel
29726,60	**7837,85**
Total général	29726,60
	Total général

	Addition de haut en bas.	Preuve de bas en haut.
		9443 Total égal.
	347	347
	2563	2563
	824	824
	5709	5709
Total..	9443	

106. — **Deuxième preuve.** Lorsqu'il s'agit de longues additions, comme il arrive fréquemment en comptabilité, la meilleure preuve est celle qui consiste, après que l'addition générale a été faite, à diviser l'opération en trois ou quatre additions *partielles* : la somme des totaux partiels doit être égale au total général.

Dans l'exemple donné en marge, la somme des trois totaux partiels est égale au total général 29726,60.

Remarque. Dans le cas des longues additions, il est bon d'inscrire les *retenues* sur une feuille volante, afin d'avoir la facilité, si l'on est interrompu pendant qu'on additionne une des colonnes, de recommencer l'addition de cette colonne sans être obligé de reprendre toute l'opération.

EXERCICES SUR L'ADDITION

22. Exercice théorique (page 41).

1. Quelles sont les quatre opérations fondamentales de l'arithmétique? — R. L'addition, la soustraction, la multiplication et la division.

2. Qu'est-ce que l'addition? — R. Une opération qui a pour but de réunir plusieurs nombres de la même espèce en un seul que l'on nomme *somme* ou *total*.

3. Vous voulez indiquer que deux nombres sont à additionner; par quel signe les réunissez-vous? — R. Par le signe $+$. Ex. : $7 + 5$.

4. Vous voulez indiquer que la somme de deux nombres égale un troisième nombre donné; quels signes employez-vous? — R. Le signe $+$ et le signe $=$. Ex. : $7 + 5 = 12$.

5. Vous voulez additionner plusieurs nombres entiers; de quelle façon les superposez-vous? Donnez un exemple. — R. De manière que les chiffres de même ordre soient exactement les uns sous les autres. L'élève choisira un exemple.

6. Vous voulez additionner plusieurs nombres décimaux; de quelle façon les superposez-vous? Donnez un exemple. — R. De manière que les chiffres de même ordre soient exactement les uns sous les autres, et que les virgules se correspondent dans une même colonne. — L'élève choisira un exemple.

7. La somme des unités de plusieurs nombres donne 24; que faites-vous des 4 unités? que faites-vous des 20 unités? — R. Je pose les 4 unités, et je retiens les 20 unités, qui valent 2 dizaines, pour les porter à la colonne des dizaines.

8. La somme des dizaines de plusieurs nombres donne 32; que faites-vous des 2 dizaines? que faites-vous des 30 dizaines? — R. Je pose les 2 dizaines, et je retiens les 30 dizaines, qui valent 3 centaines, pour les porter à la colonne des centaines.

9. La somme des centaines de plusieurs nombres donne 112; que faites-vous des 2 centaines? que faites-vous des 110 centaines? — R. Je pose les 2 centaines, et je retiens les 110 centaines, qui valent 11 mille, pour les porter à la colonne des mille.

10. Comment s'appelle le résultat de l'addition? — R. Somme ou total.

11. Comment fait-on la preuve de l'addition? — R. En recommençant l'opération de bas en haut.

12. Vous avez terminé une longue addition et vous craignez de vous être trompé; comment vous y prendrez-vous pour vérifier vos calculs? — R. Je divise l'opération en trois ou quatre additions partielles; la somme des totaux partiels doit être égale au total général.

13. Quels avantages retire-t-on à bien former ses chiffres? — R. En chiffrant avec soin, on évite les erreurs et on s'épargne la peine de faire de longues recherches pour rectifier un calcul inexact.

14. Quelle bonne habitude doit-on prendre en additionnant? — R. Additionner rapidement, en prononçant le moins de mots possible.

23. Exercice oral, puis écrit (page 42).

Pour ajouter 9 à un nombre, on ajoute 10 par la pensée, puis on retranche 1.

Appliquez cette règle aux additions suivantes :

On dira :   5+10, 15, — moins 1, 14.
                   12+10, 22, — moins 1, 21.
                   24+10, 34, — moins 1, 33,

et ainsi de suite.

(1) 5+9. R. 14.	(7) 67+9. R. 76.	(13) 128+9. R. 137.
(2) 12+9. R. 21.	(8) 73+9. R. 82.	(14) 134+9. R. 143.
(3) 24+9. R. 33.	(9) 85+9. R. 94.	(15) 142+9. R. 151.
(4) 33+9. R. 42.	(10) 99+9. R. 108.	(16) 159+9. R. 168.
(5) 41+9. R. 50.	(11) 106+9. R. 115.	(17) 166+9. R. 175.
(6) 56+9. R. 65.	(12) 117+9. R. 126.	(18) 175+9. R. 184.

Écrivez les nombres de 9 en 9 jusqu'à 100.

1° A partir de 0. — R. 0, 9, 18, 27, 36, 45, 54, 63, 72, 81, 90, 99.
2° A partir de 4. — R. 4, 13, 22, 31, 40, 49, 58, 67, 76, 85, 94.
3° A partir de 6. — R. 6, 15, 24, 33, 42, 51, 60, 69, 78, 87, 96.
4° A partir de 2. — R. 2, 11, 20, 29, 38, 47, 56, 65, 74, 83, 92.
5° A partir de 7. — R. 7, 16, 25, 34, 43, 52, 61, 70, 79, 88, 97.
6° A partir de 3. — R. 3, 12, 21, 30, 39, 48, 57, 66, 75, 84, 93.
7° A partir de 8. — R. 8, 17, 26, 35, 44, 53, 62, 71, 80, 89, 98.
8° A partir de 1. — R. 1, 10, 19, 28, 37, 46, 55, 64, 73, 82, 91.
9° A partir de 5. — R. 5, 14, 23, 32, 41, 50, 59, 68, 77, 86, 95.

24. Exercice oral, puis écrit (page 42).

Pour ajouter deux nombres terminés par un zéro comme 30 et 50, on additionne les deux chiffres significatifs, 3 et 5, et on place un zéro à la droite de la somme.

Ainsi on dit : 3 et 5, 8, — 80.

Additionnez :

(1) 20 et 30. R. 50.	7) 90 et 40. R. 130.	(13) 10 et 90. R. 100.
(2) 40 et 20. R. 60.	(8) 80 et 50. R. 130.	(14) 40 et 50. R. 90.
(3) 50 et 10. R. 60.	(9) 60 et 90. R. 150.	(15) 60 et 20. R. 80.
(4) 10 et 40. R. 50.	(10) 20 et 40. R. 60.	(16) 70 et 70. R. 140.
(5) 70 et 30. R. 100.	(11) 50 et 20. R. 70.	(17) 80 et 80. R. 160.
(6) 50 et 80. R. 130.	(12) 70 et 10. R. 80.	(18) 90 et 90. R. 180.

25. Exercice oral, puis écrit (page 42).

Additionnez les nombres suivants, tous terminés par deux zéros :

(1) 600+200+400. R. 1 200.	(7) 300+600+600. R. 1 500.
(2) 500+300+900. R. 1 700.	(8) 500+700+900. R. 2 100.
(3) 400+700+500. R. 1 600.	(9) 800+300+400. R. 1 500.
(4) 300+900+200. R. 1 400.	(10) 700+500+600. R. 1 800.
(5) 600+500+800. R. 1 900.	(11) 900+400+500. R. 1 800.
(6) 100+400+700. R. 1 200.	(12) 600+900+200. R. 1 700.

26. **Exercice oral, puis écrit** (page 42).

Pour additionner deux nombres dont l'un est terminé par un 9, il faut par la pensée ajouter une unité à celui-ci et la retrancher à l'autre.

Soit à additionner : 39 et 15 ;   dites :   40 et 14 font 54
—   59 et 27 ;   —   60 et 26 — 86

Additionnez de même :

(1) 2? et 13. R. 42.	(13) 46 et 9. R. 55.
(2) 49 et 18. R. 67.	(14) 58 et 29. R. 87.
(3) 69 et 35. R. 104.	(15) 63 et 29. R. 92.
(4) 89 et 21. R. 110.	(16) 81 et 39. R. 120.
(5) 79 et 43. R. 122.	(17) 92 et 59. R. 151.
(6) 99 et 72. R. 171.	(18) 74 et 49. R. 123.
(7) 19 et 27. R. 46.	(19) 12 et 79. R. 91.
(8) 59 et 25. R. 84.	(20) 24 et 69. R, 93.
(9) 39 et 12. R. 51.	(21) 37 et 89. R. 126.
(10) 89 et 56. R. 145.	(22) 126 et 109. R. 235.
(11) 109 et 48. R. 157.	(23) 254 et 139. R. 393.
(12) 259 et 137. R. 396.	(24) 520 et 269. R. 789.

27. **Exercice oral, puis écrit** (page 42).

Pour ajouter de tête un nombre à un autre nombre, on ajoute le plus petit au plus grand, en commençant par les unités les plus élevées.

Soit à additionner 56 et 23 ; dites : 56 et 20 font 76 ; plus 3, — 79.

Additionnez de même :

(1) 47 et 15. R. 62.	(8) 73 et 29. R. 102.	(15) 58 et 32. R. 90.
(2) 36 et 23. R. 59.	(9) 15 et 46. R. 61.	(16) 45 et 17. R. 62.
(3) 19 et 17. R. 36.	(10) 88 et 35. R. 123.	(17) 98 et 33. R. 131.
(4) 25 et 48. R. 73.	(11) 42 et 15. R. 57.	(18) 29 et 15. R. 44.
(5) 56 et 32. R. 88.	(12) 39 et 18. R. 57.	(19) 48 et 17. R. 65.
(6) 45 et 27. R. 72.	(13) 78 et 34. R. 112.	(20) 52 et 24. R. 76.
(7) 34 et 62. R. 96.	(14) 87 et 26. R. 113.	

Exercice 28 (page 43).

Effectuez les additions suivantes, puis faites la preuve en trois additions partielles aux endroits indiqués.

(1)	(2)	(3)	(4)	(5)
2,37	2,37	2,36	2,36	2,34t.
4,76	4,74	4,72	4,72	4,69
9,52	9,48	9,45	9,41	9,37
14,28	14,22	14,17	14,11	14,06
19,04	18,97	18,89	18,82	18,74
23,80	23,71	23,61	23,52	23,43
28,56	28,45	28,34	28,22	28,11
33,32	33,19	33,06	32,93	32,80

PARTIE DU MAITRE.

38,08	37,93	37,78	37,63	37,48
42,84	42,67	42,50	42,34	42,17
47,60	47,41	47,23	47,04	46,85
95,20	94,83	94,45	94,08	93,71
142,80	142,24	141,68	141,12	140,56
190,40	189,65	188,91	188,16	187,41
238,00	237,07	236,13	235,20	234,27
285,60	284,48	283,36	282,24	281,12
325,20	331,89	330,59	329,28	327,97
380,80	379,31	377,81	376,32	374,83
428,40	426,72	325,04	423,36	421,68
476,00	474,13	473,27	470,40	468,53
1 190,00	1185,33	1180,67	1176,00	1171,33
2380,00	2378,67	2361,33	2352,00	2342,67
6396,57	6387,46	6255,35	6329,26	6304,12

Preuves

135,65	135,13	134,60	134,09	133,54
794,92	791,80	788,68	785,57	782,45
5466,00	5460,53	5332,07	5409,60	5388,3
6396,57	6387,46	6255,35	6329,26	6304,12

(6)	(7)	(8)	(9)	(10)
2,33	2,32	2,31	2,31	3,30
4,67	4,65	4,63	4,61	4,59
9,33	9,30	9,16	9,22	9,18
14,00	13,94	13,89	13,83	13,68
18,67	18,59	18,52	18,44	18,37
23,33	23,24	23,15	23,05	22,96
28,00	27,89	27,78	27,66	26,55
32,67	32,54	32,41	32,27	32,14
37,33	37,18	37,03	30,89	36,74
42,00	41,83	41,66	41,50	41,33
46,67	46,48	46,29	46,11	45,92
93,33	92,96	92,59	92,21	91,84
140,00	139,44	138,88	138,32	137,76
186,67	185,92	185,17	184,43	183,68
233,33	232,40	231,47	230,53	329,60
280,00	278,88	277,76	276,64	275,52
326,67	325,36	324,05	322,75	321,44
373,33	371,84	370,35	306,85	367,36
420,00	418,32	416,64	414,96	412,28
466,67	464,80	462,93	461,07	459,20
1166,67	1162,00	1157,33	1152,67	1148,00
2333,33	2324,00	2134,77	2305,33	2296,00
6219,00	6253,88	6048,77	6135,65	6277,44

Preuves.

133,00	132,47	131,85	131,39	130,77
779,33	776,21	773,09	763,99	866,87
5 506,67	5 345,20	5 143,83	5 240,27	5 279,89
6 219,00	6 253,88	6 048,77	6 135,65	6 277,43

Exercice 29 (page 44).

Disposez et effectuez les additions suivantes :

(1) 367 + 145 + 234 + 428 + 742. R. 1 916.
(2) 234 + 301 + 465 + 600 + 269. R. 1 869.
(3) 336 + 743 + 830 + 626 + 750. R. 3 285.
(4) 780 + 629 + 826 + 173 + 245. R. 2 653.
(5) 502 + 179 + 855 + 532 + 208. R. 2 276.
(6) 885 + 561 + 237 + 914 + 590. R. 3 187.
(7) 7 266 + 911 + 8 643 + 19 + 994 + 669. R. 18 532.
(8) 44 + 6 019 + 46 669 + 5 344 + 843 + 9 392. R. 68 311.
(9) 66 + 740 + 1 414 + 88 + 762 + 3 435. R. 6 505.
(10) 4 019 + 783 + 56 + 129 + 6 802 + 476. R. 12 265.
(11) 148 + 8 821 + 9 494 + 167 + 830 + 1 512. R. 20 972.
(12) 62 184 + 2 856 + 529 + 4 201 + 873 + 6 216. R. 76 859.
(13) 2,28 + 1,837 + 2,393 + 8,94 + 3,431 + 40,07 + 5,64. R. 64,591.
(14) 5,12 + 6,765 + 23,299 + 0,7344 + 7,9 + 8,456 + 95,68. R. 147,9544.
(15) 0,679 + 0,1234 + 1,79 + 0,9004 + 9,558 + 0,113 + 6,67. R. 19,8338.
(16) 5,099 + 56,63 + 6,206 + 7,681 + 31,37 + 9,228 + 0,9984. R. 117,2124.

PROBLÈMES SUR L'ADDITION.

NOTE POUR LE MAITRE

Il nous semble inutile de donner des modèles de problèmes sur l'addition, le résultat cherché étant toujours la somme des nombres proposés.

Il sera bon cependant d'habituer l'élève à expliquer nettement et correctement la raison de chaque addition.

Par exemple, dans le premier problème, il dira :

Il est évident que l'ouvrier aura reçu en tout :

14 fr. 75 + 25 fr. 85 + 13 fr. 25 + 24 fr. 35.

Donc il faut faire la somme de ces trois nombres, c'est-à-dire les additionner, ou faire une addition.

Dans le deuxième problème, l'élève dira :

Il est évident que dans les trois journées l'ouvrier aura fait le nombre de mètres du premier jour, plus le nombre de mètres du second jour, plus le nombre de mètres du troisième jour. Il faut faire la somme de ces trois nombres, c'est-à-dire les additionner.

Dans le troisième problème, l'élève dira :

Il est évident que l'ouvrière a dépensé le prix de son canevas, plus le prix de ses aiguilles, plus le prix de la laine, plus le prix de la soie, c'est à dire la somme de ces quatre nombres; donc il faut les additionner. On trouve qu'elle a dépensé 6 francs; mais comme il lui reste encore 7 fr. 65, pour savoir l'argent qu'elle avait, il faut ajouter ces 7 fr. 65 aux 6 francs qu'elle a dépensés, c'est-à-dire faire une seconde addition.

Et ainsi de suite.

———

1. Un ouvrier, pour divers ouvrages, a reçu d'abord 14 fr. 75, puis 25 fr. 85, puis 13 fr. 25 et enfin 24 fr. 35. Combien a-t-il reçu en tout? — R. 78 fr. 20.

2. En trois jours, un ouvrier a fait un petit fossé : le premier jour, il a fait $17^m,24$; le deuxième, $19^m,49$; le troisième, $14^m,28$. Combien a-t-il fait de mètres en tout? — R. $51^m,01$.

3. Une ouvrière achète du canevas pour 1 fr. 35, des aiguilles pour 0 fr. 35, de la laine pour 3 fr. 55, de la soie pour 0 fr. 75, et il lui reste encore 7 fr. 65. 1° Combien a-t-elle dépensé? 2° Combien avait-elle d'argent? — R. 1° 6 fr. — 2° 13 fr. 65.

4. On a payé à un menuisier 48 fr. 75 pour une commode, 121 fr. 45 pour une armoire, 12 fr. 45 pour une table. Combien ce menuisier a-t-il reçu? — R. 182 fr. 65.

5. Un marchand a vendu $7^m,25$ de drap pour 45 fr. 60; puis $9^m,45$ pour 84 fr. 10. Combien a-t-il vendu de mètres de drap et pour quelle somme? — R. 1° $16^m,70$. — 2° 129 fr. 70. — *Explication*. On additionne séparément les nombres de mètres entre eux, et les nombres de francs entre eux.

6. Un marchand achète du drap pour 845 fr. 50 et il le revend avec un bénéfice de 77 fr. 75. Combien l'a-t-il revendu? — R. 923 fr. 25.

7. Paul achète une vigne 5 257 fr. et il la revend avec un bénéfice de 548 fr. Combien l'a-t-il revendue? — R. 5 805 fr.

8. Un épicier achète 135 kilog. de sucre pour 205 fr. 50, puis 98 kilog. pour 148 fr., puis enfin 275 kilog. pour 393 fr. Combien a-t-il acheté de kilogrammes de sucre, et pour quelle somme? — R. 1° 508 kilog. — 2° 746 fr. 50. — *Explication*. On additionne séparément les nombres de kilogrammes entre eux, et les nombres de francs entre eux.

9. On a vendu une maison 61 640 fr., soit 6 541 fr. de moins que le prix d'achat. Combien avait-elle coûté? — R. 68 181 fr.

10. Le premier jour de la semaine, un tisserand fait $3^m,79$ de toile; le deuxième jour, $2^m,84$; le troisième jour, 4^m; le quatrième jour, $0^m,68$; le cinquième jour, $1^m,59$; le sixième jour, $3^m,65$. Combien a-t-il fait de toile dans sa semaine? — R. $16^m,55$.

11. Il a été consommé à Paris, en 1869, 18 271 716 bottes de foin, sainfoin, luzerne, etc., et 29 469 467 bottes de paille. Combien de bottes en tout? — R. 47 741 183 bottes.

12. Un terrassier défonce 110^{mq} de terrain le lundi, 105^{mq} le mardi, 100^{mq} le mercredi, 95^{mq} le jeudi, 90^{mq} le vendredi et 85^{mq} le samedi. Quelle étendue a-t-il défoncée dans sa semaine? — R. 585^{mq}.

13. Trois personnes ont formé une société : la première a mis 25 400 fr. dans cette société; la deuxième, 18 700 fr., et la troisième 34 500 fr. A combien s'élève le capital social? — R. 78 600 fr.

14. Pour la réparation d'une maison, on a payé au maître maçon 537 fr., au menuisier 318 fr., au peintre 175 fr., au couvreur 290 fr. Quelle est la dépense totale? — R. 1 320 fr.

15. Une personne a dans sa cave trois pièces de vin : l'une contient 225 lit., la deuxième 250 lit., la troisième 285 lit. Quelle quantité de vin cette personne a-t-elle en cave? — R. 760 lit.

16. **Une** locomotive pèse 28 000 kilog., son tender * pèse 9 500 kilog., de plus, il contient 8 000 kilog. d'eau et 1 700 kilog. de charbon. Quel est le poids total de la locomotive et de son tender ? — R. 75 200 kilog.

17. Un fermier a récolté dans un champ 187 gerbes, dans un second 136, dans un troisième 154, dans un quatrième 92. Combien a-t-il récolté de gerbes en tout ? — R. 569 gerbes.

18. On a payé 25 fr. 70 pour 918 kilog. de bourres * de tanneries ; on a payé ensuite 20 fr. 29 pour 704 kilog., puis 27 fr. 75 pour 1 090 kilog. Combien a-t-on eu de ces bourres ? Combien a-t-on payé ? — R. 1° 2712 kilog. — 2° 73 fr. 74.

19. Une pépinière * renferme 257 pommiers, 318 poiriers, 493 cerisiers, 379 pêchers et 185 abricotiers. Combien cette pépinière renferme-t-elle d'arbres ? — R. 1 632.

20. Une personne achète une maison 18 500 fr., elle y fait des réparations pour 2 640 fr., et réalise en la vendant un bénéfice de 4 860 fr. Combien l'a-t-elle revendue ? — R. 26 000 fr.

21. On a acheté 1 200 kilog. de colombine * pour 107 fr. et on a payé 67 fr. 70 pour une autre voiture de colombine pesant 573 kilog. Combien a-t-on eu de kilogrammes de cet engrais * ? Combien a-t-on déboursé ? — R. 1° 1 773 kilog. — 2° 174 fr. 70.

22. La toison * de mon mouton pesait 1 kilog. 750 et a été vendue 5 fr. 60 ; celle de ma brebis pesait 1 kilog. 500 et a été vendue 4 fr. 80 ; enfin celle de mon agneau pesait 380 gr. et a été vendue 0 fr. 60. Combien ai-je eu de kilogrammes de laine ? Combien en ai-je retiré ? — R. 1° 3 kilog. 630. — 2° 11 fr.

23 Un épicier a vendu :

75 kilog.	de café pour		225 fr.
146	—	—	418
67	—	—	195
108	—	—	324
Total. . . 396 kilog.		pour	1 162 fr.

24. Un fermier a 4 champs qui ont produit :

Le 1er 1 950 kilog. de blé et	5 875 kilog. de paille valant ensemble	1 080 fr.
Le 2e 3 165	—	7 260	—	1 537
Le 3e 2 800	—	6 045	—	1 125
Le 4° 745	—	2 530	—	510
Total. 8 660 kilog.		21 710 kilog.		4 252 fr.

25. J'ai vendu 4 lit. de lentilles et j'ai reçu 1 fr. 40 ; j'en ai vendu ensuite 19 lit. et j'ai reçu 7 fr. 60 ; enfin on m'a donné 2 fr. 70 pour les 9 litres qui me restaient. Combien ai-je vendu de litres de lentilles, et quelle somme ai-je reçue ? — R. 1° 32 lit. — 2° 11 fr. 70

26. Un épicier a acheté :

Une 1re fois 104 kilog. de sucre pour	156 fr.	»
— 2e — 76	—	106	40
— 3e — 238	—	309	40
— 4e — 129	—	187	05
— 5e — 618	—	865	20

Combien a-t-il acheté en tout de kilogrammes de sucre et combien a-t-il déboursé ? — R. 1 165 kilog. de sucre pour 1 424 fr. 05.

27. Un marchand de vin a vendu une pièce de 2 hectol. 72, un tonneau de 30 décal., une feuillette de 135 lit. et un baril de 14 lit. Combien a-t-il vendu de litres? — R. 721 lit. — *Explication.* Il faut d'abord convertir les hectolitres et les décalitres en litres. 2 hectol. 72 = 272 lit. ; 30 décal. = 300 lit.

28. En 6 jours, Paul a fait 28^m d'ouvrage qui lui ont été payés 15 fr. ; en 14 jours, il en a fait 121^m qui lui ont été payés 79 fr. 75. On demande : 1° combien Paul a travaillé de jours ; 2° combien il a fait de mètres ; 3° combien il a gagné. — R. 1° 20 jours. — 2° 149^m. — 3° 94 fr. 75.

29. Un ouvrier a reçu 28 fr. ; un second a reçu 11 fr. de plus que le premier, et un troisième a reçu autant que les deux autres. Qu'ont-ils reçu en tout? — R. 134 fr. — *Explication.* Le premier a reçu 28 fr. ; le second a reçu 28 fr. + 11 fr. = 39 fr. Donc les deux premiers ont reçu 28 fr. + 39 fr. = 67 fr. Donc le troisième a aussi reçu 67 fr., etc.

30. On reçoit trois caisses d'oranges ; dans la première, il y a 148 oranges ; dans la seconde, il y en a 37 de plus que dans la première, et dans la troisième il y en a autant que dans les deux autres. Combien d'oranges en tout? — R. 666.

31. Il y a 8 fagots rangés sur une ligne droite à 16^m de distance les uns des autres. Un homme doit les entasser tous à l'endroit où se trouve le premier, et il ne peut en porter qu'un à la fois. On demande le chemin total qu'il devra faire. — R. 896^m. — *Explication.* Pour aller chercher le deuxième fagot et le rapporter, l'homme fera $16^m + 16^m = 32^m$; pour le troisième fagot, il fera $32^m + 32^m = 64^m$; pour le quatrième fagot, il fera $64^m + 32^m = 96^m$; pour le cinquième fagot, il fera $96^m + 32^m = 128^m$, et ainsi de suite jusqu'au septième.

32. Un ouvrier a fait 48^m de plus qu'un second ouvrier qui a fait 27^m de plus qu'un troisième qui a fait 35^m de plus qu'un quatrième qui a fait 104^m. Combien de mètres ont fait les quatre ouvriers? — R. 623^m. — *Explication* Le quatrième ouvrier a fait 104^m ; le troisième a fait $104^m + 35^m = 139^m$; le deuxième a fait $139^m + 27^m = 166^m$, etc.

33. Un propriétaire qui fait creuser un puits donne 5 fr. à un ouvrier pour le premier mètre, 7 fr. pour le second, 9 fr. pour le troisième, et ainsi de suite en augmentant de 2 fr. à chaque mètre. Combien l'ouvrier recevra-t-il si le puits a 8^m de profondeur? — R. 96 fr

34. Un ouvrier a fait en 18 jours 27^m d'ouvrage, qui lui ont été payés 297 fr. ; il a fait ensuite en 15 jours 24^m d'ouvrage, qui lui ont été payés 264 fr. ; enfin il a fait en 31 jours 49^m d'ouvrage, qui lui ont été payés 539 fr. On demande combien de jours il a travaillé, quel nombre de mètres d'ouvrage il a fait, et quelle somme il a reçue. — R. 1° 64 jours ; — 2° 100^m ; — 3° 1 100 fr.

35. On a consommé à Paris, en 1869, les quantités suivantes de liquides :

Vins en cercles ou en bouteilles.	3 714 682 hectol.
Alcools purs et liqueurs.	132 407
Cidres et poirés.	98 718
Bières.	335 544
Quelle a été la consommation totale ? — R.	4 281 351 hectol.

36. Quatre personnes se sont partagé une somme : la première a eu 450 fr., la deuxième a eu 120 fr. de plus que la première, la troisième 240 fr. de plus que la deuxième, et la quatrième autant que la première et la troisième. Combien chaque personne a-t-elle eu et quelle somme a été partagée ? — R. La première, 450 fr.; la deuxième, 570 fr.; la troisième, 810 fr.; la quatrième, 1 200 fr. — La somme totale était de 3 090 fr.

CHAPITRE II

SOUSTRACTION DES NOMBRES ENTIERS ET DES NOMBRES DÉCIMAUX

107. — La **soustraction** est une opération qui a pour but de **retrancher** un plus petit nombre d'un plus grand de la même espèce.

108. — Le résultat de la soustraction se nomme **reste**, **excès** ou **différence**.

EXEMPLE. — Soit à soustraire 8 de 12.
Je dis : 8 ôté de 12, il reste 4.
Je fais une soustraction.
Le nombre 4 est le *reste* de la soustraction ou l'*excès* de 12 sur 8, ou la *différence* entre 12 et 8.

$$\begin{array}{r} 12 \\ 8 \\ \hline 4 \end{array}$$

Signe de la soustraction.

109. — Quand on veut indiquer qu'un nombre est à soustraire d'un autre, on place entre ces deux nombres le signe — , qu'on énonce *moins*.

EXEMPLE. — Je veux indiquer que le nombre 8 est à soustraire de 12, j'écris :

$$12 - 8$$

que je lis : 12 *moins* 8.

Dans ce cas, l'opération est simplement *indiquée*, mais *non effectuée*.

Si j'effectue l'opération, j'écrirai :

$$12 - 8 = 4$$

que je lis : 12 moins 8 égale 4.

SOUSTRACTION DES NOMBRES ENTIERS.

Soustraction des petits nombres entiers.

110. — **Règle.** On doit s'habituer à faire les soustractions de tête, lorsqu'il s'agit de petits nombres.

EXEMPLE :

4	ôté de	9	reste	5
6	ôté de	13	reste	7
9	ôté de	24	reste	15

Soustraction des nombres entiers de plusieurs chiffres.

111. — Règle. Pour soustraire l'un de l'autre deux nombres entiers de plusieurs chiffres, on écrit le plus petit **sous le plus grand,** de manière que les *unités* soient sous les *unités,* les *dizaines* sous les *dizaines,* les *centaines* sous les *centaines,* etc.

Cela fait, on retranche séparément les unités des unités, les dizaines des dizaines, les centaines des centaines, etc.

Exemple. — Soit à retrancher 5243 de 8769.

Plus grand nombre 8769
Plus petit nombre 5243

Reste. . . . 3526

Je dis : **3** *unités* ôtées de 9 unités, il reste **6** unités. Je pose 6 sous les *unités*.

   4 *dizaines* ôtées de 6 dizaines, il reste 2 dizaines. Je pose 2 sous les *dizaines.*

   2 *centaines* ôtées de 7 centaines, il reste 5 centaines. Je pose 5 sous les *centaines.*

   5 *mille* ôtés de 8 mille, il reste 3 mille. Je pose 3 sous les *mille.*

$$8769 - 5243 = 3526.$$

Pour plus de rapidité, je dis : 3 de 9 reste 6 ; 4 de 6, reste 2 ; etc.

Et plus rapidement encore : 3 de 9, 6 ; 4 de 6, 2, etc.

L'un des chiffres inférieurs est plus fort.

112. — Règle. Lorsque l'un des chiffres inférieurs est plus fort que le chiffre supérieur correspondant, on augmente de **10** le chiffre supérieur et de **1** le chiffre inférieur de gauche.

Si le chiffre supérieur est **0,** il devient **10.**

Exemple. — Soit à retrancher 437 de 802.

Plus grand nombre 802
Plus petit nombre 437

Reste. 365

Je dis : 7 unités ôtées de 2 unités, cela ne se peut ; j'augmente le chiffre 2 de 10 unités ou une dizaine, et je dis : 7 unités de 12 unités, il reste 5 unités. Je pose 5 sous les unités, et *je retiens* 1 dizaine.

Comme j'ai augmenté de 1 dizaine le plus grand nombre, il convient d'augmenter de 1 dizaine le plus petit nombre ; voilà pourquoi je dis : **1** dizaine *de retenue* et **3** dizaines font 4 dizaines; 4 dizaines ôtées de 0 dizaine, cela ne se peut. J'augmente le chiffre 0 de 10 dizaines qui valent 1 centaine, et je dis : 4 dizaines ôtées de 10 dizaines, il reste 6 dizaines. Je pose 6 sous les dizaines, et *je retiens* 1 centaine.

Comme j'ai augmenté de 1 centaine le plus grand nombre, il convient d'augmenter de 1 centaine le plus petit nombre : voilà pourquoi je dis : 1 centaine *de retenue* et 4 centaines font 5 centaines ; 5 centaines ôtées de 8 centaines, il reste 3 centaines. Je pose 3 sous les centaines.

$$802 - 437 = 365.$$

Pour plus de rapidité, je dis : 7 de 12, reste 5, je pose 5, et je retiens 1 ; 1 de retenue et 3, 4, de 10, reste 6, je pose 6, et je retiens 1 ; 1 de retenue et 4, 5, de 8, reste 3, je pose 3.

Et plus rapidement encore : 7 de 12, 5 ; 4 de 10, 6 ; 5 de 8, 3.

La règle qui précède repose sur le principe suivant :

113. — Principe. La différence de deux nombres **ne change pas** lorsqu'on les augmente l'un et l'autre d'un **même nombre.**

Ce principe est évident.

Exemple. — Soient les nombres

$$15 \text{ et } 12$$

dont la différence est 3 ; si j'augmente ces deux nombres de 10, j'aurai

$$25 \text{ et } 22$$

dont la différence est encore 3.

SOUSTRACTION DES NOMBRES DÉCIMAUX.

114. — Règle. La soustraction des nombres décimaux se fait absolument comme celle des nombres entiers; il suffit de placer les **virgules** les unes au-dessous des autres, y compris celle du reste.

Exemple. — Soit à soustraire 2,394 de 3,756.

```
Plus grand nombre   3,756
Plus petit nombre   2,394
                    ─────
Reste....           1,362
```

Je dis : 4 millièmes ôtés de 6 millièmes, il reste 2 millièmes, je pose 2 sous les millièmes.

9 centièmes ôtés de 5 centièmes, cela ne se peut ; j'augmente le

chiffre 5 de 10 centièmes qui valent 1 dixième et je dis : 9 centièmes ôtés de 15 centièmes, il reste 6 centièmes, je pose 6 sous les centièmes, et *je retiens* 1.

Comme j'ai augmenté de 1 dixième le plus grand nombre, il convient d'augmenter de 1 dixième le plus petit nombre ; voilà pourquoi je dis : 1 dixième *de retenue* et 3 dixièmes font 4 dixièmes ; 4 dixièmes ôtés de 7 dixièmes, il reste 3 dixièmes. Je pose 3 sous les dixièmes, etc.

Pour plus de rapidité, je dis : 4 de 6, reste 2, je pose 2 ; 9 de 15, reste 6, je pose 6 et je retiens 1 ; 1 de retenue et 3, 4, de 7, reste 3, je pose 3, etc.

Et plus rapidement encore : 4 de 6, 2 ; 9 de 15, 6 ; 4 de 7, 3, etc.

115. — REMARQUE. Il peut arriver que les deux nombres n'aient pas un nombre égal de chiffres décimaux ; dans ce cas, on ajoute *par la pensée*, au nombre qui en a le moins, autant de zéros qu'il est nécessaire. Sa valeur n'en est pas changée (n° 68).

EXEMPLES. — 1° Soit à soustraire 3,4 de 5,826.

$$\begin{array}{r} 5,826 \\ 3,4 \\ \hline 2,426 \end{array}$$

Je dis : 0 de 6, il reste 6 ; 0 de 2, il reste 2 ; 4 de 8, il reste 4, etc.

2° Soit encore à soustraire 5,437 de 9,6.

$$\begin{array}{r} 9,6 \\ 5,437 \\ \hline 4,163 \end{array}$$

Je dis : 7 de 10, il reste 3, et je retiens 1 ; 1 de retenue et 3, 4, de 10, il reste 6, et je retiens 1 ; 1 de retenue et 4, 5, de 6, il reste 1 ; 5 de 9, il reste 4.

La soustraction par l'addition.

116. — Dans la pratique, les négociants, les comptables, les calculateurs trouvent plus commode et plus rapide de faire la soustraction par l'addition de la manière suivante :

EXEMPLE. — 1° Soit à retrancher 5243 de 8769.

$$\begin{array}{r} 8769 \\ 5243 \\ \hline 3526 \end{array}$$

Après avoir disposé les deux nombres comme à l'ordinaire, on cherche par la pensée le chiffre qui ajouté à 3 fera 9, celui qui ajouté à 4 fera 6, celui qui ajouté à 2 fera 7, etc. Ainsi l'on dit : 3 et 6, 9, et on pose 6 ; 4 et 2, 6, et on pose 2 ; 2 et 5, 7, et on pose 5 ; 5 et 3, 8, et on pose 3.

2° Soit encore à retrancher 4,37 de 8,02.

$$\begin{array}{r} 8,02 \\ 4,37 \\ \hline 3,65 \end{array}$$

On dit : 7 et 5, 12, et on pose 5 ; 1 de retenue et 3, 4 ; 4 et 6, 10, on pose 6 ; 1 de retenue et 4, 5 et 3, 8, et on pose 3.

Preuve de la soustraction.

117. — Pour faire la **preuve** de la soustraction, on additionne le plus petit nombre avec le reste : si l'opération est exacte, on doit retrouver le plus grand nombre.

EXEMPLES.

	923	2 045	48,34
	734	1 923	27,932
Reste.	189	122	20,408
Preuve.	923	2 045	48,340

EXERCICES SUR LA SOUSTRACTION

30. Exercice théorique (page 51).

1. Qu'est-ce que la soustraction ? — R. Voir p. 47, n° 107.

2. Comment s'appelle le résultat de la soustraction ? — R. Reste, excès ou différence

3. Vous voulez indiquer qu'un nombre est à soustraire d'un autre nombre, quel signe employe vous ? Donnez un exemple. — R. J'emploie le signe — qu'on énonce : moins.

Ex. : Si je veux soustraire 9 de 15, j'écris : 15 — 9.

4. Vous voulez soustraire un nombre d'un autre nombre, comment disposez-vous vos deux nombres ? Donnez un exemple. — R. Voir p. 48, n° 111. (L'élève choisira un exemple.)

5. L'un des chiffres inférieurs est plus fort que le chiffre supérieur correspondant, que faites-vous ? Donnez un exemple. — R. Voir p. 48. n° 112. (L'élève choisira un exemple.)

6. Expliquez pourquoi, puisque vous augmentez le chiffre supérieur de 10, il suffit d'augmenter de 1 le chiffre inférieur de gauche. — R. Parce que

10 unités d'un ordre quelconque valent une unité de l'ordre immédiatement supérieur.

7. Sur quel principe repose cette manière de procéder? — R. Cette manière de procéder repose sur ce principe, que la différence de deux nombres ne change pas lorsqu'on les augmente l'un et l'autre d'un même nombre.

8. Vous voulez soustraire l'un de l'autre deux nombres décimaux, comment les disposez-vous? — R. Voir p. 49, n° 114.

9. Montrez par un exemple comment on peut faire la soustraction par l'addition. — R. Voir p. 50, n° 116.

10. Comment fait-on la preuve de la soustraction? — R. Voir p. 51, n° 117.

Exercice 31 (page 52).

Pour soustraire l'un de l'autre deux nombres terminés par des zéros, on néglige le même nombre de zéros de part et d'autre, on fait la soustraction, puis on écrit à la droite du reste les zéros négligés.

Soit 3 000 à soustraire de 8 000. On dit : 3 de 8, 5; j'écris 3 zéros, 5 000.

Retranchez :

(1)	40 de	90.	R.	50.	(9)	70 de 200.	R. 130.
(2)	30 de	70.	R.	40.	(10)	6 000 de 15 000.	R. 9 000.
(3)	60 de	80.	R.	20.	(11)	400 de 1 200.	R. 800.
(4)	500 de	700.	R.	200.	(12)	3 500 de 5 000.	R. 1 500.
(5)	4 000 de	9 000.	R.	5 000.	(13)	20 000 de 65 000.	R. 45 000.
(6)	18 000 de	25 000.	R.	7 000.	(14)	45 000 de 86 000.	R. 41 000.
(7)	300 de	1 000.	R.	700.	(15)	30 000 de 72 000.	R. 42 000.
(8)	2 500 de	4 000.	R.	1 500.			

Exercice 32 (page 52).

On a souvent à faire une soustraction à la suite d'une addition, ou une addition à la suite d'une soustraction. On peut dans les deux cas commencer par l'une ou par l'autre opération.

Soit à calculer : $146 + 29 - 75$.

On peut dire : $146 + 29 = 175$; puis $175 - 75 = 100$.
Ou bien : $146 - 75 = 71$; puis $71 + 29 = 100$.

REMARQUE. — On ne doit pas écrire :

$$146 + 29 = 175 - 75 = 100.$$

Cette égalité signifierait que $146 + 29 = 175 - 75$, ce qui est faux. Mais on doit écrire en deux fois :

$$146 + 29 = 175$$
$$175 - 75 = 100$$

Effectuez les opérations suivantes des deux manières :

(1)	$18 + 7 - 12.$ R. 13.	(7)	$258 - 183 + 67.$	R. 142.
(2)	$15 - 9 + 4.$ R. 10.	(8)	$546 + 309 - 715.$	R. 140.
(3)	$17 + 12 - 8.$ R. 21.	(9)	$478 - 185 + 234.$	R. 517.
(4)	$20 + 5 - 16.$ R. 9.	(10)	$1 041 - 618 + 362.$	R. 785.
(5)	$17 - 8 + 10.$ R. 19.	(11)	$6 773 + 3 149 - 8 558.$	R. 1 364.
(6)	$124 - 75 + 38.$ R. 87.	(12)	$13 575 + 8 256 - 15 634.$	R. 6 197.

Exercice 33 (page 52).

On demande l'accroissement partiel de la population à chaque recense_
ment, et l'accroissement total de 1821 à 1872.

La population de la France a subi les variations suivantes

En 1821 avec 86 départements	30 461 875 hab.				
En 1831	—	32 569 223	—	R. Augmentation	2 107 348
En 1836	—	33 540 910	—	—	971 687
En 1841	—	34 230 178	—	—	689 268
En 1846	—	35 401 761	—	—	1 171 583
En 1851	—	35 783 170	—	—	381 409
En 1856	—	36 039 364	—	—	256 194
En 1861 avec 89 départements	37 382 225	—	—	1 342 861
En 1866	—	38 067 864	—	—	685 639
En 1872 avec 86 départements	36 102 921	—	R. Diminution	1 964 943

Accroissement total de 1821 à 1872. . . . . 5 641 046

Exercice 34 (page 53.)

Population des dix départements les plus peuplés de la France.

On demande l'accroissement ou la diminution de population dans chacun
de ces départements, de 1866 à 1871.

	Recensement de 1866.	Recensement de 1871.		
Seine	2 150 916	2 220 060	R. Augmentation	69 144
Nord	1 392 041	1 447 764	—	55 723
Seine-Inférieure	792 768	790 022	R. Diminution	2 746
Pas-de-Calais	749 777	761 158	R. Augmentation	11 381
Gironde	701 855	705 149	—	3 294
Rhône	678 648	670 247	R. Diminution	8 401
Finistère	662 485	642 963	—	19 522
Côtes-du-Nord	641 210	622 295	—	18 915
Saône-et-Loire	600 006	598 344	—	1 665
Loire-Inférieure	598 598	602 206	R. Augmentation	3 608

Exercice 35 (page 53).

Population des dix principales villes de France.

On demande l'accroissement ou la diminution de population dans chacune
de ces villes, de 1866 à 1871.

	Recensement de 1866.	Recensement de 1871.		
Paris	1 825 274	1 851 792	R. Augmentation	26 518
Lyon	323 954	323 417	R. Diminution	537
Marseille	300 131	312 864	R. Augmentation	12 735
Bordeaux	194 241	194 055	R. Diminution	186
Lille	154 749	158 117	R. Augmentation	3 368
Toulouse	126 936	124 852	R. Diminution	2 084
Nantes	111 956	118 517	R. Augmentation	6 561
Rouen	100 671	102 470	—	1 799
Saint-Étienne	96 620	110 814	—	14 194
Le Havre	74 900	86 825	—	11 925

Exercice 36 (page 53).

Effectuez les soustractions suivantes (n° 115) :

(1)	100 — 37	R. 63	(6) 10 000 — 622	R. 9 378
(2)	1 000 — 428	R. 572	(7) 1 000 — 47	R. 953
(3)	10 000 — 5 273	R. 4 727	(8) 100 000 — 25 566	R. 74 434
(4)	100 000 — 63 915	R. 36 085	(9) 100 — 76	R. 24
(5)	1 000 000 — 182 764	R. 817 236	(10) 1 000 000 — 444 556	R. 555 444

Exercice 37 (page 54).

Effectuez les soustractions suivantes (n° 115) :

(1) 1 — 0,6045163	R. 0,3954837	(6) 1 — 0,4693078	R. 0,5306922
(2) 1 — 0,1378921	R. 0,8621079	(7) 1 — 0,9787797	R. 0,0212203
(3) 1 — 0,0909015	R. 0,9090985	(8) 1 — 0,3653057	R. 0,6346943
(4) 1 — 0,8575894	R. 0,1424106	(9) 1 — 0,9382678	R. 0,0617322
(5) 1 — 0,1087341	R. 0,8912659	(10) 1 — 0,7128704	R. 0,2871296

Exercice 38 (page 54).

Effectuez par l'addition les soustractions suivantes (n° 116) :

(1) 36 729 — 24 965	R. 11 764	(5) 1 467 930 — 362 057	R. 1 105 873
(2) 430 572 — 290 478	R. 140 094	(6) 3 800 000 — 2 425 006	R. 1 374 994
(3) 57,32 — 38,04	R. 19,28	(7) 9,6532 — 4,7258	R. 4,9274
(4) 9,24 — 8,56	R. 0,68	(8) 43,8267 — 32,653	R. 11,1737

PROBLÈMES SUR LA SOUSTRACTION

NOTE POUR LE MAITRE

Les problèmes qui donnent lieu à des soustractions se présentent sous des formes un peu plus variées que ceux qui donnent lieu à des additions, mais ils ne sont pas plus difficiles à reconnaître ni à résoudre. Il s'agit toujours de trouver la *différence* de deux nombres, ou l'*excès* de l'un sur l'autre, ou ce qui *reste* du plus grand quand on en retranche le plus petit.

Nous indiquons, sur plusieurs des problèmes suivants, le raisonnement auquel doit s'habituer l'élève.

---

1. Un homme devait 39 fr. 75, il a déjà payé 29 fr. 95. Que doit-il encore — R. 9 fr. 80. — *Explication.* Cet homme doit encore la différence entre les 39 fr. 75 qu'il devait et les 29 fr. 95 qu'il a payés ; il faut donc soustraire 29 fr. 95 de 39 fr. 75.

2. Une personne achète du blé pour 486 fr. 50, elle a donné en paiement un billet de 500 fr. Que lui rendra-t-on ? — R. 13 fr. 50. — *Explication.* On doit rendre à cette personne l'excès de 500 fr. sur 486 fr. 50 ; donc il faut soustraire 486 fr. 50 de 500 fr.

3. Jean fait une première acquisition de 178 fr. 35, une deuxième acquisi-

tion de 247 fr. 50. Il paie avec un billet de 500 fr. Que lui rendra-t-on? — R. 74 fr. 15. — *Explication.* On doit rendre à cette personne ce qui reste de 500 fr. lorsqu'on a pris 178 fr. 35, plus 247 fr. 50; donc il faut d'abord additionner les prix des deux acquisitions, puis retrancher la somme qu'on trouvera de 500 fr.

4. Une personne doit 478 fr. 50. Elle fait un premier remboursement de 127 fr. 50, un deuxième de 78 fr. 75, un troisième de 142 fr. 45. Que doit-elle encore? — R. 129 fr. 80.

5. Un marchand achète 1276ᵐ de drap. Il en revend d'abord 159ᵐ,35, puis 346ᵐ,25 et enfin 450ᵐ. Combien de mètres de drap lui reste-t-il? — R. 320ᵐ,40.

6. Paul vend pour 2764 fr. 75 de marchandises : son bénéfice est de 186 fr. Combien ces marchandises lui avaient-elles coûté? — R. 2578 fr. 75. — *Explication.* Ces marchandises ont coûté à Paul le prix qu'il les a vendues, diminué de son bénéfice; donc il faut soustraire 186 fr. de 2764 fr.

7. Paul perd 186 fr. 50 sur des marchandises qu'il avait achetées 1786 fr. 25. Combien les a-t-il vendues? — R. 1599 fr. 75.

8. Une caisse pèse 127 kilog. 28. Le poids de l'emballage est de 37 kilog. 29. Quel est le poids net de la marchandise? — R. 89 kilog. 99.

9. Un ouvrier travaille 3 mois. Le premier mois il gagne 89 fr. 50, le second mois il gagne 75 fr. 25, le troisième 87 fr. 50. Pendant ce temps il dépense 120 fr. 95 pour sa nourriture, 67 fr. pour son entretien et 31 fr. 65 pour son loyer. Que lui reste-t-il? — R. 32 fr. 65.

10. Un homme doit parcourir 257 kilom. 450. Le premier jour, il parcourt 83 kilom. 590; le deuxième jour, 73 kilom.; il achève sa route le troisième jour. Quelle distance parcourt-il ce jour-là? — R. 100 kilom. 860.

11. Dans une famille, le père est né en 1824, la mère en 1829, le fils aîné en 1852, la fille en 1857 et le fils cadet en 1860. Quel est l'âge de chacun en 1874? Quelle est la différence des âges? Quel est leur total? — R. Ag du père, 50 ans, — de la mère, 45 ans, — du fils aîné, 22 ans, — de la fille, 17 ans, — du fils cadet, 14 ans. — Le père a 5 ans de plus que la mère; la mère, 23 ans de plus que son fils aîné; le fils aîné, 5 ans de plus que sa sœur; la sœur, 3 ans de plus que le cadet. — Total des âges : 148 ans.

12. Une barrique pleine d'huile pèse 137 kilog.; vide, cette barrique pèse 49 kilog. Quel est le poids de l'huile? — R. 118 kilog.

13. Avec une pièce de 1 fr. on paie un pain de 2 kilog. qui coûte 0 fr. 72. Combien doit rendre le boulanger? — R. 0 fr. 28.

14. J'avais 180 litres de sarrasin et 2 hectolitres d'avoine; j'ai livré 1 hectolitre de sarrasin et 88 litres d'avoine; combien me reste-t-il : 1° de sarrasin; 2° d'avoine? — R. 1° 80 litres de sarrazin. — 2° 112 litres d'avoine.

15. J'ai 120 doubles-décalitres de navette* d'hiver dont on m'offre 510 fr. Paul doit m'en prendre 39 doubles-décalitres et me verser 170 fr. Quelle quantité me restera-t-il? et que vaudra ce reste? — R. 1° 81 doubles décalitres. — 2° 340 fr.

16. Un cultivateur doit à un ouvrier qui lui a fait des réparations une somme de 238 fr. Mais il lui a fourni une pièce de vin de 70 fr. et du blé pour 120 fr. Que lui doit-il encore? — R. 48 fr.

17. On achète une propriété 85300 fr., on y dépense 17469 fr. et on la revend en 3 lots : le 1ᵉʳ de 32680 fr.; le 2ᵉ de 41500 fr. et le 3ᵉ de 35240 fr. Combien gagne-t-on? — R. 6651 fr.

18. Un fermier vend au marché pour 548 fr. de blé et pour 236 fr. de pommes de terre, et il achète un cheval de 640 fr. Quelle somme rapporte-t-il chez lui? — R. 144 fr.

19. Un marchand de fourrages achète 24 000 kilog. de paille. Il en enlève d'abord 2 830 kilog., puis 4 650, puis 10 400 ; combien lui en reste-t-il encore à enlever ? — R. 6 120 kilog.

20. Une personne qui devait 1 000 fr. a donné un premier acompte de 370 fr. et un deuxième acompte de 456 fr. Quelle somme doit-elle encore ? — R. 174 fr.

21. Un négociant a reçu dans un jour 873 fr. et il a payé 410 fr. d'un côté et 286 fr. de l'autre. Que lui reste-t-il, s'il avait d'abord dans sa caisse 529 fr.? — R. 706 fr.

22. Dans une année de 365 jours, il y a 52 dimanches, 13 jours de fêtes et 38 jours de mauvais temps. Combien reste-t-il de journées de travail à un ouvrier qui travaille aux champs ? — R. 262.

23. Trois associés ont fait un bénéfice de 4 731 fr. Le premier prélève 1 850 fr., le deuxième 2 019 fr. Que revient-il au troisième ? — R. 862 fr.

24. Un domestique a reçu de son maître trois acomptes dans une année : le premier de 25 fr., le deuxième de 140 fr. et le troisième de 87 fr. Que lui doit encore son maître, si les gages sont de 300 fr.? — R. 48 fr.

25. Un épicier avait en magasin 746 kilog. de sucre, 807 kilog. de savon, 207 kilog. de chandelle, 30 kilog. de café et 12 kilog. de chocolat. Le lundi, il a vendu 57 kilog. de sucre, 108 kilog. de savon, 23 kilog. de chandelle ; le mardi il a livré 39 kilog. de sucre, 7 kilog. de savon, 13 kilog. de chandelle, 3 kilog. de café et 3 kilog. de chocolat. Que lui restait-il de ces marchandises le mercredi matin ? — R. 650 kilog. de sucre, 692 kilog. de savon, 171 kilog. de chandelle, 27 kilog. de café, 9 kilog. de chocolat ; en tout, 1549 kilog. de marchandises.

26. Sur 40 hectolitres d'avoine et 3 000 kilog. de paille, j'ai pris 12 hectol. d'avoine pour mes chevaux et 9 hectol. pour mes volailles ; j'ai enlevé 700 kilog. de paille pour mes chevaux, 489 kilog. pour mes veaux, 239 pour mes vaches, et 550 kilog. pour mes moutons. Combien me reste-t-il d'avoine? Combien ai-je encore de paille ? — R. 1° 19 hectol. d'avoine. — 2° 1 022 kilog. de paille.

27. Un ouvrier s'est chargé de faucher 2 hectares de pré moyennant 16 fr. Après avoir fauché 80 ares, on lui a donné un acompte de 6 fr. 40. Que lui reste-t-il à faucher? et que lui devra-t-on quand il aura achevé son travail? — R. 1 hectare 20 ares. — 9 fr. 60. — *Explication.* — On convertit d'abord les hectares en ares, ce qui fait 200 ares, puis on en retranche 80 ares.

28. Un marchand de grains a reçu 1 600 kilog. de blé et 1 500 kilog. d'avoine ; son magasin contenait déjà 10 200 kilog. d'avoine et 8 000 kilog. de blé ; il en a enlevé 6 700 kilog. de chaque céréale*. Combien son magasin contient-il de kilog. de blé? combien de kilog. d'avoine? — R. 2 900 kilog. de blé, et 5 000 kilog. d'avoine.

29. Les élèves d'une école forment 4 divisions : la 1re division contient 25 élèves ; la 2e en contient 12 de plus que la 1re ; la 3e en contient 8 de plus que la 2e, et la 4e autant que la 1re et la 3e réunies. On demande le nombre d'élèves de chaque division, et combien on pourrait en recevoir encore dans cette école qui peut en contenir 200. — R. La 1re contient 25 élèves, la 2e 37, la 3e 45 et la 4e 70 ; en tout 177. — On pourrait encore en recevoir 23.

30. On a retiré d'une pièce de vin, qui contient 230 litres, une première fois 65 litres et une deuxième fois 114. On demande combien il en reste encore. — R. 51 litres.

31. Un mari âgé de 71 ans a 18 ans de plus que sa femme ; celle-ci en a 24 de plus que son fils qui a lui-même 9 ans de plus que sa sœur. Quel est l'âge de la mère, du fils et de la sœur? — R. 53 ans, 29 ans, 20 ans.

32. Un ouvrier présente un mémoire de 1 256 fr. sur lequel il reçoit un acompte de 490 fr. Combien aura-t-il à recevoir encore, si l'on y fait une réduction de 160 fr.? — R. 606 fr.

33. Une dame a acheté divers objets pour 965 fr. L'une des factures s'élève à 347 fr., la 2ᵉ est de 218 fr., la 3ᵉ est de 192 fr. Quel est le montant de la 4ᵉ? — R. 208 fr.

34. Un joueur entre au jeu avec 165 fr., il gagne d'abord 152 fr., puis 86 fr., ensuite il perd 237 fr., puis 149 fr. Avec quelle somme se retire-t-il? — R. 17 fr.

35. Quelle est la durée d'un voyage qui commence le lundi à 3 h. 45 min. du soir et finit le mercredi à 3 h. 20 min. du matin? — R. 35 heures 35 minutes. — *Explication.* De 3 h. 45 min. du soir à 3 h. 45 min. du matin, le surlendemain, il y a 36 heures, mais de 3 h. 20 min. à 3 h. 45 min., il y a 25 minutes; il faut donc retrancher ces 25 minutes de 36 heures.

36. Un percepteur a dans sa caisse le lundi matin 18 546 fr. 30; il reçoit dans le même jour 8 237 fr. 45 et il paie 2 918 fr. 75; le mardi il reçoit 3 681 fr. 60 et il paie 906 fr. 20; le mercredi il reçoit 10 080 fr. 15 et il paie 7 366 fr. 95; le jeudi il reçoit 2 993 fr. 25 et il paie 841 fr. 10; le vendredi il reçoit 519 fr. 85 et il paie 6 177 fr. 45; enfin le samedi il reçoit 283 fr. 65 et il paie 15 638 fr. 50. On demande ce qui lui reste en caisse le samedi soir. — R. 10 493 fr. 30.

37. Combien d'années se sont écoulées jusqu'à l'année 1875,

1ᵉ	depuis l'invention de la poudre à canon en	1346	R.	529 ans
2ᵉ	— l'invention de l'imprimerie par Gutenberg en	1436	R.	439 —
3ᵉ	— la découverte de l'Amérique par Christophe Colomb en.	1492	R.	383 —
4°	— l'invention du paratonnerre par Franklin en	1753	R.	122 —
5°	— l'invention des aérostats par Montgolfier en	1783	R.	92 —
6°	— la découverte de la vaccine par Jenner en. .	1790	R.	85 —
7ᵉ	— l'invention des machines à vapeur par Watt en	1799	R.	76 —
8°	— l'invention des chemins de fer par Stephenson en	1831	R.	44 —
9°	— l'invention de la télégraphie électrique par Wheatstone en	1832	R.	43 —
10°	— l'invention de la photographie par Daguerre en	1839	R.	36 —

PROBLÈMES SUPPLÉMENTAIRES

PROBLÈME 1. — Dans une école, il y a trois divisions ou classes : la première se compose de 34 élèves; la seconde en a 9 de moins que la première, et la troisième, 5 de plus que la seconde. On demande le nombre total des élèves de l'école. — R. 89 élèves.

PROBLÈME 2. — Dans le cours d'une année, un ouvrier économe a placé à la caisse d'épargne, savoir : dans le mois de février, 25 fr.; en avril, 20 fr.; en mai, 35 fr.; en juillet, 20 fr.; en septembre, 25 fr. et en octobre, 30 fr. Mais il en a retiré 20 fr. en mars, 10 fr. en juin et 15 fr. en décembre : on demande quel était, en principal, le montant de son livret, à la fin de cette première année. — R. 110 fr.

Problème 3. — On a payé 1 000 fr. à 4 ouvriers ; le premier a reçu 185 fr. ; le second a eu 35 fr. de plus que le premier ; le troisième a eu 55 fr. de moins que les deux premiers ensemble, et le quatrième a eu le reste de la somme : quelle est la part de chacun ? — R. 185 fr., 220 fr., 340 fr., 255 fr.

Problème 4. — Un petit propriétaire possède une terre estimée 2500 fr., un pré de 1450 fr., une vigne de 670 fr., sa maison vaut 2700 fr. et son mobilier 850 fr. ; mais cet homme doit 1500 fr. : quel est le montant réel de sa fortune ? — R. 6670 fr.

Problème 5. — On a revendu un cheval pour 510 fr., et sur ce marché on a gagné 45 fr. : combien avait-on acheté ce cheval primitivement ? — R. 465 fr.

Problème 6. — Un corps d'armée était composé de 24 000 hommes de cavalerie et 38 000 d'infanterie. Après une bataille, il ne restait plus que 46 580 soldats en bonne santé, et 2 860 blessés ; de plus, un régiment de 1 875 hommes a été fait prisonnier, et le reste est mort sur le champ de bataille : combien y a-t-il eu de soldats tués ? — R. 10 685.

Problème 7. — Un compagnon menuisier ayant travaillé pendant un an chez un maître, celui-ci lui fait son compte. Il trouve que cet ouvrier a dépensé 360 fr. pour sa nourriture, 120 fr. pour son habillement, et 275 fr. pour ses autres dépenses, de sorte qu'il redoit 45 fr. à son maître qui lui avait avancé les sommes ci-dessus : combien cet ouvrier avait-il gagné pendant l'année ? — R 710 fr.

CHAPITRE III

MULTIPLICATION DES NOMBRES ENTIERS ET DES NOMBRES DÉCIMAUX

118. — La **multiplication** est une opération qui a pour but de répéter un nombre appelé **multiplicande** autant de fois qu'il y a d'unités dans un autre nombre appelé **multiplicateur.**

119. — Le résultat de la multiplication se nomme **produit.**

120. — Le multiplicande et le multiplicateur sont appelés **les facteurs du produit.**

Exemple. — Soit à multiplier 20 par 3.

Je dis : 3 fois 20 font 60. Je fais une multiplication.

    20 . . . . . . 20 est le multiplicande.

     3 . . . . . . 3 est le multiplicateur.

    60 . . . . . . est le produit.

121. — La multiplication est une *addition abrégée.*

En effet, multiplier le nombre 20 par 3 revient à additionner 3 nombres égaux à 20, comme on peut le voir par l'addition ci-contre........................

$$\begin{array}{r} 20 \\ 20 \\ 20 \\ \hline 60 \end{array}$$

122. — Dans une multiplication, le multiplicande exprime toujours un objet déterminé : pommes, francs, mètres, etc. ; autrement dit, le multiplicande est un nombre *concret*, tandis que le multiplicateur est un nombre *abstrait*, qui indique seulement *combien de fois* le multiplicande doit être répété.

Ainsi multiplier 45 francs par 4, c'est répéter 4 *fois* 45 francs.

123. — Le *produit* exprime toujours des unités ou des objets **semblables** à ceux que représente le *multiplicande.*

Ainsi, la multiplication de 8 *arbres* par 4 donne 32 *arbres ;* de même la multiplication de 10 *hectolitres* par 5 donne 50 *hectolitres.*

Signe de la multiplication.

124. — Pour indiquer une multiplication, on place entre le multiplicande et le multiplicateur le signe $\times$, qu'on énonce *multiplié par.*

EXEMPLE. — Je veux indiquer que le nombre 6 est à multiplier par 4 ; j'écris :

$$6 \times 4.$$

Dans ce cas l'opération est simplement *indiquée*, mais *non effectuée.*
Si j'effectue l'opération, j'écrirai :

$$6 \times 4 = 24$$

que je lis : 6 multiplié par 4 égale 24.

Multiples.

125. — On appelle **multiples** d'un nombre tous les produits possibles de ce nombre par d'autres nombres.

Ainsi dans les trois tableaux suivants, 8, 16, 24, 40 sont des multiples de 4 ; 21, 35, 56, 77, sont des multiples de 7 ; 30, 45, 75, 150 sont des multiples de 15. En effet :

Multiples de 4.	Multiples de 7.	Multiples de 15.
$8 = 4 \times 2$	$21 = 7 \times 3$	$30 = 15 \times 2$
$16 = 4 \times 4$	$35 = 7 \times 5$	$45 = 15 \times 3$
$24 = 4 \times 6$	$56 = 7 \times 8$	$75 = 15 \times 5$
$40 = 4 \times 10$	$77 = 7 \times 11$	$150 = 15 \times 10$

126. — Les unités du système métrique dont les noms sont formés des mots *déca...*, *hecto...*, *kilo...*, *myria...*, sont des *multiples* de l'unité principale, mais des *multiples* **décimaux**, parce qu'elles sont de *dix* en *dix* fois plus grandes.

En effet : 1 décamètre $= 1^{m} \times 10.$

$\qquad$ 1 hectomètre $= 10^{m} \times 10 = 100^{m}.$

$\qquad$ 1 kilomètre $= 100^{m} \times 10 = 1000^{m}.$

$\qquad$ 1 myriamètre $= 1000^{m} \times 10 = 10000^{m}.$

127. — De même, les unités dont les noms sont formés des mots *déci...*, *centi...*, *milli...*, sont des *sous-multiples*, mais des *sous-multiples* **décimaux**, puisqu'elles sont de *dix* en *dix* fois plus petites.

En effet : 1 décimètre $\qquad$ est la dixième partie du mètre.

$\qquad$ 1 centimètre $\qquad$ — $\qquad$ — $\qquad$ du décimètre.

$\qquad$ 1 millimètre $\qquad$ — $\qquad$ — $\qquad$ du centimètre.

$\qquad$ 1 dix-millimètre $\qquad$ — $\qquad$ — $\qquad$ du millimètre, etc.

Locutions usuelles.

128. — *Doubler* un nombre, c'est le multiplier par 2.

$\qquad$ *Tripler* un nombre, $\qquad$ — $\qquad$ par 3.

$\qquad$ *Quadrupler* un nombre, $\qquad$ — $\qquad$ par 4.

$\qquad$ *Quintupler* un nombre, $\qquad$ — $\qquad$ par 5.

$\qquad$ *Sextupler* un nombre, $\qquad$ — $\qquad$ par 6.

$\qquad$ *Décupler* un nombre, $\qquad$ — $\qquad$ par 10.

$\qquad$ *Centupler* un nombre, $\qquad$ — $\qquad$ par 100.

Comment on rend un nombre 2, 3, 4.... fois plus grand.

129. — Rendre un nombre 2, 3, 4... fois plus grand, c'est *multiplier* ce nombre par 2, 3, 4...

En effet, multiplier un nombre par 2, 3, 4, c'est le répéter 2 fois, 3 fois, 4 fois; par conséquent, le produit sera 2, 3, 4 fois plus grand.

Exemple. — Soit à rendre 4 fois plus grand le nombre 12.

Je n'ai qu'à multiplier 12 par 4

$$12 \times 4 = 48$$

TABLE DE MULTIPLICATION

130. — On appelle *table de multiplication* un tableau contenant les produits des *neuf* premiers nombres multipliés entre eux deux à deux.

On prolonge souvent cette table jusqu'à 12 fois 12.

131. — On doit savoir réciter **sans hésitation** la table de multiplication.

0 fois	0	fait	0	0 fois	4	fait	0	0 fois	8	fait	0
0 ...	1	...	0[1]	0 ...	5	...	0	0 ...	9	...	0
0 ...	2	...	0	0 ...	6	...	0	0 ...	10	...	0
0 ...	3	...	0	0 ...	7	...	0	0 ...	11	...	0
								0 ...	12	...	0

2 fois	0	font	0	5 fois	0	font	0	8 fois	0	font	0
2 ...	1	...	2	5 ...	1	...	5	8 ...	1	...	8
2 ...	2	...	4	5 ...	2	...	10	8 ...	2	...	16
2 ...	3	...	6	5 ...	3	...	15	8 ...	3	...	24
2 ...	4	...	8	5 ...	4	...	20	8 ...	4	...	32
2 ...	5	...	10	5 ...	5	...	25	8 ...	5	...	40
2 ...	6	...	12	5 ...	6	...	30	8 ...	6	...	48
2 ...	7	...	14	5 ...	7	...	35	8 ...	7	...	56
2 ...	8	...	16	5 ...	8	...	40	8 ...	8	...	64
2 ...	9	...	18	5 ...	9	...	45	8 ...	9	...	72
2 ...	10	...	20	5 ...	10	...	50	8 ...	10	...	80
2 ...	11	...	22	5 ...	11	...	55	8 ...	11	...	88
2 ...	12	...	24	5 ...	12	...	60	8 ...	12	...	96

3 fois	0	font	0	6 fois	0	font	0	9 fois	0	font	0
3 ...	1	...	3	6 ...	1	...	6	9 ...	1	...	9
3 ...	2	...	6	6 ...	2	...	12	9 ...	2	...	18
3 ...	3	...	9	6 ...	3	...	18	9 ...	3	...	27
3 ...	4	...	12	6 ...	4	...	24	9 ...	4	...	36
3 ...	5	...	15	6 ...	5	...	30	9 ...	5	...	45
3 ...	6	...	18	6 ...	6	...	36	9 ...	6	...	54
3 ...	7	...	21	6 ...	7	...	42	9 ...	7	...	63
3 ...	8	...	24	6 ...	8	...	48	9 ...	8	...	72
3 ...	9	...	27	6 ...	9	...	54	9 ...	9	...	81
3 ...	10	...	30	6 ...	10	...	60	9 ...	10	...	90
3 ...	11	...	33	6 ...	11	...	66	9 ...	11	...	99
3 ...	12	...	36	6 ...	12	...	72	9 ...	12	...	108

4 fois	0	font	0	7 fois	0	font	0	10 fois	0	fait	0
4 ...	1	...	4	7 ...	1	...	7	10 ..	1	..	10
4 ...	2	...	8	7 ...	2	...	14	10 ..	2	..	20
4 ...	3	...	12	7 ...	3	...	21	10 ..	3	..	30
4 ...	4	...	16	7 ...	4	...	28	10 ..	4	..	40
4 ...	5	...	20	7 ...	5	...	35	10 ..	5	..	50
4 ...	6	...	24	7 ...	6	...	42	10 ..	6	..	60
4 ...	7	...	28	7 ...	7	...	49	10 ..	7	..	70
4 ...	8	...	32	7 ...	8	...	56	10 ..	8	..	80
4 ...	9	...	36	7 ...	9	...	63	10 ..	9	..	90
4 ...	10	...	40	7 ...	10	...	70	10 ..	10	..	100
4 ...	11	...	44	7 ...	11	...	77	10 ..	11	..	110
4 ...	12	...	48	7 ...	12	...	84	10 ..	12	..	120

1. Dans la pratique, au lieu de dire 0 fois 1 fait 0, 0 fois 2 fait 0, etc., on emploie la formule générale : 0 *ne multiplie pas, je pose* 0.

TABLE DE PYTHAGORE

132. — Lorsque la table de multiplication est disposée de la manière suivante, elle reçoit le nom de *table de Pythagore*.

1	2	3	4	5	6	7	8	9
2	4	6	8	10	12	14	16	18
3	6	9	12	15	18	21	24	27
4	8	12	16	20	24	28	32	36
5	10	15	20	25	30	35	40	45
6	12	18	24	30	36	42	48	54
7	14	21	28	35	42	49	56	63
8	16	24	32	40	48	56	64	72
9	18	27	36	45	54	63	72	81

133. — Pour trouver dans cette table le produit de deux nombres d'un seul chiffre, le produit de 5 par 7, par exemple, on cherche dans la première ligne horizontale le chiffre 5, et l'on descend verticalement jusqu'à ce qu'on soit arrivé au nombre placé en regard du chiffre 7 de la première colonne verticale. Le nombre 35, qu'on trouve ainsi, est le produit cherché.

MULTIPLICATION DES NOMBRES ENTIERS

Le multiplicande et le multiplicateur n'ont qu'un chiffre.

134. — **Règle.** Quand le multiplicande et le multiplicateur n'ont qu'un chiffre, la multiplication se fait de tête, au moyen de la table de multiplication.

135. — Comme pour l'addition, on doit s'habituer de bonne heure à opérer **rapidement**, en prononçant le moins de mots possible.

Le multiplicande a plusieurs chiffres et le multiplicateur n'a qu'un chiffre.

136. — Règle. Lorsque le multiplicande a plusieurs chiffres et que le multiplicateur n'a qu'un chiffre, on multiplie successivement **chaque chiffre** du multiplicande par le chiffre du multiplicateur, en commençant par la droite, et l'on a soin d'ajouter à chaque produit partiel la **retenue** du produit précédent.

EXEMPLE. — Soit à multiplier 786 par 4.

Multiplicande	.....	786
Multiplicateur	.....	4
Produit	.....	3144

Je dis : 4 fois 6 unités font 24 unités ; je pose 4 à la colonne des unités et je retiens 20 unités ou 2 dizaines pour la colonne des dizaines.

4 fois 8 dizaines font 32 dizaines, et 2 dizaines de retenue, 34 dizaines ; je pose 4 à la colonne des dizaines et je retiens 30 dizaines ou 3 centaines pour la colonne des centaines.

4 fois 7 centaines font 28 centaines, et 3 centaines de retenue, 31 centaines ; je pose 1 à la colonne des centaines et *j'avance* 30 centaines ou 3 mille à la colonne des mille.

Pour plus de rapidité, je dis :

4 fois 6, 24 ; je pose 4 et je retiens 2.
4 fois 8, 32, et 2, 34 ; je pose 4 et je retiens 3.
4 fois 7, 28, et 3, 31 ; je pose 1 et j'avance 3.

Et plus rapidement encore :

4 fois 6, 24.
4 fois 8, 32, 34.
4 fois 7, 28, 31.

Démonstration. Multiplier 786 par 4, c'est répéter 4 fois le nombre 786, ce que je puis faire par une *addition* ....

786
786
786
786
3144

En faisant cette addition, on a répété 4 fois les 6 unités, 4 fois les 8 dizaines, 4 fois les 7 centaines, dont se compose le nombre 786 ; or c'est précisément ce qu'on a fait, *mais d'une manière plus abrégée, plus rapide*, par la multiplication.

137. — REMARQUE. Lorsque le multiplicateur n'a qu'un chiffre, on peut disposer l'opération d'une autre manière.

Exemple. — Soit à multiplier 436 par 5.

Je pose

$$436 \times 5 =$$

et j'écris le produit à la droite du signe = , à mesure que je forme ce produit.

Ainsi, je dis : 5 fois 6, 30 ; je pose 0 et je retiens 3.

> 5 fois 3, 15, et 3 de retenue, 18 ; je pose 8 et je retiens 1.

> 5 fois 4, 20, et 1 de retenue, 21 ; je pose 1 et j'avance 2.

J'ai ainsi :

$$436 \times 5 = 2180$$

Le multiplicateur est 10, 100, 1000...

138. — Multiplier un nombre entier par 10, 100, 1000...; c'est rendre ce nombre 10, 100, 1000 fois plus grand, et on a vu (n° 66) qu'il faut ajouter 1, 2, 3 zéros à la droite de ce nombre.

Exemple. —

$$34 \times 10 \ = 340$$
$$34 \times 100 \ = 3400$$
$$34 \times 1000 = 34000$$

Le multiplicateur n'a qu'un chiffre significatif suivi d'un ou de plusieurs zéros.

139. — **Règle.** Lorsque le multiplicateur n'a qu'un chiffre **significatif** (n° 51) suivi de **zéros**, on multiplie chaque chiffre du multiplicande par le chiffre **significatif** du multiplicateur, et l'on ajoute ensuite à la droite du produit **autant de zéros** qu'il y en a au multiplicateur.

Exemple. — Soit à multiplier 347 par 500.

$$
\begin{array}{r}
347 \\
500 \\
\hline
173500
\end{array}
$$

Je multiplie 347 par 5, ce qui donne 1735 ; puis j'ajoute deux zéros, et le produit est 173500.

Démonstration. Multiplier 347 par 500, c'est répéter le nombre 347 cinq cents fois, ou, ce qui revient au même, cent fois cinq fois.

Je répète 347 cinq fois en le multipliant par 5 ; puis je répète le résultat cent fois en y ajoutant deux zéros.

J'ai donc ainsi cent fois cinq fois ou 500 fois le multiplicande.

Le multiplicateur a plusieurs chiffres.

140. — Règle. Quand le multiplicateur a plusieurs chiffres, on multiplie le multiplicande par **chacun** des chiffres du multiplicateur, en commençant par la droite ; mais on a soin de superposer les produits *partiels* de manière que le premier chiffre du produit des **unités** soit au *premier* rang, le premier chiffre du produit des **dizaines** au *deuxième* rang, le premier chiffre du produit des **centaines** au *troisième* rang, etc.

Cela fait, on **additionne** les produits *partiels* pour obtenir le produit *total*.

EXEMPLE. — Soit à multiplier 34759 par 5423.

```
34759  . . . multiplicande.
 5423  . . . multiplicateur.          PRODUITS PARTIELS.
```

```
104277 ...34759 × 3 unités    donne    104277  unités.
 69518 ...34759 × 2 dizaines    —       69518  dizaines.
139036 ...34759 × 4 centaines   —      139036  centaines.
173795 ...34759 × 5 mille       —      173795  mille.
```

188498057   PRODUIT TOTAL.

Démonstration. Multiplier 34759 par 5423, c'est répéter 5423 fois le nombre 34759. Or, pour répéter 5423 fois un nombre, il suffit évidemment de le répéter d'abord 3 fois, puis 20 fois, puis 400 fois, puis 5000 fois, et d'additionner tous les résultats.

```
Or :   34759 ×    3  donne     104277
       34759 ×   20    —       695180
       34759 ×  400    —     13903600
       34759 × 5000    —    173795000
```

il reste donc à additionner ces nombres.

Mais on remarque que le deuxième nombre est terminé par un zéro, que le troisième est terminé par deux zéros, que le quatrième est terminé par trois zéros ; et, comme ces zéros sont inutiles dans l'addition, on les supprime : de sorte que, le produit du multiplicande par les unités étant d'abord écrit, le premier chiffre du produit par les dizaines est placé sous les dizaines, c'est-à-dire au deuxième rang ; le premier chiffre du produit par les centaines est placé sous les centaines, c'est-à-dire au troisième rang, etc.

Le multiplicateur contient des zéros intercalés.

141. — Règle. Lorsque le multiplicateur contient des zéros intercalés entre d'autres chiffres, on dit : 0 *ne multiplie pas, je pose* 0, et l'on a soin de placer les produits particls provenant des chiffres suivants au **rang qui leur convient.**

EXEMPLE. — Soit à multiplier 46 789 par 23 004.

```
        46789      Je multiplie 46789 par 4, soit 187156 unités.
        23004      Puis je dis : 0 dizaine ne multiplie pas ; je pose
       ────────      O sous les dizaines.
       187156
      14036700      0 centaine ne multiplie pas ; je pose O sous les
        93578         centaines.
       ────────      3 fois 9, 27 ; je pose 7 sous les mille, etc.
    1076334156      2 fois 9, 18 ; je pose 8 sous les dizaines de mille, etc.
```

Démonstration. Multiplier 46 789 par 23 004, c'est répéter 23 004 fois le nombre 46 789 ; ou le répéter d'abord 4 fois, puis 3000 fois, puis 20 000 fois. On voit donc qu'il ne peut y avoir que trois produits partiels, et que le second doit être placé au rang des mille, puisque le chiffre 3 du multiplicateur représente des mille.

REMARQUE. — On pourrait se dispenser de poser les zéros, pourvu qu'on prît bien soin d'écrire chaque produit au rang convenable ; mais il est préférable de les poser, parce que leur présence marque d'une manière apparente la place que chaque chiffre doit occuper.

Les deux facteurs sont terminés par des zéros.

142. — Règle. Quand les deux facteurs sont terminés par des *zéros*, on opère comme s'il n'y avait pas de zéros, mais on ajoute au **produit** *autant de zéros* qu'il y en a dans les *deux* facteurs.

EXEMPLE. — Soit à multiplier 3600 par 80.

```
        3600
          80
       ────────
      288000
```

Négligeant les 3 zéros, je multiplie 36 par 8, ce qui me donne 288. Je rétablis alors les trois zéros négligés, et j'ai 288 000, qui est le produit cherché.

Démonstration. En prenant 36 pour multiplicande au lieu de 3600, j'ai rendu ce facteur 100 fois plus petit ; le produit est donc devenu 100 fois plus petit (page 94, 2me principe).

D'autre part, en prenant 8 pour multiplicateur au lieu de 80, j'ai rendu ce facteur 10 fois plus petit ; le produit est encore devenu 10 fois plus petit (page 94, 2me principe).

Pour rendre au produit la valeur qu'il doit avoir, je dois le rendre d'abord 100 fois plus grand, puis encore 10 fois plus grand ; ce que je fais en plaçant d'abord *deux* zéros, puis *un* zéro à sa droite (page 24, n° 66), en tout *trois* zéros, autant qu'il y en a dans les deux facteurs.

MULTIPLICATION DES NOMBRES DÉCIMAUX

143. — Il y a quatre cas à considérer dans la multiplication des nombres décimaux :

1º Multiplication d'un nombre décimal par 10, 100, 1000...

2º Multiplication d'un nombre décimal par un nombre entier quelconque.

3º Multiplication d'un nombre entier ou décimal par 0,1 , par 0,01 , par 0,001 ...

4º Multiplication d'un nombre quelconque par un nombre décimal.

Nous allons examiner chacun de ces cas.

1er CAS. — Multiplication d'un nombre décimal par 10, 100, 100...

144. — Multiplier un nombre décimal par 10, 100, 1000..., c'est répéter 10, 100, 1000... fois ce nombre : c'est donc le rendre 10, 100, 1000 ... fois plus grand. Or on a vu (p. 25, nº 69) que, pour rendre un nombre décimal 10, 100, 1000 ... fois plus grand, il faut **avancer la virgule** de 1, 2, 3 ... rangs vers la **droite.**

EXEMPLE :
$$3,457 \times 10 = 34,57$$
$$3,457 \times 100 = 345,7$$
$$3,457 \times 1000 = 3457$$

2me CAS. — Multiplication d'un nombre décimal par un nombre entier quelconque.

145. — **Règle.** Pour multiplier un nombre décimal par un nombre entier, on opère **sans tenir compte de la virgule,** comme si le multiplicande était entier ; mais au **produit,** on a soin de séparer par une **virgule,** à partir de la droite, autant de chiffres **décimaux** qu'il y en a dans le multiplicande.

EXEMPLE. — Soit à multiplier 36,428 par **12.**

$$
\begin{array}{r}
36,428 \\
12 \\
\hline
72\,856 \\
364\,28 \\
\hline
437,136
\end{array}
$$

J'opère sans tenir compte de la virgule; mais, comme il y a *trois* chiffres décimaux au multiplicande, je sépare *trois* chiffres au *produit* à partir de la droite : soit 437,136.

Démonstration. — Multiplier 36,428 par 12, c'est répéter 12 fois 36,428 ou 36428 millièmes. Or 12 fois 36428 unités font 437 136 unités: donc 12 fois 36428 millièmes font 437 136 millièmes, ou 437,136. Il faut donc séparer à la droite du produit *trois* chiffres décimaux, c'est-à-dire autant qu'il y en a dans le multiplicande.

3me CAS. — Multiplication d'un nombre entier
ou décimal par 0,1 , par 0,01 , par 0,001 . . .

146. — Jusqu'ici la multiplication a été une opération qui consistait à **répéter** un nombre appelé multiplicande autant de fois qu'un autre nombre appelé multiplicateur contenait d'unités. Cette définition suppose que le multiplicateur est un nombre **entier**, et contient au moins une unité; mais elle ne convient pas au cas où le multiplicateur est une fraction décimale 0,1 , 0,01 , 0,001 . . ., 0,5 , 0,34 , 0,726.

En effet, multiplier un nombre par 0,1 , par 0,01 , par 0,001, c'est prendre **seulement** 0,1 , ou 0,01 , ou 0,001 de ce nombre.

Par exemple, multiplier

5 par 0,1

c'est prendre 0,1 de 5, ou rendre 5 dix fois plus petit : ce qui donne 0,5 (n° 67).

De même, multiplier

5 par 0,01

c'est prendre 0,01 de 5, ou rendre 5 cent fois plus petit : ce qui donne 0,05, etc.

On voit que dans ce cas la multiplication n'entraîne pas l'idée d'*augmentation,* puisque, au contraire, le produit est **plus petit** que le multiplicande.

De ce qui précède on déduit la règle suivante :

147. — **Règle.** Pour multiplier un nombre par 0,1 , 0 01 , 0,001 , il faut rendre ce nombre 10, 100, 1000 fois plus petit, d'après les règles déjà connues (p. 24 et suiv.).

EXEMPLES :   43000 $\times$ 0,01 $=$ 430 (je supprime 2 zéros).
825    $\times$ 0,01 $=$ 8,25
4,37 $\times$ 0,01 $=$ 0,0437

4ᵐᵉ CAS. — **Multiplication d'un nombre quelconque par un nombre décimal.**

148. — **Règle.** Pour multiplier un nombre quelconque par un nombre décimal, on opère **sans tenir compte des virgules**, comme s'il s'agissait de nombres entiers; mais au **produit** on a soin de séparer par une **virgule**, à partir de la droite, autant de chiffres **décimaux** qu'il y en a dans les deux facteurs.

(Cette règle est analogue à la règle du nᵒ 145.)

EXEMPLE. — Soit à multiplier 0,625 par 0,07.

$$
\begin{array}{r}
0,625 \\
0,07 \\
\hline
0,04375
\end{array}
$$

Je multiplie 625 par 7, comme si les deux facteurs étaient entiers : j'ai le produit 4375 ; puis, comme l'un des facteurs a *trois* chiffres décimaux et que l'autre en a *deux*, je sépare sur la droite du produit *cinq* chiffres décimaux (nᵒ 70, 2ᵒ).

Démonstration. — Multiplier un nombre par 0,07, c'est prendre les 0,07 de ce nombre, ou 7 fois le centième de ce nombre. Si je prends d'abord le centième de 0,625, ce que je fais en reculant la virgule de deux rangs vers la gauche (nᵒ 70), j'aurai le nombre 0,00625, qui a maintenant 5 chiffres décimaux. Or il faut répéter 7 fois ce résultat, c'est-à-dire multiplier ce nombre par 7 ; et l'on sait que le produit aura aussi 5 chiffres décimaux (nᵒ 145).

Preuves de la multiplication.

149. — **Règle.** Pour faire la preuve de la multiplication, on **intervertit** l'ordre des facteurs; autrement dit, on prend le multiplicateur pour le multiplicande, et le multiplicande pour le multiplicateur : si les produits sont égaux, l'opération est exacte.

	Multiplication.	Preuve.
Multiplicande	835	347
Multiplicateur	347	835
	5845	1735
	3340	1041
	2505	2776
Produit	289745	289745 Produit égal.

150. — Preuve par 9. On commence par tracer deux barres en croix, qui forment quatre angles ; ensuite on opère ainsi :

Multiplicande   835
Multiplicateur   347
                 ‾‾‾‾‾
                 5845
                 3340
                 2505
                 ‾‾‾‾‾‾
Produit   289745

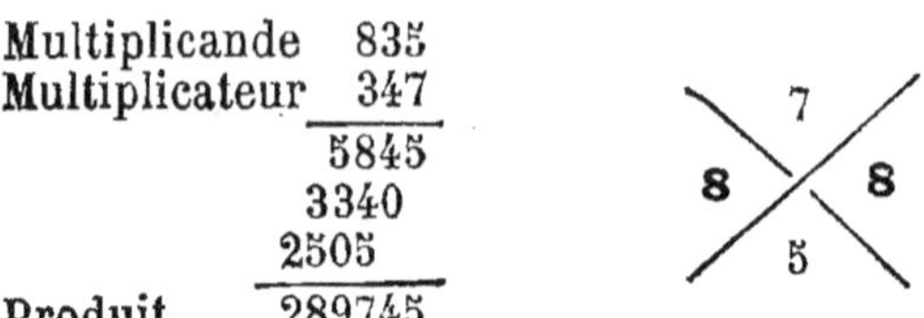

1° *On additionne les chiffres du* **multiplicande** :

8 et 3, 11, et 5, 16 ; je retranche 9 et il reste 7 : je pose 7 dans l'angle supérieur. (Au lieu de retrancher 9 de 16, on peut additionner les deux chiffres 1 et 6 de 16, ce qui fait aussi 7 ; cela revient au même et l'on va plus vite.)

2° *On additionne de même les chiffres du* **multiplicateur** :

3 et 4, 7, et 7, 14 ; 1 et 4, 5 : je pose 5 dans l'angle inférieur.

3° *On multiplie l'un par l'autre les deux chiffres obtenus* :

5 fois 7 font 35 ; 3 et 5, 8 : je pose 8 dans l'angle de gauche.

4° *On additionne les chiffres du* **produit** :

2 et 8, 10 ; je passe le 9 sans le compter ; 10 et 7, 17, et 4, 21, et 5, 26 ; 2 et 6, 8 : je pose 8 dans l'angle de droite.

Les deux chiffres 8, placés en regard, étant égaux, l'opération est bonne [1].

Remarque. — Supposons que la somme des chiffres significatifs du multiplicande, au lieu d'être 16, soit 48. Je dis : 4 et 8, 12 ; mais, comme 12 se compose de deux chiffres, j'additionne une deuxième fois et je dis : 1 et 2, 3.

PRINCIPES RELATIFS A LA MULTIPLICATION.

151. — Premier principe. Le produit de deux nombres ne **change pas** lorsqu'on **intervertit** l'ordre des deux facteurs.

Par exemple :

$$5 \times 3 = 3 \times 5$$

---

1. Nous ne pouvons donner ici la démonstration de cette preuve par 9 ; mais nous la recommandons particulièrement, parce qu'elle est très commode et très usitée. (**Voir au** *Supplément*, p. 404.)

Démonstration. — Formons le tableau suivant :

$$1 \quad 1 \quad 1 \quad 1 \quad 1$$
$$1 \quad 1 \quad 1 \quad 1 \quad 1$$
$$1 \quad 1 \quad 1 \quad 1 \quad 1$$

Si l'on considère le tableau dans le sens horizontal, on voit qu'il se compose de trois lignes renfermant chacune 5 unités : on a donc 3 fois 5 unités, ou 5×3.

Si l'on considère le tableau dans le sens vertical, on voit qu'il se compose de cinq lignes renfermant chacune 3 unités : on a donc 5 fois 3 unités, ou 3×5.

Mais il est évident que, de quelque manière qu'on s'y prenne pour les compter, le nombre des unités du tableau reste le même ; donc :

$$5 \times 3 = 3 \times 5$$

Remarque I. — C'est en vertu de ce principe qu'on peut faire la preuve de la multiplication en changeant l'ordre des deux facteurs (n° 149).

Remarque II. — C'est aussi en vertu de ce principe qu'on peut prendre le plus petit nombre pour multiplicateur, si, par cette interversion, on espère rendre la multiplication moins longue et plus facile.

152. — On appelle **produit de plusieurs nombres** ou **de plusieurs facteurs** le résultat qu'on obtient en multipliant le premier nombre par le second, puis le produit ainsi obtenu par le troisième nombre, et ainsi de suite.

Exemple. — Soit à effectuer le produit des trois nombres 7, 3 et 4. L'opération s'indique ainsi :

$$7 \times 3 \times 4$$

On multiplie 7 par 3, ce qui donne 21 ; puis on multiplie 21 par 4, ce qui donne 84, et l'on a :

$$7 \times 3 \times 4 = 84$$

153. — **Deuxième principe.** Le produit d'un nombre quelconque de facteurs **ne change pas** lorsqu'on **intervertit** à volonté l'ordre des facteurs, ou lorsqu'on remplace deux ou plusieurs facteurs par leur produit effectué.

Exemple : $7 \times 3 \times 4 = 7 \times 4 \times 3 = 4 \times 7 \times 3 = 3 \times 4 \times 7$, etc.
$$= 7 \times 12 = 4 \times 21 = 3 \times 28$$

Ce double principe est une conséquence du précédent.

SUPPLÉMENT AUX PRINCIPES RELATIFS A LA MULTIPLICATION

OBSERVATIONS. — Nous avons dû nous borner, dans le livre de l'élève, à énoncer sous un titre unique (n° 153), et sans démonstration, le double principe qui permet d'intervertir à volonté l'ordre des facteurs d'un produit, et de remplacer deux ou plusieurs facteurs par leur produit effectué. Il pourra paraître utile aux maîtres de donner à leurs meilleurs élèves des démonstrations précises et rigoureuses de ces principes.

Premier principe. — 1° Le produit de deux nombres ne change pas lorsqu'on intervertit l'ordre des deux facteurs (n° 151).

2° Le produit de *trois* nombres ne change pas lorsqu'on intervertit l'ordre des *deux derniers*.

EXEMPLE. $7 \times 3 \times 4 = 7 \times 4 \times 3$.

En effet, $7 \times 3 \times 4 = 4$ fois 3 fois 7 ou 12 fois 7,

et $7 \times 4 \times 3 = 3$ fois 4 fois 7 ou 12 fois 7.

3° Le produit d'un nombre quelconque de facteurs ne change pas, lorsqu'on intervertit l'ordre des *deux derniers*.

EXEMPLE. $2 \times 5 \times 7 \times 3 \times 4 = 2 \times 5 \times 7 \times 4 \times 3$.

En effet, $2 \times 5 \times 7 = 70$, et d'après le principe précédent, le produit n'ayant plus que 3 facteurs, on a :

$$70 \times 3 \times 4 = 70 \times 4 \times 3.$$

4° Le produit d'un nombre quelconque de facteurs ne change pas lorsqu'on intervertit l'ordre de *deux facteurs consécutifs*.

EXEMPLE. $2 \times 5 \times 7 \times 3 \times 4 = 2 \times 5 \times 3 \times 7 \times 4$.

En effet, d'après le principe précédent, on a :

$$2 \times 5 \times 7 \times 3 = 2 \times 5 \times 3 \times 7.$$

Donc ces deux produits seront encore égaux si on les multiplie l'un et l'autre par 4.

5° Le produit d'un nombre quelconque de facteurs ne change pas, lorsqu'on intervertit *à volonté* l'ordre des facteurs.

EXEMPLE. $2 \times 5 \times 7 \times 3 \times 4 = 3 \times 5 \times 4 \times 2 \times 7$.

En effet, on peut faire passer le facteur 3 au premier rang, en le changeant de place avec 7, puis avec 5, puis avec 2. On en peut faire autant de chaque facteur, et l'amener ainsi à la place qu'on veut lui faire occuper. Donc on peut intervertir à volonté l'ordre de tous les facteurs.

Deuxième principe. — 1° Pour effectuer le produit de trois nombres, on peut multiplier le premier nombre par le produit effectué des deux autres.

EXEMPLE. $\qquad 7 \times 3 \times 4 = 7 \times (3 \times 4) = 7 \times 12.$

En effet, multiplier 7 par 3, c'est prendre 3 fois 7, et multiplier ce résultat par 4, c'est le prendre 4 fois. Donc on aura pris 4 fois 3 fois 7, ou 12 fois 7. On a donc multiplié 7 par 12. (Voir 1er principe, n° 2.)

REMARQUE. Cette règle est souvent utile dans la pratique, surtout lorsque le produit des deux derniers facteurs est terminé par un ou plusieurs zéros.

EXEMPLE. $\qquad$
$$89 \times 5 \times 2 = 89 \times 10 = 890.$$
$$37 \times 25 \times 4 = 37 \times 100 = 3\,700.$$
$$48 \times 50 \times 2 = 48 \times 100 = 4\,800.$$

2° Ce principe peut s'étendre à un nombre quelconque de facteurs placés après le premier.

EXEMPLE.

$$7 \times 3 \times 4 \times 5 \times 2 = 7 \times 3 \times 4 \times 10 = 7 \times 3 \times 40 = 7 \times 120.$$

Et comme, dans tout produit, on peut intervertir l'ordre des facteurs à volonté, on en conclut le principe suivant :

Dans un produit de plusieurs facteurs, on peut remplacer deux ou plusieurs facteurs quelconques par leur produit effectué.

3° Inversement, pour multiplier un nombre par un produit de deux ou plusieurs facteurs, on peut multiplier ce nombre par le premier facteur, puis le produit obtenu par le second facteur, et ainsi de suite, jusqu'au dernier facteur.

EXEMPLE. $\qquad 7 \times 24 = 7 \times 4 \times 3 \times 2.$

REMARQUE. — Cette règle est utile dans la pratique toutes les fois que le multiplicateur est le produit de deux facteurs simples, comme $15 = 5 \times 3$, $24 = 4 \times 6$, $35 = 7 \times 5$, etc.

On peut alors disposer les opérations de la manière suivante :

$$329 \times 15 = 329 \times 5 \times 3 = 1\,645 \times 3 = 4\,935.$$
$$178 \times 24 = 178 \times 4 \times 6 = 712 \times 6 = 4\,272.$$

EXERCICES SUR LA MULTIPLICATION

39. Exercice théorique.

1. Qu'est-ce que la multiplication ? — R. Voir p. 56, n° 118.

2. Comment se nomme le résultat de la multiplication ? — R. Produit.

3. Quels sont les facteurs du produit ? — R. Le multiplicande et le multiplicateur.

4. Par quel signe indique-t-on que deux nombres sont à multiplier l'un par l'autre ? — R. Par le signe $\times$ qui s'énonce : multiplié par.

5. Citez cinq multiples de 6. — R. 12, 18, 24, 30, 36. — Trois multiples de 9. — R. 18, 27, 36. — Quatre multiples de 12. — R. 24, 36, 48, 60.

6. Qu'est-ce que décupler un nombre ? — R. C'est le multiplier par 10. — Le quintupler ? — R. C'est le multiplier par 5. — Le quadrupler ? — R. C'est le multiplier par 4. — Le tripler ? — R. C'est le multiplier par 3. — Le doubler ? — R. C'est le multiplier par 2. — Le centupler ? — R. C'est le multiplier par 100.

7. Si je multiplie 323 par 213, combien y aura-t-il de produits partiels ? — R. Trois.

8. Quel ordre d'unités représentera le premier produit partiel ? — R. Des unités simples. — Le deuxième produit partiel ? — R. Des dizaines. — Le troisième produit partiel ? — R. Des centaines.

9. De quelle façon superposerez-vous ces trois produits partiels ? — R. On superpose les produits partiels de manière que le premier chiffre du produit des unités soit au premier rang, le premier chiffre du produit des dizaines au deuxième rang, le premier chiffre du produit des centaines au troisième rang.

10. Comment obtiendrez-vous le produit définitif de cette multiplication ? — R. En additionnant les produits partiels ainsi disposés.

11. Comment opère-t-on lorsque le multiplicande et le multiplicateur sont terminés par des zéros ? — R. On opère comme s'il n'y avait pas de zéros, mais on en ajoute à la droite du produit autant qu'il y en a dans les deux facteurs.

12. Rendez le nombre 34 dix fois plus grand, — cent fois plus grand, — mille fois plus grand. — R. 340, — 3 400, — 34 000

13. Vous avez à multiplier 6,25 par 3,75 : comment opérerez-vous ? — R. Voir p. 67, n° 148.

14. Vous avez à multiplier 0,25 par 1 000 : que ferez-vous ? — R. Voir p. 65, n° 144.

15. Dans quel cas un produit est-il plus petit que le multiplicande ? — R. Dans le cas où le multiplicateur est plus petit que l'unité ; par exemple, 0,1, ou 0,02, ou 0,345 ; puisqu'alors il s'agit de prendre le 0,1, les 0,02 ou les 0,345 du multiplicande.

16. Qu'est-ce que multiplier 8 par 0,01 ? Effectuez cette multiplication. — R. Multiplier 8 par 0,01, c'est prendre le 0,01 de ce nombre ou le rendre 100 fois plus petit, ce qui donne 0,08.

17. Quelles sont les deux preuves de la multiplication ? — R. Voir p. 67, n°s 149 et 150.

18. Dans la preuve par 9, comment reconnaît-on que la multiplication est bonne ? — R. Voir p. 68, n° 150.

Exercice 40 (page 70).

Faire les multiplications suivantes, d'abord comme elles sont indiquées, puis en intervertissant l'ordre des facteurs :

(1)	9	$\times$	503	R.	4 527	(9)	20 302	$\times$ 3 885	R.	78 873 270
(2)	37	$\times$	8 642	R.	319 754	(10)	81 181	$\times$ 724	R.	587 750 044
(3)	56	$\times$	20 891	R.	1 169 896	(11)	100 309	$\times$ 857	R.	85 964 813
(4)	18	$\times$	7 546	R.	135 828	(12)	72 327	$\times$ 4 639	R.	335 524 953
(5)	245	$\times$	69 283	R.	16 974 335	(13)	111 626	$\times$ 583	R.	65 077 958
(6)	5 335	$\times$	629	R.	3 355 715	(14)	90 889	$\times$ 764	R.	69 439 196
(7)	2 441	$\times$	786	R.	1 918 626	(15)	504 004	$\times$ 998	R.	502 995 992
(8)	13 166	$\times$	947	R.	12 468 202					

Exercice 41 (page 70).

Effectuez les produits suivants deux fois de suite, en intervertissant l'ordre des facteurs :

(1)	$3\times4\times5$	R.	60	(7)	$2\times3\times4\times5$	R.	120
(2)	$7\times2\times3\times8$	R.	336	(8)	$11\times13\times7\times2$	R.	2 002
(3)	$5\times6\times9\times11$	R.	2 970	(9)	$8\times17\times23\times3$	R.	9 834
(4)	$7\times3\times11\times5$	R.	1 155	(10)	$15\times35\times24$	R.	12 600
(5)	$15\times8\times9\times2\times7$	R.	15 120	(11)	$31\times53\times29\times5$	R.	238 235
(6)	$11\times5\times13\times6$	R.	4 290	(12)	$47\times12\times69\times101$	R.	3 930 516

42. Exercice oral, puis écrit (page 71).

OBSERVATION. — On doit s'habituer à faire des multiplications de tête : c'est un exercice qui peut rendre de fréquents services. Dans les marchés, dans la vente au détail, on a besoin à tous moments de faire de petites multiplications. Quand on parvient à les faire *de tête*, sans être obligé de prendre le crayon ou la plume, on gagne du temps, et l'on réussit à se rendre rapidement compte des avantages ou des inconvénients d'une vente ou d'un achat.

Pour multiplier de tête deux nombres terminés par des zéros, on néglige ces zéros et l'on ajoute à la droite du produit autant de zéros qu'il y en avait dans les deux facteurs.

Effectuez à haute voix et de tête les multiplications suivantes, que vous reporterez ensuite sur le cahier :

(1)	40 par 2	R.	80	(9)	400 par 30	R.	12 000
(2)	60 par 3	R.	180	(10)	90 par 600	R.	54 000
(3)	20 par 7	R.	140	(11)	60 par 700	R.	42 000
(4)	5 par 30	R.	150	(12)	5 000 par 40	R.	200 000
(5)	70 par 40	R.	2 800	(13)	7 000 par 20	R.	140 000
(6)	80 par 60	R.	4 800	(14)	10 000 par 80	R.	800 000
(7)	30 par 90	R.	2 700	(15)	15 000 par 300	R.	4 500 000
(8)	200 par 50	R.	10 000				

43. Exercice oral, puis écrit (page 71).

Pour multiplier de tête un nombre de deux chiffres par un nombre d'un chiffre, on le décompose en dizaines et en unités; on multiplie d'abord les dizaines, puis les unités, et l'on ajoute les produits.

Soit à multiplier 32 par 6; on dit: 6 fois 3 dizaines font 18 dizaines ou 180; 6 fois 2 font 12; 180 et 12 font 192.

Faites de tête, à haute voix, les multiplications suivantes, que vous reporterez sur votre cahier :

$$
\begin{aligned}
&(1) \quad 13 \times 5 = (10 + 3) \times 5 = 50 + 15 = 65 \\
&(2) \quad 17 \times 4 = (10 + 7) \times 4 = 40 + 28 = 68 \\
&(3) \quad 15 \times 3 = (10 + 5) \times 3 = 30 + 15 = 45 \\
&(4) \quad 16 \times 8 = (10 + 6) \times 8 = 80 + 48 = 128 \\
&(5) \quad 19 \times 7 = (10 + 9) \times 7 = 70 + 63 = 133 \\
&(6) \quad 18 \times 6 = (10 + 8) \times 6 = 60 + 48 = 108 \\
&(7) \quad 23 \times 9 = (20 + 3) \times 9 = 180 + 27 = 207 \\
&(8) \quad 27 \times 5 = (20 + 7) \times 5 = 100 + 35 = 135 \\
&(9) \quad 36 \times 2 = (30 + 6) \times 2 = 60 + 12 = 72 \\
&(10) \quad 45 \times 3 = (40 + 5) \times 3 = 120 + 15 = 135 \\
&(11) \quad 52 \times 8 = (50 + 2) \times 8 = 400 + 16 = 416 \\
&(12) \quad 67 \times 4 = (60 + 7) \times 4 = 240 + 28 = 268 \\
&(13) \quad 75 \times 6 = (70 + 5) \times 6 = 420 + 30 = 450 \\
&(14) \quad 83 \times 7 = (80 + 3) \times 7 = 560 + 21 = 581 \\
&(15) \quad 92 \times 5 = (90 + 2) \times 5 = 450 + 10 = 460
\end{aligned}
$$

44. Exercice oral, puis écrit (page 71).

On procède d'une manière analogue lorsqu'on a à multiplier un nombre de trois chiffres par un nombre d'un chiffre.

Faites de tête, à haute voix, les multiplications suivantes, que vous reporterez sur votre cahier :

$$
\begin{aligned}
&(1) \quad 327 \times 3 = 300 \times 3 + 20 \times 3 + 7 \times 3 = 981 \\
&(2) \quad 258 \times 4 = 200 \times 4 + 50 \times 4 + 8 \times 4 = 1\,032 \\
&(3) \quad 371 \times 3 = 300 \times 3 + 70 \times 3 + 1 \times 3 = 1\,113 \\
&(4) \quad 574 \times 2 = 500 \times 2 + 70 \times 2 + 4 \times 2 = 1\,148 \\
&(5) \quad 875 \times 5 = 800 \times 5 + 70 \times 5 + 5 \times 5 = 4\,375 \\
&(6) \quad 417 \times 8 = 400 \times 8 + 10 \times 8 + 7 \times 8 = 3\,336 \\
&(7) \quad 922 \times 4 = 900 \times 4 + 20 \times 4 + 2 \times 4 = 3\,688 \\
&(8) \quad 435 \times 6 = 400 \times 6 + 30 \times 6 + 5 \times 6 = 2\,610 \\
&(9) \quad 742 \times 9 = 700 \times 9 + 40 \times 9 + 2 \times 9 = 6\,678 \\
&(10) \quad 429 \times 8 = 400 \times 8 + 20 \times 8 + 9 \times 8 = 3\,432 \\
&(11) \quad 317 \times 15 = 300 \times 15 + 10 \times 15 + 7 \times 15 = 4\,755 \\
&(12) \quad 273 \times 3 = 200 \times 3 + 70 \times 3 + 3 \times 3 = 819 \\
&(13) \quad 576 \times 6 = 500 \times 6 + 70 \times 6 + 6 \times 6 = 3\,456 \\
&(14) \quad 212 \times 4 = 200 \times 4 + 10 \times 4 + 2 \times 4 = 848 \\
&(15) \quad 332 \times 5 = 300 \times 5 + 30 \times 5 + 2 \times 5 = 1\,660 \\
&(16) \quad 445 \times 9 = 400 \times 9 + 40 \times 9 + 5 \times 9 = 4\,005 \\
&(17) \quad 257 \times 6 = 200 \times 6 + 50 \times 6 + 7 \times 6 = 1\,542 \\
&(18) \quad 309 \times 4 = 300 \times 4 \qquad\qquad + 9 \times 4 = 1\,236.
\end{aligned}
$$

Exercice 45 (page 71).

Pour multiplier deux nombres l'un par l'autre, on peut doubler l'un et prendre la moitié de l'autre, puis multiplier les deux nombres ainsi obtenus. Soit à multiplier 5 par 14. — On multiplie 10 par 7, et l'on a 70.

Multiplier :

(1)	16 par 3.	R.	$16 \times 3 = 8 \times 6 = 48.$
(2)	18 par 4.	R.	$18 \times 4 = 9 \times 8 = 72.$
(3)	14 par 3.	R.	$14 \times 3 = 7 \times 6 = 42.$
(4)	4 par 15.	R.	$4 \times 15 = 2 \times 30 = 60.$
(5)	5 par 18.	R.	$5 \times 18 = 10 \times 9 = 90.$
(6)	6 par 24.	R.	$6 \times 24 = 12 \times 12 = 144.$
(7)	8 par 15.	R.	$8 \times 15 = 4 \times 30 = 120.$
(8)	16 par 45.	R.	$16 \times 45 = 8 \times 90 = 720.$
(9)	60 par 45.	R.	$60 \times 45 = 30 \times 90 = 2\,700.$
(10)	65 par 4.	R.	$65 \times 4 = 130 \times 2 = 260.$
(11)	14 par 45.	R.	$14 \times 45 = 7 \times 90 = 630.$
(12)	18 par 35.	R.	$18 \times 35 = 9 \times 70 = 630.$
(13)	26 par 15.	R.	$26 \times 15 = 13 \times 30 = 390.$
(14)	34 par 50.	R.	$34 \times 50 = 17 \times 100 = 1\,700.$
(15)	22 par 5.	R.	$22 \times 5 = 11 \times 10 = 110.$
(16)	68 par 500.	R.	$68 \times 500 = 34 \times 1\,000 = 34\,000.$
(17)	36 par 200.	R.	$36 \times 200 = 18 \times 600 = 7\,200.$
(18)	8 par 75.	R.	$8 \times 75 = 4 \times 150 = 600.$

Exercice 46 (page 72).

DE L'USAGE DES PARENTHÈSES. — Les parenthèses indiquent des opérations à effectuer séparément. Ainsi :

$$(3 + 5) \times 4$$

indique qu'il faut faire la somme $3 + 5 = 8$ et multiplier cette somme 8 par 4, ce qui donne 32. On peut donc écrire :

$$(3 + 5) \times 4 = 32.$$

Effectuez les opérations suivantes :

(1) $(20 + 13) \times (42 - 9) \times 3.$ R. 3 267.
(2) $(15 + 31 - 19) \times 100.$ R. 2 700.
(3) $(13 + 53) \times (13 - 8) + 4.$ R. 334.
(4) $(5 + 24) \times (9 + 17).$ R. 754.
(5) $(3,75 + 8,6) \times (41,2 - 19,27).$ R. 270,8355.
(6) $125 \times (82,1 - 62,4 + 23,59).$ R. 5 411,25.
(7) $(7 + 3,2) \times (1,8 - 13 + 11,4).$ R. 2,04.
(8) $(10 - 6) \times (7,5 - 6,9) + 4 \times (8,17 - 5,3) - 12 \times (1 - 0,044).$ R. 2,403.

PROBLÈMES SUR LA MULTIPLICATION.

Problèmes résolus pour servir de modèles (pour le maître).

PREMIER PROBLÈME. — Un hectolitre de blé coûte 21 fr. 60 ; combien coûteront 37 hectolitres ?

SOLUTION. — Si un hectol. coûte 21 fr. 60, 37 hectol. coûteront 37 fois plus, c'est-à-dire 21 fr. 60 répétés 37 fois, ou

$$21 \text{ fr. } 60 \times 37 = 799 \text{ fr. } 20.$$

DEUXIÈME PROBLÈME. — Un propriétaire a une vigne de 5 hectares ; chaque hectare lui a rapporté 20 hectolitres de vin, et il a vendu ce vin 22 fr. 50 l'hectolitre. Quel prix a-t-il retiré de sa récolte?

SOLUTION. — Puisqu'un hectol. vaut 22 fr. 50, les 20 hectol. d'un hectare vaudront 20 fois plus, ou

$$22 \text{ fr. } 50 \times 20,$$

et les hectol. de 5 hectares vaudront 5 fois plus, ou

$$22 \text{ fr. } 50 \times 20 \times 5 = 22 \text{ fr. } 50 \times 100 = 2\,250 \text{ fr.}$$

REMARQUE. — En général, quand un problème conduit, comme celui-ci, à faire plusieurs multiplications successives, il faut se borner à les *indiquer*, comme nous avons fait; on effectue ensuite les opérations dans l'ordre le plus favorable. Ainsi, au lieu de multiplier 22 fr. 50 par 20, puis le produit par 5, on a multiplié 20 par 5, ce qui a donné 100, et il a suffi ensuite de multiplier 22 fr. 50 par 100, ce qui se fait immédiatement en avançant la virgule de 2 rangs vers la droite.

En attendant ainsi, pour effectuer les opérations, qu'elles soient toutes indiquées, on gagne du temps et on diminue les chances d'erreur.

TROISIÈME PROBLÈME. — Un mètre d'étoffe coûte 5 fr. 80 ; combien coûteront 0^{m},25 ou 0,25 de mètre.

SOLUTION. — Puisque 1 mètre coûte 5 fr. 80, les 0,25 d'un mètre coûteront les 0,25 de 5 fr. 80, ou 5 fr. 80 × 0,25 ; car nous avons vu que multiplier un nombre par 0,25, c'est prendre les 0,25 de ce nombre (voir pages 66 et 67, nᵒˢ 146, 147 et 148).

Le prix cherché sera donc 5 fr. 80 × 0,25 = 1 fr. 45.

QUATRIÈME PROBLÈME. — Un kilogramme de sucre coûte 1 fr. 40 ; combien coûtera un pain de sucre qui pèse 7 kil. 540 ?

SOLUTION. — Puisque 1 kilog. de sucre coûte 1 fr. 35, 7 kilog. de sucre coûteront 7 fois plus, et les 0,540 de kilog. coûteront les 0,540 de 1 fr. 35. Il faut donc multiplier 1 fr. 35 d'abord par 7, puis par 0,540, ce qui revient à multiplier en une seul fois 1 fr. 35 par 7,540.

Le prix cherché sera donc 1 fr. 35 × 7,540 = 10 fr. 179 ou 10 fr. 20 ; car on néglige les millièmes de franc et on ne compte les centièmes de franc ou les centimes que de 5 en 5 le plus ordinairement. Par conséquent, 17 ou 18 centimes se comptent 20 centimes.

Remarque. — Quand on raisonne ces problèmes de multiplication, dans lesquels le multiplicateur est une fraction décimale ou un nombre décimal, il faut bien éviter de s'exprimer comme si le multiplicateur était un nombre entier; par exemple, il e faudrait pas dire dans l'exemple précédent : Puisque 1 kilog. coûte 1 fr. 35, 7 kilog. 540 coûteront 7,540 millièmes *fois plus;* car si on dit très bien : 2 fois plus, 3 fois plus, 100 fois plus, ce qui a un sens très clair, on ne peut pas dire 5 dixièmes fois plus, 25 centièmes fois plus, 400 millièmes fois plus.

Si on ne veut pas, à chaque exemple, répéter le raisonnement donné plus haut, on peut se borner à dire :

Puisque 1 kilog. de sucre coûte 1 fr. 35, 7 kilog. 540 coûteront

$$1 \text{ fr. } 35 \times 7,540 = 10 \text{ fr. } 20.$$

PROBLÈMES SUR LA MULTIPLICATION (page 72).

1. Un hectare de vignes produit 22 hectolitres de vin ; combien aurai-je de vi. sur 4 hectares? combien vaudra cette récolte, à raison de 27 fr. l'hectolitre? — R. 88 hectol. et 2 376 fr.

2. Le kilog. de sang desséché revient à 0 fr. 25, et il en faut 750 kilog. pour la fumure d'un hectare; que coûte cette fumure? — R. 187 fr. 50.

3. Un fabricant de sucre emploie tous les ans 52 hectares de terre pour la culture de la betterave; combien doit-il en récolter de kilogrammes, si chaque hectare produit 38 000 kilog., et à quelle somme s'élèvent les frais de culture, s'il dépense 418 fr. par hectare? — R. 1 976 000 kilog. et 21 736 fr.

4. Un ouvrier, en un jour, bat 35 gerbes de blé donnant 120 litres de grain ; combien 16 ouvriers en 18 jours battront-ils de gerbes, et quelle sera la quantité de blé obtenue? — R. 10 080 gerbes et 345 hectol. 60.

5. Combien faut-il de kilogrammes de foin pour nourrir 12 chevaux pendant un an, si l'on donne par jour à chaque cheval une botte de 8 kilog., et quelle sera la dépense si chaque botte coûte 0 fr. 35? — R. 35 040 kilog. et 1 533 fr.

6. Sur une charrette, il y a 15 sacs de blé contenant chacun 2 hectol. Quelle est la charge de la charrette, sachant que l'hectolitre de blé pèse 75 kilog.? — R. 2 250 kilog.

7. Un ouvrier peut moissonner 15 ares par jour; combien d'ares 18 ouvriers pourront-ils moissonner en 8 jours? — R. 2 160 ares.

8. En admettant qu'un mouton donne 3 kilog. de laine par an, combien 36 moutons en donneront-ils en 5 ans, et pour quelle somme, si la laine vaut 2 fr. 25 le kilogramme? — R. 540 kilog. et 1 215 fr.

9. Combien coûtera la vitrerie d'une maison qui a douze croisées, chacune de 6 carreaux, à 1 fr. 80 le carreau ? — R. 129 fr. 60.

10. Il y a 60 minutes dans une heure, 24 heures dans un jour, et 365 jours dans l'année. On demande : 1° combien il y a de minutes dans un jour; 2° combien il y a d'heures dans une année. — R. 1 440 minutes dans un jour et 8760 heures dans l'année

11. On demande ensuite combien il y a de jours dans un siècle, sachant qu'un siècle est de cent ans, et que tous les quatre ans l'année est bissextile, c'est-à-dire qu'elle a un jour de plus que l'année ordinaire. — R. 36 525 jours par siècle.

12. Un ouvrage a été fait en 6 jours par 15 ouvriers : combien aurait-il fallu de journées à un seul ouvrier pour le faire? — R. 90.

13. Un ouvrier drapier fait 4^m,50 de drap par jour, et il est payé à raison de 0 fr. 80 le mètre; combien lui est-il dû pour une semaine de 6 jours de travail? — R. 21 fr. 60.

14. Un moulin est mû par une machine à vapeur dont le volant fait 18 tours par minute; et pendant que le volant fait un tour, les meules en font cinq. Combien les meules et le volant font-ils de tours en vingt-quatre heures? — R. Le volant, 25 920, et les meules, 129 600.

PROBLÈMES DE RÉCAPITULATION

SUR L'ADDITION, LA SOUSTRACTION ET LA MULTIPLICATION (page 73).

1. Une pile de bois contient 5 stères et m'a été vendue au prix de 8 fr. 50 le stère; le marchand me demande 42 fr. 75. Quelle erreur commet-il? — R. Une erreur de 0 fr. 25.

2. L'hectare de pavots donne 22 hectolitres de graines à 26 fr. l'hectolitre et 550 bottes de tiges à 0 fr. 12 l'une. Quel est le produit en graines? Que valent les tiges? Quel est le produit total? — R. 1° 572 fr. — 2° 66 fr. — 3° 638 fr.

3. Un charretier doit mener trois charretées de gravier sur la route : la première, à 85^m de sa maison; la deuxième, 25^m plus loin, et la troisième, 25^m plus loin que la seconde. Combien aura-t-il de chemin à faire pour aller et venir? Quel trajet lui restera-t-il à faire au bout de 10 minutes, s'il emploie 1 minute pour parcourir 60^m? — R. 660^m. — 60^m.

4. Un fermier avait 47 agneaux, qui lui coûtaient 300 fr.; il en a vendu 34 à raison de 5 fr., et chacun des autres 12 fr. Combien a-t-il gagné? — R. 26 fr.

5. Une personne avait 4^m de toile, qui lui avaient coûté 1 fr. 50 le mètre; elle en a cédé 2^m,50 pour 4 fr. 60 et 1^m,50 pour 2 fr. 20. Combien a-t-elle gagné? — R. 0 fr. 80.

6. Il faut pour 198 fr. de fumier pour fumer convenablement un hectare; mais 1 440 kilog. de colombine* produisent le même effet; on peut se procurer la colombine au prix de 0 fr. 09 le kilog. Que gagnera-t-on par hectare à employer la colombine? — R. 68 fr. 40.

7. Que gagne-t-on en vendant à raison de 6 fr. le kilog. 64 kilog. de marchandise qui ont coûté 350 fr.? — R. 34 fr.

8. Un homme dépense 3 fr. par jour pour sa nourriture, 32 fr. par mois pour son logement, et 850 fr. par an pour son entretien, ses menus frais, etc. Quelle somme dépense-t-il en tout par an? — R. 2 329 fr.

9. Une personne achète 148 kilog. de marchandise à 3 fr. le kilog., et elle paye avec un billet de 500 fr.; combien doit-on lui rendre? — R. 56 fr.

10. Une fontaine donne 37 litres d'eau par minute, une autre fontaine en donne 48, et une troisième 75. Quelle est la quantité d'eau versée par les trois fontaines en 6 heures et 20 minutes? — R. 60 800 litres.

11. Un entrepreneur a employé, pendant une semaine, c'est-à-dire pendant

6 jours, 34 ouvriers, sur lesquels 15 gagnaient 4 fr. par jour et les autres 3 fr. Quelle somme lui a-t-il fallu pour payer ces ouvriers ? — R. 702 fr.

12. Un fermier amène au marché 4 bœufs, 2 vaches et 39 moutons; il vend les bœufs au prix de 365 fr. chacun, les vaches au prix de 175 fr. et les moutons au prix de 16 fr. Quelle somme a-t-il retirée de cette vente ? — R. 2 434 fr.

13. Une fabrique occupe 83 ouvriers à 6 fr. par jour, 57 ouvriers à 5 fr. par jour, 33 ouvriers à 4 fr. par jour et 15 enfants à 2 fr. par jour. Quelle est la somme nécessaire pour payer 24 journées de ces ouvriers ? — R. 22 680 fr.

14. Pour tapisser un appartement, il faut 12 rouleaux de tapisserie à 3 fr. le rouleau, et 4 rouleaux de bordure à 2 fr. Quelle sera la dépense totale, si la pose du papier coûte 6 fr. ? — R. 50 fr.

15. Un marchand a acheté 45^m de drap à 24 fr. le mètre; il revend 36^m à 27 fr. et le reste à 28 fr. Combien gagne-t-il ? — R. 144 fr.

16. Un bassin contient 5 824 litres d'eau; un robinet en laisse écouler 67 litres par heure. On demande quelle quantité d'eau il restera dans le bassin après 36 heures. — R. 3 412 litres.

17. Que gagne-t-on en vendant à raison de 8 fr. le litre 794 litres d'eau-de-vie qui ont coûté 5 615 fr. ? — R. 737 fr.

18. Deux marchands ont fait un échange : le premier a fourni à l'autre 429^m de drap à 18 fr. le mètre; le deuxième a fourni au premier 905^m de toile à 7 fr. le mètre. Quel est celui qui doit à l'autre, et combien lui doit-il ? — R. Le second doit au premier 1 387 fr.

19. Un marchand de vin achète 52 pièces de vin à raison de 86 fr. la pièce, et il paye pour chacune 58 fr. de port et de droits* d'entrée. Chaque pièce contient 220 litres, qu'il revend 1 fr. le litre. Quel est son bénéfice ? — R. 3 952 fr.

20. Deux cultivateurs se sont associés pour acheter une charrue à défrichement; pour cela, l'un a économisé 7 fr. par mois et l'autre 6 fr., en sorte qu'à la fin de l'année ils ont eu la somme nécessaire au paiement de cette charrue. Quelle somme leur fallait-il ? — R. 156 fr.

21. Une armée est composée de 215 escadrons de 165 hommes et de 244 bataillons de 560 hommes : on veut connaître l'effectif des hommes présents sous les drapeaux, en supposant qu'il y en ait 4 453 dans les hôpitaux. — R. 167 662 hommes.

22. Un libraire a fait un envoi contenant 145 volumes à 4 fr. 25, 225 à 1 fr. 50, 156 à 1 fr. 25, 254 à 1 fr. 10 et 310 à 0 fr. 45. Quel est le montant de la facture ? — R. 1 567 fr. 65.

23. Un jardinier a cueilli dans son verger 48 kilog. d'abricots, qu'il a vendus 0 fr. 45 le kilog.; 31 kilog. de prunes, qu'il a vendues 0 fr. 35 le kilog.; 44 kilog. de poires, qu'il a vendues 0 fr. 25 le kilog.; 66 kilog. de figues, qu'il a vendues 0 fr. 25 le kilog.; 38 kilog. de pêches, qu'il a vendues 5 fr. 15 le kilog. Combien lui a produit son verger ? — R. 255 fr. 65.

24. On s'acquitte d'une somme que l'on devait, en donnant 364 pièces de calicot à 45 fr. 15 l'une, 24 pièces à 25 fr. 50, 24 pièces de monnaie de 2 fr., 63 de 1 fr., 38 de 50 c., et 36 de 20 c. Combien devait-on ? — R. 17 163 fr. 80.

25. Un maître bottier a acheté :

1° 70 paires de tiges à 5 fr. 50 la paire;

2° 220 kilog. de cuir de vache à 2 fr. 85 le kilog. ;

3° 79 kilog. de cuir de veau à 3 fr. 80 le kilog.;

4° 24 kilog. de cuir de cheval à 3 fr. 25 le kilog. ;

5° 2 douzaines de peaux de chèvres à 25 fr. 75 la douzaine;

6° 14 pièces de maroquin à 11 fr. 50 la pièce.
Quelle est sa dépense ? — R. 1 602 fr. 70.

26. Une femme achète deux pains, chacun de 3 kilog. et demi, à 0 fr. 35 le kilogramme : sur une pièce de 5 fr. qu'elle donne, quelle somme le boulanger doit-il lui rendre ? — R. 2 fr. 55.

27. Un cabaretier a acheté cinq pièces de vin de Bourgogne, chacune de 230 litres, qu'il a payé 85 fr. la pièce, et il l'a revendu en détail 0 fr. 60 le litre. Combien a-t-il dû gagner sur ce marché, sachant que chaque pièce contenait 6 litres de lie ? — R. 247 fr.

28. Un agriculteur a conduit au marché 26 sacs de blé, chacun de 6 doubles décalitres, qu'il a vendus 4 fr. 85 le double décalitre, et 3 douzaines et demie de moutons, qu'il a vendus à raison de 45 fr. la paire. Quelle somme a-t-il dû recevoir pour le tout ? — R. 1 701 fr. 60.

29. Un ouvrier gagne 3 fr. 75 par jour, et travaille 24 jours par mois : sachant qu'il dépense en tout 180 fr. par trimestre*, on demande ce qu'il a de reste à la fin de l'année ? — R. 360 fr.

30. Un entrepreneur a occupé 25 ouvriers pendant trois semaines ; il donnait 4 fr. 75 à 9 d'entre eux, et 3 fr. 25 aux autres. Quelle somme lui a-t-il fallu pour les payer au bout de ce temps, sachant qu'ils n'ont pas travaillé les dimanches ? — R. 1 705 fr. 50.

31. Un père de famille gagne 4 fr. 15 par jour, la mère 2 fr. 75, et les deux enfants chacun 1 fr. 25 ; toute la famille dépense 93 fr. par mois. Quelles sont les économies de cette famille à la fin de l'année, sachant qu'elle ne travaille en moyenne que 24 jours par mois, et qu'elle est obligée de chômer* pendant 2 mois ? — R. 1 140 fr.

32. Un particulier qui possédait 85 fr. a emprunté 1 000 fr. pour payer ses dettes, et, après avoir acheté un cheval de 340 fr., il a eu encore 35 fr. de reste. Quelle somme devait-il ? — R. 710 fr.

33. Un marchand d'étoffes a acheté 8 pièces de toile, chacune de 46ᵐ, pour 288 fr. 80 ; il a revendu cette toile à raison de 1 fr. 85 le mètre. Combien a-t-il gagné ? — R. 92 fr.

34. Quelqu'un disait que si l'on augmentait son revenu de 150 fr., il aurait 5 fr. à dépenser par jour, et pourrait donner chaque dimanche 1 fr. 25 aux pauvres. Quel est son revenu annuel ? — R. 1 740 fr.

35. Un coquetier a acheté 40 volailles pour 50 fr., et 28 douzaines d'œufs pour 19 fr. 60 ; en les revendant, il a gagné 0 fr. 30 par volaille, mais il a perdu 0 fr. 15 par douzaine d'œufs. Combien a-t-il gagné ou perdu en tout ? — R. Il a gagné 7 fr. 80.

36. Un marchand de bois avait une pièce de sapin de 13ᵐ et demi de longueur, qu'il a fait débiter en planches. La première bille* ou tronce avait 4ᵐ de long et a produit 14 planches ; la seconde bille avait 4ᵐ,25 de long et a donné 12 planches ; enfin la troisième bille, qui avait pour longueur le reste de l'arbre, a donné 10 planches. Combien cette pièce de bois a-t-elle produit de mètres linéaires* de planches ? — R. 159ᵐ,50.

37. Cette même pièce de sapin a coûté 50 fr. au marchand de bois, et le débit en planches lui revient à 0 fr. 10 le mètre : sachant qu'il a revendu ses planches à raison de 0 fr. 50 le mètre linéaire, quel a été son bénéfice ? — R. 13 fr. 80.

38. Un petit marchand a acheté un cent de fagots pour 26 fr., qu'il se propose de revendre au détail. Il en revend d'abord la moitié pour 14 fr. 30, et 3 douzaines et demie à 4 fr. 20 la douzaine ; ensuite il revend le reste à

raison de 0 fr. 25 le fagot. Quel a été le bénéfice de ce petit marchand? — R. 5 fr.

39. Un spéculateur qui a acheté des marchandises pour 1 850 fr., e. qui les a revendues, dit que s'il les avait revendues 100 fr. de plus, il aurait doublé son argent : combien les a-t-il revendues? — R. 3 600 fr.

40. Une autre fois, ce spéculateur a revendu des marchandises pour 3 480 fr., et, s'il les eût revendues 150 fr. de plus, il aurait eu un bénéfice de 1 000 fr. : combien les avait-il achetées? — R. 2 630 fr.

41. Huit héritiers se sont partagé une succession qu'on ne connait pas ; on sait seulement que, suivant les intentions du testateur*, chacun d'eux a donné 100 fr. aux pauvres et payé 35 fr. de frais, et qu'après toutes ces dépenses chaque héritier a eu 4 865 fr. Quel était le montant de la succession? — R. 40 000 fr.

42. Un ouvrier compagnon* gagne 35 fr. par mois, outre sa nourriture ; après avoir pourvu à son entretien, il met encore 20 fr. tous les deux mois à la caisse d'épargne. On demande : 1° ce qu'il gagne par an ; 2° ce qu'il dépense ; 3° combien il économise. — R. 1° 420 fr. — 2° 300 fr. — 3° 120 fr.

43. Le génie* militaire a occupé 1 250 ouvriers aux travaux de fortifications d'une ville de guerre. Il y avait 485 maçons, 78 tailleurs de pierre, et les autres étaient des terrassiers. Les maçons gagnaient chacun 3 fr. 15 par jour ; les tailleurs de pierre, 3 fr. 85, et les terrassiers, 2 fr. 25. Tous ces ouvriers ont travaillé, en moyenne, 24 jours par mois, et les travaux ont duré depuis le 1er avril jusqu'au 31 octobre suivant, soit 168 jours. On demande combien ont coûté ces travaux. — R. 566 798 fr. 40.

44. Un épicier avait acheté 50 pains de sucre, pesant chacun 6 kilog. et demi, pour la somme de 598 fr., non compris le transport, qui lui a encore coûté 27 fr. ; mais, le sucre ayant été avarié, il n'a pu le revendre que 0 fr. 80 le kilogramme. Combien a-t-il perdu sur ce marché? — R. 365 fr.

45. Un marchand tailleur a une pièce de drap de 38^m, qui lui coûte 23 fr. le mètre ; avec ce drap, il fera 8 redingotes, qu'il vendra 65 fr. pièce, et 14 jaquettes, à 54 fr. l'une ; les fournitures lui coûtent 9 fr. 50 par redingote, et 7 fr. 50 par jaquette. Quel sera son bénéfice brut*, en y comprenant la façon? — R. 271 fr.

46. Le directeur d'une verrerie remet à un tailleur de verres une grosse* de pièces de cristal pour les tailler. Celui-ci devait recevoir 2 fr. 15 pour chaque cristal qu'il taillerait convenablement et 1 fr. 25 seulement pour ceux dont la taille serait défectueuse ; enfin, il devait payer 0 fr. 75 pour ceux qu'il casserait. Sur les douze douzaines, 15 cristaux présentaient des défauts dans la taille ; 8 avaient été cassés, et les autres bien taillés. On demande de faire le compte de cet ouvrier. — R. 272 fr. 90.

47. Pour faire une chemise, il faut 3^m de toile à 1 fr. 50 le mètre ; les fournitures coûtent 0 fr. 15, et la façon 1 fr. 35 ; à ce prix, combien doit coûter une douzaine de chemises? — R. 72 fr.

PROBLÈMES SUPPLÉMENTAIRES.

48. Dans une ferme, on a fait 45 kilog. de beurre que l'on porte au marché ; ce jour-là, le beurre vaut, au début, 2 fr. 55 le kilog. La fermière arrive tard et vend sa provision 97 fr. 25. Combien a-t-elle gagné ou perdu sur le cours du jour? — R. Elle a perdu 17 fr. 50.

49. Un marchand achète 7 barriques de vin contenant chacune

230 litres, au prix de 120 fr. la barrique; à tout ce vin il ajoute 114 litres d'eau et vend ce mélange à raison de 0 fr. 60 le litre. Quel est son bénéfice? — R. 194 fr. 40.

50. Un incendie a détruit une maison dans laquelle il y avait des denrées pour 1 360 fr.; le mobilier valait 640 fr., et la maison était estimée 4 800 fr. Le feu a consumé toutes les denrées, et on n'a pu sauver du mobilier que pour une valeur de 130 fr.; les matériaux restant ne sont estimés que 270 fr. : quelle est la perte du propriétaire? — R. 6 400 fr.

51. Un entrepreneur de bâtiments achète un terrain pour 875 fr., et y construit une maison. La construction achevée, il revend le tout pour 12 000 fr. et il dit qu'il a perdu 300 fr. sur cette spéculation : combien la maison lui a-t-elle donc coûté à bâtir? — R. 11 425 fr.

52. Les héritiers d'un négociant sont obligés de vendre son fonds pour payer ses dettes qui montent à 18 000 fr. On trouve dans la maison du défunt 875 fr. en espèces de 1 200 fr. en billets de banque : de plus, il y a pour 2 385 fr. de créances inscrites sur les livres, mais une somme de 840 fr. est irrécouvrable. Ensuite on vend le fonds 10 000 fr., le mobilier 1 265 fr. et la maison 6 500 fr. Sachant que les frais de liquidation et autres se sont élevés à 685 fr., on demande ce qu'il reste aux héritiers. — R. 2 700 fr.

53. Un boucher a acheté une paire de bœufs qui lui ont coûté 1 425 fr., et il les a nourris pendant 3 mois pour les engraisser. Pendant ce temps, ils lui ont dépensé pour 4 fr. 50 de nourriture par jour; étant tués, ils ont produit 1 760 kilogrammes de viande, estimée 1 fr. 10 le kilogramme; les peaux et autres abattis valaient encore 44 fr : on demande ce que le boucher a gagné sur cette paire de bœufs. — R. 150 fr.

CHAPITRE IV

DIVISION DES NOMBRES ENTIERS ET DES NOMBRES DÉCIMAUX.

DÉFINITIONS

154. — Le mot **division** veut dire **partage**. — *Diviser* un nombre, c'est le partager en parties égales.

PAR EXEMPLE. — Diviser 20 fr. par 5, c'est partager 20 francs en 5 parties égales, c'est-à-dire chercher un nombre de francs qui, répété 5 fois, donne 20 francs : ce nombre est 4, car 5 fois 4 font 20.

155. — Le nombre que l'on doit partager se nomme **dividende.**

Le nombre qui indique en combien de parties égales le dividende doit être partagé se nomme **diviseur.**

Le nombre qui représente l'une des parties se nomme **quotient.**

20 est le dividende, 5 le diviseur, et 4 le quotient.

On dispose ainsi l'opération :

$$\text{Dividende. } 20 \text{ fr.} \;\Big|\; \begin{array}{l} 5 \quad \text{Diviseur.} \\ \hline 4 \text{ fr. Quotient.} \end{array}$$

156. — **Première définition.** Donc la *division* est une opération qui a pour but de partager un nombre appelé *dividende*, en autant de parties égales qu'il y a d'unités dans un autre nombre appelé *diviseur*.

Mais la division a un objet assez différent du premier, au moins en apparence, pour rendre absolument nécessaire une seconde définition.

Diviser 20 francs par 5, c'est encore chercher combien de fois le nombre 5 francs est contenu dans 20 francs ; il y est 4 fois : car 4 fois 5 font 20.

Le nombre 20 est encore appelé *dividende*, le nombre 5 *diviseur*, et le nombre 4 *quotient.*

Le quotient exprime ici *combien de fois* le diviseur est contenu dans le dividende ; il vient du mot latin *quoties*, qui veut dire : combien de fois.

On dispose l'opération de la même manière :

$$20 \text{ francs} \;\Big|\; \begin{array}{l} 5 \text{ francs} \\ \hline 4 \end{array}$$

157. — **Deuxième définition.** Donc la *division* est une opération qui a pour but de chercher combien de fois un nombre appelé *dividende* contient un autre nombre appelé *diviseur.*

Toutes les questions d'arithmétique qui donnent lieu à une division se ramènent à l'une des deux définitions précédentes : on a toujours à partager un nombre en parties égales (1re définition), ou à chercher combien de fois un nombre en contient un autre (2e définition).

On remarquera que, dans le premier cas, 5 fois 4 francs font 20 francs, et que, dans le second cas, 4 fois 5 francs font 20 francs : donc 20 est un produit, et 4 et 5 en sont les facteurs. Mais, tandis que le produit 20 est toujours connu, c'est tantôt l'un des facteurs 4, et tantôt l'autre 5 qui est inconnu.

Il résulte de là une troisième définition de la division.

158. — Troisième définition. La *division* est encore une opération qui a pour but, étant donné un produit de deux facteurs, appelé *dividende*, et l'un de ces deux facteurs, appelé *diviseur*, de trouver l'autre facteur, appelé *quotient*.

159. — La division équivaut à une suite de soustractions.

En effet, pour trouver combien de fois 6 est contenu dans 24, on n'a qu'à retrancher 6 de 24 autant de fois qu'il est possible.

$$24 - 6 = 18 \qquad\qquad 12 - 6 = 6$$
$$18 - 6 = 12 \qquad\qquad 6 - 6 = 0$$

On a retranché 6 de 24 quatre fois : donc 24 contient quatre fois 6.

160. — Reste d'une division. Il peut arriver qu'une division ne se fasse pas exactement: par exemple, si l'on veut partager 23 francs en 5 parties égales, on trouve que chaque partie sera de 4 francs, mais qu'il restera encore 3 francs à partager.

De même, si l'on veut chercher combien de fois 5 francs est contenu dans 23 francs, on trouve qu'il y est contenu 4 fois, mais qu'il reste aussi 3 francs.

Ce nombre 3 est appelé le **reste de la division.**

161. — Quand la division se fait **avec un reste**, il est évident que le dividende est égal au produit du diviseur par le quotient, ou du quotient par le diviseur, **plus le reste.**

$$23 \text{ fr.} = 4 \text{ fr.} \times 5 + 3 \text{ fr.}$$
ou
$$23 \text{ fr.} = 5 \text{ fr.} \times 4 + 3 \text{ fr.}$$

162. — Le reste doit toujours être inférieur au diviseur. En effet, s'il s'agit de partager 23 francs en 5 parties égales, le reste ne peut pas être 5 francs, sans quoi chaque part pourrait être augmentée de 1 franc; et s'il s'agit de chercher combien de fois le nombre 5 francs est contenu dans 23 francs, le reste ne peut pas être 5 francs, sans quoi le diviseur serait contenu une fois de plus dans le dividende.

163. — Comment on rend un nombre 2, 3, 4, 5... **fois plus petit.** Pour rendre un nombre 2, 3, 4, 5... fois plus petit, il suffit de le diviser par 2, 3, 4, 5...: car diviser un nombre par 5, par exemple, c'est le partager en 5 parties égales: donc chacune de ces parties est 5 fois plus petite que le nombre donné; donc le nombre donné est devenu 5 fois plus petit.

Locutions usuelles.

164. — Pour exprimer la division d'un nombre par 2, 3, 4, 5, 6....., etc., on se sert encore des expressions suivantes : prendre la *moitié*, le *tiers*, le *quart*, le *cinquième*, le *sixième*... de ce nombre. Ainsi :

Prendre la *moitié* d'un nombre, c'est le diviser par 2.
    —   le *tiers*   —   —   3.
    —   le *quart*   —   —   4.
    —   le *cinquième* —   —   5.
    —   le *sixième*   —   —   6.
    —   le *quinzième* —   —   15, etc.

Signes de la division.

165. — Pour indiquer la division d'un nombre par un autre nombre, on les écrit à la suite l'un de l'autre en les séparant par deux points (:).

Ainsi :

$$24 \text{ à diviser par } 6$$

se représente ainsi :

$$24 : 6$$

Plus souvent encore on écrit les deux nombres l'un au-dessus de l'autre, en les séparant par un trait :

$$\frac{24}{6}$$

que l'on peut énoncer de trois manières :

$$24 \text{ divisé par } 6$$
$$\text{ou } 24 \text{ sur } 6$$
$$\text{ou } 24 \text{ sixièmes }[1].$$

Sous l'une ou l'autre forme :

$$24 : 6 \quad \text{ou} \quad \frac{24}{6}$$

la division n'est qu'indiquée ; si elle était *effectuée*, on présenterait le résultat de la manière suivante :

$$24 : 6 = 4 \quad \text{ou mieux} \quad \frac{24}{6} = 4$$

---

1. On verra au chapitre des *fractions* la raison de cette dernière locution.

166. — Le dividende peut lui-même exprimer une opération qui est seulement *indiquée* et noi *effectuée*, comme une somme :

$$23 + 9;$$

une différence :

$$17 - 8;$$

ou un produit :

$$12 \times 7.$$

Si l'on avait à rendre ces nombres 8 fois plus petits, c'est-à-dire à les diviser par 8, on écrirait :

$$\frac{23+9}{8}, \quad \frac{17-8}{8}, \quad \frac{12 \times 7}{8},$$

expressions qu'on effectuerait en temps utile.

DIVISION DES NOMBRES ENTIERS

167. — La théorie et la règle de la division étant assez difficiles à comprendre et à retenir, nous distinguerons avec soin les différents cas qui peuvent se présenter ; mais nous recommandons expressément aux élèves de se familiariser surtout et avant tout avec la *pratique* et le *mécanisme* de chacune de ces opérations.

1er CAS. — **Le diviseur n'a qu'un chiffre et le dividende ne contient pas dix fois le diviseur.**

168. — Soit à diviser 32 par 4.

Dans ce cas, il suffit de consulter la table de multiplication, qui est aussi une table de division.

Dans la pratique, on dit toujours : En 32 combien de fois 4? il y est 8 fois.

$$\begin{array}{c|c} 32 & 4 \\ \hline & 8 \end{array}$$

2me CAS. — **Le diviseur n'a qu'un chiffre et le dividende est un nombre quelconque.**

169. — On a vu (no 164) que diviser un nombre par 5, c'est en prendre le cinquième : on peut donc prendre le cinquième des unités de chaque ordre.

Soit à diviser

$$3935 \text{ par } 5.$$

On dispose l'opération de la manière suivante :

$$3\,9\,3\,1\,5$$
$$7\,8\,6\,3$$

Je commence par les unités les plus élevées, et je dis :

Le cinquième de 3 n'est pas. Cela veut dire que le cinquième de 3 dizaines de mille n'est pas 1 dizaine de mille. Je convertis ces 3 dizaines de mille en unités de mille, ce qui fait 30 ; j'y ajoute le chiffre 9 qui suit et qui représente 9 unités de mille, ce qui fait 39 mille, et je dis : le cinquième de 39 est 7 pour 35, car 5 fois 7 font 35, et je pose 7 sous le chiffre 9.

35 mille ôtés de 39 mille, il reste 4 mille, qui valent 40 centaines ; j'ajoute le chiffre 3 qui suit et qui représente aussi des centaines, ce qui fait 43 centaines, et je dis : le cinquième de 43 est 8 pour 40, car 5 fois 8 font 40, et je pose 8 sous le chiffre 3.

40 centaines ôtées de 43 centaines, il reste 3 centaines, qui valent 30 dizaines ; j'y ajoute le chiffre 1 qui suit et qui représente aussi des dizaines, ce qui fait 31 dizaines, et je dis : le cinquième de 31 est 6 pour 30, car 5 fois 6 font 30, et je pose 6 sous le chiffre 1.

30 dizaines ôtées de 31 dizaines, il reste 1 dizaine, qui vaut 10 unités ; j'y ajoute les 5 unités qui suivent, ce qui fait 15 unités, et je dis : le cinquième de 15 est 3, et je pose 3 sous le chiffre 5.

Dans la pratique on abrège beaucoup le langage, et l'on dit simplement :

> Le cinquième de 3 n'est pas.
> Le cinquième de 39 est 7 pour 35, il reste 4.
> Le cinquième de 43 est 8 pour 40, il reste 3.
> Le cinquième de 31 est 6 pour 30, il reste 1.
> Le cinquième de 15 est 5.

Et tout en opérant ainsi on écrit : 7, 8, 6, 3.

Ainsi le cinquième de 39 315 est 7 863.

On ne saurait trop s'habituer à ce genre de calcul.

3ᵐᵉ CAS. — Le dividende et le diviseur ont plusieurs chiffres, mais le dividende ne contient pas dix fois le diviseur.

170. — Soit à diviser 3569 par 427.

Le dividende 3569 ne contient pas dix fois le diviseur 427 ; car 10 fois 427 égale 4270, nombre plus grand que 3569. Le quotient n'aura donc qu'un chiffre.

$$
\begin{array}{r|l}
3569 & 427 \\
3416 & 8 \\
\hline
153 &
\end{array}
$$

Je ne considère que le premier chiffre à gauche dans le diviseur, c'est-à-dire le chiffre 4, et je néglige les deux autres chiffres 2 et 7 ; puis, négligeant le même nombre de chiffres à la droite du dividende, c'est-à-dire le 6 et le 9, je dis : en 35 combien de fois 4 ; il y est 8 fois : je pose 8 au quotient ; je multiplie 427 par 8, et je retranche le produit 3416 de 3569 ; la soustraction pouvant se faire, le chiffre 8 est le chiffre du quotient ; le reste est 153, moindre que 427 (n° 162).

$$\begin{array}{r|l} 3569 & 427 \\ \hline 3416 & 8 \\ \hline 153 & \end{array}$$

Raisonnement. — Diviser 3569 par 427, c'est chercher combien de fois 427 est contenu dans 3569. Je devrais donc dire : en 3569, combien de fois 427 ? Or, comme il m'est difficile de répondre à cette question avec des nombres aussi grands, je me borne à dire : en 35 combien de fois 4, c'est-à-dire en 35 centaines, combien de fois 4 centaines ; ce qui me ramène au premier cas, c'est-à-dire à la table de multiplication. Je peux bien, il est vrai, me tromper, car le dividende 3569 est un peu plus grand que 35 centaines ou 3500, et le diviseur 427 est aussi un peu plus grand que 4 centaines ou 400 ; mais je vérifie immédiatement le chiffre trouvé 8, en multipliant le diviseur par 8, et en retranchant le produit du dividende : la soustraction pouvant se faire, 8 est exact.

171. — On n'arrive pas toujours du premier coup à trouver le chiffre du quotient : tantôt le chiffre qu'on essaye est trop fort, tantôt il est trop faible ; le chiffre est trop *fort* quand la soustraction ne peut pas se faire ; il est trop *faible* quand le reste est plus grand que le diviseur : avant de tomber juste, on est obligé de *tâtonner*.

De toutes ces considérations résulte la règle suivante :

172. — **Règle.** Lorsque le dividende ne contient pas dix fois le diviseur, on néglige tous les chiffres du diviseur, moins **un**, le premier à gauche ; on néglige aussi sur la droite du dividende le même nombre de chiffres, de manière qu'il ne contienne qu'un ou **deux** chiffres au plus. On cherche combien de fois le dividende ainsi réduit contient le diviseur également réduit. Le nombre trouvé est au plus égal à 9. On multiplie le diviseur par ce nombre : si le produit peut se retrancher du dividende, le chiffre trouvé est exact, si la soustraction ne peut pas se faire, on essaye un chiffre plus faible. Mais, si le reste est plus grand que le diviseur, le chiffre essayé est trop faible.

Abréviation des calculs.

173. — Dans la pratique, pour abréger les calculs, on *soustrait à mesure qu'on multiplie.*

Exemple. — Soit à diviser 4728 par 596.

$$\begin{array}{r|l} 4728 & 596 \\ 556 & 7 \end{array}$$

Négligeant deux chiffres à droite de part et d'autre, je dis : en 47 combien de fois 5 ? il y est 7 fois.

7 fois 6, 42 ; 42 unités ôtées de 8 unités, cela ne se peut. J'augmente ces 8 unités de 40 unités, ce qui fait 48, et je dis : 42 ôté de 48, il reste 6.

Mais j'ai ajouté au nombre supérieur 40 unités ou 4 dizaines : il faudra donc aussi les ajouter au nombre inférieur, pour que la différence reste la même (n° 113). Je dis donc : 7 fois 9, 63, et 4 de retenue, 67. 67 dizaines ôtées de 2 dizaines, cela ne se peut. J'augmente ces 2 dizaines de 70 dizaines, ce qui fait 72 dizaines, et je dis : 67 ôté de 72, il reste 5.

Mais j'ai ajouté au nombre supérieur 70 dizaines ou 7 centaines : il faudra donc aussi les ajouter au nombre inférieur, pour que la différence reste la même. Je dis donc : 7 fois 5, 35, et 7 de retenue, 42 ; ôté de 47, il reste 5. Le quotient est 7, et le reste 556.

Dans la pratique on abrège beaucoup le langage, et l'on dit :

7 fois 6, 42 ; de 48, reste 6, et je retiens 4.

7 fois 9, 63, et 4 de retenue, 67 ; de 72, reste 5, et je retiens 7.

7 fois 5, 35, et 7 de retenue, 42 ; de 47, reste 5.

4me CAS. — **Le dividende et le diviseur sont quelconques et le quotient a plusieurs chiffres.**

174. — Exemple. — Soit à diviser 485792 par 782.

$$\begin{array}{r|l} 485792 & 782 \\ 1659 & 621 \\ 952 & \\ 170 & \end{array}$$

Je reconnais d'abord que le quotient aura plusieurs chiffres : car, si je multiplie le diviseur par 10, le produit 7820 est plus petit que le dividende : donc le quotient est plus grand que 10, et, par conséquent, a plusieurs chiffres.

Je vais chercher combien de fois 782 est contenu dans 485792.

Je sépare sur la gauche du dividende autant de chiffres qu'il en faut pour contenir le diviseur au moins une fois et moins de dix fois ; il en faut quatre, et je dis : *en 4857 combien de fois 782?* Je retombe ainsi dans le cas précédent, et je sais que pour trouver le chiffre cherché il suffit de dire : *en 48 combien de fois 7 ?* il y est 6 fois : je pose 6 au quotient.

Je vérifie le chiffre 6 en *multipliant* le diviseur par 6 et en *soustrayant* le produit de 4857. 6 fois 2, 12 ; de 17, reste 5, et je

485792 | 782
1659 | 621
0952
170

retiens 1 ; 6 fois 8, 48, et 1, 49 ; de 55, reste 6, et je retiens 5 ; 6 fois 7, 42, et 5, 47 ; de 48, reste 1.

Puisque 4857 unités contiennent 782 unités 6 fois, 4857 centaines contiendront 782 unités 600 fois : donc le chiffre trouvé, 6, est le chiffre des centaines du quotient.

Il reste 165 centaines, qui valent 1650 dizaines ; *j'abaisse* le chiffre 9 des dizaines à la droite de 165, ce qui fait 1659 dizaines.

Je dis : *en* 1659 *combien de fois* 782 ? ou : *en* 16 *combien de fois* 7 ? il y est 2 fois : je pose 2 au quotient.

Je vérifie le chiffre 2 en *multipliant* le diviseur par 2, et en *soustrayant* le produit de 1659. 2 fois 2, 4 ; ôtés de 9, reste 5 ; 2 fois 8, 16 ; ôtés de 25, reste 9, et je retiens 2 ; 2 fois 7, 14, et 2, 16 ; ôtés de 16, reste 0.

Puisque 1659 unités contiennent 782 unités 2 fois, 1659 dizaines contiendront 782 unités 20 fois : donc le chiffre trouvé, 2, est le chiffre des dizaines du quotient.

Il reste 95 dizaines, qui valent 950 unités ; *j'abaisse* le chiffre 2 des unités à la droite de 95, ce qui fait 952 unités.

Je dis : *en* 952 *combien de fois* 782 ? ou : *en* 9 *combien de fois* 7 ? il y est 1 fois : je pose 1 au quotient. Je vérifie le chiffre 1 en *soustrayant* 782 de 952 : 2 de 2, reste 0 ; 8 de 15, reste 7 ; 8 de 9, reste 1 : le reste est 170.

En résumé, j'ai retranché du nombre 485792, d'abord 600 fois 782, puis 20 fois 782, puis 1 fois 782, et il ne reste plus que 170 : donc le nombre 485792 contient bien 621 fois 782 ; donc le quotient est 621.

175. — Règle. Pour diviser un nombre quelconque par un nombre quelconque, on sépare sur la gauche du dividende autant de chiffres qu'il en faut pour contenir le diviseur au moins une fois et moins de 10 fois ; on **divise** ce dividende partiel par le diviseur ; on **multiplie** le diviseur par le chiffre trouvé ; on **soustrait** le produit du dividende partiel, puis on **abaisse** le chiffre suivant du dividende à la droite du reste, pour continuer de la même manière, jusqu'à ce qu'on ait épuisé tous les chiffres du dividende.

En sorte qu'on peut dire qu'en général, pour faire une division, il faut faire successivement les quatre opérations suivantes : *diviser, multiplier, soustraire, abaisser un chiffre*[1].

---

[1] *Première Année d'arithmétique*, p. 110.

Il faut mettre des zéros au quotient.

176. — Il arrive souvent que le dividende partiel, une fois le chiffre abaissé, est plus petit que le diviseur.

177. — **Règle.** Tant que le dividende partiel reste **plus petit** que le diviseur, on abaisse un chiffre du dividende total, et *pour chaque chiffre abaissé* on met un **zéro** au quotient.

1er EXEMPLE. — Soit à diviser 138368 par 46.

```
Dividende total........  138368 | 46      Diviseur.
                            138  | 3008    Quotient.
                            ─────
Dividende partiel.....      0368
                             368
                            ─────
                             000
```

Je sépare sur la gauche du dividende autant de chiffres qu'il en faut pour contenir le diviseur 46, c'est-à-dire trois, et je dis :

En 138 combien de fois 46, ou en 13 combien de fois 4? Il y est 3 fois. Je multiplie 46 par 3, je soustrais le produit de 138 et je trouve 0 pour reste.

J'abaisse le chiffre suivant 3. En 3 combien de fois 46? Il n'y est pas. Je pose **0** au quotient, ce qui signifie que 3 centaines ne contiennent pas 46 une centaine de fois.

J'abaisse le chiffre suivant 6. En 36 combien de fois 46? Il n'y est pas. Je pose un *deuxième* **0** au quotient, ce qui signifie que 36 dizaines ne contiennent pas 46 une dizaine de fois.

J'abaisse le chiffre suivant 8. En 368 combien de fois 46, ou en 36 combien de fois 4? Il y est 8 fois.

J'achève l'opération, qui donne 3008 au quotient et 0 pour reste.

2e EXEMPLE. — Soit à diviser 214600 par 58.

```
214600 | 58
   406 | 3700
    00
```

En appliquant la règle de la division, on trouve 37 pour quotient, et 0 pour reste ; mais on a encore deux chiffres du dividende à abaisser, et ces deux chiffres sont des zéros. Il est évident que chacun d'eux donnera un zéro au quotient : donc je pose 2 zéros à la droite du quotient trouvé, c'est-à-dire autant de zéros qu'il y en a encore au dividende.

Quotient évalué en décimales.

178. — Lorsque la division donne un **reste**, il arrive souvent qu'il est utile, pour plus d'exactitude, de continuer l'opération jusqu'aux dixièmes, aux centièmes, etc. : c'est ce qu'on appelle **évaluer un quotient en décimales.**

179. — **Règle.** Pour obtenir un quotient évalué en décimales, tous les chiffres du dividende étant abaissés, on met une *virgule* à la droite du **quotient**, un *zéro* à la droite du **reste**, et l'on continue la division aussi loin qu'il est utile.

Exemple. — Soit à évaluer en décimales et à moins d'un centième le quotient de 4895 par 548.

Quotient évalué en décimales, à moins d'un centième.

$$
\begin{array}{r|l}
4895 & 548 \\
\cline{2-2}
5110 & 8,93 \\
1780 & \\
136 & \\
\end{array}
$$

Unités.   Je divise 4895 par 548, ce qui donne 8 unités au quotient et 511 pour reste.

Dixièmes.   Je mets une *virgule* à la droite du quotient 8, et je transforme en dixièmes les 511 unités qui restent : pour cela, je n'ai qu'à multiplier 511 par 10, c'est-à-dire à y ajouter un 0, soit 5110 dixièmes, qui me donnent 9 dixièmes au quotient, et il reste 178 dixièmes.

Centièmes.   Je transforme les 178 dixièmes en centièmes en y ajoutant un zéro, soit 1780 centièmes, qui me donnent au quotient 3 centièmes, et il reste 136 centièmes.

        Je pourrais de même transformer ces centièmes en millièmes, et ainsi de suite.

Des approximations.

180. — On appelle calcul d'**approximation** celui qui a pour but de fournir une valeur **approchée** du résultat exact.

181. — Dans la division qui précède, de 4895 par 548, on trouve au début 8 pour quotient et 511 pour reste : on ne pourrait donc pas dire que 8 est le quotient exact de 4895 par 548, puisqu'il y a un reste. C'est ce qu'on exprime en disant que 8 est le quotient de 4895 par 548, **à moins d'une unité.**

Si on poursuit l'opération jusqu'aux dixièmes ,8,9, le quotient sera évalué **à moins d'un dixième.**

Si on poursuit l'opération jusqu'aux centièmes, 8,91, le quotient sera évalué **à moins d'un centième,** et ainsi de suite.

Le dividende est plus petit que le diviseur.

182. — Règle. Lorsque le dividende est **plus petit** que le diviseur, on met alternativement des **zéros** au quotient et au dividende, jusqu'à ce que celui-ci soit plus fort que le diviseur.

Cela fait, on opère comme dans le cas précédent (n° 179).

Exemple. — Soit à diviser 8 par 245.

$$
\begin{array}{r|l}
800 & 245 \\
650 & \overline{0,0326} \\
1600 & \\
130 &
\end{array}
$$

Je dis : En 8 unités combien de fois 245 ? Il n'y est pas. Je pose 0 unité et une virgule au quotient.

Je convertis les 8 unités en dixièmes en mettant **0** à la droite du 8, soit 80 dixièmes, et je dis :

En 80 combien de fois 245 ? Il n'y est pas. Je pose 0 dixième au quotient.

Je convertis les 80 dixièmes en centièmes, en mettant un deuxième **0** à la droite de 80, soit 800 centièmes, et je dis :

En 800 combien de fois 245 ? Il y est 3 fois. Je pose 3 centièmes au quotient, j'effectue; il reste 65 centièmes, que je convertis en millièmes en y ajoutant un zéro, soit 650 millièmes.

En 650 combien de fois 245 ? Il y est 2 fois. Je pose 2 millièmes au quotient, j'effectue; il reste 160 millièmes, que je transforme en dix-millièmes en y ajoutant un zéro, soit 1600 dix-millièmes, etc.

Quotient périodique.

183. — Soit à diviser 3 par 11.

$$
\begin{array}{r|l}
30 & 11 \\
80 & \overline{0,272727\ldots} \\
30 & \\
80 & \\
30 & \\
80 & \\
3 &
\end{array}
$$

Je prolongerais indéfiniment l'opération que je retrouverais toujours au quotient les mêmes chiffres 2 et 7.

Le quotient 0,272727..., composé indéfiniment des mêmes chiffres 2 et 7, est ce qu'on appelle un **quotient périodique.** Le nombre 27 est la **période.**

Il en serait de même du quotient 0,348348348 …, qui se composerait indéfiniment des mêmes chiffres 3, 4, 8. Le nombre 348 serait la **période**.

DIVISION DES NOMBRES DÉCIMAUX

Le dividende seul est un nombre décimal.

1er CAS. — LE DIVIDENDE CONTIENT DES UNITÉS ENTIÈRES.

184. — Règle. Lorsque le *dividende seul* est un nombre décimal, et qu'il contient des unités entières, on opère comme sur les nombres entiers; mais on a soin de placer une **virgule** au **quotient**, dès qu'on arrive à la virgule du dividende.

EXEMPLE. — Soit à diviser 2572,32 par 8.

```
2572,32 | 8
   17    | 321,54
   12
    43
    32
     0
```

Avant d'abaisser le chiffre **3** des dixièmes, j'ai mis une virgule au quotient.

Raisonnement. — Après avoir divisé par 8 le nombre entier 2572, il reste **4** unités ou 40 dixièmes, qui, réunis aux **3** dixièmes du dividende, font 43 dixièmes.

Divisés par 8, ces 43 dixièmes donnent 5 dixièmes au quotient, et il reste 3 dixièmes ou 30 centièmes, qui, réunis aux 2 centièmes du dividende, font 32 centièmes.

Divisés par 8, ces 32 centièmes donnent 4 centièmes au quotient, et 0 pour reste.

2me CAS. — LE DIVIDENDE NE CONTIENT PAS D'UNITÉS ENTIÈRES.

185. — Règle. Lorsque le dividende ne contient pas d'unités entières, on pose toujours **0 unité**, et une *virgule* au quotient; puis **0 dixième**, si les dixièmes du dividende ne contiennent pas le diviseur; **0 centième**, si les dixièmes et les centièmes réunis du dividende ne contiennent pas encore le diviseur, et ainsi de suite jusqu'à ce qu'on arrive à un nombre qui contienne le diviseur.

EXEMPLE. — Soit à diviser 0,544 par 8.

$$\begin{array}{c|l}
0{,}544 & 8 \\
\hline
64 & \mathbf{0{,}068} \\
0 &
\end{array}$$

Je dis : En 0 unité combien de fois 8 ? Il n'y est pas. Je pose **0** unité, et une *virgule* au quotient.

J'essaye avec 5 dixièmes. En 5 dixièmes combien de fois 8 ? Il n'y est pas. Je pose **0** dixième au quotient.

J'essaye avec 54 centièmes. En 54 centièmes combien de fois 8 ? Il y est 6 fois. Je pose 6 centièmes au quotient et j'achève l'opération.

Le diviseur seul est un nombre décimal.

186. — **Règle.** Lorsque le *diviseur seul* est un nombre décimal, on **supprime** la virgule du diviseur, de manière à le transformer en un nombre entier ; mais on ajoute sur la droite du dividende autant de **zéros** qu'il y avait de **chiffres décimaux** au diviseur.

Cela fait, on opère comme sur des nombres entiers.

PREMIER EXEMPLE. — Soit à diviser 165 par 6,25.

En supprimant la virgule du diviseur 6,25, je multiplie ce diviseur par 100 et j'ai le nombre entier :

$$625.$$

Pour que le quotient ne change pas (p. 96, n° 203), il faut que je multiplie le dividende par 100 ; ce que je fais en ajoutant deux zéros, soit :

$$16500.$$

Diviser 165 par 6,25 revient donc à diviser 16500 par 625, sur lesquels j'opère comme sur les nombres entiers.

$$\begin{array}{c|l}
16500 & 625 \\
\hline
4000 & 26{,}4 \\
2500 & \\
000 &
\end{array}$$

Le quotient est 26,4 , sans reste.

DEUXIÈME EXEMPLE. — Soit à diviser 245 par 0,0005.

En supprimant la virgule du diviseur 0,0005, je multiplie ce diviseur par 10000 et j'ai le nombre entier :

$$5.$$

Pour que le quotient ne change pas, il faut que je multiplie le dividende 245 par 10000, ce que j'obtiens en ajoutant 4 zéros à sa droite, soit :

$$2\,4\,5\,0\,0\,0\,0$$

$$
\begin{array}{r|l}
2450000 & 5 \\
\cline{2-2}
45 & 490000 \\
0 &
\end{array}
$$

Le quotient est 490000, sans reste.

Le dividende et le diviseur sont tous deux décimaux.

187. — Règle. Quand le dividende et le diviseur sont *tous deux* des nombres décimaux, on **supprime** la virgule du diviseur, de manière à le transformer en un nombre entier ; mais on avance la virgule du dividende d'autant de rangs vers la droite qu'il y avait de **chiffres décimaux** au diviseur.

PREMIER EXEMPLE. — Soit à diviser 28,9336 par 6,752.

En supprimant la virgule du diviseur 6,752, je multiplie ce diviseur par 1000 et j'ai le nombre entier :

$$6\,7\,5\,2.$$

Pour que le quotient ne change pas (n° 203), il faut que je multiplie le dividende par 1000 ; ce que je fais en avançant la virgule de trois rangs vers la droite, soit :

$$2\,8\,9\,3\,3\,,6$$

Diviser 28,9336 par 6,752 revient donc à diviser 28933,6 par 6752, sur lesquels on opère comme au n° 184.

$$
\begin{array}{r|l}
28933,6 & 6752 \\
\cline{2-2}
1925\ 6 & 4,285 \\
575\ 20 & \\
35\ 040 & \\
1\ 280 &
\end{array}
$$

Le quotient est 4,285 et le reste est 1,280, puisque le premier chiffre, 1, est dans la colonne des unités.

DEUXIÈME EXEMPLE. — Soit à diviser 5,8 par 3,416.

En supprimant la virgule du diviseur 3,416, je multiplie ce diviseur par 1000 et j'ai le nombre entier :

$$3\,4\,1\,6.$$

Pour que le quotient ne change pas, il faut que je multiplie le dividende par 1000 ; ce que je fais en avançant la virgule de trois rangs vers la droite.

Mais, comme le dividende 5,8 n'a qu'*un* chiffre décimal, je complète les trois rangs par *deux* zéros, soit :

$$5800.$$

5800	3416
23840	1,69
33440	
2696	

Le quotient est 1,69 et le reste est 26,96, puisque le premier chiffre, 2, est dans la colonne des dizaines.

Comment on divise un nombre par 10, 100, 1000.

1° — LE NOMBRE EST ENTIER ET TERMINÉ PAR DES ZÉROS.

188. — **Règle.** Pour diviser par 10, 100, 1000, un nombre terminé par des zéros, on supprime, à partir de la droite, un zéro pour 10, deux zéros pour 100, trois zéros pour 1000, etc.

Ainsi	4000	divisé par	10	égale	400
—	4000	—	100	—	40
—	4000	—	1000	—	4

2° — LE NOMBRE EST ENTIER, MAIS QUELCONQUE.

189. — **Règle.** Pour diviser un nombre quelconque par 10, 100, 1000, on sépare par une **virgule**, à partir de la droite, un chiffre pour 10, deux chiffres pour 100, trois chiffres pour 1000. Si le nombre n'a pas assez de chiffres significatifs, on y supplée par des zéros, qu'on sépare par une virgule du zéro des unités.

Ainsi	42	divisé par	10	égale	4,2
—	42	—	100	—	0,42
—	42	—	1000	—	0,042

3° — LE NOMBRE EST DÉCIMAL.

190. — **Règle.** Pour diviser par 10, 100, 1000, un nombre décimal, on **recule la virgule** de 1, 2, 3 rangs vers la gauche.

Ainsi	4,2	divisé par	10	égale	0,42
—	4,2	—	100	—	0,042
—	4,2	—	1000	—	0,0042

REMARQUE. — On voit que, lorsque le nombre décimal n'a pas assez de chiffres, on y supplée par des *zéros*.

Raisonnement. Pour justifier les règles précédentes, il suffit de faire remarquer que diviser un nombre par 10, 100, 1000, c'est le rendre 10, 100, 1000 fois plus petit, et c'est ce qu'on fait en supprimant 1, 2, 3 zéros, ou en reculant la virgule de 1, 2, 3 rangs vers la gauche (nᵒˢ 66 et 70).

5.

Preuve de la division.

191. — Pour faire la **preuve** de la division, on multiplie le **diviseur** par le **quotient** : si l'opération est exacte, le produit est égal au dividende (n° 158).

S'il y a un reste, on l'ajoute au produit.

PREMIER EXEMPLE.		DEUXIÈME EXEMPLE.	
Division.	Preuve.	Division.	Preuve.

PREMIER EXEMPLE.

Division.

```
3612 | 43
 172 | 84
  00
```

Preuve.

```
  43  diviseur
  84  quotient
 ----
  172
 344
 -----
 3612 dividende
```

DEUXIÈME EXEMPLE.

Division.

```
542 | 35
192 | 15
 17
```

Preuve.

```
  35  diviseur
  15  quotient
 ----
 175
  35
 ----
 525
  17  reste
 ----
 542  dividende
```

TROISIÈME EXEMPLE.

Division (n° 186).

```
16500 | 625
 4000 | 26,4
 2500
   00
```

Preuve.

```
    625
   26,4
  ------
  250 0
  3750
  1250
 --------
 16500,0
```

QUATRIÈME EXEMPLE.

Division (n° 187).

```
5800   | 3416
2384 0 | 1,69
 334 40
 26,96
```

Preuve.

```
    3416
    1,69
  -------
  307 44
  2049 6
  3416
 --------
 5773,04
 reste  26,96
 --------
 5800,00
```

Preuve par 9.

192. — Une division effectuée donne les trois termes d'une multiplication : le diviseur est le multiplicande, le quotient est le multiplicateur, le dividende est le produit. En se plaçant à ce point de vue, on peut appliquer à la division la preuve par 9 donnée pour la multiplication.

EXEMPLE. — Reprenons la division de 3612 par 43, dont le quotient est 84.

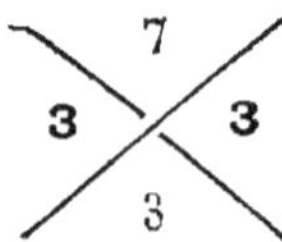

J'additionne les chiffres du diviseur (multiplicande) : 4 et 3, 7. Je pose 7 dans l'angle supérieur.

J'additionne les chiffres du quotient (multiplicateur) : 8 et 4, 12 ; 1 et 2, 3. Je pose 3 dans l'angle inférieur.

Je multiplie l'un par l'autre les deux chiffres obtenus : 3 fois 7, 21 ; 2 et 1, 3. Je pose 3 dans l'angle de gauche.

J'additionne les chiffres du dividende (produit) : 3 et 6, 9, et 1, 10, et 2, 12 ; 1 et 2, 3. Je pose 3 dans l'angle de droite.

Les deux chiffres 3, placés en regard, étant égaux, l'opération est bonne.

Lorsqu'il y a un reste, avant d'effectuer la preuve par 9, il faut retrancher ce reste du dividende. Ainsi, dans le deuxième exemple, on opérera sur

$$542 - 17 = 525.$$

PRINCIPES RELATIFS A LA DIVISION [1].

193. — **Premier principe.** Dans une division, si le dividende et le diviseur sont **égaux**, le quotient est toujours égal à 1.

$$\frac{7}{7} = 1. \qquad \frac{15}{15} = 1. \qquad \frac{1\,000}{1\,000} = 1.$$

194. — **Deuxième principe.** Si le dividende est 0, le quotient est 0.

En effet, en 0, un nombre quelconque est toujours contenu 0 fois. Ainsi, 0 divisé par 4 donne 0 ; ou encore, le quart de 0 est 0.

$$\frac{0}{4} = 0.$$

195. — **Troisième principe.** Si le diviseur est 0, la division est impossible et ne signifie rien.

$$\frac{4}{0} = \text{impossibilité.}$$

196. — **Quatrième principe.** Pour diviser un produit de plusieurs facteurs par un nombre, il suffit de diviser un des facteurs du produit par ce nombre.

Exemple. — Soit le produit 30×7 à diviser par 5.

Je dis que pour diviser par 5 le produit des deux facteurs 30 et 7, il suffit de diviser par 5 le facteur 30.

En effet, on a d'une part :

$$30 \times 7 = 210, \qquad \text{puis} \qquad 210 : 5 = 42 ;$$

d'autre part, on a :

$$30 : 5 = 6, \qquad \text{puis} \qquad 6 \times 7 = 42.$$

De part et d'autre, le résultat final est 42.

SUPPLÉMENT POUR LE MAITRE.

Ce qui précède n'est que la vérification du quatrième principe ; en voici la démonstration :

Soit le produit 30×7 à diviser par 5.

Je dis que, pour diviser par 5 le produit des deux facteurs 30 et 7, il suffit de diviser par 5 le facteur 30.

En effet, $30 = 6 \times 5$.

Donc, $30 \times 7 = 6 \times 5 \times 7 = 6 \times 7 \times 5$ (n° 153).

Or, pour diviser ce dernier produit par 5, il est évident qu'il suffit de supprimer le facteur 5, et l'on a : $6 \times 7 = 42$. C'est bien là le résultat qu'on obtient en multipliant 30 par 7, et en divisant le produit par 5. Car

$$30 \times 7 = 210, \text{ et } 210 : 5 = 42.$$

---

1. La plupart de ces principes, fort utiles dans la pratique, ne pouvant être démontrés simplement avec toute la rigueur désirable, nous nous bornerons à les énoncer.

197.— Cinquième principe. Pour diviser un nombre par un produit de plusieurs facteurs, il suffit de diviser ce nombre par le premier facteur, puis le quotient ainsi obtenu par le deuxième facteur, puis le nouveau quotient par le troisième facteur, et ainsi de suite jusqu'au dernier facteur.

EXEMPLE. — Soit 360 à diviser par 24.

$$24 = 2 \times 3 \times 4.$$

Je dis que, pour diviser 360 par 24, je puis diviser d'abord 360 par 2, puis le quotient par 3, puis le nouveau quotient par 4.

En effet, on a d'une part :

$$360 : 24 = 15.$$

D'autre part, on a :

$$360 : 2 = 180,$$
$$180 : 3 = 60,$$
$$60 : 4 = 15.$$

De part et d'autre, le résultat final est 15.

SUPPLÉMENT POUR LE MAITRE.

Ce qui précède n'est que la vérification du cinquième principe; en voici la démonstration :

Soit 360 à diviser par 24, qui est égal à $2 \times 3 \times 4$. Je divise 360 par 2, le quotient par 3, et le nouveau quotient par 4.

J'ai donc les divisions indiquées dans le tableau suivant :

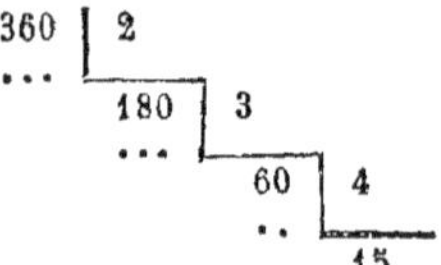

Le résultat de ces trois divisions successives est le nombre 15. Or, en remontant de 15 à 360, on voit que $15 \times 4 = 60$, que $60 \times 3 = 180$, et que $180 \times 2 = 360$.

Donc $\quad 360 = 2 \times 180 = 2 \times 3 \times 60 = 2 \times 3 \times 4 \times 15 = 24 \times 15$,

ce qui indique que la division unique de 360 par 24 donnerait aussi 15 pour quotient.

PRINCIPES RELATIFS A LA MULTIPLICATION ET A LA DIVISION.

198. — Premier principe. Si on *multiplie* l'un des deux facteurs d'un produit par un nombre, le **produit** est *multiplié* par ce nombre.

EXEMPLE. — Soit le produit $6 \times 4 = 24$.

Je multiplie par 2 le multiplicande : le produit devient $12 \times 4 = 48$.

Je multiplie par 2 le multiplicateur : le produit devient $6 \times 8 = 48$.

Dans les deux cas, le premier produit 24 est multiplié par 2. $48 = 24 \times 2$.

199. — Deuxième principe. Si on *divise* l'un des deux facteurs d'un produit par un nombre, le **produit** est *divisé* par ce nombre.

EXEMPLE. — Soit le produit $6 \times 4 = 24$.

Je divise par 2 le multiplicande : le produit devient $3 \times 4 = 12$.

Je divise par 3 le multiplicateur : le produit devient $6 \times 2 = 12$.

Dans les deux cas, le premier produit 24 est divisé par 2. $12 = 24 : 2$.

200. — **Troisième principe.** Si on *multiplie* l'un des facteurs d'un produit par un nombre, et si on *divise* l'autre facteur par le *même* nombre, le produit *ne change pas.*

EXEMPLE. — Soit le produit $6 \times 4 = 24$.

Je multiplie le multiplicande par 2, et je divise le multiplicateur par 2 : le produit devient $12 \times 2 = 24$. On voit qu'il n'a pas changé.

201. **Quatrième principe.** Si on multiplie ou si on divise le **dividende** d'une division par un certain nombre, le quotient est aussi multiplié ou divisé par ce nombre

Soit la division de 42 par 7, le quotient est 6.

$$\begin{array}{r|l} 42 & 7 \\ \hline 0 & 6 \end{array} \qquad \begin{array}{r|l} 84 & 7 \\ \hline 0 & 12 \end{array} \qquad \begin{array}{r|l} 14 & 7 \\ \hline 0 & 2 \end{array}$$

Je *multiplie* le dividende 42 par 2, j'ai 84 à diviser par 7 : le quotient devient 12, c'est-à-dire 6 *multiplié* par 2.

Je *divise* le dividende 42 par 3, j'ai 14 à diviser par 7 : le quotient devient 2, c'est-à-dire 6 *divisé* par 3.

A mesure que le dividende devient 2, 3, 4 fois plus *grand*, le quotient devient également 2, 3, 4 fois plus *grand*.

Et à mesure que le dividende devient 2, 3, 4 fois plus *petit*, le quotient devient également 2, 3, 4 fois plus *petit*.

202. Cinquième principe. Si on multiplie ou si on divise le **diviseur** d'une division par un certain nombre, le quotient est divisé ou multiplié par ce nombre.

Soit la division de 84 par 14 : le quotient est 6.

$$\begin{array}{r|l} 84 & 14 \\ \hline 0 & 6 \end{array} \qquad \begin{array}{r|l} 84 & 28 \\ \hline 0 & 3 \end{array} \qquad \begin{array}{r|l} 84 & 7 \\ \hline 0 & 12 \end{array}$$

Je *multiplie* le diviseur 14 par 2 ; j'ai 84 à diviser par 28 : le quotient devient 3, c'est-à-dire 6 *divisé* par 2.

Je *divise* le diviseur 14 par 2 ; j'ai 84 à diviser par 7 : le quotient devient 12, c'est-à-dire 6 *multiplié* par 2.

A mesure que le diviseur devient 2, 3, 4 fois plus *grand*, le quotient devient 2, 3, 4 fois plus *petit*.

Et à mesure que le diviseur devient 2, 3, 4 fois plus *petit*, le quotient devient 2, 3, 4 fois plus *grand*.

203. — **Sixième principe.** Si on multiplie ou si on divise à la fois le **dividende** et le **diviseur** d'une division par le même nombre, le quotient **reste le même.**

$$\begin{array}{r|l} 20 & 4 \\ \hline 0 & 5 \end{array} \qquad \begin{array}{r|l} 40 & 8 \\ \hline 0 & 5 \end{array} \qquad \begin{array}{r|l} 60 & 12 \\ \hline 0 & 5 \end{array}$$

On a multiplié par 2, puis par 3, le dividende et le diviseur ; le quotient n'a pas changé.

REMARQUE. — Ce principe est vrai, même quand la division se fait avec un *reste*.

$$\begin{array}{r|l} 23 & 4 \\ \hline 3 & 5 \end{array} \qquad \begin{array}{r|l} 46 & 8 \\ \hline 6 & 5 \end{array} \qquad \begin{array}{r|l} 69 & 12 \\ \hline 9 & 5 \end{array}$$

On voit que le quotient est resté le même, mais que le reste est devenu 2 fois, 3 fois plus grand.

EXERCICES SUR LA DIVISION.

47. Exercice théorique (page 96)

1. Qu'est-ce que *diviser* un nombre? — R. C'est le partager en parties égales.

2. Comment se nomme le nombre que l'on doit partager? — R. Dividende.

3. Comment se nomme le nombre qui indique en combien de parties le dividende doit être partagé? — R. Diviseur.

4. Comment se nomme le nombre qui représente une de ces parties? — R. Quotient.

5. Donnez les trois définitions de la division. — R. Voir pages 77 et 78, n°s 156, 157 et 158.

6. Quels sont les deux termes d'une division? — R. Le dividende et le diviseur.

7. Comment appelle-t-on le résultat de la division? — R. Quotient.

8. Si l'on multiplie le quotient par le diviseur, quel nombre trouve-t-on? — R. Le dividende.

9. Quelle est la définition qui résulte de ce fait? — R. La troisième.

10. Quand une division donne un reste, à quoi est égal le dividende? — R. Au produit du diviseur par le quotient, plus le reste.

11. Montrez, par un exemple que vous choisirez, que la division remplace une suite de soustractions. — R. Voir page 78, n° 159.

12. De quelle manière indique-t-on qu'un nombre est à diviser par un autre? — Voir page 79, n° 165.

13. Comment énonce-t-on l'expression $\frac{18}{6}$? — R. 18 divisé par 6, ou 18 sur 6, ou 18 sixièmes.

14. Si vous effectuez cette division, comment présenterez-vous le résultat de l'opération? — R. $\frac{18}{6} = 3$.

15. Effectuez les expressions suivantes :

$$\frac{32-8}{6}, \quad \frac{19+11}{5}, \quad \frac{8\times 6}{12}. \quad - \text{R. } \frac{24}{6}=4, \frac{30}{5}=6, \frac{48}{12}=4.$$

16. Qu'est-ce que prendre le tiers, le quart, le double d'un nombre? Montrez-le par un exemple. — R. C'est diviser ce nombre par 3, par 4, et le multiplier par 2. L'élève prendra des exemples.

17. Le reste doit-il être supérieur, égal ou inférieur au diviseur? — R. Inférieur.

18. Quand le reste est supérieur au diviseur, qu'y a-t-il à faire? — R. Voir page 82, n° 172.

19. Effectuez la division de 280 par 8 et expliquez-la. — R. 35. (Voir page 80, n° 169.)

20. Prenez le tiers de 234 et expliquez l'opération (n° 169). — R. 78.

21. Prenez le 6e de 204 et expliquez l'opération (n° 169). — R. 34.

22. Effectuez la division de 1 204 par 43 et expliquez-la (n° 174). — R. 28.

23. Effectuez la division de 91 524 par 348 et expliquez-la (n° 174). — R. 263

24. Quelle est la règle des chiffres négligés (voir n° 172)?

25. Effectuez la division de 391 par 23 et expliquez la simplification indiquée au n° 173. — R. 17.

26. La division de 3 318 par 132 donne 25 pour quotient et 18 pour reste. Continuez la division de manière à compléter le quotient par une fraction décimale. Vous pousserez jusqu'aux centièmes. — R. 25,13.

27. A moins de quelle unité le quotient 25,13 est-il évalué? — R. A moins de 0,01.

28. Effectuez la division de 3 par 234 et expliquez-la (n° 182). Vous vous arrêterez aux centièmes. — R. 0,01.

29. Quelle est la règle à suivre lorsqu'on a à diviser un nombre décimal par un nombre entier (voir n° 184)?

30. Effectuez la division de 1 514,50 par 6 et expliquez-la. — R. 252,41.

31. Effectuez la division de 0,238 par 7 et expliquez-la. — R. 0,034.

32. Quelle est la règle à suivre lorsqu'on a à diviser un nombre entier par un nombre décimal (voir n° 186).

33. Effectuez la division de 142 par 3,25 et expliquez-la. — R. 43,69

34. Effectuez la division de 354 par 0,06 et expliquez-la. — R. 5 900.

35. Quelle est la règle à suivre lorsque le dividende et le diviseur sont tous deux décimaux (voir n° 187)?

36. Effectuez la division de 2 023,70 par 2,45 et expliquez-la. — R. 826.

37. Divisez 3 000 par 100, — par 10, — par 1 000. — R. 30, — 300, — 3.

38. Divisez 24 par 100, — par 10, — par 1 000. — R. 0,24, — 2,4, — 0,024.

39. Divisez 3,6 par 10, — par 100, — par 1 000. — R. 0,36, — 0,036, — 0,0036.

40. Quelle est la première manière de faire la preuve de la division (voir n° 191)?

41. Ne peut-on pas appliquer à la division la preuve par 9 (voir n° 192)?

42. Que devient le produit de 2 nombres, lorsqu'on double le multiplicande? — R. Le produit devient double.

43. — lorsqu'on triple le multiplicateur? — R. Triple.

44. — lorsqu'on rend le multiplicande 4 fois plus petit? — R. Quatre fois plus petit.

45. — lorsqu'on rend le multiplicateur 5 fois plus petit? — R. Cinq fois plus petit.

46. — lorsqu'on rend le multiplicande 100 fois plus grand et le multiplicateur 10 fois plus grand? — R. 1 000 fois plus grand.

47. — lorsqu'on rend le multiplicande 10 fois plus grand et le multiplicateur 100 fois plus grand? — R. 1 000 fois plus grand.

48. — lorsqu'on rend le multiplicande 10 fois plus grand et le multiplicateur 10 fois plus petit? — R. Il ne change pas.

49. — lorsqu'on rend le multiplicande 1 000 fois plus grand et le multiplicateur 100 fois plus petit? — R. 10 fois plus grand.

50. Si je divise 36 par 36, quel chiffre aurai-je au quotient? — R. 1

51. Si je divise 0 par 2, quel chiffre aurai-je au quotient? — R. 0.

52. Si je divise 8 par 0, qu'en résultera-t-il? — R. Rien. La division est impossible.

53. Le diviseur restant le même, qu'arrive-t-il si l'on multiplie le dividende par 4? Donnez un exemple. — R. Le quotient devient 4 fois plus grand. Ex.: 30 : 6 = 5. — 120 : 6 = 20.

54. Le diviseur restant le même, qu'arrive-t-il si l'on divise le dividende par 3? Donnez un exemple. — R. Le quotient devient 3 fois plus petit. Ex.: 60 : 4 = 15. — 20 : 4 = 5.

55. Le dividende restant le même, qu'arrive-t-il si l'on multiplie le diviseur par 4? Donnez un exemple. — R. Le quotient devient 4 fois plus petit. Ex.: 48 : 2 = 24. — 48 : 8 = 6.

56. Le dividende restant le même, qu'arrive-t-il si l'on divise le diviseur par 2? Donnez un exemple. — R. Le quotient devient 2 fois plus grand. Ex.: 72 : 8 = 9. — 72 : 4 = 18.

57. Qu'arrive-t-il si l'on multiplie ou si l'on divise le dividende et le diviseur par un même nombre? — R. Le quotient ne change pas.

Exercice 48 (page 98).

Pour diviser un nombre par 20, ou, ce qui revient au même, pour en prendre le vingtième, on en prend le dixième d'abord, puis la moitié; ou la moitié d'abord, puis le dixième.

Prenez le vingtième des nombres :

40.	R. 2.	470.	R. 23,5.	340.	R. 17.	710.	R. 35,5.
2 000.	R. 100.	52.	R. 2,6.	6 300.	R. 315.	158.	R. 7,9.
30.	R. 1,5.	648.	R. 32,4.	110.	R. 5,5.	924.	R. 46,2.
320.	R. 16.	220.	R. 11.	640.	R. 32.	660.	R. 33.
46.	R. 2,3.	5 800.	R. 290.	142.	R. 7,1.	9 040.	R. 452.
564.	R. 28,2.	70.	R. 3,5.	874.	R. 43,7.	230.	R. 11,5.
180.	R. 9.	560.	R. 28.	500.	R. 25.	890.	R. 44,5.
3 400.	R. 170.	74.	R. 3,7.	7 100.	R. 355.	382.	R. 19,1.
50.	R. 2,5.	736.	R. 36,8.	190.	R. 9,5.	632.	R. 31,6.

On doit dire : Le dixième de 40 est 4; la moitié de 4 est 2.

Le dixième de 2 000 est 200; la moitié de 200 est 100, etc.

Exercice 49 (page 98).

Pour diviser un nombre par 25, on le multiplie d'abord par 4, puis on le divise par 100; ou on le divise d'abord par 100, puis on le multiplie par 4.

Divisez par 25 les nombres suivants :

1 275.	R. 55.	1 550.	R. 62.	1 975.	R. 79.
430.	R. 1,72.	820.	R. 32,8.	1 110.	R. 44,4.
1 540.	R. 61,6.	2 790.	R. 111,6.	6 470.	R. 258,8.
17.	R. 0,68.	33.	R. 1,32.	57.	R. 2,28.
132.	R. 5,28.	827.	R. 33,08.	1 017.	R. 40,68.
1 300.	R. 52.	1 625.	R. 65.	2 025.	R. 81.
680.	R. 27,2.	960.	R. 38,4.	1 320.	R. 52,8.
1 880.	R. 75,2.	3 010.	R. 120,4.	8 230.	R. 329,2.
21.	R. 0,84.	49.	R. 1,96.	68.	R. 2,72
346.	R. 13,84.	915.	R. 36,6.	3 048.	R. 121,92.

On doit dire : 1 275 : 100 = 12,75; 12,75 × 4 = 51;

430 : 100 = 4,3; 4,3 × 4 = 17,2, etc.

Exercice 50 (page 98.)

Pour diviser un nombre par 50, on le multiplie d'abord par 2, puis on le divise par 100, ou on le divise d'abord par 100; puis on le multiplie par 2.

Divisez par 50 les nombres suivants :

200.	R. 4.	600.	R. 12.	800.	R. 16.
540.	R. 10,8.	320.	R. 6,4.	910.	R. 18,2.
154.	R. 3,08.	397.	R. 17,94.	595.	R. 11,9.
3 820.	R. 76,4.	5 565.	R. 111,30.	8 618.	R. 172,36.
330.	R. 7.	750.	R. 15.	950.	R. 19.
470.	R. 9,4.	860.	R. 17,2.	690.	R. 13,8.
265.	R. 5,3.	482.	R. 9,64.	672.	R. 13,44.
6 343.	R. 126,86.	7 269.	R. 145,38.	9 741.	R. 194,82.

On doit dire : 200 : 100 = 2; 2 × 2 = 4.

540 : 100 = 5,4; 5,4 × 2 = 10,8, etc.

Exercice 51 (page 98).

Effectuez les multiplications et les divisions suivantes sans poser les opérations, mais en écrivant seulement chaque chiffre des résultats (nᵒˢ 137 et 169).

1. Multipliez successivement le nombre 47 par 2, par 3, par 4 et par 5; puis divisez successivement le produit obtenu par les mêmes nombres 2, 3, 4 et 5. En faisant les opérations indiquées, on doit trouver :

$$47 \times 2 = 94; \quad 94 \times 3 = 282; \quad 282 \times 4 = 1\,128; \quad 1\,128 \times 5 = 5\,640;$$

puis   5 640 : 2 = 2 820;   2 820 : 3 = 940;   940 : 4 = 235;   235 : 5 = 47.

On retrouve ainsi le nombre primitif 47; ce qui devait être, puisque toutes ces opérations se détruisent deux à deux.

Les autres exemples de cet exercice se résolvent de même; on ne saurait assez les multiplier.

2. Multipliez le nombre 53 par 3, par 4, par 5 et par 6, et divisez le produit obtenu par les mêmes nombres.

3. Multipliez le nombre 65 par 4, par 5, par 6 et par 7, et divisez le produit obtenu par les mêmes nombres.

4. Multipliez le nombre 123 par 5, par 6, par 7 et par 8, et divisez le produit obtenu par les mêmes nombres.

5. Multipliez le nombre 234 par 6, par 7, par 8 et par 9, et divisez le produit obtenu par les mêmes nombres.

6. Opérez de même sur le nombre 5 403, au moyen des facteurs 7, 2, 9, 3.

7. Opérez de même sur le nombre 8 092, au moyen des facteurs 3, 8, 4, 5.

8. Opérez de même sur le nombre 4 761, au moyen des facteurs 6, 2, 9, 3.

52. Exercice écrit (page 99).

Division sans reste. — Effectuez les divisions suivantes :

(1)	188 696 par 458.	R. 412.		(9)	828 par	36.	R.	23.
(2)	221 —	13.	R. 17.	(10)	2 716 —	97.	R.	28.
(3)	227 336 —	724.	R. 314.	(11)	16 592 —	122.	R.	136.
(4)	194 388 —	136.	R. 1 433.	(12)	1 518 —	66.	R.	23.
(5)	1 441 524 —	786.	R. 1 834.	(13)	3 741 —	87.	R.	43.
(6)	3 648 —	76.	R. 48.	(14)	852 768 —	987.	R.	864.
(7)	1 440 —	45.	R. 32.	(15)	1 856 —	64.	R.	29.
(8)	8 372 —	92.	R. 91.	(16)	127 323 —	129.	R.	987.

53. Même exercice (page 99).

Evaluez jusqu'aux millièmes les quotients des divisions suivantes .

(1) 1 345 par 14. R. 96,071.	(9) 32 059 par 495. R. 64,765.
(2) 7 854 — 49. R. 160,285.	(10) 325 377 — 738. R. 440,890.
(3) 5 432 — 167. R. 32,526.	(11) 576 589 — 632. R. 912,324.
(4) 764 — 25. R. 30,560.	(12) 67 940 516 — 3 054. R. 22 246,403.
(5) 1 036 — 28. R. 37.	(13) 5 698 014 — 692. R. 8 234,124.
(6) 6 789 — 509. R. 13,337.	(14) 3 766 320 — 519. R. 7 256,878.
(7) 33 809 — 211. R. 160,232.	(15) 46 800 005 — 1 907. R. 24 541,166
(8) 90 401 — 151. R. 598,682.	

54. Même exercice (page 99).

Évaluez jusqu'aux centièmes les quotients des divisions suivantes :

(1) 2 345 par 42. R. 55,83.	(6) 867 par 32. R. 27,09.
(2) 63 783 — 257. R. 248,18.	(7) 14 325 — 769. R. 18,62.
(3) 98 342 — 58. R. 1 695,55.	(8) 8 342 — 47. R. 177,48.
(4) 2 734 — 52. R. 52,57.	(9) 2 835 — 244. R. 11,61.
(5) 3 852 — 47. R. 81,95.	

55. Même exercice (page 99).

Trouver à 0,01 près les quotients des divisions suivantes :

(1) 17,6 : 3 = 5,86.	(12) 2,7961 : 543 = 0,005.
(2) 24,8 : 7 = 3,54.	(13) 4,038 : 906 = 0,004.
(3) 142,56 : 23 = 6,19.	(14) 25,391 : 4 637 = 0,005
(4) 2 067,4 : 419 = 4,93.	(15) 477,06 : 19 543 = 0,02.
(5) 73,248 : 57 = 1,28.	(16) 3,626 : 3,8 = 0,95.
(6) 0,483 : 79 = 0,006.	(17) 4,7468 : 4,289 = 1,10.
(7) 0,572 : 303 = 0,001.	(18) 5,104 : 7,3 = 0,69.
(8) 6,34 : 89 = 0,07.	(19) 0,7253 : 5,293 = 0,13.
(9) 34,1605 : 671 = 0,05.	(20) 0,614 : 0,82 = 0,74.
(10) 16,042 : 54 = 0,29.	(21) 2,325 : 18 = 0,12.
(11) 1,342 : 65 = 0,02.	

Exercice 56 (page 99).

Divisez par 10 les nombres suivants :

47,3	3,19	0,47	0,1	48
258,26	22,4	0,065	0,024	912

R.   4,73 — 0,319 — 0,047 — 0,01 — 4,8
25,826 — 2,24 — 0,0065 — 0,0024 — 91,2

Divisez par 100 les nombres suivants :

124,6	54,3	3,1	0,5	67
8 547,2	617,9	24,8	0,362	429

R.   1,246 — 0,543 — 0,031 — 0,005 — 0,67
85,472 — 6,179 — 0,248 — 0,00362 — 4,29

Divisez par 1 000 les nombres suivants :

$$3\,141,59 \;-\; 9\,808,8 \;-\; 17,32 \;-\; 2\,497 \;-\; 8,56 \;-\; 168 \;-\; 72$$

R. $3,14159 \;-\; 9,8088 \;-\; 0,01732 \;-\; 2,497 \;-\; 0,00856 \;-\; 0,168 \;-\; 0,072.$

Rendez 10 fois plus grands les nombres suivants :

$$6 \;-\; 2,4 \;-\; 0,73 \;-\; 0,0548 \;-\; 38,17.$$

R. $60 \;-\; 24 \;-\; 7,3 \;-\; 0,548 \;-\; 381,7.$

Rendez 100 fois plus petits les nombres suivants :

$$437,2 \;-\; 59,6 \;-\; 8,3 \;-\; 49 \;-\; 581 \;-\; 6\,200 \;-\; 570.$$

R. $4,372 \;-\; 0,596 \;-\; 0,083 \;-\; 0,49 \;-\; 5,81 \;-\; 62 \;-\; 5,70.$

Ajoutez deux zéros aux nombres suivants et dites ce qu'ils deviennent :

$$89 \;-\; 720 \;-\; 0,5 \;-\; 4,6 \;-\; 52,31 \;-\; 0,003.$$

R. Les deux premiers nombres deviennent 100 fois plus grands; les autres ne changent pas de valeur.

Retranchez un zéro aux nombres suivants, et dites ce qu'ils deviennent :

$$230 \;-\; 4\,700 \;-\; 6,50 \;-\; 24,300 \;-\; 0,570.$$

R. Les deux premiers nombres deviennent 10 fois plus petits; les autres ne changent pas de valeur.

PROBLÈMES SUR LA DIVISION.

1. Un siècle dure 100 ans : combien y a-t-il de siècles dans 800 ans, dans 1 500 ans, dans 1 800 ans? — R. 8, 15, 18.

L'Amérique a été découverte en 1492 : dans quel siècle? — R. xve.

La Révolution française a eu lieu en 1789 : dans quel siècle? — R. xviiie.

Dans quel siècle vivons-nous actuellement. — R. xixe.

2. 100 kilog. de charbon coûtent 5 fr. 75. Combien valent 1 kilog., 10 kilog., 1 000 kilog., ou une tonne? — R. 0 fr. 0575. — 0 fr. 575. — 57 fr. 50.

Solution raisonnée. — 1 kilog. vaudra 100 fois moins, ou $\dfrac{5\ \text{fr.}\ 75}{100} = 0\ \text{fr.}\ 0557.$

— 10 kilog. vaudront 10 fois moins que 100 kilog., ou $\dfrac{5\ \text{fr.}\ 75}{10} = 0\ \text{fr.}\ 575.$

— 1 000 kilog. vaudront 10 fois plus, ou 5 fr. 75 $\times$ 10 = 57 fr. 50.

3. Pour battre 600 gerbes de blé on donne 17 fr. à un ouvrier qui peut battre 60 gerbes par jour. Quel est le salaire journalier de cet ouvrier? — R. 1 fr. 70.

Solution raisonnée. — L'ouvrier mettra autant de jours que 60 est contenu de fois dans 600, ou $\dfrac{600}{60} = 10$ jours. Si en 10 jours il gagne 17 fr., en 1 jour il gagnera 10 fois moins, ou $\dfrac{17}{10} = 1$ fr. 70.

4. Si un chemin de fer de 500 kilom. fait une recette de 20 000 000 fr. par an, quelle sera sa recette de chaque jour et que rapporte-t-il annuellement par kilom.? On sait qu'une année contient 365 jours. — R. 54 794 fr. 52 par jour; 40 000 fr. par kilom.

Solution raisonnée. — Puisque la recette d'une année ou de 365 jours est de 20 000 000 fr., la recette d'un jour sera 365 fois plus petite, ou $\dfrac{20\,000\,000}{365} = 54\,794$ fr. 52. — Puisque 500 kilom. rapportent 20 000 000 fr , 1 kilom. rapporte 500 fois moins, ou $\dfrac{20\,000\,000}{500} = 40\,000$ fr.

5. Les grandes roues d'une diligence ont $4^m,80$ de circonférence, les petites ont $2^m,75$. Combien feront-elles de tours chacune pour parcourir un espace de $56\,439^m,25$? — R. 11 758 et 20 523.

Solution raisonnée. — Les grandes roues feront autant de tours que $4^m,80$ sera contenu de fois dans $56\,439^m,25$, ou $\dfrac{56\,439,25}{4,80} = 11\,758$, et les petites autant de tours que $2^m,75$ sera contenu de fois dans le même nombre, ou $\dfrac{56\,439,25}{2,75} = 20\,523$.

6. $23^m,8$ d'étoffe ont coûté 41 fr. 70. Combien coûteraient 238 mètres, et $2^m,38$ de cette étoffe? — R. 417 fr. et 4 fr. 17.

Solution raisonnée. — 238 est 10 fois plus grand que 23,8 ; donc 238 mètres coûteront 10 fois plus que $23^m,8$, ou 41 fr. $70 \times 10 = 417$ fr. — 2,38 est 10 fois plus petit que 23,8 : donc $2^m,38$ coûteront 10 fois moins que $23^m,8$, ou $\dfrac{41 \text{ fr. } 70}{10} = 4$ fr. 17.

7. Par le chemin de fer il y a de Paris à Bordeaux 582 kilom. Combien trois convois qui parcourraient ce chemin de fer feraient-ils de kilom. par heure, si le premier le parcourt en 13 heures (train express), le deuxième en 18 heures, le troisième en 21 heures? — R. 1° 44 kilom. 769 ;
— 2° 32 kilom. 333 ;
— 3° 27 kilom. 714.

Solution raisonnée. — En 1 heure, le premier convoi fera 13 fois moins de kilom., ou $\dfrac{582}{13} = 44$ kilom. 769 ; le deuxième en fera 18 fois moins, ou $\dfrac{582}{18} = 32$ kilom. 333, et le troisième en fera 21 fois moins, ou

$$\dfrac{582}{21} = 27 \text{ kilom. } 714.$$

8. Une laitière vend 62 hectol. 40 litres de lait par an, et elle reçoit 936 fr. Combien en livre-t-elle par semaine (on sait que l'année contient 52 semaines)? Combien vend-elle chaque litre? — R. 1 hectol. 20 par semaine.
— 0 fr. 15 le litre.

Solution raisonnée. — Puisque la laitière vend 62 hectol. 40 en une année, ou 52 semaines, en 1 semaine elle en vend 52 fois moins, ou

$$\dfrac{62 \text{ hectol. } 40}{52} = 1 \text{ hectol. } 20.$$

Puisqu'elle reçoit 936 fr. pour 62 hectol. 40, ou 6 240 litres, pour 1 litre elle recevra 6 240 fois moins, ou $\dfrac{936}{6\,240} = 0$ fr. 15.

9. 100 kilog. de sucre coûtent 143 fr. 20. Quel est le prix de 1 kilog? Combien aurait-on de kilog. pour 14 fr. 32 et pour 1 432 fr.? — R. 1° 1 fr. 432. — 2° 10 kilog. — 3° 1 000 kilog.

Solution raisonnée. — 1 kilog. coûtera 100 fois moins que 100 kilog., ou

$$\frac{143 \text{ fr. } 20}{100} = 1 \text{ fr. } 432.$$ — 14,32 étant 10 fois plus petit que 143,20, pour

14 fr. 32 on aura 10 fois moins de kilog. que pour 143 fr. 20, ou $\frac{100}{10} = 10$ kilog.

— 1 432 étant 10 fois plus grand que 143,20, pour 1 432 fr. on aura 10 fois plus de kilog. que pour 143 fr. 20, ou $100 \times 10 = 1\,000$ kilog.

10. Un banquier prend 1 centime de commission pour 1 fr. sur une somme de 5 439 fr. 40. Quel est le montant de sa commission? — R. 54 fr. 40.

Solution raisonnée. — Puisque ce banquier prend 1 centime par franc, il prendra autant de centimes qu'il y a de francs dans 5 439 fr. 40, ou 5 439 cent., ou 54 fr. 40.

11. La population du globe est d'environ 1 283 000 000 d'habitants; on suppose qu'elle se renouvelle tous les 33 ans (en France la vie moyenne est de 37 ans). Combien meurt-il d'hommes par an, par jour, par heure et par minute? — R. 1o 38 878 787. — 2o 106 517, — 3o 4 438. — 4o 73.

Solution raisonnée. — Puisque la population du globe se renouvelle en

33 ans, en 1 an il en meurt la 33e partie, ou $\frac{1\,283\,000\,000}{33} = 38\,878\,787$;

en 1 jour il en meurt 365 fois moins, ou $\frac{38\,878\,787}{365} = 106\,517$; en 1 heure,

24 fois moins, ou $\frac{106\,517}{24} = 4\,438$; et en 1 minute, 60 fois moins, ou

$\frac{4\,438}{60} = 73$.

12. Les roues d'une voiture ont 3 mètres de circonférence. Combien doivent-elles faire de tours par minute pour parcourir 7 920 mètres en une heure? — R. 44.

Solution raisonnée. — Si en 1 heure, ou 60 minutes, ces roues parcourent 7 920$^\mathrm{m}$, en 1 minute, elles parcourront 60 fois moins de mètres, ou $\frac{7\,920^\mathrm{m}}{60} = \frac{792^\mathrm{m}}{6} = 132^\mathrm{m}$. Elles feront donc autant de tours que 3$^\mathrm{m}$ seront

contenus de fois dans 132$^\mathrm{m}$, ou $\frac{132}{3} = 44$ tours.

13. Un chapelier achète en fabrique 48 chapeaux, qu'il revend 576 fr. avec un bénéfice de 3 fr. sur chaque chapeau. Combien chaque chapeau lui avait-il coûté. — R. 9 fr.

14. On a employé des hommes et des femmes pour brocher 450 exemplaires d'un ouvrage: les hommes en ont broché deux fois plus que les femmes. Combien les uns et les autres en ont-ils broché? — R. 300 et 150.

15. 25 bûcherons ont fait chacun 17 journées et ils ont reçu 1 020 fr. Combien chacun a-t-il eu? Quel était le salaire journalier d'un bûcheron? — R. 40 fr. 80. — 2 fr. 40.

16. Un ouvrier reçoit 65 fr. pour 13 jours de travail. Pendant combien de jours le ferait-on travailler pour 785 fr.? — R. 157 jours.

17. Un bassin contient 1 280 litres. Combien faudra-t-il de temps pour le remplir en faisant couler un robinet qui donne 50 litres d'eau en 5 minutes? — R. 128 minutes, ou 2 heures 8 minutes.

18. Un sac contenant 159 kilog. de farine de bonne qualité donnera 202 kilog. de pain. Combien faudra-t-il prendre de farine pour avoir 1 kilog. de pain? Combien fera-t-on de pain avec 1 kilog. de farine? — R. 0 kilog. 787 de farine, 1 kilog. 27 de pain.

PROBLÈMES DE RÉCAPITULATION SUR LES QUATRE RÈGLES.

1. Un maquignon* achète des chevaux pour 11 375 fr.; en les revendan 12 185 fr., il gagne 45 fr. sur chaque cheval. Combien a-t-il acheté de chevaux? — R. 18 chevaux.

2. Un marchand achète 2 400 assiettes pour 560 fr., et il dépense 31 fr. de transport. Quel sera son bénéfice s'il les vend 28 fr. le cent? — R. 81 fr.

3. Deux ouvriers, en travaillant ensemble pendant 15 jours, ont gagné 135 fr. Si l'un a gagné 5 fr. par jour, quel est le prix de la journée du second? — R. 4 fr.

4. Un marchand achète une pièce de drap à 13 fr. le mètre; en revendant ce drap à 17 fr. le mètre, il fait un bénéfice de 152 fr. Quelle était la longueur de la pièce? — R. 38 mètres.

5. Un marchand a reçu 18 douzaines d'oranges dans deux caisses, dont l'une contient 40 oranges de plus que l'autre. Combien y a-t-il d'oranges dans chaque caisse? — R. 88. — 128.

6. Deux négociants ont mis en commun une somme de 34 800 fr.; le premier a mis à lui seul 21 960 fr. Combien a-t-il mis de plus que le second? — R. 9 120 fr.

7. Si une personne avait 385 fr. de plus qu'elle n'a, elle pourrait payer une somme de 1 500 fr. et il lui resterait 47 fr. Quelle somme a-t-elle? — R. 1162 fr.

8. Un marchand achète 300 fr. une barrique de vin qui contient 280 bouteilles; il paie 48 fr. d'entrée et 14 fr. de port; la mise en bouteilles lui coûte 14 fr. Quel bénéfice fera-t-il en vendant ce vin 3 fr. la bouteille? — R. 464 fr.

9. Un négociant a payé 1 000 fr. pour l'achat de 15 balles de coton à trois prix différents; il a payé 6 balles à 64 fr. l'une et 5 balles à raison de 68 fr. l'une. Combien a-t-il payé chacune des autres? — R. 69 fr.

10. Un fermier a récolté 224 doubles décalitres de blé, il en a semé 29, il en a donné 17 à ses moissonneurs et il en a mis 81 de côté pour la nourriture de sa famille. Combien recevra-t-il en vendant le reste 4 fr. 15 le double décalitre? — R. 402 fr. 55.

11. Un moulin débite 10 kilog. de blé par heure; il a été mis en mouvement 9 heures par jour pendant 78 jours, et il avait 94 hectol. de blé à moudre du poids de 75 kilog. l'un. Combien de blé a-t-il encore à moudre? pendant quel temps devra-t-on le faire mouvoir pour débiter le reste du blé? — R. 30 kilog. — 3 heures.

12. Un bassin de 2 520 litres de capacité reçoit par heure 1 892 litres d'une fontaine, et en perd dans le même temps 1 532 par une ouverture. Au bout de combien d'heures le bassin sera-t-il rempli? — R. En 7 heures.

13. Un tailleur achète une pièce de drap pour la somme de 240 fr.; avec ce drap il fait 5 pantalons qu'il vend à raison de 23 fr. l'un, et 3 redingotes qu'il vend 75 fr. l'une. La confection de ces vêtements lui ayant coûté 60 fr., on demande quel a été son bénéfice. — R. 40 fr.

14. Un commis voyageur reçoit 2 500 fr. d'appointements par an, plus 10 fr. par jour de frais de voyage. On demande quelle économie il peut faire par an, s'il ne dépense que 14 fr. par jour? — R. 1 040 fr.

15. Un marchand a acheté 25 bœufs et 734 moutons; en revendant le tout il a gagné 35 fr. sur chaque bœuf, mais il a perdu 3 fr. sur chaque mouton. Quel est son gain ou sa perte? — R. 1327 fr. de perte.

16. Un marchand achète 130 vases de porcelaine à 5 fr. le vase; 12 de ces vases sont brisés. A combien doit-il revendre les autres pour gagner 176 fr.? — **R. 7 fr.**

17. Trois personnes voyageant ensemble ont fait bourse commune; la 1re a versé 2450 fr; la 2e, 1895 fr., et la 3e a complété la somme de 6000 fr.; il leur reste à leur retour 1038 fr. Combien chacune d'elles doit-elle retenir de cette somme pour que la dépense soit également répartie? — 1° 796 fr.; — 2° 241 fr.; — 3° 1 fr.

18. Sur 1000000 d'individus nés en France le même jour, il n'en reste plus que 376390 de vivants au bout de 39 ans. Quelle a été la mortalité moyenne d'une année pendant cet intervalle? — R. 15900 par an.

19. Un marchand a acheté 54m de drap; en revendant 21m de ce drap pour 535 fr., il a gagné 6 fr. par mètre. Combien avait-il acheté le mètre de drap et quelle somme avait-il payée? — R. 19 fr. le mètre. — 1026 fr.

20. Joseph gagne 2 fr. 60 par jour ouvrable, et sa dépense journalière est de 1 fr. 15; au bout de 3 mois, dont 2 de 31 jours et 1 de 29, il a reçu 78 fr. 60. Combien lui redoit-on, sachant que dans ce temps il a eu 13 jours de repos? Il a payé 75 fr. 40 sur ses dépenses. Que redoit-il? à combien s'élèvent ses économies? — R. On lui redoit 124 fr. 20, il doit 29 fr. 25, ses économies sont de 98 fr. 15.

21. 4 entrepreneurs doivent recevoir 360000 fr. : quelle est la quote-part de chacun, sachant que le premier a employé 180 ouvriers, le deuxième 172, le troisième 248, et le quatrième 400 ouvriers? — R. 1° 64800 fr. — 2° 61920 fr. — 3° 89280 fr. — 4° 144000 fr.

22. La valeur agricole de 1000 kilog. de fumier est de 7 fr. 20. Combien peut-on payer le mètre cube de fumier tassé dont le poids est de 800 kilog.? — R. 5 fr. 76.

23. Une fermière a vendu 12 paires de poulets et elle a reçu 54 fr. Quel est le prix de la paire? quel est le prix d'un poulet? On lui offrait 3 fr. de chacun des 12 plus gros poulets et 1 fr. 50 de chacun des autres : a-t-elle gagné à ne pas accepter cette proposition? — R. 2 fr. 25 le poulet, 4 fr. 50 la paire, ni perte ni gain.

24. J'ai acheté 17 ares de pré à raison de 2000 fr. l'hectare. Combien dois-je payer? Je ne puis verser qu'un acompte de 225 fr. Combien redevrai-je? — R. 340 fr. — 115 fr.

25. Un marchand a acheté en fabrique pour 840 fr. 2 pièces de drap, de différentes qualités, ayant chacune 24m de longueur; l'une des deux coûte 72 fr. de plus que l'autre : d'après ces indications, on demande de trouve. le prix du mètre de chaque pièce. — R. La 1re 16 fr. le mètre, la 2e 19 fr.

26. Un épicier vend du sucre à 1 fr. 60 le kilog., et du café à 3 fr. 25; dans une journée, il a vendu de ces deux denrées pour la somme de 88 fr. On demande combien il a vendu de café, sachant que la vente du sucre a été de 22 kilog. 5. — R. 16 kilog. de café.

27. Un père de famille a acheté du blé à deux reprises différentes et au même prix; il en a acheté d'abord pour 85 fr., et ensuite pour 119 fr. : sachant que la seconde fois il en a eu 8 décalitres de plus que la première, trouver combien il en a acheté de doubles décalitres en tout. — R. 24

28. Un rentier charitable consacre le dixième de son revenu en œuvres de bienfaisance, et en dépense les $\frac{75}{100}$; après cela, il économise encore 678 fr. par an. Quel est son revenu annuel? — R. 4520 fr.

29. Un ouvrier compagnon s'était engagé à travailler chez un maître pendant une année, et 24 jours par mois, à raison de 3 fr. 50 par jour, sous la réserve que le maître lui retiendrait, pour chaque journée manquée, non seulement le prix d'une journée, mais encore un quart de journée à titre d'amende; à la fin de l'année, le compte de l'ouvrier se montait à 946 fr. 75, déduction faite des retenues. Combien avait-il travaillé de jours? — R. 274.

Solution raisonnée. — Si l'ouvrier avait travaillé tous les jours, il aurait reçu 3 fr. 50 $\times$ 24 $\times$ 12 = 1 008 fr., au lieu de 946 fr. 75 ; différence : 61 fr. 25.

Or pour chaque journée perdue, le maître retient 3 fr. 50 $+ \dfrac{3 \text{ fr. } 50}{4} =$ 4 fr. 375.

Donc l'ouvrier aura perdu autant de journées que 4,375 est contenu de fois dans 61 fr. 25, ou $\dfrac{61,25}{4,375} = 14.$

30. Quand l'hectolitre de blé vaut 15 fr. 60, combien doit-on payer pour 39 litres? Quel est le prix du double décalitre? — R. 1° 6 fr. 08. — 2° 3 fr. 12.

31. L'hectolitre de colza pèse 68 kilog. et 100 kilog. de cette graine donnent 37 kilog. d'huile à brûler et 59 kilog. de tourteau. Dire combien j'aurai d'huile et de tourteau avec 13 hectolitres de colza. — R. 327 kilog. 08 d'huile, 521 kilog. 56 de tourteau.

32. Un cultivateur emploie 220 litres de chènevis à l'hectare. Quelle étendue peut-il ensemencer avec 4 doubles décalitres de cette semence? — R. 36 ares.

33. 25 ouvriers ont fait chacun 9 journées, et ils ont reçu 40 pièces de 10 fr., 25 pièces de 5 fr., 20 pièces de 2 fr. et 5 pièces de 0 fr. 50. Combien chaque ouvrier a-t-il touché? et quel est le prix d'une journée d'ouvrier? — R. 22 fr. 70. — 2 fr. 52.

34. Par 100 kilog. de blé, le meunier me rend 80 kilog. d'une farine dont 100 kilog. fournissent 136 kilog. de pain. Combien aurai-je de pain avec 5 hectol. de blé pesant chacun 75 kilog.? — R. 408 kilog.

Solution raisonnée. — 100 kilog. de farine donnent 136 kilog. de pain; donc 1 kilog. de farine en donnera 100 fois moins, ou 1 kilog. 36 ; et 80 kilog. de farine, ou 100 kilog. de blé, donneront 80 fois plus de pain, ou

1 kilog. 36 $\times$ 80; 1 kilog. de blé en donnera 100 fois moins, ou $\dfrac{1,36 \times 80}{100}$,

1 hect. qui pèse 75 kilog. en donnera 75 fois plus, ou $\dfrac{1,36 \times 80 \times 75}{100}$; et enfin

5 hectol. en donneront 5 fois plus, ou

$$\frac{1,36 \times 80 \times 75 \times 5}{100} = \frac{1,36 \times 400 \times 75}{100} = 1,36 \times 300 = 408 \text{ kilog.}$$

35. L'administration forestière a employé 36 ouvriers terrassiers, qui ont travaillé 14 jours pour faire un fossé autour d'une forêt. Combien un seul ouvrier eût-il été de temps pour creuser ce fossé en travaillant 24 jours par mois? — R. 21 mois.

36. Un marchand de vin a acheté trois pièces de vin pour 180 fr.; après en avoir revendu 50 litres pour 20 fr., il dit qu'à ce prix il a gagné 0 fr. 15 par litre. D'après ces indications, pourrait-on trouver la contenance totale des trois pièces de vin? — R. 720 litres.

37. Un maître de pension fournit des plumes métalliques à ses élèves et leur en vend quatre pour 0 fr. 05 : on demande ce qu'il a eu de bénéfice sur ses plumes pendant une année scolaire, sachant qu'il en a débité 18 boîtes, chacune de 12 douzaines, qui lui coûtaient 1 fr. 20 la boîte. — R. 10 fr. 80.

Solution raisonnée. — Le nombre des plumes vendues est de 144×18. Pour savoir combien il y a de fois 4 plumes dans ce nombre, je le divise par 4, soit $\dfrac{144 \times 18}{4} = 36 \times 18$; puisque 4 plumes coûtent 0 fr. 05, je multiplie ce nombre par 0 fr. 05, soit $36 \times 18 \times 0{,}05 = 36 \times 0{,}90 = 32$ fr. 40. Or les plumes ont coûté 1 fr. $20 \times 18 = 21$ fr. 60; donc le gain est de

$$32 \text{ fr. } 40 - 21 \text{ fr. } 60 = 10 \text{ fr. } 80.$$

38. Un petit marchand bimbelotier tient aussi des plumes métalliques de qualité inférieure, et en donne également 4 pour 0 fr. 05; un jour de foire, après en avoir vendu pour 3 fr. dans sa journée, il dit que sur cette vente il a 1 fr. 40 de bénéfice. Combien, suivant son compte, doit-il payer chaque boîte contenant une grosse de plumes? — R. 0 fr. 96.

Solution raisonnée. — Autant de fois 0 fr. 05 sera contenu dans 3 fr., autant le marchand aura vendu de fois 4 plumes; donc le nombre des plumes vendues est égal à $\dfrac{3 \times 4}{0{,}05} = \dfrac{1\,200}{5} = 240$. Le bénéfice étant de 1 fr. 40, le prix d'achat est de 3 fr. — 1 fr. 40. Ainsi 240 plumes ont coûté 1 fr. 60; 1 plume coûte 240 fr. moins, ou $\dfrac{1{,}60}{240}$, et 144 plumes coûtent 144 fois plus, ou

$$\frac{1{,}60 \times 144}{240} = \frac{1{,}60 \times 12}{20} = 1{,}60 \times 0{,}6 = 0 \text{ fr. } 96.$$

39. Un fermier a récolté 22 hectolitres de graine de cameline, qu'il pouvait vendre 23 fr. l'hectolitre; il a préféré convertir cette graine en huile à brûler et abandonner le tourteau pour les frais; pour 100 kilog. de graine, il a eu 27 kilog. d'une huile qu'il a vendue 1 fr. 20 le kilog. Quelle perte a-t-il faite en prenant cette détermination? (L'hectolitre de cameline pesait 69 kilog.) — R. Il perd 14 fr. 15

40. On emploie 20 000 kilog. de fumier de mouton par hectare, et on admet qu'un mouton qui pâture fournit 450 kilog. de fumier par année, tandis qu'un mouton que l'on engraisse en fournit 800. Quelle étendue pourra-t-on fumer avec le fumier que l'on retirera en 6 mois de 180 bêtes à laine, qui pâtureront, et de 21 qu'on engraissera? — R. 1 hectare 6875. — 0 hectare 40. Total: 2ʰᵃ,0875.

41. Un marchand de rouennerie a acheté en fabrique un solde considérable de calicot madapolam, et il dit que, d'après le calcul qu'il en a fait, en revendant son calicot 1 fr. 30 le mètre, il gagnera 2 740 fr.; et s'il ne le revend que 1 fr. 10, il n'aura que 1 370 fr. de bénéfice. Combien ce marchand a-t-il acheté de mètres de calicot, et combien a-t-il payé le mètre? — R. 6 850ᵐ et 0 fr. 90 le mètre.

42. Une personne doit 2 560 fr., elle donne un premier acompte de 980 fr., et un deuxième acompte de 675 fr. Combien doit-elle encore? — R. 905 fr.

43. Un entrepreneur emploie 19 ouvriers à 6 fr.; 28 à 5 fr.; 36 à 4 fr., et 57 à 3 fr. Quelle somme lui faudra-t-il pour payer chaque semaine les 6 journées de ces ouvriers? — R. 3 414 fr.

44. Un instituteur tient les fournitures d'école pour l'usage de ses élèves, et leur vend trois plumes pour 0 fr. 05; à cet effet, il en a acheté un mille, qu'il a payé 13 fr.; ne voulant point faire un commerce à bénéfices, il se propose de n'en vendre que la quantité nécessaire pour recouvrer ce qu'elles lui coûtent, et de donner le reste à des élèves indigents : sur le millier de plumes qu'il a acheté, combien doit-il en revendre, et combien peut-il en donner, ne voulant ni gagner ni perdre? — R. Revendre 780 plumes, en donner 220.

45. Les 4 chevaux d'un fermier reçoivent par jour chacun 9 kilog. 5 de lu-

tière et fournissent annuellement 9 000 kilog. de crottin chacun. Quelle est la valeur totale du fumier, à raison de 5 fr. 60 le mètre cube de 550 kilog.? Quelle étendue fumera-t-on en employant 22 500 kilog. à l'hectare ? — R. 403 fr. 70. — 1 hectare 76 ares.

46. Un agriculteur donne 25 fr. par hectare pour l'arrachage à la fourche des navets, et 12 fr. pour l'effeuillage ; il a payé 49 fr., tant pour l'arrachage que pour l'effeuillage d'un terrain ensemencé de navets. Quelle est l'étendue de ce terrain ? — R. 1 hectare 32 ares.

47. J'ai eu toute l'année 4 bœufs de travail qui ont produit chacun 10 500 kilog. de fumier, et 5 vaches en étable qui ont donné chacune 10 000 kilog. de fumier ; j'ai appliqué cet engrais à la dose de 28 000 kilog. à l'hectare. Quelle surface ai-je fumée ? — R. 3 hectares 28 ares.

48. Un marchand faïencier avait acheté un mille d'assiettes, à raison de 19 fr. le cent ; il en a cassé 75 dans le transport, et il a encore gagné 41 fr. 25 sur ce marché. Combien a-t-il revendu chaque assiette ? — R. 0 fr. 25.

Solution raisonnée. — Le prix d'achat des 1000 assiettes est de 19 fr. $\times$ 10 = 190 fr., et comme le marchand a gagné 41 fr. 25, il a dû revendre les 925 assiettes qui lui restaient 190 fr. + 41 fr. 35 = 231 25. Donc il a revendu chaque **assiette** $\dfrac{231 \text{ fr. } 25}{925} = 0$ fr. 25.

49. On a deux pièces d'étoffe de même qualité : l'une a 6 mètres de plus que l'autre ; la plus longue coûte 125 fr. et l'autre 110 fr. : d'après ces indications, pourrait-on trouver la longueur de chaque pièce ? — R. La 1re, 50^m, — la 2e, 44^m.

50. Un négociant a acheté en fabrique 20 000 bouteilles, qui lui ont coûté 2 700 fr. d'achat ; le transport et les autres frais se sont élevés à 6 fr. 60 par mille, et il a revendu ses bouteilles 22 fr. le cent. Quel a été son bénéfice ? — R. 1568 fr.

51. Un robinet verse 15 litres d'eau par minute dans un bassin, et il le remplit en 3 heures et demie : quelle est la contenance de ce bassin ? — R. 3 150 litres.

52. Un robinet verse 88 litres d'eau en 4 minutes, et un autre 136 litres en 8 minutes : en les faisant couler tous les deux ensemble, combien leur faudra-il de temps pour remplir un bassin de 12 285 litres ? — R. 5 heures 15 min.

Solution raisonnée. — Le premier robinet verse en 1 minute $\dfrac{88 \text{ litres}}{4} = 22$ litres, et le second $\dfrac{136 \text{ litres}}{8} = 17$ litres. Ensemble ils verseront en une minute 22 + 17 = 39 litres, et pour remplir le bassin il leur faudra autant de minutes que 39 est contenu de fois dans 12 285, ou

$$\dfrac{12\,285}{39} = 315 \text{ minutes} = 5 \text{ heures } 15 \text{ minutes.}$$

53. Un récipient est alimenté par 2 robinets, qui versent, le premier 12 litres d'eau par minute, et le second 18 litres ; en les faisant couler tous deux ensemble, ils remplissent le récipient en 4 heures et demie. Combien chaque robinet, en coulant séparément, mettrait-il de temps pour le remplir ? — R. Le 1er, 11 heures 15 minutes, — le 2e, 7 heures 30 minutes.

Solution raisonnée. — Si les deux robinets coulent ensemble, ils versent, en une minute, 12 + 18 = 30 litres, et en 4 heures et demie, ou en 270 minutes, ils versent 270 $\times$ 30 = 8 100 litres. Telle est la contenance du bassin ; par conséquent le premier mettra pour le remplir autant de minutes que

12 litres es', contenu dans 8 100 litres, ou $\dfrac{8\,100}{12} = 675$ minutes $= 11$ heures

15 minutes, et le second mettra $\dfrac{8\,100}{18} = 450$ minutes $= 7$ heures 30 minutes

54. 58^m de toile, à 1 fr. 60 l'un, ont été échangés contre 47^m,50 de mousse-line. Quel est le prix du mètre de mousseline? Combien en aurait-on avec 5 fr. 85? — R. 1 fr. 95. — 3 mètres.

55. Un marchand épicier a vendu 45 kilog. de café dans sa journée, pour la somme de 157 fr. 50; le quintal métrique ou les 100 kilog. lui coûtaient 280 fr. Combien a-t-il gagné sur cette vente? — R. 31 fr. 50.

56. Un marchand avait 14 kilog. de café avarié*, qu'il a vendu 1 fr. 50 le kilog.; et il dit que sur ce marché il a perdu 3 fr. 50. Combien lui coûtait le kilogramme de ce café? — R. 1 fr. 75.

57. Un débitant de boissons avait acheté 25 pièces de vin, qui lui avaient coûté 80 fr. la pièce; il dit qu'en le revendant il a gagné 520 fr. sur le tout. Combien a-t-il revendu le litre de vin, sachant que la pièce de 230 litres contenait 6 litres de lie? — R. 0 fr. 45.

58. Le même débitant a encore 4 pièces d'eau-de-vie, chacune de 230 litres, qui vaut 1 fr. 40 le litre; il voudrait l'échanger pour du vin à 0 fr. 35 le litre. Combien peut-il avoir de pièces de vin, de même contenance, pour son eau-de-vie? — R. 16.

Solution raisonnée. — Le débitant aura autant de fois 4 pièces de vin que le prix du litre d'eau-de-vie contiendra de fois le prix du litre de vin, c'est-à-dire $\dfrac{1,40}{0,35} = 4$. Donc il aura $4 \times 4 = 16$ pièces de vin.

59. On a deux pièces d'étoffe qui contiennent chacune 30^m; la première coûte 90 fr. de plus que la seconde, et les deux coûtent 570 fr. Quel est le prix du mètre de chaque pièce? — R. La 1re, 11 fr. le mètre; — la 2e, 8 fr.

60. Cinq pièces de toile de même longueur ont été vendues à raison de 2 fr. 05 le mètre. Quelle était la longueur de chacune, sachant que le mètre coûtait 1 fr. 90, et que le bénéfice total a été de 45 fr.? — R. 60 mètres.

61. Un ouvrier a reçu 104 fr. 50 pour salaire d'un certain nombre de jour-nées de travail, et il dit que, s'il eût travaillé 8 jours de plus, il aurait reçu 126 fr. 50. D'après ces indications, on demande de trouver combien cet ou-vrier gagnait par jour. — R. 2 fr. 75.

62. Je loue un hectare de terre 70 fr. par an, et je dépense 470 fr. pour y cultiver de la navette d'hiver; je récolte 25 hectolitres de graines que je vends 4 fr. 50 le double décalitre. Dire le bénéfice net que je réalise. — R. 22 fr. 50.

63. Un maître bottier a donné à un de ses ouvriers la commande suivante : 1° 25 paires de souliers à 2 fr. 50 de façon par paire; 2° 30 paires de souliers de femme à 1 fr. 75 par paire; 3° 15 paires de souliers fins à 4 fr. 50 par paire; 4° 47 paires de brodequins à 3 fr. 75 par paire; l'ouvrier a eu fini ces objets en 56 jours. Quelle somme a-t-il reçue pour la façon et combien gagnait-il par jour? — R. En tout 358 fr. 75, — par jour 6 fr. 40.

64. Un commerçant a acheté du drap à 63 fr. les 9 mètres et il le revend 52 fr. 50 les 7 mètres, ce qui lui a donné 234 fr. de bénéfice. Combien avait-il acheté de mètres de drap? — R. 468^m.

65. Le transport des charbons coûte par un chemin de fer 0 fr. 095 par 1 000 kilog. et par kilom.; en outre, on paie un droit fixe de 2 fr. 15 par wa-gon contenant 31 hectol. 3; si le chef d'une usine paie à l'administration de ce chemin de fer 322 fr. pour le transport de ses charbons, on demande com-

bien d'hectolitres de 80 kilog. cette usine consomme par an, le parcours étant de 27 kilom. 800. — R. 1 150 hectolitres.

Solution raisonnée. — Le transport de 1 000 kilog. à 27 kilom. coûtera 0 fr. 095 $\times$ 27,8. Le transport d'un kilog. coûterait 1 000 fois moins ou $\dfrac{0 \text{ fr. } 095 \times 27,8}{1\,000}$, et le transport de 80 kilog. ou d'un hectolitre coûtera 80 fois plus, ou $\dfrac{0 \text{ fr. } 095 \times 27,8 \times 80}{1\,000} = 0$ fr. 21128. D'un autre côté, le droit fixe pour 1 hectol. sera $\dfrac{2 \text{ fr. } 15}{31,3} = 0$ fr. 06868. Donc le droit total pour le transport d'un hectol. sera 0 fr. 21128 $+$ 0 fr. 06868 $=$ 0 fr. 27996, ou 0 fr. 28. Autant de fois 0 fr. 28 sera contenu dans 322 fr., autant l'usine aura consommé d'hectol., c'est-à-dire $\dfrac{322}{0,28} = 1\,150$.

66. On a brûlé 8 240 fagots, coûtant 0 fr. 25 la pièce, pour cuire 235 mètres cubes de plâtre; par un nouveau système, on peut cuire 17 mètres cubes de plâtre avec 1 885 kilog. de houille, coûtant 2 fr. 75 les 100 kilog. Quelle économie réalisera-t-on sur la cuisson de 7 330 mètres cubes de plâtre par le nouveau procédé? — R. 41 898 fr.

Solution raisonnée. — En premier lieu, pour cuire 235 mètres cubes de plâtre, on dépensait 8 240 $\times$ 0 fr. 25 $=$ 2 060 fr. Pour 1 mètre cube, la dépense était donc de $\dfrac{2\,060 \text{ fr.}}{235} = 8$ fr. 766. En second lieu, par 17 mètres cubes de plâtre, on dépense $\dfrac{1\,885 \times 2 \text{ fr. } 75}{100}$; par conséquent, pour 1 mètre cube, on dépense $\dfrac{1\,885 \times 2 \text{ fr. } 75}{100 \times 17} = 3$ fr. 05. Donc l'économie, pour 1 mètre cube, est de 8 fr. 766 — 3 fr. 05 $=$ 5 fr. 716, et pour 7 330 mètres cubes l'économie sera de 5 fr. 716 $\times$ 7 330 $=$ 41 898 fr.

67. Une machine à battre le blé, conduite par 4 chevaux, employant 14 ouvriers, peut battre 92 hectolitres de blé par jour. Si le loyer de la machine coûte 4 fr. 50 par jour, et si l'on estime à 3 fr. 10 la journée d'un cheval et à 1 fr. 85 la journée d'un homme, à combien reviendra le battage d'un hectolitre de blé? — R. 0 fr. 46.

68. Dans un pays houiller on emploie 33 425 ouvriers à l'extraction de la houille; ceux-ci ont fait dans un certain temps 8 777 835 journées, et pendant ce temps ils ont extrait 42 708 500 quintaux métriques de houille. Si on admet que cette houille se soit vendue à raison de 3 fr. 10 le quintal* métrique, pris sur place, et que la somme employée au paiement des ouvriers ait été de 19 662 308 fr., on demande : 1° combien il a fallu vendre de houille pour payer les ouvriers; 2° quelle a été la quantité de houille extraite par un ouvrier en un jour; 3° combien il a fallu d'ouvriers pour extraire seulement la houille nécessaire au paiement des ouvriers. — R. 1° 6 342 680 quintaux. — 2° 4 quintaux 86. — 3° 4 964 ouvriers.

Solution raisonnée. — 1° Puisqu'un quintal coûte 3 fr. 10, il faudra, pour payer les ouvriers, autant de quintaux que 3 fr. 10 sera contenu de fois dans 19 662 308 fr., ou $\dfrac{19\,662\,308}{3,10} = 6\,342\,680$ quintaux.

2° Puisqu'il a fallu 8 777 835 journées d'ouvrier pour extraire 42 708 500 quintaux de houille, un ouvrier en une journée en extrait 8 777 835 fois moins, ou $\dfrac{42\,708\,500}{8\,777\,835} = 4$ quintaux 86.

3° Puisque 33 425 ouvriers ont extrait 42 708 500 quintaux de houille, un seul ouvrier en a extrait 33 425 fois moins, ou $\dfrac{42\,708\,500}{33\,425} = 1\,277$ quint. 7.

— Par conséquent, il faudra autant d'ouvriers pour extraire la houille nécessaire au paiement de tous, que 1 277,7 sera contenu de fois dans 6 342 680, ou $\dfrac{6\,342\,680}{1\,277,7} = 4\,964$ ouvriers.

69. Pour clarifier le vin, on emploie 70 grammes de blanc d'œufs par hectolitre. Quel sera le nombre d'œufs employés dans le collage de 726 hectolitres de vin, si on sait qu'un œuf contient environ 30 grammes de blanc ? Quelle sera la somme employée à l'achat des œufs s'ils coûtent en moyenne 0 fr. 65 la douzaine ? — R. 1 694 œufs. — 91 fr. 75.

70. Deux personnes vont à la rencontre l'une de l'autre et se mettent en route au même moment aux deux extrémités d'une route de 8 424ᵐ. Si la première parcourt 5ᵐ pendant que la seconde n'en parcourt que 3, à quelle distance du point de départ de la première ces deux personnes se rejoindront-elles ? — R. 5 265ᵐ.

Solution raisonnée. — Les deux voyageurs font à eux deux 5ᵐ + 3ᵐ = 8ᵐ dans un certain temps : je cherche combien de fois 8ᵐ est contenu dans la distance totale 8 424ᵐ, je trouve 1 053 ; donc le premier fera 1 053 fois 5ᵐ = 5 265ᵐ, et le second 1 053 fois 3ᵐ = 3 159ᵐ.

71. Un fermier a vendu des moutons 16 fr. 90 la pièce ; avec l'argent qu'il a reçu, il a acheté un cheval, et il a 180 fr. de reste ; s'il n'avait vendu ses moutons que 14 fr. 40, il n'aurait eu que 80 fr. de reste. Combien ce fermier a-t-il vendu de moutons et quel était le prix du cheval ? — R. 40 moutons. — Prix du cheval : 496 fr.

Solution raisonnée. — Dans le second marché, le fermier aurait perdu sur chaque mouton 16 fr. 90 — 14 fr. 40 = 2 fr. 50 ; mais aussi il lui serait resté 180 fr. — 80 fr = 100 fr. de moins ; donc il avait autant de moutons que 2 fr. 50 est contenu de fois dans 100 fr., ou $\dfrac{100}{2,50} = 40$. — Le prix du cheval se trouvera, soit en cherchant le prix de 40 moutons à 16 fr. 90, et en retranchant 180 fr., soit en cherchant le prix de 40 moutons à 14 fr. 40, et en retranchant 80 fr.

72. 75 mouchoirs ont coûté 96 fr. ; on désire les revendre avec un bénéfice de 0 fr. 45 par mouchoir ; or un ouvrier qui gagne 1 fr. 80 par jour vient de recevoir sa paie de 25 jours de travail. Quelle somme lui restera-t-il après qu'il aura acheté et payé 12 de ces mouchoirs ? — 24 fr. 25.

73. Un mètre de velours coûte 16 fr. 80. A quel prix doit-il être revendu pour qu'on gagne sur 17ᵐ le prix de vente d'un mètre ? — R. 17 fr. 85.

Solution raisonnée. — Puisqu'un mètre de velours a coûté 16 fr. 80, 17 mètres auront coûté 16 fr. 80 × 17. Puisqu'on veut gagner le prix de vente d'un mètre, il faut que 16 mètres se vendent le même prix : 16 fr. 80 × 17 ; donc 1 mètre se vendra 16 fois moins, ou $\dfrac{16,80 \times 17}{16} = 1,05 \times 17 = 17,85$.

74. 780 kilog. de laine coûtent 4 914 fr. Combien faut-il revendre le kilog. pour que sur 15 kilog. on puisse gagner le prix de vente d'un kilog. ? — R. 6 fr. 75.

Solution raisonnée. — On cherche d'abord ce que coûtent 15 kilog. de laine, puis, en raisonnant comme dans l'exemple précédent, on voit qu'il faut diviser cette somme par 14 ; on a ainsi $\dfrac{4\,914 \times 15}{780 \times 14} = 6$ fr. 75.

75. Jean a fait 17 journées, Matthieu en a fait 24, et François en a fait 32 ; ils ont reçu en tout 230 fr. 50 ; mais le dernier recevait 0 fr. 15 de moins que Matthieu et 0 fr. 25 de moins que Jean. Combien chacun a-t-il reçu ? — R. Jean, 56 fr. 10. — Matthieu, 76 fr. 80. — François, 97 fr. 60.

Solution raisonnée. — Jean reçoit 0 fr. 25 de plus que François pour chaque journée, soit pour 17 journées 0 fr. 25 $\times$ 17 = 4 fr. 25 ; de même Matthieu reçoit 0 fr. 15 de plus pour chaque journée, soit pour 24 journées 0 fr. 15 $\times$ 24 = 3 fr. 60. Total : 7 fr. 85. Si on retranche 7 fr. 85 de 230 fr. 50 le reste 222 fr. 65 sera le montant de toutes les journées ramenées au prix de celles de François. Or il y a en tout 17 + 24 + 32 = 73 journées ; donc le prix d'une journée est de $\dfrac{222\text{fr. }65}{73}$ = 3 fr. 05. François recevra donc 3 fr. 05 $\times$ 32 = 97 fr. 60, Matthieu 3 fr. 20 $\times$ 24 = 76 fr. 80, et Jean 3 fr. 30 $\times$ 17 = 56 fr. 10.

76. On a payé 153 fr. pour 34ᵐ de calicot et 68ᵐ de toile. Quel est le prix du mètre de chaque étoffe, sachant que le mètre de toile coûte 1 fr. 40 de plus que le mètre de calicot ? — R. 0 fr. 55 et 1 fr. 95.

PROBLÈMES DONNÉS DANS LÈS EXAMENS ET DANS LES CONCOURS.

1. Une lampe brûle 18 grammes d'huile par heure ; on la laisse allumée, en moyenne, 3 heures 20 minutes par soirée : 10 kilog. 8 hectog. de l'huile employée coûtant 16 fr. 20, quelle est la dépense pour 30 jours ? — R. 2 fr. 70.

                       (Certificat d'études primaires. — Ardennes.)

Solution raisonnée. — 1ʰ = 60ᵐ ; 3ʰ = 60ᵐ $\times$ 3 = 180ᵐ 3ʰ 20ᵐ = 180ᵐ + 20ᵐ = 200ᵐ. Donc, en 30 jours, la lampe reste allumée pendant 200ᵐ $\times$ 30 = 6 000ᵐ = 100 heures. On peut dire aussi : 30 fois 3ʰ font 90ʰ ; 30 fois 20ᵐ ou 30 fois $\frac{1}{3}$ d'heure font 10ʰ. 90ʰ + 10ʰ = 100ʰ.

Puisque la lampe brûle 18 gram. d'huile en 1ʰ, en 100ʰ elle en brûlera 18 gr. $\times$ 100 = 1 800 gr. = 1 kilog. 800.

D'un autre côté, 10 kilog. 8 d'huile coûtent 16 fr. 20 ; donc 1 kilog. coûtera $\dfrac{16\text{ fr. }20}{10,8}$, et 1 kilog. 800 coûtera

$$\dfrac{16\text{ fr. }20 \times 1,800}{10,8} = \dfrac{16\text{ fr. }20 \times 18}{108} = \dfrac{16\text{ fr. }20 \times 2}{12} = \dfrac{16\text{ fr. }20}{6} = 2\text{ fr. }70.$$

2. On achète des haricots, à 5 fr. le double-décalitre, pour 250 fr. Combien faut-il les revendre le litre pour gagner 65 fr. sur le tout ? — R. 0 fr. 315.

                       (Certificat d'études primaires. — Ardennes.)

Solution raisonnée. — Puisque les haricots ont coûté 250 fr., et qu'on veut gagner 65 fr., il faut les revendre 250 fr. + 65 fr. = 315 fr.

Or on a eu autant de doubles décalitres que 5 fr. est contenu de fois dans 250 fr., c'est-à-dire $\dfrac{250}{5}$ = 50 doubles décalitres, ou 100 décalitres, ou 1000 litres. Donc 1 litre devra être revendu $\dfrac{315\text{ fr.}}{1\,000}$ = 0 fr. 315.

3. Qu'appelle-t-on multiples et sous-multiples d'un nombre ? Voir page 57, n° 123, et page 213, n°ˢ 415 et 416.

La livre sterling (monnaie d'or anglaise) vaut 25 fr. 20 c. Quelle est la somme représentée en monnaie de France par 524 livres sterling ? — R. 13 204 fr. 80.

(Examen des aspirants à l'École normale de Besançon.)

4. Une ménagère a acheté 144 mètres de toile, à 21 fr. 50 le décamètre. Elle a employé cette toile à faire des chemises. Sachant qu'elle a mis 3 mètres de toile par chemise et qu'elle a donné 1 fr. 75 pour la façon d'une chemise, on demande : 1° combien elle a fait de douzaines de chemises ? — R. 4 douzaines. — 2° Combien lui coûtent toutes les chemises. — R. 393 fr. 60. — 3° Et à combien lui revient une chemise ? — R. 8 fr. 20.

(Concours cantonal. — Charente.)

Solution raisonnée. — Le nombre des chemises est égal à $\frac{144}{3} = 48$, ou 4 douzaines.

Le prix d'un mètre de toile est $\frac{21 \text{ fr. } 50}{10} = 2$ fr. 15.

Le prix de 144ᵐ sera de 2 fr. 15 $\times$ 144 $=$ 309 fr. 60
La façon des 48 chemises sera de 1 fr. 75 $\times$ 48 $=$ 84 fr.
Donc le prix de toutes les chemises revient à 309 fr. 60 $+$ 84 fr. $=$ 393 fr. 60,
et le prix d'une chemise à $\frac{393 \text{ fr. } 60}{48} = 8$ fr. 20.

5. On a acheté 89 hectol. 25 litres de vin à 42 cent. le litre ; il s'en est perdu en route 170 litres. On demande à combien revient l'hectolitre de ce qui reste. — R. 42 fr. 80.

(Concours cantonal. — Charente.)

Solution raisonnée. — Le prix du litre étant de 0 fr. 42, le prix de l'hec-tolitre est de 0 fr. 42 $\times$ 100 $=$ 42 fr. Donc 89 hectol. 25 ont coûté 42 fr. $\times$ 89,25 $=$ 3 748 fr. 50. — Or, sur les 89 hectol. 25, il s'est perdu 170 lit. ou 1 hectol. 70 ; il reste donc 89 hectol. 25 — 1 hectol. 70 $=$ 87 hectol. 55.

Donc 1 hectol. reviendra à $\frac{3 748 \text{ fr. } 50}{87,55} = 42$ fr. 815, à 0,001 près.

6. Définir la division. — R. Voir pages 77 et 78, n°ˢ 156, 157 et 158.

7. Exposer et démontrer le moyen de déterminer le nombre de chiffres du quotient.

(Brevet élémentaire. — Seine.)

R. Voir page 83, n° 174. — Nous avons seulement indiqué comment on re-connaît si le quotient est plus grand que 10, afin de distinguer ce cas des précédents, ce qui suffisait à nos explications. — Si on désire déterminer d'avance le nombre des chiffres du quotient, on ajoute successivement 1, 2, 3... zéros à la droite du diviseur, et lorsque le résultat ainsi obtenu vient à surpasser le dividende, le nombre des zéros ajoutés est égal au nombre des chiffres du quotient. En effet, si le diviseur suivi de 3 zéros, par exemple, est supérieur au dividende, c'est que le quotient est inférieur à 1 000, et par conséquent qu'il a 3 chiffres.

8. On a brûlé en 30 jours 295 kilog. de coke ; l'hectol. de coke pèse 45 kilog. et vaut 1 fr. 90. Combien coûte par jour le chauffage au coke ? — R. 0 fr. 415.

(Concours d'arrondissement. — Charente.)

Solution raisonnée. — 45 kilog. de coke valent 1 fr. 90,

$$1 \text{ — } \text{ — } \text{ vaudra } \frac{1 \text{ fr. } 90}{45},$$

$$\text{et } 295 \text{ — } \text{ — } \text{ vaudront } \frac{1 \text{ fr. } 90 \times 295}{45}.$$

Ce résultat représenterait la dépense faite en 30 jours; donc en 1 jour la dépense sera 30 fois moindre, ou

$$\frac{1 \text{ fr. } 90 \times 295}{45 \times 30} = \frac{1 \text{ fr. } 90 \times 59}{9 \times 30} = \frac{112 \text{ fr. } 10}{270} = 0 \text{ fr. } 415.$$

9. Une personne charitable a partagé sa fortune ainsi qu'il suit: 2 948 fr. 75 à l'hôpital; 2 703 fr. au bureau de bienfaisance; 529 fr. 08 à la fabrique de l'église, et le reste à 12 membres de sa famille. Sachant que chacun de ceux-ci a reçu 4 603 fr. 28, on demande quelle était la fortune totale de cette personne. — R. 62 420 fr. 19.

(Concours d'arrondissement. — Charente.)

10. Une femme achète 25 mètres de toile, à 2 fr. 50 le mètre. Le mètre avec lequel on a mesuré étant trop court de 0^m,012, on demande la perte subie par cette femme. — R. 0 fr. 75.

(Brevet supérieur. — Isère.)

Solution raisonnée. — La perte est de 0,012 de 2 fr. 50 par chaque mètre; pour 25 mètres, elle est donc de 2 fr. 50 × 0,012 × 25 = 0 fr. 75.

11. Un marchand achète 12 boîtes contenant chacune 144 plumes, pour 7 fr. 20. Combien doit-il donner de plumes pour 0 fr. 05, s'il veut gagner 3 fr. 60? — R. 8.

(Certificat d'études primaires. — Ardennes.)

Solution raisonnée. — Le nombre des plumes contenues dans les 12 boîtes est 144 × 12. — Pour gagner 3 fr. 60, le marchand doit les revendre 7 fr. 20 + 3,60 = 10 fr. 80, ou 1 080 centimes. Donc pour 1 centime il devra en donner $\frac{144 \times 12}{1\,080}$, et pour 5 centimes 5 fois plus, ou

$$\frac{144 \times 12 \times 5}{1\,080} = \frac{144 \times 12}{216} = \frac{36 \times 12}{54} = \frac{4 \times 12}{6} = 8.$$

12. Une lingère achète 249^m,75 de toile, qui lui coûtent 2 fr. 80 le mètre; avec cette toile, elle fait confectionner 90 chemises par une ouvrière qui met 92 jours à faire ce travail et qui a gagné 1 fr. 35 par jour. A combien chaque chemise revient-elle à la lingère? — R. 9 fr. 15.

(Brevet élémentaire. — Seine-Inférieure.)

13. Division des nombres décimaux. Expliquer la règle sur l'exemple suivant: 378,00465 : 9,306. (Voir pag. 90, n° 187.) — R. 40,6194.

(Brevet élémentaire. — Saône-et-Loire.)

14. On a vendu 357 kilog. de sucre, à raison de 1 fr. 40 le kilog., à la condition de recevoir en paiement, au lieu d'une somme d'argent, un certain nombre de litres d'huile à 0 fr. 85 le litre. Combien devra-t-on recevoir de litres d'huile? — R. 625 lit. 80.

(Brevet élémentaire. — Seine-Inférieure.)

15. Diviser 568 154,33 par 0,0765. Énoncer et expliquer la règle à suivre pour obtenir la partie entière du quotient. (Voir pag. 90, n° 187.) — R. 7 426 853.

(Brevet élémentaire. — Saône-et-Loire.)

16. Diviser 79,0875 par 0,0976. Donner le quotient à un millième près et expliquer l'opération. (Voir pag. 90, nº 187.) — R. 810,322.

(Brevet élémentaire. — Saône-et-Loire.)

17. On paie 5 fr. pour mettre une pièce de vin de 240 litres en bouteille? les bouchons coûtent, en outre, 3 fr. le cent. Combien cette pièce de vin, achetée 120 fr., a-t-elle coûté en tout et à combien revient la bouteille? — R. 1º 132 fr. 20 ; 2º 0 fr. 55.

(Composition départementale. — Lot.)

18. Un ouvrier fume pour 20 centimes de tabac par jour. Que dépense-t-il par an en tabac? Combien, pour cette somme, aurait-il de kilog. de pain, le pain de 3 kilog. coûtant 1 fr. 30? — R. 1º 73 fr. : 2º 168 kilog. 461.

(Composition départementale. — Lot.)

Solution raisonnée. — La dépense annuelle de cet ouvrier, pour son tabac, est de 0 fr. 20 $\times$ 365 = 73 fr.; chaque pain de 3 kilog. coûtant 1 fr. 30, il aurait autant de pains que 1 fr. 30 est contenu de fois dans 0 fr. 20 $\times$ 365, ou $\dfrac{0 \text{ fr. } 20 \times 365}{1 \text{ fr. } 30}$, et le nombre des kilog. de pain serait 3 fois plus grand, ou

$$\frac{0 \text{ fr. } 20 \times 365 \times 3}{1,30} = \frac{365 \times 6}{13} = 168 \text{ kilog. } 461.$$

19. Une femme achète 3 kilog. 450 de laine, à 3 fr. 60 le kilog.; elle paie 1 fr. 20 par kilog. pour faire filer ; elle emploie 27 journées pour en faire des bas, qu'elle vend 2 fr. 75 la paire; il lui faut 1150 grammes de laine pour faire 6 paires de bas. On demande combien elle gagne par journée.

(Composition départementale. — Lot.)

Solution raisonnée. — Le prix d'achat d'un kilog. de laine étant de 3 fr. 60, et le prix qu'elle donne pour la faire filer de 1 fr. 20, cette femme dépense 3 fr. 60 + 1 fr. 20 = 4 fr. 80 par kilog., soit, pour 3 kilog. 450, 4 fr. 80 $\times$ 3,450 = 16 fr. 56. D'un autre côté, elle fait autant de fois 6 paires de bas que 1150 gram. est contenu dans 3450 gram., ou $\dfrac{3450}{1150} = \dfrac{345}{115} = \dfrac{69}{23} = 3.$

Donc elle fait 3 fois 6 paires ou 18 paires de bas, qui, vendues à raison de 2 fr. 75, lui rapportent 2 fr. 75 $\times$ 18 = 49 fr. 50. Il faut retrancher de cette somme 16 fr. 56, ce qui réduit son bénéfice à 49 fr. 50 — 16,56 = 32 fr. 94. Mais il lui a fallu 27 journées ; donc dans une journée elle gagne

$$\frac{32 \text{ fr. } 94}{27} = 1 \text{ fr. } 22.$$

20. Expliquer la division des nombres décimaux. — On fera l'explication sur l'exemple : 0,43785 : 1,976453, et on calculera le quotient avec l'approximation de 1/2 cent-millième.

(Brevet élémentaire. — Meuse.)

(Voir page 90, nº 187.) — R. 0,22153.

Pour avoir le quotient à 1/2 cent-millième près, on calcule le chiffre des millionièmes; comme ce chiffre est 3, on le supprime purement et simplement; l'erreur sera plus petite que 5 millionièmes, ou 1/2 cent-millième. Si le chiffre des millionièmes était égal ou supérieur à 5, on le supprimerait encore, mais on *forcerait l'unité* aux cent-millièmes, et le quotient serait 0,22154.

21. Deux pièces de drap de même qualité coûtent, l'une 450 fr., l'autre 240 fr.; la première a 15ᵐ de plus de longueur que la deuxième. On de-

mande quelle est la longueur de chaque pièce. — R. $32^m,142$ et $17^m,142$.
(Certificat d'études primaires. — Vosges.)

Solution raisonnée. — 15^m coûtent 450 fr. — 240 fr. $=$ 210 fr. Donc 1^m coûte $\dfrac{210 \text{ fr.}}{15} = 14$ fr. On trouvera la longueur de chaque pièce en divisant 450 et 240 par 14.

22. On a compté 16 battements d'une montre entre l'instant où l'on a aperçu la lueur d'un éclair et celui où l'on a entendu le tonnerre. A quelle distance se trouve-t-on du nuage orageux, sachant que le son parcourt 340^m par seconde, que la montre fait 120 battements par minute et que l'éclair se produit au moment où on l'aperçoit? — R. $2\,720^m$.
(Brevet élémentaire. — Isère.)

Solution raisonnée. — Puisque la montre fait 120 battements par minute ou dans 60 secondes, chaque battement correspond à 1/2 seconde; donc 16 battements correspondront à 8 secondes; donc la distance sera $340^m \times 8 = 2\,720^m$.

23. Une personne veut acheter, pour 139 fr. 60, du sucre à 1 fr. 50 le kilog., et du café à 4 fr. 70 le kilog.; elle veut autant de kilog. de sucre que de café. On demande combien elle en aura de chaque espèce. — R. 22 kilog. 516.
(Certificat d'études primaires. — Ardennes.)

Solution raisonnée. — 1 kilog. de sucre et 1 kilog. de café coûteront 1 fr. $50 + 4$ fr. $70 = 6$ fr. 20; on aura donc autant de kilog. de chaque espèce que 6 fr. 20 est contenu de fois dans 139 fr. 60, ou $\dfrac{139,60}{6,20} = 22$ kilog. 516.

24. Une barrique de vin de 228 litres a coûté 85 fr., prise chez le producteur; on a payé pour le transport 16 fr. 46, et à l'octroi 7 fr. 50 par hectol. Dites à combien revient la bouteille de 75 centilitres. — R. 0 fr. 39.
(Certificat d'études primaires. — Ardennes.)

Solution raisonnée. — Les 228 litres reviennent à
$$85 \text{ fr.} + 16 \text{ fr. } 46 + 2 \text{ fr. } 28 \times 7 \text{ fr. } 50 = 118 \text{ fr. } 56.$$
Donc 1 litre revient à $\dfrac{118 \text{ fr. } 56}{228}$, et 0 litre 75 reviennent à $\dfrac{118,56 \times 0,75}{228} = 0$ fr. 39.

25. Une lampe brûle par heure 55 gram. d'huile à 1 fr. 05 le kilog.; une autre lampe ne brûle que 40 gram. par heure, mais elle exige de l'huile d'une qualité supérieure, à 1 fr. 35 le kilog. Quelle est celle de ces deux lampes qui présente le plus d'économie? Et de combien sera l'économie au bout de l'année, si chaque lampe éclaire en moyenne pendant 7 heures par jour? — R. 1º La deuxième lampe. — 2º L'économie est de 9 fr. 58.
(Brevet élémentaire. — Creuse.)

Solution raisonnée. — La dépense par heure de la première lampe est de 1 fr. 05 $\times 0,55 = 0$ fr. 05775; la dépense par heure de la deuxième lampe est de 0 fr. 35 $\times 0,040 = 0$ fr. 054. L'économie par heure sera donc de 0 fr. 05775 $-$ 0 fr. 054 $= 0$ fr. 00375; l'économie par jour sera de 0 fr. 00375 $\times 7$, et l'économie par an de 0 fr. 00375 $\times 7 \times 365 = 9$ fr. 58.

26. En cinq jours, un fumeur consomme un demi-hectog. de tabac, valant 12 fr. le kilog. On demande : 1º ce que cette habitude de fumer coûte chaque année à celui qui l'a contractée; 2º combien de litres de vin il pourrait acheter avec l'argent ainsi employé, si un hectolitre de vin coûte 40 fr. — R. 109 lit. 50.
(Certificat d'études primaires. — Ardennes.)

Solution raisonnée. — En 5 jours, ce fumeur consomme 0 kilog. 05 de tabac; en 1 jour, il en consomme $\frac{0 \text{ kilog. } 05}{5} = 0$ kilog. 01, et en 365 jours il en consomme 0 kilog. 01 $\times$ 365 = 3 kilog. 65. Sa dépense annuelle sera donc de 12 fr. $\times$ 3,65 = 43 fr. 80. Or un litre de vin coûte $\frac{40 \text{ fr.}}{100} = 0$ fr. 40. Ce fumeur pourrait donc acheter autant de litres que 0 fr. 40 est contenu de fois dans 43 fr. 80, soit $\frac{43,80}{0,40} = 109$ litres 50.

27. Un ouvrier gagne 3 fr. 75 par jour et dépense 14 fr. 50 par semaine. En combien d'années aura-t-il économisé 1 855 fr., s'il travaille en moyenne 300 jours par an? — R. 5 ans.

(Certificat d'études primaires. — Ardennes.)

Solution raisonnée. — Cet ouvrier gagnant 3 fr. 75 par jour gagne en un an, ou 300 jours, 3 fr. 75 $\times$ 300 = 1 125 fr.

Sa dépense est de 14 fr. 50 $\times$ 52 = 754 fr.

Son économie par an sera donc de 1 125 fr. — 754 fr. = 371 fr.

Et pour économiser 1 855 fr. il lui faudra autant d'années que 371 est contenu de fois dans 1 855, soit $\frac{1\,855}{371} = 5$ ans.

28. On achète 2 tonneaux de vin : l'un contient 2 hectol. 50 litres de plus que l'autre et coûte 562 fr. 50; l'autre coûte 450 fr. Quelle est la contenance de chaque tonneau? — R. 12 hectol. 50 et 10 hectol.

(Certificat d'études primaires. — Vosges.)

29. Un jeune homme, commis à la ville, reçoit un traitement de 1 100 fr.; son logement lui coûte 80 fr. par an; il paie 1 fr. 85 par jour au restaurant pour sa nourriture, dépense 270 fr. 25 pour entretien, blanchissage, etc., et fait, chaque mois, dans sa famille, un voyage qui coûte 4 fr.

Son frère, journalier à la campagne, gagne 2 fr. 85 par jour, en moyenne; son logement lui coûte 50 fr. par an; il dépense 527 fr. 25 pour sa nourriture et 102 fr. pour son entretien. On compte 60 jours de chômage dans l'année de 365 jours.

On demande : 1º quelle somme chacun des deux frères possède au bout de l'an; 2º combien le second dépense par jour pour sa nourriture. — R. 1º Le premier possède 26 fr. 50; le second 190 fr. — 2º Le second dépense par jour 1 fr. 44.

(Certificat d'études primaires. — Vosges.)

PROBLÈMES SUPPLÉMENTAIRES.

1. Un maître de pension avait acheté 5 milliers de plumes qu'il avait payées, savoir : la moitié à 10 fr. le mille, et l'autre moitié à 1 fr. 20 le cent. Il en a d'abord revendu 2 milliers à 0 fr. 35 le paquet de 25, et il a détaillé le reste en vendant 3 plumes pour 5 centimes : combien a-t-il gagné sur ses plumes? — R. 23 fr.

2. Un vieillard de 80 ans accomplis estime que, depuis qu'il est au monde, il a dépensé un centime toutes les dix minutes. Voulant savoir ce qu'il a dépensé en toute sa vie, il s'adressa à un élève pour lui en faire le calcul : sachant qu'on doit tenir compte des années bissextiles, quelle a dû être la réponse de l'élève? — R. 42 076 fr. 80.

3. La circonférence ou le tour de la terre est de 40 000 kilomètres : en supposant qu'il fût possible d'aller toujours en ligne droite, combien faudrait-il de temps à un voyageur pour en faire le tour, en parcourant 4 kilomètres à l'heure et en marchant 10 heures par jour ? — R. 2 ans 9 mois.

4. Un propriétaire a un pré de 82 mètres de long sur 38 mètres de large, qu'il veut faire entourer d'un fossé. Il a marchandé avec quatre terrassiers qui sont convenus de le creuser à raison de 0 fr. 40 le mètre courant : sachant qu'ils ont mis 10 journées pour faire ce travail, on demande ce que chaque ouvrier a gagné par jour. — R. 2 fr. 40.

5. Un marchand avait acheté 30 sacs de pommes, qui en contenaient chacun 25 douzaines. Il les avait payées à raison de 0 fr. 75 le cent, et en les revendant en détail il en a donné 4 pour 5 centimes : combien a-t-il gagné sur ses pommes ? — R. 45 fr.

6. Un terrassier a transporté 90 mètres cubes de terre, qui doivent lui être payés à raison de 0 fr. 60 le mètre cube. Cet ouvrier, travaillant 10 heures par jour, mettait 5 minutes pour charger et conduire une brouettée de terre, et faisait vingt voyages pour transporter un mètre cube : on demande combien ce terrassier a mis de journées pour faire son travail, et combien il a gagné par jour. — R. 15 jours, et 3 fr. 60 par jour.

7. Un entrepreneur en bâtiments a occupé un certain nombre de maçons, charpentiers et tailleurs de pierre, pendant 5 semaines, chacune de 6 jours de travail. Il payait les charpentiers 3 fr 50 par jour, les maçons 2 fr. 75 et les tailleurs de pierre 4 fr. 25, et il y avait un nombre égal des uns et des autres : on demande combien il y avait de chaque sorte d'ouvriers, sachant qu'à la fin des 5 semaines l'entrepreneur leur devait 1 890 fr. pour leur salaire ? — R. 6 de chaque sorte.

8. Un petit marchand achète des noix à 2 fr. le mille, et il les revend 0 fr. 25 le cent : quel bénéfice aura-t-il après en avoir revendu huit sacs qui en contiennent chacun deux milliers et demi ? — R. 10 fr.

9. Un marchand de bois a acheté les fagots de ramilles d'une coupe en exploitation. Il est convenu de les payer à raison de 48 fr. le mille, à condition d'en recevoir 4 pour 100 non comptables ; l'exploitation de la coupe terminée, il s'y trouve en tout 14 274 fagots : que doit-il payer ? — R. 658 fr. 80.

Solution raisonnée. Puisque ce marchand reçoit 4 fagots pour 100, il en recevra 40 pour 1 000, c'est-à-dire que sur 1 040 il n'en paie que 1.000. Ainsi 1 040 fagots lui coûtent 48 fr. ; 1 fagot lui coûtera 1 040 fois moins, ou $\dfrac{48}{1\,040}$ et 14 274 fagots lui coûteront 14 274 fois plus ou $\dfrac{48 \times 14\,274}{1\,040} = 658$ fr. 80.

CHAPITRE V

CARRÉ ET RACINE CARRÉE — CUBE
PUISSANCES

Carré et racine carrée.

204. — On appelle **carré** ou *deuxième puissance* d'un nombre le produit de ce nombre multiplié par lui-même.

EXEMPLES. — Le carré de 2 est 4, parce que $2 \times 2 = 4$.
Le carré de 3 est 9, parce que $3 \times 3 = 9$.

205. — Pour trouver le carré d'un nombre, il suffit de multiplier ce nombre par lui-même : c'est ce qu'on appelle **élever** un nombre au **carré**.

206. — Pour indiquer qu'un nombre doit être élevé au carré, on place un petit ^{2} à sa droite.

Ainsi 3^2 signifie que 3 doit être élevé au carré, et s'énonce

3 au carré.

4^2 signifie que 4 doit être élevé au carré, et s'énonce

4 au carré.

On écrira donc :
$$3^2 = 9,$$
$$4^2 = 16.$$

REMARQUE. — Il faut bien se garder de confondre 4×2 avec 4^2 ; en effet : $4 \times 2 = 8$, tandis que $4^2 = 16$.

Exercice 57.

Élevez au carré les nombres suivants :

R.
$(27)^2 = 729$ $(0,04)^2 = 0,0016.$ $(0,072)^2 = 0,005184.$
$(458)^2 = 209\,764.$ $(46,7)^2 = 2\,180,89.$ $(8,35)^2 = 69,7225.$
$(2,4)^2 = 5,76.$ $(315)^2 = 99\,225.$ $(96)^2 = 9\,216.$
$(600)^2 = 360\,000.$ $(1\,001)^2 = 1\,002\,001.$ $(2\,070)^2 = 4\,284\,900$
$(0,1)^2 = 0,01.$ $(0,01)^2 = 0,0001.$ $(1\,000)^2 = 1\,000\,000.$
$(30\,059)^2 = 903\,543\,481.$ $(404)^2 = 163\,216.$ $(0,005)^2 = 0,000025.$

---

207. — On appelle **racine carrée** d'un nombre un deuxième nombre qui, élevé au carré, reproduirait le nombre proposé.

Ainsi la racine carrée de 4 est 2, parce que $2 \times 2 = 4$.
la racine carrée de 25 est 5, parce que $5 \times 5 = 25$.

208. — **Extraire** la racine carrée d'un nombre, c'est chercher, par le calcul, quelle est la racine carrée de ce nombre.

Pour indiquer qu'il faut extraire la racine carrée d'un nombre, on place ce nombre sous le signe $\sqrt{\ \ }$, qu'on appelle *radical*.

Ainsi $\sqrt{16}$ indique qu'il faut extraire la racine carrée de 16, et s'énonce *racine carrée* de 16.

De même $\sqrt{25}$ indique qu'il faut extraire la racine carrée de 25, et s'énonce *racine carrée* de 25.

On écrira donc :

$$\sqrt{16} = 4 \,;$$
$$\sqrt{25} = 5.$$

Extraction de la racine carrée d'un nombre plus petit que 100.

209. — Pour extraire la racine carrée d'un nombre plus petit que 100, on se sert de la table suivante, qui doit être apprise par cœur.

TABLE DES CARRÉS DES DIX PREMIERS NOMBRES.

Nombres :	1	2	3	4	5	6	7	8	9	10
Carrés :	1	4	9	16	25	36	49	64	81	100

EXEMPLE. — Quelle est la racine carrée de 36 ? — Réponse : 6.
Quelle est la racine carrée de 81 ? — Réponse : 9.
Quelle est la racine carrée de 49 ? — Réponse : 7.

210. — Les nombres 36, 81, 49 sont des carrés parfaits. S'il s'agit d'un nombre qui ne soit pas un carré parfait, 28, par exemple, on cherche quel est le plus grand carré parfait contenu dans 28 : c'est 25, dont la racine carrée est 5. On dit alors que la racine du plus grand carré contenu dans 28 est 5.

Exercice 58.

Quelle est la racine carrée de 64 ? R. 8. — De 25 ? R. 5. — De 36 ? R. 6. — De 100 ? R. 10. — De 49 ? R. 7. — De 4 ? R. 2. — De 81 ? R. 9. — De 16 ? R. 4. — De 9 ? R. 3.

Quelle est la racine du plus grand carré contenu dans 20 ? R. 4. — Dans 32 ? R. 5. — Dans 68 ? R. 8. — Dans 83 ? R. 9. — Dans 45 ? R. 6. — Dans 58 ? R. 7. — Dans 13 ? R. 3. — Dans 27 ? R. 5.

Quelle est la racine du plus grand carré contenu dans 24 ? R. 4. — Dans 91 ? R. 9. — Dans 53 ? R. 7. — Dans 80 ? R. 8. — Dans 15 ? R. 3. — Dans 21 ? R. 4. — Dans 10 ? R. 3. — Dans 35 ? R. 5.

Composition du carré d'un nombre de deux chiffres.

211. — Le carré d'un nombre de deux chiffres se compose de trois parties :

1º Le carré des dizaines ;
2º Le double produit des dizaines par les unités ;
3º Le carré des unités.

Soit, par exemple, à faire le carré de 26 : on multiplie 26 par 26, ou, ce qui revient au même, $20 + 6$ par $20 + 6$, en ayant soin de ne faire aucune retenue et d'écrire séparément chacun des quatre produits partiels.

$$20 + 6$$
$$20 + 6$$

36	Carré des unités (6×6).
120	Produit des unités par les dizaines (6×20).
120	Produit des dizaines par les unités (20×6).
400	Carré des dizaines (20×20).
676	Carré de 26.

On voit que 676, carré de 26, se compose de trois parties :

1° 400, ou le carré des dizaines de 26 ;

2° $120 + 120 = 240$, ou le double produit des dizaines de 26 par les unités ;

3° 36, ou le carré des unités de 26.

Composition du carré d'un nombre de plusieurs chiffres.

212. — Un nombre de plusieurs chiffres peut toujours être décomposé en dizaines et en unités. Par exemple :

$$5483 = 5480 + 3.$$

Par conséquent, le carré de 5483 se compose de trois parties :

1° Le carré de 5480 ;

2° Le double produit de 5480 par 3 ;

3° Le carré de 3[1].

Exercice 59.

De quoi se compose le carré de 27 ? — Le carré de 35 ? — Le carré de 49 ? — Le carré de 51 ? — Le carré de 64 ? — Le carré de 72 ? — Le carré de 83 ? — Le carré de 99 ? — Le carré de 18 ?

De quoi se compose le carré de 365 ? — De 287 ? — De 819 ? — De 504 ? — De 1006 ? — De 4182 ? — De 6043 ? — De 20018 ?

R. $(27)^2 = 20^2 + 2 \times 20 \times 7 + 7^2 = 400 + 280 + 49 = 729.$

$(35)^2 = 30^2 + 2 \times 30 \times 5 + 5^2 = 900 + 300 + 25 = 1225.$

$(49)^2 = 40^2 + 2 \times 40 \times 9 + 9^2 = 1600 + 720 + 81 = 2401.$

$(51)^2 = 50^2 + 2 \times 50 \times 1 + 1^2 = 2500 + 100 + 1 = 2601.$

$(64)^2 = 60^2 + 2 \times 60 \times 4 + 4^2 = 3600 + 480 + 16 = 4096.$

$(72)^2 = 70^2 + 2 \times 70 \times 2 + 2^2 = 4900 + 280 + 4 = 5184.$

$(83)^2 = 80^2 + 2 \times 80 \times 3 + 3^2 = 6400 + 480 + 9 = 6889.$

1. La règle relative à l'extraction de la racine carrée repose sur la composition dont nous venons de parler. Il nous suffira de signaler ce fait sans nous y étendre davantage dans ce livre, rédigé à un point de vue élémentaire et pratique ; aussi, dans les développements qui vont suivre, nous contenterons-nous de donner la règle à suivre pour l'extraction de la racine carrée des nombres, sans en donner l'explication. (Voir au *Supplément.*)

$$(99)^2 = 90^2 + 2 \times 90 \times 9 + 9^2 = 8\,100 + 1\,620 + 81 = 9\,801.$$
$$(18)^2 = 10^2 + 2 \times 10 \times 8 + 8^2 = 100 + 160 + 64 = 324.$$
$$(365)^2 = 360^2 + 2 \times 360 \times 5 + 5^2 = 129\,600 + 3\,600 + 25 = 133\,225.$$
$$(287)^2 = 280^2 + 2 \times 280 \times 7 + 7^2 = 82\,369 + 3\,920 + 49 = 86\,338.$$
$$(819)^2 = 810^2 + 2 \times 810 \times 9 + 9^2 = 670\,761 + 14\,580 + 81 = 685\,422.$$
$$(504)^2 = 500^2 + 2 \times 500 \times 4 + 4^2 = 250\,000 + 4\,000 + 16 = 254\,016.$$
$$(1\,006)^2 = 1\,000^2 + 2 \times 1\,000 \times 6 + 6^2 = 1\,000\,000 + 12\,000 + 36$$
$$= 1\,012\,036.$$
$$(4\,182)^2 = 4\,180^2 + 2 \times 4\,180 \times 2 + 2^2 = 1\,747\,240 + 16\,720 + 4 = 1\,763\,964.$$
$$(6\,043)^2 = 6\,040^2 + 2 \times 6\,040 \times 3 + 3^2 = 3\,648\,160 + 36\,240 + 9 = 3\,674\,409.$$
$$(20\,018) = 20\,010^2 + 2 \times 20\,010 \times 8 + 8^2 = 400\,720\,324 + 320\,160 + 64$$
$$= 401\,040\,548.$$

Extraction de la racine carrée d'un nombre plus grand que 100.

Premier exemple.

213. — Soit à extraire la racine carrée de 6241.

```
62.41  |  79  Racine.
49     | 149
------
134.1     9
134 1   1341
------
000 0
```

Je partage le nombre 6241 en tranches de *deux* chiffres, en commençant par la *droite* (la deuxième tranche à gauche pourrait n'avoir qu'un chiffre). Puis je dis :

Le plus grand carré contenu dans 62 est 49, dont la racine est 7. Je pose 7 à la racine : 7 fois 7 font 49. Je pose 49 sous la tranche 62, et je retranche 49 de 62 : le reste est 13.

J'abaisse la tranche suivante, 41, ce qui donne 1341. Je sépare un chiffre sur la droite de 1341, soit 134.1. Je double le chiffre 7 de la racine, soit 14, que j'écris au-dessous de la racine. Je divise 134 par 14. En 134 combien de fois 14? Il y est 9 fois. Je place 9 à la racine, ce qui fait 79, et à la droite de 14, ce qui fait 149. Je multiplie 149 par 9, ce qui donne 1341. Je retranche 1341 de 1341 : le reste est 0.

Ainsi la racine de 6241 est 79, sans aucun reste.

Exercice 60 (page 112).

Cherchez les racines carrées suivantes :

$$\sqrt{2\,116} = 46. \qquad \sqrt{2\,304} = 48. \qquad \sqrt{1\,369} = 37. \qquad \sqrt{729} = 27.$$
$$\sqrt{3\,364} = 58. \qquad \sqrt{841} = 29. \qquad \sqrt{5\,476} = 74. \qquad \sqrt{4\,624} = 68.$$

$$\sqrt{9\,025} = 95. \qquad \sqrt{7\,569} = 87. \qquad \sqrt{2\,209} = 47. \qquad \sqrt{3\,481} = 59.$$

$$\sqrt{2\,809} = 53. \qquad \sqrt{121} = 11. \qquad \sqrt{484} = 22. \qquad \sqrt{1\,089} = 33.$$

$$\sqrt{4\,096} = 64. \qquad \sqrt{289} = 17. \qquad \sqrt{7\,225} = 85. \qquad \sqrt{3\,136} = 56.$$

Deuxième exemple.

214. — Soit à extraire la racine carrée de 182329.

```
18.23.29  | 427  Racine.
16        | 82    847
          |
  22.3    |  2     7
  16 4    | 164  5 929
  ______
  5 92.9
  5 92 9
  ______
  000 0
```

Je partage le nombre donné en tranches de deux chiffres, à partir de la droite (la dernière tranche à gauche pourrait n'avoir qu'un chiffre). Puis je dis :

Le plus grand carré contenu dans 18 est 16, dont la racine est 4. Je pose 4 à la racine : 4 fois 4 font 16, ôtés de 18, il reste 2.

J'abaisse la tranche suivante 23, ce qui donne 223. Je sépare un chiffre sur la droite de 223, soit 22.3. Je double le chiffre 4 de la racine, soit 8, que j'écris au-dessous de la racine, et je dis : En 22, combien de fois 8? Il y est 2 fois. Je place 2 à la droite de la racine, ce qui fait 42, et à la droite de 8, ce qui fait 82, et je multiplie 82 par 2. Le produit 164, retranché de 223, donne 59 pour reste.

J'abaisse la tranche suivante 29, ce qui donne 5929. Je sépare un chiffre sur la droite de 5929, soit 592.9. Je double la racine 42, soit 84, que j'écris au-dessous de la racine, et je dis : En 592, combien de fois 84, ou en 59 combien de fois 8? Il y est 7 fois. Je place 7 à la droite de la racine, ce qui fait 427, et à la droite de 84, ce qui fait 847, et je multiplie 847 par 7. Le produit 5929, retranché de 5929, donne 0 pour reste.

Ainsi la racine carrée de 182329 est 427, sans aucun reste.

Exercice 61 (page 113).

Cherchez les racines suivantes :

$$\sqrt{58\,564} = 242. \qquad \sqrt{238\,144} = 488. \qquad \sqrt{15\,129} = 123.$$

$$\sqrt{327\,184} = 572. \qquad \sqrt{329\,\ldots} = 574. \qquad \sqrt{29\,584} = 172.$$

$\sqrt{338\,801} = 599.$ $\sqrt{664\,225} = 815.$ $\sqrt{1\,522\,756} = 1\,234.$

$\sqrt{24\,950\,025} = 4\,995.$ $\sqrt{69\,169} = 263.$ $\sqrt{28\,858\,384} = 5\,372.$

$\sqrt{5\,230\,037\,761} = 72\,319.$ $\sqrt{49\,729} = 223.$ $\sqrt{11\,168\,964} = 3\,342.$

$\sqrt{3\,402\,738\,889} = 58\,333.$ $\sqrt{12\,321} = 111.$ $\sqrt{1\,914\,237\,504} = 43\,752.$

$\sqrt{65\,536} = 256.$ $\sqrt{385\,641} = 621.$ $\sqrt{3\,885\,652\,225} = 62\,335.$

$\sqrt{294\,849} = 543.$ $\sqrt{619\,369} = 787.$ $\sqrt{1\,272\,919\,684} = 35\,678.$

$\sqrt{172\,225} = 415.$ $\sqrt{323\,761} = 569.$ $\sqrt{223\,242\,075\,225} = 472\,485$

$\sqrt{308\,025} = 555.$ $\sqrt{23\,104} = 152.$ $\sqrt{231\,969\,383\,424} = 481\,632$

$\sqrt{352\,836} = 594.$ $\sqrt{99\,225} = 315.$ $\sqrt{197\,530\,469\,136} = 444\,444.$

$\sqrt{564\,001} = 751.$ $\sqrt{70\,980\,625} = 8\,425.$

Troisième exemple.

213. — Soit à extraire la racine carrée de 501 264.

```
50.1 2.6 4  |   708
1 1.2       |  1408
1 1 2 6.4   |     8
1 1 2 6 4   | ─────────
──────────    11 264
0 0 0 0 0
```

Je partage le nombre donné en tranches de deux chiffres.

Le plus grand carré contenu dans 50 est 49, dont la racine est 7 : — 7 fois 7 font 49, ôtés de 50, il reste 1.

J'abaisse la tranche suivante, 12. Je sépare le chiffre 2 sur la droite, je double le chiffre de la racine 7, ce qui fait 14, et je dis : En 11, combien de fois 14? Il n'y est pas. Je place un 0 à la droite de 14, un autre à la droite de la racine 7, et j'abaisse la tranche suivante, 64.

Je sépare le chiffre 4 sur la droite, et je divise 1 126 par 140 : le quotient est 8. Je place 8 à la droite de la racine, ce qui fait 708, et à droite de 140, ce qui fait 1 408; je multiplie 1 408 par 8 : le produit 11 264, retranché de 11 264, donne 0 pour reste. Le chiffre 8 est bon, et la racine cherchée est exactement 708.

Exercice 62 (page 114).

$\sqrt{164\,025} = 405.$ $\sqrt{3\,640\,464} = 1\,908.$ $\sqrt{94\,206\,436} = 9\,706$

$\sqrt{95\,481} = 309.$ $\sqrt{16\,507\,969} = 4\,063.$ $\sqrt{9\,272\,025} = 3\,045.$

$$\sqrt{362\,404} = 602. \qquad \sqrt{4\,301\,476} = 2\,074. \qquad \sqrt{4\,496\,104\,809} = 67\,053.$$
$$\sqrt{811\,801} = 901. \qquad \sqrt{13\,712\,209} = 3\,703. \qquad \sqrt{8\,837\,504\,064} = 94\,008.$$
$$\sqrt{367\,236} = 606. \qquad \sqrt{36\,096\,064} = 6\,008. \qquad \sqrt{3\,252\,649\,024} = 57\,032.$$
$$\sqrt{655\,381} = 809. \qquad \sqrt{16\,281\,225} = 4\,035. \qquad \sqrt{479\,741\,409} = 21\,903.$$
$$\sqrt{649\,636} = 806. \qquad \sqrt{38\,452\,401} = 6\,201. \qquad \sqrt{8\,257\,902\,129} = 90\,873.$$
$$\sqrt{257\,049} = 507. \qquad \sqrt{49\,126\,081} = 7\,009. \qquad \sqrt{4\,653\,149\,796} = 68\,214.$$

La racine n'est pas exacte et l'opération donne un reste.

216. — On procède absolument comme dans les cas précédents; mais, pour que l'opération soit bien faite, il faut que *chaque reste* soit *au plus* égal au double de la racine déjà trouvée.

Quatrième exemple.

217. — Soit à extraire la racine carrée de 1 389.

$$
\begin{array}{r|r}
13.8\,9 & 37 \\
4\,8.9 & 67 \\
4\,6\,9 & 7 \\
\hline
2\,0 & 469
\end{array}
$$

Le plus grand carré contenu dans 13 est 9, dont la racine carrée est 3. Je pose 3 à la racine : — 3 fois 3 font 9; 9 ôtés de 14, il reste 4.

J'abaisse la tranche suivante, 89. — Je sépare le chiffre 9 sur la droite de 489; je double le chiffre 3 de la racine, ce qui fait 6, et je dis : En 48, combien de fois 6? Il y est 7 fois. Je place 7 à la droite de la racine, ce qui fait 37, et à la droite de 6, ce qui fait 67, et je multiplie 67 par 7. Le produit 469 peut se retrancher de 489, et donne 20 pour reste. Ce reste 20 n'est pas plus grand que 2 fois 37 : donc le chiffre 7 est bon. Donc la racine cherchée est 37, à moins d'une unité.

Cinquième exemple.

218. — Soit à extraire la racine carrée de 6 497.

$$
\begin{array}{r|r}
6\,497 & 80 \\
09.7 & 160
\end{array}
$$

Le plus grand carré contenu dans 64 est 64 lui-même, dont la racine carrée est 8 : — 8 fois 8 font 64. Il reste 0.

J'abaisse la tranche suivante 97; je sépare le chiffre 7 sur la droite, et je double le chiffre 8 de la racine. En 9, combien de fois 16? Il n'y est pas : je pose 0 à la racine. Le reste 97 n'est pas plus grand que 2 fois 80 : donc la racine carrée est 80, à moins d'une unité.

Exercice 63 (page 116).

Extraire les racines carrées suivantes :

$\sqrt{5\,179} = 71.$ $\sqrt{124\,537} = 352.$ $\sqrt{660\,929} = 812.$ $\sqrt{358\,930} = 598.$

$\sqrt{3\,021} = 54.$ $\sqrt{71\,189} = 843.$ $\sqrt{414\,536} = 643.$ $\sqrt{127\,635} = 357.$

$\sqrt{6\,358} = 79.$ $\sqrt{111\,800} = 334.$ $\sqrt{237\,122} = 486.$ $\sqrt{46\,382\,574} = 6\,810.$

$\sqrt{9\,164} = 95.$ $\sqrt{507\,026} = 712.$ $\sqrt{622\,690} = 788.$ $\sqrt{49\,098\,652} = 7\,00$

$\sqrt{151\,671\,649} = 12\,315.$ $\sqrt{7\,630\,385\,632} = 87\,352.$

$\sqrt{1\,272\,919\,892} = 35\,678.$ $\sqrt{152\,478\,391} = 12\,348.$

Sixième exemple.

Extraire la racine carrée d'un nombre décimal.

219. — **Règle.** Pour extraire la racine carrée d'un nombre décimal, on rend **pair** le nombre de ses chiffres décimaux, et on extrait la racine carrée du nombre ainsi formé, considéré comme un nombre entier, abstraction faite de la virgule ; puis on sépare sur la droite de la racine *deux fois moins de décimales* que n'en avait le nombre lui-même.

EXEMPLE. — Soit à extraire la racine de 87,421.

On ajoute un zéro à ce nombre, soit : 87,4210, ce qui n'en change pas la valeur ; on fait abstraction de la virgule et on extrait la racine du nombre entier 874 210 : on trouve le nombre 934, sur lequel on sépare à droite deux chiffres décimaux, soit deux fois moins que n'en a le nombre proposé. Ainsi la racine carrée de 87,4210 est 9,34, à 0,01 près.

Exercice 64 (page 116).

Extraire les racines carrées suivantes :

$\sqrt{47,61} = 6,9.$ $\sqrt{1\,845,1} = 42,9.$ $\sqrt{4,758} = 2,18.$

$\sqrt{138,29} = 11,7.$ $\sqrt{35,0781} = 5,92.$ $\sqrt{1,90637} = 1,380.$

$\sqrt{6\,284,3} = 79,2.$ $\sqrt{63,295} = 7,95.$ $\sqrt{29,18} = 5,4.$

$$\sqrt{27,4632}=5,24. \qquad \sqrt{16,86109}=4,106. \qquad \sqrt{473,09}=21,7.$$

$$\sqrt{18,547}=4,30. \qquad \sqrt{80,53}=8,9. \qquad \sqrt{9188,6}=95,8.$$

$$\sqrt{39,41653}=6,278. \qquad \sqrt{341,25}=18,4. \qquad \sqrt{1,4623}=1,20.$$

$$\sqrt{59,24}=7,6. \qquad \sqrt{5529,3}=74,3. \qquad \sqrt{75,064}=8,66.$$

$$\sqrt{291,63}=17. \qquad \sqrt{76,2569}=8,73. \qquad \sqrt{80,63154}=8,979.$$

Cube et racine cubique.

220. — On appelle **cube** ou *troisième puissance* d'un nombre le produit de trois facteurs égaux à ce nombre.

EXEMPLES. — Le cube de 2 est 8, puisque $2 \times 2 \times 2 = 8$.
Le cube de 3 est 27, puisque $3 \times 3 \times 3 = 27$.
Le cube de 4 est 64, puisque $4 \times 4 \times 4 = 64$.

221. — Pour trouver le cube d'un nombre, on fait le carré de ce nombre, et on multiplie encore ce carré par le même nombre. Par exemple, pour faire le cube de 4, on fait le carré de 4 qui est 16, et on multiplie encore 16 par 4, ce qui fait 64; on a ainsi :

$$4 \times 4 = 16; \; 16 \times 4 = 64.$$

C'est ce qu'on appelle **élever** un nombre au **cube**.

222. — Pour indiquer qu'un nombre doit être élevé au cube, on place un petit 3 à sa droite.

Ainsi 3^3 signifie que 3 doit être élevé au cube et s'énonce

3 *au cube*.

4^3 signifie que 4 doit être élevé au cube et s'énonce

4 *au cube*.

On écrira donc :
$$3^3 = 27,$$
$$4^3 = 64.$$

REMARQUE. — Il faut bien se garder de confondre 4×3 avec 4^3 : $4 \times 3 = 12$, tandis que $4^3 = 64$.

Exercice 65 (page 117).

Élevez au cube les nombres suivants :

R. $(1)^3 = 1.$ $(8)^3 = 512.$ $(500)^3 = 125\,000\,000.$
$(6)^3 = 216.$ $(4,1)^3 = 68,921.$ $(0,3)^3 = 0,027.$
$(12)^3 = 1\,728.$ $(0,57)^3 = 0,185193.$ $(19)^3 = 6\,859.$
$(25)^3 = 15625.$ $(0,1)^3 = 0,001.$ $(0,02)^3 = 0,000008.$
$(130)^3 = 2\,197\,000.$ $(604)^3 = 220\,348\,864.$ $(7)^3 = 343.$
$(0,5)^3 = 0,125.$

223. — On appelle **racine cubique** d'un nombre un deuxième nombre qui, élevé au cube, reproduirait le premier nombre.

Ainsi la racine cubique de 8 est 2, parce que $2 \times 2 \times 2 = 8.$
la racine cubique de 27 est 3,   — $3 \times 3 \times 3 = 27.$
la racine cubique de 64 est 4,   — $4 \times 4 \times 4 = 64.$

224. — **Extraire** la racine cubique d'un nombre, c'est chercher, par le calcul, la racine cubique de ce nombre.

225. — Pour indiquer qu'il faut chercher ou *extraire* la racine cubique d'un nombre, on place ce nombre sous le radical $\sqrt{}$, dans lequel on place un petit 3 : $\sqrt[3]{}$.

Ainsi $\sqrt[3]{27}$ indique qu'il faut extraire la racine cubique de 27, et s'énonce *racine cubique* de 27.

— $\sqrt[3]{64}$ indique qu'il faut extraire la racine cubique de 64, et s'énonce *racine cubique* de 64.

On écrira donc :

$$\sqrt[3]{27} = 3.$$
$$\sqrt[3]{64} = 4.$$

REMARQUE. — Pour extraire la racine cubique d'un nombre, il faut faire une opération qu'on trouvera au *Supplément*

Puissance quelconque.

226. — On appelle 4e, 5e, 6e... puissance d'un nombre le produit de 4, 5, 6... facteurs égaux à ce nombre.

Ainsi la 5e puissance de 3 est

$$3 \times 3 \times 3 \times 3 \times 3 = 243.$$

Pour indiquer que le nombre est élevé à la 4e, à la 5e, à la 6e... puissance, on le surmonte d'un petit 4, d'un petit 5, d'un petit 6.

Ainsi 3^5 s'énonce cinquième puissance de 3.
      5^6 —   sixième puissance de 5.

227. — Le chiffre 2, qui indique la 2e puissance ou le carré d'un nombre; le chiffre 3, qui indique la 3e puissance ou le cube d'un nombre; les chiffres 4, 5, 6, qui indiquent la 4e, la 5e, la 6e puissance, sont appelés **exposants.**

REMARQUE. — Dans la pratique, on peut avoir l'occasion d'élever un nombre au carré ou au cube, mais on a très rarement l'occasion d'élever un nombre à une puissance supérieure à la troisième

Exercice 66 (page 119).

Élevez à la 4ᵉ puissance les nombres suivants :

$$1 - 2 - 3,1 - 0,5 - 4 - 60 - 2,07$$
$$8 - 9,09 - 1,2 - 0,3 - 9 - 7 - 2,5.$$

R. $(1)^4 = 1.$ R. $(8)^4 = 4\,096.$

$(8)^4 = 16.$ $(0,09)^4 = 0,00006561.$

$(3,1)^4 = 92,3521.$ $(1,2)^4 = 2,0736.$

$(0,5)^4 = 0,0625.$ $(0,3)^4 = 0,0081.$

$(4)^4 = 256.$ $(9)^4 = 6\,561.$

$(60)^4 = 12\,960\,000.$ $(7)^4 = 2\,401.$

$(2,07)^4 = 18,36036801.$ $(2,5)^4 = 39,0625.$

Exercice 67 (page 119).

Élevez à la 5ᵉ puissance les nombres suivants :

$$1 - 1,2 - 0,03 - 0,004 - 1,05.$$

R. $(1)^5 = 1,$ R. $(0,004)^5 = 0,000000000001024.$

$(1,2)^5 = 2,48832$ $(1,05)^5 = 1,2762815625.$

$(0,03)^5 = 0,0000000243.$

68. Exercice théorique (page 119).

1. Qu'appelle-t-on carré d'un nombre? — R. Voir page 109, nᵒ 204.

2. Faites connaître les carrés de 3. — R. 9. — De 6. — R. 36. — De 5. — R. 25. — De 7. — R. 49. — De 10. — R. 100. — De 8. — R. 64.

3. Comment indique-t-on qu'un nombre doit être élevé au carré? — R. Voir page 109, nᵒ 206.

4. Quelle différence y a-t-il entre 6^2 et 6×2? — R. $6^2 = 6 \times 6 = 36$; $6 \times 2 = 12$.

5. Qu'appelle-t-on racine carrée d'un nombre? — R. Voir page 109, nᵒ 207.

6. Quelle est la racine carrée de 16? — R. 4. — De 36? — R. 6. — De 144? — R. 12. — De 81? — R. 9. — De 100? — R. 10. — De 49? — R. 7.

7. Comment indique-t-on qu'il faut extraire la racine carrée d'un nombre? — R. Voir page 110, nᵒ 208.

8. Quel nom donne-t-on à la deuxième puissance d'un nombre? — R. Carré.

9. Quel nom donne-t-on à la troisième puissance d'un nombre? — R. Cube.

10. Comment trouve-t-on le cube d'un nombre? — R. Voir page 117, nᵒ 221.

11. Quel est le cube de 3? — R. 27. — De 6? — R. 216. — De 4? — R. 64. — De 5? — R. 125. — De 9? — R. 729.

12. Comment indique-t-on qu'un nombre doit être élevé au cube? — R. Voir page 117, nᵒ 222.

13. Quelle différence y a-t-il entre 6×3 et 6^3? — R. $6 \times 3 = 18$; $6^3 = 6 \times 6 \times 6 = 216.$

14. Qu'appelle-t-on racine cubique d'un nombre? — R. Voir page 118, nᵒ 223.

15. Quelle est la racine cubique de 27? — R. 3. — De 64? — R. 4. — De 8? — R. 2.

16. Comment indique-t-on qu'il faut extraire la racine cubique d'un nombre? — R. Voir page 118, nᵒ 225.

17. Qu'appelle-t-on 4ᵉ, 5ᵉ, 6ᵉ... puissance d'un nombre? — R. Voir page 118, nᵒ 226.

18. Comment indique-t-on qu'un nombre doit être élevé à la 4e, à la 5e, à la 6e puissance? — R. Voir page 118, n° 226.

19. Qu'appelle-t-on exposant? — R. Voir page 118, n° 227.

20. Quel est le carré de 6? — R. 36. — De 7? — R. 49. — De 8? — R. 64. — De 9? — R. 81.

21. Quelle est la huitième puissance de 4? — R. 65436.

22. Quels sont les dix premiers multiples de 3 (n° 125)? — R. 3, 6, 9, 12, 15, 18, 21, 24, 27, 30.

23. Quel est le carré de 16? — R. 256. — De 180? — R. 32400. — De 1000? — R. 1000000.

24. Quels sont les dix premiers multiples de 5? — R. 5, 10, 15, 20, 25, 30, 35, 40, 45, 50.

25. Quel est le cube de 2? — R. 8. — De 3? — R. 27. — De 4? — R. 64. — De 10? — R. 1000.

26. Que signifient 7^2, 3^4, 5^3, 2^5? Trouver les valeurs de ces nombres. — R. 7^2 signifie 7 $\times$ 7, ou le carré de 7 $=$ 49. — 3^4 signifie 3 $\times$ 3 $\times$ 3 $\times$ 3, ou la 4e puissance de 3 $=$ 81. — 5^3 signifie 5 $\times$ 5 $\times$ 5, ou le cube de 5 $=$ 125. — 2^5 signifie 2 $\times$ 2 $\times$ 2 $\times$ 2 $\times$ 2, ou la 5e puissance de 2 $=$ 32.

27. Formez les carrés des 9 premiers nombres. — R. 1, 4, 9, 16, 25, 36, 49, 64, 81.

28. Formez les cubes des 9 premiers nombres. — R. 1, 8, 27, 64, 125, 216, 343, 512, 729.

29. Quels sont les dix premiers multiples de 7? — R. 7, 14, 21, 28, 35, 42, 49, 56, 63, 70.

30. Trouvez le produit : 3^3 $\times$ 2^3 $\times$ 5. — R. 1080.

31. Trouvez le produit : 3^3 $\times$ 2^5 $\times$ 7. — R. 6048.

32. Quels sont les dix premiers multiples de 8? — R. 8, 16, 24, 32, 40, 48, 56, 64, 72, 80.

33. Calculez l'expression : 12 $\times$ 11^2 $\times$ 13. — R. 18876.

34. Faites le carré de 1234. — R. 1522756.

35. Quels sont les dix premiers multiples de 9? — R. 9, 18, 27, 36, 45, 54, 63, 72, 81, 90.

36. Calculez la sixième puissance de 2? — R. 64.

37. Faites le carré de 2345. — R. 5499025.

38. Calculez la sixième puissance de 3. — R. 729.

PROBLÈMES SUPPLÉMENTAIRES

1. Un particulier a vendu un cheval, le harnais et la voiture pour 800 fr. Ce harnais est estimé 125 fr. et la voiture 355 fr. : quel est donc le prix du cheval? — R. 320 fr.

2. Une personne est née en 1828 : quel âge a-t-elle en 1876? — R. 48 ans.

3. Une autre personne a 50 ans en 1876 : quelle est l'année de sa naissance? — R. 1826.

4. Louis XIV, roi de France, naquit en 1638; à l'âge de 5 ans, il monta sur le trône, et mourut en 1715 : on demande à quel âge il est mort et combien de temps il a régné? — R. A 77 ans et 72 ans.

5. L'empereur Napoléon Ier est né à Ajaccio, le 15 août

1769, et il est mort à l'île Sainte-Hélène, le 5 mai 1821 : trouver à quel âge il est mort. — R. 51 ans 8 mois 20 jours.

6. Un père de famille avait 30 ans à la naissance de son fils ; maintenant le père a 85 ans : quel est l'âge du fils ? — R. 55 ans.

7. On a payé 420 fr. à une troupe d'ouvriers qui ont reçu chacun 15 fr. : quel était le nombre d'ouvriers ? — R. 28.

8. Combien faudra-t-il de temps à un écrivain pour copier un livre de 1 620 pages, sachant qu'il en fait 3 par heure, et qu'il écrit 6 heures par jour ? — R. 90 jours, ou trois mois.

9. Trois terrassiers ont fait une petite entreprise pour la somme de 135 fr. Le premier y a travaillé 18 jours, le second 26 jours et le troisième 31 jours. Le prix de la journée étant le même pour les 3 ouvriers, on demande ce qui revient à chacun. — R. Le 1er reçoit 32 fr. 40, le 2e 46 fr. 80, le 3e 55 fr. 80.

10. On a payé 1 000 fr. à deux personnes, de manière que la première a reçu autant de pièces de 20 fr. que la seconde a eu de pièces de 5 fr. : quelle somme chaque personne a-t-elle reçue ? — R. La 1re a reçu 800 fr., la 2e 200 fr. (Voir la *Troisième Année d'Arithmétique*. Notions d'algèbre.)

11. On a payé une somme de 600 fr. à trois ouvriers, de manière que le deuxième a eu 45 fr. de plus que le premier, et le troisième 60 fr. de plus que le second : quelle a été la part de chacun ? — R. Le 1er a reçu 150 fr., le 2e 195 fr., le 3e 255 fr.

Solution raisonnée. — On rapporte toutes les parts à celle du premier : le deuxième a eu la part du premier $+45$ fr. ; le troisième a eu la part du premier $+45$ fr. $+60$ fr. Les trois parts valent donc 3 fois la part du premier $+45$ fr. $+45$ fr. $+60$ fr., ou 3 fois la part du premier $+150$ fr. Si on retranche 150 fr de 600 fr., il ne restera plus que 3 fois la part du premier. Donc la part du premier est $\dfrac{600-150}{3}=\dfrac{450}{3}=150$ fr. Il est ensuite facile de calculer les deux autres parts.

(Voir la *Troisieme Année d'Arithmétique*. Notions d'algèbre.)

12. Un marchand d'étoffes vend en bloc une pièce de drap de 28 mètres pour 574 fr., et il dit que sur cette vente il a 2 francs de bénéfice par mètre : combien lui coûtait le mètre de drap ? — R. 18 fr. 50.

13. Ce même marchand a acheté en fabrique de la toile pour 1 075 fr., et après en avoir vendu 50 mètres pour 72 fr. 50, il dit qu'il gagne 0 fr. 20 par mètre : d'après cela, on demande de trouver combien il en a acheté de mètres. — R. 860 mètres.

14. Un autre marchand avait acheté 376 mètres de toile pour 488 fr. 80, et il a cédé son marché à un de ses confrères pour 470 mètres de calicot qu'il a vendu 1 fr. 10 le mètre : combien a-t-il gagné sur un mètre de toile et combien en tout ? — R. 0 fr. 075 par mètre ; en tout 28 fr. 20.

TROISIÈME PARTIE

SYSTÈME MÉTRIQUE

CHAPITRE PREMIER

NOTIONS PRÉLIMINAIRES

228. — Le **système métrique**, encore appelé *système métrique décimal*, ou *système* légal *des poids et mesures*, est l'ensemble des unités de mesures usitées aujourd'hui en France.

Ce système est appelé **métrique**, parce que toutes les mesures dérivent du **mètre** [1].

Il est appelé **décimal**, parce que toutes les mesures sont assujetties à la numération décimale [2].

Enfin *il est appelé* **légal**, parce qu'une *loi* du 4 juillet 1837 l'a rendu obligatoire en France et dans nos colonies depuis le 1er janvier 1840.

Historique de l'établissement du système métrique.

229. — Le système métrique date de la révolution de 1789. C'est une des grandes réformes dont cette époque a doté la France.

L'ancien système des poids et mesures présentait plusieurs inconvénients très graves :

1° Il n'était pas uniforme dans toute la France ; chaque province avait son système particulier. Certaines mesures employées dans le Midi n'étaient pas connues dans le Nord, ou inversement ; et quand une mesure était employée dans deux provinces, ou même dans deux villes, un peu éloignées l'une de l'autre, elle avait presque toujours deux valeurs différentes : la *toise* [3] de Bordeaux ou de Marseille n'était pas la toise de Paris ou de Rouen. D'autres mesures, comme le *boisseau*, avaient une infinité de valeurs.

2° Non seulement les différentes mesures ne se divisaient pas en parties décimales, de dix en dix fois plus petites ; mais les unes se divisaient en six parties égales, les autres en

---

1. Voir page 185.
2. On sait que la numération décimale a pour base le nombre *dix*.
3. La toise était l'ancienne mesure de longueur ; elle valait un peu moins de 2 mètres.

douze, celles-ci en huit, ou en seize, celles-là en vingt-quatre, ou en soixante; ce qui rendait les calculs très compliqués et très-difficiles.

3° Enfin ces mesures changeaient de valeur dans un même lieu, et rien n'en garantissait la fixité.

Toutes ces causes avaient amené une grande confusion à laquelle l'Assemblée Constituante voulut porter remède.

Un décret de cette assemblée, du 26 mai 1791, adopta la grandeur du **méridien** * terrestre pour base du nouveau système. *Delambre* et *Méchain* furent chargés de déterminer la longueur de l'arc du méridien compris entre Dunkerque et Barcelone (fig. 1).

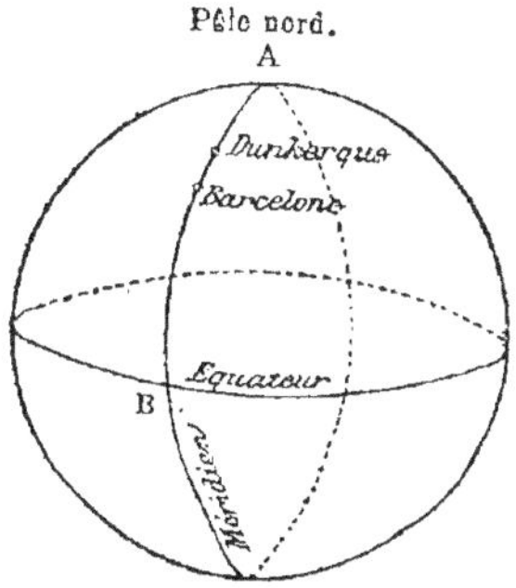

Ce travail, et d'autres recherches analogues, permirent de déterminer exactement la distance AB du pôle à l'équateur;

Fig. 1. — Arc de méridien compris entre Dunkerque et Barcelone.

cette distance fut trouvée égale à 5130740 toises. On prit la dix-millionième partie de cette longueur, à laquelle on donna le nom de **mètre**. La valeur du mètre une fois fixée, on détermina les valeurs du *litre*, du *gramme* et du *franc* en prenant le mètre pour base, et on appliqua à ces nouvelles mesures la numération décimale. Le **système métrique décimal** fut ainsi constitué.

Ce ne fut cependant qu'à partir du 1er janvier 1840, que fut définitivement interdit l'usage de poids et mesures autres que ceux du système légal.

Le système métrique a fait disparaître les inconvénients des anciennes mesures :

1° Il est le même pour toutes les parties de la France, de telle sorte qu'un mètre d'étoffe acheté à Rouen a la même longueur qu'un mètre d'étoffe acheté à Lyon.

2° Il est d'un calcul extrêmement simple et facile, puisqu'il suffit de connaître le maniement des nombres décimaux pour savoir opérer sur les nombres du système métrique.

3° Enfin toutes les mesures sont fixes, puisqu'elles doivent être conformes à des étalons déposés dans les bureaux de vérification, étalons * conformes eux-mêmes aux types conservés à Paris, au Conservatoire * des arts et métiers.

Les avantages du système métrique sont tels que plusieurs nations étrangères, l'Italie, la Belgique, la Suisse, la Grèce, l'Autriche, la Roumanie, l'Égypte l'ont déjà adopté; et il y a lieu d'espérer que d'autres nations les imiteront. Cette réforme coûtera d'autant moins à leur amour-propre national, que la longueur du mètre a été prise dans la nature même, précisément dans le but de donner au système un caractère international et universel. Les mots eux-mêmes du système : *mètre, litre, gramme, are, stère, déca, hecto, kilo, myria, déci, centi, milli,* à l'exception du mot *franc,* ont été empruntés au grec et au latin, qui sont des langues *mortes,* c'est-à-dire qu'on ne parle plus.

Des unités de mesure.

230. — Le système métrique comprend **huit** unités principales, relatives aux longueurs, aux surfaces, aux volumes, aux capacités, aux poids et aux monnaies. Ce sont :

Le *mètre* (^{m})	pour les *longueurs.*
Le *mètre carré* (^{mq})	pour les *surfaces en général.*
L'*are* (^{a})	pour les *surfaces des terrains.*
Le *mètre cube* (^{mc})	pour les *volumes en général.*
Le *stère* (st)	pour les *volumes des bois de chauffage.*
Le *litre* (^{1})	pour les *capacités.*
Le *gramme* (^{gr})	pour les *poids.*
Le *franc* (^{f})	pour les *monnaies.*

Multiples métriques.

231. — On appelle *multiples métriques* les unités qui sont *dix, cent, mille, dix mille* fois **plus grandes** que l'unité principale .

232. — Pour désigner les multiples métriques, on place les quatre mots *déca, hecto, kilo, myria* devant le nom des unités principales : *déca*mètre, *hecto*litre, *kilo*gramme, etc.

Déca,	en abrégé ^{D},	signifie	dix.
Hecto,	—	^{H},	—	cent.
Kilo,	—	^{K},	—	mille.
Myria,	—	^{M},	—	dix mille.

Ainsi, un décamètre vaut 10 mètres, un hectolitre vaut 100 litres, un kilogramme vaut 1000 grammes, etc.

Sous-multiples métriques.

233. — On appelle *sous-multiples métriques* les unités qui sont *dix, cent, mille* fois **plus petites** que l'unité principale.

234. — Pour désigner les sous-multiples métriques, on place les trois mots *déci, centi, milli* devant le nom des unités principales : *décimètre, centilitre, milligramme*, etc.

Déci, en abrégé ᵈ, signifie dixième.
Centi,   —   ᶜ,   —   centième.
Milli,   —   ᵐ,   —   millième.

Ainsi un décimètre est un dixième de mètre ; un centi-litre est un centième de litre ; un milligramme est un mil-lième de gramme, etc.

CHAPITRE II

MESURES DE LONGUEUR

Du mètre.

235. — L'unité de lon-gueur est le **mètre**.

236. — Le **mètre** est la dix-millionième partie du quart du méridien terrestre (fig. 2).

237. — Si le quart du mé-ridien terrestre vaut dix mil-lions de mètres, le méridien entier, ou le tour de la terre, vaut 40 millions de mètres.

Fig. 2. — Le quart du méridien.

Multiples et sous-multiples décimaux du mètre.

238. — Les multiples décimaux du mètre sont :

Le *décamètre*   (ᴰᵐ) qui vaut 10^m
L'*hectomètre*   (ᴴᵐ)   — 100^m
Le *kilomètre*   (ᴷᵐ)   — 1000^m
Le *myriamètre*   (ᴹᵐ)   — 10000^m

239. — Les sous-multiples décimaux du mètre sont :

Le *décimètre*   (ᵈᵐ) qui vaut un dixième de mètre $0^m,1$
Le *centimètre*   (ᶜᵐ)   —   un centième de mètre $0^m,01$
Le *millimètre*   (ᵐᵐ)   —   un millième de mètre $0^m,001$

240. — En conséquence, le mètre vaut **10** décimètres (fig. 3), ou **100** centimètres, ou **1000** millimètres.

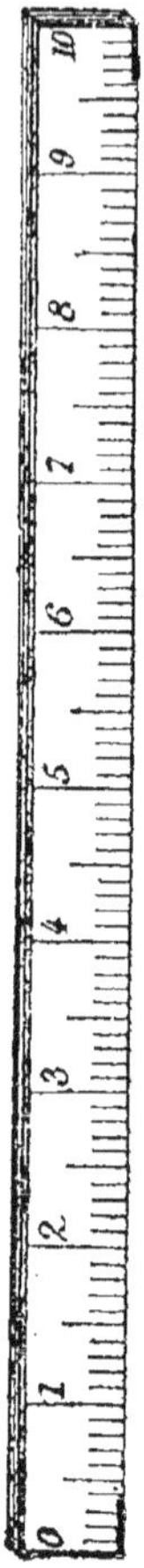

Valeurs relatives des multiples et des sous-multiples du mètre.

241. —

Le myriamètre	vaut	10 kilomètres.
Le kilomètre	—	10 hectomètres.
L'hectomètre	—	10 décamètres.
Le décamètre	—	10 mètres.
Le mètre	—	10 décimètres.
Le décimètre	—	10 centimètres.
Le centimètre	—	10 millimètres.

En conséquence :

Le millimètre	est le dixième	du centimètre.
Le centimètre	—	du décimètre.
Le décimètre	—	du mètre.
Le mètre	—	du décamètre.
Le décamètre	—	de l'hectomètre.
L'hectomètre	—	du kilomètre.
Le kilomètre	—	du myriamètre.

REMARQUE. — Les mots *décamètre*, *hectomètre*, *kilomètre*, *myriamètre* ne sont employés que dans l'évaluation des distances (n°s 254 à 255). Pour les autres longueurs, on remplace ces mots par leurs équivalents : dix mètres, cent mètres, mille mètres, dix mille mètres. Ainsi on dit : *dix mètres* de ruban, et non *un décamètre* de ruban, *quarante mètres* d'étoffe, et non *quatre décamètres* d'étoffe, *cent mètres* de drap, et non *un hectomètre* de drap.

Fig. 3.
Décimètre
(Grandeur
réelle)

Numération des unités de longueur.

242. — Les différentes unités de longueur, c'est-à-dire le mètre, ses multiples, et ses sous-multiples, étant toutes de *dix* en *dix* fois plus grandes ou plus petites, sont assujetties aux règles de la numération décimale.

Il résulte de là qu'un nombre exprimant des mètres se lit et s'écrit comme un nombre décimal ordinaire.

EXEMPLES. — 1º Soit à lire le nombre 43^m,625.

On énonce la partie *entière*, 43 mètres, puis la partie décimale, 625, comme si c'était un nombre entier ; mais comme le dernier chiffre 5 occupe le troisième rang après la virgule, et qu'il représente par conséquent des millièmes de mètres, ou millimètres, on ajoute ce mot *millimètres* après 625. De sorte que le nombre proposé se lit :

43 mètres 625 millimètres.

2º De même 3 mètres 25 centimètres s'écrivent 3^m,25

          13 mètres 5 millimètres   —   13^m,005

             15 centimètres   —   0^m,15

Conversion des unités de longueur.

243. — Il arrive souvent qu'on a besoin d'exprimer en unités d'un certain ordre un nombre exprimé en unités d'un autre ordre ; par exemple, d'exprimer en kilomètres un nombre exprimé en mètres, ou réciproquement ; c'est ce qu'on appelle *convertir* un nombre en unités d'un autre ordre, ou *ramener* un nombre à une unité donnée, ou tout simplement *changer d'unité*.

244. — Règle. Pour faire un changement d'unité dans un nombre exprimant une longueur, il suffit de transporter la virgule à la droite du chiffre qui exprime le nouvel ordre d'unités, en l'avançant ou en le reculant de *un, deux, trois* ... rangs vers la droite ou vers la gauche.

EXEMPLES. — 1º Convertir en kilomètres le nombre

4 2 5 8^m,3.

Je recule la virgule de *trois* rangs vers la gauche, pour la porter à la droite du 4, qui exprime des kilomètres, et j'ai le nombre

4^{Km},2583.

Raisonnement. —Les kilomètres étant 1000 fois plus grands que les mètres, le même nombre contiendra 1000 fois moins de kilomètres que de mètres ; donc il faudra diviser par 1000 le nombre donné en mètres, c'est-à-dire reculer la virgule de *trois* rangs vers la gauche.

2º Convertir en hectomètres le nombre

8^m, 5.

Je recule la virgule de *deux* rangs vers la gauche, pour la porter à la droite du chiffre des hectomètres ; mais comme il n'y a pas de chiffres représentant les décamètres et les hectomètres, je les remplace par deux zéros, et il vient :

0^{Hm},085

Le mètre, unité principale de longueur.

245. — On se sert du mètre pour mesurer la longueur d'une étoffe, d'un mur, d'une pièce de bois, etc.

246. — Le mètre a généralement la forme d'une règle aplatie ou carrée, en bois, sur laquelle sont marquées les divisions en décimètres et en centimètres, souvent même en millimètres.

On fabrique aussi des mètres *pliants* en bois, en cuivre, etc.

Fig. 4. — Mètre pliant.   Fig. 5. — Mètre à ruban.

(fig. 4) et des mètres *à ruban* (fig. 5) ; ces derniers sont renfermés dans une boîte ronde nommée *roulette*[1].

Du mètre courant ou linéaire.

247. — Dans les mémoires de maçons, de peintres, de menuisiers, etc., on évalue certains travaux, tels que la peinture d'une rampe d'escalier, la pose de certaines boiseries, sans faire intervenir la largeur ni l'épaisseur, mais seulement **la longueur** : c'est ce qu'on appelle estimer un ouvrage au *mètre* **courant**, ou *mètre* **linéaire**, par opposition au *mètre superficiel*, dont nous parlerons aux mesures de surface.

Le décamètre, pris pour unité dans l'arpentage.

248. — L'unité de longueur pour l'arpentage est le *décamètre* qui vaut dix mètres.

Quand l'unité d'un nombre est le *décamètre*, le premier chiffre à droite de la virgule représente les mètres ; le deuxième, les décimètres.

Ainsi 5^{Dm}, 4 s'énonce 5 décamètres 4 mètres.

     3^{Dm}, 28   —   3 décamètres 28 décimètres.

---

1. Toute école doit être pourvue d'un exemplaire type de chacune des principales mesures métriques, qu'on fera passer entre les mains des élèves ; c'est le seul moyen de laisser dans les esprits des idées précises et des souvenirs durables. Pour le mètre, on montrera que plié ou rigide, en cuivre, en bois ou en ruban, il présente toujours une longueur invariable. On fera mesurer la longueur des tables, des murs, les dimensions du tableau noir, etc. On fera tracer sur le tableau, sur le plancher de la classe, dans la cour, des longueurs égales à 1, 2, 4 mètres, etc. On montrera le décimètre, le décamètre, etc. (Voir page 149 la notice sur l'appareil de M. Couvrechef.)

Voici le prix des mesures de longueur prises chez MM. A. Colin et Cie. Mètre plat, en bois, 1 fr. 10. — Mètre pliant, 0 fr. 60. — Mètre à ruban, 1 fr. 75. — Décimètre en bois, 0 fr. 15. — Double décimètre, 0 fr. 20. — Chaîne d'arpenteur avec fiches, 5 fr. 25. — Décamètre à roulette, 2 fr. 50.

Le centimètre pris pour unité.

249. — Dans les travaux de bâtiments, on prend souvent le *centimètre* pour unité. Ainsi, un menuisier dira qu'une planche a 140 de longueur, sous-entendu *centimètres*, c'est-à-dire 1ᵐ,40.

Un peintre dira qu'un verre mesure 45 sur 56, c'est-à-dire 45 centimètres de largeur sur 56 centimètres de hauteur, qu'on doit écrire 0ᵐ,45 sur 0ᵐ,56.

Le millimètre pris pour unité.

250. — Lorsqu'il s'agit de mesurer de petites dimensions, telles que l'épaisseur d'une planche, d'une plaque de marbre ou de verre, etc., on prend le *millimètre* pour unité.

Ainsi l'on dit qu'une planche est de 15 millimètres ou de 35 millimètres d'épaisseur.

Lorsque le millimètre est pris ainsi pour unité, le premier chiffre à droite de la virgule représente des dixièmes de millimètre.

Ainsi . 3ᵐᵐ 5 s'énonce 3 millimètres 5 dixièmes.

MESURES ITINÉRAIRES

Du kilomètre.

251. — On appelle *mesures itinéraires* * les mesures qui servent à évaluer la longueur des routes, des chemins de fer, des canaux.

Les mesures itinéraires sont le *myriamètre*, le *kilomètre*, l'*hectomètre*.

L'unité principale des mesures itinéraires est le **kilomètre**, qui vaut 1000 mètres.

Remarque. — Depuis l'établissement des chemins de fer, le *kilomètre* s'est substitué, comme unité itinéraire, au *myriamètre*, qu'on n'emploie guère plus que dans les calculs géographiques.

252. — Quand l'unité d'un nombre est le **kilomètre**, le premier chiffre à droite de la virgule représente les hectomètres, le deuxième les décamètres, le troisième les mètres.

Ainsi 4 ᴷᵐ,3	s'énonce	4	kilomètres	3		hectomètres.
4 ᴷᵐ,35	—	4	—		35	décamètres.
4 ᴷᵐ,358	—	4	—			358 mètres.

Des bornes routières.

253. — Sur les grandes routes, chaque kilomètre est indiqué par une *borne* dite *kilométrique*.

Entre deux bornes kilométriques sont échelonnées neuf petites bornes qui indiquent les *dix* hectomètres intermédiaires.

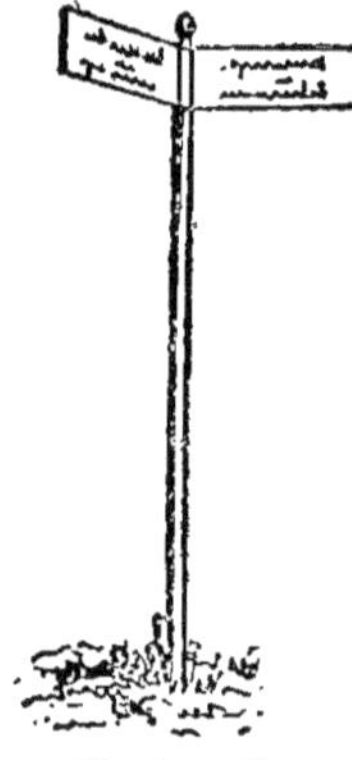

Fig. 6. — Poteau indicateur des chemins.

Tous les dix kilomètres, c'est-à-dire tous les dix mille mètres, se trouve une borne *myriamétrique*, plus élevée que les autres, sur laquelle on inscrit la distance à une ville qui sert de point de départ, savoir : *Paris* (église Notre-Dame) pour les routes nationales qui passent par Paris; le *chef-lieu du département*, pour les routes départementales.

Remarque. — Au point d'intersection de deux routes, l'administration des ponts et chaussées fait placer un poteau muni de plaques (fig. 6) qui indiquent dans quelle direction et à quelle distance se trouvent les bourgs ou les villages les plus proches. Ces indications de distances ne descendent pas au-dessous de l'hectomètre.

Soit, par exemple, l'inscription suivante :

SAINT-GERMAIN		
←— GADANCOURT	$0^k,4$
—→ LA NEUVILLE	$2^k,5$
—→ PIGNELIN	$14^k,3$

Elle signifie que la localité où on se trouve se nomme *Saint-Germain*; que Gadancourt est distant de 4 hectomètres du poteau, dans la direction de la première flèche; que la Neuville en est éloigné de 2 kilomètres 5 hectomètres, et Pignelin de 14 kilomètres 3 hectomètres, dans la direction de la seconde flèche, c'est-à-dire en sens contraire.

De la lieue métrique.

254. — Autrefois, avant l'établissement du système métrique, l'unité itinéraire était la *lieue de poste* qui valait 2000 toises, soit 3898 mètres environ.

Pour conserver au langage usuel une expression fréquemment employée, on a dû changer la valeur de la lieue et la ramener au système métrique; dans ce but la longueur de la lieue a été fixée à 4000 mètres ou 4 kilomètres, et la lieue ainsi modifiée a reçu le nom de *lieue métrique*.

La *lieue* équivaut à 4000 mètres ou 4 kilomètres.
La *demi-lieue* — 2000 — — 2 kilomètres.
Le *quart de lieue* — 1000 — — 1 kilomètre.

REMARQUE. — Dans les calculs la lieue doit toujours être convertie en mètres ou en kilomètres.

Lieue terrestre, lieue marine, mille marin, nœud.

255. — On verra plus loin que toute circonférence est divisée en 360 degrés, chaque degré en 60 minutes, et chaque minute en 60 secondes.

Si l'on suppose le méridien terrestre partagé comme toute circonférence en 360°, et par conséquent le quart du méridien en 90°, chaque degré terrestre vaudra $\dfrac{10\,000\,000^{\mathrm{m}}}{90}$

$$= \frac{1\,000\,000^{\mathrm{m}}}{9} = 111\,111^{\mathrm{m}}.$$

La **lieue terrestre** ou **commune**, qui, avec la lieue de poste, était en usage avant l'établissement du système métrique, était la vingt-cinquième partie d'un degré, ou $\dfrac{111\,111^{\mathrm{m}}}{25} = 4444^{\mathrm{m}}$; c'était la lieue de 25 au degré.

La **lieue marine**, encore usitée aujourd'hui parmi les marins, est la vingtième partie d'un degré, ou $\dfrac{111\,111^{\mathrm{m}}}{20} = 5555^{\mathrm{m}}$; c'est la lieue de 20 au degré.

Le **mille marin** est le tiers de la lieue marine, ou $\dfrac{5555^{\mathrm{m}}}{3} = 1852^{\mathrm{m}}.$

On peut remarquer que le *mille* étant le tiers du vingtième d'un degré est le soixantième d'un degré, et par conséquent égal à une **minute** du méridien terrestre.

Le **nœud** est la cent vingtième partie du mille, c'est-à-dire environ 15 mètres.

La vitesse d'un navire se mesure au moyen du *loch* *.

Mesures réelles ou effectives de longueur.

256. — On appelle *mesures réelles* ou *effectives* celles qu'on a *construites* pour l'usage du commerce et de l'industrie.

257. — Les mesures réelles de longueur sont :

Le *mètre* (droit ou pliant), pour les besoins ordinaires de la vie ;

Le *décamètre-chaîne* ou *chaîne d'arpenteur*, pour la mesure des terrains ;

Le *décamètre à ruban* et le *double décamètre à ruban*, encore appelés *roulettes de dix mètres*, *de vingt mètres*, pour le métrage des travaux du bâtiment ;

Le *décimètre* et le *double décimètre* en bois ou en ivoire, pour le dessin linéaire.

EXERCICES SUR LES MESURES DE LONGUEUR.

---

69. Exercice théorique (page 130).

1. Pourquoi le système métrique est-il appelé *décimal ?* — Pourquoi est-il appelé *métrique ?* — Pourquoi est-il appelé *légal ?* — R. Voir page 120, n° 228.

2. Quels étaient les inconvénients de l'ancien système des poids et mesures ? — R. Voir page 120, n° 229.

3. Quels sont les avantages du nouveau système ? — Voir page 121, n° 229.

4. Qu'est-ce qu'un *méridien* ? — R. Voir le lexique, page 408.

5. Comment a-t-on déterminé la longueur du mètre ? — R. Voir page 121.

6. Qu'est-ce que le mètre par rapport à la circonférence de la terre, ou plus exactement par rapport au méridien ? — R. Voir page 123, n° 236.

7. Combien le tour de la terre mesure-t-il de mètres ? — combien de lieues ? — R. 40 000 000 de mètres ; — 10 000 lieues.

8. Pour déterminer la longueur du mètre, a-t-on été obligé de mesurer tout le méridien, ou simplement une portion du méridien ? — R. Une portion.

9. Quelle portion du méridien a-t-on mesurée ? — R. L'arc compris entre Dunkerque et Barcelone.

10. Citez les noms des deux savants qui ont été chargés de faire cette mesure. — R. Delambre et Méchain.

11. Représentez, d'après la figure, un méridien, un quart de méridien, l'équateur, les pôles et l'arc de méridien compris entre Dunkerque et Barcelone. — R. Voir page 121, fig. 1.

12. De quelle époque date la première idée de la réforme de l'ancien système des poids et mesures ? — En quelle année a eu lieu l'application définitive du nouveau système ? — R. De 1790. — En 1840.

13. Quelles précautions a-t-on prises pour que le système métrique pût être adopté par les autres nations ? — R. Voir page 122.

14. Combien y a-t-il d'unités de mesures et quelles sont-elles? — R. Voir page 122, n° 230.

15. Qu'appelle-t-on multiples métriques? — qu'appelle-t-on sous-multiples? — R. Voir page 122, n° 231 et 233.

16. De quels mots se sert-on pour désigner les multiples? — R. Voir page 122, n° 232.

17. De quels mots se sert-on pour désigner les sous-multiples? — R. Voir page 123, n° 234.

18. Quels sont les multiples et les sous-multiples du mètre? — Voir page 123, n° 238 et 239.

19. Quelles sont les valeurs relatives de ces multiples et de ces sous-multiples? — R. Voir page 124, n° 241.

20. L'unité d'un nombre étant le mètre, quel nom donne-t-on au multiple et au sous-multiple représenté par le chiffre des dizaines? — R. Décamètre. — Des dixièmes? — R. Décimètre. — Des centaines? — R. Hectomètre. — Des centièmes? — R. Centimètre. — Des mille? — R. Kilomètre. — Des millièmes? — R. Millimètre. — Des dizaines de mille? — R. Myriamètre.

21. Donnez un exemple. — R. L'élève choisira un exemple.

22. A quel rang, à droite ou à gauche de la virgule, place-t-on les hectomètres? — R. Au 3e rang à gauche. — Les décimètres? — R. Au 1er rang à droite. — Les mètres? — R. Au 1er rang à gauche. — Les kilomètres? — R. Au 4e rang à gauche. — Les myriamètres? — R. Au 5e rang à gauche. — Les centimètres? — R. Au 2e rang à droite. — Les décamètres? — R. Au 2e rang à gauche.

23. Donnez un exemple. — R. L'élève donnera un exemple.

24. Appliquez au nombre 325m,35 la règle relative à la manière de *lire* un nombre représentant des mètres. — R. 325 mètres, 35 centimètres.

25. Appliquez au nombre 35 mètres 8 centimètres la règle relative à la manière d'*écrire* un nombre représentant des mètres. — R. 35m,08.

26. Convertissez en kilomètres le nombre 3254 mètres, et expliquez votre manière de faire. — R. 3Km,254. Voir page 125, n° 244.

27. Convertissez en centimètres le nombre 8m,55, et expliquez votre manière de faire. — R. 855 centimètres. Voir page 125, n° 244.

28. Que mesure-t-on avec le mètre? — R. Voir page 126, n° 245.

29. Quelles sont généralement les formes du mètre? — R. Voir page 126, n° 246.

30. Qu'appelle-t-on mètre *courant* ou *linéaire*? — R. Voir page 126, n° 247.

31. Qu'appelle-t-on mesures *itinéraires*? — R. Voir page 127, n° 251.

32. Quelle est l'unité principale des mesures itinéraires? — R. Le kilomètre.

33. Comment indique-t-on les distances sur les routes nationales passant par Paris? — R. Voir page 128, n° 253.

34. Reproduisez et expliquez les indications marquées sur les poteaux placés au point d'intersection de deux routes. — R. Voir page 128, n° 253.

35. Quelle est la longueur de la lieue métrique? — R. 4000 mètres ou 4 kilomètres. — De l'ancienne lieue de poste? — R. 2000 toises, ou 3898 mètres environ. — De l'ancienne lieue terrestre? — R. Le 25e d'un degré du méridien, ou 4444m. — De la lieue marine? — R. Le 20e d'un degré du méridien, ou 5555m. — Du mille marin? — R. Le tiers de la lieue marine, ou 1852m. — Du nœud? — R. La 120e partie du mille marin, environ 15m.

36. Expliquez l'emploi du *loch**. — Voir le lexique, page 408.

37. Qu'appelle-t-on mesures *réelles* ou *effectives*? — R. Voir page 130, n° 256.

38. Quelles sont les mesures réelles de longueur ? — R. Voir page 130, n° 257.

Exercice 70 (page 131).

Écrivez en toutes lettres les nombres suivants :

(1) 26^m,45	(7) 5 Dm, 36	(13) 4^m,28
(2) 3^m,60	(8) 18 Dm, 7	(14) 3^m,05
(3) 3 Dm, 25	(9) 19 Km, 7	(15) 17 Dm, 08
(4) 42^m,627	(10) 38 Km, 47	(16) 4 Hm, 07
(5) 19 Hm, 2	(11) 8^m,05	(17) 16 Hm, 5
(6) 55 Hm, 6	(12) 3^m,2	(18) 4 Km, 92

Additionnez par colonnes les nombres qui précèdent, après les avoir ramenés à la même unité, au mètre par exemple.

R. (1) Vingt-six mètres quarante-cinq centimètres.
    (2) Trois mètres soixante centimètres.
    (3) Trois décamètres vingt-cinq décimètres.
    (4) Quarante-deux mètres six cent vingt-sept millimètres.
    (5) Dix-neuf hectomètres deux décamètres.
    (6) Cinquante-cinq hectomètres six décamètres.
    (7) Cinq décamètres trente-six décimètres.
    (8) Dix-huit décamètres sept mètres.
    (9) Dix-neuf kilomètres sept hectomètres.
  (10) Trente-huit kilomètres quarante-sept décamètres.
  (11) Huit mètres cinq centimètres.
  (12) Trois mètres deux décimètres.
  (13) Quatre mètres vingt-huit centimètres.
  (14) Trois mètres cinq centimètres.
  (15) Dix-sept décamètres huit décimètres.
  (16) Quatre hectomètres sept mètres.
  (17) Seize hectomètres cinq décamètres.
  (18) Quatre kilomètres quatre-vingt-douze décamètres.

    Total de la première colonne : 7 585^m,177.
    Total de la deuxième colonne : 58 421^m,85.
    Total de la troisième colonne : 7 155^m,13.

Exercice 71 (page 131).

Écrivez en chiffres les nombres suivants :

(1) 4 mètres 7 décimètres.	(10) 15 millimètres.
(2) 8 mètres 25 centimètres.	(11) 375 décimètres.
(3) 6 décimètres.	(12) 3 décamètres 25 décimètres.
(4) 9 centimètres.	(13) 11 décamètres 8 décimètres.
(5) 23 décimètres.	(14) 4 mètres 35 millimètres.
(6) 13 mètres 6 millimètres.	(15) 75 décamètres 6 mètres.
(7) 9 mètres 45 centimètres.	(16) 2 hectomètres 5 décamètres
(8) 504 millimètres.	0 mètres.
(9) 45 centimètres.	(17) 3 décamètres 575 centimètres.

Faites deux additions des nombres qui précèdent, après les avoir ramenés au kilomètre : la première addition se composera des n°° 1 à 9 ; la deuxième, les n°° 10 à 17.

(1) 4^m, 7

(2) 8^m, 25

(3) 0^m, 6

(4) 0^m, 09

(5) 2^m, 3

(6) 13^m, 006

(7) 9^m, 45

(8) 0^m, 504.

(9) 0^m, 45

(10) 0^m, 015

(11) 37^m, 5

(12) 3 ^{Dm}, 25

(13) 11 ^{Dm}, 03

(14) 4^m, 035

(15) 75 ^{Dm}, 6

(16) 2^{Hm}, 56

(17) 3 ^{Dm}, 575

Total de la première addition : 0 Km, 039350.

Total de la deuxième addition : 1 Km, 232600.

Exercice 72 (page 132).

Effectuez les soustractions suivantes, après avoir converti le plus petit nombre à l'unité du plus grand :

(1) 3 Km, 25 — 8 Hm, 52

(2) 4 Km, 3 — 9 Dm, 6

(3) 2^m, 25 — 1^m, 06

(4) 4 Hm, 5 — 9 Dm, 36

(5) 4 Km — 86 Dm

(6) 6 Hm — 325^m

(7) 2 Dm — 7^m, 25

(8) 3^m, 52 — 0^m, 43

R. (1) 3 Km, 25 — 0 Km, 852 = 2 Km, 398

(2) 4 Km, 3 — 0 Km, 096 = 4 Km, 204

(3) 2^m, 25 — 1^m, 06 = 1^m, 19

(4) 4 Hm, 5 — 0 Hm, 936 = 3 Hm, 564

(5) 4 Km — 0 Km, 86 = 3 Km, 14

(6) 6 Hm — 3 Hm, 25 = 2 Hm, 75

(7) 2 Dm — 0 Dm, 725 = 1 Dm, 275

(8) 3^m, 52 — 0^m, 43 = 3^m, 09

Exercice 73 (page 132).

Effectuez les multiplications suivantes :

(1) 3^m, 25 × 4 — R. 13^m

(2) 2^m, 20 × 32 — R. 70^m, 40

(3) 8^m, 25 × 7 — R. 57^m, 75

(4) 0^m, 05 × 3 — R. 0^m, 15

(5) 0^m, 25 × 6 — R. 1^m, 50

(6) 3 Dm, 7 × 0, 8 — R. 2 Dm, 96

(7) 0^m, 033 × 475 — R. 15^m, 675

(8) 5 Dm, 7 × 0, 8 — R. 4 Dm, 56

Exercice 74 (page 132).

Effectuez les divisions suivantes :

(1) 9^m, 25 par 3 — R. 3^m, 083

(2) 4^m, 6 par 0,24 — R. 19^m, 166

(3) 9 Km, 7 par 1,55 — R. 6 Km, 258

(4) 0^m, 25 par 6 — R. 0^m, 0416

(5) 46^m, 3 par 375 — R. 0^m, 1234

(6) 7 Km, 17 par 42 — R. 0 Km, 1707

Exercice 75 (page 132).

Ramenez les nombres suivants à l'unité indiquée :

1. Au kilomètre : 533^m, 32, — 34^m, — 8 Dm, 55, — 7 Hm, 6, — 0^m, 25.

2. Au mètre : 9 Hm, 63, — 4 Dm, 17, — 39 Km, 2465, — 34 Dm, 18, — 9 Hm, 55.

3. Au décamètre : 3^m, 50, — 0^m, 35, — 4 Hm, 16, — 16 dm, 50, — 10 Km, 95.

4. A l'hectomètre : 17^m, 65, — 14 Dm, 8 — 3 Km, 476, — 2^m, 25, — 0^m, 56.

5. Au kilomètre : 2 lieues, — 4 lieues 1/2, — 1 lieue 1/4, — 0 lieues, — 1/4 de lieue, — 1/2 lieue, — 17 lieues, — 3/4 de lieue.

6. Au mètre : 1 lieue, — 2 lieues 1/2, — 3 lieues 3/4.

R. 1° 533ᵐ,32 = 0 Km,53 332   2° 9 Hm,63 = 953ᵐ
   34ᵐ = 0 Km,034   4 Dm,17 = 41ᵐ,7
   8 Dm,55 = 0 Km,0 855   39 Km,2465 = 39 246ᵐ,5
   7 Hm,6 = 0 Km,76   34 Dm,18 = 341ᵐ,8
   0ᵐ,25 = 0 Km,00025   9 Hm,55 = 955ᵐ

3° 3ᵐ,50 = 0 Dm,35   4° 17ᵐ,65 = 0 Hm,1765
   0ᵐ,35 = 0 Dm,035   14 Dm,8 = 1 Hm,48
   4 Hm,16 = 41 Dm,165   3 Km,476 = 34 Hm,76
   16 dm,50 = 0 Dm,165   2ᵐ,25 = 0 Hm,0225
   10 Km,95 = 1 095 Dm   0ᵐ,56 = 0 Hm,0056

5° 2 lieues = 8 kilomètres.   6° 17 lieues = 68 kilomètres.
   4 lieues 1/2 = 18 kilomètres.   3/4 de lieue = 3 kilomètres.
   1 lieue 1/4 = 5 kilomètres.   1 lieue = 4 000 mètres.
   6 lieues = 24 kilomètres.   2 lieues 1/2 = 10 000 mètres.
   1/4 de lieue = 1 kilomètre.   3 lieues 3/4 = 15 000 mètres.
   1/2 lieue = 2 kilomètres.

PROBLÈMES SUR LES MESURES DE LONGUEUR (page 132).

1. Dans le mètre pliant divisé en cinq parties égales, quelle est la longueur de chaque partie? — R. 0ᵐ,20.

2. La chaîne d'arpenteur, qui a 10 mètres de longueur, se compose de 50 chaînons; quelle est la longueur de chaque chaînon? — R. 0ᵐ,20.

3. Le quart du méridien terrestre est divisé en 90 degrés. Combien un degré contient-il de mètres? — R. 111 111 mètres.

4. L'ancienne lieue commune de France était la 25ᵉ partie d'un degré. Combien cette lieue vaut-elle de mètres? — R. 4 444.

5. Le quart du méridien terrestre, qui contient 10 000 000 de mètres, contient aussi 5 130 740 toises. Quelle est la valeur d'un mètre en toises, et quelle est la valeur d'une toise en mètres? — R. Une toise valait 1ᵐ,94904, 1 mètre vaut 0ᵗ,513074.

6. Dans une opération d'arpentage, on a disposé huit jalons sur une ligne, et on a trouvé entre les différents jalons les longueurs suivantes : 24ᵐ,60, — 53ᵐ,80, — 35ᵐ,10, — 48ᵐ,50, — 30ᵐ, — 39ᵐ,90, — 51ᵐ,75. Trouver la distance du premier jalon à chacun des sept autres. — R. 24ᵐ,60, — 78ᵐ,40, — 113ᵐ,50, — 162ᵐ, — 192ᵐ, — 231ᵐ,90, — 283ᵐ,65.

24ᵐ,60	53ᵐ,80	35ᵐ,10	48ᵐ,50	30ᵐ	39ᵐ,90	51ᵐ,75

7. Un propriétaire veut border un champ par une palissade en échalas. Combien lui faudra-t-il d'échalas s'il les place à 0ᵐ,08 de distance, et si le tour de son champ est de 137ᵐ,50? — R. 1718.

8. Une fenêtre a 0ᵐ,84 de largeur et l'on veut y mettre 6 barreaux en fer. A quelle distance seront-ils l'un de l'autre? — R. 0ᵐ,12.

9. Un homme de taille moyenne fait 10 mètres en 13 pas. Quelle distance en mètres peut-il franchir en une heure, s'il fait 100 pas par minute? — R. 4 615 mètres.

10. La lieue nouvelle, ou lieue métrique, est de 4 kilomètres. Combien de lieues peut-on faire en 3 heures 17 minutes, si l'on fait 1 kilomètre en 12 minutes? — R. 4 lieues 1.

11. Quelle est la longueur du tour de la terre : 1° en mètres; 2° en décamètres ; 3° en hectomètres ; 4° en kilomètres ; 5° en myriamètres ? — R. 1° 40 000 000 ; 2° 4 000 000 ; 3° 400 000 ; 4° 40 000 ; 5° 4 000.

12. La lieue métrique vaut 4 000 mètres : quelle est la longueur du tour de la terre en lieues métriques ? — R. 10 000 lieues.

13. Les roues d'une voiture ont $3^m,452$ de circonférence : combien font-elles de tours par kilomètre ? — R. 289 tours 6.

14. Une épingle a $0^m,036$ de longueur : combien d'épingles pourra-t-on retirer d'un fil de laiton de $26^m,75$? — R. 743.

15. Une bougie longue de $0^m,26$ diminue en brûlant de $0^m,0013$ par minute. En combien de temps sera-t-elle consumée ? — R. 3 heures 20 minutes.

16. Un corps lourd qui tombe d'un lieu élevé parcourt $4^m,9$ dans la 1re seconde, $14^m,7$ dans la 2e seconde, $24^m,5$ dans la 3e seconde. Combien parcourt-il de mètres dans la 2e seconde de plus que dans la 1re, et combien dans la 3e de plus que dans la 2e ? — R. $9^m,8$ de plus dans la 2e que dans la 1re, et $9^m,8$ de plus dans la 3e que dans la 2e.

17. On donne à une ouvrière $8^m,45$ d'une étoffe pour faire une robe : elle en prend $5^m,37$. Quelle est la longueur du coupon qu'elle rend ? — R. $3^m,08$.

18. Sur un chemin de fer, la vitesse d'un train est de $12^m,35$ par seconde. Quel chemin parcourra-t-il en 26 minutes ? — R. 19 266 mètres.

19. On monte au sommet d'une tour élevée de $72^m,8$ au moyen d'un escalier dont les marches ont une hauteur de $0^m,25$. Combien y a-t-il de marches ? — R. 291.

20. L'eau d'une source doit être amenée en un lieu situé à 27 mètres plus bas à une distance de 3 kilomètres. Quelle pente par mètre devra-t-on donner au conduit ? — R. $0^m,009$.

21. On a vendu 6 décimètres de ruban 1 fr. 50 : quel est le prix du mètre ? — R. 2 fr. 50.

22. Le prix d'un mètre de drap est de 16 fr. j'en voudrais seulement avoir 25 centimètres. Que dois-je payer ? — R. 4 fr.

23. J'avais acheté 7 mètres et demi de drap pour 120 fr. ; mais, le marchand s'étant trompé en mesurant, il en manquait 5 centimètres. Quelle somme le marchand doit-il me rendre ? — R. 0 fr. 80.

24. Une bonne femme voulant acheter de l'étoffe, il lui manquait 0 fr. 50 pour en avoir un mètre ; de sorte que, pour l'argent qu'elle possédait, elle n'a pu en recevoir que $0^m,90$. Quel était le prix du mètre de cette étoffe ? — R. 5 fr.

25. Deux troupes de terrassiers ont entrepris la construction d'un chemin vicinal* de 18 kilomètres de longueur. Elles ont commencé chacune à une extrémité du chemin ; la plus forte troupe peut faire 14 mètres par jour, l'autre n'en fait que 11. En supposant que tous ces ouvriers travailleront en moyenne 24 jours par mois, après combien de temps les deux troupes se rencontreront-elles ? — R. 2 ans 6 mois.

26. Deux voyageurs partent en même temps de Paris pour se rendre dans une ville éloignée de 135 myriamètres : le premier fait 4 kilomètres et demi par heure ; le second 4 kilomètres un quart ; et tous les deux marchent 12 heures par jour. Combien mettront-ils de temps l'un et l'autre pour faire ce trajet ? — R. Le 1er, 25 jours ; le 2e, 26 jours et demi.

27. Une route longue de 18 kilomètres 48 décamètres est bordée des deux côtés d'arbres plantés à $8^m,25$ de distance l'un de l'autre. Combien y a-t-il d'arbres en tout sur cette route ? — R. 4 482.

28. Un voyageur a compté 750 pieds d'arbres d'un seul côté d'une route longue de 36 kilomètres, et il n'était encore qu'au tiers de son chemin. A

quelle distance ces arbres sont-ils l'un de l'autre, sachant qu'ils sont égale-ment espacés des deux côtés, sur toute la longueur? — R. 16 mètres.

29. Un train-poste * parcourt 750 mètres par minute sur le chemin de fer de Paris à Lyon : combien met-il de temps pour franchir la distance de 50 myriamètres et demi qui sépare ces deux villes? — R. 11 heures 13 minutes.

30. Le pas ordinaire de l'homme est de 0m,80. D'après cela, combien un voyageur doit-il mettre de temps pour parcourir une route de 40 kilomètres, en faisant 100 pas par minute? — R. 8 heures 20 minutes.

31. Les roues d'une locomotive ont 5m,40 de circonférence; celles des wagons n'ont que 2m,25. Combien ces deux espèces de roues font-elles de tours dans le parcours d'un chemin de fer de 324 kilomètres de longueur? — R. 60 000 et 144 000.

32. Un convoi à grande vitesse met 8 heures pour faire ce trajet. On demande combien les roues de la locomotive et celles des wagons font de tours par minute. — R. 125 et 300.

33. Deux voyageurs partent en même temps de deux villes opposées, le premier faisant 2 kilom. et demi par jour de plus que l'autre; après 6 jours de marche, ils se sont rencontrés, et le second avait fait 60 kilom. D'après cela, on demande de calculer la distance entre ces deux villes. — R. 135 kilom.

CHAPITRE III

MESURES DE SURFACE OU DE SUPERFICIE

Du mètre carré.

258. — Toutes les mesures de surface sont des carrés (fig. 7).

259. — L'unité principale de surface est le mètre carré (mq)[1].

260. — Le *mètre carré* est un carré dont chaque côté est égal à un mètre[2].

Fig. 7. — Le centimètre carré (grandeur réelle).

Multiples et sous-multiples du mètre carré.

261. — Les multiples du mètre carré sont : le *décamètre carré*, l'*hectomètre carré*, le *kilomètre carré* et le *myriamètre carré*.

---

1. On remarquera que l'abréviation de *mètre carré* est mq et non mc. La lettre *q* est la première lettre de *quarré*, ancienne orthographe de *carré*. L'abréviation mc est réservée pour indiquer les *mètres cubes*.

2. Il est indispensable de mettre sous les yeux des élèves la représentation réelle du mètre carré. Nous engageons vivement les maîtres à en faire construire un modèle, à moins qu'ils ne préfèrent se servir du mètre carré qui fait partie de l'appareil de M. Courrechef (voir p. 149).

Le *décamètre carré* (Dmq) est un carré qui a   10m de côté.
L'*hectomètre carré*   (Hmq)   —   100m   —
Le *kilomètre carré*   (Kmq)   —   1000m   —
Le *myriamètre carré* (Mmq)   —   10000m   —

262. — Les sous-multiples décimaux du mètre carré sont :
le *décimètre carré*, le *centimètre carré* et le *millimètre carré*.

Le *décimètre carré* (dmq) est un carré qui a 0m,1   de côté.
Le *centimètre carré* (cmq) (fig. 7)   —   0m,01   —
Le *millimètre carré* (mmq)   —   0m,001   —

Numération centésimale des surfaces.

263. — **Règle.** Les unités de surface sont de **cent** en
cent fois plus grandes ou plus petites.

Pour le prouver, soit le carré A B C D
(fig. 8), que nous supposerons être un
mètre carré. Chacun des côtés a donc un
mètre de longueur.

Je partage le côté A D en dix parties
égales, c'est-à-dire en décimètres, et par
chacun des points de division je mène des
parallèles au côté A B. J'obtiens ainsi dix
bandes de 1 mètre de longueur sur 1 décimètre de largeur.

Je partage de même le côté A B en dix
parties égales, c'est-à-dire en dix décimètres,

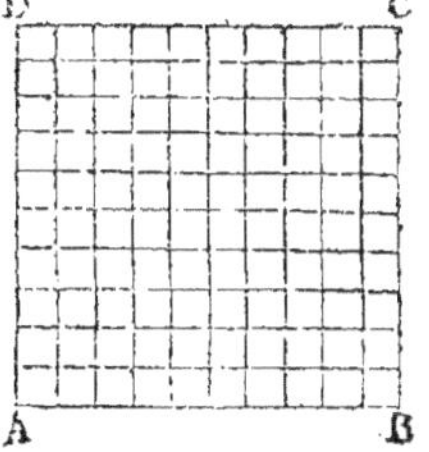

Fig. 8. — Les unités de surface sont de *cent* en *cent* fois plus grandes.

et par chacun des points de division je mène des parallèles au côté A D.
Les intersections de ces lignes avec les premières forment cent carrés
qui ont chacun 1 décimètre de côté, c'est-à-dire 100 décimètres carrés.

Ainsi le *mètre carré* contient *cent décimètres* carrés [1].

On démontrerait de même qu'un carré d'un décimètre de côté
contient *cent* carrés d'un centimètre de côté, c'est-à-dire *cent* centimètres carrés, etc.

Par conséquent :

Le myriamètre carré vaut **100** kilomètres carrés.   100Kmq.
Le kilomètre carré   — **100** hectomètres carrés.   100Hmq.
L'hectomètre carré   — **100** décamètres carrés.   100Dmq.
Le décamètre carré   — **100** mètres carrés.   100mq.
Le mètre carré   — **100** décimètres carrés.   100dmq.
Le décimètre carré   — **100** centimètres carrés.   100cmq.
Le centimètre carré   — **100** millimètres carrés   100mmq.

---

1. Cette démonstration est rendue extrêmement facile avec l'appareil de
M. Gouvrechef ; on peut également la reproduire au tableau. — Les élèves seront
exercés à tracer au tableau des mètres carrés, des décimètres carrés et des centimètres carrés.

Inversement :

Le millimètre carré est le *centième* du centimètre carré.
Le centimètre carré est le *centième* du décimètre carré.
Le décimètre carré est le *centième* du mètre carré.
Le mètre carré   est le *centième* du décamètre carré.
Le décamètre carré est le *centième* de l'hectomètre carré.
L'hectomètre carré est le *centième* du kilomètre carré.
Le kilomètre carré est le *centième* du myriamètre carré.

Remarques. — I. Puisque les unités de surface sont de 100 en 100 fois plus grandes :

Le décamètre carré vaut 100 mètres carrés.
L'hectomètre carré — 100×100 ou **10 000** mètres carrés.
Le kilomètre carré — $100 \times 100 \times 100$ ou **1 000 000** de mètres carrés.
Le myriamètre carré — $100 \times 100 \times 100 \times 100$ ou **100 000 000** de mètres carrés.

En conséquence :

Le mètre carré est le *centième* du décamètre carré,
ou le *dix-millième* de l'hectomètre carré,
ou le *millionième* du kilomètre carré,
ou le *cent-millionième* du myriamètre carré.

II. Puisque les sous-multiples du mètre carré sont de 100 en 100 fois plus petits :

Le mètre carré vaut 100 décimètres carrés,
— 100×100 ou **10 000** centimètres carrés.
— $100 \times 100 \times 100$ ou **1 000 000** de millimètres carrés.

En conséquence :

Le décimètre carré est le centième   du mètre carré.
Le centimètre carré — dix-millième   —
Le millimètre carré — millionième   —

III. Il ne faut pas confondre un *dixième* de mètre carré avec un *décimètre carré*; un *centième* de mètre carré avec un *centimètre carré*; un *millième* de mètre carré avec un *millimètre carré*.

Le *dixième du mètre carré* est la dixième partie du mètre carré (10 décimètres carrés), tandis que le *décimètre carré* en est la *centième* partie.

Le *centième du mètre carré* est la centième partie du

mètre carré (1 décimètre carré), tandis que le *centimètre carré* en est la *dix-millième* partie.

Le *millième du mètre carré* est la millième partie du mètre carré (10 centimètres carrés), tandis que le *millimètre carré* en est la *millionième* partie.

Comment on lit un nombre exprimant des surfaces.

264. — Règle. Pour lire un nombre exprimant des surfaces, on lit d'abord la partie *entière*, puis on partage par la pensée la partie *décimale* **en tranches de deux chiffres**, à partir de la virgule, et on lit chacune de ces tranches successivement, en lui donnant le nom des unités qu'elle représente.

Si la dernière tranche n'a qu'un chiffre, on la complète par un **zéro**.

EXEMPLES. — 1º Soit à lire le nombre

$$23^{mq},425679$$

On devra dire :

23 mètres carrés, 42 décimètres carrés, 56 centimètres carrés, 79 millimètres carrés. En effet, le nombre 42 représente des *centièmes* de mètre carré, par conséquent des *décimètres carrés ;* le nombre 56 représente des *dix-millièmes* de mètre carré, par conséquent des *centimètres carrés*, et le nombre 79 des *millionièmes* de mètre carré, par conséquent des *millimètres carrés.*

On aurait pu aussi convertir toute la partie décimale en millimètres, et lire : 23 mètres carrés, et 425679 millimètres carrés.

2º Soit encore à lire le nombre

$$2^{mq},5$$

J'ajoute un *zéro* à la droite de 5, ce qui ne change pas la valeur du nombre décimal (nº 68). Je complète ainsi une tranche de deux chiffres, et je lis d'après la règle qui précède : 2 mètres carrés, 50 décimètres carrés.

3º D'après ces principes, on lira de même les nombres suivants :

$0^{mq},05$ — 0 mètre carré 5   décimètres carrés
$0^{mq},0025$ — 0 mètre carré 25 centimètres carrés
$0^{mq},003$ — 0 mètre carré 30 cent. carrés (30 et non pas 3).

Comment on écrit un nombre exprimant des surfaces.

265. — Règle. Pour écrire un nombre exprimant des surfaces, on écrit d'abord la partie *entière*, puis la *virgule*, puis successivement les unités décimales, en employant **deux chiffres** pour chacune d'elles.

Ainsi 3 mètres carrés, 27 décimètres carrés, 45 centimètres carrés, 61 millimètres carrés, s'écrivent :

$$3^{mq},274561.$$

Si le nombre qui représente une unité décimale n'a **qu'un chiffre**, on fait précéder ce chiffre d'*un* zéro.

4 mètres carrés, 8 décimètres carrés, 5 centimètres carrés, s'écrivent :

$$4^{mq},0805.$$

2 mètres carrés, 173 centimètres carrés, s'écrivent :

$$2^{mq},0173$$

Si une unité décimale manque entièrement, on la remplace par *deux* zéros.

17 mètres carrés, 43 centimètres carrés, s'écrivent :

$$17^{mq},0043.$$

Si le nombre donné n'a pas de partie entière, on y supplée par un zéro suivi d'une virgule.

8 décimètres carrés s'écrivent :

$$0^{mq},08.$$

Conversion des unités de surface.

266. — Règle. Pour faire un changement d'unité dans un nombre exprimant une surface, il suffit de transporter la **virgule** à la droite du chiffre qui exprime le nouvel ordre d'unités, en l'avançant ou en la reculant de **deux, quatre, six.....** rangs vers la droite, ou vers la gauche.

Premier exemple. — Convertir en hectomètres carrés le nombre

$$62583 \text{ mètres carrés.}$$

Je recule la virgule de *quatre* rangs vers la *gauche*, savoir : de *deux* rangs pour arriver aux décamètres carrés, puis encore de *deux* rangs pour arriver aux hectomètres carrés, et j'ai le nombre

$$6^{Hmq},2583$$

Deuxième exemple. — Convertir en décamètres carrés le nombre

$$8^{mq},5.$$

Je recule la virgule de *deux* rangs vers la *gauche*, jusqu'aux décamètres carrés, et comme les chiffres nécessaires manquent, je les remplace par des zéros, et il vient :

$$0^{Dmq},085.$$

Troisième exemple. — Convertir en mètres carrés le nombre

$$3^{Kmq},625$$

J'avance la virgule de *six* rangs vers la droite, *deux* pour les hectomètres carrés, *deux* pour les décamètres carrés et *deux* pour les mètres carrés ; mais comme les chiffres nécessaires manquent, je les remplace par des zéros et il vient :

$$3625000^{mq}$$

Comment on mesure les surfaces. — Du mètre superficiel.

267. — Le **mètre carré** sert à évaluer la surface d'un plancher, d'une cour, d'un jardin, etc.

268. — Il n'existe pas de mesures **réelles** de surface; autrement dit, pour mesurer la surface d'un champ, par exemple, on ne se sert pas d'un instrument carré qui aurait un mètre de côté, et qu'on promènerait sur le champ.

Pour trouver une telle surface (fig. 9), on mesure à l'aide d'un mètre les deux dimensions du champ : longueur et largeur, et on les multiplie l'une par l'autre.

Fig. 9.

Supposons que la longueur AB mesure $12^m,50$; la largeur A C, $8^m,25$; multipliant $12,50$ par $8,25$, je trouve :

$$103^{mq},125$$

que je lis : 103 mètres carrés, 12 décimètres carrés, 50 centimètres carrés. C'est la surface du champ [1].

Remarque. — Toutes les surfaces ne se mesurent pas de la même manière. On verra, dans la partie de ce livre qui traite de la *Géométrie*, comment on mesure les différentes espèces de surfaces.

269. — Dans les travaux de bâtiments, les peintres, les menuisiers, les maçons, donnent au mètre carré, qui exprime une superficie, la dénomination de **mètre superficiel**, pour le distinguer du *mètre courant* ou *linéaire*, dans lequel on ne fait intervenir que la longueur (voir p. 126).

Mesures topographiques.

270. — Pour mesurer les grandes superficies, telles que celle d'un département, d'une contrée, d'une des cinq parties du monde, de la terre entière, on prend le *kilomètre carré* pour unité. C'est ainsi qu'on dit que la France a une super-

---

[1]. On fera mesurer la surface du tableau noir, des portes, l'embrasure des fenêtres, la superficie de la classe, de la cour, du jardin, etc.

ficie égale à 528000 kilomètres carrés. — On emploie aussi, mais de moins en moins, le myriamètre carré.

Ce sont les mesures **topographiques***.

271. — Quand l'unité d'un nombre est le *kilomètre carré*, les deux premiers chiffres à droite de la virgule représentent des *hectomètres carrés*, et les deux chiffres suivants, des *décamètres carrés*.

Ainsi le nombre

$$82\,\text{Kmq},946$$

se lit : 82 kilomètres carrés, 94 hectomètres carrés, 60 décamètres carrés.

EXERCICES SUR LES MESURES DE SURFACE.

---

76. Exercice théorique (page 140).

Répondez par écrit aux questions suivantes :

1. Quelle est l'unité de surface ? — R. Le mètre carré.

2. Qu'est-ce que le mètre carré ? — le décamètre carré ? — l'hectomètre carré ? — le décimètre carré ? — le centimètre carré ? — le kilomètre carré ? — R. Voir page 134, n° 261.

3. Démontrez que les unités de surface sont de 100 en 100 fois plus grandes ou plus petites. — R. Voir page 135, n° 263.

4. Indiquez les valeurs relatives des différentes unités de surface.— R. N° 263.

5. Quelle est la valeur, par rapport au mètre carré, de l'hectomètre carré ? — R. 10 000 mètres carrés. — Du décimètre carré ? — R. 0 mètre carré 01.— Du kilomètre carré ? — R. 1 000 000 de mètres carrés. — Du décamètre carré ? — R. 100 mètres carrés. — Du centimètre carré ? — R. 0 mètre carré 0001.

6. Combien le mètre carré vaut-il de décimètres carrés ? — R. 100. — De centimètres carrés ? — R. 10 000. — De millimètres carrés ? — R. 1 000 000.

7. Qu'est-ce qu'un décimètre carré ? — Un dixième de mètre carré ? — R. Voir page 136, rem. III.

8. Qu'est-ce qu'un centimètre carré ? — Un centième du mètre carré ? — R. Id.

9. Appliquez au nombre 45mq,9736 la manière de lire un nombre exprimant des surfaces et expliquez-la. — R. 45 mètres carrés, 97 décimètres carrés, 36 centimètres carrés. (Voir page 137, n° 264.)

10. Faites de même pour le nombre 3mq,36. — R. 3 mètres carrés, 36 décimètres carrés. — 4mq,349. — R. 4 mètres carrés, 34 décimètres carrés, 90 centimètres carrés. — 5Kmq,8235. — R. 5 kilomètres carrés, 82 hectomètres carrés, 35 décamètres carrés. — 0mq,9034. — R. 0 mètre carré, 90 décimètres carrés, 34 centimètres carrés. — 0mq,926. — R. 0 mètre carré, 92 décimètres carrés, 60 centimètres carrés. — 4Dmq,673. — R. 4 décamètres carrés, 67 mètres carrés, 30 décimètres carrés. — 55Dmq,6523. — R. 55 décamètres carrés, 65 mètres carrés, 23 décimètres carrés.

11. Appliquez au nombre 4 mètres carrés 32 décimètres carrés 24 centimètres carrés la manière d'écrire un nombre exprimant des surfaces et expliquez-la. — R. 4mq,3224. Voir page 137, n° 265.

12. Faites de même pour les nombres suivants :

6 mètres carrés 3 décimètres carrés 9 centimètres carrés. — R. 6mq,0309.

9 décimètres carrés. — R. 0mq,09.

34 décamètres carrés, 8 mètres carrés. — R. 34Dmq,08.

13. Convertissez en décamètres carrés le nombre 45 324 mètres carrés et expliquez votre manière de faire. — R. 453Dmq,24. Voir page 138, n° 266.

14. Convertissez en hectomètres carrés le nombre 825mq, et expliquez votre manière de faire. — R. 0Hmq,0825. (*Id.*)

15. Convertissez en mètres carrés le nombre 56Kmq,3457 et expliquez votre manière de faire. — R. 56 345 700mq. (*Id.*)

16. Qu'appelle-t-on *mètre superficiel* dans les travaux de bâtiments? — R. Voir page 139, n° 269.

17. Quelle est l'unité de surface lorsqu'il s'agit d'évaluer la surperficie d'un département, d'une contrée? — R. Le kilomètre carré et le myriamètre carré.

18. Quel nom prennent ces mesures? — R. Le nom de mesures topographiques.

19. Comment détermine-t-on la surface d'un champ? Expliquez-le par un exemple. — R. Voir page 139, n°s 267 et 268.

Exercice 77 (page 141).

Écrivez en toutes lettres les nombres suivants :

(1)	8mq,22	(8)	11mq,0006	(15)	7Hmq,673
(2)	16mq,04	(9)	4Dmq,24	(16)	18Kmq,0037
(3)	0mq,324	(10)	25Dmq,064	(17)	0Kmq,207
(4)	4mq,3	(11)	8Dmq,563	(18)	4Hmq,57
(5)	8mq,0082	(12)	5Dmq,4	(19)	0Dmq,68
(6)	3mq,3206	(13)	17Dmq,8325	(20)	9mq,0005
(7)	0mq,000004	(14)	9Hmq,32	(21)	4Dmq,065

Additionnez ces nombres par colonnes, après les avoir ramenés au mètre carré.

R. (1) Huit mètres carrés, vingt-deux décimètres carrés.

(2) Seize mètres carrés, quatre décimètres carrés.

(3) Trente-deux décimètres carrés, quarante centimètres carrés.

(4) Quatre mètres carrés, trente décimètres carrés.

(5) Huit mètres carrés, quatre-vingt-deux centimètres carrés.

(6) Trois mètres carrés, trente-deux décimètres carrés, six centimètres carrés.

(7) Quatre millimètres carrés.

(8) Onze mètres carrés, six centimètres carrés.

(9) Quatre décamètres carrés, vingt-quatre mètres **carrés**.

(10) Vingt-cinq décamètres carrés, six mètres carrés, quarante décimètres carrés.

(11) Huit décamètres carrés, cinquante-six mètres carrés, trente décimètres carrés.

(12) Cinq décamètres carrés, quarante mètres carrés.

(13) Dix-sept décamètres carrés, quatre-vingt-trois mètres carrés, vingt-cinq décimètres carrés.

(14) Neuf hectomètres carrés, trente-deux décamètres carrés.

(15) Sept hectomètres carrés, soixante-sept décamètres carrés, trente mètres carrés.

(16) Dix-huit kilomètres carrés, cinquante-sept décamètres carrés.
(17) Vingt hectomètres carrés, soixante-dix décamètres carrés.
(18) Quatre hectomètres carrés, cinquante-sept décamètres carrés.
(19) Soixante-huit mètres carrés.
(20) Neuf mètres carrés, cinq centimètres carrés.
(21) Quatre décamètres carrés, six mètres carrés, cinquante décimètres carrés.

Total de la première colonne : Quarante mètres carrés, vingt et un décimètres carrés, vingt-huit centimètres carrés, quatre millimètres carrés.

Total de la deuxième colonne : Neuf hectomètres carrés, quatre-vingt-treize décamètres carrés, vingt mètres carrés, quatre-vingt-quinze décimètres carrés, six centimètres carrés.

Total de la troisième colonne : Dix-huit kilomètres carrés, trente-trois hectomètres carrés, cinquante-six décamètres carrés, treize mètres carrés, cinquante décimètres carrés cinq centimètres carrés.

Exercice 78 (page 141).

Écrivez en chiffres les nombres suivants :

(1) 3 mètres carrés, 15 décimètres carrés, 18 centimètres carrés. — R. $3^{mq},1518$.
(2) 2 mètres carrés, 5 décimètres carrés, 9 centimètres carrés. — R. $2^{mq},0509$.
(3) 347 mètres carrés, 24 centimètres carrés. — R. $347^{mq},0024$.
(4) 3 mètres carrés, 826 millimètres carrés. — R. $3^{mq},000826$.
(5) 0 mètre carré, 4 décimètres carrés, 25 millimètres carrés. — R. $0^{mq},040025$.
(6) 10 décamètres carrés, 5 mètres carrés, 342 centimètres carrés. — R. $10^{Dmq},050342$.
(7) 9 décamètres carrés, 8 mètres carrés, 4 décimètres carrés. — R. $9^{Dmq},0804$.
(8) 22 mètres carrés, 6 décimètres carrés, 23 millimètres carrés. — R. $22^{mq},060023$.
(9) 14 hectomètres carrés, 122 mètres carrés. — R. $14^{Hmq},0122$.
(10) 8 hectomètres carrés, 2 décamètres carrés, 5 mètres carrés. — R. $8^{Kmq},0205$.
(11) 7 kilomètres carrés, 65 décamètres carrés, 9 mètres carrés. — R. $7^{Hmq},006509$.
(12) 8 millimètres carrés. — R. $0^{mq},000008$.
(13) 42 centimètres carrés. — R, $0^{mq},0042$.
(14) 5 décimètres carrés, 24 centimètres carrés, 3 millimètres carrés. — R. $5^{dm},2403$.

Faites deux additions des nombres qui précèdent, après les avoir ramenés au kilomètre carré : la première addition comprendra les nᵒˢ 1 à 8; la deuxième les nᵒˢ 9 à 14.

— R. Total de la première addition. . . . . $0^{Kmq},0022903801744$.
Total de la deuxième addition. . . . . $7^{Kmq},226836056011$.

Exercice 79 (page 141).

Ramenez les nombres suivants à l'unité indiquée.

1. A l'hectomètre carré : 2679^{mq}, — $457^{mq},89$, — $18^{mq},2$, — 4^{Lmq}, — $5^{Dmq},005$, — $12^{mq},45$, — $0^{mq},17$. — $4^{Kmq},67543$, — 3^{Kmq}.

2. Au décamètre carré : 6 345^{mq},5, — 367^{mq},17, — 42^{mq}, — 6^{Hmq},897, — 0^{mq},4668, — 9^{mq},35, — 46^{Hmq},4237, — 4^{Hmq},00006.

3. Au mètre carré : 9^{Dmq},0046, — 4^{Dmq}, — 9^{Dmq},6753, — 36^{Dmq},5, — 3^{Hmq},67, — 49^{Kmq}, — 5^{Kmq},839675, — 0^{Kmq},000573, — 0^{Kmq},000008, — 0^{Dmq},0005, — 14^{Mmq}, — 11^{Hmq}.

4. Au kilomètre carré : 14^{mq}, — 367 945^{mq}, — 0^{Dmq},25, — 14^{Dmq},567, — 11^{Hmq},5679, — 0^{Hmq},0067, — 9^{mq},05, — 0^{mq},006, — 15^{Hmq}, — 3^{Dmq}.

5. Au décimètre carré : 3^{mq},25, — 46^{mq},9436, — 46^{mq},0043, — 0^{Dmq},0067, — 4^{mq},00367, — 11^{Dmq},5, — 4^{Hmq},67, — 3^{mq}.

6. Au centimètre carré : 4^{mq},45, — 0^{mq},0046, — 3^{Dmq}, — 5^{Hmq}.

— R. (1) 0^{Hmq},2679, — 0^{Hmq},045789, — 0^{Hmq},00182, — 0^{Hmq},04, — 0^{Hmq},05005, — 0^{Hmq},001245, — 0^{Hmq},000017, — 467^{Hmq},543, — 300^{Hmq},

— R. (2) 63^{Dmq},455, — 3^{Dmq},6717, — 0^{Dmq},42, — 689^{Dmq},7, — 0^{Dmq},004668. — 0^{Dmq},0935, — 4642^{Dmq},37, — 400^{Dmq},006.

— R. (3) 900^{mq},46, — 400^{mq}, — 967^{mq},53, — 3 650^{mq}, — 36 700^{mq}, — 49 000 000^{mq}, — 5 839 675^{mq}, — 573^{mq}, — 8^{mq}, — 0^{mq},05, — 1 400 000 000^{mq}. — 110 000^{mq},

— R. (4) 0^{Kmq},000014, — 0^{Kmq},367945. — 0^{Kmq},000025, — 0^{Kmq},0014567, 0^{Kmq},115679, — 0^{Kmq},000067, — 0^{Kmq},00000905, — 0^{Kmq},000000006, — 0^{Kmq},15, — 0^{Kmq},0003.

— R. (5) 325^{dmq}, — 4 694^{dmq},36, — 0^{dmq},42, — 67^{dmq}, — 400^{dmq},367, 115 000^{dmq}, — 4 670 000^{dmq}, — 300^{dmq}.

— R. (6) 44 500^{cmq}, — 46^{cmq}, — 3 000 000^{cmq}, — 500 000 000^{cmq}.

Exercice 80 (page 142).

Effectuez les soustractions suivantes, après avoir ramené le plus petit nombre à l'unité du plus grand :

(1) 3mq,55 — 2mq,25		(5) 15mq — 325dmq
(2) 3Dmq — 28mq,17		(6) 40Hmq — 3 735mq
(3) 0Dmq,15 — 9mq,38		(7) 25Hmq — 4Dmq,6
(4) 372mq — 2Dmq,36		(8) 4Dmq — 0mq,06

R. (1) 3mq,55 — 2mq,25 = 1mq,30
R. (2) 3Dmq — 0Dmq,2817 = 2Dmq,7183
R. (3) 0Dmq,15 — 0Dmq,0038 = 0Dmq,0502
R. (4) 3Dmq,72 — 2Dmq,36 = 1Dmq,36
R. (5) 15mq — 3mq,25 = 11mq,75
R. (6) 40Hmq — 0Hmq,3735 = 39Hmq,6265
R. (7) 25Hmq — 0Hmq,346 = 24Hmq,654
R. (8) 4Dmq — 0Dmq,0006 = 3Dmq,9994.

Exercice 81 (page 142).

Effectuez les multiplications suivantes après avoir ramené les deux facteurs à la même unité, s'il y a lieu :

(1) 36^{m} × 42^{m}. — R. 1 512mq.
(2) 24^{m} × 0^{m},5. — R. 12mq.
(3) 326^{m} × 4^{m},25. — R. 1 385mq,50.
(4) 33Dm × 17^{m}. — R. 5 610mq.
(5) 5^{m},25 × 0^{m},35. — R. 1mq,8375.
(6) 8Hm × 42^{m}. — R. 33 600mq.

(7)   25Dm,18 $\times$ 5^m,58.   —   R. 1 405mq,046.
(8)   3Km $\times$ 8Hm,5.   —   R. 255Hmq.
(9)   5Dmq $\times$ 8.   —   R. 40Dmq.
(10)   35Hmq $\times$ 17.   —   R. 595Hmq.
(11)   4Kmq,25 $\times$ 8.   —   R. 34Kmq.
(12)   5mq $\times$ 0,25.   —   R. 1mq,25.
(13)   50Dmq $\times$ 8.   —   R. 400Dmq.
(14)   33Km,10 $\times$ 5Dm,4.   —   R. 17 874Dmq.
(15)   17^m $\times$ 0^m,07.   —   R. 1mq,19.
(16)   3^m,25 $\times$ 6Hm.   —   R. 1 950mq.

Exercice 82 (page 142).

Effectuez les divisions suivantes :

(1)   9mq par 3,25.   —   R. 2mq,7692.
(2)   14Dmq par 42,6.   —   R. 0Dmq,3286.
(3)   0Kmq,35 par 17.   —   R. 0Kmq,0205.
(4)   352Dmq par 4 369.   —   R. 0Dmq,0805.
(5)   17Dmq par 49.   —   R. 0Dmq,3469.
(6)   15mq par 0,07.   —   R. 214mq,28.
(7)   0mq,272 par 14.   —   R. 0mq,0194.
(8)   17Hmq par 965.   —   R. 0Hmq,0176.
(9)   5Hmq,25 par 0,42.   —   R. 12Hmq,5.
(10)   45mq par 8.   —   R. 5mq,625.

PROBLÈMES SUR LES SURFACES (page 142).

1. On découpe dans une feuille de zinc trois bandes de 0^m,35 de longueur sur 0^m,06 de largeur, et cinq bandes de 0^m,28 sur 0^m,1. Que restera-t-il de cette feuille si elle avait 2^m,80 de longueur et 1^m,49 de largeur. — R. 3^{mq},9690.

2. Combien de carrés de 0^m,18 de côté peut-on découper dans une feuille de carton de 0^m,85 de longueur sur 0^m,62 de largeur? — R. 16 carrés.

3. On a détaché à l'emporte-pièce 24 rondelles d'une pièce de cuir qui avait 15 mètres carrés; chaque rondelle a 0^{mq},25 de surface. Que reste-t-il de la pièce de cuir? — R. 9^{mq}.

4. Un champ a 1 001 mètres de longueur sur 495^m,36 de largeur. Quelle en est la superficie : 1° en mètres carrés ; 2° en décamètres carrés? — R. 495 855^{mq}, 36.

5. Mon maçon a fait le carrelage d'une chambre qui a 6^m,85 de longueur sur 5^m,95 de largeur. Que lui dois-je, sachant qu'il a passé 5 journées à 2 fr. 75 l'une pour effectuer ce travail, et qu'il a employé :

15 brouettées de chaux à 0 fr. 75 l'une ;
7 brouettées de sable à 0 fr. 25 l'une ;
51 carreaux par mètre carré à 0 fr. 25 l'un? — R. 546 fr. 50.

6. Une chambre mesure 4^m,36 sur 3^m,25. Que devra-t-on payer au menuisier qui a fait le parquet à raison de 5 fr. 80 le mètre carré? — R. 82 fr. 18.

7. Combien coûte un parquet de 5^m,6 de long sur 2^m,85 de large, à raison de 11 fr. 50 le mètre carré? — R. 183 fr. 54.

8. Quel temps faudra-t-il pour faire passer un rouleau de 1^m,60 de longueur sur toute la surface d'un champ de 140 mètres de longueur et de 36 mètres de largeur, si le rouleau parcourt 40 mètres par minute ? — R. 1 h. 18 min.

9. Quelle surface pourrait-on recouvrir :

1° Avec 1 carreau carré de 0^m,22 de côté ? — R. 0^{mq},0484.

2° Avec 10 briques de 0^m,22 de long sur 0^m,11 de large ? — R. 0^{mq},242.

3° Avec 100 ardoises de 0^m,10 de long sur 0^m,10 de large ? — R. 1^{mq}.

4° Avec 1 000 tuiles de 0^m,20 de long sur 0^m,10 de large ? — R. 20^{mq}.

Total : 21^{mq},2904.

10. Un attelage de labour peut défricher par jour 12 bandes de terre de 0^m,35 de large sur 1 200 mètres de long, ou bien 75 bandes de même largeur sur 125 mètres de long. En conclure d'abord si les rayages les plus longs sont plus ou moins avantageux que les plus courts, et ensuite trouver le prix d'un hectare de labour dans chaque cas, en supposant que le prix de la journée de l'attelage soit de 7 fr. 50. — R. Les rayages les plus longs sont les plus avantageux.

1er cas : l'hectare coûte 14 fr. 87.

2e cas : l'hectare coûte 22 fr. 85.

11. Une fenêtre a six carreaux de vitres qui ont chacun 0^m,69 de hauteur sur 0^m,54 de largeur. L'embrasure de la fenêtre a elle-même 2^m,34 de haut et 1^m,25 de large. Quelle est l'étendue de la surface par où pénètre la lumière et l'étendue de la surface occupée par le châssis en bois ? — R. 1° 2^{mq},2356. — 2° 0^{mq},6894.

12. On emploie pour carreler une chambre des carreaux qui ont 0^m,16 de chaque côté, et qui coûtent 24 fr. 60 le mille. La chambre a 8^m,35 de long et 5^m,15 de large. Quel est le prix de ce carrelage ? — R. 41 fr. 30.

13. Un mètre carré d'étoffe coûtant 23 fr. 75, combien coûteront : 1° 6 décimètres carrés ; 2° 8 centimètres carrés ; 3° 34 millimètres carrés ? — R. 1° 1 fr. 425 ; 2° 0 fr. 019 ; 3° 0 fr. 0008075.

14. Un mètre carré de tapisserie coûtant 8 fr. 30, combien coûteront : 1° 4 décimètres carrés ; 2° 17 centimètres carrés ; 3° 153 millimètres carrés ? — R. 1° 0 fr. 334 ; 2° 0 fr. 0141 ; 3° 0 fr. 00127.

CHAPITRE IV

MESURES AGRAIRES

De l'are.

272. — Les mesures de surface appliquées à la superficie des champs prennent le nom de *mesures agraires* *.

273. — L'unité des mesures agraires est l'**are** (ª) ou décamètre carré, qui vaut **100** mètres carrés.

274. — L'are n'a qu'un multiple :

L'**hectare** (Hª), qui vaut *cent ares*, c'est-à-dire *cent décamètres carrés* ;

Et un sous-multiple :

Le **centiare** (cª), qui est la *centième* partie de l'are, et qui vaut par conséquent *un mètre carré*.

C'est ce qu'on peut résumer dans le tableau suivant :

Hectare   ou Hectomètre carré.
Are   ou Décamètre carré.
Centiare ou mètre carré.

Grâce à l'absence d'unité décimale entre l'are et l'hectare, et aussi entre l'are et le centiare, les trois unités de mesures agraires sont de *cent* en *cent* fois plus petites. Elles sont donc assujetties à la numération *centésimale* des surfaces ordinaires (p. 135).

Comment on lit et comment on écrit un nombre exprimant des surfaces agraires.

275. — Règle. Pour lire et pour écrire un nombre exprimant des surfaces agraires, on procède par tranches de **deux** chiffres, comme pour les mesures de surface.

Ainsi le nombre $25^a,17$ se lit : 25 ares   17 centiares

— $8^{Ha},324$ —   8 hectares 32 ares 40 centiares.

Le nombre 4 hectares, 25 ares, 3 centiares s'écrit : $4^{Ha},2503$

—   0 hectare,   4 ares,   — $0^{Ha},04$

Conversion des mesures agraires.

276. — Règle. Pour faire un changement d'unité dans un nombre exprimant des mesures agraires, il suffit de transporter la virgule à la droite du chiffre qui exprime le nouvel ordre d'unités, en l'avançant ou en la reculant de *deux* ou de *quatre* rangs vers la droite ou vers la gauche.

EXEMPLES. — 1° Convertir en centiares le nombre

$7^{Ha},5.$

J'avance la virgule de *quatre* rangs vers la droite, *deux* pour les ares et *deux* pour les centiares, et j'ai le nombre

7 5 0 0 0 centiares.

2° Convertir en hectares le nombre

4 3 9 centiares.

Je recule la virgule de *quatre* rangs vers la gauche, *deux* rangs pour les ares et *deux* rangs pour les hectares, et j'ai le nombre

$0^{Ha},04 3 9.$

277. — Pour convertir des mesures *agraires* en mesures de *surface* et réciproquement, il suffit de se rappeler que les *hectares* correspondent aux *hectomètres carrés*, les *ares* aux *décamètres carrés*, les *centiares* aux *mètres carrés*.

Ainsi 4 hectares, 2 ares, 35 centiares, équivalent à 4 hectom. carrés, 2 décam. carrés, 35 mèt. carrés.

EXERCICES SUR LES MESURES AGRAIRES.

83. Exercice théorique (page 145).

1. Quel nom prennent les mesures de surface appliquées à la superficie des champs? — R. Le nom de mesures agraires.

2. Quelle est l'unité des mesures agraires? — R. L'are.

3. A quelle mesure de surface équivaut l'are? — R. Au décamètre carré.

4. Combien l'are vaut-il de mètres carrés? — R. Cent.

5. Qu'est-ce que le centiare par rapport à l'are? — R. La centième partie.

6. Qu'est-ce que le centiare par rapport au mètre carré? — R. Le centiare vaut un mètre carré.

7. Qu'est-ce qu'un hectare par rapport à l'are? — R. L'hectare vaut cent ares.

8. Qu'est-ce qu'un hectare par rapport aux mesures de surface? — R. Un hectomètre carré.

9. Quelle est la numération des mesures agraires? — Voir pages 143 et 144, n°ˢ 274 et 275.

10. Appliquez aux nombres 35ᵃ,24, — 2ᵃ,36, — 3ᴴᵃ,4854, — 25ᴴᵃ,4, la manière de lire des nombres exprimant des mesures agraires. — R. 35 ares, 24 centiares; 2 ares 36 centiares; 3 hectares 48 ares 54 centiares; 25 hectares 40 ares.

11. Appliquez aux nombres :
   3 ares 5 centiares. — R. 3ᵃ,05
   8 centiares. — R. 0ᵃ,08
   2 hectares 44 ares. — 2ᴴᵃ,44
   32 hectares 5 ares 4 centiares. — R. 32ᴴᵃ,0504
la manière d'écrire les nombres exprimant des mesures agraires.

12. Appliquez aux exemples suivants la règle de la conversion des mesures agraires :
   Convertir en ares le nombre 34ᴴᵃ,5679. — 3456ᵃ,79.
   Convertir en centiares le nombre 24ᵃ,3. — R. 2430 centiares.
   Convertir en hectares le nombre 364ᵃ,95. — R. 3ᴴᵃ,6495.
   Convertir 39 hectares 5 ares 8 centiares en décamètres carrés. — R. 3905ᴰᵐ𐞥,08.
   — 8 hectares 39 ares en mètres carrés. — R. 83900ᵐ𐞥.
   — 52 ares 3 centiares en mètres carrés. — R. 5203ᵐ𐞥.
   — 6 hectares 75 ares en kilomètres carrés. — R. 0ᴷᵐ𐞥,0675.

13. Combien faut-il de mètres carrés pour faire 3 hectares? — R. 30000.

14. Combien un are vaut-il de mètres carrés? — R. 100.

15. Combien un are vaut-il de centiares? — R. 100.

16. Combien faut-il d'ares pour faire un hectare? — R. 100.

17. Combien faut-il d'ares pour faire un hectomètre carré? — R. 100.

18. Combien 35 ares font-ils de mètres carrés ? — R. 3 500.
19. Combien faut-il de mètres carrés pour faire 27 ares ? — R. 2 700.
20. Combien 18 hectares valent-ils d'ares ? — R. 1 800.
21. Combien 18 hectares valent-ils de mètres carrés ? — R. 180 000.
22. Combien faut-il d'ares pour faire 3 hectares ? — R. 300.

Exercice 84 (page 146).

Écrivez en toutes lettres les nombres suivants :

(1) $17^a, 25$	(5) $3^{Ha}, 2632$	(9) $450^{Ha}, 8$	(13) $0^{Ha}, 46$
(2) $375^a, 6$	(6) $2^{Ha}, 453$	(10) $9^{Ha}, 0007$	(14) $0^{Ha}, 967$
(3) $9^a, 3$	(7) $0^{Ha}, 0256$	(11) $3^{Ha}, 465$	(15) $4^{Ha}, 26$
(4) $0^a, 04$	(8) $0^a, 27$	(12) $9^{Ha}, 25$	(16) $0^{Ha}, 3$

Faites l'addition de ces nombres par colonnes.

(1) 17 ares 25 centiares.   (9) 450 hectares 80 ares
(2) 375 ares 60 centiares.   (10) 9 hectares 0 are 7 centiares.
(3) 9 ares 30 centiares.   (11) 3 hectares 46 ares 50 centiares.
(4) 0 are 4 centiares.   (12) 9 hectares 25 ares.
(5) 3 hectares 26 ares 32 centiares.   (13) 0 hectare 46 ares.
(6) 2 hectares 45 ares 30 centiares.   (14) 0 hectare 96 ares 70 centiares.
(7) 0 hectare 2 ares 56 centiares.   (15) 4 hectares 26 ares.
(8) 0 are 27 centiares.   (16) 0 hectare 30 ares.

Total de la première colonne, $402^a, 19$.
Total de la deuxième colonne, $5^{Ha}, 7445$.
Total de la troisième colonne, $472^{Ha}, 5157$.
Total de la quatrième colonne, $5^{Ha}, 987$.

Exercice 85 (page 146).

Écrivez en chiffres les nombres suivants :

(1) 5 centiares. — R. $0^a, 05$.
(2) 8 hectares 4 ares 9 centiares. — R. $8^{Ha}, 0409$.
(3) 45 hectares 6 ares. — R. $45^{Ha}, 06$.
(4) 73 ares 8 centiares. — R. $73^a, 08$.
(5) 975 centiares. — R. $9^a, 75$.
(6) 45 hectares 18 centiares. — R. $45^{Ha}, 0018$.
(7) 13 centiares. — R. $0^a, 13$.
(8) 455 ares 9 centiares. — R. $4^{Ha}, 5509$.
(9) 42 hectares 3 ares 17 centiares. — R. $42^{Ha}, 0317$.
(10) 4 ares 24 centiares. — R. $4^a, 24$.
(11) 3 hectares 3 254 centiares. — R. $3^{Ha}, 3254$.
(12) 467 793 centiares. — R. $46^{Ha}, 7793$.
(13) 19 ares 13 centiares. — R. $19^a, 13$.
(14) 4 hectares 12 ares 3 centiares. — R. $4^{Ha}, 1203$.

Effectuez l'addition de ces nombres par colonnes.

Total de la première colonne : $98^{Ha}, 9328$.
Total de la deuxième colonne : $101^{Ha}, 0413$

Exercice 86 (page 146).

Ramenez les nombres suivants à l'unité indiquée :

1. A l'are : 14^{Ha}, — $3^{Ha}, 9675$, — $0^{Ha}, 0046$, — $45^{Ha}, 3496$.
2. A l'hectare : 1275^a, — $37^a, 26$, — $46^a, 17$, — $0^a, 05$.

3. Au centiare : 4^a, — $19^a,25$, — $4^{Ha},3679$, — $0^a,45$, — $5^{Ha},24$.
4. Au mètre carré : $15^{Ha},36$, — 3^a97, — $0^a,05$, — $4^a,57$, — $8^{Ha},3767$
5. Au décamètre carré : $1765^{Ha},26$, — $3a,17$, — $4^{Ha},3267$, — $0^a,25$.
6. A l'hectomètre carré : $8^{Ha},34$, — $5789^a,32$, — $0^a,194$, — $2^a,56$.
7. A l'are : $3^{Hmq},6532$, — $3^{mq},67$, — $55^{Dmq},326$, — $9^{Hmq},004$.
8. A l'hectare : $0^{Dmq},56$. — 3^{Hmq}, — $8^{mq},6$, — $0^{Hmq},894$, — $0^{Kmq},67$.

  R. (1) 1400^a, — $396^a,75$, — $0^a,46$, — $4534^a,96$.
   (2) $12^{Ha},75$, — $0^{Ha},3726$, — $0^{Ha},4617$, — $0^{Ha},0005$.
   (3) 400^{ca}, — 1925^{ca}, — 43679^{ca}, — 45^{ca}, — 52400^{ca}.
   (4) 153600^{mq}, — 397^{mq}, — 5^{mq}, — 457^{mq}, — 83767^{mq}.
   (5) 176526^{Dmq}, — $3^{Dmq},17$, — $432^{Dmq},67$, — $0^{Dmq},25$.
   (6) $8^{Hmq},34$, — $57^{Hmq},8932$, — $0^{Hmq},00194$, — $0^{Hmq},0256$.
   (7) $365^a,32$, — $0^a,0367$, — $55^a,326$, — $900^a,4$.
   (8) $0^{Ha},0056$, — 3^{Ha}, — $0^{Ha},00086$, — $0^{Ha},894$, — 67^{Ha}.

Exercice 87 (page 146).

Effectuez les soustractions suivantes :
  (1) $8^{Ha},36$ — $45^a,22$. — R. $7^{Ha},9078$.
  (2) 8^a — $3^a,56$. — R. $4^a,44$.
  (3) $45^{Ha},87$ — 3956^{mq}. — R. $45^{Ha},4714$.
  (4) 13^a — 625^{mq}. — R. $6^a,75$.
  (5) 37^a — $0^a,46$. — R. $36^a,54$.
  (6) 9^{Ha} — 37^{Dmq}. — R. $8^{Ha},63$.
  (7) 42^{Hmq} — 3896^a. — R. $3^{Ha},04$.
  (8) 3^{Dmq} — $2^a,67$. — R. $0^a,33$.
  (9) 35^a — 2965^{mq}. — R. $5^a,35$.

Exercice 88 (page 146).

Effectuez les multiplications suivantes :
  (1) $4^{Ha},26 \times 23$. — R. $97^{Ha},98$.
  (2) $5^a,7 \times 0,05$. — R. $0^a,285$.
  (3) $10^{Ha},83 \times 0,4$. — R. $4^{Ha},332$.
  (4) $6^a,22 \times 45$. — R. $2^{Ha},7990$.
  (5) $7^{Ha},5 \times 26$. — R. 195^{Ha}.
  (6) $0^a,24 \times 367$. — R. $88^a,08$.
  (7) $9^{Ha}, \times 0,25$. — R. $2^{Ha},25$.
  (8) $3^a,07 \times 42$. — R. $1^{Ha},2894$.
  (9) $27^{Ha},468 \times 0,4$. — R. $10^{Ha},9872$.

Exercice 89 (page 146).

Effectuez les divisions suivantes :
  (1) $4^{Ha},25$ par 3. — R. $1^{Ha},41$.
  (2) $78^a,52$ par $5,6$. — R. $14^a,02$.
  (3) $9^a,37$ par $10,2$. — R. $0^a,91$.
  (4) $4^a,39$ par 7. — R. $0^a,62$.
  (5) $95^{Ha},6752$ par 24. — R. $3^{Ha},9864$.
  (6) $3^a,06$, par 18. — R. $0^a,17$.
  (7) $3^{Ha},276$ par 14. — R. $0^{Ha},234$.
  (8) $5^a,02$ par 6. — R. $0^a,83$.
  (9) $0^a,36$ par 9 — R. $0^a,04$.

PROBLÈMES SUR LES MESURES AGRAIRES.

1. On échange un terrain de 35ᵃ,62, du prix de 1 fr. 20 le mètre carré, contre 1ᴴᵃ,8ᵃ,35ᶜᵃ. Combien vaut l'are de ce dernier? — R. 39 fr. 44.

2. Dans un champ rectangulaire de 245 mètres de long sur 180 mètres de large, on a récolté 32 hectolitres de blé par hectare. Chaque hectolitre pesant 75 kilog., on demande ce qu'a rapporté la récolte de ce champ, à raison de 30 fr. les 75 kilog. — R. 4 233 fr. 60.

3. Un homme qui sème du blé doit jeter 40 poignées par minute sur un espace de 2ᵐ,50 de largeur et en avançant de 1ᵐ,50 à chaque jet. Quel temps mettra-t-il pour ensemencer un hectare, sans tenir compte du repos qu'il prend et du temps qu'il emploie à aller chercher la semence? — R. 1 h. 6 m. 40 s.

4. Quatre faucheurs ont mis 5 jours pour faucher l'herbe d'un pré de 183 mètres de long sur 166ᵐ,50 de large, à raison de 18 fr. 50 l'hectare. Que revient-il à chacun, et quel est le prix d'une journée? — R. 14ᶠ,10 — 2ᶠ,80.

5. Un champ a 42ᵃ,56 de superficie; si sa longueur est de 75ᵐ,40, quelle sera sa largeur? — R. 56ᵐ,44.

6. La superficie du département de la Seine est de 475 kilomètres carrés. Exprimer cette superficie en hectares. — R. 47 500 hectares.

6. La récolte d'un champ a été entièrement détruite par la grêle. Quelle est la perte du propriétaire, si le champ a une étendue de 7ᵃ,25, et si la récolte est estimée à 500 francs l'hectare? — R. 36 fr. 25.

8. Une route projetée traverse une propriété dont elle prend 5ₐ,48. On offre au propriétaire une indemnité de 12 000 francs, qu'il refuse. Le jury d'expropriation lui alloue 24 francs par mètre carré. Combien a-t-il gagné en refusant? — R. 1 152 fr.

9. Paul en mourant laisse des dettes pour 14 876 fr. 85. Pour les payer, ses héritiers vendent une maison 1 875 francs; 2ᴴᵃ,45ᵃ,17 de terre à 41 fr. 35 l'are; 75ᵃ, 35 de vigne à 21 fr. 45 l'are et 18 feuillettes de vin à 54 fr. 75 la feuillette. On demande si ces ventes produiront assez pour couvrir les dettes du défunt. — R. Il manque 262 fr. 33.

10. Une propriété se compose d'une pièce de terre de 8ᴴᵃ,25ᵃ,12, d'une prairie de 5ᴴᵃ,6ᵃ,35, d'un bois de 14ᴴᵃ,57 et d'un jardin de 68ᵃ,3. Quelle est l'étendue de cette propriété? — R. 28ᴴᵃ,5677.

11. Une propriété de 45ᴴᵃ,18ᵃ,4 a coûté 200 000 francs : à combien revient le mètre carré? — R. 0 fr. 45 par excès.

12. Un pâtre ayant laissé endommager une propriété ensemencée, dont la récolte est évaluée à 450 fr. l'hectare, le garde champêtre constate que le dommage est causé sur une étendue de 8 ares 40 centiares, pour lesquels la récolte ne sera plus que de la moitié de ce qu'elle aurait dû être : quel est le montant de l'indemnité due par le pâtre au propriétaire? — R. 18 fr. 90.

PROBLÈMES SUPPLÉMENTAIRES.

1. On a payé 20 francs pour vingt-cinq centiares de pré : quel est le prix de l'are et de l'hectare? — R. L'are 80 fr.; l'hectare 8 000 fr.

2. Dans les provinces méridionales de la France, où l'on cultive l'oranger, il y a environ 480 pieds de ces arbres plantés par hectare, et chaque pied, en plein rapport, peut donner, en moyenne, 2 350 oranges : quelle est donc la valeur de la récolte d'un propriétaire qui en a 1 hectare 30 ares plantés dans ces conditions, le mille d'oranges étant estimé 22 francs ? —
— R. 32 260 fr. 80.

3. On veut paver une salle d'école de 8^m,50 de long et 5^m,40 de large avec des carreaux ou briques ayant 20 centimètres sur 15 centimètres de côté : combien en faudra-t-il ? — R. 1 530 carreaux.

4. On veut tapisser une salle de 12 mètres de long sur 6^m,75 de large, les murs ayant une hauteur de 3^m,20. Le papier est en rouleaux de 6 mètres de long sur un demi-mètre de large : combien faudra-t-il de rouleaux de papier, sachant que les ouvertures de cette salle présentent une superficie de 9 mètres carrés, à déduire de la superficie des murs ? — R. 37 rouleaux.

5. Une salle de 9^m,40 de long, et 6^m,30 de large, doit être planchéiée avec des planches ayant 2^m,35 de longueur sur 0^m,20 de largeur. Le mètre linéaire de ces planches coûte 0 fr. 65, et l'on paie 1 fr. 25 à l'ouvrier par mètre carré de plancher pour façon et fourniture de pointes : sachant que la mise en œuvre de ces planches nécessite un dixième de perte sur la largeur, on demande combien cet ouvrage coûtera. — R. 287 fr. 85.

6. Un jardinier a un potager de forme rectangulaire ayant 28^m,60 de long, sur 6^m,40 de large, mais il veut faire son potager dans un autre terrain également rectangulaire qui a 8^m,20 de largeur : le nouveau potager devant avoir la même superficie que l'ancien, quelle en sera la longueur ? — R. 22^m,32

CHAPITRE V

MESURES DE VOLUME.

---

278. — Toutes les unités de volume sont des **cubes** (fig. 10).

279. — Un **cube** est un solide à six faces carrées et parallèles. Un dé à jouer est un petit cube.

280. — L'unité principale de volume est le **mètre cube.**

281. — Le **mètre cube** (mc) est un cube dont chaque face ABCD (fig. 10) est un mètre carré, ou encore, dont chaque *côté* ou *arête* AB mesure un mètre.

Multiples.

282. — Pour exprimer les multiples du mètre cube, on se sert des nombres ordinaires, *dix, cent, mille.* Ainsi l'on dit d'un bassin qu'il contient *dix* mètres cubes, *cent* mètres cubes d'eau.

Sous-multiples.

283. — Les sous-multiples du mètre cube sont: le *décimètre cube,* le *centimètre cube,* le *millimètre cube.*

Le *décimètre cube* (dmc) est un cube qui a un décimètre de côté, ou dont chaque face est un décimètre carré.

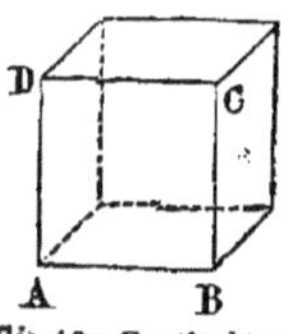

Fig. 10.—Centimètre cube (grand. réelle).

Le *centimètre cube* (cmc) est un cube qui a un centimètre de côté (fig. 10), ou dont chaque face est un centimètre carré.

Le *millimètre cube* (mmc) est un cube qui a un millimètre de côté, ou dont chaque face est un millimètre carré.

Numération millésimale des volumes.

284. — **Règle.** Les unités de volume sont de **mille** en **mille** fois plus grandes ou plus petites.

Pour le prouver, soit le cube ABCDIJKL (fig. 11), que je sup-

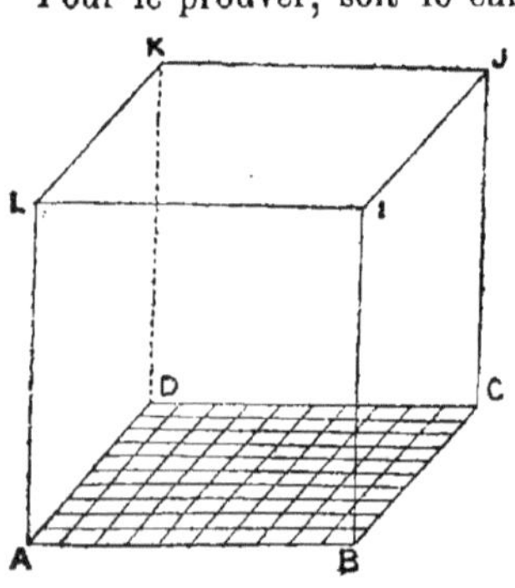

Fig. 11.

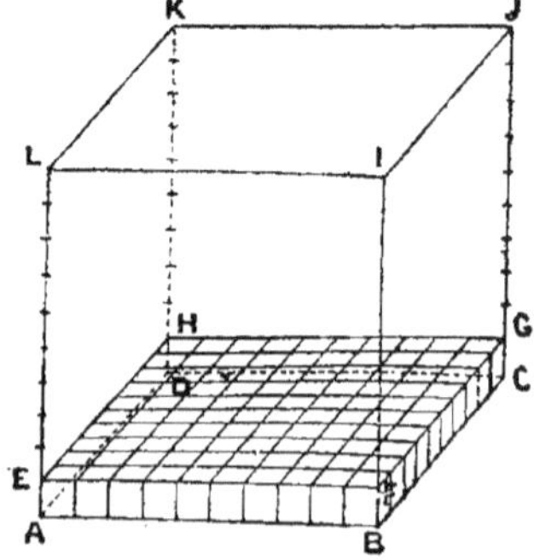

Fig. 12.

Les unités de volume sont de mille en mille fois plus *grandes* ou plus *petites.*

poserai être un mètre cube. Chacun des côtés AB, AL, AD, a donc *un mètre* de longueur.

Je partage le côté AB en dix parties égales, c'est-à-dire en dix décimètres.

Je partage également le côté AD en dix parties égales, c'est-à-dire en dix décimètres, et par chacun des points de division de AB, je mène des parallèles à AD; de même par les points de division de AD je mène des parallèles à AB. J'obtiendrai ainsi cent petits carrés d'un décimètre de côté.

Sur chacun de ces petits carrés je puis poser un décimètre cube (fig. 12); j'obtiendrai ainsi une première couche qui aura un décimètre de hauteur et qui se composera de 100 décimètres cubes.

Puisque le côté AL a 10 décimètres, je pourrai superposer dix couches semblables, soit 10 fois 100 ou 1 000 décimètres cubes.

Donc le mètre cube vaut *mille* décimètres cubes [1].

285. — Ainsi :

Le mètre cube   vaut **1000** décimètres cubes 1000 ^{dmc}.
Le décimètre cube   —   **1000** centimètres cubes 1000 ^{cmc}.
Le centimètre cube   —   **1000** millimètres cubes 1000 ^{mmc}.

Inversement :

Le millimètre cube est le *millième* du centimètre cube.
Le centimètre cube est le *millième* du décimètre cube.
Le décimètre cube est le *millième* du mètre cube.

Remarques. — I. Puisque les unités de volume sont de mille en mille fois plus petites :

Le mètre cube vaut   **1 000** décimètres cubes.
1 000 fois 1 000 ou   **1 000 000** de centimètres cubes.
1 000 fois 1 000 000 ou **1 000 000 000** de millimètres cubes.

---

1. M. Couvrechef, directeur de l'école communale de Caen, frappé de la difficulté qu'éprouvent les enfants à comprendre la numération des mesures de surface et de volume, a imaginé de construire un appareil auquel il donne le nom de *Démonstrateur métrique*, et à l'aide duquel l'explication de ces mesures est rendue extrêmement facile pour le maître et accessible aux enfants.

La figure 12 représente l'appareil tout monté. Cet appareil se compose d'une base ou socle, ABCDEFGH, de 1 mètre carré de superficie et de un décimètre d'épaisseur, sur lequel est tracée la division en cent décimètres cubes.

Aux quatre angles de ce socle on fixe, à l'aide d'une équerre en fer, quatre montants, AL, BI, CJ, DK, d'un mètre de longueur, sur chacun desquels est tracée la division en dix décimètres.

Enfin un cadre, LIJK, d'un mètre carré, se fixe à l'aide d'entailles à l'extrémité des montants et complète le mètre cube.

Rien n'est plus propre à frapper l'esprit de l'enfant que la vue de ce mètre cube de grandeur réelle, et dont les vastes dimensions étonnent le maître lui-même. Jusqu'ici on montrait bien un mètre, un litre, un kilogramme, mais on éprouvait de sérieuses difficultés à représenter le mètre carré et surtout le mètre cube; or c'est en grande partie à l'absence de la représentation en grandeur réelle des mesures de surface et de volume, que sont dues les difficultés qu'on rencontre à faire comprendre ces deux chapitres du système métrique.

Nous engageons donc très vivement les maîtres, soit à faire construire par un

Par conséquent :

Un décimètre cube est le *millième* du mètre cube.
Un centimètre cube — *millionième* —
Un millimètre cube — *billionième* —

II. Il faut bien se garder de confondre un *dixième de mètre cube* avec un *décimètre cube*; un *centième de mètre cube* avec un *centimètre cube*; un *millième de mètre cube* avec un *millimètre cube*.

Le *dixième du mètre cube* est la dixième partie du mètre cube, soit *cent décimètres cubes* (la couche ABCDEFGH de la fig. 12); tandis que le *décimètre cube* est le *millième* du mètre cube.

Le *centième du mètre cube* est la centième partie du mètre cube, soit *dix décimètres cubes*; tandis que le *centimètre cube* est le *millionième* du mètre cube.

Le *millième du mètre cube* est la millième partie du mètre cube, soit *un décimètre cube*; tandis que le *millimètre cube* est le *billionième* du mètre cube.

Comment on lit un nombre exprimant des volumes.

286. — Règle. Pour lire un nombre exprimant des volumes, on lit la partie **entière**, puis on partage par la pensée la partie décimale en tranches de **trois** chiffres à partir de la virgule, et on lit chacune de ces tranches successivement, en lui donnant le nom des unités qu'elle représente.

---

menuisier un appareil semblable à celui dont nous venons de parler, soit à se procurer chez MM. A. Colin et Cᵉ l'appareil de M. Couvrechef (prix : 25 francs). Cette acquisition une fois faite dotera la maison d'école d'un instrument de démonstration d'une utilité égale à celle du mètre, du litre, etc.

La leçon terminée, l'appareil est démonté et fixé verticalement à la muraille à l'aide de deux crochets placés à cet effet; sous cette nouvelle forme il occupe peu de place et ne crée aucune gêne.

L'appareil de M. Couvrechef, indépendamment des services qu'il peut rendre pour la démonstration des mesures de *volume*, a été disposé et complété de manière à servir à l'explication des mesures de *surface*, de *capacité*, de *poids* et de *longueur*.

Pour les surfaces, on ne se sert que du *socle* fixé à la muraille. Le cadre, LIJK, donne aussi une idée très nette du mètre carré, et le maître peut rendre la démonstration plus saisissante encore, en fixant dans l'intérieur du cadre, de décimètre en décimètre, des pitons dans lesquels il passerait des cordons. Ces cordons, en se croisant perpendiculairement, représenteraient les 100 décimètres carrés, comme l'indique la figure de la page 135.

Les mesures de *capacité* et de *poids* sont expliquées à l'aide d'un décimètre cube en *bois plein*, et d'un deuxième décimètre cube *creux*, en zinc.

Enfin un des montants, dont la longueur est de *un mètre*, est divisé en décimètres et en centimètres, pour servir à la démonstration des mesures de *longueur*.

Si la dernière tranche n'a qu'*un* ou *deux* chiffres, on la complète par *deux* **zéros** ou par *un* **zéro**.

Exemples. — 1º Soit à lire le nombre

$$18^{mc},532479508$$

on devra dire :

18 mètres cubes, 532 décimètres cubes, 479 centimètres cubes, 508 millimètres cubes.

En effet, le nombre 532 représente des *millièmes* de mètre cube, par conséquent des *décimètres cubes*.

Le nombre 479 représente des *millionièmes* de mètre cube, par conséquent des *centimètres cubes*.

Le nombre 508 représente des *billionièmes* de mètres cubes, par conséquent des *millimètres cubes*.

2º Soit encore à lire le nombre

$$3^{mc},2574.$$

J'ajoute deux zéros à la droite du 4, ce qui ne change pas la valeur du nombre décimal (nº 68); je complète ainsi la deuxième tranche de trois chiffres, et je lis, d'après ce qu'on vient de voir :

3 mètres cubes, 257 décim. cubes, 400 centim. cubes.

3º D'après ces principes :

$5^{mc},3$	se lira 5 mètres cubes	300 décimètres cubes
$2^{mc},34$	— 2 —	340 décimètres cubes.
$0^{mc},005$	— 0 —	5 décimètres cubes.
$0^{mc},03055$	— 0 —	30 décim. cubes, 550 cent. cubes.

Comment on écrit un nombre exprimant des volumes.

287. — **Règle.** Pour écrire un nombre exprimant des volumes, on écrit d'abord la partie **entière**, puis la **virgule**, puis successivement les unités décimales, en employant **trois** chiffres pour chacune d'elles.

Ainsi : 3 mètres cubes, 275 décimètres cubes, 340 centimètres cubes, 861 millimètres cubes s'écrivent :

$$3^{mc},275340861.$$

Si le nombre qui représente une unité décimale n'a qu'un ou deux chiffres, on complète la tranche par *deux* zéros ou par *un* zéro.

Ainsi : 8 mètres cubes, 47 décimètres cubes, 5 centimètres cubes, s'écrivent :

$$8^{mc},047005.$$

Si une unité décimale manque entièrement, on la remplace par **trois** zéros.

Ainsi : 4 mètres cubes, 567 centimètres cubes, s'écrivent :

$$4^{mc},000567.$$

Si le nombre donné n'a pas de partie entière, on y supplée par un *zéro* suivi d'une virgule.

Ainsi : 24 décimètres cubes s'écrivent :

$$0^{mc},024.$$

Conversion des unités de volumes, ou changement d'unité.

288. — **Règle.** Pour faire un changement d'unité dans un nombre exprimant un volume, il suffit de transporter la virgule à la droite du chiffre qui exprime le nouvel ordre d'unités, en l'avançant ou en la reculant de **trois**, de **six**, de **neuf** rangs vers la droite ou vers la gauche.

Exemples. — 1° Convertir en centimètres cubes le nombre

$$8^{mc},5243719.$$

J'avance la virgule de *six* rangs vers la droite, *trois* rangs pour les décimètres cubes, *trois* rangs pour les centimètres cubes ; je la porte ainsi à la droite du chiffre qui exprime des centimètres cubes, et j'ai le nombre

$$8524371,9.$$

2° Convertir en mètres cubes le nombre

$$43^{cmc},5.$$

Je recule la virgule de *six* rangs vers la gauche, *trois* pour les décimètres cubes, et *trois* pour les mètres cubes ; mais, comme les chiffres nécessaires manquent, je les remplace par des zéros, et il vient : $0^{mc},0000435.$

Emploi des unités de volume.

289. — Les unités de volume servent à évaluer le volume d'une pierre de taille, d'une poutre, d'une maçonnerie, la quantité d'eau contenue dans un bassin, la capacité d'un fossé, etc.

Il n'existe pas de mesures réelles de volume. Pour trouver le volume d'une pierre de taille, par exemple (fig. 13), on mesure, à l'aide d'un mètre, les trois dimensions de la pierre : longueur, largeur et épaisseur, et on multiplie ces trois dimensions l'une par l'autre.

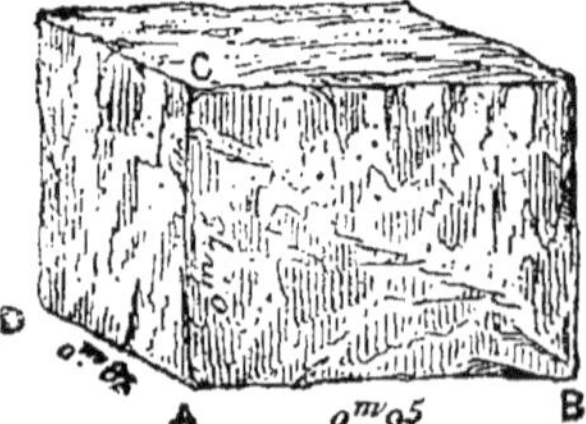

Fig. 13. — Pour trouver un volume cubique, il faut multiplier l'une par l'autre les trois dimensions : longueur, largeur, hauteur.

Supposons que la longueur A B soit de 0^m,95 ; la largeur A D, de 0^m,82 ; la hauteur A C, de 0^m,75 : multipliant ces trois dimensions entre elles, c'est-à-dire 0^m,95 par 0^m,82 et le produit 0^{mq},7790 par 0^m,75, je trouve finalement 0^{mc},584250, que je lis :

0 mètre cube, 584 décimètres cubes, 250 centimètres cubes.

C'est le volume de la pierre de taille.

Du tonneau.

290. — Appliqué à la capacité d'un navire, le mètre cube prend le nom de **tonneau**. Ainsi, un navire de trois cents tonneaux de *jauge* est un navire dont la contenance est de trois cents mètres cubes.

CHAPITRE VI

MESURES POUR LES BOIS DE CHAUFFAGE

Du stère.

291. — Le **stère** est le mètre cube appliqué à la mesure des bois de chauffage.

292. — Le **stère** (fig. 14) est une sorte de châssis composé d'une *sole* AB, de deux *montants* EF et GH, et de deux *contre-fiches* C, D, destinées à maintenir les montants. Le bois à mesurer se place entre les deux montants.

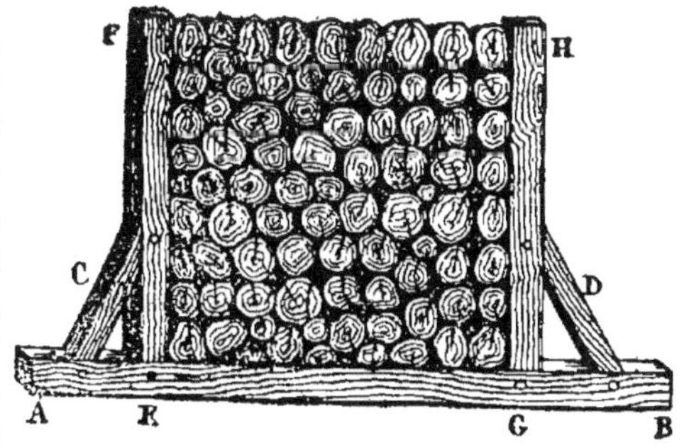

Fig. 14. — Stère.

Si les morceaux de bois avaient juste un mètre de longueur, il serait facile de mesurer un mètre cube ou un *stère* de bois en mettant un écart d'un mètre entre les pieds E, G des montants, et en donnant à ceux-ci une hauteur d'un mètre. Mais les morceaux de bois ont souvent plus ou moins d'un mètre, et on est obligé de calculer la hauteur des montants en raison de la longueur des bûches.

A Paris, où les morceaux de bois mesurent 1^m,14, les montants avaient une hauteur de 0^m,88; nous disons *avaient*, parce qu'aujourd'hui, à Paris, on ne vend plus le bois au stère, mais au *poids*, par 50, 100, 500, 1000 kilogrammes : c'est un usage qui tend à se généraliser.

Multiple et sous-multiple.

293. — Le stère n'a qu'un multiple décimal, le *décastère*, qui vaut dix stères, et un sous-multiple, le *décistère*, qui vaut un dixième de stère; mais l'un et l'autre sont peu employés.

Mesures effectives.

294. — Les mesures effectives sont : le *demi-décastère*, qui vaut 5 stères; le *double stère* (2 stères), et le *stère*.

Corde et voie.

295. — Les mots *corde* et *voie*, appliqués au mesurage du bois de chauffage, ont été empruntés à la nomenclature des anciennes mesures; mais leur valeur a été ramenée au système métrique, là où ils sont encore employés.

Ainsi la *corde*   vaut à Paris 4 stères.
    la *voie* ou *demi-corde*   —   2 stères.

EXERCICES SUR LES VOLUMES

90. Exercice théorique (page 154).

1. Qu'est-ce qu'un cube? — Voir page 147, n° 279.
2. Quelle est l'unité principale de volume? — Voir page 148, n° 280.
3. Comment exprime-t-on les multiples du mètre cube? — Voir page 148, n° 282.
4. Comment exprime-t-on les sous-multiples du mètre cube? — Voir page 148, n° 283.
5. Qu'est-ce qu'un décimètre cube? — un centimètre cube? — un millimètre cube? — Voir page 148, n° 283.
6. Démontrez que les unités de volume sont de 1000 en 1000 fois plus petites. — Voir page 148, n° 284.
7. Quelles sont les valeurs relatives des unités de volume? — R. Elles sont de 1000 en 1000 fois plus petites.
8. Combien le mètre cube vaut-il de décimètres cubes? — R. 1000. — De centimètres cubes? — R. 1000000. — De millimètres cubes? — R. 1000000000.
9. Quelle différence y a-t-il entre un décimètre cube et un dixième de

mètre cube? — entre un centimètre cube et un centième de mètre cube? — entre un millimètre cube et un millième de mètre cube? — Voir page 150, n° 285, II.

10. Expliquez sur le nombre 4mc,639534 la manière de lire un nombre exprimant des volumes. — R. 4 mètres cubes, 639 décimètres cubes, 534 centimètres cubes. — Voir page 150, n° 286.

11. Faites de même pour les nombres 53mc,3573, — 6mc,55, — 0mc,0094 ? — R. 53 mètres cubes, 357 décimètres cubes, 300 centimètres cubes, — 6 mètres cubes, 550 décimètres cubes, — 9 décimètres cubes, 400 centimètres cubes.

12. Expliquez sur un exemple que vous choisirez la manière d'écrire un nombre exprimant des volumes. — Voir page 151, n° 287.

13. Expliquez sur les nombres suivants la conversion des unités de volume :
Convertir en décimètres cubes le nombre 8mc,5379. — R. 8 537mc,9.
Convertir en mètres cubes le nombre 525dmc. — R. 0mc,525.
Convertir en centimètres cubes le nombre 34mc,89. — R. 34 890 000 centimètres cubes.

14. Comment opère-t-on pour trouver la capacité cubique d'un fossé? Vous supposerez que le fossé a 23 mètres de longueur, 1m,50 de largeur et 0m,65 de profondeur. — R. 22mc,425. Voir page 152, n° 289.

15. Quel nom prend le mètre cube lorsqu'on l'applique à la capacité d'un navire? — R. Le nom de tonneau.

16. Qu'est-ce que le stère? — Voir page 153, n° 291.

17. De quoi se compose un stère? — Voir page 153, n° 292.

18. Quel est le multiple et quel est le sous-multiple du stère? — Voir page 154, n° 295.

19. Pourquoi, à Paris, les montants n'ont-ils pas un mètre de hauteur? — R. Parce que les morceaux de bois ont plus d'un mètre de longueur.

20. Quelle est la valeur de la *corde* et de la *voie* appliquées au mesurage du bois de chauffage? — Voir page 154, n° 295.

Exercice 91 (page 155).

Écrivez en toutes lettres les nombres suivants :

(1) 8mc,26. — R. Huit mètres cubes, deux cent soixante décimètres cubes.

(2) 3mc,3254. — R. Trois mètres cubes, trois cent vingt-cinq décimètres cubes, quatre cents centimètres cubes.

(3) 0mc,006. — R. Six décimètres cubes.

(4) 26mc,45327. — R. Vingt-six mètres cubes, quatre cent cinquante-trois décimètres cubes, deux cent soixante-dix centimètres cubes.

(5) 6mc,2358. — R. Six mètres cubes, deux cent trente-cinq décimètres cubes, huit cents centimètres cubes.

(6) 9mc,324. — R. Neuf mètres cubes, trois cent vingt-quatre décimètres cubes.

(7) 6mc,5. — R. Six mètres cubes, cinq cents décimètres cubes.

(8) 3mc,23. — R. Trois mètres cubes, deux cent trente décimètres cubes.

(9) 4mc,007008. — R. Quatre mètres cubes, sept décimètres cubes, huit centimètres cubes.

(10) 9mc,15. — R. Neuf mètres cubes, cent cinquante décimètres cubes.

(11) 14mc,017. — R. Quatorze mètres cubes, dix-sept décimètres cubes.

(12) 8mc,5768. — R. Huit mètres cubes, cinq cent soixante-seize décimètres cubes, huit cents centimètres cubes.

(13) 3mc,4532895. — Trois mètres cubes, quatre cent cinquante-trois décimètres cubes, deux cent quatre-vingt-neuf centimètres cubes, cinq cents millimètres cubes.

(14) 4mc,23. — Quatre mètres cubes, deux cent trente décimètres cubes.

(15) 0mc,000000432. — R. Quatre cent trente-deux millimètres cubes.

(16) 5mc,3. — Cinq mètres cubes, trois cents décimètres cubes.

(17) 0mc,78. — Sept cent quatre-vingts décimètres cubes.

(18) 141mc,5. — R. Cent quarante et un mètres cubes, cinq cents décimètres cubes.

Faites, par colonnes, l'addition des nombres qui précèdent.

Total des nombres de la 1re colonne. . . . .   53mc,604470.
Total des nombres de la 2e colonne. . . . .   45mc,480808.
Total des nombres de la 3e colonne. . . . .   155mc,263289932.

Exercice 92 (page 155).

Écrivez en chiffres les nombres suivants :

(1) 9 mètres cubes, 33 décimètres cubes, 14 centimètres cubes. — R. 9mc,033014.

(2) 15 mètres cubes, 963 centimètres cubes, 18 millimètres cubes. — R. 15mc,000963018.

(3) 13 décimètres cubes, 24 millimètres cubes. — R. 0mc,013000024.

(4) 314 centimètres cubes, 5 millimètres cubes. — R. 0mc,000314005.

(5) 19 mètres cubes, 23 millimètres cubes. — R. 19mc,000000023.

(6) 423 centimètres cubes, 926 millimètres cubes. — R.0mc,000423926.

(7) 4 mètres cubes, 9 décimètres cubes, 24 centimètres cubes. — R ,4mc,009024.

(8) 3 décimètres cubes, 306 centimètres cubes, 39 millimètres cubes. — R. 0mc,003306039.

Faites l'addition des nombres qui précèdent.

Total de ces nombres : 47mc,060045035.

Exercice 93 (page 155).

Effectuez les soustractions suivantes :

(1) 6mc,24dmc — 369dmc,850cmc. — R. 5mc,654150.

(2) 432dmc — 907cmc. — R. 0mc,431093.

(3) 18mc — 842073402mmc. — R. 17mc,157926598.

(4) 0mc,674 — 5dmc. — R. 0mc,669.

(5) 14cmc,5 — 936mmc. — R. 0mc,000013564.

(6) 42mc,570472 — 29mc,974. — R. 12mc,596472.

(7) 0mc,673 — 94cmc,827. — R. 0mc,672905173.

(8) 4mc,832045 — 2mc,4mmc. — R. 2mc,832044996.

(9) 11cmc — 360mmc. — R. 0mc,000010640.

(10) 7mc,42 — 6904dmc. — R. 0mc,516.

Exercice 94 (page 156).

Effectuez les multiplications suivantes :

(1) 4m,25 × 3m,60 × 14m. — R. 214mc,200.

(2) 3m,06 × 4m,2 × 0m,5. — R. 6mc,426.

(3) 12m,6 × 0m,04 × 8m,8. — R. 0mc,4032.

(4) 0m,25 × 0m,432 × 0m,627. — R. 0mc,067716.
(5) 0m,25 × 0m,04 × 0m,63. — R. 0mc,006300.
(6) 0mc,39468 × 143. — R. 56mc,43924.
(7) 8mc,56032 × 0,036. — R. 0mc,30817152.
(8) 0mc,000604 × 0,05. — R. 0mc,000030200.
(9) 14mc,0003 × 0,62. — R. 8mc,680186.
(10) 3mc,58 × 5732. — R. 20520mc,56.

Exercice 95 (page 156).

Effectuez les divisions suivantes :
(1) 3mc,625 par 4. — R. 0mc,906250.
(2) 0mc,3262 par 25. — R. 0mc,013048.
(3) 0mc,00264 par 0,56. — R. 0mc,004714285.
(4) 3mc,7932 par 625. — R. 0mc,006069120.
(5) 9mc,000426 par 3,52. — R. 2mc,556939245.
(6) 44mc,267538 par 9. — R. 4mc,918615333.
(7) 0mc,04 par 627. — R. 0mc,000063785.
(8) 42mc par 0,06. — R. 700mc.

Exercice 96 (page 156).

1. Combien y a-t-il de mètres cubes dans 43207 décimètres cubes ? — R. 43mc,207.

2. Combien y a-t-il de centimètres cubes dans 3mc,25 ? — R. 3250000 centim. cubes.

3. Combien, dans un mètre cube, y a-t-il de décimètres cubes ? — R. 1000. — De centimètres cubes ? — R. 1000000. — De millimètres cubes ? — R. 1000000000.

4. Dans un nombre dont l'unité est le mètre cube, à quel rang à droite de la virgule place-t-on les dixièmes de mètre cube ? — R. Au premier rang. — Les centièmes de mètres cubes ? — R. Au deuxième rang. — Les millièmes de mètres cubes ? — R. Au troisième rang. — Les décimètres cubes ? — R. Au troisième rang.

5. Dans un nombre dont l'unité est le mètre cube, à quel rang à droite de la virgule place-t-on les centimètres cubes ? — R. Au sixième rang. — Les millimètres cubes ? — R. Au neuvième rang.

6. Dans un nombre dont l'unité est le mètre cube, quelle unité représente le troisième chiffre à droite de la virgule ? — Des décimètres cubes. — Le cinquième chiffre ? — R. Des centièmes de décimètres cubes. — Le deuxième chiffre ? — R. Des centièmes de mètres cubes. — Le septième chiffre ? — R. Des dixièmes de centimètres cubes. — Le neuvième chiffre ? — R. Des millimètres cubes. — Le quatrième chiffre ? — R. Des dixièmes de décimètres cubes. — Le premier chiffre ? — R. Des dixièmes de mètres cubes.

7. A combien de mètres cubes équivalent 10 stères de bois ? — R. A 10 mètres cubes. — Un demi-décastère ? — R. A 5 mètres cubes. — Un double stère ? — R. A deux mètres cubes.

PROBLÈMES SUR LES VOLUMES (page 156).

1. Un maçon a construit un mur de 56 mètres 34 de long, sur 1 mètre 85

de haut et 0 mètre 50 de large, à raison de 5 fr. 20 le mètre cube. Combien lui est-il dû ? — R. 271 fr.

2. On veut faire creuser un fossé de 172 mètres de long, sur 1 mètre 30 de large et 1 mètre 25 de profondeur. A quelle somme reviendra ce fossé si on paye le terrassier à raison de 0 fr. 23 le mètre cube ? — R. 64 fr. 285.

3. A combien revient un bloc de pierre cubique, qui a 0 mètre 65 de côté, si la pierre coûte 10 fr. 50 le mètre cube, et la taille 3 fr. 20 le mètre carré ? — R. A 11 fr.

4. Quel est le prix d'une poutre de 6 mètres 74 de long sur 0 mètre 36 de large et 0 mètre 33 d'épaisseur, à 85 fr. 40 le mètre cube ? — R. 68 fr. 32.

5. On a payé 460 fr. pour un tas de fumier qui a 9 mètres 80 de long sur 8 mètres 75 de large et 2 mètres 50 de haut. Quel est le prix d'un mètre cube de ce fumier ? — R. 2 fr. 14.

6. On a creusé un fossé de 52 mètres 40 de long sur 1 mètre 18 de large et 0 mètre 95 de profondeur, pour lequel on a payé 60 fr. 80. Combien coûterait un autre fossé de 67 mètres 50 de long sur 1 mètre 25 de large et 1 mètre 15 de profondeur ? — R. 100 fr. 43.

7. Un réservoir a une contenance de 436 mètres cubes ; sa longueur est de 12 mètres 5, sa largeur de 10 mètres 8. Quelle est sa profondeur ? — R. 3 mètres 23.

8. Dans un chantier, on a entassé régulièrement du bois de chauffage sur une longueur de 40 mètres, sur une largeur de 3 mètres 54 et sur une hauteur de 17 mètres 20. Quel est le volume de ce bois : 1° en mètres cubes ? 2° en stères ? — R. 1° 2 435 mètres cubes 52 ; 2° 2 435 stères 52.

9. Un mur de 108 mètres cubes 040 est construit en briques de 2 décimètres cubes 130, y compris les joints. Combien y est-il entré de briques ? — R. 50 723.

10. Quel est le volume d'une pile de bois qui a 8 mètres 35 de longueur sur 4 mètres 75 de largeur et 5 mètres 14 de hauteur ? — R. 203 mètres cubes 865250.

11. Un jardinier fait construire un réservoir en briques et ciment ; ce réservoir a 2 mètres 50 de longueur, sur 2 mètres 15 de largeur et 1 mètre 95 de hauteur. Combien contient-il : 1° de mètres cubes ? 2° de décimètres cubes ? — R. 1° 10 mètres cubes 481250 ; 2° 10 481 décimètres cubes 250.

12. Un tas de fumier a 15 mètres de long, 8 mètres de large et 1 mètre 50 de haut. Combien contient-il de mètres cubes et quelle est sa valeur à raison de 7 fr. le mètre cube ? — R. 180 mètres cubes et 1 260 fr.

13. Un carrier a extrait un bloc de pierre de 1 mètre 90 de long sur 1 mètre 10 de large et 0 mètre 80 de haut. Quel est le poids de cette pierre, si le décimètre cube pèse 2 kilog. 40 ? Combien faudra-t-il de chevaux pour l'emporter, si la charge d'un cheval est de 1 000 kilog. — R. 4 012 kilog. 8 — 4 chevaux.

14. Un homme de force moyenne ne doit pas s'exposer à porter des fardeaux qui pèsent plus de 80 kilogrammes. Devra-t-il essayer de porter une poutre de chêne de 1 mètre de long et de 0 mètre 30 d'équarrissage, le chêne pesant environ 1 kilogramme par décimètre cube ? — R. Non, car la poutre pèse 90 kilog.

15. Une barre de fer plate a 3 mètres 85 de long sur 0 mètre 05 de large et 0 mètre 003 d'épaisseur. Quel est son volume ? quel est son poids, si le mètre cube pèse 7 780 kilog. ? et quel en est le prix, à 32 fr. les 100 kilog. ? — R. 1° 577 centimètres cubes 5 ; 2° 449 gr. 295 ; 3° 0 fr. 14.

16. On a creusé un fossé de 217 mètres 50 de long, sur 0 mètre 60 de large et 0 mètre 45 de profondeur. Combien aura-t-on de mètres cubes de terre à

enlever ? Combien le charretier devra-t-il faire de tours, si son tombereau contient 2 mètres cubes 30, en admettant que le volume de la terre remuée augmente d'un quart ? — R. 58 mètres cubes 725. — 32 tours.

17. Une chambre a 3 mètres 50 de longueur, 2 mètres 95 de largeur et 2 mètres 75 de hauteur. Combien pourrait-on y placer de stères de bois ? — R. 28 stères 393.

18. Des ouvriers ont extrait d'une carrière, le premier jour 13 mètres cubes 540 ; le deuxième jour 21 mètres cubes 600 ; le troisième jour 18 mètres cubes 437 ; le quatrième jour 20 mètres cubes 5 ; le cinquième jour 27 mètres cubes 06. Combien en tout ? — R. 101 mètres cubes 137.

19. Le bois contenu dans un hangar de 25 mètres de long, sur 17 de large et 10 de hauteur, a été vendu 12 000 fr. Quel est le prix du stère ? — R. 2 fr. 82

On trouvera plus loin, aux notions de *Géométrie*, d'autres problèmes sur les volumes.

PROBLÈMES SUPPLÉMENTAIRES.

1. Un marchand blâtier a un magasin de 8 mètres 50 centimètres de long, sur 5 mètres 20 centimètres de large, qui est plein de blé à la hauteur moyenne de 0 mètre 75 centimètres : combien en contient-il d'hectolitres ? — R. 331 hectolitres 50.

2. Un cultivateur a fait creuser un silo ayant 3 mètres 50 centimètres de long, 2 mètres de large, et 3 mètres 30 centimètres de profondeur, qu'il a entièrement rempli de pommes de terre : combien ce silo contient-il d'hectolitres? — R. 231 hectolitres.

3. Un autre cultivateur a récolté 264 hectolitres de pommes de terre, et il veut les mettre dans un silo pour les conserver : comme il ne peut disposer que d'un petit coin de terre de 2 mètres 50 centimètres de long, sur 2 mètres 20 centimètres de large, on demande quelle profondeur il devra donner à son silo pour contenir cette quantité de pommes de terre. — R. 4 mètres 80 centimètres de profondeur.

CHAPITRE VII

MESURES DE CAPACITÉ OU DE CONTENANCE

Du litre.

296. — On appelle **capacité** ou **contenance** d'un vase (flacon, bouteille, carafe, seau, baquet, barrique, etc.) le *volume intérieur* de ce vase.

297. — L'unité de capacité est le **litre**.

298. — Le *litre* est une mesure de capacité qui équivaut à un **décimètre cube**.

Supposons un vase ayant la forme d'un décimètre cube et remplissons-le d'eau; versons toute cette eau dans un autre vase d'une forme quelconque : si cet autre vase est entièrement plein, il aura la capacité d'un *litre* [1].

299. — On se sert du litre pour mesurer : 1° les liquides, comme l'eau, le vin, l'alcool, le lait, etc.; 2° les grains et les graines; 3° certains légumes et certains fruits.

Fig. 15.
Litre en étain
pour le vin.

Fig. 16.
Litre en fer-blanc
pour le lait.

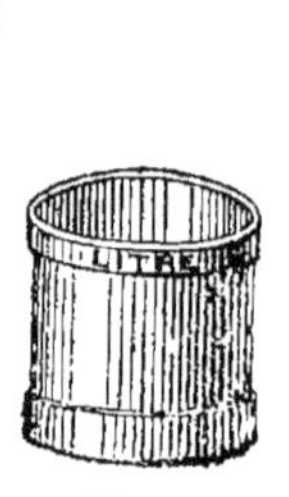

Fig. 17.
Litre en bois
pour les matières sèches.

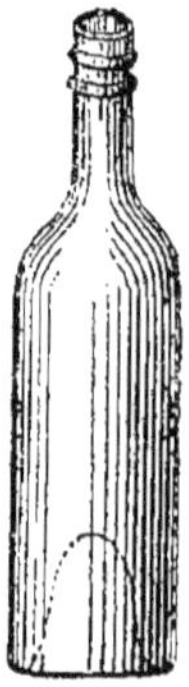

Fig. 18.
Litre en verre.

300. — Le litre prend différentes formes suivant la nature des matières à mesurer (fig. 15, 16, 17 et 18). Sous ces aspects divers, la capacité du litre est **constamment** égale au volume déterminé par la loi, c'est-à-dire au **décimètre cube**.

301. — Les multiples du litre sont :

Le *décalitre* (Dl), qui vaut   10 l.

L'*hectolitre* (Hl)   —   100 l ou 10 Dl.

Le mot *kilolitre* n'est pas usité.

302. — Les sous-multiples du litre sont :

Le *décilitre* (dl), qui vaut un dixième de litre.... 0 l,1.

Le *centilitre* (cl)   —   un centième de litre.... 0 l,01.

Le mot *millilitre* n'est pas usité.

---

1. On montrera aux élèves un décimètre cube plein, en bois, ainsi qu'un décimètre cube creux, en zinc ou en fer-blanc, qui permettra de réaliser l'expérience indiquée dans le texte. On remplira d'eau ce décimètre cube et on versera le contenu successivement dans des *litres* en verre, en étain, en fer-blanc. En constatant par eux-mêmes que l'eau contenue dans un décimètre cube remplit un litre,

303. — En conséquence :

Le litre   vaut **10** décilitres ou **100** centilitres.
Le demi-litre   —   **5** décilitres.
Le cinquième de litre   —   **2** décilitres.

Numération des unités de capacité.

304. — Les différentes unités de capacité sont assujetties aux règles de la numération **décimale**.

Ainsi le nombre $43^l,62$, se lit : 43 litres 62 centilitres.

De même :

$$3 \text{ litres } 25 \text{ centilitres s'écrivent : } 3^l,25$$
$$13 \text{ litres } 5 \text{ centilitres } \quad — \quad 13^l,05$$
$$15 \text{ centilitres } \quad — \quad 0^l,15$$

Le nombre $4258^l,3$ converti en hectolitres égale $42^{Hl},583$
— $8^l,5$ — en hectolitres — $0^{Hl},085$
— $6^{Hl},358$ — en litres — $635^l,8$
— $2^l,7$ — en centilitres — 270^{cl}

L'hectolitre pris pour unité.

305. — Pour le commerce en gros des liquides, des légumes, des grains, du charbon, l'unité de mesure est l'**hectolitre** (100 litres).

Les mesures destinées à mesurer les liquides sont généralement construites en cuivre étamé. Ce sont des vases de forme cylindrique munis de deux anses qui permettent de les soulever et de les transporter.

Les mesures destinées à mesurer les grains et les graines sont construites en chêne et maintenues par des garnitures de fer (fig. 19). Les anses sont remplacées par une sorte de T en fer placé à l'intérieur.

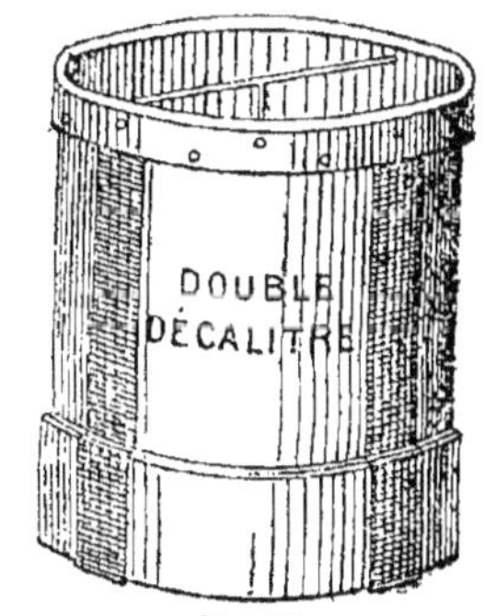

Fig. 19.
Mesure pour les matières sèches.

les élèves comprendront que le litre, sous quelque forme qu'il soit, est une mesure dont la capacité équivaut à un décimètre cube. — On a vu (page 149) que l'appareil de M. Couvrechef comprend un décimètre cube plein, en bois, et un décimètre cube creux, en zinc.

Voici les prix des mesures de capacité, prises chez MM. A. Colin et Cie : série du litre au centilitre, en étain, pour le vin (7 pièces), 14 fr. 40 ; — série du litre au demi-décilitre, en fer-blanc, pour le lait (5 pièces), 4 fr. 50 ; — série du décalitre au demi-décilitre, en bois (8 pièces), 7 fr. 25 ; — le double décalitre en bois, ferré, se vend séparément 6 fr. 25.

306. — Quand l'unité d'un nombre est *l'hectolitre*, le premier chiffre à droite de la virgule représente les décalitres ; le deuxième, les litres, etc.

Ainsi : 13^{Hl},5 s'énonce 13 hectolitres 5 décalitres.
3^{Hl},58 — 3 — 58 litres.

Du décalitre. — Du boisseau.

307. — Les fruits, les pommes de terre, les haricots, etc., se vendent souvent au décalitre (10 litres), que les marchands appellent communément *boisseau*, du nom d'une ancienne mesure dont la valeur approchait du décalitre.

Le boisseau ou décalitre   vaut 10 litres.
Le demi-boisseau ou demi-décalitre   —   5 litres.
Le cinquième de boisseau ou double litre —   2 litres.

Mesures effectives ou réelles de capacité.

308. — Pour faciliter les opérations commerciales, la loi a prescrit que *chacune des mesures de capacité aurait son double et sa moitié.*

Voici la liste des mesures réelles de capacité :

Hectolitre, 100 litres.
Demi-hectolitre, 50 litres.

Double-décalitre, 20 litres.
Décalitre, 10 litres.
Demi décalitre, 5 litres.

Double litre, 2 litres.
Litre, 1 litre.
Demi-litre, 0^l,5.

Double décilitre ou cinquième de litre, 0^l,2.
Décilitre, 0^l,1.

Demi-décilitre, 0^l,05.
Double centilitre, 0^l,02.
Centilitre, 0^l,01.

EXERCICES SUR LES MESURES DE CAPACITÉ.

97. Exercice théorique (page 160).

1. Qu'appelle-t-on capacité ou contenance d'un vase ? — Voir page 157 n° 296.

2. Quelle est l'unité de capacité ? — R. Le litre.

3. A quelle unité de volume le litre équivaut-il ? — R. A un décimètre cube.

4. Combien l'hectolitre vaut-il de litres ? — R. 100. — De décalitres ? — R. 10. — De décilitres ? — R. 1 000. — De centilitres ? — R. 10 000.

5. Quelle est la valeur du décalitre par rapport à l'hectolitre? — R. Le décalitre est le dixième de l'hectolitre. — Au litre? — R. Le décalitre vaut dix litres. — Au décilitre? — R. Le décalitre vaut cent décilitres.

6. Combien, dans un litre, y a-t-il de décilitres? — R. 10. — De centilitres? — R. 100.

7. Combien y a-t-il de décilitres dans un demi-litre? — R. 5. — Dans un cinquième de litre? — R. 2.

8. Expliquez sur les nombres $62^l,05$, — $0^l,25$, — $4^{Hl},33$, la manière de lire les nombres représentant des litres. — R. 62 litres, 5 centil., — 25 centil., — 4 hectol. 33 litres. (Voir page 159, n° 304.)

9. Expliquez sur les nombres $4^l,5$, — $3^{Dl},6$, — $4^{Hl},9$, — $0^l,05$, la manière d'écrire les nombres représentant des litres? — R. 4 litres 5, — 36 litres, — 490 litres, — 0 litre 05. (Voir page 159, n° 304.)

10. Combien faut-il de litres pour faire un mètre cube? pourquoi? — R. 1 000, parce que 1 000 décimètres cubes valent un mètre cube.

11. Combien y a-t-il de mètres cubes dans 30 hectolitres? — R. 3 mètres cubes.

12. Combien y a-t-il de centimètres cubes dans un litre? pourquoi? — R. 1 000, parce que 1 000 centimètres cubes valent un décimètre cube.

13. Quelle est l'unité de capacité pour le commerce en gros des liquides, des grains, du charbon, etc.? — R. L'hectolitre.

14. A quelle unité de capacité le *boisseau* correspond-il? — R. Au décalitre.

15. Que vaut un demi-boisseau? — R. 5 litres. — Un cinquième de boisseau? — R. 2 litres.

16. Lorsque l'unité d'un nombre est le litre, quelle unité représente le premier chiffre à droite de la virgule? — R. Des décilitres. — Le deuxième chiffre? — R. Des centilitres. — Le troisième chiffre? — R. Des millilitres.

17. Lorsque l'unité d'un nombre est l'hectolitre, quelle unité représente le premier chiffre à droite de la virgule? — R. Des décalitres. — Le deuxième chiffre? — R. Des litres. — Le troisième chiffre? — R. Des décilitres. — Le quatrième chiffre? — R. Des centilitres.

18. Lorsque l'unité d'un nombre est le décalitre, quelle unité représente le premier chiffre à droite de la virgule? — R. Des litres. — Le deuxième chiffre? — R. Des décilitres. — Le troisième chiffre? — R. Des centilitres.

19. Quelle est la prescription de la loi au sujet de la construction des mesures de capacité? — Voir page 160, n° 303.

20. Combien un mètre cube contient-il de litres? — R. 1 000.

21. Combien faut-il de litres pour faire 8 mètres cubes? — R. 8 000.

22. Combien 6 mètres cubes contiennent-ils de litres? — R. 6 000.

Exercice 98 (page 161).

Écrivez en toutes lettres les nombres suivants :

(1) $3^l,05$. — R. Trois litres, cinq centilitres.
(2) $4^l,27$. — R. Quatre litres, vingt-sept centilitres.
(3) $18^{Dl},3$. — R. Dix-huit décalitres, trois litres.
(4) $0^l,007$. — R. Sept millilitres.
(5) $4^l,36$. — R. Quatre litres, trente-six centilitres.
(6) $2^{Dl},367$. — R. Deux décalitres, trois cent soixante-sept centilitres.
(7) $4^{Dl},25$. — R. Quatre décalitres, vingt-cinq décilitres.
(8) $8^{Dl},8$. — R. Huit litres.

(9) 3Hl,34. — R. Trois hectolitres, trente-quatre litres.
(10) 5l,17. — R. Cinq litres, dix-sept centilitres.
(11) 4l,180. — R. Quatre litres, cent quatre-vingt millilitres.
(12) 9Dl,36. — R. Neuf décalitres, trente-six décilitres.
(13) 18Hl,275.— R. Dix-huit hectolitres, deux cent soixante-quinze déci-
                  litres.
(14) 9l,4. — R. Neuf litres, quatre décilitres.
(15) 0Hl,05. — R. Cinq litres.
(16) 18Dl,17. — R. Dix-huit décalitres, dix-sept décilitres.
(17) 5Hl,346. — R. Cinq hectolitres, trois cent quarante-six décilitres.
(18) 0Dl,09. — R. Neuf décilitres.
(19) 4Hl,005. — R. Quatre hectolitres, cinq décilitres.
(20) 3l,27. — R. Trois litres, vingt-sept centilitres.

Effectuez par colonnes l'addition des nombres qui précèdent :

Total de la première   colonne : 194l,687.
Total de la deuxième   colonne : 413l,34.
Total de la troisième colonne : 1939l,680.
Total de la quatrième colonne : 1120l,97.

Exercice 99 (page 161).

Écrivez en chiffres les nombres suivants :

(1)   3 litres 5 centilitres. — R. 3lit,05.
(2) 17 litres 8 décilitres. — R. 17lit,8.
(3) 15 centilitres. — R. 0lit,15.
(4)   3 décilitres. — R. 0lit,3.
(5) 324 litres 8 centilitres. — R. 324lit,08.
(6) 14 hectolitres 4 litres. — R. 14hectol,04.
(7) 17 décalitres 25 décilitres. — R. 17décal,25.
(8)   3 hectolitres 18 litres. — R. 3hectol,18.
(9)   5 centilitres. — R. 0lit,05.
(10) 4 décalitres 9 litres. — R. 4décal,9.
(11) 24 hectolitres 3 litres. — R. 24hectol,03.
(12) 16 décalitres 35 décilitres. — R. 16décal,35.

Effectuez par colonnes l'addition des nombres qui précèdent :

Total de la première colonne : 1 749l,38.
Total de la deuxième colonne : 3 106l,05.

Exercice 100 (page 162).

Ramenez les nombres suivants à l'unité indiquée :

(1) A l'hectolitre : 325 lit. — R. 3 hectol. 25. — 42 lit. — R. 0 hectol. 42. —
0 décal. 25. — R. 0 hect. 025. — 43 lit. 67. — R. 0 hect. 4367. — 965 lit. —
R. 9 hectol. 65. — 3 décal. 35. — R. 0 hectol. 335.

(2) Au litre : 2 hectol. 17. — R. 217 lit. — 3 décal. 52. — R. 35 lit. 2. —
324 hectol. — R. 32 400 lit. — 9 décal. 8. — R. 98 lit. — 360 décal.
— R. 3 600 lit. — 0 hectol. 25. — R. 25 lit.

(3) Au décalitre : 235 lit. — R. 23 décal. 5. — 3 642 lit. — R. 364 décal. 2. —
4 décal. 25. — R. 4 décal. 25. — 0 lit. 17. — R. 0 décal. 017. — 9 hect. 3.
— R. 93 décal. — 5 hectol. — R. 50 décal.

(4) Au mètre cube : 3 675 lit. — R. 3 m. c. 675. — 18 hectol. — R. 1 m. c. 800. — 4 679 décal. — R. 46 m. c. 790. — 34 572 hectol. — R. 3 457 m. c. 200. — 3 679 lit. — R. 3 m. c. 679.

(5) A l'hectolitre : 45 m. c. — R. 450 hectol. — 3 m. c. 67. — R. 36 hectol. 70. — 0 m. c. 853. — R. 8 hectol. 53. — 0 m. c. 032. — R. 0 hectol. 32. — 2 m. c. 463. — R. 24 hectol. 63.

(6) Au litre : 0 m. c. 004. — R. 4 lit. — 0 m. c. 000 347. — R. 0 lit. 347. — 2 m. c. 56. — R. 2 560 lit. — 3 m. c. 234. — R. 3 234 lit. — 397 m. c. — R. 397 000 lit.

(7) Au décimètre cube : 24 lit. — R. 24 d. m. c. — 3 hectol. 56. — R. 356 d. m. c. — 0 lit. 673. — R. 0 d. m. c. 673. — 3 décal. 27. — R. 32 d. m. c. 7. — 6 lit. — R. 6 d. m. c. — 5 hectol. — R. 500 d. m. c.

(8) Au litre : 3 boisseaux. — R. 30 lit. — Un 1/2 boisseau. — R. 5 lit. — 15 boisseaux. — R. 150 lit. — un 1/5 de boisseau. — R. 2 lit. — 3 boisseaux 1/2. — R. 35 lit. — 2 boisseaux 1/5. — R. 22 lit.

PROBLÈMES SUR LES MESURES DE CAPACITÉ (page 162).

1. Un homme est chargé de transporter 245 hectol. de blé. Combien fera-t-il de voyages, si, à chaque voyage, il en porte 1 hectol. 4 décal. ? — R. 175 voyages.

2. Combien faut-il de centim. cubes d'eau pour remplir un vase dont la capacité est de 12 litres 7 ? — R. 12 700 centim. cubes.

3. On veut mettre en bouteilles une pièce de vin qui contient 250 litres ; chaque bouteille contient 65 centil. Combien faudra-t-il de bouteilles ? — R. 384 bouteilles.

4. Une citerne contient 158 mètres cubes d'eau ; chaque jour on y puise 48 seaux qui contiennent chacun 7 litres 5. Dans combien de jours l'aura-t-on épuisée ? — R. Dans 438 jours.

5. On a des sacs qui contiennent 125 litres ; combien en faudra-t-il pour contenir 263 hectol. de blé ? — R. 210 sacs.

6. Combien 8 hectol. et 5 litres valent-ils de décim. cubes ? — R. 805.

7. Un réservoir a 15 mètres 4 de long sur 3 mètres 6 de large et 2 mètres 8 de haut. Combien renferme-t-il de litres ? — R. 155 232 litres.

8. Combien 43 décal. valent-ils de décim. cubes ? — R. 430.

9. Une carafe contient 1 litre 35. Combien de fois l'eau contenue dans cette carafe pourra-t-elle remplir un verre dont la capacité est de 45 centim. cubes ? — R. 30 fois.

10. Un marchand de vins et eaux-de-vie fait la livraison suivante : 825 litres de vin à 35 fr. l'hectol. ; 7 pièces de vin de 114 litres à 0 fr. 54 le litre ; 75 décal. d'eau-de-vie à 1 fr. 75 le litre. On demande quel sera le montant de sa facture. — R. 2 032 fr. 17.

11. 29 litres d'un liquide ont coûté 43 fr. 50. Quel est le prix d'un mètre cube ? — R. 1 500 fr.

12. Quel est le prix de 38 doubles décalitres de blé, à raison de 18 francs l'hect. ? — R. 136 fr. 80.

13. Que doit-on payer pour 28 hectol. 6 litres d'eau-de-vie, à 1 fr. 15 le litre ? — R. 3 226 fr. 90.

14. Un marchand de blé en a acheté 84 hectol. et demi, à 3 fr. 80 le double décalitre : quelle somme doit-il payer ? — R. 1 605 fr. 50.

15. Ce marchand en a acheté une autre fois 58 doubles décalitres pour *la* somme de 214 fr. 60 : quel était le prix de l'hectol. ? — R. 18 fr. 50.

16. Un marchand a 945 hectolitres de blé en magasin, et, pour expédier ce blé, il veut le mettre dans des sacs contenant chacun 5 doubles décalitres 8 litres. Combien lui faudra-t-il de sacs? — R. 875.

17. On sait que 15 litres de faîne donnent un litre d'huile à manger : de quelle quantité de faîne doit s'approvisionner un particulier qui voudrait remplir de cette huile un baril de 80 litres? — R. 12 hectolitres.

18. Un cabaretier a acheté 8 pièces de vin de Bourgogne, chacune de 230 litres, qu'il a payé à raison de 40 fr. l'hectolitre; le transport et les droits lui ont encore coûté 13 francs par pièce. Combien son vin lui coûte-t-il en tout? — R. 840 fr.

19. Un roulier veut entrer en ville avec 36 pièces de vin, contenant chacune deux hectol. un quart : le prix d'octroi étant de 20 francs par hectol., on demande combien coûtera l'entrée de ce vin. — R. 1 620 fr.

20. Une laitière vend son lait 0 fr. 15 le litre, et elle fournit chaque jour 2 litres 4 décil. à une famille. Comme la laitière est payée chaque dimanche, combien lui doit-on ce jour-là pour sa fourniture de lait pendant les sept jours de la semaine? — R. 2 fr. 52.

21. Un limonadier a acheté 5 barriques de liqueur, chacune de 120 litres, qu'il a payée à raison de 180 fr. l'hectol., et il dit qu'en la revendant il a gagné 300 fr. sur le tout. Combien l'a-t-il revendue le litre? — R. 2 fr. 30.

22. Un fermier a conduit au marché 56 sacs de blé, contenant chacun 5 doubles décalitres. Quelle somme a-t-il dû recevoir, ayant vendu son blé à raison de 25 fr. l'hectol.? — R. 1 400 fr.

23. Ce fermier a fait un autre marché; il a vendu 15 hectol. et demi de blé pour la somme de 302 fr. 25. Quel était le prix de l'hectol. et du double décalitre? — R. 19 fr. 50 et 3 fr. 90.

24. Un cabaretier a acheté 12 pièces de vin contenant chacune 230 litres, et ce vin lui revient à 25 fr. l'hectol. ; sachant qu'il le revend 0 fr. 35 le litre, combien gagnera-t-il sur son marché? — R. 276 fr.

25. Ce même débitant a encore fait deux autres marchés : dans le premier, il a acheté 10 hectol. 8 décal. de vin pour 432 fr.; dans le second, il en a acheté 15 pièces contenant chacune 2 hectol. 2 décal. 8 décilitres pour 1 324 fr. 80. Quel est le vin le plus cher? — R. Ils lui coûtent le même prix, 0 fr. 40 le litre.

26. Un distillateur a deux pipes * d'eau-de-vie, l'une de 3 hectol. et demi, l'autre de 3 hectol. 4 décal.; cette eau-de-vie est estimée 1 fr. 40 le litre, et il voudrait la changer pour du vin qui vaut 35 fr. l'hectol. Combien peut-il avoir de pièces de vin pour son eau-de-vie, la pièce étant de 230 litres? — R. 12 pièces.

27. Un cultivateur fume sa chenevière * avec de la colombine que lui fournissent ses 104 pigeons; il estime cette fumure 160 francs, et il en emploie 890 litres. Que vaut le litre de colombine? que vaut la colombine fournie par un pigeon? Que vaut le mètre cube de cet engrais? — R. 1° 0 fr. 18. — 2° 1 fr. 54. — 3° 179 fr. 75.

28. Un cultivateur a conduit 3 voitures de blé au marché, chaque voiture contenant 28 sacs, chacun de 4 doubles décal. 5 litres; et il a vendu son blé à raison de 23 fr. l'hectol. On demande de faire son compte. — R. 1642 fr. 20.

29. Un limonadier a acheté 2 fûts de liqueur, l'un de 2 hectol. 12 litres, et l'autre de 2 hectol. 4 décal. Cette liqueur lui revient à 160 fr. l'hectolitre; bien qu'il en ait perdu 24 litres, il dit qu'il a encore eu 304 fr. de bénéfice brut * en la revendant. Combien a-t-il revendu le litre de liqueur ? — R. 2 fr. 40 le litre.

30. Un marchand de vin en a acheté 5 pièces pour 414 francs : la première contient 235 litres ; la seconde, 228 litres 5 décil. ; la troisième, 234 litres 8 décil. ; la quatrième, 226 litres 7 décil. ; on sait qu'il a payé ce vin à raison de 36 francs l'hectol. D'après ces indications, pourrait-on trouver la contenance de la cinquième pièce ? — R. 225 litres.

31. Un distillateur a vendu 6 hectol. 4 décal. d'eau-de-vie à un cafetier, au prix de 190 francs l'hectol. ; celui-ci la revend en détail aux consommateurs, en leur mesurant 16 petits verres dans un litre. On demande quel est le prix d'un petit verre, sachant que le cafetier, après avoir débité son eau-de-vie, a eu un bénéfice brut de 320 francs. — R. 0 fr. 15.

32. Un brasseur a fourni, pendant l'année, à un limonadier, 36 fûts de bière, chacun de 70 litres, à raison de 25 francs l'hectol. ; le limonadier met cette bière dans des bouteilles de 0^l,70 centil., qu'il vend 0 fr. 35 aux consommateurs. Quel a été son bénéfice brut de toute l'année sur le débit de sa bière ? — R. 630 fr.

PROBLÈMES SUPPLÉMENTAIRES.

1. Un cabaretier, ayant acheté un convoi de vin, disait : Si je vends mon vin 0 fr. 50 centimes le litre, je ne gagnerai rien ; en le vendant 0 fr. 60 centimes, j'aurai un bénéfice de 540 francs : combien ce cabaretier avait-il de pièces de vin de 225 litres chacune ? — R. 24 pièces.

2. Un débitant de boissons achète deux fûts d'eau-de-vie, l'un de 2 hectolitres 4, l'autre de 1 hectolitre 8 litres ; il paie le premier à raison de 90 francs l'hectolitre, et le second à 75 francs. Il mélange ces deux sortes d'eau-de-vie, et vend le tout à 1 fr. 70 centimes le litre : les droits de débit étant de 45 francs par hectolitre, quel sera son bénéfice ? — R. 138 francs.

3. Un récipient est alimenté par trois conduites d'eau ; la première donne 3 litres 4 par minute ; la seconde, 12 litres en 5 minutes, et la troisième, un quart d'hectolitre en 8 minutes ; ces trois conduites, coulant ensemble, mettent 20 heures pour remplir ce récipient : quelle en est la contenance ? — R. 107 hectolitres 10 litres.

4. Un propriétaire de Normandie a un verger de 3 hectares 80 ares, planté en pommiers, dont la récolte est destinée à faire du cidre. On sait : 1° qu'il y a 75 pommiers plantés par hectare ; 2° qu'un pommier en plein rapport donne, en moyenne, trois hectolitres et demi de pommes, et 3° qu'un hectolitre de pommes produit 40 litres de cidre : d'après ces évaluations, combien ce propriétaire doit-il récolter de cidre annuellement ? — R. 399 hectolitres.

CHAPITRE VIII

MESURES DE POIDS

Du gramme.

309. — L'unité de poids est le **gramme**.

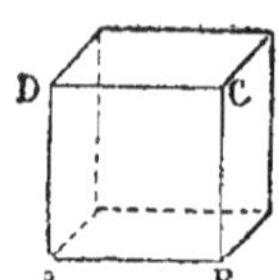

310. — Le *gramme* est le poids d'un centimètre cube (fig. 20) d'eau distillée *, prise à la température de 4 degrés du thermomètre centigrade [1].

311. — Le gramme est représenté par un petit poids en cuivre, de forme cylindrique, surmonté d'un petit bouton (fig. 21).

312. — Les multiples du gramme sont :

Le *décagramme*	(Dg),	qui vaut	10gr.
L'*hectogramme*	(Hg)	—	100gr.
Le *kilogramme*	(Kg)	—	1 000gr.
Le *myriagramme*	(Mg)	—	10 000gr.

313. — Les sous-multiples du gramme sont :

Le *décigramme*, qui vaut	un dixième	de gramme	0gr,1.
Le *centigramme*	—	un centième de	—	0gr,01.
Le *milligramme*	—	un millième de	—	0gr,001.

En conséquence, le gramme vaut **10** décigrammes, **100** centigrammes, **1000** milligrammes.

Numération des unités de poids.

314. — Un nombre qui exprime des grammes se lit et s'écrit comme un nombre exprimant des mètres ou des litres.

Ainsi le nombre 7143gr,625 se lira 7143 grammes, 625 milligrammes.

De même   843 grammes 25 centigrammes s'écrivent : 843gr,25
    13 grammes 5 milligrammes   —   13gr,005
    0   —   15 centigrammes   —   0gr,15

---

1. La définition scientifique du gramme est celle-ci : Le gramme est le poids d'un centimètre cube d'eau distillée, pesée dans le vide et ramenée à son maximum de densité.

L'explication de cette définition, qui est du domaine de la physique, nous entraînerait un peu loin : nous nous abstiendrons de la donner.

De même 4258^{gr},3 convertis en kilogrammes deviennent 4^{Kg},2583
— 8^{gr},5 — en hectogrammes — 0^{Hg},085
— 6^{Kg},358 — en décagrammes — 635^{Dg},8
— 2^{gr},7 — en centigrammes — 270^{cgr}.

Le kilogramme pris pour unité.

315. — Pour les pesées ordinaires du commerce, l'unité de poids est le **kilogramme**, que l'on nomme vulgairement un **kilo** (au pluriel, des *kilos*).

316. — Lorsque l'unité d'un nombre est le **kilogramme**, le premier chiffre à droite de la virgule représente des *hectogrammes* ou **hectos**; le deuxième, des *décagrammes* ou **décas**; le troisième, des *grammes*.

Ainsi les nombres :

2^{K},3 s'énoncent 2 kilos 3 hectos
4^{K},25 — 4 kilos 25 décas
3^{K},054 — 3 kilos 54 grammes.

REMARQUE. — Dans la pratique, pour plus de simplicité, les hectogrammes et les décagrammes sont **souvent** convertis en grammes. Ainsi les nombres précédents s'énoncent :

2 kilogrammes 300 grammes (ou simplement 2 kilos 300).
4 kilogrammes 250 grammes (ou simplement 4 kilos 250).
3 kilogrammes 54 grammes (ou simplement 3 kilos 54).

De la livre et de l'once.

317. — Le demi-kilogramme (500 grammes) est communément appelé **livre**, du nom d'une ancienne unité de poids dont la valeur s'approchait de 500 grammes.

Bien que le mot *livre* soit emprunté à la nomenclature des anciennes mesures, il a pris place, par sa nouvelle valeur, dans la liste des mesures métriques.

La *livre* ou *demi-kilo* vaut 500 grammes
La *demi-livre* — 250 grammes
Le *quart de livre* — 125 grammes

318. — Le mot *once*, qui, comme le mot *livre*, est emprunté à la nomenclature des anciennes mesures, équivaut à 30 grammes.

L'emploi de l'*once* tend de plus en plus à disparaître.

Du quintal et de la tonne.

319. — Le **quintal métrique** vaut **100** kilogrammes.

Ex. : Un quintal de blé (100 kilogrammes de blé).

320. — La **tonne métrique** vaut **1000** kilogrammes. Ex. : Une tonne de fer (1000 kilogrammes de fer), 100 tonnes de houille (100 000 kilogrammes de houille).

Poids effectifs ou réels.

321. — Pour faciliter les opérations commerciales, la loi a prescrit que *chacune des mesures de poids aurait son double et sa moitié.*

Voici la liste des mesures réelles de poids[1] :

50 kilos (fonte).

20 kilos (fonte).	2 grammes.
10 *kilos* id.	1 *gramme.*
5 kilos id.	5 décigrammes.
2 kilos.	2 décigrammes.
1 *kilo.*	1 *décigramme.*
$^1/_2$ kilo (500 gr.).	$^1/_2$ décigr. (5 centigr.).
2 hectos (200 gr.).	2 centigrammes.
1 *hecto* (100 gr.).	1 *centigramme.*
$^1/_2$ hecto (50 gr.).	$^1/_2$ centigr. (5 milligr.).
2 décas (20 gr.).	2 milligrammes.
1 *déca* 10 gr.).	1 *milligramme.*
$^1/_2$ déca (5 gr.).	

Fig. 22.
Poids en fonte à
base hexagonale.

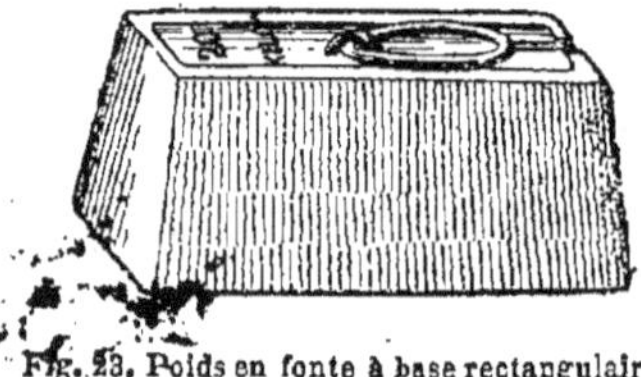

Fig. 23. Poids en fonte à base rectangulaire.

Fig. 24.
Poids cylindrique
en cuivre.

322. — Les poids sont en *fonte de fer* à base hexagonale (fig. 22) ou rectangulaire (fig. 23), ou en *cuivre* et de forme cylindrique (fig. 24).

---

1. On mettra les différents poids sous les yeux des élèves. Voici les prix des séries de poids prises chez MM. A. Colin et Cie : Poids en cuivre, série du kilogramme au gramme, avec socle, 9 fr. 50 ; — série du demi-kilogramme au gramme, avec socle, 6 fr. 50 ; — poids en lamelles, du demi-gramme au milligramme, 0 fr. 75 ; — poids en fonte, 5 kil., 2 fr. 35, — 2 kil., 1 fr. 10, — 1 kil., 0 fr. 80, — demi-kilo, 0 fr. 45, — 2 hectos, 0 fr. 30, — 1 hecto, 0 fr. 25, — demi-hecto, 0 fr. 20 ; — balance à pied, fléau ordinaire, plateaux en cuivre montés à cordes, 8 fr. 50 ; — balance suspendue à la main, plateaux en fer battu, montés à cordes, 4 fr. 50.

323. — Il existe encore des poids *coniques* ou *à godet* en cuivre, qui sont évidés et qui s'emboîtent les uns dans les autres (fig. 25 et 26); le plus grand forme boîte et sert à contenir les autres. La boîte pleine forme une *série*. Il y a des séries de 1 kilogramme, de 500 grammes, de 200 grammes.

Fig. 25.
Poids à godet.

Petits poids.

324. — Le décigramme, le centigramme et le milligramme, en raison de leur exiguïté, sont appelés *petits poids*. Ils ont la forme de petites lamelles de cuivre très-minces (fig. 27); ils ont chacun leur double et leur moitié.

325. — Les petits poids ne sont pas employés dans le commerce ordinaire, où l'on se contente d'une évaluation à un gramme près; mais ils sont indispensables pour les pesées qui exigent une grande exactitude, telles sont les pesées d'une lettre, d'un bijou, d'une drogue, etc.

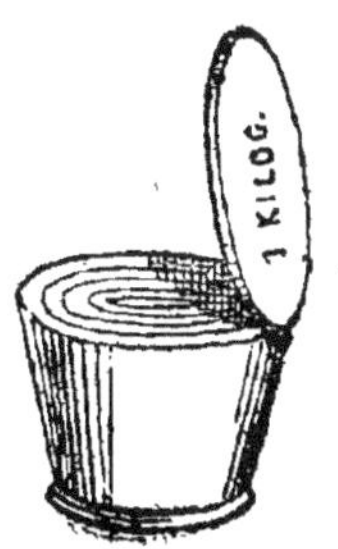

Fig. 26.
Série de 1 kilog.,
boîte comprise.

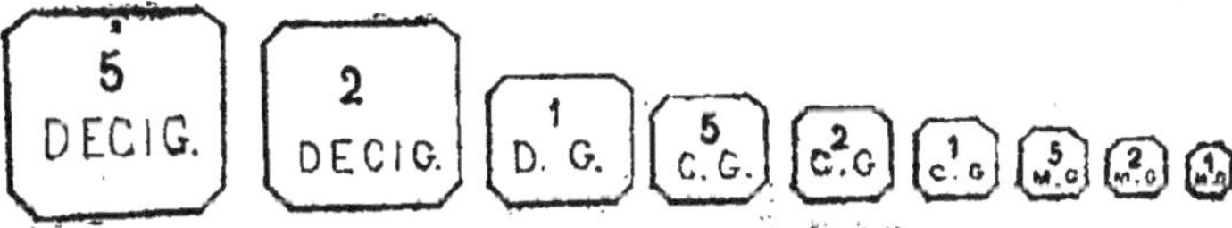

Fig. 27. — Poids en lamelles (grandeurs réelles).

326. — Tous les poids portent l'indication de leur valeur inscrite sur la face supérieure.

DES BALANCES

327. — Pour peser les objets, on se sert d'un instrument appelé **balance**.

328. — Les modèles de balances les plus employés sont : la balance *ordinaire*, la balance *Roberval*, la balance *bascule*; on rencontre encore quelquefois la balance *romaine* et le *peson à ressort*.

Balance ordinaire.

329. — La balance *ordinaire* ou *à colonne* (fig. 28) se compose d'une colonne qui supporte un fléau AB, mobile autour

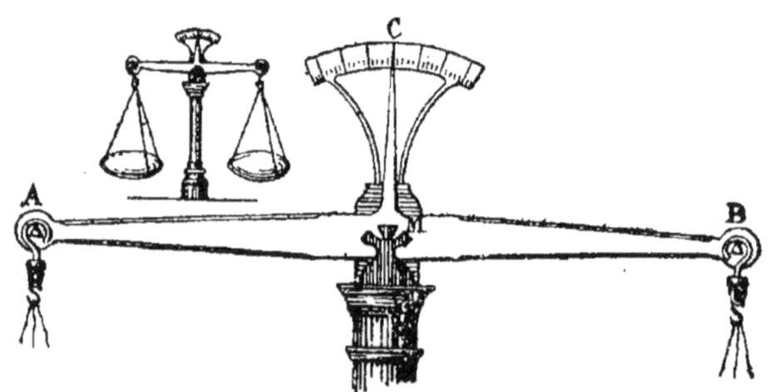

Fig. 28. — Balance ordinaire. — AB, fléau ; — AM, BM, bras du fléau ; — C, aiguille de vérification ; — M, couteau aigu sur lequel le fléau oscille.

de l'arête d'un couteau horizontal M. Les deux bras AM, BM du fléau sont d'égale longueur et supportent à leurs extrémités deux plateaux de même poids.

Une aiguille C, qui oscille devant un cadran divisé, indique les plus petits mouvements du fléau. On reconnaît que l'équilibre est établi lorsque l'aiguille s'arrête *juste* en face du zéro du cadran.

Fig. 29. — Balance Roberval.

Manière de vérifier la justesse d'une balance.

330. — On vérifie la justesse d'une balance de la manière suivante. Les deux plateaux étant vides ou chargés de poids égaux, l'aiguille doit s'arrêter **en face** du zéro du cadran.

On vérifie encore la justesse d'une balance en recommençant la pesée après avoir changé les poids de côté.

Balance de Roberval.

331. — Il existe encore une balance en faveur dans le commerce, c'est la balance de ROBERVAL, ainsi appelée du nom de son inventeur (fig. 29).

Dans cette balance, les plateaux, au lieu d'être suspendus au-dessous du fléau, sont placés au-dessus.

Balance romaine.

332. — La balance *romaine* (fig. 30), qu'on rencontre quelquefois encore dans le midi de la France, se compose principalement d'un fléau AB suspendu par un point D autour duquel il peut tourner. Le côté AD du fléau est muni d'un crochet

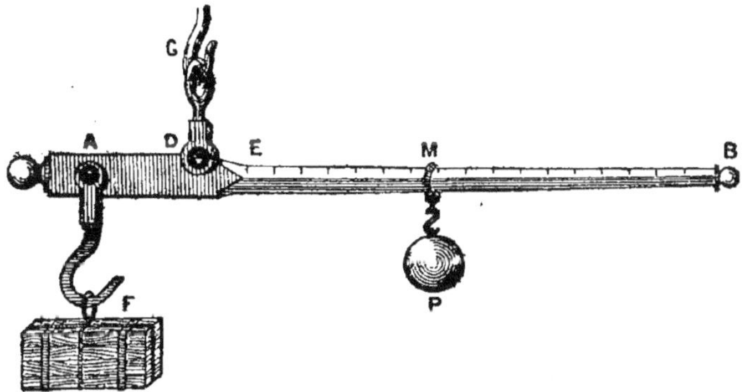

Fig. 30. — Balance romaine.

auquel est attaché l'objet à peser, Le côté E B, sur lequel sont marquées des divisions qui correspondent à un poids déterminé, supporte une boule P qui peut glisser le long de E B à l'aide d'un anneau M. Lorsqu'on veut se servir de l'appareil, on attache l'objet à peser au crochet, puis on fait glisser la boule P jusqu'à ce que le fléau A B reste horizontal. A ce moment on regarde à quelle division est arrêtée la boule et cette division donne le poids cherché.

Peson à ressort.

333. — Le **peson à ressort** (fig. 31) se compose d'un ressort A B C et de deux arcs de fer C D et F E. L'arc C D est fixé à la branche inférieure du ressort; il passe librement dans une ouverture pratiquée en A et se termine

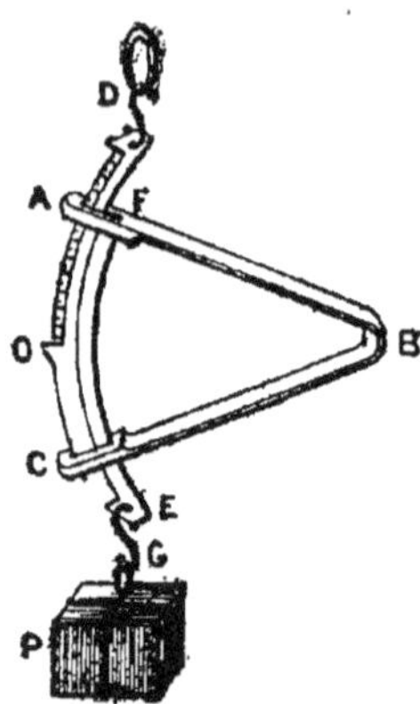

par un anneau qu'on tient à la main. Cet arc porte des divisions de O en D. L'arc FE est fixé à la branche supérieure du ressort; il passe librement dans une ouverture pratiquée en C et se termine par un crochet auquel est suspendu le corps à peser. Lorsqu'on tient l'instrument par l'anneau et qu'on suspend un corps au crochet, le ressort ABC se plie et ses extrémités A et C se rapprochent; la division où s'arrête l'extrémité A donne le poids cherché.

Fig. 31. — Peson à ressort.

Balance bascule.

334. — Il existe une troisième sorte de balance d'un usage général pour les pesées un peu fortes : c'est la *balance bascule* (fig. 32).

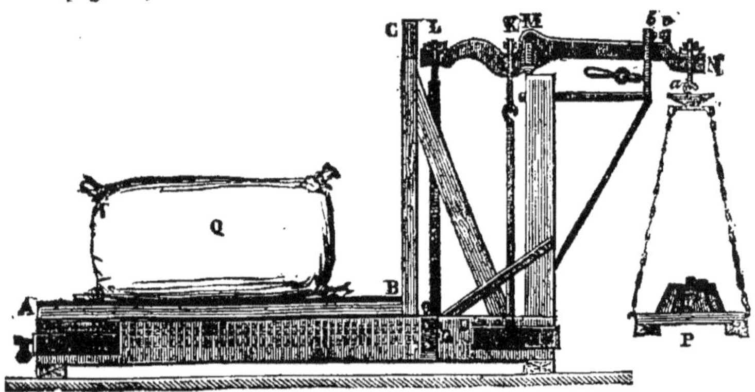

Fig. 32. — Balance bascule. Un poids de 10 kil., placé en P, fait équilibre à un poids de 100 kil. placé en A B.

Cette balance est disposée de telle sorte, qu'un poids quelconque placé sur le petit plateau P fait équilibre à un fardeau Q **dix fois** plus pesant, placé sur le grand plateau A B. Ainsi un poids de 10 kilos fait équilibre à un fardeau de 100 kilos. De même, un poids de 14 kilogr. 4 fait équilibre à un fardeau de 144 kilos.

Grâce à cet ingénieux système, on est dispensé de se servir des poids de 50 et de 20 kilogr., dont le maniement est très-pénible.

Dans la balance bascule, l'aiguille de vérification est remplacée par deux appendices *b* et *c*, dont l'un *b* est fixe tandis que l'autre *e* se meut avec le fléau. Au moment de la pesée, on reconnaît que l'équilibre est établi, quand les deux appendices restent en regard l'un de l'autre.

Lorsque la pesée est terminée, on met la balance au repos à l'aide d'une manivelle qui soutient le levier MN.

Pont à bascule.

335. — Il arrive souvent qu'on a besoin de connaître la poids d'un bœuf, d'un lot de moutons, d'une voiture chargée de grain, de fourrage ou de fumier. On se sert dans ce but d'un *pont à bascule*, qui est une balance bascule de grandes dimensions et disposée d'une façon particulière.

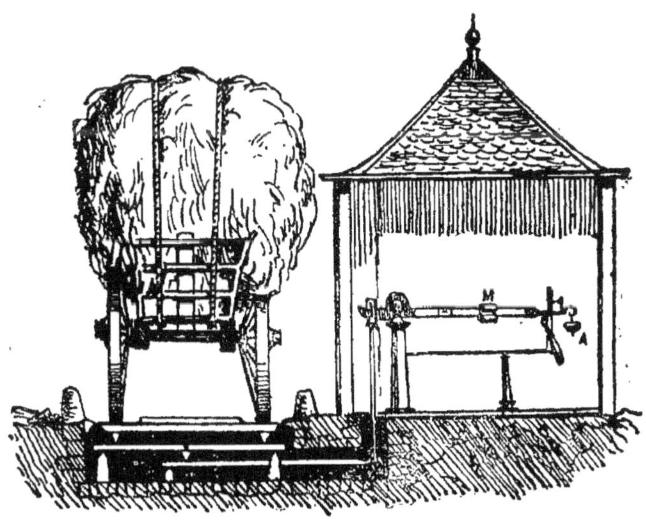

Fig. 33. — Pont à bascule.

Le plateau sur lequel on place l'animal ou la voiture à peser est au niveau du sol. Il correspond, en dessous, à l'aide d'un système de solives et de tiges de fer, à un bras de levier sur lequel peut glisser un curseur M qui, par la place qu'il occupe, indique le poids de l'animal ou de la voiture.

De la tare.

336. — On appelle **tare** le poids de l'enveloppe d'une marchandise qu'on ne peut peser à nu *.

Je suppose que vous vouliez acheter un kilogramme de miel; comme le miel est presque liquide, vous remettez au marchand un bol destiné à le contenir. Le marchand commence par peser le bol vide. Supposons qu'il pèse 200 grammes : ces 200 grammes sont *la tare*.

Vérification des poids et mesures.

337. — Les poids, mesures, balances, sont soumis à une **vérification annuelle** destinée à constater qu'ils sont exacts et conformes aux modèles de l'État. Cette vérification est faite par des agents nommés *vérificateurs des poids et mesures*, et elle est indiquée par l'apposition d'un poinçon. Le commerçant dont on vérifie les poids et mesures paye, pour ce fait, une certaine somme, peu élevée d'ailleurs, et qui varie avec la nature des objets vérifiés.

En outre, une loi de 1873 a frappé les poids, les mesures et les balances d'un impôt annuel qui varie de 0 fr. 06 à 0 fr. 60 pour chaque poids, de 0 fr. 06 à 1 fr. pour chaque mesure de capacité, et de 0 fr. 25 à 5 fr. pour chaque instrument de pesage.

De l'honnêteté dans les pesées.

338. — *On doit donner à chacun ce qui lui est dû.*

Si une personne vient vous acheter une quantité quelconque de marchandises, vous devez lui remettre intégralement, en échange de son argent, le poids **exact** de marchandise qu'elle demande. C'est une simple question d'honnêteté.

A-t-on affaire à un enfant? C'est avec une exactitude scrupuleuse qu'on doit le servir.

Quiconque trompe sur le poids commet un acte aussi coupable que celui qui dérobe l'argent d'autrui.

Sont punis d'un emprisonnement de trois mois à un an et d'une amende qui ne peut être inférieure à 50 francs, ceux qui ne donnent pas le poids demandé ou qui trompent l'acheteur par l'usage de faux poids ou de fausses mesures, ou de balances inexactes. Le tribunal peut ordonner que le jugement de condamnation sera affiché à la porte du condamné et inséré dans les journaux.

Contrôle des pesées.

339. — Tout acheteur, avant de payer les objets qu'il achète, a le droit de vérifier l'exactitude du pesage.

Au moment où la pesée s'opère, il peut s'assurer si le marchand place dans le plateau les poids nécessaires à la pesée ; il peut aussi exiger que le marchand, avant d'enlever la marchandise, attende que l'équilibre soit parfaitement établi ; enfin l'acheteur doit calculer de tête la somme qu'il aura à payer.

Si l'on veut obtenir ce dernier résultat il faut se familiariser avec la forme et la grosseur des poids usités dans le commerce.

Il faut aussi chercher de petites combinaisons de calcul mental qui permettent de trouver rapidement le prix correspondant au poids.

Or, notre système métrique décimal se prête très aisément à ces combinaisons. Ainsi une marchandise qui coûte 2 fr. le kilogramme ou mille grammes, coûte 0 fr. 20 les cent grammes, et 0 fr. 02 les dix grammes. Si donc le marchand annonce un poids de 1 kil. 120 grammes, on fera de tête l'addition suivante :

$$2 \text{ fr.} + 0 \text{ fr. } 20 + (0 \text{ fr. } 02 \times 2) = 2 \text{ fr. } 24.$$

Relations entre les mesures de poids et les mesures de volumes.

340. — On a vu que le *gramme* est, par définition, le poids d'un *centimètre cube* d'eau distillée.

Le *kilogramme*, qui vaut mille grammes, sera donc le poids de mille centimètres cubes d'eau, ou d'un *décimètre cube* d'eau, ou d'un *litre* d'eau.

La *tonne*, qui vaut mille kilogrammes, sera donc aussi le poids de mille décimètres cubes d'eau, ou de mille litres d'eau ou d'un *mètre cube* d'eau.

C'est ce qu'on peut résumer dans le tableau suivant :

La tonne   est le poids d'un mètre cube d'eau.
Le kilogramme   —   d'un décimètre cube ou d'un litre d'eau.
Le gramme   —   d'un centimètre cube d'eau.

341. — On peut s'assurer par l'expérience qu'un litre d'eau pèse 1 kilogramme.

On fait la tare (n° 336) d'un litre en verre ou en métal, puis on le remplit d'eau pure, on le pèse, et on trouve que le poids de l'eau est très sensiblement égal à 1 kilogramme. La différence peut venir soit de la bouteille qui ne contient pas juste un litre, soit de l'eau qui n'est pas distillée, soit de la balance qui n'est pas juste. Mais cette différence sera toujours très petite.

De la densité, ou poids spécifique des corps.

342. — On dit vulgairement que le plomb est plus *lourd* que le bois. Cela ne signifie pas qu'une petite balle de plomb soit plus lourde qu'une grosse poutre de bois, mais bien qu'un certain volume de plomb est plus lourd que le même volume de bois. Pour exprimer ce fait, on doit dire que le plomb est plus *dense* que le bois, ou que la *densité* du plomb est plus grande que celle du bois.

Si on vient à peser les différents corps de la nature, à volume égal, un litre ou un décimètre cube de chacun d'eux, par exemple, on trouve qu'ils ont tous des poids différents. La liste de ces poids permettrait de ranger tous les corps par ordre de densité.

En effet, on sait que 1 litre d'eau distillée pèse 1 kilogramme; si on trouve qu'un litre de soufre pèse 2 kilog. et un litre de chaux 3 kilog., on pourra dire que la densité du soufre est 2 fois plus grande que celle de l'eau, et que la densité de la chaux est 3 fois plus grande que celle de l'eau, ou que les densités de ces deux corps par rapport à l'eau sont les nombres 2 et 3.

343. — On appelle donc **densité** ou *poids spécifique* d'un corps, le nombre qui exprime combien de fois un corps pèse plus que l'eau, **à volume égal.** Ainsi, quand on dit que la densité du plomb est 11,5, cela veut dire que le plomb pèse, **à volume égal,** 11 fois et demie plus que l'eau.

Au lieu de peser un litre de chaque corps, on peut peser un volume quelconque, pourvu qu'on rapporte le poids trouvé au poids d'un égal volume d'eau.

Par exemple, on trouve que 5 décimètres cubes de cuivre pèsent 44 kilogrammes. Mais on sait que 5 décimètres cubes d'eau pèsent 5 kilog. Pour trouver combien de fois le cuivre pèse plus que l'eau, à volume égal, il suffit de diviser 44 kilog. par 5, ce qui donne 8,8. Donc la densité du cuivre est 8,8.

On voit donc que la *densité ou poids spécifique d'un corps est le quotient du poids d'un certain volume de ce corps divisé par le poids d'un égal volume d'eau.*

REMARQUES. — I. Ce quotient, que l'on nomme aussi *rapport*, comme on le verra plus tard, peut être plus petit que l'unité, et exprimé par une fraction décimale ; par exemple, la densité de l'alcool est 0,80. Cela signifie que l'alcool ne pèse que les 80 centièmes du poids de l'eau, à volume égal.

II. — La densité d'un corps est toujours un nombre abstrait. Il ne faut pas dire que la densité du plomb est $11^k,5$, mais bien 11,5, sans aucune désignation, parce que ce nombre exprime que le plomb pèse 11 fois et demie plus que l'eau, quel que soit le volume considéré.

344. — Tableau de la densité des corps les plus usuels.

Platine	22	Chaux	3
Or	19,25	Cristal	3,3
Mercure	13,6	Marbre	2,7
Plomb	11,5	Verre	2,5
Argent	10,5	Soufre	2
Bronze	8,9	Eau	1
Cuivre	8,8	Glace (eau congelée)	0,92
Acier	7,8	Huile	0,9
Fer	7,78	Alcool (esprit de vin)	0,8
Étain	7,3	Chêne	0,6
Fonte	7	Bois blanc	0,4
Zinc	7,2	Liège	0,24

345. — La connaissance des densités des corps permet de trouver leur poids quand on connaît leur volume, ou leur volume quand on connaît leur poids.

EXEMPLES. — 1° Quel est le poids de $3^{lit},2$ d'alcool dont la densité est 0,8 ?

$3^l,2$ d'eau pèseraient $3^{Kg},2$; donc $3^l,2$ d'alcool pèseront $3^{Kg},2 \times 0,8 = 2^{Kg},560$.

2° Quel est le volume d'un bloc de marbre qui pèse $3^{Kg},780$, la densité du marbre étant 2,7 ?

Si la densité du marbre était celle de l'eau, le volume de ce bloc serait précisément de $3^{dmc},780$; si la densité du marbre était double, triple, etc., son volume serait 2 fois, 3 fois moindre ; il faudrait diviser $3^{dmc},780$ par 2, 3, etc. ; or la densité du marbre est 2,7, donc il faudra diviser 3,780 par 2,7, ce qui donne $1^{dmc},4$.

EXERCICES SUR LES MESURES DE POIDS

101. Exercice théorique (page 176).

1. Quelle est l'unité de poids? — R. Le gramme.

2. Si l'on pèse un centimètre cube d'eau, que représente le poids obtenu ? — R. Un gramme.

3. Quels sont les multiples du gramme? — Voir page 164, n° 312.

4. Quels sont les sous-multiples? — Voir page 164, n° 313.

5. Combien le gramme vaut-il de décigrammes? — R. 10. — De centigrammes? — R. 100. — De milligrammes? — R. 1 000.

6. Combien y a-t-il de grammes dans un décagramme?—R. 10. — Dans un hectogramme? — R. 100. — Dans un kilogramme? — R. 1 000.

7. Combien y a-t-il de décagrammes dans un hectogramme?— R. 10. — — Dans un kilogramme? — R. 100. — Dans 16 kilogrammes? — R. 1 600. — Dans 28 hectogrammes? — R. 280.

8. Expliquez sur les nombres : 3 gr. 625, — 0 gr. 85, — 0 kilog. 425, — 3 kilog. 5, — 2 kilog. 68, — 4 kilog. 2, — 0 gr. 007, — 3 gr. 26,—la manière de lire un nombre représentant des grammes. — R. 3 gram. 625 milligrammes. — 0 gram. 85 centigram. — 0 kilog. 425 grammes. — 3 kilog. 5 hectog. — 2 kilog. 68 décagram. — 4 kilog. 2 hectog. — 0 gr. 7 milligram. — 3 gr. 26 centigram. — Voir page 164, n° 314.

9. Expliquez sur les nombres : 2 grammes 3 décigrammes, — 15 centigrammes, — 1 kilogramme 4 hectogrammes, — 5 kilogrammes 6 grammes, — 12 kilogrammes 350 grammes, — 1 kilogramme 70 grammes, — la manière d'écrire un nombre représentant des grammes. — R. 2 gr. 3. — 0 gr. 15. — 1 kilog. 4. — 5 kilog. 006. — 12 kilog. 350. — 1 kilog. 070. — Voir page 164, n° 314.

10. Quel nom, dans le langage ordinaire, donne-t-on au demi-kilogramme? — R. Le nom de livre.

11. Quelle est la valeur en grammes de 1 livre? — R. 500 gr. — De 2 livres? — R. 1 kilog. — De 2 livres 1/2? — R. 1 250 gr. — D'une demi-livre? —R. 250 gr. — D'un 1/4 de livre? — R. 125 gr. — De 3/4 de livre?—R. 375 gr.

12. Quelle est la valeur de l'once en grammes? — R. 30 grammes.

13. Que représente un quintal? — R. 100 kilog. — Une tonne? — R. 1 000 kilog.

14. Faites un tableau des poids réels : dans la première colonne, vous placerez les multiples et les sous-multiples du gramme; dans la deuxième colonne, vous placerez les doubles; dans la troisième colonne, les moitiés.

R. —		
Myriagramme..	20 kilogrammes..	50 kilog.
Kilogramme . .	2 kilogrammes..	5 kilog.
Hectogramme. .	200 grammes. . .	1/2 kilog. ou 500 grammes.
Décagramme. .	20 grammes. . .	1/2 hectog. ou 50 gram.
Gramme. . . .	2 grammes. . .	1/2 décag. ou 5 grammes.
Décigramme. .	2 décigrammes .	1/2 gramme ou 5 décig.
Centigramme. .	2 centigrammes.	1/2 décig. ou 5 centig.
Milligramme. .	2 milligrammes.	1/2 centig. ou 5 millig.

15. Quelle est la forme des poids en fonte? — des poids en cuivre? — des petits poids? — Voir pages 166 et 167, nos 322, 323 et 324.

16. Que savez-vous de la balance ordinaire? — Voir page 168, no 329.

17. Comment vérifie-t-on la justesse d'une balance? — Voir page 168, no 330.

18. Que savez-vous de la balance de Roberval? — Voir page 169, no 331.

19. Que savez-vous de la balance romaine? — Voir page 169, no 332.

20. Que savez-vous du peson à ressort? — Voir page 169, no 333.

21. Que savez-vous de la balance-bascule? — Voir page 170, no 334.

22. Que savez-vous du pont à bascule? — Voir page 171, no 335.

23. Expliquez ce qui se passe lorsque vous allez acheter dans un bol un kilogramme de miel. — Voir page 172, no 336.

24. Que savez-vous de la vérification des poids et mesures? — Voir page 172, n° 337.

25. Quel est le poids d'un litre d'eau? — R. 1 kilog. — D'un mètre cube d'eau? — R. 1 000 kilog. ou une tonne. — D'un centimètre cube d'eau? — R. 1 gramme.

26. Qu'appelle-t-on *densité* d'un corps? — Voir page 174, nos 342 et 343.

27. Expliquez-le sur un exemple. — Voir page 174 no 343.

28. Puisqu'un décimètre cube d'eau pèse 1 kilogramme, que pèsera un décimètre cube de plomb? — R. 11 kilog. 5. — De platine? — R. 22 kilog. — D'or? — R. 19 kilog. 25. — De mercure? — R. 13 kilog. 6. — De verre? — R. 2 kilog. 5. — De glace? — R. 0 kilog. 92. — D'huile? — R. 0 kilog. 9. — De liége? — R. 0 kilog. 24.

29. Qu'est-ce qu'un quintal? — R. 100 kilog. — Une tonne? — R. 1 000 kilog.

30. Traduisez en tonnes les nombres suivants : 4 825 kilog., — 39 782 kilog., — 425 934 kilog., — 823 900 kilog. — R. 4 ton. 825, — 39 ton. 782, — 425 ton. 934, — 823 ton. 900.

31. L'unité d'un nombre étant le quintal, que représentent le premier, — le deuxième chiffre à droite de la virgule? — R. Le premier, des myriagrammes, — le deuxième, des kilogrammes.

32. L'unité étant la tonne, que représente le premier chiffre? — le deuxième? — le troisième chiffre à côté de la virgule? — R. Le premier, des quintaux; — le deuxième, des myriagrammes, — le troisième, des kilog.

33. De quels poids vous serviriez-vous pour peser 1 kilogr. 500 gr. de sucre? — R. Du poids de 1 kilogramme et du poids de 500 grammes. — 125 grammes de tabac? — R. Des poids de 100 grammes, de 20 grammes et de 5 grammes. — Une demi-livre de sucre? — R. Du poids de 500 grammes. — Un quart de poivre? — R. Des poids de 100 grammes, de 20 grammes et de 5 grammes, car un quart de livre de poivre équivaut à 125 grammes. — R. Une livre d'huile? — R. Du poids de 500 grammes.

Exercice 102.

On a vu (n° 339) qu'il est facile de trouver *de tête* le prix d'une marchandise lorsqu'on connaît le prix du kilogramme et le poids de cette marchandise. Si l'on éprouvait quelque difficulté à faire cette opération de tête, il serait toujours facile de la faire séance tenante avec un crayon. Il suffit, dans ce cas, de multiplier le poids **ramené au kilogramme** par le prix du kilogramme.

EXEMPLE. — 1 kilogramme d'une marchandise coûte 0 fr. 80; que coûtent 2 kilos? — 1 350 gr.? — 3 hectos? — 13 décas? — 15 hectos? — 5 livres? — 400 gr.?

Raisonnement. — Si 1 kilog. coûte 0 fr. 80, 2 kilog. coûteront 0 fr. 80 $\times$ 2 = 2 $\times$ 0 fr. 80 = 1 fr. 60. — On fera un raisonnement analogue pour les autres poids, mais on aura soin de les **ramener au kilogramme**.

1 350 gr.	= 1 kilog. 350	1 kilog. 350 $\times$ 0,80 = 1 fr. 08.
3 hectog.	= 0 kilog. 300	0 kilog. 300 $\times$ 0,80 = 0 fr. 24.
13 décag.	= 0 kilog. 130	0 kilog. 130 $\times$ 0,80 = 0 fr. 104
15 hectog.	= 1 kilog. 500	1 kilog. 500 $\times$ 0,80 = 1 fr. 20.
5 livres	= 2 kilog. 500	2 kilog. 500 $\times$ 0,80 = 2 fr. 00.
400 gr.	= 0 kilog. 400	0 kilog. 400 $\times$ 0,80 = 0 fr. 32.

Répondez verbalement, puis par écrit, aux questions suivantes :

1. Un kilogramme d'une marchandise coûte 2 fr., que coûtent 1 000 gr.? — R. 2 fr. — 100 gr.? — R. 0 fr. 20. — 10 gr.? — R. 0 fr. 02. — 3 000 gr.? — R. 6 fr. — 1 gr.? — R. 0 fr. 002. — 300 gr.? — R. 0 fr. 60. — 400 gr.? — R. 0 fr. 80. — 600 gr.? — R. 1 fr. 20. — 1 200 gr.? — R. 2 fr. 40. — 1 600 gr.? — R. 3 fr. 20. — 1 500 gr.? — R. 3 fr.

2. Un kilogramme d'une marchandise coûte 1 fr., que coûtent 2 kilog.? — R. 2 fr. — 1 hectog.? — R. 0 fr. 20. — 3 hectog.? — R. 0 fr. 60. — 8 hectog.? — R. 1 fr. 60. — 1 décag.? — R. 0 fr. 02. — 5 décag.? — R. 0 fr. 10.

3. Un kilogramme d'une marchandise coûte 2 fr., que coûtent 2 kilog? — R. 4 fr. — 4 kilog.? — R. 8 fr. — 1 kilog. 1/2? — R. 3 fr. — 1 kilog. 500? — R. 3 fr. — 1 kilog. 100? — R. 2 fr. 20. — 1 kilog. 300? — R. 2 fr. 60. — 1 200 gr.? — R. 2 fr. 40. — 500 gr.? — R. 1 fr.

4. Un kilogramme de marchandise coûte 0 fr. 90, que coûtent 3 kilog.? — R. 2 fr. 70. — 200 gr.? — R. 0 fr. 18. — 4 hectog.? — R. 0 fr. 36. — 800 gr.? — R. 0 fr. 72. — une livre? — R. 0 fr. 45. — une 1/2 livre? — R. 0 fr. 225.

5. Une livre d'une marchandise coûte 0 fr. 75, que coûtent 100 gr.? — R. 0 fr. 15. — 150 gr.? — R. 0 fr. 225. — 250 gr.? — R. 0 fr. 375. — 350 gr.? — R. 0 fr. 525. — 450 gr.? — R. 0 fr. 675. — 550 gr.? — R. 0 fr. 825. — 650 gr.? — R. 0 fr. 975. — 750 gr.? — R. 1 fr. 125. — 850 gr.? — R. 1 fr. 275. 950 gr.? — R. 1 fr. 425. — 1 050 gr.? — R. 1 fr. 575. — 1 200 gr.? — R. 1 fr. 80.

6. Une livre d'une marchandise coûte 0 fr. 80, que coûtent 3 hectog.? — R. 0 fr. 48. — 1 850 gr.? — R. 2 fr. 96. — 1 650 gr.? — R. 2 fr. 64. — 1 360 gr.? — R. 2 fr. 176. — 1 180 gr.? — R. 1 fr. 888. — 316 gr.? — R. 0 fr. 5056. — 520 gr.? — R. 0 fr. 832. — 2 livres? — R. 1 fr. 60. — 4 livres 1/2? — R. 3 fr. 60. — 3/4 de livre? — R. 0 fr. 60.

Exercice 103 (page 177).

Écrivez en toutes lettres les nombres suivants :

(1) 0gr,25. — R. Vingt-cinq centigrammes.
(2) 3gr,06. — R. Trois grammes, six centigrammes.
(3) 4gr,5. — R. Quatre grammes, cinq décigrammes.
(4) 2gr,626. — R. Deux grammes, six cent vingt-six milligrammes.
(5) 4Hgr,25. — R. Quatre hectogrammes, vingt-cinq grammes.
(6) 6Dgr,72. — R. Six décagrammes, soixante-douze décigrammes.
(7) 0Kgr,25. — R. Vingt-cinq décagrammes.
(8) 3Kgr,250. — R. Trois kilogrammes, deux cent cinquante grammes.
(9) 5Hgr,17. — R. Cinq hectogrammes, dix-sept grammes.
(10) 3gr,256. — R. Trois grammes, deux cent cinquante-six milligrammes.
(11) 4Dgr,27. — R. Quatre décagrammes, vingt-sept décigrammes.

(12) 8Hgr,650. — R. Huit hectogrammes, six cent cinquante décigrammes.
(13) 3Kgr,28. — R. Trois kilogrammes, ving-huit décagrammes
(14) 8Kgr,3. — R. Huit kilogrammes, trois hectogrammes.
(15) 3Hgr,6. — R. Trois hectogrammes, six décagrammes.
(16) 0Kgr,27. — R. Vingt-sept décagrammes.
(17) 0Hgr,08. — R. 8 grammes.
(18) 4Dgr,7. — R. Quatre décagrammes, sept grammes.
(19) 9gr,26. — R. Neuf grammes, vingt-six centigrammes.
(20) 2Kgr,358. — R. Deux kilogrammes, trois cent cinquante-huit grammes.
(21) 2Hgr,9. — R. Deux hectogrammes, neuf décagrammes.
(22) 3Kgr,387. — R. Trois kilogrammes, trois cent quatre-vingt-sept grammes.
(23) 2Hgr,17. — R. Deux hectogrammes, dix-sept grammes
(24) 0Dgr,9. — R. Neuf grammes.

Le total de la 1re colonne est. . . . . . 502gr,636.
Le total de la 2e colonne est. . . . . 4 927gr,956.
Le total de la 3e colonne est. . . . . . 12 265 grammes.
Le total de la 4e colonne est. . . . . . 6 270gr,26.

Exercice 104 (page 178).

Écrivez en chiffres les nombres suivants :

(1) 2 grammes 25 centigrammes. — R. 2gr,25.
(2) 1 gramme 6 milligrammes. — R. 1gr,006.
(3) 3 kilogrammes 2 hectogrammes. — R. 3Kg,2.
(4) 9 kilogrammes 25 grammes. — R. 9Kg,025.
(5) 18 hectogrammes 3 grammes. — R. 18Hg,03.
(6) 2 décagrammes 19 décigrammes. — R. 2Dg,19.
(7) 2 kilogrammes 30 grammes. — R. 2Kg,030.
(8) 8 décigrammes. — R. 0gr,8.
(9) 2 kilogrammes 70 grammes. — R. 2Kg,070.
(10) 9 kilogrammes 50 grammes. — R. 9Kg,050.
(11) 3 hectogrammes 4 décagrammes. — R. 3Hg,4.
(12) 6 kilogrammes 2 hectogrammes. — R. 6Kg,2.
(13) 6 kilogrammes 60 grammes. — R. 6Kg,060.
(14) 3 hectogrammes 30 grammes. — R. 3Hg,30.

Effectuez par colonnes l'addition des nombres qui précèdent.

TOTAL de la 1re colonne. . 6 083gr,156.
—   —   2e   —   . . . 24 050gr,8.

Exercice 105 (page 178).

Convertissez en grammes les hectogrammes et les décagrammes des nombres suivants (n° 316, Remarque) :

(1) 2 kilog. 2 hectog. — R. 2 200 gr.
(2) 25 kilog. 43 décag. — R. 25 430 gr.
(3) 21 kilog. 4 hectog. 5 gr. — R. 21 405 gr.
(4) 2 kilog. 39 décag. — R. 2 390 gr.
(5) 7 kilog. 8 décag. — R. 7 080 gr.
(6) 9 kilog. 95 décag. — R. 9 950 gr.
(7) 3 kilog. 2 hectog. — R. 3 200 gr.

(8) 2 kilog. 25 décag. — R. 2250 gr.
(9) 5 kilog. 3 décag. — R. 5030 gr.
(10) 10 kilog. 16 décag. — R. 10160 gr.

Exercice 106 (page 178).

Quels poids doit-on mettre dans le plateau d'une balance pour faire les pesées suivantes (n° 321) :

(1) 25 gr. — R. 20 gr. + 5 gr.
(2) 14 gr. -- R. 10 gr. + 2 gr. + 2 gr.
(3) 150 gr. — R. 100 gr. + 50 gr.
(4) 78 gr. — R. 50 gr. + 20 gr. + 5 gr. + 2 gr. + 1 gr.
(5) 45 gr. — R. 20 gr. + 20 gr. + 5 gr.
(6) 13 gr. — R. 10 gr. + 2 gr. + 1 gr.
(7) 7 gr. — R. 5 gr. + 2 gr.
(8) 1280 gr. — R. 1000 gr. + 200 gr. + 50 gr. + 20 gr. + 10 gr.
(9) 0 gr. 25. — R. 20 centig. + 5 centig.
(10) 360 gr. — R. 200 gr. + 100 gr. + 50 gr. + 10 gr.
(11) 218 gr. — R. 200 gr. + 10 gr. + 5 gr. + 3 gr.
(12) 500 gr. — R. 500 gr. ou 1/2 kilog.
(13) 100 gr. — R. 100 gr. ou 1 hectog.
(14) 10 gr. — R. 10 gr. ou 1 décag.
(15) 1000 gr. — R. 1000 gr. ou 1 kilog.
(16) 3000 gr. — R. 2 kilog. + 1 kilog.
(17) 4 hectog. 25. — R. 200 gr. + 200 gr. + 20 gr. + 5 gr.
(18) 3 hectog. 6. — R. 200 gr. + 100 gr. + 50 gr. + 10 gr.
(19) 5 kilog. 375. — R. 5 kilog. + 200 gr. + 100 gr. + 50 gr. + 20 gr. +
     5 gr.
(20) 17 gr. — R. 10 gr. + 5 gr. + 2 gr.
(21) 3 décag. 5. — R. 20 gr. + 10 gr. + 5 gr.
(22) 9 hectog. 17. — R. 500 gr. + 200 gr. + 200 gr. + 1 décag. + 5 gr.
     + 2 gr.
(23) 473 gr. — R. 200 gr. + 200 gr. + 50 gr. + 20 gr. + 2 gr. + 1 gr.
(24) 250 gr. — R. 200 gr. + 50 gr.
(25) 2475 gr. — R. 2 kilog. + 200 gr. + 200 gr. + 50 gr. + 20 gr. +
     5 gr.
(26) 9 gr. — R. 5 gr. + 2 gr. + 2 gr.
(27) 5 kilog. 375. — R. 5 kilog. + 200 gr. + 100 gr. + 50 gr. + 20 gr. +
     5 gr.
(29) 2 hectog. 133. — R. 200 gr. + 1 décag. + 2 gr. + 1 gr. + 2 décig.
     + 1 décig.

Exercice 107 (page 178).

Quels poids doit-on mettre dans le petit plateau d'une balance-bascule pour faire équilibre à un fardeau qui pèserait :

(1) 150 kilog. — R. 10 kilog. + 5 kilog.
(2) 17 kilog.250. — R. 1 kilog. + 500 gr. + 200 gr. + 20 gr. + 5 gr.
(3) 502 kilog. — R. 20 kilog. + 20 kilog. + 10 kilog. + 2 hectog.
(4) 82 kilog. — R. 5 kilog. + 2 kilog. + 1 kilog. + 2 hectog.
(5) 800 kilog.17. — R. 50 kilog. + 20 kilog. + 10 kilog. + 1 décag + 5 gr.
+ 2 gr.

(6) 92 kilog. 972. — R. 5 kilog. + 2 kilog. + 2 kilog. + 2 hectog. + 5 décag.
+ 2 décag. + 2 décagr. + 5 gr. + 2 gr. + 2 décig.

7) 76 kilog. — R. 5 kilog. + 2 kilog. + 5 hectog. + 1 hectog.

8) 9 kilog. — R. 9 hectog.

9) 98 923 gr. — R. 5 kilog. + 2 kilog. + 2 kilog. + 5 hectog. + 2 hectog.
+ 1 hectog. + 5 décag. + 2 décag. + 2 décag. + 2 gr. + 2 décig. + 1 décig.

(10) 120 kilog. — R. 10 kilog. + 2 kilog.

(11) 172 kilog. — R. 10 kil. + 5 kilog. + 2 kilog. + 2 hectog.

(12) 98 287 gr. — R. 5 kilog. + 2 kilog. + 2 kilog. + 5 hectog. + 2 hectog.
+ 1 hectog. + 2 décag. + 5 gr. + 2 gr. + 1 gr. + 5 décig. + 2 décig.

(13) 39 kilog. — R. 2 kilog. + 1 kilog. + 5 hectog. + 2 hectog. + 2 hectog.

(14) 17 kilog. — R. 1 kilog. + 5 hectog. + 2 hectog.

(15) 36 799 gr. — R. 2 kilog. + 1 kilog. + 5 hectog. + 1 hectog. + 5 décag.
+ 2 décag. + 5 gr. + 2 gr. + 2 gr. + 5 décig. + 2 décig. + 2 décig.

(16) 342 kilog. — R. 20 kilog. + 10 kilog. + 2 kilog. + 2 kilog. + 2 hectog.

PROBLÈMES SUR LES UNITÉS DE POIDS (page 178).

1. Un flacon vide pèse 32 gr.; plein d'eau, il pèse 4 hectog. 8 gr. 7. Quel
est le poids de l'eau et quelle est la capacité du flacon? — R. 375 gr. 3. —
375 centimètres cubes 3.

2. Un kilogramme d'eau de mer contient 0 kilog. 05 de sel; combien
24 kilog. 09 de cette eau contiendront-ils de sel? — R. 1 kilog. 2045.

3. Un fil de fer a soutenu, avant de se rompre, un poids de 244 kilog. 5.
Un fil d'argent, de même grosseur, a soutenu un poids de 61 kilog. 125.
Combien de fois le premier est-il plus fort que le second? — R. 4 fois.

4. Quels poids mettra-t-on dans une balance pour faire les pesées suivantes : 17 kilog.? — R. 10 kilog. + 5 kilog. + 2 kilog. — 28 kilog.? — R. 20
kilog. + 5 kilog. + 2 kilog. + 1 kilog. — 39 kilog.? — R. 20 kilog. + 10 kilog.
+ 5 kilog. + 2 kilog. + 2 kilog. — 44 kilog.? — R. 20 kilog. + 20 kilog. + 2
kilog. + 2 kilog. — 76 gr.? — R. 50 gr. + 20 gr. + 5 gr. + 1 gr. — 499 gr.?
— R. 200 gr. + 200 gr. + 50 gr. + 20 gr. + 20 gr. + 5 gr. + 2 gr. + 2 gr. — 25
centig.? — R. 20 centig. + 5 centig. — 93 millig.? — R. 5 centig. + 2 centig.
+ 2 centig. + 2 millig. + 1 millig.

5. Quel est le poids de 8 lit. 56 d'eau pure? — R. 8 kilog. 56.

6. Quel est le volume de 3 kilog. 742 d'eau pure? — R. 3 lit. 742.

7. Quel est le poids de 14 décilit. 9 d'eau pure? — R. 1 kilog. 49.

8. Quel est le volume de 501 gr. 28 d'eau pure? — R. 501 centimètres
cubes 28.

9. Un litre d'air pèse 1 gr. 293. Que pèse un mètre cube d'air? — R.
1 kilog. 293.

10. Quel est le poids de l'air contenu dans une salle qui a 5^m,4 de long
sur 4^m,6 de large et 4^m, 75 de haut? — R. 152 kilog. 561.

11. On a un flacon à large goulot, très exactement plein d'eau. On y plonge
un objet solide qui chasse une partie de l'eau. On recueille cette eau, dont
on trouve le poids égal à 142 gr. 5. On demande quel est le volume de cette
eau, et par conséquent celui de l'objet. — R. 142 centim. cubes 5.

12. Une chaudière remplie d'eau pèse 83 kilog. 25; la chaudière seule
pèse 14 kilog. 205. Quelle est la capacité de la chaudière? — R. 69 lit. 045.

13. L'eau contenue dans un bassin pèse 17 tonnes 564 kilog. Quelle est la
capacité de ce bassin en mètres cubes? — R. 17 mètres cubes 564.

14. Un orfèvre a fondu ensemble 2 kilog. 549 d'argent avec 68 décag. de cuivre. Quel est le poids de son alliage ? — R. 3 kilog. 229.

15. Une carafe pleine d'eau pèse 2 kilog. 340 ; cette même carafe, vide, pèse 58 décag. Quelle est sa contenance ? — R. 1 lit. 76.

16. Un tonneau vide pèse 52 kilog. 16, et plein d'eau 280 kilog. 85. Quelle est sa contenance ? — R. 228 lit. 69.

17. 62 quintaux de foin ont été vendus 715 fr. Quel est le prix du kilog. ?— R. 0 fr. 115.

18. Un kilog. de marchandise coûte 12 fr. 75. Combien coûteront : 4 tonnes? — R. 51 000 fr. — 25 quintaux? — R. 31 875 fr. — 7 kilog. 8? — R. 99. fr. 45. — 9 hectog. ? — R. 11 fr. 47. — 6 décag. ? — R. 0 fr. 765. — 9 gr. 4? — R. 0 fr. 12.

19. L'hectolitre de noix peut donner 15 kilog. d'huile, et le litre de cette huile pèse 925 gr. Combien aura de litres d'huile un propriétaire qui a récolté 15 hectolitres de noix? — R. 243 lit. 24.

20. Dans une fabrique de pointes, on a du fil de fer pesant 162 gr. 5 décig. le mètre courant ; ce fil de fer est destiné à faire des pointes de 0m,045 de longueur. Combien un rouleau de ce fil de fer produira-t-il de douzaines de pointes, si l'on admet que le rouleau pèse 17 kilog. 55 ? — R. 200 douzaines.

21. Un chasseur achète de la poudre de chasse à raison de 12 fr. le kilog.; il charge 12 coups avec un demi-hectogramme. Quel est le prix de la poudre employée pour un coup de fusil? — R. 0 fr. 05.

22. Ordinairement une gerbe de blé produit 15 litres de grain et 12 kilog. de paille. Quelle est la valeur d'une récolte de 5 500 gerbes, si le blé vaut 22 fr. l'hectolitre, et la paille 2 fr. 50 le quintal métrique ? — R. 19 800 fr.

23. L'hectare de sainfoin produit 4 000 kilog. de fourrage. Combien rend-il de bottes de 5 kilog.? combien vaut la récolte, à raison de 3 fr. 75 le quintal? — R. 1° 800 bottes ; 2° 150 fr.

24. On admet que 2 kilog. 6 de pommes de terre équivalent à 1 kilog. de foin sec estimé 7 fr. le quintal. Quel est le produit d'un hectare de pommes de terre qui en a fourni 204 hectol. du poids de 67 kilog. l'hectol. ? — R. 368 fr.

25. Trois kilog. de carottes dont on a arraché les feuilles équivalent à 1 kilog. de foin estimé 7 fr. le quintal. Que vaut la récolte d'un champ d'une étendue de 68 ares, sachant que le rendement d'un hectare est de 28 000 kilog. de racines et de 12 000 kilog. de feuilles? (On admet que les feuilles n'ont que le 10° de la valeur du foin à poids égal.) — R. 401 fr. 38.

26. Le kilogramme de sucre coûte 1 fr. 60 : combien peut-on en avoir pour 0 fr. 40 centimes? — R. 250 gr.

27. Un propriétaire emploie à l'hectare 22 hectol. de poudrette pesant 78 kilog. l'un. A combien lui revient cette fumure, sachant que le quintal lui coûte 5 fr. 80? — R. A 99 fr. 50.

28. Les betteraves produisent par hectare 40 000 kilog. de racines et 10 000 kilog. de feuilles. Quelle est la valeur de cette récolte si les racines sont 4 fois plus nourrissantes que le foin sec estimé 7 fr. 15 le quintal, et si les feuilles n'ont à poids égal que la moitié de la valeur des racines? — R. 12 870 fr.

29. Une machine à battre exige 2 hectol. d'eau à l'heure et 14 kilog. de charbon. On a 3 mètres cubes d'eau et 2 quintaux de combustible*, et on veut que cette locomobile* fonctionne pendant 12 heures. Combien aura-t-on d'eau de reste? combien de charbon? — R. 6 hectol. d'eau et 32 kilog. de charbon.

30. La consommation annuelle d'une famille est de 12 hectol. de blé do 74

kilog. chacun par 100 kilog. de blé, le meunier lui rend 76 kilog. de farine, 8 de recoupes* et 15 de son. De quelle quantité de farine et de son cette famille dispose-t-elle par an? — R. 745 kilog. 92 de farine et 133 kilog. de son.

31. Chaque soldat d'une garnison* consomme 8 hectogrammes et demi de pain par jour; en 25 jours, la garnison entière en a mangé 53 125 kilog. De combien d'hommes se compose-t-elle? — R. 2 500 hommes.

32. Un épicier a acheté un baril d'huile d'olive pesant, brut, 152 kilog. 406; le baril vide pèse 18 kilog. 45; le prix d'achat et les frais lui reviennent à 234 fr. 45. Sachant que le litre de cette huile pèse 915 grammes, on demande le prix de revient : 1° du litre; 2° du kilogramme. — R. 1° le litre, 1 fr. 60; 2° le kilog., 1 fr. 75.

PROBLÈMES SUPPLÉMENTAIRES

---

2. Le kilogramme de dragées coûte 3 francs, et on a donné 0 fr. 15 centimes à un enfant pour en acheter : quel poids doit-il en recevoir pour cette somme? — R. 50 grammes.

2. Un fermier possède un troupeau de 145 moutons ou brebis, et 68 agneaux de l'année. A l'époque de la tonte, 47 moutons ou brebis donnent chacun, en moyenne, 2 kilog. 4 décag. de laine en suint, c'est-à-dire non lavée : les autres donnent chacun 1 kilog. 8 hectog. et les agneaux, chacun 83 décag. Le fermier vend toute cette laine brute au prix unique de 3 fr. 25 centimes le kilogramme : quelle somme retire-t-il? — R. 1 068 fr. 34.

3. Un cultivateur estime qu'un cheval consomme 8 litres d'avoine par jour, 80 kilog. de foin par semaine, 18 bottes de paille, chacune de 10 kilog., par mois; de plus, que le ferrage coûte 20 francs par an. En évaluant l'avoine à 5 fr. 50 centimes l'hectolitre, le foin à 6 francs le quintal, et la paille à 35 francs les mille kilog., on demande ce que coûte par an l'entretien d'un cheval, déduction faite de la valeur de 14 mètres cubes de fumier, estimé 8 francs le mètre cube. — R. 393 fr. 80.

4. Le conseil municipal d'une commune se propose d'entourer le cimetière d'une grille en fer, composée de barreaux pesant chacun 8 kilog. et demi. Le périmètre ou le tour de ce terrain offre un développement de 235ᵐ,80 de longueur, et les barreaux doivent avoir un écartement de vingt centimètres, non compris leur épaisseur de 25 millimètres : on demande combien cet ouvrage coûtera, le prix du devis étant de 1 fr. 75 centimes le kilog. de fer tout posé. — R. 15 589 fr.

5. Un négociant de Marseille a expédié à un marchand épicier 6 barils d'huile d'olive, contenant chacun 1 hectolitre un quart, au prix de 165 francs les 100 kilogrammes; sachant que le litre

d'huile d'olive pèse 915 grammes, quelle est la valeur de cet envoi? — R. 1 132 fr. 30.

6. Un négociant en grains achète en province 84 hectolitres de blé; l'hectolitre pesant 75 kilog. 5, lui coûte 19 fr. 50 centimes; le transport par le chemin de fer, à la distance de 112 kilomètres, lui coûte 0 fr. 15 centimes par tonne et par kilomètre; les autres menus frais s'élèvent encore à 0 fr. 25 centimes par sac de six doubles décalitres. Il revend son blé 28 fr. 75 centimes le quintal : quel est son bénéfice? — R. 61 fr. 28.

7. Un marchand de blé a acheté 340 doubles décalitres de blé qu'il a payé à raison de 26 fr. 50 centimes l'hectolitre. Il l'a fait conduire au marché et l'a revendu 35 francs le quintal : quel a été le bénéfice de ce marchand, sachant que le double décalitre de ce blé pesait 15 kilog. 4, et évaluant les frais de transport et autres à la somme de 10 francs? — R. 20 fr. 60.

CHAPITRE IX

MONNAIES.

Du franc.

346. — L'unité de monnaie est le **franc.**

347. — Le *franc* est une pièce d'argent qui pèse **cinq grammes.**

Multiples et sous-multiples du franc.

348. — Les mots *déca, hecto, kilo,* ne sont pas employés pour exprimer les multiples du franc; on se sert des nombres ordinaires *dix, cent, mille.* Ainsi on dit : une pièce de *dix* francs, une pièce de *cent* francs, un billet de *mille* francs.

Le franc a deux sous-multiples, qui sont :

Le **décime,** dixième partie du franc;
Le **centime,** centième partie du franc.

En conséquence, le franc vaut 10 décimes ou 100 centimes; le décime vaut 10 centimes.

L'expression *décime* est peu usitée.

Numération des unités de monnaies.

349. — Un nombre qui exprime des monnaies se lit et s'écrit comme un nombre exprimant des mètres, des litres ou des grammes.

EXEMPLES. — Le nombre 7^{fr},45 se lira 7 francs 45 centimes (ou simplement 7 francs 45).

— 3^{fr},05 se lira 3 francs 5 centimes (ou simplement 3 francs 5).

Mais le nombre 2^{fr},5 ne doit pas se lire 2 francs 5, car on pourrait croire que ce sont 5 centimes. On doit **convertir les décimes en centimes** et dire : 2 francs 50 centimes, ou simplement 2 francs cinquante.

Tableau des monnaies.

350. — Il y a trois espèces de monnaies : les monnaies d'*or*, les monnaies d'*argent* et les monnaies de *cuivre*, qu'on appelle encore monnaies de *bronze* ou de *billon* *.

Les monnaies d'or, d'argent et de cuivre ne se composent pas exclusivement d'or, d'argent et de cuivre; ces trois métaux, l'or et l'argent surtout, n'étant pas très durs, le maniement les userait rapidement. Pour augmenter la *dureté* des pièces de monnaie, on ajoute aux monnaies d'or et d'argent une quantité déterminée de cuivre; aux monnaies de cuivre, une quantité déterminée d'étain et de zinc. C'est ce qu'indique le tableau suivant. (Voir aussi le chapitre *Titres et Alliages*.)

MONNAIES D'OR			MONNAIES D'ARGENT			MONNAIES DE BRONZE OU MONNAIES DE BILLON		
9 PARTIES D'OR 1 PARTIE DE CUIVRE			835 PARTIES D'ARGENT 165 PARTIES DE CUIVRE			95 PARTIES DE CUIVRE 4 — D'ÉTAIN 1 — DE ZINC		
Pièces.	Poids.	Diamètre	Pièces.	Poids.	Diamètre	Pièces.	Poids.	Diamètre
100^f	32^{gr}25	35^{mm}	5^f [1]	25^{gr}	37^{mm}	0^{f}10	10^{gr}	30^{mm}
50^f	16^{gr}129	28^{mm}	2^f	10^{gr}	27^{mm}	0^{f}05	5^{gr}	25^{mm}
20^f	6^{gr}452	21^{mm}	1^f	5^{gr}	23^{mm}	0^{f}02	2^{gr}	20^{mm}
10^f	3^{gr}226	19^{mm}	0^{f}50	2^{gr}50	18^{mm}	0^{f}01	1^{gr}	15^{mm}
5^f	1^{gr}613	17^{mm}	0^{f}20	1^{gr}	16^{mm}			

1. La pièce de 5 francs contient encore 9 parties d'argent et 1 de cuivre.

Billets de banque.

351. — Indépendamment des monnaies d'or, d'argent et de cuivre, il existe un papier-monnaie représenté par les *billets de banque*. Il y a des billets de banque de 1 000 fr., de 500 fr., de 200 fr., de 100 fr., de 50 fr., de 20 fr. — Les billets de 5 fr. et de 10 fr. sont retirés de la circulation. — Les billets de 20 fr. vont l'être également.

352. — On remarquera que la série des monnaies, ainsi que celle des billets, suit la règle déjà citée des **doubles** et des **moitiés.**

Valeurs relatives des monnaies d'or, d'argent et de cuivre.

353. — A poids égal, la monnaie d'or vaut **15 fois et demie** plus que celle d'argent; la monnaie d'argent vaut **20 fois** plus que celle de bronze.

Or on sait que 5 grammes d'argent monnayé valent 1 fr.: donc 1 gr. d'argent monnayé vaudra 5 fois moins, c'est-à-dire 0^f,20.

Puisque 1 gramme d'argent vaut 0^f,20, 1 gramme d'or vaudra 15 fois et demie plus, ou 0^f,20 $\times$ 15,5 = 3^f,10.

Puisque 1 gr. d'argent vaut 0^f,20, 1 gramme de billon vaudra 20 fois moins, ou 0^f,20 : 20 = 0^f,01.

Ainsi 1 gramme d'or   monnayé vaut   **3^f,10**
      1 gramme d'argent   —   —   0^f,20
      1 gramme de billon   —   —   0^f,01

Évaluation des espèces monétaires par leur poids.

354. — Il résulte de là un moyen très commode et très rapide d'évaluer de grosses sommes : il suffit de les peser au lieu de les compter, ce qui se pratique dans toutes les maisons de banque.

Si la somme est en or, on multiplie son poids énoncé en grammes par 3 fr. 10.

Si la somme est en argent, on multiplie son poids énoncé en grammes par 0 fr. 20.

Si la somme est en cuivre, on multiplie son poids énoncé en grammes par 0 fr. 01.

Du sou.

355. — Le mot *sou* est emprunté à la nomenclature des anciennes pièces de monnaie; mais il s'applique aujourd'hui à une monnaie nouvelle et métrique, le *demi-décime*.

356. — Le *sou* vaut donc un *demi-décime* ou **cinq** centimes. — La pièce de *deux sous* correspond au *décime* et vaut dix centimes.

357. — On a le droit de refuser un payement qui contiendrait plus de 5 francs en sous.

358. — On doit s'habituer à compter en *francs* et en *centimes* plutôt qu'en sous.

Manière de rendre la monnaie.

359. — Il est très utile de savoir *rendre la monnaie*, autrement dit l'*appoint :* c'est le moyen d'éviter les pertes d'argent, et de les épargner aux autres.

Règle. Pour rendre la monnaie, on donne **pièce à pièce** depuis la somme due jusqu'à la valeur offerte.

Exemple. — Soit à prendre 2 fr. 15 sur une pièce de 20 francs.

Je dis : 2 fr. 15	et 0 fr. 35	2 fr. 50
	et 0 fr. 50	3 fr.
	et 2 fr.	5 fr.
	et 5 fr.	10 fr.
	et 10 fr.	20 fr.

et en même temps que je parle, je donne 35 cent., puis 50 cent., puis 2 fr., puis 5 fr., puis enfin 10 fr.

Ce qu'on fait d'une pièce fausse.

360. — Il est bon d'apporter une certaine attention à la nature des pièces de monnaie que l'on reçoit.

Quand on a reçu des pièces fausses, on doit les détruire, à moins qu'on ne préfère les remettre au maire de la commune ou au commissaire de police du quartier.

Celui qui fait usage d'une pièce fausse, sachant qu'elle est fausse, commet une action répréhensible ; il s'expose en outre à se voir condamner à une amende de 16 francs au minimum.

Fabrication des monnaies.

361. — En France, l'État seul a le droit de *battre monnaie*, c'est-à-dire de fabriquer la monnaie. Les ateliers monétaires, appelés *hôtels de la monnaie*, sont situés à Paris et à Bordeaux. Les pièces qui sortent de ces deux ateliers ont une marque spéciale, qui est : A pour Paris, K pour Bordeaux [1].

---

1. Les anciens ateliers situés à Rouen, B ; à Marseille, M ; à Lille, W ; à Strasbourg, BB ; à Lyon, D, n'existent plus.

Du milliard.

362. — On a vu (n° 33) que, lorsqu'il s'agit de francs, le mot *billion* est remplacé par **milliard**. Le milliard vaut donc **mille millions**.

Ainsi l'énorme indemnité de cinq milliards exigée par l'Allemagne à la suite de la guerre de 1870 équivaut à *cinq fois mille millions de francs*.

Monnaies étrangères

363. — Les principales pièces de monnaie en usage à l'étranger sont les suivantes :

ANGLETERRE.	Le Souverain, ou livre sterling, en or.	environ	25 f
	La Couronne (crown), en argent....	»	6
	Le Shilling (prononcez *chelin*), en argent..................	»	1 25
	Le Penny (au pluriel, *pence*; prononcez *penn'ce*), en bronze......	»	0 10
ÉTATS-UNIS D'AMÉRIQUE.	Le Dollar, en or.................	»	5
	Le Cent (1/100 du dollar), en cuivre.	»	0 05
ALLEMAGNE.	Le Ducat, en or.................	»	12
	Le Thaler, en argent............	»	3 75
	Le Florin (gulden), en argent.....	»	2 10
	Le Kreutzer, en bronze..........	»	0 03
	Le Mark......................	»	1 25
RUSSIE.	Le Rouble, en argent............	»	4
	Le Copeck, en argent	» .	0 04
TURQUIE.	La Piastre....................	»	0 20
ESPAGNE.	Le Doublon, en or.............	»	26
	Le Douro, en argent...........	»	5
	La Péséta, —	»	1
	Le Réal (au pluriel : des *réaux*), en argent.................	»	0 25
PORTUGAL.	100 Reis.....................	»	0 50

Union monétaire.

364. — La France, l'Italie, la Belgique, la Suisse et la Grèce font usage des mêmes monnaies. — En France, en Belgique et en Suisse, l'unité de monnaie est le *franc*; en Italie, cette même unité se nomme *lire*, et en Grèce *drachme*.

Relations entre les différentes mesures du système métrique.

365. —Toutes les mesures métriques dérivent du **mètre.**

1° Le *mètre carré* est un carré qui a un *mètre* de côté.

2° L'*are* est un *décamètre* carré.

3° Le *mètre cube* est un cube dont chaque face est un *mètre* carré.

4° Le *stère* équivaut au *mètre* cube.

5° Le *litre* représente une capacité égale au *décimètre* cube.

6° Le *gramme* est le poids d'un *centimètre* cube d'eau.

7° Le *franc* est le poids de 5 *centimètres* cubes d'eau.

EXERCICES SUR LES MONNAIES.

---

108. Exercice théorique (page 185).

Répondez par écrit aux questions suivantes :

1. Quelle est l'unité de monnaie ? — R. Le franc.

2. Quel est le poids d'une pièce de 1 fr. ? — R. 5 grammes.

3. De quelle façon exprime-t-on les multiples du franc ? — Voir page 186, n° 348.

4. Quels sont les deux sous-multiples du franc ? — R. Le décime et le centime.

5. De ces deux sous-multiples, quel est le seul usité ? — R. Le centime.

6. Appliquez sur les nombres suivants la manière de lire les nombres représentant des francs : 2 fr. 35. — R. 2 fr. trente-cinq centimes. — 3 fr. 70 — R. 3 fr. soixante-dix centimes. — 14 fr. 05. — R. 14 fr. cinq centimes. — 17 fr. 25. — R. 17 fr. vingt-cinq centimes. — 4 fr. 45. — 4 fr. quarante-cinq centimes.

7. Convertissez en centimes les décimes des nombres suivants : 2 fr. 4. — R. 2 fr. 40 centimes. — 1 fr. 5. — R. 1 fr. 50 centimes. — 8 fr. 9. — R. 8 fr. 90 centimes. — 4 fr. 6. — R. 4 fr. 60 centimes. — 5 fr. 7. — R. 5 fr. 70 centimes. — 3 fr. 8. — R. 3 fr. 80 centimes. — 2 fr. 1. — R. 2 fr. 10 centimes. — 3 fr. 3. — R. 3 fr. 30 centimes. — 18 fr. 2. — R. 18 fr. 20 centimes.

8. Appliquez sur les nombres suivants la manière d'*écrire* les nombres exprimant des monnaies : 2 fr. 25 centimes. — R. 2 fr. 25. — 3 fr. 4 décimes. — R. 3 fr. 4. — 8 fr. 5 centimes. — R. 8 fr. 05. — 3 fr. 4 centimes. — R. 3 fr. 04. — 3 fr. 8 centimes. — R. 3 fr. 08. — 5 fr. 5 décimes. — R. 5 fr. 5.

9. Transformez en centimes les décimes des nombres qui précèdent. — R. 2 fr. 25, — 3 fr. 40, — 8 fr. 05, — 3 fr. 04, — 3 fr. 08, — 5 fr. 50.

10. Combien y a-t-il de francs dans 100 centimes ? — R. 1 fr. — Dans 375 centimes ? — R. 3 fr. 75. — Dans 35 décimes ? — R. 3 fr. 50. — Dans 835 centimes ? — R. 8 fr. 35. — Dans 135 décimes ? — R. 13 fr. 50. — Dans 1 350 centimes ? — R. 13 fr. 50.

11. Combien y a-t-il de centimes dans 4 fr. 25 ? — R. 425. — Dans 3 fr. 50 ?

10.

— R. 150. — Dans 8 fr. 75? — R. 875. — Dans 9 fr. 15? — R. 915. — Dans 0 fr. 25? — R. 25. — Dans 4 fr. 5? — R. 450. — Dans 3 fr. 4? — R. 340.

12. Combien y a-t-il d'espèces de monnaies et quelles sont-elles? Voir page 181, n° 350.

13. Quel métal ajoute-t-on aux monnaies d'or et d'argent, — aux monnaies de cuivre, pour en augmenter la dureté? — R. Du cuivre aux monnaies d'or et d'argent, du zinc et de l'étain aux monnaies de cuivre.

14. Dans quelle proportion sont alliés l'or et le cuivre? — l'argent et le cuivre? — le cuivre, le zinc et l'étain? — Voir page 181, n° 350.

15. Citez, en dehors des monnaies, une autre valeur dont on se sert pour les paiements. — R. Les billets de banque. Voir page 182, n° 351.

16. Quelle est, à poids égal, la valeur de la monnaie d'or par rapport à la monnaie d'argent? — R. 15 fois et demie plus grande.

17. Quelle est, à poids égal, la valeur de la monnaie d'argent par rapport à la monnaie de bronze? — R. 20 fois plus grande.

18. A quelle monnaie du système métrique correspond le sou? — R. A 5 centimes. — La pièce de deux sous? — R. A 10 centimes.

19. Expliquez d'après un exemple la manière de rendre la monnaie. — Voir page 183, n° 359.

20. Que doit-on faire quand on reçoit une pièce fausse? — Voir page 183, n° 360.

21. Qui est-ce qui fabrique la monnaie en France? — R. L'État. Voir page 183, n° 361.

22. Combien un milliard vaut-il de millions? — R. Mille.

23. Combien y a-t-il de fois mille francs dans un million de francs? — R. Mille.

24. Quelles sont les principales monnaies de l'Angleterre? — des Etats Unis d'Amérique? — de l'Allemagne? — de la Russie? — de la Turquie? — de l'Espagne? — du Portugal? — Voir page 184, n° 363.

25. Quels sont les pays qui ont adopté le franc pour unité de monnaie? — — Voir page 184, n° 364.

26. Quel nom prend le franc en Italie? — R. Le nom de *Lire.* — En Grèce? — R. Le nom de *Drachme.*

27. Faites connaître comment toutes les mesures métriques dérivent du mètre. — Voir page 185, n° 365.

Exercice 109 (page 186).

Quelle est la valeur d'une somme d'or qui pèserait 1 gr. ? — R. 3 fr. 10. — 33 gr. ? — R. 102 fr. 30. — 45 gr. ? — R. 139 fr. 50. — 8 gr. ? — R. 24 fr. 80. — 2 gr. 5 ? — R. 7 fr. 75. — 4 gr. 25 ? — R. 13 fr. 175. — 45 gr. ? — R. 139 fr. 50. — 2 décag. 6 ? — R. 80 fr. 60. — 3 décag. 45 ? — R. 106 fr. 95. — 7 décag. 8 ? — R. 241 fr. 80. — 3 hectog. 38 ? — R. 1 047 fr. 80. — 4 hectog. 25. — R. 1 317 fr. 50. — 1 000 gr ? — R. 3 100 fr. — 1 kilog. ? — R. 3 100 fr.

REMARQUE. — Ces sommes, à l'exception de la dernière, ne peuvent pas être réalisées avec des pièces d'or légales, puisqu'elles contiennent des centimes et des fractions de 5 francs, mais elles sont les valeurs de lingots propres à être monnayés.

Quelle est la valeur d'une somme d'argent qui pèserait 1 gr. ? — R. 0 fr. 20. — 4 gr. ? — R. 0 fr. 80. — 7 gr. ? — R. 1 fr. 40. — 11 gr. ? — R. 2 fr. 20. — 1 décag. ? — R. 2 fr. — 1 hectog. ? — R. 20 fr. — 35 gr. ? — R. 7 fr. — 3 décag. 6 ? — R. 7 fr. 20. — 4 hectog. 9 ? — R. 98 fr. — 375 gr. ? — R. 75 fr. — 1 kilog. ? — R. 200 fr.

Quelle est la valeur d'une somme de bronze qui pèserait 1 gr. ? — R. 0 fr. 01.
— 8 gr. ? — R. 0 fr. 08. — 10 gr. ? — R. 0 fr. 10. — 25 gr. ? — R. 0 fr. 25.
— 2 décag. 6 ? — R. 0 fr. 26. — 3 hectog. 9 ? — R. 3 fr. 90. — 5 kilog. ? —
R. 50 fr. — 3 kilog. 625 ? — R. 36 fr. 25. — 4 hectog. 75 ? — 4 fr. 75. —
9 hectog. 6 ? — R. 9 fr. 60. — 45 kilog. 860 ? — R. 458 fr. 60. — 1 kilog. ? —
R. 10 fr.

Exercice 110 (page 186).

Transformez en francs et en centimes les sommes suivantes : 25 sous. —
R. 1 fr. 25. — 13 sous. — R. 0 fr. 65. — 39 sous. — R. 1 fr. 95. — 45 sous.
— R. 2 fr. 25. — 35 sous. — R. 1 fr. 75. — 18 sous. — R. 0 fr. 90. — 4 sous. —
R. 0 fr. 20. — 3 sous. — R. 0 fr. 15. — 1 sou. — R. 0 fr. 05. — 17 sous. —
R. 0 fr. 85. — 26 sous. — R. 1 fr. 30. — 14 sous. — R. 0 fr. 70. — 100 sous.
— R. 5 fr. — 27 sous. — R. 1 fr. 35, etc.

Transformez en sous les sommes suivantes : 2 fr. 45. — R. 49 sous. —
2 fr. 25. — R. 45 sous. — 1 fr. 35. — R. 27 sous. — 1 fr. 30. — R. 26 sous
— 1 fr. 05. — R. 21 sous. — 0 fr. 85. — R. 17 sous. — 0 fr. 95. — R. 19 sous.
0 fr. 65. — R. 13 sous. — 1 fr. 25. — R. 25 sous. — 2 fr. 15. — R. 43 sous.

Comment rend-on la monnaie ? Prendre 2 fr. 15 sur 5 fr. — R. On dit :
2 fr. 15 et 0 fr. 35. — 2 fr. 50 ; — et 0 fr. 50 — 3 fr. ; et 2 fr. — 5 fr.

Prendre 3 fr. 35 sur 5 fr. — R. 3 fr. 35 et 0 fr. 15 — 3 fr. 50 ; et 0 fr. 50 —
4 fr ; et 1 fr. — 5 fr.

Prendre 4 fr. 35 sur 20 fr. — R. 4 fr. 35 et 0 fr. 15 — 4 fr. 50 ; et 0 fr. 50
— 5 fr. ; — et 5 fr. — 10 fr. ; et 10 fr. — 20 fr.

Prendre 4 sous sur 1 fr. — R. 4 sous et 6 sous — 10 sous ; et 10 sous —
20 sous ou 1 fr.

Prendre 0 fr. 95 sur 5 fr. — R. 0 fr. 95 et 0 fr. 05 — 1 fr. ; et 2 fr. — 3 fr. ;
et 2 fr. — 5 fr.

Prendre 2 fr. 25 sur 3 fr. — R. 2 fr. 25 et 0 fr. 25 — 2 fr. 50 ; et 0 fr. 50
— 3 fr.

Prendre 3 fr. 75 sur 100 fr. — R. 3 fr. 75 et 0 fr. 25 — 4 fr. ; et 1 fr. —
5 fr. ; et 5 fr. — 10 fr. ; et 10 fr. — 20 fr. ; et 4 pièces de 20 fr. — 100 fr.

Prendre 13 fr. 50 sur 20 fr. — R. 13 fr. 50 et 0 fr. 50 — 14 fr. ; et 1 fr. —
15 fr. ; et 5 fr. — 20 fr.

Prendre 2 fr. 10 sur 5 fr. — R. 2 fr. 10 et 0 fr. 40 — 2 fr. 50 ; et 0 fr. 50
— 3 fr. ; et 2 fr. — 5 fr.

Prendre 51 fr. 75 sur 100 fr. — R. 51 fr. 75 et 0 fr. 25 — 52 fr. ; et 3 fr.
— 55 fr. ; et 5 fr. — 60 fr. ; et 2 pièces de 20 fr. — 100 fr.

Prendre 18 fr. 40 sur 50 fr. — R. 18 fr. 40 et 0 fr. 60 — 19 fr. ; et 1 fr. —
20 fr. ; et 20 fr. — 40 fr. ; et 10 fr. — 50 fr.

Prendre 75 fr. sur 100 fr. — R. 75 fr. et 5 fr. — 80 fr. ; et 20 fr. — 100 fr.

Prendre 230 fr. 40 sur 500 fr. — R. 230 fr. 40 et 0 fr. 60 — 231 fr. ; et 4 fr. —
235 fr. — et 5 fr. — 240 fr. ; et 10 fr. — 250 fr. ; et 50 fr. — 300 fr. ; et 2 billets de
100 fr. — 500 fr.

Prendre 375 fr. 20 sur 1 000 fr. — R. 375 fr. 20 et 0 fr. 80 — 376 fr. ; et
4 fr. — 380 fr. ; et 20 fr. — 400 fr. ; et 100 fr. — 500 fr. ; et 500 fr. — 1 000 fr.

Exercice 111 (page 186).

Le prix d'une marchandise étant de 18 sous la livre, que coûte 1 kilog. ?
— R. 1 fr. 80. — 1 hectog. ? — R. 0 fr. 18. — 1 décag. ? — R. 0 fr. 018. —
300 gr. — R. 0 fr. 54. — 400 gr. ? — R. 0 fr. 72. — 600 gr. ? — R. 1 fr. 08.
— 210 gr. ? — R. 0 fr. 378. — 3 kilog. 500 ? — R. 6 fr. 30.

Le prix d'une marchandise étant de 21 sous la livre, que coûtent : 1 kilog.? — R. 2 fr. 10. — 1 hectog.? — R. 0 fr. 21. — 1 décag.? — R. 0 fr. 021. — 2 kilog.? — R. 4 fr. 20. — 500 gr.? — R. 1 fr. 05. — 850 gr.? — R. 1 fr. 78. 225 gr.? — R. 0 fr. 47. — 3 hectog. 25? — R. 0 fr. 68. — 2 kilog. 300? — R. 4 fr. 83.

Le prix d'une marchandise étant de 35 sous la livre, que coûtent : 1 kilog.? — R. 3 fr. 50. — 1 hectog.? — R. 0 fr. 35. — 350 gr.? — R. 1 fr. 22. — 850 gr.? — R. 2 fr. 97. — 970 gr.? — R. 3 fr. 39. — 1 225 gr.? — R. 4 fr. 28. — 1 370 gr.? — R. 4 fr. 79. — 1 kilog. 300? — R. 4 fr. 55. — 3 hectog. 50? — R. 1 fr. 22. — 50 gr.? — R. 0 fr. 17. — 10 gr.? — R. 0 fr. 035.

Le prix d'une marchandise étant de 28 sous la livre, que coûtent; 1 kilog.? — R. 2 fr. 80. — 2 kilog.? — R. 5 fr. 60. — 5 kilog. 200? — R. 14 fr. 56. — 3 kilog. 6? — R. 10 fr. 08. — 5 décag. 6? — R. 0 fr. 15. — 60 gr.? — R. 0 fr. 16.

Exercice 112 (page 187).

Traduisez en francs les sommes suivantes en monnaies étrangères :

(1) 1 livre sterling. — R. 25 fr.	(13) 11 thalers. — R. 41 fr. 25.
(2) 2 souverains. — R. 50 fr.	(14) 3 kreutzers. — R. 0 fr. 09.
(3) 4 livres sterling. — R. 100 fr.	(15) 1 shilling. — R. 1 fr. 25.
(4) 5 shillings. — R. 6 fr. 25.	(16) 3 roubles. — R. 12 fr.
(5) 6 pence. R. 0 fr. 60.	(17) 6 copecks. — R. 0 fr. 24.
(6) 2 pence. — R. 0 fr. 20.	(18) 1 doublon. —. R. 26 fr.
(7) 3 dollars. — R. 15 fr.	(19) 4 douros. — R. 20 fr.
(8) 6 cents. — R. 0 fr. 30.	(20) 16 pésétas. — R. 16 fr.
(9) 5 livres sterling. — R. 125 fr.	(21) 5 réaux. — R. 1 fr. 25.
(10) 12 shillings. — R. 15 fr.	(22) 100 reis. — R. 0 fr. 50.
(11) 4 thalers. — R. 15 fr.	(23) 6 lires. — R. 6 fr.
(12) 6 ducats. — R. 72 fr.	(24) 13 drachmes. — R. 13 fr.

Exercice 113 (page 187).

Traduisez les sommes suivantes de la façon indiquée :

1. En livres sterling : 25 fr. — R. 1 livre. — 125 fr. — R. 5 livres. — 250 fr. — R. 10 livres. — 75 fr. — R. 3 livres. — 50 fr. — R. 2 livres. — 200 fr. — R. 8 livres. — 350 fr. — R. 14 livres. — 1 000 fr. — R. 40 livres — 175 fr. — R. 7 livres. — 225 fr. — R. 9 livres.

En shillings : 1 fr. 25 — R. 1 shilling. — 2 fr. 50. — R. 2 shillings. — 5 fr. — R. 4 shillings. — 3 fr. 75. — R. 3 shillings. — 10 fr. — R. 8 shillings. — 8 fr. 75. — R. 7 shillings. — 7 fr. 50. — R. 6 shillings.

3. En dollars : 5 fr. — R. 1 dollar. — 25 fr. — R. 5 dollars. — 15 fr. — R. 3 dollars. — 10 fr. — R. 2 dollars. — 100 fr. — R. 20 dollars. — 75 fr. — R. 15 dollars.

4. En thalers : 3 fr. 75. — R. 1 thaler. — 7 fr. 50. — R. 2 thalers. — 15 fr. — R. 4 thalers. — 18 fr. 75. — R. 5 thalers. — 11 fr. 25. — R. 3 thalers.

5. En roubles : 4 fr. — R. 1 rouble. — 24 fr. — R. 6 roubles. — 20 fr. — R. 5 roubles. — 16 fr. — R. 4 roubles. — 28 fr. — R. 7 roubles. — 36 fr. — R. 9 roubles. — 12 fr. — R. 3 roubles. — 32 fr. — R. 8 roubles.

PROBLÈMES SUR LES MONNAIES (page 187).

1. Quel est le poids de 100 fr. en argent, de 100 fr. en or, et de 100 fr. en billon? — R. 500 gr., — 32 gr. 258, — 10 kilogr.

2. Quelle est la valeur d'une somme d'argent qui pèse 3 kilog. 24 ? — R. 648 fr.

3. Quelle est la valeur d'une somme d'or qui pèse 116 gr. 136 ? — R 360 fr.

4. Quelle est la valeur d'une somme de bronze qui pèse 2745 gr. ? — R. 27 fr. 45.

5. Quelle est la valeur d'un kilog. de pièces d'or, d'un kilog. de pièces d'argent et d'un kilog. de pièces de cuivre ? — R. 3 100 fr. — 200 fr. — 10 fr.

6. On a pesé un objet avec 13 pièces de 5 fr., 3 pièces de 1 fr., une pièce de 0 fr. 50 et 3 pièces de 0 fr. 20. Quel est le poids de cet objet ? — R. 345 gr. 50.

7. Un homme de force moyenne peut porter un poids de 75 kilogrammes. Quelle somme pourrait-il porter en cuivre ? — R. 750 fr.

8. Dans un atelier, on emploie 7 ouvriers, qui gagnent chacun 3 fr. par jour ouvrable ; ils ont travaillé toute la semaine. Combien doivent-ils recevoir ? — R. 126 fr. — Quel est, en monnaie d'argent, le poids de la somme qui leur revient ? — R. 630 gr.

9. Une bourse contient 200 fr. en pièces de 5 fr. en argent. Combien y a-t-il de pièces dans cette bourse ? — R. 40. — Quel est le poids de cet argent ? — R. 1 kilogr. — Combien faudrait-il de pièces de 0 fr. 20 pour faire ce poids ? — R. 1 000.

10. Un fermier a dépensé pour un seul champ 72 fr. 30 pour frais de labour ; 14 fr. 85 en engrais, 21 fr. 40 en semence, et 13 fr. 55 en impôts. Que lui coûte la récolte de ce champ ? — R. 122 fr. 10.

11. La pièce de 1 fr. en argent pèse 5 gr. On demande le poids des pièces de 2 fr., de 5 fr., de 50 c. et de 20 c. ? — R. 10 gr., — 25 gr., — 2 gr. 5, — 1 gr.

12. Les pièces de 5 fr. sont à neuf dixièmes de fin, c'est-à-dire qu'elles contiennent les neuf dixièmes de leur poids d'argent pur, et un dixième de cuivre ; les autres pièces d'argent sont à 0,835 de fin. D'après cela, on demande combien chaque pièce contient d'argent et de cuivre.

— R. Pièces de 5 fr. » c. 22 gr. 50 argent, et 2 gr. 50 cuivre.

—	2	0	8	35	—	1	65	—
—	1	0	4	1 75	—	0	825	—
—	0	50	2	0 875	—	0	4125	—
—	0	20	0	.835	—	0	165	—

13. On demande quelle somme représente un kilog. d'argent monnayé. — R. 200 fr.

14. La loi du 7 germinal an XI porte que les pièces d'or de 20 fr. seront à la taille * de 155 au kilog. Quel est le poids de la pièce de 20 fr. ? — R. 6 gr. 452.

15. On demande quelle somme représente un kilog. d'or monnayé. — R. 3 100 fr.

16. Puisque le kilog. d'or monnayé vaut 3 100 fr., et que le même poids en monnaie d'argent ne vaut que 200 fr., combien l'or monnayé vaut-il de plus que l'argent, à poids égal ? — R. 15 fois et demie.

17. Un homme de force ordinaire peut porter 75 kilog. pesant : quelle somme porterait-il en argent monnayé ? — R. 15 000 fr.

18. Quelle somme le même homme porterait-il en or ? — R. 232 500 fr.

19. Le budget de la France, comprenant les recettes de toute nature, est d'environ deux milliards 400 millions de francs. Combien faudrait-il de rouliers chargés chacun à 5 000 kilog. pour transporter cette somme en argent monnayé ? — R. 2 400.

20. L'épaisseur d'une pièce de 5 fr. est de deux millimètres et demi. Combien faudrait-il de pièces posées les unes sur les autres pour faire une pile d'un mètre de hauteur ? — R. 400.

21. Combien faudrait-il de pièces de 5 fr. mises à la file les unes des autres pour faire le tour de la terre, qui est de 40 000 kilomètres ? — R. 1 081 081 081.

22. Un sac d'argent pèse 6 kilogr. net, et il contient un nombre égal de pièces de 5 fr., de 2 fr. et de 1 fr. On demande le montant de la somme contenue dans le sac, et le nombre de pièces de chaque espèce. — R. 1 200 fr. et 150 pièces de chaque espèce.

PROBLÈMES SUPPLÉMENTAIRES

1. Quelle est la quantité d'argent pur renfermée dans 10 pièces de 0 fr. 50 au titre de 835 millièmes ? — R. 20 gr. 875.

2. Un marchand pèse 137 décagrammes de sucre. Quels poids place-t-il sur la balance ? — Quelle somme : 1º en argent, 2º en or, et quel volume d'eau, feraient équilibre au poids de ce sucre ? — R. Les poids de 1 kilogramme, de 200 grammes, de 100 grammes, de 50 grammes et de 20 grammes, — 274 fr. en argent, 4 247 fr. en or, — 1 litre 37.

3. Un sac renferme 1,000 francs dont 500 francs en argent et 450 fr. en or et le reste en monnaie de bronze ; combien pèse son contenu ? — R. 7 645 grammes 125.

(Certificat d'aptitude. — Seine.)

4. Une feuille de zinc, dont la densité est 6,7, pèse 1 kilogramme 926 ; on propose d'en calculer le volume. — R. 287 centimètres cubes 462.

5. Combien y a-t-il de grammes de cuivre dans une somme d'argent en pièces de 1 fr. qui pèse autant que 7 litres 75 de vin, le poids de ce vin étant les 0,9 du poids de l'eau ? — R. 1 150 gr. 875.

(Certificat d'études. — Lot.)

6. Avec un kilogramme d'or au titre de 0,9, on peut fabriquer 155 pièces de 20 fr. Sachant que l'or pur pèse 19 fois plus que l'eau, à volume égal, on demande de calculer le volume de l'or pur qu'il faudrait employer pour fabriquer des pièces de 20 francs représentant une valeur de cinq milliards. — R. 76 mètres cubes 400.

Solution raisonnée. Un décimètre cube d'or pur pèse 1 kilog. × 19 = 19 kilog. Avec 9 kilog. d'or pur et 1 kilog. de cuivre, on fait 10 kilog. d'alliage propre à être monnayé ; avec 1 kilog. d'or pur, on ferait $\frac{10}{9}$ de kilog. d'alliage, et avec 19 kilog. d'or pur on ferait $\frac{10}{9}$ de kilog. × 19 = $\frac{190}{9}$ de kilog. d'alliage. Chaque kilog. de cet alliage, donnant 155 pièces de 20 fr., vaut 20 fr. × 155 = 3 100 fr.

Donc $\dfrac{190}{9}$ de kilog. d'or monnayé vaudront $3\,100$ fr. $\times \dfrac{190}{9}$

$= \dfrac{3\,100\,\text{fr.} \times 190}{9} = \dfrac{589\,000\,\text{fr.}}{9}$. Donc il faudra autant de décimè-

tres cubes d'or pur que $\dfrac{589\,000\,\text{fr.}}{9}$ sera contenu de fois dans

$5\,000\,000\,000$ fr., c'est-à-dire $\dfrac{5\,000\,000\,000 \times 9}{589\,000} = \dfrac{45\,000\,000}{589} = 76\,40$

décim. cubes $= 76$ mètres cubes 400.

7. Le gouvernement veut faire paver une chaussée longue de 12 kilomètres et demi, sur une largeur de 6 mètres. On doit employer des pavés ayant en tête $0^m,20$ sur $0^m,15$ en moyenne. Le devis estimatif porte le prix des pavés à 12 fr. le cent, rendus à pied d'œuvre, et 0 fr. 25 par mètre carré pour la pose : on demande combien cet ouvrage coûtera. — R. 48 750 fr

---

CHAPITRE X

NOTIONS
SUR LES ANCIENNES MESURES FRANÇAISES.

Unités de longueur.

366. — La *toise* était une unité de longueur qui corres-pondait à $1^m,949$: elle valait donc un peu moins de deux mètres.

La *toise* se divisait en 6 pieds, le *pied* en 12 pouces, le *pouce* en 12 lignes, la *ligne* en 12 *points*.

Le *pied* valait un peu plus de 32 centimètres.

Le *pouce* valait environ. . . . 27 millimètres.

La *ligne* valait un peu plus de 2 millimètres.

L'*aune*, qui servait d'unité de mesure pour les étoffes, valait environ $1^m,20$.

La *lieue terrestre* ou *commune* valait $4\,444^m,44$.

La *lieue de poste* valait $2\,000$ toises, ou un peu moins de 4 kilom.

Unités de surface.

367. — La *toise carrée* était l'unité de surface. Elle se divisait en pieds carrés, pouces carrés et lignes carrées.

La *perche carrée* avait deux valeurs : celle de Paris valait environ 1/2 are (50 mètres carrés); celle de l'administration des Eaux et forêts valait environ 1/3 d'are (33 mètres carrés.)

L'*arpent* valait 100 perches carrées; il avait aussi deux valeurs : celui de Paris valait environ 1/2 hectare (50 ares), celui des Eaux et forêts valait 1/3 d'hectare (33 ares).

Unités de volume.

368. — La *toise cube* était l'unité de volume. Elle se divisait en pieds cubes, pouces cubes et lignes cubes.

La *voie* et la *corde* (2 voies) servaient à la mesure des bois de chauffage.

Le *boisseau* et le *setier* servaient a la mesure des grains.

La *pinte*, la *chopine*, le *setier*, le *quartaut*, la *feuillette*, le *muid*, servaient à la mesure des liquides.

Les valeurs en mètres cubes et en litres de toutes ces mesures variaient beaucoup d'une province à l'autre.

Mesures de poids.

369. — La *livre-poids* valait environ 500 grammes. Elle se divisait en 16 *onces*, l'once en 8 *gros*, le gros en 72 *grains*.

L'once valait environ 30 grammes.

Le grain valait environ 5 centigrammes

Monnaies.

370. — La *livre-monnaie* ou *livre-tournois* valait environ 1 franc. Elle se divisait en 20 sous, le sou en 4 liards et en 12 deniers.

Les principales pièces de monnaie étaient les louis d'or de 48 livres et de 24 livres ; les écus d'argent de 6 livres et de 3 livres ; les pièces d'argent de 1 livre, de 30 sous, de 15 sous et de 12 sous ; les pièces de cuivre de 2 sous, 1 sou, 2 liards et 1 liard.

EXERCICES SUR LES ANCIENNES MESURES
Exercice 114 (page 189).

1. Quelle était l'ancienne unité de longueur? — R. La toise.
2. Quelle en était la valeur en mètres? — R. 1m,949.
3. Quelles étaient les subdivisions de la toise? — Voir page 188, n° 366.

4. Quelle était l'unité de mesure pour les étoffes? — R. L'aune.

5. Quelle en était la valeur? — R. Environ 1^m,20.

6. Que valait la lieue commune? — R. 4444^m,44. — La lieue de poste? — R. 2000 toises.

7. Quelle était l'unité de surface et comment se divisait-elle? — R. La toise carrée. Voir page 189, n° 367.

8. Quelles étaient les deux valeurs de la perche carrée? — Voir page 189, n° 367. — De l'arpent? — Voir page 189, n° 367.

9. Quelle était l'unité de volume et comment se divisait-elle? — R. La toise cube. Voir page 189, n° 368.

10. Quelles étaient les mesures qui servaient à mesurer le bois de chauffage? — R. La voie et la corde. — Les liquides? — Voir page 189, n° 368.

11. La valeur de toutes ces mesures était-elle la même d'une province à l'autre? — R. Elle variait beaucoup.

12. Que valait la livre-poids? — R. 500 gr.

13. Que valait et que vaut encore l'once? — Environ 30 gr.

14. Que valait la livre-monnaie? — R. Environ 1 fr. — Comment se divisait-elle? — Voir page 189, n° 370.

15. Quelles étaient les principales pièces de monnaie d'or? — de monnaie d'argent? — de monnaie de cuivre? — Voir page 189, n° 370.

Exercice 115 (page 190).

Traduisez les nombres suivants de la manière indiquée :

En toises : 6 pieds? — R. 1 toise. — 3 pieds? — R. Une demi-toise. — 12 pieds? — R. 2 toises. — 36 pieds? — R. 6 toises. — 24 pieds? — R. 4 toises. — 42 pieds? — R. 7 toises. — 30 pieds? — R. 5 toises. — 18 pieds? — R. 3 toises.

2. En mètres, à raison de 3 pieds pour 1 mètre : 6 pieds? — R. 2 mètres. — 3 pieds? — R. 1 mètre. — 15 pieds? — R. 5 mètres. — 9 pieds? — R. 3 mètres. — 12 pieds? — R. 4 mètres. — 18 pieds? — R. 6 mètres. — 24 pieds? — R. 8 mètres. — 30 pieds? — R. 10 mètres.

3. En pieds : 12 pouces? — R. 1 pied. — 36 pouces? — R. 3 pieds. — 24 pouces? — R. 2 pieds. — 48 pouces? — R. 4 pieds. — 60 pouces? — R. 5 pieds.

4. En pouces : 12 lignes? — R. 1 pouce. — 48 lignes? — R. 4 pouces. — 84 lignes? — R. 7 pouces. — 96 lignes? — R. 8 pouces? — 72 lignes? — R. 6 pouces. — 24 lignes? — R. 2 pouces.

5. En lignes : 12 points? — R. 1 ligne. — 24 points? — R. 2 lignes. — 36 points? — R. 3 lignes. — 60 points? — R. 5 lignes. — 84 points? — R. 7 lignes.

PROBLÈMES SUPPLÉMENTAIRES

1. Deux propriétaires riverains voulant borner leurs propriétés, l'arpenteur trouva que l'un des deux devait rendre à l'autre une superficie de 1 are 84 centiares : la ligne de séparation des deux terrains ayant une longueur de 216 mètres, quelle largeur doit avoir la parcelle à rendre? — R. 0^m 85.

2. J'ai acheté deux mains de papier de même qualité : l'un a 0^m,50 de haut, sur 0^m,30 de large, et je l'ai payé 0 fr. 75 ; l'autre papier a 0^m,60 de haut, sur 0^m,40 de large, et il me coûte 1 fr. 20 : quel est le plus cher ? — R. Ils coûtent l'un et l'autre 0 fr. 05 le décimètre carré.

3. Un entrepreneur a acheté de deux sortes de planches qui sont de même qualité et épaisseur, les autres dimensions étant différentes. Celles de la première espèce ont 3^m,50 de long, et 0^m,30 de large, et il les a payées 18 fr. 90 la douzaine ; les autres ont 4^m,25 de long, sur 0^m,40 de large, et elle lui coûtent 272 fr. le cent : quelles sont les plus chères, et de combien par mètre carré ? — R. Les deuxièmes coûtent 0 fr. 10 de plus par mètre carré.

4. Un cultivateur doit labourer un champ de 185 mètres de long, sur 18 mètres de large. On sait que sa charrue trace un sillon de 0^m,25 de largeur, et qu'elle marche avec une vitesse de 30 mètres par minutes ; de plus, il laisse reposer son attelage une minute à chaque extrémité du sillon : en arrivant sur le terrain à cinq heures du matin, à quelle heure aura-t-il fini son travail ? — R. A 2 heures 48 minutes du soir.

CHAPITRE XI

NOTIONS SUR LES NOMBRES COMPLEXES.

---

371. — On appelle **nombres complexes** les nombres qui représentent des unités dont les multiples et les sous-multiples ne sont pas de dix en dix fois, de cent en cent fois, ou de mille en mille fois plus grands ou plus petits ; en d'autres termes, ne sont pas formés d'après les règles de la numération décimale.

Tels sont les nombres qui exprimaient les *anciennes mesures françaises* ; tels sont ceux qui expriment encore les *poids et mesures d'un grand nombre de pays*, de l'Angleterre, de l'Allemagne, de la Russie, des États-Unis d'Amérique, qui n'ont pas encore adopté le système métrique, etc.; — tels sont enfin les nombres qui expriment les *unités de temps* et les *divisions de la circonférence*, et qui sont usités chez tous les peuples civilisés. — Nous ne nous occuperons que de ces deux derniers genres de nombres complexes.

DE LA MESURE DU TEMPS

372. — Le **jour** est le temps que met la Terre à faire un tour entier sur elle-même. C'est la durée de sa *rotation*.

373. — Le **jour** se divise en 24 **heures**, partagées en deux périodes égales, de 12 heures chacune, l'une de midi à minuit, et l'autre de minuit à midi.

L'**heure** se divise en 60 **minutes** : $1^h = 60^m$.

La **minute** se divise en 60 **secondes** : $1^m = 60^s$.

374. — L'**année** est le temps que met la Terre à faire un tour entier autour du soleil. C'est la durée de sa *révolution*.

L'**année** se divise en 12 *mois*, en 52 *semaines* et en 365 ou 366 *jours*. Les années de 366 jours se nomment *bissextiles*.

Le **mois** se divise en 30 ou 31 jours, sauf le mois de février, qui a 28 jours dans les années ordinaires, et 29 dans les années bissextiles.

La **semaine** se compose de 7 jours.

Le **siècle** est une période de cent ans.

Le **lustre** (expression peu usitée) est une période de cinq ans.

375. — Toute année dont le millésime est divisible par 4 est **bissextile***; exemples : 1872, 1876, 1880, etc..., excepté 1900.

376. — Les douze mois de l'année sont :

Janvier,	31 jours.	Juillet,	31 jours.
Février,	28 ou 29 jours.	Août,	31 jours.
Mars,	31 jours.	Septembre,	30 jours.
Avril,	30 jours.	Octobre,	31 jours.
Mai,	31 jours.	Novembre,	30 jours.
Juin,	30 jours.	Décembre,	31 jours.

Remarque. — On voit que les nombres 30 et 31 alternent, excepté pour décembre et janvier et pour juillet et août, qui se suivent et qui ont 31 jours.

377. — Au point de vue des usages civils, administratifs, commerciaux, l'année se divise en quatre **trimestres** de trois mois chacun :

1° Le premier trimestre : janvier, février et mars.

2° Le deuxième trimestre : avril, mai et juin.

3° Le troisième trimestre : juillet, août, septembre.

4° Le quatrième trimestre : octobre, novembre, décembre.

378. — Au point de vue de la température, c'est-à-dire en raison de la position de la terre par rapport au soleil, l'année se compose de quatre **saisons** :

1° Le printemps, qui commence le 21 mars.
2° L'été,   —   —   le 21 juin.
3° L'automne,   —   —   le 22 septembre.
4° L'hiver,   —   —   le 21 décembre.

Le commencement de chaque saison peut varier d'un jour ou deux.

379. — L'année commence le 1ᵉʳ janvier depuis l'année 1563, sous le règne de Charles IX. Avant cette époque, elle commençait à Pâques, c'est-à-dire au printemps. Sous la première République, l'année commençait le 22 septembre, c'est-à-dire le premier jour d'automne.

380. — Chez les anciens Romains l'année commençait le 1ᵉʳ mars. Aussi leur septième mois était septembre, leur huitième mois était octobre, leur neuvième mois était novembre, et leur dixième mois était décembre, ce qui était tout naturel; tandis que nous appelons maintenant septembre, c'est-à-dire septième mois, celui qui est le neuvième; octobre, c'est-à-dire huitième mois, celui qui est le dixième, etc.

Janvier et février étaient le onzième et le douzième mois des Romains. Voilà pourquoi ils avaient placé à la fin de février, comme nous le faisons encore aujourd'hui, le jour supplémentaire des années bissextiles.

Les autres noms des mois nous viennent aussi des Romains. C'étaient pour la plupart des noms de leurs dieux ou de leurs grands hommes.

381. — Sous la première République on a essayé, mais sans succès, de remplacer ces vieux noms par les suivants :

AUTOMNE.	Vendémiaire (Vendanges). Brumaire (Brumes). Frimaire (Frimas).
HIVER.	Nivôse (Neige). Pluviôse (Pluie). Ventôse (Vent).
PRINTEMPS.	Germinal (Germes). Floréal (Fleurs). Prairial (Prairies).

ÉTÉ. { Messidor (Moissons).
      { Thermidor (Chaleurs).
      { Fructidor (Fruits).

382. — Les noms de la semaine, que tout le monde connaît, *lundi*, *mardi*, *mercredi*, *jeudi*, *vendredi*, *samedi*, *dimanche*, nous viennent encore des anciens, à l'exception du dernier qui veut dire *jour du Seigneur*; les autres sont des noms d'astres : *lundi* est le jour de la Lune ; *mardi*, de la planète Mars : *mercredi*, de la planète Mercure ; *jeudi*, de la planète Jupiter ; *vendredi*, de la planète Vénus ; et *samedi*, de la planète Saturne. Dans la plupart des langues modernes, le nom du septième jour veut dire encore jour du Soleil.

DIVISION DE LA CIRCONFÉRENCE

383. — On verra, dans la partie de ce livre qui traite de la *Géométrie*, que la circonférence se divise en 360 degrés (360°), le degré en 60 minutes ($60'$), et la minute en 60 secondes ($60''$). La seconde se divise en fractions décimales de secondes.

Soit à écrire : 47 degrés, 28 minutes, 35 secondes, 6 dixièmes de seconde ; on aura : $47^\circ\ 28'\ 35'',6$.

On remarquera la différence des notations pour les minutes et les secondes, suivant qu'il s'agit du *temps* ou d'un *arc* de circonférence. Dans le premier cas, on emploie les initiales *m* et *s* ; dans le second cas, on emploie un accent ou deux accents : $(')$ ou $('')$.

OPÉRATIONS SUR LES NOMBRES COMPLEXES

Conversion des nombres complexes.

384. — *Convertir un nombre complexe en unités de l'ordre le plus faible.*

3^h
60
———
180^m
26
———
206^m
60
———
12360^s
47
———
12407^s

Ex. — Convertir en secondes le nombre $3^h\ 26^m\ 47^s$.

1^h vaut 60^m; donc 3^h vaudront 3 fois plus, c'est-à-dire $60^m \times 3 = 180^m$; j'ajoute les 26 minutes du nombre donné, ce qui fait 206^m.

1^m vaut 60^s ; donc 206 minutes vaudront 206 fois plus de secondes, c'est-à-dire $60^s \times 206 = 12360^s$; j'ajoute les 47 secondes du nombre proposé, ce qui fait 12407^s. Donc :

$3^h\ 26^m\ 47^s = 12407$ secondes.

Addition et soustraction des nombres complexes.

385. — 1ᵉʳ EXEMPLE. Faire l'addition suivante :

$$
\begin{array}{r}
34° \ 27' \ 18'', 5 \\
65° \ 41' \ 52'', 3 \\
13° \ 57' \ 36'', 4 \\
\hline
114° \ \ \ 6' \ 47'', 2
\end{array}
$$

J'additionne les dixièmes de secondes ; je trouve 12 dixièmes, c'est-à-dire 1 seconde et 2 dixièmes ; je pose 2 et je reporte 1 seconde.

J'additionne les secondes, et je trouve 107″, ou 1 minute et 47 secondes ; je pose 47″ et je reporte 1 minute.

J'additionne les minutes, et je trouve 126′, ou 2 degrés et 6 minutes ; je pose 6′ et je reporte 2 degrés.

Enfin, j'additionne les degrés et je trouve 114°.

La somme est donc 114° 6′ 47″,2.

386. — 2ᵉ EXEMPLE. Faire la soustraction suivante :

$$
\begin{array}{r}
45° \ 18' \ 43'', 1 \\
29° \ 49' \ 56'', 8 \\
\hline
15° \ 28' \ 46'', 3
\end{array}
$$

Je ne peux retrancher 56″,8 de 43″,1 ; mais au lieu d'augmenter 43″,1 de 10 secondes, ou de 20″, on l'augmente par la pensée de 60 secondes, ce qui fait 103″,1 ; je dirai donc : 8 de 11, 3 ; 7 de 13, 6 ; 6 de 10, 4.

Comme j'ai augmenté le nombre supérieur de 60″ ou 1′, j'augmente aussi les 49′ du nombre inférieur de 1′ et j'ai à retrancher 50′ de 18′ ; j'augmente le nombre supérieur de 60′ et je retranche 50′ de 78′ ; ce qui me donne 28′.

Comme j'ai augmenté le nombre supérieur de 60′ ou d'un degré, j'augmente aussi les 29° du nombre inférieur de 1°, ce qui fait 30° et je retranche 30° de 45°, ce qui me donne 15°.

Donc le reste est 15° 28′ 46″,3.

387. — 3ᵉ EXEMPLE. Faire la soustraction suivante :

$$
\begin{array}{r}
180° \\
124° \ 53' \ 25'', 3 \\
\hline
55° \ \ \ 6' \ 34'', 7
\end{array}
$$

Cette soustraction se fait comme la précédente, en remplaçant par la pensée chacune des unités qui manquent dans le nombre supérieur par 60, et en augmentant de 1 chacune des unités suivantes du nombre inférieur.

Multiplication des nombres complexes.

Multiplication d'un nombre complexe par un nombre entier.

388. — **Règle.** On multiplie successivement par le nombre entier chacune des unités du multiplicande, *en commençant par les plus faibles*, et en ayant soin de transformer chacun des produits partiels en unités de l'ordre suivant, d'après la loi qui les régit.

Exemple. — Multiplier 7^h 18^m $56''$ par 5.

$$
\begin{array}{rrr}
7^h & 18^m & 56^s \\
5 & & \\
\hline
36^h & 94^m & 280^s \\
36^h & 34^m & 40^s
\end{array}
$$

Je multiplie 56^s par 5, ce qui donne 280^s ; je convertis 280^s en minutes en divisant ce nombre par 60 ; je trouve 4^m et 40^s ; je pose 40^s et je reporte 4^m.

Je multiplie 18^m par 5, ce qui donne 90^m et 4^m de retenue, 94^m. Dans 94^m il y a 1^h et 34^m, je pose 34^m et je reporte 1^h.

Je multiplie 7^h par 5, ce qui donne 35^h et 1^h de retenue, 36^h.

Le produit est donc 36^h 34^m 40^s.

Division des nombres complexes.

Division d'un nombre complexe par un nombre entier.

389. — **Règle.** On divise successivement par ce nombre entier chacune des unités du dividende, *en commençant par les plus fortes*, et en ayant soin de transformer chacun des restes partiels en unités de l'ordre suivant, d'après la loi qui les régit.

Exemple. — Diviser $97°$ $21'$ $47''$, 2, par 23.

$$
\begin{array}{rrr|l}
97° & 21' & 47'', 2 & 23 \\
5 & & & \overline{ 4° \; 13' \; 59'', 44} \\
60 & & & \\
\hline
300 & 321' & & \\
& 91 & & \\
& 22 & & \\
& 60 & & \\
\hline
1320 & 1367'', 2 & & \\
& 217 & & \\
& 10 \;, 2 & & \\
& 1 \; 00 & & \\
& 8 & &
\end{array}
$$

Je divise $97°$ par 23, ce qui donne $4°$ au quotient, avec un reste de $5°$.

Je convertis ces 5° en minutes, en multipliant 5 par 60, ce qui donne 300′. J'y ajoute les 21′ du dividende, et je divise 321′ par 23 ; ce qui donne 13′ au quotient, avec un reste de 22′.

Je convertis ces 22′ en secondes, en multipliant 22 par 60, ce qui donne 1 320″. J'y ajoute les 47″,2 du dividende, et je divise 1 367″,2 par 23 ; ce qui donne 59″,44 au quotient, avec un reste que je néglige.

Le quotient est donc 4° 13′ 59″, 44.

REMARQUE. — Pour multiplier ou diviser des nombres complexes entre eux, il faut d'abord les convertir en unités de l'ordre le plus faible (n° 384), ce qui ramène ces opérations à des opérations ordinaires, suivies quelquefois de celles dont nous venons de parler.

EXERCICES SUR LES NOMBRES COMPLEXES

116. Exercice théorique (page 196).

1. Qu'est-ce qu'on appelle des nombres complexes? — R. Voir page 190, n° 371.

2. Quels sont les nombres complexes qui sont encore en usage en France? — R. Les unités de temps et les divisions de la circonférence.

3. Quelle est l'unité de temps? — R. Le jour.

4. Qu'est-ce que le jour? — R. Voir page 191, n° 372.

5. Comment se divise le jour? — l'heure? — la minute? — la seconde? — R. Voir page 191, n° 373.

6. Qu'est-ce qu'une année? — R. Voir page 191, n° 394.

7. Qu'est-ce qu'un siècle? — un lustre? — R. Voir page 191, n° 374.

8. Comment se divise l'année? — le mois? — la semaine? — R. Voir page 191, n° 374.

9. Qu'est-ce qu'une année bissextile? — R. Voir page 191, n° 375.

10. Quelles sont les années bissextiles depuis l'année actuelle jusqu'à l'année 1900? — R. 1876, 1880, 1884, 1888, 1892, 1896.

11. Quels sont les 12 mois de l'année? Écrivez-les dans l'ordre de leur succession avec le nombre de jours que chacun contient. — R. Voir page 191, n° 376.

12. De quels mois se compose le 1er trimestre? — le 2e trimestre? — le 3e trimestre? — le 4e trimestre? — R. Voir page 191, n° 377.

13. Quelles sont les quatre saisons de l'année, et à quelle époque commence chacune d'elles? — R. Voir page 192, n° 378.

14. Depuis quelle époque l'année commence-t-elle au 1er janvier? — R. Depuis 1563, sous Charles IX.

15. A quelle époque commençait l'année sous la première République? — R. Le 22 septembre.

16. Par quel mois commençait l'année chez les anciens Romains? — R. Par le mois de mars. — Que veulent dire les mots : septembre, octobre, novembre et décembre? — R. Septième mois, huitième mois, neuvième mois et dixième

mois. — Expliquez comment ces quatre mois avaient reçu ces noms. — R. Voir page 192, nº 380.

17. Que signifient les noms des autres mois de l'année? — R. Voir page 192, nº 380.

18. Quels étaient les noms des mois du calendrier républicain? — R. Voir page 192, nº 381.

19. Que signifient les noms des jours de la semaine? — R. Voir page 192, nº 382.

20. Comment divise-t-on la circonférence? — le degré? — la minute? — R. Voir page 193, nº 383.

21. Quels sont les signes employés pour représenter le degré, la minute, la seconde? — R. Voir page 193, nº 383, 2ᵉ paragraphe.

22. Comment convertit-on des heures, minutes et secondes en secondes? Donnez un exemple. — R. Voir page 193, nº 384. L'élève choisira un exemple.

23. Comment convertit-on des degrés, minutes et secondes en secondes? Donnez un exemple. — R. Voir page 193, nº 384. L'élève choisira un exemple.

24. Comment fait-on l'addition et la soustraction des nombres complexes? Donnez un exemple. — R. Voir page 194, nº 385, 386, 387. L'élève choisira un exemple.

25. Comment fait-on la multiplication d'un nombre complexe par un nombre entier? Donnez un exemple. — R. Voir page 195, nº 388. L'élève choisira un exemple.

26. Comment fait-on la division d'un nombre complexe par un nombre entier? — Donnez un exemple. — R. Voir page 195, nº 389. L'élève choisira un exemple.

27. A quoi se réduisent la multiplication et la division des nombres complexes par des nombres complexes? — R. Voir page 196, remarque.

RÉCAPITULATION GÉNÉRALE (page 197).

Problèmes donnés dans les concours et dans les examens.

1. Un tonneau a été pesé successivement plein d'eau et vide; la première pesée a donné 216 kilog. de plus que la seconde. On remplit ce tonneau d'une huile dont chaque litre pèse 915 grammes, et qui coûte 1 fr. 75 le kilog. On demande le prix de l'huile qui remplit le tonneau. — R. 345 fr. 87.

(Brevet élémentaire. — Lot-et-Garonne.)

Solution raisonnée. Le poids de l'eau contenue dans le tonneau est de 216 kilog.; donc le volume de l'eau, et par conséquent la capacité du tonneau, est de 216 litres. Puisque 1 litre d'huile pèse 915 grammes, 216 litres pèseront 915 gr. × 216 = 197 640 gr. = 197 kilog. 64; et puisque 1 kilog. d'huile coûte 1 fr. 75, le poids total de l'huile, ou 197 kilog. 64, coûtera 1 fr. 75 × 197,64 = 345 fr. 87.

2. Un mètre cube de pavés que l'on paye 2 fr. 50 en carrière, dont le transport coûte 4 fr. et l'ébauchage 2 fr. 80, peut paver une surface de 5mq,20. On emploie en outre par mètre superficiel 0mc,120 de sable à 5 francs le mètre cube, et la pose se paye 0 fr. 35 le mètre carré. On demande ce que

coûterait le pavage d'une écurie de 5m,40 de longueur sur 4m,20 de largeur.
— R. 62 fr. 10.

(Certificat d'études primaires. — Vosges.)

Solution raisonnée. Le pavage de 5mq,20 coûte 2 fr. 50 + 4 fr. + 2 fr. 80 + 5 fr. × 0,120 × 5,20 + 0 fr. 35 × 5,20 = 9 fr. 30 + 0 fr. 95 × 5,20 = 14 fr. 24.

Le pavage d'un mètre carré coûtera $\dfrac{14 \text{ fr. } 24}{5,20}$, et le pavage de l'écurie dont

la surface est 5,40 × 4,20 mètres carrés coûtera, $\dfrac{14 \text{ fr. } 24 \times 5,40 \times 4,20}{5,20}$ =

$\dfrac{2 \text{ fr. } 56 \times 5,40 \times 4,20}{1,30}$ = 62 fr. 10.

3. Un appartement a 12 fenêtres ayant chacune 10 carreaux. La hauteur de chacun d'eux est 0m,53, leur largeur est 0m,42. Combien doit-on payer pour les vitres de cet appartement, sachant que le mètre carré de vitre coûte 10 francs? — R. 267 fr. 12.

Pour payer cette dépense et acheter des meubles, j'ai reçu, d'une part, 197 fr. 65; et d'autre part 468 fr. 30. Combien me restera-t-il pour acheter le mobilier quand j'aurai payé les vitres? — R. 398 fr. 83.

(Certificat d'aptitude pour les fonctions de directrice de salle d'asile. — Aisne.

Solution raisonnée. La surface d'un carreau est de 0,53 × 0,42 mètres carrés. La surface des 10 carreaux d'une fenêtre sera 0,53 × 0,42 × 10 mètres carrés, et la surface des carreaux des 12 fenêtres sera 0,53 × 0,42 × 10 × 12 mètres carrés. Chaque mètre carré de vitre coûtant 10 fr., le prix de tous ces carreaux sera 0,53 × 0,42 × 10 × 12 × 10 fr. = 0,53 × 42 × 12 fr. = 267 fr. 12.

On a reçu 197 fr. 65 + 468 fr. 30 = 665 fr. 95; il restera donc, pour acheter le mobilier, 665 fr. 95 — 267 fr. 12 = 398 fr. 83.

4. Exposer les meilleurs moyens pour faire saisir à un enfant la différence qui existe entre les sous-multiples du mètre cube et ceux du stère. — Leçon sur la manière d'écrire en chiffres ces sous-multiples.

(Brevet élémentaire. — Yonne.)

R. Voir pages 148, 149 et 150, nos 283, 284, 285, remarques I et II. — Page 151, n° 287. — Pages 153 et 154, nos 291, 292, 293.

5. Dans une promenade publique, il y a trois allées parallèles, de chacune 476 mètres de longueur et 5 mètres de largeur. Un voiturier se charge, au moyen de son tombereau, dont la capacité est d'un demi-mètre cube, de conduire dans ces trois allées la quantité de sable nécessaire pour former une couche régulière de 0m,025 d'épaisseur, à condition qu'il prendra ce sable dans un monceau déposé à 18 mètres de l'entrée de la promenade, c'est-à-dire à 18 mètres de l'endroit où il doit décharger le premier tombereau. On demande :

1° Combien de tombereaux à conduire dans les trois allées;

2° A quelle distance les uns des autres ces tombereaux devront être déchargés pour être uniformément répartis sur la longueur de chacune des trois allées;

3° La longueur du chemin qu'aura parcouru le voiturier, lorsqu'après son dernier voyage il aura ramené son tombereau au pied du tas de sable. — R. 1° 357 tombereaux; 2° 4 mètres; 3° 181 356 mètres.

(Brevet supérieur. — Yonne.)

Solution raisonnée. — 1° Le volume du sable nécessaire pour une allée est égal à 476 × 5 × 0,025mc, et le volume du sable nécessaire pour les trois allées est égal à 476 × 5 × 0,025 × 3mc. La capacité du tombereau étant d'un demi-mètre cube, le nombre des tombereaux sera le double, c'est-à-dire 476 × 5 × 0,025 × 3 × 2 = 476 × 3 × 0,25 = 1428 × 0,25 = 357.

2* Le nombre total des tas de sable déposés dans les trois allées étant de 357, chaque allée en contiendra $\frac{357}{3} = 119$; et comme la longueur d'une allée est de 476 mètres, l'intervalle compris entre deux tas consécutifs sera de $\frac{476^m}{119} = 4^m$. Le premier tas sera à l'entrée de l'allée, et le dernier à 472 mètres de l'entrée.

3° Le nombre des mètres qu'aura parcourus le voiturier pour déposer le 1er, le 2e, le 3e, ... le 119e tas sera successivement 18, $18 + 4$, $18 + 4.2$, $18 + 4.3$, ... $18 + 4.118$. On peut effectuer tous ces nombres et les additionner. Ce sera même un excellent exemple d'une longue addition. La véritable solution dépend de la théorie des progressions. (Voir la *Troisième Année d'Arithmétique*.) On peut encore abréger beaucoup les calculs en faisant les remarques suivantes : d'abord le nombre 18 est répété 119 fois ; on a donc $18 \times 119 = 2142$. Il reste le nombre 4 répété 1 fois, 2 fois, 3 fois ..... jusqu'à 118 fois. Il suffirait donc d'additionner les 118 premiers nombres entiers ; mais on peut même se dispenser de faire cette addition, car si on écrit ces nombres sur deux lignes, d'abord dans leur ordre naturel, puis en renversant cet ordre, de la manière suivante :

$$1, \quad 2, \quad 3, \quad 4, \quad 5, \quad ..... \quad 114, \quad 115, \quad 116, \quad 117, \quad 118.$$
$$118, \quad 117, \quad 116, \quad 115, \quad 114, \quad ..... \quad 5, \quad 4, \quad 3, \quad 2, \quad 1;$$

on remarque que la somme de deux quelconques de ces nombres placés l'un au-dessous de l'autre est constamment de 119. On a donc, dans ces deux lignes, 118 fois 119 ou 119×118, et comme tous les nombres sont doubles, la somme cherchée est $\frac{119 \times 118}{2} = 119 \times 59 = 7021$. Revenant à notre question, le nombre 4 est répété 7021 fois, ce qui fait $7021 \times 4 = 28084$. Le nombre de mètres est donc de $2142 + 28084 = 30226$. Mais chaque voyage exige un retour d'un égal nombre de mètres ; donc pour une seule allée le chemin parcouru sera $30226^m \times 2$, et pour les trois allées $30226^m \times 6 = 181356$ mètres.

6. Avec 77 kilog. 500 de blé, on fait 90 kilog de pain. Que coûtera le kilogramme de pain, sachant :

1* Que les 77 kilog. 5 de blé ont coûté 27 fr. 78 ;

2° Que les frais de fabrication s'élèvent à 4 fr. 80 pour 100 kilogrammes de blé ? — R. 0 fr. 35.

(Brevet élémentaire. — Seine-Inférieure.)

Solution raisonnée. Les frais de fabrication, pour 1 kilog. de blé, seront de $\frac{4 \text{ fr. } 80}{100} = 0$ fr. 048, et pour 77 kilog. 500, ces frais seront de 0 fr. 048 $\times$ 77,500 = 3 fr. 72. Or le prix d'achat de ces mêmes 77 kilog. 5 est de 27 fr. 78. Donc la dépense totale est de 27 fr. 78 + 3 fr. 72 = 31 fr. 50. Le prix du kilog. de pain sera donc $\frac{31 \text{ fr. } 50}{90} = 0$ fr. 35.

7. Le mètre carré d'une étoffe coûte 25 francs ; combien coûtent 6 décimètres carrés de cette étoffe ? — R. 1 fr. 50.

(Certificat d'études primaires. — Ardennes.)

Solution raisonnée. 6 décimètres carrés valent 0,06 de mètre carré ; donc 6 décimètres carrés de cette étoffe coûteront les 0,06 de 25 fr., ou 25 fr. $\times$ 0,06 = 1 fr. 50

8. Un marchand a acheté 357 quintaux métriques de blé, au prix de 22 fr. l'hectolitre, pesant 78 kilogrammes. Il paye en outre :

1° Pour chargement et déchargement, 0 fr. 15 par hectolitre ;

2° Pour le transport à 127 kilomètres de distance, 0 fr. 07 par kilomètre et par tonne.

Ce blé, après la mouture, donne 1 820 kilogrammes de son qu'il vend à 0 fr. 50 le kilog. et 332 quintaux de farine.

Combien doit-il vendre le sac de farine de 100 kilog., pour avoir un bénéfice de 1 fr. 75 par hectolitre de blé? — R. 31 fr. 16.

(Brevet élémentaire. — Seine-et-Marne.)

Solution raisonnée. Le poids d'un hectolitre étant de 78 kilog., le marchand aura autant d'hectolitres que 78 kilog. est contenu de fois dans 357 quintaux ou 35 700 kilog., soit $\dfrac{35\,700}{78}$; le prix d'achat de l'hectolitre étant de 22 fr. et les frais de chargement et de déchargement étant de 0 fr. 15 par hectolitre, 1 hectolitre revient à 22 fr. 15 ; donc les $\dfrac{35\,700}{78}$ hectol. reviendront à $\dfrac{35\,700 \times 22\ \text{fr}.15}{78}$ $= 10\,137$ fr. 88.

En outre, 357 quintaux valent 35 tonnes 7 ; donc le prix de transport de ce blé sera égal à 0 fr. 07 $\times$ 127 $\times$ 35,7 $=$ 317 fr. 37. Le total de la dépense est donc de 10 137 fr. 88 $+$ 317 fr. 37 $=$ 10 455 fr. 25.

Le bénéfice devant être de 1 fr. 75 par hectolitre sera de $\dfrac{35\,700 \times 1\ \text{fr}.75}{78}$ $= 801$ francs.

Le marchand doit donc vendre la farine et le son 10 455 fr. 25 $+$ 801 fr. $= 11\,256$ fr. 25 ; mais il vend 1 820 kilog. de son à 0 fr. 50 le kilog., ce qui lui donne $\dfrac{1820\ \text{fr}.}{2} = 910$ fr. Il devra donc vendre ses 332 quintaux de farine 11 256 fr. 25 $— 910$ fr. $= 10\,346$ fr. 25. Donc 1 quintal ou 100 kilog. seront vendus $\dfrac{10\,346\ \text{fr}.25}{332}$ $= 31$ fr. 16.

9. Un marchand vend du bois de chauffage soit à raison de 25 fr. 50 le stère, soit à raison de 2 fr. 50 le quintal métrique. De quel côté est l'avantage pour l'acheteur, si le bois pèse les 0,82 de ce que pèse l'eau sous le même volume? — R. Il vaut mieux acheter le bois à 2 fr. 50 le quintal.

(Certificat d'études primaires. — Landes.)

Solution raisonnée. Le mètre cube d'eau pèse 1 000 kilog.; le stère de bois qui a le même volume pèsera les 0,82 de 1 000 kilog. ou 1 000 kilog. $\times$ 0,82 $=$ 820 kilog. $=$ 8 quintaux 2 ; et comme ces 8 quintaux 2 coûtent 25 fr. 50, un quintal coûtera $\dfrac{25\ \text{fr}.50}{8,2} = 3$ fr. 10. Donc il vaut mieux pour l'acheteur prendre le bois à 2 fr. 50 le quintal.

On peut aussi faire le calcul inverse : 1 quintal coûtant 2 fr. 50, les 8q,2 contenus dans un stère coûteraient 2 fr. 50 $\times$ 8,2 $=$ 20 fr. 50, au lieu de 25 fr. 50.

10. Une barrique contient 20 décalitres 31 décilitres d'huile estimée 250 fr. les 100 kilogrammes. Quelle est la valeur de cette huile, le poids du litre étant de 915 grammes? — R. 464 fr. 60.

(Certificat d'études primaires. — Ardennes.)

Solution raisonnée. 20 décal. 31 décil. valent 203 lit. 1. Le poids de l'huile sera donc 915 gr. $\times$ 203,1 $=$ 0 kilog. 915 $\times$ 203,1. Or 100 kilog. coûtent 250 fr., donc 1 kilog. coûtera 2 fr. 50 et 0 kilog. 915 $\times$ 203,1 coûteront 2 fr. 50 $\times$ 0,915 $\times$ 203,1 $=$ 464 fr. 59.

11. On verse 2 343 grammes de mercure dans un vase d'un litre de capacité.

Quel est le poids de l'eau pure nécessaire pour remplir le vase? On sait que le litre de mercure pèse 13 kilog. 596. — R. 828 gr.

(Brevet élémentaire. — Creuse.)

Solution raisonnée. Le litre de mercure pesant 13 kilog. 596 pendant que le litre d'eau ne pèse que 1 kilog., on peut dire que la densité du mercure par rapport à l'eau est 13,596. Par conséquent, le volume occupé par les 2 343 gr. ou les 2 kilog. 343 de mercure sera égal à $\frac{2,343}{13,596} = 0$ lit. 172. (Voir page 175, n° 345.) Donc le volume de l'eau nécessaire pour remplir le litre sera 1 lit. — 0 lit. 172 = 0 lit. 828, et par conséquent son poids sera 0 kilog. 828 ou 28 gr.

12. Un homme laisse à ses quatre enfants pour tout héritage un terrain de 5 hectares 34 partagé en trois parties d'égale contenance. La première partie est en pré et vaut 105 francs l'are; la deuxième, plantée en vigne, vaut 9 540 fr. l'hectare; la troisième, en terre labourable, vaut 6 480 fr. l'hectare.

L'aîné prend le pré, le deuxième la vigne, et le troisième la terre labourable. Combien chacun d'eux doit-il donner d'argent au plus jeune pour qu'ils soient tous également partagés? — R. L'aîné doit donner 6 888 fr. 60, le 2ᵉ, 5 179 fr. 80, mais le plus jeune doit rendre au 3ᵉ 267 fr.

(Concours départemental. — Lot.)

Solution raisonnée. Les trois parties du terrain étant d'égale contenance, chacune d'elles vaut $\frac{5 \text{ hect. } 34}{3} = 1$ hect. 78 = 178 ares.

Donc la valeur du pré est de   105 fr. × 178 = 18 690 fr. »
—   —   de la vigne   9 540 fr. × 1,78 = 16 981 fr. 20
—   —   de la terre labourable   6 480 fr. × 1,78 = 11 534 fr. 40.

L'héritage total est la somme de ces trois nombres, soit 47 205 fr. 60, et la part de chaque enfant est $\frac{47 \text{ 205 fr. } 60}{4} = 11$ 801 fr. 40.

L'aîné donnera donc au plus jeune 18 690 fr. — 11 801 fr. 40 = 6 888 fr. 60.
Le deuxième donnera au plus jeune 16 981 fr. 20 — 11 801 fr. 40 = 5 179 fr. 80.
Le plus jeune aura alors 6 888 fr. 60 + 5 179 fr. 80 = 12 068 fr. 40, somme qui surpasse la part commune de 12 068 fr. 40 — 11 801 fr. 40 = 267 fr. Il devra donc remettre ces 267 fr. au troisième, qui aura alors 11 534 fr. 40 + 267 fr. = 11 801 fr. 40, part égale à celle de ses frères.

13. Une personne a acheté 87 hectares 48 de terre en labour à raison de 2 870 fr. l'hectare, et 59 hectares 34 de pré à raison de 4 370 fr. l'hectare. Elle a revendu l'hectare de terre en labour 2 995 fr. 50 et l'hectare de pré 5 148 fr. 75; quel bénéfice a-t-elle réalisé? — R. 57 189 fr. 76.

(Brevet élémentaire. — Loire-Inférieure.)

Solution raisonnée. Sur chaque hectare de labour, le bénéfice a été de 2 995 fr. 50 — 2 870 fr. = 125 fr. 50; donc sur 87 hectares 48 le bénéfice sera de 125 fr. 50 × 87,48 = 10 978 fr. 74. Sur chaque hectare de pré, le bénéfice a été de 5 148 fr. 75 — 4 370 fr. = 778 fr. 75; donc sur 59 hectares 34 le bénéfice sera de 778 fr. 75 × 59,34 = 46 211 fr. 02. Le bénéfice total sera donc 10 978 fr. 74 + 46 211 fr. 02 = 57 189 fr. 76.

14. Un flacon plein d'eau pèse 1 kilog. 045; le flacon vide pèse 45 décagrammes; quelle est sa capacité? — R. 595 centim. cubes ou 0 lit. 595.

(Brevet élémentaire. — Doubs.)

Solution raisonnée. Le poids de l'eau est égal à 1 045 gr. — 450 gr. = 595 gr., donc le volume de cette eau est de 595 centim. cubes ou 0 lit. 595.

15. Une récolte de froment a été vendue à raison de 125 fr. les 100 kilog.

et a produit 4 151 fr. 50. On avait ensemencé 9 hectares 50 ares. Quel est en hectolitres le rendement par hectare, le poids de l'hectolitre étant de 76 kilogrammes? — R. 23 hectolit.

(Brevet élémentaire. — Yonne.)

Solution raisonnée. La récolte contient autant de fois 100 kilog. que 25 fr. est contenu de fois dans 4 151 fr. 50 ou $\dfrac{4151,50}{25}$; le nombre des kilog. sera 100 fois plus grand ou $\dfrac{415150}{25}$; puisque 1 hectolit. pèse 76 kilog., le nombre des hectolitres sera égal au nombre des kilog. divisé par 76, ou $\dfrac{415150}{25 \times 76}$, et les hectolitres ayant été donnés par 9 hectares 5, le rendement d'un hectare sera $\dfrac{415150}{25 \times 76 \times 9,5} = \dfrac{415150}{1900 \times 9,5} = \dfrac{41515}{19 \times 95} = \dfrac{8303}{19 \times 19} = \dfrac{8303}{361} = 23$ hectolitres.

16. Un vase plein d'eau pèse 2 kilog. 500 ; plein de lait, il pèse 2 kilog. 568. — Sachant que la densité du lait est 1,034, donner : 1° la capacité du vase ; 2° son poids. — R. 1° 2 litres ; 2° 500 gr.

(Brevet élémentaire. — Savoie.)

Solution raisonnée. 1° 2 kilog. 568 est le poids du lait augmenté de celui du vase. 2 kilog. 500 est le poids de l'eau augmenté de celui du vase ; donc, 2 kilog. 568 — 2 kilog. 500, ou 0 kilog. 068 est la différence entre le poids du lait et le poids de l'eau, puisque le poids du vase disparaît dans la soustraction. Or 1 litre d'eau pèse 1 kilog. ; donc 1 litre de lait pèsera 1 kilog. 034, et la différence entre le poids d'un litre de lait et le poids d'un litre d'eau sera 1 kilog. 034 — 1 kilog. = 0 kilog. 034. Donc le vase contiendra autant de litres que 0 kilog. 034 sera contenu de fois dans 0 kilog. 068, ou $\dfrac{0,068}{0,034} = \dfrac{68}{34} = 2$ litres.

2° Le poids de deux litres d'eau étant de 2 kilog., le poids du vase sera de 2 kilog. 500 — 2 kilog. = 500 grammes.

17. Un brasseur veut s'approvisionner d'orge, au prix de 19 fr. 80 les 120 kilog. Il aura à payer, en outre, pour droits d'entrée à l'octroi, 1 fr. 50 pour 100 kil. Sachant que le double décalitre d'orge pèse 12 kilog. 8 hectogrammes, on demande combien ce brasseur pourra se procurer d'hectolitres d'orge pour 2 440 francs? — R. 211 hectol. 8.

(Certificat d'études primaires. — Ardennes.)

Solution raisonnée. 1 kilog. d'orge coûte $\dfrac{19 \text{ fr. } 80}{120}$, et 100 kilog. coûtent 100 fois plus ou $\dfrac{1980 \text{ fr.}}{120} = \dfrac{198 \text{ fr.}}{12} = \dfrac{99 \text{ fr.}}{6} = \dfrac{33 \text{ fr.}}{2} = 16 \text{ fr.} 50$. Les droits d'octroi étant de 1 fr. 50 pour 100 kilog., les 100 kilog. d'orge coûteront 16 fr. 50 + 1 fr. 50 = 18 fr. 1 kilog. d'orge revient donc à $\dfrac{18 \text{ fr.}}{100} = 0 \text{ fr. } 18$, et 12 kilog. 8 reviennent à 0 fr. 18 × 12,8 ; c'est aussi le prix du double-décalitre ou de 20 litres ; donc l'hectolitre, qui contient 5 fois 20 litres, coûtera 5 fois plus ou 0 fr. 18 × 12,8 × 5 = 0 fr. 90 × 12,8 = 11 fr. 52. Donc le brasseur pourra se procurer autant d'hectolitres que 11 fr. 52 sera contenu de fois dans 2 440 fr. ou $\dfrac{2440}{11,52} = \dfrac{244000}{1152} = 211$ hectolit. 8.

18. Un lingot d'argent pur pèse autant que 2 litres 52 centilitres d'eau pure. On veut le monnayer et en faire autant de pièces de 5 francs que de pièces de

2 francs, combien aura-t-on de pièces de chaque espèce, et quelle sera la valeur totale de ces pièces ? — R. 80 pièces de chaque espèce ; — 560 francs.

(Certificat d'études. — Eure.)

Solution raisonnée. Le poids de ce lingot est de 2 kilog. 520 ; le poids d'une pièce de 5 fr. et d'une pièce de 2 fr. réunie est de 25 gr. $+$ 10 gr. $=$ 35 gr., et le poids d'argent pur contenu dans ces pièces est de 35 gr. $\times \dfrac{9}{10} =$ 31 gr. 5. Donc on aura autant de pièces de chaque espèce que 31 gr. 5 sera contenu de fois dans 2 520 gr. ou $\dfrac{2\,520}{31,5} =$ 80 pièces. La valeur totale de ces pièces est de 7 fr. $\times$ 80 $=$ 560 fr.

REMARQUE. On pourrait prendre 0,835 pour le titre des pièces de 2 fr. (Voir page 181, n° 350, tableau.) On trouverait alors 82 pièces, presque exactement.

19. Un fermier vend pour 5 326 fr. 50 de blé à raison de 26 fr. 50 l'hectolitre. On demande en hectares, ares et centiares la surface de terrain qui produit cette quantité de blé, sachant qu'un hectare de terre produit 19 hectol. — R. 10 hec. 57 ar. 89 cent.

(Examen des aspirants à l'école normale d'institutrices de Besançon.)

Solution raisonnée. Le nombre d'hectolitres de blé est égal au nombre de fois que 26 fr. 50 est contenu dans 5 326 fr. 50 ou $\dfrac{5\,326,50}{26,50} =$ 201 hectolitres, et le nombre d'hectares est égal au nombre de fois que 19 hectol. est contenu dans 201 hectolitres ou $\dfrac{201}{19} =$ 10 hectares 57 ares 89 centiares.

20. Un champ rectangulaire a une surface de 43 ares 20 centiares et une longueur de 150 mètres ; quelle en est la largeur ? — 28^m,80.

(Certificat d'études primaires. — Ardennes.)

Solution raisonnée. La surface est égale au produit de la longueur par la largeur ; donc la largeur est égale au quotient de la surface par la longueur ou à $\dfrac{4\,320}{150} =$ 28^m,80.

21. Un champ a une superficie de 3 hectares 7 ares ; on y pratique un chemin long de 326 mètres et large de 6^m,50. A combien sera réduite la superficie de ce champ ? — R. A 2 hectares 8581.

(Certificat d'études primaires. — Ardennes.)

Solution raisonnée. La surface du chemin pratiqué est de 326 $\times$ 6,50 $=$ 2 119^{mq}. Donc la superficie du champ sera réduite à 3 hectares 07 — 0 hectares 2119 $=$ 2 hectares 8581.

22. Il faut 8 mètres cubes d'air pur par personne pour que la respiration ait lieu dans de bonnes conditions ; quelle devra être la longueur d'une salle destinée à recevoir 135 personnes, si la hauteur doit avoir 3^m,75 et la largeur 8^m,694. $=$ R. 33^m,12.

(Brevet élémentaire. — Saône-et-Loire.)

Solution raisonnée. La quantité de mètres cubes d'air nécessaire à 135 personnes est de 8^{mc} $\times$ 135 $=$ 1 080^{mc}. D'un autre côté, le volume d'air de la salle est égal au produit de la longueur par la largeur et par la hauteur ; mais la largeur multipliée par la hauteur égale 8,694 $\times$ 3,75 $=$ 32,60 ; donc 32,60 multiplié par la longueur inconnue doit donner 1 080. Donc cette longueur inconnue est égale à $\dfrac{1\,080}{32,60} =$ 33^m,12.

23. On pèse un vase une première fois plein d'eau et une seconde fois plein d'huile : le premier poids surpasse le second de 204 grammes. Trouver en litres et fractions de litre le volume du vase, sachant qu'un décilitre d'huile pèse 91 gr. 5. — R. 2 lit. 4.

(Brevet élémentaire. — Somme.)

Solution raisonnée. 1 litre d'eau pèse 1 000 gr.; 1 litre d'huile pèse 915 gr. donc la différence entre le poids d'un litre d'eau et le poids d'un litre d'huile est 1 000 gr.— 915 gr.=85 gr. Donc le vase contiendra autant de litres que 85 gr. sera contenu de fois dans 204 gr. ou $\frac{204}{85}$ =2 lit. 4. (V. même page, probl. 16).

24. Une salle d'école a en longueur 9ᵐ,75, en largeur 6ᵐ,25, et en hauteur 3ᵐ,60. On veut, en la réparant, augmenter de 21mc,6 le volume d'air qu'elle contient. On est obligé de réduire sa longueur de 1ᵐ,65, sans changer sa largeur. Quelle hauteur doit-on donner à la salle? — R. 4ᵐ,76.

(Brevet supérieur. — Seine-Inférieure.)

Solution raisonnée. Le volume de la salle actuelle est de 9,75 × 6,25 × 3,60 = 219mc,375. Le volume de la nouvelle salle devra être 219mc,375 + 21mc,6 = 240mc,975. La longueur étant réduite de 1ᵐ,65, devient 9ᵐ,75 — 1ᵐ,65 = 8ᵐ,10: sa largeur restant 6ᵐ,25, le produit de la longueur par la largeur sera 8ᵐ,10 × 6ᵐ,25 = 50mq,625, et ce produit multiplié par la nouvelle hauteur doit être égal à 240mq,975; donc la hauteur sera égale à $\frac{240{,}975}{50{,}625}$ =4ᵐ,76, exactement.

25. Deux piquets sont plantés à une distance de 0ᵐ,85; à quelle hauteur faut-il entasser entre ces deux piquets des bûches de 1ᵐ,33, pour mesurer un stère de bois. Calculer cette hauteur à 0ᵐ,01 près. — R. 0ᵐ,88.

(Brevet élémentaire. — Yonne.)

Solution raisonnée. Le produit des trois dimensions des tas de bûches doit faire 1ᵐ. Or le produit de deux de ces dimensions est 1,33 × 0,85 = 1,1305. Donc on trouvera la troisième, c'est-à-dire la hauteur du tas, en divisant 1 par 1,1305, ce qui donne $\frac{1}{1{,}1305}$ = 0ᵐ,88.

26. Une femme tricote des bas de laine qu'elle vend 3 fr. 50 la paire; la laine lui coûte 7 fr. 50 le kilog. et 12 paires de bas pèsent 2 kilog. 160. Sachant que cette personne fait 21 bas par mois, on demande ce qu'elle gagne par paire de bas, et combien il lui reste de gain à la fin de l'année, si elle dispose de 0 fr. 45 par semaine pour une bonne œuvre. — R. 2 fr. 15 par paire de bas et 247 fr. 50 de bénéfice.

(Certificat d'études primaires. — Vosges.)

Solution raisonnée. Le nombre des bas faits par cette femme en une année est de 21 × 12 = 252, ou 126 paires; le prix qu'elle en retire est de 3 fr. 50 × 126 = 441 fr. D'un autre côté, le poids de la laine nécessaire pour une paire de bas est $\frac{2^{kg},160}{12}$, et pour 126 paires, $\frac{2^{k},160 \times 126}{12}$; par conséquent le prix de cette laine sera $\frac{2{,}160 \times 126 \times 7\,fr.50}{12}$ = 1,08 × 21 × 7 fr. 50 = 170 fr. 10. Donc il restera à cette femme 441 fr. — 170 fr. 10 = 270 fr. 90, soit par paire de bas $\frac{270{,}90}{126}$ = 2 fr. 15. Mais elle distrait de ce bénéfice 0 fr. 45 par semaine, soit 0 fr. 45 × 52 = 23 fr. 40; son bénéfice sera donc réduit à 270 fr. 90 — 23 fr. 40 = 247 fr. 50.

27. En admettant que 35 kilog. de farine donnent 48 kilog. de pain et qu'un hectolitre de blé donne 58ᵏ,75 de farine, on demande le nombre d'hectolitres de blé nécessaire, pendant une année, à la nourriture d'une famille de 6 personnes, si chacun des membres de cette famille consomme en moyenne 65 décagrammes de pain, et quelle sera la dépense journalière, si l'hectolitre de blé coûte 24 fr. 50. — R. 17 hectol. 66 et 1 fr. 18.

(Certificat d'études primaires. — Vosges.)

Solution raisonnée. 1° Une personne consommant en 1 jour 0ᵏ,650 de pain, 6 personnes en consommeront 0ᵏ,650 × 6, et en un an, 0ᵏ,650 × 6 × 365. D'un autre côté, 48 kilog. de pain sont produits par 35 kilog. de farine; donc 1 kilog. de pain sera produit par un poids de farine égal à $\frac{3^{Kg}}{48}$ et 0ᵏ,650 × 6 × 365 de pain seront produits par un poids de farine égal à $\frac{35^{Kg}, \times 0,650 \times 6 \times 365}{48}$, et enfin autant de fois ce nombre contiendra 58ᵏ,75, autant il aura fallu d'hectolitres de blé; donc ce nombre d'hectolitres égale $\frac{35 \times 0,650 \times 6 \times 365}{48 \times 58,75} = \frac{35 \times 65 \times 365}{8 \times 5\,875}$

$= \frac{7 \times 13 \times 73}{8 \times 47} = \frac{6\,643}{376} = 17$ hectol. 66.; 2° ces 17ᴴˡ,66 coûteront 24 fr. 50 × 17,66;

par conséquent, la dépense pour un jour sera $\frac{24\,fr.\,50 \times 17,66}{365} = \frac{4,9 \times 17,66}{73} = $

1 fr. 18. — On aurait pu commencer par calculer ce nombre directement; on en aurait déduit le nombre des hectolitres.

28. On refuse de vendre 0 fr. 65 le double-décalitre un tas de pommes de terre de 14 hectolitres. Deux mois après, on les vend 0 fr. 10 de plus par double-décalitre; mais il s'en est gâté 3 hect. 2; qu'a-t-on perdu ou gagné à attendre? — R. On a perdu 5 fr.

(Certificat d'études. — Eure.)

Solution raisonnée. 14 hectolitres = 140 décalitres = 70 doubles-décalitres; à 0 fr. 65 le double-décalitre, on en aurait retiré 0 fr. 65 × 70 = 45 fr. 50.

Sur 14 hectol., il s'en perd 3 hectol. 2; donc il n'en reste que 14 hectol. — 2ᴴˡ,2 = 10 hectol. 8 = 108 décalit. = 54 doubles-décalitres, qui vendus à 0 fr. 65 + 0 fr. 10 = 0 fr. 75 valent 0 fr. 75 × 54 = 40 fr. 50. On a donc perdu 45 fr. 50 — 40 fr. 50 = 5 fr.

29. Un terrain de 82 hectares 40 ares 50 centiares est estimé 528 fr. l'hectare. Il doit être échangé contre un autre qui est estimé 2 fr. 75 le décamètre carré. Quelle est en ares la superficie de ce dernier? — R. 15 821 ares 76.

Solution raisonnée. Le prix du premier terrain est égal à 528 fr. × 82,4050. Le prix du second terrain devant être le même, et le décamètre carré, ou l'are, étant estimé 2 fr. 75, ce qui met l'hectare à 275 fr., ce dernier terrain contiendra autant d'hectares que 275 fr. sera contenu de fois dans 528 fr. × 82,405 ou $\frac{528 \times 82,405}{275} = \frac{528 \times 16,481}{55} = \frac{48 \times 16,481}{5} = 9,6 \times 16,481$

= 15ᴴᵃ,82176 = 15 821 ares 76.

30. Un ouvrier imprévoyant dépense en moyenne 4 fr. par semaine au café. Combien, avec ce qu'il dépense, pourrait-il acheter dans un an de pièces de vin de 41 fr.? Combien de litres aura-t-il à boire par jour, avec sa famille, si chaque pièce contient 219 litres? — R. 3 lit.

(Certificat d'études. — Eure.)

Solution raisonnée. Cet ouvrier dépense par an 4 fr. × 52 = 208 fr. Une pièce de vin coûtant 41 fr., il pourrait en acheter autant que 41 fr. est

11

contenu de fois dans 208 fr., soit $\frac{208}{41} = 5$ pièces, plus une fraction négligea-

ble. Ces 5 pièces contiennent 219 lit. $\times$ 5 pour l'année entière ; par consé-

quent, cet ouvrier et sa famille auraient à boire par jour $\frac{2191 \times 5}{365} = \frac{2191}{73} =$

3 litres.

31. Un marchand a acheté 2 pièces de drap 1 684 fr. 62 ; il en a revendu 15 mètres pour 219 fr. 75, et il a gagné 2 fr. 05 par mètre. Combien y avait-il de mètres dans les deux pièces ?

(Certificat d'études. — Eure.)

Solution raisonnée. Ce marchand ayant gagné 2 fr. 05 par mètre a gagné sur 15 mètres 2 fr. 05 $\times$ 15 = 30 fr. 75 ; donc ces 15 mètres lui avaient coûté

219 fr. 75 — 30 fr. 75 = 189 fr.; le prix d'un mètre était donc de $\frac{189 \text{ fr.}}{15} =$

12 fr. 60. Donc les deux pièces contenaient autant de mètres que 12 fr. 60 est

contenu de fois dans 1 684 fr. 62 ou $\frac{1684,62}{12,60} = 133^m,70$, exactement.

32. Un tapis de 8^m de long et de $4^m,25$ de large coûte 16 fr. 50 le mètre carré. Pour le doubler, on achète la quantité d'étoffe nécessaire. Cette étoffe a $0^m,80$ de large et coûte 1 fr. 60 le mètre ; on demande combien on a dépensé en tout. — R. 629 fr.

(Brevet élémentaire. — Seine-et-Marne.)

Solution raisonnée. La surface du tapis est égale à $4,25 \times 8^{mq} = 34^{mq}$, et le prix du tapis est de 16 fr. 50 $\times$ 34 = 561 fr. L'étoffe qui sert à doubler ce tapis a la même surface, mais la largeur de cette étoffe est de $0^m,80$; donc la

longueur sera $\frac{34}{0,8} = 42^m 5$, et puisque le mètre coûte 1 fr. 60, le prix de l'étoffe

sera de 1 fr. 60 $\times$ 42,5 = 68 fr. La dépense totale sera donc de 561 fr + 68 fr. = 629 fr.

33. Un hectare de betteraves est planté en lignes espacées de $0^m,40$ en tous sens. Que doit peser en moyenne chaque betterave pour qu'on en récolte 30 000 kilogrammes ? — 480 gr.

(Certificat d'études. — Eure.)

Solution raisonnée. L'hectare est un carré de 100 mètres de côté ; dans l'un des sens de ce carré, on pourra planter autant de betteraves que $0^m,40$ est con-

tenu de fois dans 100^m, soit $\frac{100}{0,4} = \frac{1\,000}{4} = 250$. Or on aura précisément 250

lignes semblables à la première ; donc le nombre des betteraves sera 250×250, ou le carré de 250, soit 62 500 betteraves. Le poids de chacune d'elles sera

donc en moyenne la 62 500ᵉ partie de 30 000 kilog., on $\frac{30\,000}{62\,500} = \frac{300}{625} = \frac{60}{125} =$

$\frac{12}{25} = 0^{kg},480 = 480$ grammes.

34. Diviser 1 018 par 5,2, et expliquer l'opération. — R. 0,1957. (Voir page 90, nᵒ 187.)

35. Un bassin contient 6 mètres cubes 696 décimètres cubes, et reçoit par heure 1 852 litres d'eau d'une fontaine, tandis qu'il en perd dans le même temps 1 564 litres par une ouverture. En combien d'heures et de minutes sera-t-il rempli ? — R. 23ʰ ,15ᵐ.

Solution raisonnée. Le bassin reçoit par heure 1 852ˡ — 1 564ˡ = 288ˡ = 0ᵐᶜ,288. Il faudra donc, pour remplir le bassin, autant d'heures que $0^m,288$ est contenu de fois dans 6mc,696, ou $\dfrac{6,696}{0,288} = \dfrac{837}{36} = \dfrac{93}{4} = 23^{\text{h}}\ \dfrac{1}{4} = 23\text{h},15^{\text{m}}.$

36. Soustraire 0,541 de 1, et expliquer l'opération. — R. 0,459 (Voir page 50, n° 115.)

37. Un cultivateur a ensemencé en colza une pièce de terre de 3 hectares 65 ares. Les frais de culture et de fumure se sont élevés à 175 fr. 80 par hectare. Ce terrain est loué 24 fr. les 30 ares. La récolte a été de 18 hectol. 60 par hectare, et a été vendue 22 fr. 50 l'hectolitre. Quel bénéfice ce cultivateur a-t-il réalisé sur sa pièce de terre? — R. 593 fr. 85.

(Certificat d'études. — Loiret.)

Solution raisonnée. Les frais de culture et de fumure sont de 175 fr. 80 $\times 3,65 = 641$ fr. 67. — La location d'un are est de $\dfrac{24\ \text{fr.}}{30}$; celle de $3^{\text{ha}},65$ ou 365 ares sera de $\dfrac{24\ \text{fr.} \times 365}{30} = \dfrac{4\ \text{fr.} \times 365}{5} = 4$ fr. $\times 73 = 292$ fr. La dépense totale sera donc de 641 fr. 67 $+$ 292 fr. $=$ 933 fr. 67. D'un autre côté, ce cultivateur a retiré d'un hectare 22 fr. 50 $\times$ 18,6, et de toute sa récolte 22 fr. 50 $\times$ 18,6 $\times$ 3,65 $=$ 1 527 fr. 525. Le bénéfice est donc de 1527 fr. 525 $-$ 933 fr. 67 $=$ 593 fr. 85.

PROBLÈMES SUPPLÉMENTAIRES

1. Un marchand achète quatre ballots de coton : le premier pèse 50 kilog. 4 décag.; le deuxième 25 décag.; le troisième 4 kilog. 25 gr., et le quatrième 5 hectog. 2 décag.; quel est le poids total? — R. 54 kilog. 835.

2. Un dortoir doit avoir 15 mètres cubes d'air par élève; combien pourra-t-on mettre d'élèves dans un dortoir qui a 24 mètres et demi de longueur, 7 mètres 5 centimètres de largeur et 3 mètres 9 décimètres de hauteur? — R. 45 élèves.

3. On a une chambre dont le sol forme un rectangle de $6^{\text{m}},24$ de longueur, $3^{\text{m}},18$ de largeur et $3^{\text{m}},20$ de hauteur. On demande le poids de l'air contenu dans cette chambre, en supposant qu'un litre d'air pèse 1 gramme 3 décigrammes. — R. 82 kilog. 548.

4. On demande le poids d'une barre de fer de $0^{\text{m}},17$ de largeur, $0^{\text{m}},13$ d'épaisseur et $3^{\text{m}},15$ de longueur, sachant que le poids spécifique du fer égale 7,88. — R. 548 kilog. 566.

5. Un vase pèse 1 kilog. 32; plein d'eau, il pèse 5 kilog. 374; plein d'un autre liquide, il pèse 4 kilog. 817. Quel est le poids d'un litre de cet autre liquide? — R. 1 kilog. 188.

6. Une salle de spectacle est éclairée par 500 becs de gaz. Combien l'éclairage de cette salle coûte-t-il par mois, sachant qu'un bec consomme 120 litres de gaz par heure, que la salle est

éclairée de six heures du soir à minuit et que le mètre cube de gaz coûte 0 fr. 30 ? — R. 3 240 fr.

7. Un fermier vend pour 12 695 fr. de froment à raison de 26 fr. 75 l'hectolitre. On demande en hectares, ares et centiares la surface du terrain qui produit cette quantité de froment, sachant qu'un hectare de terre donne 19 hectolitres. — R. 24 hectares 97 ares 78 centiares.

8. L'hectolitre de blé pèse 75 kilogrammes ; 14 kilog. de blé donnent 13 kilog. de farine ; 100 kilog. de farine donnent 130 kilog. de pain. — Un homme consomme par an 360 litres de blé ; combien consomme-t-il de pain ? — R. 326 kilog.

9. Un propriétaire possède 75 ares 30 centiares de jardin qu'il plante d'orangers en laissant 12 ares 90 centiares pour les allées et en donnant à chaque arbre un espace de 3 mètres sur 4 (4 mètres de long et 3 mètres de large). On demande : 1° combien ce jardin contiendra d'arbres ; 2° quel sera le revenu net, un arbre produisant en moyenne 84 oranges vendues 0 fr. 25 la douzaine, les frais de culture s'élevant au cinquième du revenu brut ? — R. 1° 520 arbres ; — 2° 728 fr.

10. Avec 154 kilog. de blé, on fait 166 kilog. 832 de pain ; à combien revient le kilog. de pain, si les 154 kilog. de blé ont coûté 55 fr. 44, et si les frais de fabrication sont de 4 fr. 80 pour 100 kilog. de blé ? — R. 0 fr. 376.

11. Le cocon de vers à soie pèse 4 gr. 75 et donne 7 p. % de bourre de soie, 9,5 p. % de déchet et le reste de soie grège. Quel prix retirera-t-on, d'après cela, de 50 000 cocons, en admettant que la soie grège vaille 95 fr. 40 le kilog. et la bourre de soie 17 fr. 80 ? — R. 192 149 fr. 375.

12. Avec 492 gr. d'acide sulfurique et 345 gr. de zinc, on obtient 10 gr. d'hydrogène. Calculer d'après cela combien on emploiera d'acide sulfurique et de zinc pour remplir d'hydrogène un ballon de 100 mètres cubes de capacité. On admet que le décimètre cube d'air pèse 1 gr. 3 et que l'hydrogène ne pèse que les 0,069 du poids de l'air. — R. 4 413 gr. 24 d'acide sulfurique et 3 094 gr. 65 de zinc.

13. Annuellement, une famille consomme 39 paquets de bougies à un demi-kilogramme le paquet. La loi du 4 septembre 1873 impose de 0 fr. 30 le kilog. de bougie. Dire : 1° de combien l'impôt de cette famille est augmenté par an ; 2° quelle économie il serait possible de réaliser par la substitution de l'huile de pétrole à la bougie, sachant qu'un kilog. de cette huile coûte 0 fr. 95 et que 1 kilog. 250 donne autant de lumière que 1 kilog. 850 de bougie dont le kilogramme se vend 2 fr. 60. — R. 1° 5 fr. 85 ; 2° 38 fr. 18.

QUATRIÈME PARTIE

DES FRACTIONS ORDINAIRES

CHAPITRE PREMIER

PROPRIÉTÉS GÉNÉRALES DES FRACTIONS.

390. — On a vu (n° 52) que si on divise l'unité en plusieurs parties égales, ces parties égales de l'unité se nomment des **fractions**.

Si l'unité est divisée en parties de *dix* en *dix* fois plus petites, ces parties sont des **fractions décimales** (n° 53).

Mais si l'unité est divisée en un nombre *quelconque* de parties égales, ces parties prises isolément, ou la réunion de plusieurs de ces parties, forment des **fractions ordinaires**.

391. — Ainsi une **fraction ordinaire**, ou simplement une **fraction**, est une partie de l'unité, ou la réunion de plusieurs parties de l'unité divisée en parties égales.

Comment on écrit une fraction ordinaire.

392. — Pour écrire une fraction ordinaire, on se sert de deux nombres qu'on place l'un au-dessous de l'autre et qu'on sépare par un trait.

Le **dénominateur**, qu'on place *au-dessous*, indique en combien de parties égales l'unité a été partagée.

Le **numérateur**, qu'on place *au-dessus*, indique combien l'on prend de ces parties.

EXEMPLE. — Supposons une pomme partagée en douze parties égales ; chaque partie sera un *douzième* de pomme :

$$\text{en chiffres } \frac{1}{12}.$$

Si je prends *cinq* de ces parties, j'aurai *cinq douzièmes* de pomme :

$$\text{en chiffres } \frac{5}{12}.$$

$\frac{1}{12}$, $\frac{5}{12}$ sont des fractions.

Le nombre 12, qui indique en combien de parties égales l'unité a été partagée, est le *dénominateur*.

Les nombres 1 et 5, qui indiquent combien l'on prend de ces parties, sont les *numérateurs*.

393. — Le numérateur et le dénominateur sont appelés les deux *termes* de la fraction.

REMARQUE. — Une fraction *décimale* peut aussi s'écrire sous la forme d'une *fraction ordinaire*.

Ainsi les fractions décimales

$$0,4 \qquad 0,25 \qquad 0,348$$

pourraient s'écrire

$$\frac{4}{10} \qquad \frac{25}{100} \qquad \frac{348}{1000}$$

Les dénominateurs 10, 100, 1000 indiquent en combien de parties égales l'unité est divisée; les numérateurs 4, 25, 348 indiquent combien l'on prend de ces parties.

Comment on énonce une fraction.

394. — Pour énoncer une fraction, on énonce d'abord le numérateur, puis le dénominateur, qu'on fait suivre de la terminaison *ième*.

$$\text{Ainsi} \qquad \frac{8}{10} \qquad\qquad \frac{24}{38} \qquad\qquad \frac{3}{5}$$

s'énoncent : 8 dix*ièmes*, 24 trente-huit*ièmes*, 3 cinqu*ièmes*, ou encore : 8 sur 10, 24 sur 38, 3 sur 5.

395. — Par exception, les dénominateurs 2, 3, 4, s'énoncent *demi, tiers, quart*.

$$\text{Ainsi} \qquad \frac{1}{2} \qquad\qquad \frac{2}{3} \qquad\qquad \frac{3}{4}$$

s'énoncent :   un demi,   deux tiers,   trois quarts.

Nombre fractionnaire.

396. — On appelle *nombre fractionnaire* un nombre entier accompagné d'une fraction. Ainsi

$$2 \text{ pommes et } \frac{3}{4} \text{ de pomme, ou } 2 + \frac{3}{4}$$

$$4 \text{ unités et } \frac{5}{8} \text{ d'unité, ou } 4 + \frac{5}{8}$$

sont des *nombres fractionnaires*.

Une fraction peut être inférieure, égale ou supérieure à l'unité.

397. — Je suppose deux pommes divisées chacune en douze parties égales, c'est-à-dire en *douzièmes*.

Si je prends $\dfrac{4}{12}$, $\dfrac{6}{12}$ de pomme, j'aurai *moins* qu'une pomme.

Si je prends $\dfrac{12}{12}$ de pomme, j'aurai juste *une* pomme.

Si je prends $\dfrac{16}{12}$ de pomme, j'aurai *plus* qu'une pomme.

Si je prends $\dfrac{24}{12}$ de pomme, j'aurai juste *deux* pommes.

398. — De ce qui précède, on peut déduire les remarques suivantes :

1º Lorsque, dans une fraction, le numérateur est **plus petit** que le dénominateur, la fraction est plus petite que l'unité.

2º Lorsque le numérateur est **égal** au dénominateur, la fraction est égale à l'unité.

3º Lorsque le numérateur est **plus grand** que le dénominateur, la fraction est plus grande que l'unité.

Comparaison des fractions.

399. — 1º Si deux fractions ont le **même dénominateur,** celle qui a *le plus grand* numérateur est *la plus grande.*

Soient les deux fractions

$$\frac{5}{7} \text{ et } \frac{3}{7}$$

La fraction $\dfrac{5}{7}$ est plus grande que la fraction $\dfrac{3}{7}$, car on a 2 septièmes de plus dans la première que dans la seconde.

400. — 2º Si deux fractions ont le **même numérateur,** celle qui a *le plus grand* dénominateur est *la plus petite.*

Soient les deux fractions

$$\frac{8}{11} \text{ et } \frac{8}{13}$$

La fraction $\dfrac{8}{13}$ est plus petite que la fraction $\dfrac{8}{11}$, car les treizièmes sont des parties plus petites que les onzièmes, et on en a 8 de part et d'autre.

401. — 3º Si deux fractions ont à la fois des numérateurs *différents* et des dénominateurs *différents*, on ne peut pas reconnaître immédiatement celle qui est la plus grande.

Soient les deux fractions

$$\frac{3}{4} \text{ et } \frac{5}{7}.$$

Les septièmes sont plus petits que les quarts, mais on prend *cinq* septièmes, tandis qu'on ne prend que *trois* quarts; et on ne sait pas s'il y a compensation ou quelle est celle des deux fractions qui l'emporte sur l'autre.

On verra (n° 410) comment, dans ce cas, on reconnaît la plus grande, en réduisant les deux fractions au même dénominateur.

Conversion d'une fraction ordinaire en fraction décimale.

402. — Pour convertir une fraction ordinaire en fraction décimale, on divise le numérateur par le dénominateur.

Exemple. — Soit la fraction $\frac{5}{8}$ à convertir en fraction décimale. Je divise 5 par 8 et j'obtiens la fraction décimale 0,625[1].

Remarque. — On peut compléter, au moyen d'une fraction ordinaire, le quotient d'une division qui ne se fait pas exactement.

Soit, par exemple :

$$\begin{array}{c|c} 29 & 6 \\ \hline 5 & 4 \end{array}$$

Le quotient est 4, et le reste 5; ce qui veut dire qu'il faudrait encore diviser 5 par 6. On a vu (n° 178) que la suite du quotient peut être évaluée en décimales; mais on peut aussi compléter ce quotient par la fraction ordinaire $\frac{5}{6}$, qui a pour numérateur le reste 5, et pour dénominateur le diviseur 6.

Le quotient complet est donc $4 + \frac{5}{6}$.

Exercice 117 (page 204).

Lisez et écrivez en toutes lettres les fractions suivantes. (Cet exercice ne présente pas de difficultés.)

$$\frac{1}{2}, \frac{1}{3}, \frac{1}{4}, \frac{1}{5}, \frac{1}{6}, \frac{2}{3}, \frac{3}{4}, \frac{4}{5}, \frac{5}{6}, \frac{11}{15}, \frac{13}{17}, \frac{21}{24}, \frac{18}{19}, \frac{41}{53}, \frac{37}{61}, \frac{75}{84},$$

$$\frac{92}{101}, \frac{163}{210}, \frac{324}{500}, \frac{1001}{6342}, \frac{5874}{10539}, 4\frac{2}{5}, 6\frac{1}{2}, 10\frac{1}{7}, 2\frac{9}{13}, 5\frac{11}{12},$$

$$\frac{22}{7}, \frac{333}{106}, \frac{355}{113}, 1\frac{6}{23}, 10\frac{1}{3}, 34\frac{2}{9}.$$

---

1. Voir au *Supplément* des notions plus complètes sur la conversion ces fractions.

Exercice 118 (page 205).

Écrivez en chiffres les fractions suivantes :

Trois cinquièmes. — R. $\frac{3}{5}$.

Sept huitièmes. — R. $\frac{7}{8}$.

Neuf treizièmes. — R. $\frac{9}{13}$.

Quatorze vingtièmes. — R. $\frac{14}{20}$.

Trente-deux cinquante-quatrièmes. — R. $\frac{32}{54}$.

Quarante soixante-troisièmes. — R. $\frac{40}{63}$.

Quatre-vingts six-cent-quatrièmes. — R. $\frac{80}{604}$.

Deux-cent-soixante-quinze cinq-cent-cinquante-cinquièmes. — R. $\frac{275}{555}$.

Six-mille-douze huit-mille-quatre-cent-vingt-neuvièmes. — R. $\frac{6012}{8429}$.

Quarante-six dix-neuvièmes. — R. $\frac{46}{19}$.

Huit-cent-trente-quatre onzièmes. — R. $\frac{834}{11}$.

Vingt-six cent-vingt-troisièmes. — R. $\frac{26}{123}$.

Neuf cent-quarante-septièmes. — R. $\frac{9}{147}$.

Mille-quinze deux-millièmes. — R. $\frac{1015}{2000}$.

Cinq unités, deux tiers. — R. $5\frac{2}{3}$.

Huit unités et demie. — R. $8\frac{1}{2}$.

Onze unités, trois quarts. — R. $11\frac{3}{4}$.

Deux unités, cinq sixièmes. — R. $2\frac{5}{6}$.

Dix-sept unités, un onzième. — R. $17\frac{1}{11}$.

Vingt-quatre, un dix-huitième. — R. $24\frac{1}{18}$.

Soixante-sept, quatre treizièmes. — R. $67\frac{4}{13}$.

Cent dix, vingt-sept cent-onzièmes. — R. $110\frac{27}{111}$.

Exercice 119 (page 205).

Écrivez sous la forme de fractions ordinaires les fractions décimales suivantes :

0,3. — R. $\frac{3}{10}$. 3,6. — R. $\frac{36}{10}$. 0,06. — R. $\frac{6}{100}$. 4,08. — R. $\frac{408}{100}$.

0,85. — R. $\frac{85}{100}$. 6,04. — R. $\frac{604}{100}$. 0,1008. — R. $\frac{1008}{10000}$. 1,007. — R. $\frac{1007}{1000}$.

2,7. — R. $\frac{27}{10}$. 0,257. — R. $\frac{257}{1000}$. 1,239. — R. $\frac{1239}{1000}$. 0,4236. — R. $\frac{4236}{10000}$.

5,2. — R. $\frac{52}{10}$. 0,603. — R. $\frac{603}{1000}$. 2,6. — R. $\frac{26}{10}$. 0,0005. — R. $\frac{5}{10000}$.

0,15. — R. $\frac{15}{100}$. 4,51. — R. $\frac{451}{100}$. 0,081. — R. $\frac{81}{1000}$. 7,003. — R. $\frac{7003}{1000}$.

0,9. — R. $\frac{9}{10}$. 9,500. — R. $\frac{9500}{1000}$. 0,004. — R. $\frac{4}{1000}$. 1,0004. — R. $\frac{10004}{10000}$.

Exercice 120 (page 205).

Quelle est la plus grande des deux fractions :

$\frac{4}{9}$ et $\frac{8}{9}$? — R. $\frac{8}{9}$. $\frac{104}{500}$ et $\frac{200}{500}$? — R. $\frac{200}{500}$. $\frac{10}{21}$ et $\frac{10}{18}$? — R. $\frac{10}{18}$.

$\frac{11}{12}$ et $\frac{11}{14}$? — R. $\frac{11}{12}$. $\frac{5}{11}$ et $\frac{10}{11}$? — R. $\frac{10}{11}$. $\frac{1254}{1830}$ et $\frac{1240}{1830}$? — R. $\frac{1254}{1830}$.

$\frac{15}{31}$ et $\frac{12}{31}$? — R. $\frac{15}{31}$. $\frac{30}{25}$ et $\frac{43}{25}$? — R. $\frac{43}{25}$.

CHAPITRE II

PRINCIPES RELATIFS AUX FRACTIONS.

Comment on rend une fraction 2, 3, 4… fois plus grande.

403. — **Règle.** On rend une fraction 2, 3, 4…, fois plus grande, soit en **multipliant** son **numérateur** par 2, 3, 4…; soit en **divisant** son **dénominateur** par les mêmes nombres.

Exemple. Soit la fraction $\frac{5}{12}$ à rendre 2 fois plus grande.

1° Je multiplie le numérateur 5 par 2, ce qui donne $\dfrac{10}{12}$. Cette fraction $\dfrac{10}{12}$ est 2 fois plus grande que $\dfrac{5}{12}$, puisque les parties de l'unité sont les mêmes et qu'on en prend deux fois plus.

2° Je divise le dénominateur 12 par 2, ce qui donne $\dfrac{5}{6}$. Cette fraction $\dfrac{5}{6}$ est 2 fois plus grande que $\dfrac{5}{12}$, puisque les sixièmes sont des parties de l'unité 2 fois plus grandes que les douzièmes, et qu'on en prend le même nombre.

Comment on rend une fraction 2, 3, 4 ... fois plus petite.

404. — Règle. On rend une fraction 2, 3, 4... fois plus petite, soit en **multipliant** son **dénominateur** par 2, 3, 4...; soit en **divisant** son **numérateur** par les mêmes nombres.

EXEMPLE. — Soit la fraction $\dfrac{6}{8}$ à rendre trois fois plus petite.

1° Je multiplie le dénominateur 8 par 3, ce qui donne $\dfrac{6}{24}$. Cette fraction $\dfrac{6}{24}$ est 3 fois plus petite que $\dfrac{6}{8}$, puisque les vingt-quatrièmes sont des parties de l'unité trois fois plus petites que les huitièmes, et qu'on en prend le même nombre.

2° Je divise le numérateur par 3, ce qui donne $\dfrac{2}{8}$. Cette fraction est 2 fois plus petite que $\dfrac{6}{8}$, puisque les parties de l'unité sont les mêmes, et qu'on en prend 3 fois moins.

REMARQUE. — La multiplication de l'un des termes de la fraction par un nombre est toujours possible, tandis que la division ne l'est pas toujours. Aussi la règle la plus générale, pour rendre une fraction un certain nombre de fois plus grande ou plus petite, est-elle de *multiplier* le numérateur ou le dénominateur. Mais toutes les fois qu'on peut remplacer la multiplication par la division, il faut le faire, car les résultats sont plus simples.

405. — Conséquence. Si on multiplie ou si on divise à la fois *les deux termes* d'une fraction par le même nombre, *on ne change pas* la valeur de cette fraction.

Exemple. — Soit la fraction $\dfrac{5}{12}$, dont je multiplie les deux termes par 2; j'aurai

$$\frac{5 \times 2}{12 \times 2} = \frac{10}{24}.$$

Je dis que la fraction n'a pas changé de valeur.

En effet, en multipliant d'abord le numérateur par 2, j'ai rendu la fraction 2 fois plus grande; mais en multipliant immédiatement le dénominateur par 2, j'ai rendu la fraction 2 fois plus petite. La fraction, rendue successivement 2 fois plus grande, puis 2 fois plus petite, n'a pas changé de valeur.

Soit encore la fraction $\dfrac{12}{28}$, dont je divise les deux termes par 4, j'aurai

$$\frac{12 \; : \; 4}{28 \; : \; 4} = \frac{3}{7}.$$

Je dis que la fraction n'a pas changé de valeur.

En effet, en divisant d'abord le numérateur par 4, j'ai rendu la fraction 4 fois plus petite; mais en divisant immédiatement le dénominateur par 4, j'ai rendu la fraction 4 fois plus grande. La fraction, rendue successivement 4 fois plus petite, puis 4 fois plus grande, n'a pas changé de valeur.

Comment on réduit un entier en fraction.

406. — **Règle.** Pour réduire un *nombre entier* en fraction d'une espèce donnée, on convertit d'abord l'**unité** en fraction, puis on **multiplie** le numérateur de cette fraction par le nombre proposé.

1° Soit à réduire 1 unité en huitièmes.

L'unité entière se compose de huit huitièmes (n° 397), donc

$$1 = \frac{8}{8}.$$

Soit encore à réduire 1 unité en dixièmes, en seizièmes, en dix-neuvièmes, on aura successivement

$$1 = \frac{10}{10} \qquad 1 = \frac{16}{16} \qquad 1 = \frac{19}{19}.$$

Ainsi l'unité peut toujours se convertir en une fraction quelconque dont le numérateur et le dénominateur sont égaux.

2° Soit à réduire 3 en douzièmes.

1 unité vaut $\dfrac{12}{12}$; donc 3 unités vaudront trois fois plus ou

$$\frac{12}{12} \times 3 = \frac{12 \times 3}{12} \text{ (n° 404)} = \frac{36}{12}.$$

Comment on réduit un nombre fractionnaire en fraction.

407. — Règle. Pour convertir un *nombre fractionnaire* en fraction, on convertit d'abord le **nombre entier** en fraction, et l'on **ajoute** à cette fraction la fraction du nombre proposé.

Soit à réduire l'expression fractionnaire $4\frac{5}{8}$ en huitièmes.

1 unité vaut $\frac{8}{8}$; donc 4 unités vaudront quatre fois plus ou $\frac{8}{8} \times 4 = \frac{32}{8}$. Si à ces $\frac{32}{8}$ j'ajoute les $\frac{5}{8}$ qui se trouvent dans le nombre proposé, j'aurai :

$$\frac{32}{8} + \frac{5}{8} = \frac{37}{8}.$$

Comment on extrait les entiers d'une fraction.

408. — Règle. Pour extraire les entiers contenus dans une fraction, il faut **diviser** le numérateur de la fraction par le dénominateur. Le quotient indique le nombre d'unités.

Si la division se fait **exactement**, la fraction contient un nombre exact d'unités entières;

Si la division laisse un **reste**, la fraction contient un certain nombre d'unités entières, plus une **fraction** plus petite que l'unité, dont le numérateur est égal à ce reste.

1° Soit à extraire les entiers contenus dans la fraction $\frac{8}{8}$.

Il faut juste 8 huitièmes pour faire 1 unité; donc

$$\frac{8}{8} = 1 \ (\text{n}^\text{o} \ 193).$$

2° Soit à extraire les entiers contenus dans la fraction $\frac{24}{8}$.

Puisque 8 huitièmes font 1 unité, autant de fois 8 huitièmes seront contenus dans 24 huitièmes, autant il y aura d'unités. Or, pour savoir combien 24 contient de fois 8, il faut diviser 24 par 8, ce qui donne 3 unités exactement; donc

$$\frac{24}{8} = 3.$$

3• Soit encore à extraire les entiers contenus dans la fraction $\frac{29}{6}$.

Puisque 6 sixièmes font 1 unité, autant de fois 6 sixièmes seront contenus dans 29 sixièmes, autant il y aura d'unités. Je divise donc 29 par 6; je trouve 4 au quotient, et il reste $\frac{5}{6}$.

Ainsi $\frac{29}{6} = 4 + \frac{5}{6}$, c'est-à-dire 4 unités plus $\frac{5}{6}$.

EXERCICES SUR LES PRINCIPES RELATIFS AUX FRACTIONS

Exercice 121 (page 209).

Rendez deux fois plus grandes les fractions suivantes :

$\frac{3}{25}$. — R. $\frac{6}{25}$. $\frac{4}{17}$. — R. $\frac{8}{17}$. $\frac{5}{21}$. — R. $\frac{10}{21}$. $\frac{6}{23}$. — R. $\frac{12}{23}$. $\frac{7}{16}$. — R. $\frac{7}{8}$.

$\frac{11}{24}$. — R. $\frac{11}{12}$. $\frac{19}{40}$. — R. $\frac{19}{20}$. $\frac{31}{64}$. — R. $\frac{31}{32}$. $\frac{43}{100}$. — R. $\frac{43}{50}$.

Rendez trois fois plus petites les fractions suivantes :

$\frac{6}{7}$. — R. $\frac{2}{7}$. $\frac{9}{11}$. — R. $\frac{3}{11}$. $\frac{12}{17}$. — R. $\frac{4}{17}$. $\frac{30}{41}$. — R. $\frac{10}{41}$. $\frac{2}{5}$. — R. $\frac{2}{15}$.

$\frac{3}{.}$. — R. $\frac{1}{8}$. $\frac{4}{.}$. — R. $\frac{4}{27}$. $\frac{1}{11}$. — R. $\frac{7}{33}$. $\frac{29}{10}$. — R. $\frac{29}{30}$.

Exercice 122 (page 209).

1• Réduire 2 en cinquièmes. — R. $\frac{10}{5}$.

— 3 en septièmes. — R. $\frac{21}{7}$.

— 4 en quinzièmes. — R. $\frac{60}{15}$.

— 9 en tiers. — R. $\frac{27}{3}$.

— 8 en cinquièmes. — R. $\frac{40}{5}$.

— 11 en dix-septièmes. — R. $\frac{187}{17}$.

— 5 en vingt-quatrièmes. — R. $\frac{120}{24}$.

— 7 en trente-huitièmes. — R. $\frac{266}{38}$.

— 12 en cent-vingtièmes. — R. $\frac{1440}{120}$.

— 18 en millièmes. - R. $\frac{18000}{1000}$.

2o Réduire en une seule fraction les nombres fractionnaires suivants :

$4\frac{2}{3}$. — R. $\frac{14}{3}$. $5\frac{6}{7}$ — R. $\frac{41}{7}$. $3\frac{1}{8}$ — R. $\frac{25}{8}$.

$9\frac{2}{11}$ — R. $\frac{101}{11}$. $1\frac{1}{2}$ — R. $\frac{3}{2}$. $8\frac{4}{5}$ — R. $\frac{44}{5}$.

$10\frac{1}{4}$. — R. $\frac{41}{4}$. $17\frac{1}{6}$. — R. $\frac{103}{6}$.

$12\frac{9}{10}$. — R. $\frac{129}{10}$. $3\frac{1}{7}$. — R. $\frac{22}{7}$.

$6\frac{3}{4}$. — R. $\frac{27}{4}$. $19\frac{20}{21}$. — R. $\frac{419}{21}$.

$43\frac{51}{62}$. — R. $\frac{2717}{62}$. $57\frac{1}{100}$. — R. $\frac{5701}{100}$.

$64\frac{3}{200}$. — R. $\frac{12803}{200}$.

$504\frac{17}{840}$. — R. $\frac{423377}{840}$.

Exercice 123 (page 209).

Extraire les entiers contenus dans les fractions :

$\frac{2}{2}$. — R. 1. $\frac{4}{2}$. — R. 2. $\frac{6}{6}$. — R. 1. $\frac{6}{3}$. — R. 2. $\frac{4}{4}$. — R. 1. $\frac{8}{4}$. — R. 2.

$\frac{15}{5}$. — R. 3. $\frac{30}{5}$. — R. 6. $\frac{42}{6}$. — R. 7. $\frac{14}{7}$. — R. 2. $\frac{15}{15}$. — R. 1. $\frac{165}{15}$. — R. 11.

$\frac{300}{15}$. — R. 20. $\frac{38}{19}$. — R. 2. $\frac{450}{25}$. — R. 18. $\frac{690}{55}$. — R. 12 $\frac{30}{55} = 12\frac{6}{11}$.

$\frac{730}{156}$. — R. 4 $\frac{114}{154} = 4\frac{57}{77}$ $\frac{817}{92}$. — R. 8 $\frac{81}{92}$. $\frac{1001}{27}$. — R. 37 $\frac{2}{27}$.

$\frac{2631}{448}$. — R. 5 $\frac{391}{448}$.

CHAPITRE III

RÉDUCTION DES FRACTIONS
AU MÊME DÉNOMINATEUR

409. — On a vu (p. 203) que pour comparer deux ou plusieurs fractions il faut qu'elles aient le même *numérateur* ou le même *dénominateur*. On a l'habitude de les réduire de préférence au même *dénominateur*, c'est-à-dire de les transformer en d'autres fractions équivalentes ayant le même dénominateur.

La réduction des fractions au même dénominateur repose sur le principe démontré plus haut (n° 405), savoir : *qu'on ne change pas la valeur d'une fraction en multipliant ses deux termes par un même nombre.*

Réduction de deux fractions au même dénominateur.

410. — Règle. Pour réduire **deux** fractions au même dénominateur, on multiplie **les deux termes** de la première par le dénominateur de la deuxième, puis **les deux termes** de la deuxième par le dénominateur de la première.

Soit à réduire au même dénominateur les deux fractions :

$$\frac{3}{4} \text{ et } \frac{5}{7}.$$

Je multiplie les *deux termes* de la *première* fraction par le dénominateur 7 de la deuxième ; puis je multiplie les *deux termes* de la *deuxième* par le dénominateur 4 de la première.

J'ai ainsi :
$$\frac{3 \times 7}{4 \times 7} \text{ et } \frac{5 \times 4}{7 \times 4}.$$

ou
$$\frac{21}{28} \text{ et } \frac{20}{28}.$$

Je n'ai pas changé les valeurs des fractions, et les dénominateurs sont égaux, car $4 \times 7 = 7 \times 4$ (n° 151).

Remarque. — Il est un cas où on peut se contenter de transformer *une seule* des deux fractions ; c'est lorsque l'un des dénominateurs est un *multiple* de l'autre.

Soient par exemple les deux fractions
$$\frac{3}{4} \text{ et } \frac{5}{8}.$$

Je remarque que 8 est un multiple de 4. Il est donc possible de transformer la première fraction en huitièmes, et cela, en multipliant ses deux termes par 2, soit :

$$\frac{3 \times 2}{4 \times 2} = \frac{6}{8}.$$

J'obtiens ainsi deux fractions, $\frac{6}{8}$ et $\frac{5}{8}$, que je puis comparer, puisqu'elles ont un dénominateur commun; en outre, elles sont plus simples que les fractions $\frac{24}{32}$ et $\frac{20}{32}$ que m'aurait données la règle 410.

Réduction de plusieurs fractions au même dénominateur.

411. — Règle. Pour réduire *plusieurs* fractions au même dénominateur, il faut multiplier *les deux termes* de chaque fraction par les dénominateurs de *toutes les autres*.

Soit à réduire au même dénominateur les trois fractions

$$\frac{2}{3}, \quad \frac{4}{5}, \quad \frac{6}{7}.$$

Je multiplie les *deux termes* de la *première* fraction par les dénominateurs 5 et 7 des deux autres, puis de même les *deux termes* de la *deuxième* fraction par les dénominateurs 3 et 7 de la première et de la troisième, puis enfin les *deux termes* de la *troisième* fraction par les dénominateurs 3 et 5 de la première et de la seconde. J'ai ainsi les trois fractions :

$$\frac{2 \times 5 \times 7}{3 \times 5 \times 7} \qquad \frac{4 \times 3 \times 7}{5 \times 3 \times 7} \qquad \frac{6 \times 3 \times 5}{7 \times 3 \times 5}$$

$$\text{ou} \quad \frac{70}{105} \qquad \frac{84}{105} \qquad \frac{90}{105}.$$

Je n'ai pas changé les valeurs de ces fractions, et les dénominateurs sont égaux, puisqu'ils sont formés des mêmes facteurs 3, 5, 7 (n° 153).

412. — Remarque. Soient à réduire au même dénominateur les fractions $\frac{3}{8}, \frac{5}{16}, \frac{7}{32}$, dans lesquelles le dénominateur 32 est un **multiple** de 16 et de 8. Au lieu d'appliquer la règle précédente, je divise 32 par les dénominateurs 8 et 16, ce qui me donne 4 et 2; je multiplie les deux termes de la première fraction par 4, et les deux termes de la deuxième fraction par 2. J'obtiens ainsi les trois fractions suivantes : $\frac{12}{32}, \frac{10}{32}, \frac{7}{32},$

beaucoup plus simples que les fractions $\dfrac{1536}{4096}$, $\dfrac{1280}{4096}$, $\dfrac{896}{4096}$, que m'aurait données la règle du n° 411[1].

Exercice 124 (page 212).

Réduisez au même dénominateur :

$\dfrac{1}{2}$ et $\dfrac{3}{4}$. — R. $\dfrac{2}{4}$ et $\dfrac{3}{4}$. $\dfrac{1}{2}$ et $\dfrac{2}{3}$. — R. $\dfrac{3}{6}$ et $\dfrac{4}{6}$. $\dfrac{1}{2}$, $\dfrac{2}{3}$ et $\dfrac{3}{5}$. — R. $\dfrac{15}{30}$, $\dfrac{20}{30}$, $\dfrac{18}{30}$.

$\dfrac{2}{3}$ et $\dfrac{5}{6}$ — R. $\dfrac{4}{6}$ et $\dfrac{5}{6}$. $\dfrac{3}{4}$ et $\dfrac{5}{6}$. — R. $\dfrac{18}{24}$ et $\dfrac{20}{24}$. $\dfrac{3}{4}$, $\dfrac{6}{11}$ et $\dfrac{12}{13}$. — R. $\dfrac{429}{572}$, $\dfrac{312}{572}$, $\dfrac{528}{572}$.

$\dfrac{7}{8}$ et $\dfrac{11}{16}$. — R. $\dfrac{14}{16}$ et $\dfrac{11}{16}$. $\dfrac{6}{7}$ et $\dfrac{8}{9}$. — R. $\dfrac{54}{63}$ et $\dfrac{56}{63}$.

$\dfrac{6}{7}$, $\dfrac{4}{25}$ et $\dfrac{14}{33}$. — R. $\dfrac{4950}{5775}$, $\dfrac{924}{5775}$, $\dfrac{2450}{5775}$. $\dfrac{4}{15}$ et $\dfrac{21}{30}$. — R. $\dfrac{8}{30}$ et $\dfrac{21}{30}$.

$\dfrac{9}{11}$ et $\dfrac{12}{13}$. — R. $\dfrac{117}{143}$ et $\dfrac{132}{143}$. $\dfrac{5}{18}$, $\dfrac{2}{9}$ et $\dfrac{12}{27}$. — R. $\dfrac{1215}{4374}$, $\dfrac{972}{4374}$, $\dfrac{1944}{4374}$.

$\dfrac{3}{7}$, $\dfrac{4}{5}$, $\dfrac{8}{11}$, $\dfrac{2}{9}$. — R. $\dfrac{1485}{3465}$, $\dfrac{2772}{3465}$, $\dfrac{2520}{3465}$, $\dfrac{770}{3465}$.

$\dfrac{1}{2}$, $\dfrac{3}{4}$, $\dfrac{5}{8}$, $\dfrac{7}{24}$. — R. $\dfrac{12}{24}$, $\dfrac{18}{24}$, $\dfrac{15}{24}$, $\dfrac{7}{24}$.

$\dfrac{23}{72}$, $\dfrac{14}{18}$, $\dfrac{7}{9}$, $\dfrac{31}{36}$. — R. $\dfrac{23}{72}$, $\dfrac{56}{72}$, $\dfrac{56}{72}$, $\dfrac{62}{72}$.

$\dfrac{131}{360}$, $\dfrac{7}{15}$, $\dfrac{44}{90}$, $\dfrac{51}{120}$. — R. $\dfrac{131}{360}$, $\dfrac{168}{360}$, $\dfrac{176}{360}$, $\dfrac{153}{360}$.

CHAPITRE IV
SIMPLIFICATION DES FRACTIONS.
Comment on simplifie une fraction.

413. — De deux fractions équivalentes, celle qu'on doit préférer, c'est **la plus simple**, c'est-à-dire celle dont les termes sont les plus faibles, d'abord parce qu'on se fait une idée plus nette de sa valeur, puis parce que les opérations dans lesquelles elle entre se font avec plus de facilité.

414. — *Simplifier une fraction*, ou la ramener à une plus simple expression, c'est la remplacer par une fraction **équivalente**, dont les termes soient **plus simples**.

La simplification des fractions repose sur le principe déjà connu, savoir : qu'*on ne change pas la valeur d'une fraction en divisant ses deux termes par un même nombre*.

Pour simplifier une fraction, il faut connaître les caractères de **divisibilité** des nombres.

---

1. Il existe un moyen de trouver un dénominateur commun qui soit *le plus petit possible*, et qui se nomme, pour cette raison, *le plus petit dénominateur commun*. La recherche du plus petit dénominateur commun, qui n'est autre chose que la recherche du *plus petit multiple commun* de plusieurs nombres, est quelque peu compliquée et n'offre pas d'application dans la vie usuelle. On en trouvera la règle dans le *Supplément*.

CARACTÈRES DE DIVISIBILITÉ

Définitions.

415. — Nombre divisible. Un nombre est *divisible* par un autre, lorsqu'il contient cet autre un nombre exact de fois.

Ainsi le nombre 12, qui contient 4 fois le nombre 3, est *divisible* par 3. — On dit aussi que 12 est un *multiple* de 3 (n° 125).

416. — Diviseur. Un nombre est *diviseur* d'un autre nombre, lorsqu'il est contenu dans cet autre un nombre exact de fois.

Ainsi le nombre 3, qui est contenu 4 fois dans le nombre 12, est un *diviseur* de 12. — On dit aussi que 3 est un *sous-multiple* de 12.

417. — Nombre premier. On appelle *nombre premier* tout nombre qui n'est divisible par aucun autre nombre, excepté par lui-même ou par l'unité (*Supplément*, p. 406).

Ainsi les nombres 5, 7, 11, 13, 17, etc., qui ne sont divisibles par aucun autre nombre, excepté par eux-mêmes ou par l'unité, sont des *nombres premiers.*

418. — Nombres premiers entre eux. Deux nombres sont **premiers entre eux**, lorsqu'ils n'ont d'autre diviseur commun que l'**unité**.

Ainsi les nombres 8 et 9, 10 et 21, 15 et 34, qui n'ont aucun diviseur commun, sont *premiers entre eux*, bien que chacun d'eux, pris isolément, soit divisible par d'autres nombres.

Divisibilité par 2[1].

419. — Un nombre est divisible par 2, lorsqu'il est terminé par un *zéro* ou par un chiffre *pair* (2, 4, 6, 8).

EXEMPLE. — Soit la fraction

$$\frac{30}{56}$$

Je remarque que ses deux termes sont divisibles par 2, puisque l'un est terminé par un 0, et l'autre par un chiffre pair 6. Je puis donc la simplifier en divisant ses deux termes par 2.

$$\frac{30}{56} = \frac{30 : 2}{56 : 2} = \frac{15}{28}$$

fraction plus simple que la première.

---

1. Nous nous bornons ici à donner les principaux caractères de divisibilité; on en trouvera l'explication dans le *Supplément* (p. 403).

Divisibilité par 3.

420. — Un nombre est divisible par 3, lorsque la **somme de ses chiffres** est divisible par 3.

Exemple. — Soit la fraction

$$\frac{42}{234}$$

Si j'additionne les chiffres 4 et 2 du numérateur, j'obtiens le nombre 6, qui est divisible par 3.

De même, si j'additionne les chiffres 2, 3, 4 du dénominateur, j'obtiens le nombre 9, qui est également divisible par 3.

Ainsi, je puis simplifier la fraction proposée en divisant ses deux termes par 3, ce que je fais en opérant comme il est indiqué nᵒ 169.

$$\frac{42}{234} = \frac{42 \; : \; 3}{234 \; : \; 3} = \frac{14}{78}$$

Mais je remarque que les deux termes de la fraction $\frac{14}{78}$ sont encore divisibles par 2. J'effectue :

$$\frac{14}{78} = \frac{14 \; : \; 2}{78 \; : \; 2} = \frac{7}{39}$$

fraction irréductible.

Divisibilité par 4.

421. — Un nombre est divisible par 4, lorsqu'il est terminé par deux zéros, ou lorsque ses deux derniers chiffres à droite forment un nombre divisible par 4.

Exemple. — Soit la fraction

$$\frac{3700}{9528}$$

Je remarque que le numérateur est terminé par deux zéros, et que les deux derniers chiffres à droite du dénominateur forment un nombre 28 divisible par 4. Je puis simplifier la fraction en divisant ses deux termes par 4.

$$\frac{3700}{9528} = \frac{3700 : 4}{9528 : 4} = \frac{925}{2382}$$

Divisibilité par 5.

422. — Un nombre est divisible par 5, lorsqu'il est terminé par un 0 ou par un 5.

EXEMPLE. — Soit la fraction

$$\frac{50}{65}$$

Je remarque que ses deux termes sont divisibles par 5, puisque l'un est terminé par un 0, et l'autre par un 5. Je puis donc simplifier la fraction en divisant ses deux termes par 5.

$$\frac{50}{65} = \frac{50 : 5}{65 : 5} = \frac{10}{13}$$

Divisibilité par 9.

423. — Un nombre est divisible par 9, lorsque la **somme de ses chiffres** est divisible par 9.

EXEMPLE. — Soit la fraction

$$\frac{4527}{8649}$$

Si j'additionne les chiffres 4, 5, 2, 7 du numérateur, je remarque que la somme 18 est divisible par 9.

De même, si j'additionne les chiffres 8, 6, 4, 9 du dénominateur, je remarque que la somme 27 est aussi divisible par 9.

$$\frac{4527}{8649} = \frac{4527 : 9}{8649 : 9} = \frac{503}{961}$$

Divisibilité par 10, 100, 1000.

424. — On sait qu'un nombre est divisible par 10, lorsqu'il est terminé par un zéro; par 100, lorsqu'il est terminé par deux zéros; par 1000, lorsqu'il est terminé par trois zéros, etc.

EXEMPLE. — Soit la fraction

$$\frac{250}{390}.$$

Je remarque que ses deux termes sont divisibles par 10, puisqu'ils sont tous deux terminés par un 0.

$$\frac{250}{390} = \frac{250 : 10}{390 : 10} = \frac{25}{39}.$$

De même :

$$\frac{420}{3500} = \frac{42}{350} \qquad \frac{6500}{8700} = \frac{65}{87}.$$

Divisibilité par 11.

425. — Le caractère de divisibilité par 11 est un peu plus difficile à retenir. On remarquera seulement que tous les nombres formés de deux chiffres semblables sont divisibles par 11; par exemple : 22, 33, 44, ... 88, 99.

REMARQUE. — Les caractères de divisibilité énumérés ci-dessus permettent de trouver les diviseurs communs les plus simples, et l'on peut se contenter de ces diviseurs pour la simplification des fractions ; car cette simplification n'est jamais indispensable, et dès qu'elle devient trop pénible, il vaut mieux s'en passer ; mais si on voulait réduire une fraction à sa *plus simple expression*, il faudrait chercher le *plus grand commun diviseur* de ses deux termes. Or il existe des règles pour trouver le plus grand commun diviseur de deux ou de plusieurs nombres. Les élèves qui voudront pousser un peu plus loin leurs études d'arithmétique trouveront ces règles au *Supplément* (p. 405).

Simplifications des expressions fractionnaires.

426. — Souvent, en résolvant un problème, on obtient comme résultat une expression fractionnaire telle que la suivante. :

$$\frac{\overset{2}{32} \times \overset{5}{25} \times 8 \times 12 \times 23}{\underset{3}{15} \times \underset{4}{48} \times 16 \times 23 \times \underset{3}{24}}$$

Si on effectuait toutes les multiplications indiquées, on se trouverait entraîné à des calculs longs et compliqués. Il est facile d'éviter ce travail en simplifiant le plus possible l'expression fractionnaire donnée.

Je remarque d'abord que le nombre 23 se trouve dans chacun des deux termes ; je le barre de part et d'autre.

Je remarque aussi que les nombres 32 et 16 sont divisibles par 16 ; la division de 32 par 16 donne 2 ; je barre 32, et je remplace ce nombre par 2 que j'écris au-dessus de 32.

La division de 16 par 16 donne 1 ; je barre 16, et je devrais écrire 1 au-dessous, mais je puis me dispenser d'écrire 1, car le nombre 1, employé comme facteur, est sans influence sur un produit. Je ne l'écris donc pas.

Je remarque encore que 25 et 15 sont divisibles par 5 ; la division de 25 par 5 donne 5, que je place au-dessus de 25 ; la division de 15 par 5 donne 3, que je place au-dessous de 15.

Je remarque encore que 12 et 48 sont divisibles par 12 ; la division de 12 par 12 donne 1, que je me dispense d'écrire ; la division de 48 par 12 donne 4, que je substitue à 48.

Je remarque encore que 8 et 24 sont divisibles par 8 ; la division de 8 par 8 donne 1, que je me dispense d'écrire ; la division de 24 par 8 donne 3, que je substitue à 24.

La fraction primitive compliquée est remplacée par la fraction équivalente plus simple :

$$\frac{2 \times 5}{3 \times 4 \times 3} = \frac{10}{36} = \frac{5}{18}.$$

REMARQUE. — Les simplifications ne peuvent s'effectuer que lorsque les nombres à simplifier sont employés comme **facteurs**, c'est-à-dire comme termes de **multiplication**, parce qu'on ne change pas la valeur d'une fraction en multipliant ou en divisant ses deux termes par un même nombre (n° 405) ; mais il n'en serait plus de même si les nombres étaient employés comme termes d'*addition* ou de *soustraction* ; car alors le moindre changement qu'on ferait subir à ces nombres changerait la valeur de la fraction.

Soit par exemple l'expression fractionnaire

$$\frac{25 + 16 + 8}{24 + 8 + 45}$$

dans laquelle les nombres, employés comme termes d'*addition*, sont réunis par le signe +. De ce que 25 et 45 sont divisibles par 5, que 16 et 24 sont divisibles par 8, que le nombre 8 se trouve au numérateur et au dénominateur, il ne s'ensuit pas qu'on puisse effectuer des simplifications ; encore une fois, *on ne peut pas toucher aux nombres réunis par les signes + ou —*. Avant toute simplification, il faut effectuer les additions indiquées :

$$\frac{25 + 16 + 8}{24 + 8 + 45} = \frac{49}{77}.$$

Les additions étant effectuées, on peut simplifier :

$$\frac{49}{77} = \frac{49 : 7}{77 : 7} = \frac{7}{11}$$

Il en serait de même si on avait des soustractions à faire.

Exercice 125 (page 218)

Simplifiez les fractions suivantes :

$\frac{2}{4}$.—R. $\frac{1}{2}$. $\frac{3}{6}$.—R. $\frac{1}{2}$. $\frac{2}{6}$.—R. $\frac{1}{3}$. $\frac{5}{10}$.—R. $\frac{1}{2}$. $\frac{3}{9}$.—R. $\frac{1}{3}$. $\frac{4}{12}$.—R. $\frac{1}{3}$.

$\frac{3}{15}$.—R. $\frac{1}{5}$. $\frac{2}{10}$.—R. $\frac{1}{5}$. $\frac{8}{14}$.—R. $\frac{4}{7}$. $\frac{21}{24}$.—R. $\frac{7}{8}$. $\frac{20}{28}$.—R. $\frac{5}{7}$. $\frac{45}{63}$.—R. $\frac{5}{7}$.

$\frac{30}{48}$.—R. $\frac{5}{8}$. $\frac{512}{624}$.—R. $\frac{128}{159}=\frac{32}{39}$. $\frac{918}{1071}$.—R. $\frac{102}{119}=\frac{6}{7}$, $\frac{440}{770}$.—R. $\frac{44}{77}=\frac{4}{7}$.

$\frac{26}{58}$.—R. $\frac{13}{29}$. $\frac{17}{34}$.—R. $\frac{1}{2}$. $\frac{22}{55}$.—R. $\frac{2}{5}$. $\frac{540}{360}$.—R. $\frac{54}{36}=\frac{6}{4}=\frac{3}{2}$.

$\frac{25}{75}$.—R. $\frac{125}{175}=\frac{25}{35}=\frac{5}{7}$. $\frac{7200}{12600}$.—R. $\frac{72}{126}=\frac{8}{14}=\frac{4}{7}$. $\frac{880}{9900}$.—R. $\frac{88}{990}=\frac{8}{90}=\frac{4}{45}$.

—R. $\frac{1}{2}$. $\frac{20}{25}$.—R. $\frac{4}{5}$. $\frac{15}{3}$.—R. 5. $\frac{6}{9}$.—R. $\frac{2}{3}$. $\frac{21}{42}$.—R. $\frac{1}{2}$. $\frac{810}{630}$.—R. $\frac{81}{63}=\frac{9}{7}$.

$\frac{9027}{9126}$.—R. $\frac{1003}{1014}$. $\frac{3333}{6666}$.—R. $\frac{1}{2}$. $\frac{8}{24}$.—R. $\frac{1}{3}$. $\frac{16}{80}$.—R. $\frac{1}{5}$. $\frac{27}{108}$.—R. $\frac{3}{12}=\frac{1}{4}$.

$\frac{81}{567}$.—R. $\frac{9}{63}=\frac{1}{7}$. $\frac{343}{1029}$.—R. $\frac{1}{3}$. $\frac{64}{512}$.—R. $\frac{16}{128}=\frac{4}{32}=\frac{1}{8}$. $\frac{128}{1024}$.—R. $\frac{64}{512}=\frac{1}{8}$.

$\frac{9}{342}$.—R. $\frac{1}{38}$. $\frac{27}{315}$.—R. $\frac{3}{35}$. $\frac{50}{400}$.—R. $\frac{5}{40}=\frac{1}{8}$. $\frac{125}{625}$.—R. $\frac{25}{125}=\frac{5}{25}=\frac{1}{5}$.

$\frac{28}{44}$.—R. $\frac{7}{11}$. $\frac{56}{80}$.—R. $\frac{7}{10}$. $\frac{333}{528}$.—R. $\frac{111}{176}$. $\frac{1008}{1584}$.—R. $\frac{112}{176}=\frac{28}{44}=\frac{7}{11}$.

Exercice 126 (page 218).

Simplifiez les expressions fractionnaires suivantes :

$$\frac{17 \times 12}{4}. - \text{R. } 17 \times 3 = 51. \qquad \frac{18 \times 35}{45}. - \text{R. } 2 \times 7 = 14.$$

$$\frac{34 \times 21}{6}. - \text{R. } 17 \times 7 = 119. \qquad \frac{6 \times 128 \times 7}{12 \times 8}. - \text{R. } \frac{64 \times 7}{8} = 8 \times 7 = 56.$$

$$\frac{550 \times 18}{100}. - \text{R. } 11 \times 9 = 99.$$

$$\frac{90 \times 89 \times 88 \times 87}{1 \times 2 \times 3 \times 4}. - \text{R. } 45 \times 89 \times 22 \times 29 = 2\,555\,190.$$

$$\frac{762 \times 15 \times 124 \times 17}{62 \times 17 \times 56}. - \text{R. } \frac{762 \times 15 \times 2}{56} = \frac{381 \times 15}{14} = \frac{5715}{14} = 408\ 3/14$$

$$\frac{100 \times 70 \times 515 \times 1200}{5 \times 103 \times 35}. - \text{R. } 20 \times 2 \times 5 \times 1\,200 = 240\,000.$$

$$\frac{13 \times 24 \times 35 \times 11 \times 10}{8 \times 13 \times 7 \times 11 \times 2}. - \text{R. } 3 \times 5 \times 5 = 75.$$

$$\frac{(36 + 17) \times 45 + 18 \times (48 - 7)}{9}. \text{R. } 53 \times 5 + 2 \times 41 = 265 + 82 = 347.$$

$$\frac{(28 - 3) \times 7 + 14 \times 2}{7}. - \text{R. } 25 + 4 = 29.$$

$$\frac{1 + 53\,(17 - 9) + 4}{3}. - \text{R. } \frac{1 + 53 \times 8 + 4}{3} = \frac{5 + 424}{3} = \frac{429}{3} = 143.$$

CHAPITRE V
OPÉRATIONS SUR LES FRACTIONS

ADDITION DES FRACTIONS.

427. — PREMIER CAS. *Les fractions ont le même dénominateur.*

Règle. Pour additionner des fractions qui ont le même **dénominateur***, il suffit d'additionner les **numérateurs**, et de conserver le dénominateur commun.

EXEMPLE. — Soit à additionner les fractions

$$\frac{3}{20} + \frac{5}{20} + \frac{9}{20}.$$

Les vingtièmes sont des grandeurs qu'on peut additionner comme des unités; or, 3 unités, plus 5 unités, plus 9 unités font 17 unités, donc : 3 vingtièmes, plus 5 vingtièmes, plus 9 vingtièmes font 17 vingtièmes. C'est ce qu'on représente en écrivant :

$$\frac{3}{20} + \frac{5}{20} + \frac{9}{20} = \frac{3 + 5 + 9}{20} = \frac{17}{20}.$$

J'ai fait la somme des numérateurs et j'ai conservé le dénominateur commun.

428. — DEUXIÈME CAS. *Les fractions n'ont pas le même dénominateur.*

Règle. Pour additionner des fractions qui n'ont pas le même dénominateur, on commence par les **réduire au même dénominateur**, puis on applique la règle précédente.

EXEMPLE. — Soit à additionner les fractions

$$\frac{2}{3} + \frac{4}{7} + \frac{5}{8}.$$

Je ne puis pas additionner des tiers, des septièmes, des huitièmes, qui ne sont pas des grandeurs de même espèce. Je suis donc obligé de les transformer en grandeurs de même espèce, ce que je fais en réduisant les trois fractions au même dénominateur (n° 411). J'ai successivement :

$$\frac{2}{3} + \frac{4}{7} + \frac{5}{8}$$

$$= \frac{2 \times 7 \times 8}{3 \times 7 \times 8} + \frac{4 \times 3 \times 8}{7 \times 3 \times 8} + \frac{5 \times 3 \times 7}{8 \times 3 \times 7}$$

$$= \frac{112}{168} + \frac{96}{168} + \frac{105}{168}$$

et si j'additionne ces trois fractions, d'après la règle précédente, puisqu'elles représentent des cent-soixante-huitièmes, c'est-à-dire des grandeurs de même espèce, j'aurai :

$$\frac{112 + 96 + 105}{168} = \frac{313}{168} = 1 + \frac{145}{168} \ (n° 408).$$

429. — TROISIÈME CAS. *Des entiers sont joints aux fractions.*

Règle. Pour additionner des entiers joints à des fractions, on additionne **séparément** les fractions et **séparément** les entiers.

EXEMPLE. — Soit à additionner

$$2\frac{3}{5} + 1\frac{4}{9} + 13\frac{1}{2}.$$

J'additionne séparément les fractions $\frac{3}{5}$, $\frac{4}{9}$, $\frac{1}{2}$; mais comme ces fractions n'ont pas le même dénominateur, je les y réduis (n° 411).

$$\frac{3}{5} + \frac{4}{9} + \frac{1}{2} = \frac{3 \times 9 \times 2}{5 \times 9 \times 2} + \frac{4 \times 5 \times 2}{9 \times 5 \times 2} + \frac{1 \times 5 \times 9}{2 \times 5 \times 9}$$

$$= \frac{54}{90} + \frac{40}{90} + \frac{45}{90} = \frac{139}{90} = 1 + \frac{49}{90}.$$

J'additionne maintenant les entiers :

$$2 + 1 + 13 = 16$$

auxquels j'ajoute $1 + \frac{49}{90}$, soit :

$$16 + 1 + \frac{49}{90} = 17 + \frac{49}{90} \text{ ou } 17\frac{49}{90}.$$

Exercice 127 (page 220).

Additionnez les fractions suivantes :

$\frac{1}{5} + \frac{2}{5}.$ — R. $\frac{3}{5}$. $\frac{2}{15} + \frac{4}{15} + \frac{7}{15}.$ — R. $\frac{13}{15}$. $\frac{1}{2} + \frac{1}{3}.$ — R. $\frac{5}{6}$. $\frac{1}{4} + \frac{1}{5}.$ — R. $\frac{9}{20}$.

$\frac{1}{2} + \frac{1}{3} + \frac{1}{4}.$ — R. $\frac{13}{12}$. $\frac{2}{7} + \frac{3}{8}.$ — R. $\frac{37}{56}$. $\frac{3}{4} + \frac{5}{6} + \frac{7}{8}.$ — R. $2\frac{11}{24}$.

$\frac{2}{3} + \frac{5}{7} + \frac{2}{9} + \frac{7}{11}.$ — R. $2\frac{166}{693}$. $\frac{1}{15} + \frac{1}{20} + \frac{1}{9}.$ — R. $\frac{41}{180}$.

$\frac{13}{14} + \frac{17}{18} + \frac{20}{21} + \frac{23}{24}.$ — R. $3\frac{395}{504}$. $1\frac{1}{2} + 2\frac{1}{5}.$ — R. $3\frac{5}{6}$.

$3\frac{5}{6} + 4\frac{7}{11}.$ — R. $8\frac{31}{66}$. $5\frac{2}{15} + 4\frac{9}{20}.$ — R. $9\frac{7}{12}$.

$6\frac{1}{30} + 8\frac{2}{3} + 9\frac{4}{7} + 13\frac{12}{21}.$ — R. $37\frac{59}{70}$.

SOUSTRACTION DES FRACTIONS

430. — **PREMIER CAS.** *Les deux fractions ont le même dénominateur.*

Règle. Pour soustraire l'une de l'autre deux fractions qui ont le **même dénominateur**, il suffit de soustraire le numérateur de la seconde du numérateur de la première, et de conserver le dénominateur commun.

EXEMPLE. — Soit à soustraire l'une de l'autre les deux fractions :

$$\frac{13}{15} \quad \text{et} \quad \frac{9}{15}$$

Comme il s'agit de grandeurs de même espèce, des quinzièmes, la soustraction peut s'effectuer :

$$\frac{13}{15} - \frac{9}{15} = \frac{13 - 9}{15} = \frac{4}{15}.$$

431. — DEUXIÈME CAS. *Les deux fractions n'ont pas le même dénominateur.*

Règle. Pour soustraire l'une de l'autre deux fractions qui n'ont pas le même dénominateur, on commence par les **réduire au même dénominateur** ; puis on applique la règle précédente.

EXEMPLE. — Soit à soustraire l'une de l'autre les fractions

$$\frac{3}{4} \quad \text{et} \quad \frac{2}{3}$$

Je ne puis soustraire les uns des autres des quarts et des tiers, qui ne sont pas des grandeurs de même espèce. Mais si je réduis les deux fractions au même dénominateur (n° 410), j'obtiendrai des grandeurs de même espèce, que je pourrai soustraire les unes des autres.

$$\frac{3}{4} - \frac{2}{3} = \frac{3 \times 3}{4 \times 3} - \frac{2 \times 4}{3 \times 4} = \frac{9}{12} - \frac{8}{12} = \frac{1}{12}$$

432. — TROISIÈME CAS. *Des entiers sont joints aux fractions.*

Règle. Pour soustraire un entier joint à une fraction d'un entier joint à une fraction, on retranche l'entier de l'entier et la fraction de la fraction.

EXEMPLE. — Soit à faire la soustraction suivante :

$$6\,\frac{3}{7} - 2\,\frac{4}{11}$$

Je soustrais d'abord les deux fractions :

$$\frac{3}{7} - \frac{4}{11} = \frac{3 \times 11}{7 \times 11} - \frac{4 \times 7}{11 \times 7} = \frac{33}{77} - \frac{28}{77} = \frac{5}{77}$$

Je soustrais ensuite les deux entiers, et j'ai :

$$6 - 2 = 4$$

A ces 4 unités j'ajoute $\frac{5}{77}$.

Donc $6\,\dfrac{3}{7} - 2\,\dfrac{4}{11} = 4 + \dfrac{5}{77}$ ou $4\,\dfrac{5}{77}$.

12.

433. — Quatrième cas. *Des entiers étant joints aux fractions, la fraction à soustraire est plus grande que l'autre fraction.*

Exemple. — Soit à faire la soustraction suivante :

$$13\,\frac{1}{2} - 7\,\frac{3}{5}.$$

Je soustrais d'abord les deux fractions d'après la règle précédente :

$$\frac{1}{2} - \frac{3}{5} = \frac{1\times 5}{2\times 5} - \frac{3\times 2}{5\times 2} = \frac{5}{10} - \frac{6}{10}.$$

Soustraction impossible, puisque la fraction à soustraire, $\frac{6}{10}$, est plus grande que l'autre fraction.

Je prends une unité au nombre 13, pour l'ajouter à $\frac{5}{10}$.

1 unité vaut $\frac{10}{10}$; $\frac{10}{10} + \frac{5}{10} = \frac{15}{10}.$

J'ai alors $\frac{15}{10} - \frac{6}{10} = \frac{9}{10}.$

Si maintenant je soustrais les entiers, j'ai $12 - 7 = 5.$

Donc $13\,\frac{1}{2} - 7\,\frac{3}{5} = 5 + \frac{9}{10}$ ou $5\,\frac{9}{10}.$

Exercice 128 (page 222).

Effectuez les soustractions suivantes :

$\dfrac{7}{12} - \dfrac{2}{12}$. R. $\dfrac{5}{12}$. $\dfrac{17}{25} - \dfrac{13}{25}$. R. $\dfrac{4}{25}$. $\dfrac{45}{76} - \dfrac{27}{76}$. R. $\dfrac{9}{38}$. $\dfrac{3}{4} - \dfrac{5}{8}$. R. $\dfrac{1}{8}$. $\dfrac{4}{9} - \dfrac{5}{12}$. R. $\dfrac{1}{36}$.

$\dfrac{13}{20} - \dfrac{7}{15}$. R. $\dfrac{11}{60}$. $\dfrac{22}{7} - \dfrac{355}{113}$. R. $\dfrac{1}{791}$. $1 - \dfrac{3}{20}$. R. $\dfrac{17}{20}$. $6 - \dfrac{23}{4}$. R. $\dfrac{1}{4}$.

$16 - 15\,\dfrac{7}{8}$. R. $\dfrac{1}{8}$. $2\,\dfrac{5}{6} - 1\,\dfrac{4}{7}$. R. $1\,\dfrac{11}{42}$. $16\,\dfrac{3}{5} - 6\,\dfrac{2}{11}$. R. $10\,\dfrac{23}{55}$. $25\,\dfrac{1}{4} - 16\,\dfrac{1}{3}$. R $8\,\dfrac{11}{12}$.

$12\,\dfrac{1}{2} - 7\,\dfrac{10}{13}$. R. $4\,\dfrac{19}{26}$. $28\,\dfrac{9}{14} - 15$. R. $13\,\dfrac{9}{14}$. $18 - 5\,\dfrac{1}{2}$. R. $12\,\dfrac{1}{2}$.

MULTIPLICATION DES FRACTIONS

434. — Premier cas. *Multiplication d'une fraction par un entier.*

Règle. Pour multiplier une fraction par un entier, on multiplie le **numérateur** de la fraction par l'entier.

EXEMPLE. — Soit à multiplier

$$\frac{3}{25} \text{ par } 4$$

Multiplier $\frac{3}{25}$ par 4, c'est rendre la fraction $\frac{3}{25}$, 4 fois plus grande. Or on sait (n° 403) que, pour rendre une fraction 4 fois plus grande, il faut multiplier le numérateur par 4.

Ainsi :

$$\frac{3}{25} \times 4 = \frac{3 \times 4}{25} = \frac{12}{25}$$

La fraction $\frac{12}{25}$ est bien 4 fois plus grande que $\frac{3}{25}$, car $\frac{12}{25}$

contient 4 *fois plus* de vingt-cinquièmes que $\frac{3}{25}$.

REMARQUE. — Au lieu de multiplier le numérateur par l'entier, on peut aussi, quand cela est possible, diviser le dénominateur par l'entier (n° 403).

EXEMPLE. — Soit à multiplier $\frac{3}{20}$ par 4. Au lieu de multiplier

le numérateur 3 par 4, ce qui donnerait $\frac{12}{20}$, je puis diviser le dé-

nominateur 20 par 4, ce qui donne $\frac{3}{5}$, fraction 4 fois plus grande

que $\frac{3}{20}$, car des cinquièmes sont 4 *fois plus grands* que des vingtièmes.

Or, des deux expressions équivalentes, $\frac{12}{20}$ et $\frac{3}{5}$, je dois pré-

férer la deuxième, qui est beaucoup plus simple.

435. — DEUXIÈME CAS. *Multiplication d'un entier par une fraction.*

La multiplication d'un entier par une fraction ordinaire repose sur la même définition que la multiplication d'un entier par une fraction décimale (n° 146).

Multiplier un nombre par $\frac{3}{5}$, c'est prendre les $\frac{3}{5}$ de ce

nombre; de même que multiplier un nombre par 0,3, c'est prendre les 0,3 de ce nombre.

De cette définition on déduit la règle suivante qui est la même que la règle n° 434.

Règle. Pour multiplier un entier par une fraction, on multiplie l'entier par le numérateur de la fraction.

Exemple. — Soit à multiplier

$$7 \text{ par } \frac{2}{15}$$

J'écrirai

$$7 \times \frac{2}{15} = \frac{7 \times 2}{15} = \frac{14}{15} .$$

En effet, multiplier 7 par $\frac{2}{15}$, c'est prendre les $\frac{2}{15}$ de 7.

Or, le quinzième de 7 est $\frac{7}{15}$; les $\frac{2}{15}$ de 7 seront deux fois

plus grands, ou $\frac{7 \times 2}{15} = \frac{14}{15}.$

Remarques. — I. Le produit de 7 par $\frac{2}{5}$ est le même que

le produit de $\frac{2}{5}$ par 7 ; ils sont égaux l'un et l'autre à $\frac{14}{15}.$

Ainsi, il revient au même de multiplier un nombre par une fraction, ou cette fraction par ce nombre.

II. Le produit d'un nombre par une fraction est plus petit

que ce nombre ; ainsi, le produit de 7 par $\frac{2}{15}$, c'est-à-dire $\frac{14}{15}$,

n'est pas même égal à une unité. Cela est tout simple : puis-

qu'on n'a pris que les $\frac{2}{15}$ de 7, on ne peut pas avoir un nom-

bre aussi grand que 7. Mais il est très-important de faire cette remarque pour ne pas s'habituer à croire qu'en multipliant un nombre on le rend toujours plus grand, comme le mot *multiplier* semble l'indiquer.

III. On a souvent à résoudre des questions ainsi conçues :

Quels sont les $\frac{8}{9}$ *de* 4? Cette question ne diffère pas de

la précédente, puisqu'elle revient à multiplier 4 par $\frac{8}{9}$. En

effet, si on avait 4 à multiplier par $\frac{8}{9}$, il faudrait prendre les $\dfrac{8}{9}$ de 4; donc on retombe dans la règle précédente; il suffit de multiplier le numérateur de la fraction par le nombre.

Les $\dfrac{8}{9}$ de $4 = \dfrac{8 \times 4}{9} = \dfrac{32}{9}$.

436. — Troisième cas. *Multiplication d'une fraction par une fraction.*

Règle. Pour multiplier une fraction par une fraction, on multiplie les *numérateurs entre eux* et les *dénominateurs entre eux*.

Exemple. — Soit à multiplier

$$\frac{2}{5} \quad \text{par} \quad \frac{4}{9}$$

$$\frac{2}{5} \times \frac{4}{9} = \frac{2 \times 4}{5 \times 9} = \frac{8}{45}$$

En effet, multiplier $\dfrac{2}{5}$ par $\dfrac{4}{9}$, c'est prendre les $\dfrac{4}{9}$ de $\dfrac{2}{5}$.

Or, le neuvième de $\dfrac{2}{5}$ est 9 fois plus petit que $\dfrac{2}{5}$ ou $\dfrac{2}{5 \times 9}$ (n° 404), et 4 neuvièmes sont 4 fois plus grands, ou $\dfrac{2 \times 4}{5 \times 9} = \dfrac{8}{45}$.

437. — **Fractions de fractions.** On a souvent à résoudre des questions ainsi conçues :

Quels sont les $\dfrac{2}{3}$ *des* $\dfrac{4}{9}$ *de* $\dfrac{8}{10}$?

Cette question ne diffère pas de la précédente puisqu'elle revient à faire plusieurs multiplications de fractions. On multiplie les numérateurs entre eux et les dénominateurs entre eux.

En effet, on prend d'abord les $\dfrac{4}{9}$ de $\dfrac{8}{10}$ d'après la règle précédente, ce qui fait $\dfrac{4 \times 8}{9 \times 10}$; puis on prend les $\dfrac{2}{3}$ de $\dfrac{4 \times 8}{9 \times 10}$, ce qui donne, toujours d'après la règle précédente,

$$\frac{2 \times 4 \times 8}{3 \times 9 \times 10} = \frac{4 \times 8}{3 \times 9 \times 5} = \frac{32}{135}.$$

Ainsi les $\dfrac{2}{3}$ des $\dfrac{4}{9}$ de $\dfrac{8}{10} = \dfrac{2 \times 4 \times 8}{3 \times 9 \times 10} = \dfrac{64}{270} = \dfrac{32}{135}.$

Lorsque la série des questions se termine par un nombre entier, on multiplie le produit des numérateurs par le nombre entier.

EXEMPLE. — Quels sont les $\dfrac{2}{5}$ des $\dfrac{3}{4}$ de 6 ?

Réponse : $\dfrac{2 \times 3 \times 6}{5 \times 4} = \dfrac{36}{20} = \dfrac{18}{10} = \dfrac{9}{5} = 1 + \dfrac{4}{5}.$

438. — QUATRIÈME CAS. *Des entiers sont joints aux fractions.*

Pour multiplier entre eux des entiers joints à des fractions, on commence par réduire les entiers en fractions, puis on applique la règle précédente.

EXEMPLE. — Soit à multiplier

$$3 + \frac{4}{7} \text{ par } 5 + \frac{2}{8},$$

Je réduis les entiers en fractions :

$$3 + \frac{4}{7} = \frac{21}{7} + \frac{4}{7} = \frac{25}{7} \text{ (n° 406),}$$

$$5 + \frac{2}{8} = \frac{40}{8} + \frac{2}{8} = \frac{42}{8}.$$

Je multiplie maintenant $\dfrac{25}{7}$ par $\dfrac{42}{8}$:

$$\frac{25}{7} \times \frac{42}{8} = \frac{25 \times 42}{7 \times 8} = \frac{25 \times 6}{8} = \frac{25 \times 3}{4} = \frac{75}{4} = 18\ 3/4$$

Exercice 129 (page 226).

Faites les multiplications suivantes :

$\dfrac{1}{2} \times 3.$ R. $1\dfrac{1}{2}.$ $\dfrac{5}{12} \times 3.$ R. $1\dfrac{1}{4}.$ $7 \times \dfrac{46}{63}.$ R. $5\dfrac{1}{9}.$ $\dfrac{132}{225} \times \dfrac{150}{729}.$ R. $\dfrac{88}{729}.$

$\dfrac{5}{6} \times 4.$ R. $3\dfrac{1}{3}.$ $\dfrac{1}{2} \times \dfrac{1}{3}.$ R. $\dfrac{1}{6}.$ $9 \times \dfrac{71}{81}.$ R. $7\dfrac{8}{9}.$ $2\dfrac{5}{6} \times 3\dfrac{4}{7}.$ R. $10\dfrac{5}{42}.$

$\dfrac{6}{11} \times 5.$ R. $2\dfrac{8}{11}.$ $\dfrac{2}{3} \times \dfrac{4}{5}.$ R. $\dfrac{8}{15}.$ $8 \times 5\dfrac{2}{9}.$ R. $41\dfrac{7}{9}.$ $\dfrac{34}{40} \times \dfrac{27}{56}.$ R. $\dfrac{459}{1120}.$

$\dfrac{15}{17} \times 10.$ R. $8\dfrac{14}{17}$. $\dfrac{6}{7} \times \dfrac{8}{9}$. R. $\dfrac{16}{21}$. $\dfrac{8}{45} \times \dfrac{27}{32}$. R. $\dfrac{3}{20}$. $6\dfrac{11}{13} \times 4\dfrac{1}{2}$. R. $30\dfrac{21}{26}$.

$\dfrac{31}{40} \times 7.$ R. $5\dfrac{17}{40}$. $\dfrac{11}{12} \times \dfrac{13}{17}$. R. $\dfrac{143}{204}$. $\dfrac{15}{49} \times \dfrac{28}{35}$. R. $\dfrac{12}{49}$. $9 \times 7\dfrac{3}{20}$. R. $64\dfrac{7}{20}$.

$\dfrac{7}{8} \times 4.$ R. $3\dfrac{1}{2}$. $5 \times \dfrac{13}{20}$. R. $3\dfrac{1}{4}$. $\dfrac{51}{16} \times \dfrac{60}{17}$. R. $11\dfrac{1}{4}$. $15\dfrac{1}{25} \times 16\dfrac{1}{24}$. R. $241\dfrac{4}{15}$.

DIVISION DES FRACTIONS

439. Premier cas. — *Division d'une fraction par un entier.*

Règle. Pour diviser une fraction par un entier, *on multiplie le dénominateur par l'entier.*

Exemple. — Soit à diviser :

$$\dfrac{3}{5} \text{ par } 4.$$

Diviser $\dfrac{3}{5}$ par 4, c'est rendre la fraction $\dfrac{3}{5}$ 4 fois plus petite.

Or on sait (n° 404) que pour rendre une fraction 4 fois plus petite il faut multiplier le dénominateur par 4.

Ainsi $\dfrac{3}{5} : 4 = \dfrac{3}{5 \times 4} = \dfrac{3}{20}$.

La fraction $\dfrac{3}{20}$ est bien 4 fois plus petite que $\dfrac{3}{5}$, car des vingtièmes sont 4 fois plus petits que des cinquièmes.

Remarque. — Au lieu de multiplier le dénominateur par l'entier, on peut aussi, quand cela est possible, diviser le numérateur par l'entier.

Exemple. — Soit à diviser $\dfrac{24}{37}$ par 4. Au lieu de multiplier le dénominateur 37 par 4, ce qui donne $\dfrac{24}{148}$, je puis diviser le numérateur 24 par 4, ce qui donne $\dfrac{6}{37}$, fraction 4 fois plus petite que $\dfrac{24}{37}$, puisqu'elle contient 4 fois moins de trente-septièmes.

Or, des deux expressions équivalentes $\dfrac{24}{148}$ et $\dfrac{6}{37}$, je dois préférer la deuxième, qui est beaucoup plus simple.

440. — DEUXIÈME CAS. *Division d'un entier par une fraction.*

Règle. Pour diviser un entier par une fraction *on multiplie l'entier par la fraction* **renversée.**

EXEMPLE. — Soit à diviser

$$4 \text{ par } \frac{3}{5}.$$

J'écris $4 : \frac{3}{5} = 4 \times \frac{5}{3} = \frac{4 \times 5}{3} = \frac{20}{3}.$

Pour prouver que cette fraction $\frac{20}{3}$ ou $\frac{4 \times 5}{3}$ est bien le quotient cherché, il suffit de multiplier $\frac{4 \times 5}{3}$ par le diviseur $\frac{3}{5}$. Le résultat devra être égal au dividende (n° 191). En effet :

$$\frac{4 \times 5}{3} \times \frac{3}{5} = \frac{4 \times 5 \times 3}{3 \times 5} = \frac{4 \times 15}{15} = 4.$$

REMARQUE. — Pour diviser 1 par une fraction, il suffit de renverser la fraction.

En effet : $1 : \frac{3}{7} = 1 \times \frac{7}{3} = \frac{7}{3}.$ La fraction $\frac{7}{3}$ est dite l'*inverse* de $\frac{3}{7}$; de même $\frac{3}{7}$ est l'*inverse* de $\frac{7}{3}$.

441. — TROISIÈME CAS. *Division d'une fraction par une fraction.*

Règle. Pour diviser une fraction par une fraction, *on multiplie la fraction dividende par la fraction diviseur* **renversée.**

EXEMPLE. — Soit à diviser

$$\frac{4}{7} \text{ par } \frac{3}{5}$$

J'écris $\frac{4}{7} : \frac{3}{5} = \frac{4}{7} \times \frac{5}{3} = \frac{4 \times 5}{7 \times 3} = \frac{20}{21}.$

Pour prouver que la fraction $\frac{20}{21}$ ou $\frac{4 \times 5}{7 \times 3}$ est bien le quotient cherché, il suffit de multiplier $\frac{4 \times 5}{7 \times 3}$ par la fraction diviseur $\frac{3}{5}$; on devra retrouver le dividende (n° 191). En effet :

$$\frac{4 \times 5}{7 \times 3} \times \frac{3}{5} = \frac{4 \times 5 \times 3}{7 \times 3 \times 5} = \frac{4 \times 15}{7 \times 15} = \frac{4}{7}.$$

442. — Quatrième cas. *Des entiers sont joints aux fractions.*

Règle. Pour diviser un entier joint à une fraction par un entier joint à une fraction, on commence par réduire ces entiers en fractions, puis on applique la règle précédente.

Exemple. — Soit à diviser :

$$8 + \frac{3}{7} \text{ par } 2 + \frac{4}{5}$$

Je réduis les entiers en fractions (n° 406) :

$$8 + \frac{3}{7} = \frac{56}{7} + \frac{3}{7} = \frac{59}{7},$$
$$2 + \frac{4}{5} = \frac{10}{5} + \frac{4}{5} = \frac{14}{5}.$$

Il reste maintenant à diviser $\frac{59}{7}$ par $\frac{14}{5}$:

$$\frac{59}{7} : \frac{14}{5} = \frac{59}{7} \times \frac{5}{14} = \frac{59 \times 5}{7 \times 14} = \frac{295}{98} = 3 + \frac{1}{98} \text{ ou } 3\frac{1}{98}.$$

Exercice 130 (page 229).

Effectuez les divisions suivantes :

$\frac{2}{3} : 2.$ R. $\frac{1}{3}$. $7 : \frac{42}{57}$. R. $9\frac{1}{2}$. $\frac{11}{12} : 5.$ R. $\frac{11}{60}$. $\frac{6}{11} : \frac{8}{13}$. R. $\frac{39}{44}$. $7\frac{1}{2} : 6\frac{1}{3}$. R. $1\frac{7}{38}$.

$\frac{3}{4} : 3.$ R. $\frac{1}{4}$. $\frac{108}{275} : 9.$ R. $\frac{12}{275}$. $6 : \frac{25}{31}$. R. $7\frac{11}{25}$. $\frac{5}{2} : \frac{6}{5}$. R. $2\frac{1}{12}$. $8\frac{2}{9} : 5\frac{4}{11}$. R. $1\frac{283}{531}$.

$\frac{6}{7} : 3.$ R. $\frac{2}{7}$. $2 : \frac{1}{3}$. R. $6.$ $\frac{41}{57} : 7.$ R. $\frac{41}{399}$. $\frac{1}{2} : 2.$ R. $\frac{1}{4}$. $23\frac{12}{41} : 10\frac{13}{66}$. R. $2\frac{6494}{23493}$.

$\frac{10}{11} : 5.$ R. $\frac{2}{11}$. $\frac{5}{4} : 3.$ R. $\frac{5}{12}$. $\frac{800}{235} : 9.$ R. $\frac{160}{423}$. $2 : \frac{1}{2}$. R. $4.$ $15\frac{2}{3} : 3\frac{1}{3}$. R. $4\frac{7}{10}$.

$6 : \frac{24}{31}$. R. $7\frac{3}{4}$. $\frac{5}{7} : 4.$ R. $\frac{5}{28}$. $\frac{5}{7} : \frac{4}{9}$. R. $1\frac{17}{28}$. $4 : \frac{4}{3}$. R. $3.$ $4 : 5\frac{8}{9}$. R. $\frac{36}{53}$.

$1\frac{1}{2} : 8.$ R. $\frac{3}{16}$. $3\frac{3}{20} : 3\frac{2}{20}$. R. $1\frac{1}{62}$.

31. Exercice théorique sur les fractions (page 229).

1. Qu'est-ce qu'une fraction ordinaire ? — Voir page 201, n°s 390 et 391.

2. Combien faut-il de nombres pour écrire une fraction ordinaire ? Comment nomme-t-on ces nombres et comment les place-t-on ? — Voir page 201, n° 392.

3. Qu'indique le dénominateur ? — Voir page 201, n° 392

4. Qu'indique le numérateur ? — Voir page 201, n° 392

5. Quel nom commun donne-t-on au numérateur et au dénominateur ? — R. Le nom de *termes*.

6. Comment énonce-t-on une fraction? Donnez des exemples. — Voir page 202, n° 394.

7. Quelles sont les trois exceptions usuelles ? — Voir page 202, n° 395.

8. Comment peut-on compléter le quotient d'une division de nombres entiers qui ne se fait pas exactement? Donnez un exemple. — Voir page 204, n° 402, Remarque.

9. Qu'est-ce qu'un nombre fractionnaire ? — Voir page 202, n° 396.

10. Qu'est-ce qui doit avoir lieu dans une fraction pour qu'elle soit plus grande que l'unité ? — Voir page 203, n° 398.

Pour qu'elle soit égale à l'unité ? — Voir page 203, n° 398.

Pour qu'elle soit plus petite que l'unité ? — Voir page 203, n° 398.

11. Comment rend-on une fraction 2, 3, 4 fois plus grande? Donnez un exemple. — Voir page 205, n° 403.

12. Comment rend-on une fraction 2, 3, 4 fois plus petite? Donnez des exemples. — Voir page 206, n° 404.

13. Que devient une fraction dont on multiplie ou dont on divise à la fois les deux termes par un même nombre? Donnez des exemples. — Voir page 206, n° 405.

14. Comment réduit-on un entier en fraction? Prenez pour exemples 5 à réduire en huitièmes, 7 à réduire en vingtièmes, etc.— Voir page 207, n° 406.
— R. $\dfrac{40}{8}$, $\dfrac{140}{20}$, etc.

15. Comment réduit-on un nombre fractionnaire en fraction ? — Prenez pour exemples $3\dfrac{5}{6}$, $4\dfrac{1}{2}$, $8\dfrac{6}{11}$. — Voir page 208, n° 407. — R. $\dfrac{23}{6}$, $\dfrac{9}{2}$, $\dfrac{94}{11}$.

16. Comment extrait-on les entiers d'une fraction? — Prenez pour exemples $\dfrac{27}{8}$, $\dfrac{34}{9}$, $\dfrac{56}{11}$. — Voir page 208, n° 408. — R. $3\dfrac{3}{8}$, $3\dfrac{7}{9}$, $5\dfrac{1}{11}$.

17. Comment réduit-on deux fractions au même dénominateur? — Voir page 210, n° 410.

18. Comment réduit-on plusieurs fractions au même dénominateur? Donnez un exemple. — Voir page 211, n° 411.

19. Dans quel cas peut-on prendre pour dénominateur commun l'un des dénominateurs? Donnez un exemple. — Voir page 211, n° 412.

20. Qu'est-ce que simplifier une fraction ? — Voir page 212, n° 414.

21. Comment peut-on simplifier une fraction? — Voir page 212, n° 414.

22. Dans quel cas dit-on qu'un nombre est divisible par un autre nombre? — Voir page 213, n° 415.

23. Qu'est-ce qu'un diviseur d'un nombre ? Donnez des exemples. — Voir page 213, n° 416.

24. Qu'est-ce qu'un nombre premier? Donnez des exemples. — Voir page 213, n° 417.

25. Qu'est-ce que deux nombres premiers entre eux ? Donnez des exemples — Voir page 213, n° 418.

26. A quels signes reconnait-on qu'un nombre est divisible par 2? — par 3? — par 4? — par 5? — par 9? — par 10, 100, 1000? — Voir pages 213, 214 et 215, nos 419-424.

27. Comment ces caractères de divisibilité peuvent-ils servir à simplifier des fractions? — Voir page 216, n° 426.

28. Quand on a une expression fractionnaire dont les deux termes sont des

produits de facteurs, est-il toujours nécessaire d'effectuer ces produits ? Que doit-on faire pour simplifier cette expression ? Donnez un exemple. — Voir page 216, n° 426.

29. Si les deux termes d'une expression fractionnaire étaient formés de nombres séparés par les signes $+$ et $-$, pourrait-on faire la même simplification ? — Voir page 217, Remarque.

30. Comment fait-on l'addition des fractions : 1° lorsque les fractions ont le même dénominateur ? 2° lorsque les fractions n'ont pas le même dénominateur ? 3° lorsque des entiers sont joints aux fractions ? Donnez des exemples. — Voir pages 218 et 219, n°° 427, 428 et 429.

31. Comment fait-on la soustraction des fractions : 1° lorsque les deux fractions ont le même dénominateur ? 2° lorsque les deux fractions n'ont pas le même dénominateur ? 3° lorsque des entiers sont joints à des fractions ? 4° lorsque, dans ce dernier cas, la fraction à retrancher est plus grande que celle dont on doit la retrancher ? Donnez des exemples. Dans le dernier cas, retranchez $1\frac{8}{9}$ de $7\frac{1}{2}$. — Voir pages 220, 221 et 222, n°° 430, 431, 432 et 433. — R. $5\frac{11}{18}$.

32. Comment multiplie-t-on une fraction par un entier ? — Combien de procédés ? — Quel est le meilleur, quand il est possible ? — Donnez des exemples. — Voir page 222, n° 434.

33. Comment multiplie-t-on un entier par une fraction ? Qu'est-ce que multiplier 5 par $\frac{1}{7}$, par $\frac{2}{7}$, par $\frac{8}{7}$. Expliquez la règle. — Voir page 223, n° 435.

34. Quelle différence y a-t-il entre le produit de $\frac{8}{11}$ par 6 et le produit de 6 par $\frac{8}{11}$? — R. Aucune.

35. Comment prend-on une fraction d'un nombre entier, par exemple les $\frac{13}{15}$ de 60 ? — R. En multipliant 60 par $\frac{13}{15}$. Le produit est 52. — Voir page 224, Remarque III.

36. Comment multiplie-t-on une fraction par une fraction ? Donnez un exemple. — Voir page 225, n° 436.

37. Comment prend-on une fraction d'une fraction, par exemple, les $\frac{7}{12}$ de $\frac{48}{56}$? — R. En multipliant $\frac{48}{56}$ par $\frac{7}{12}$; le produit est $\frac{1}{2}$. — Voir page 225, n° 437.

38. Comment prend-on des fractions de fractions, et des fractions de fractions de nombres entiers, par exemple $\frac{1}{2}$ de $\frac{2}{3}$ de $\frac{3}{4}$, et les $\frac{5}{6}$ des $\frac{7}{8}$ des $\frac{4}{5}$ de 30 ? — Voir page 225, n° 437. — R. $\frac{1}{4}$, — $17\frac{1}{2}$.

39. Comment multiplie-t-on un entier joint à une fraction par un entier joint à une fraction ? Donnez un exemple. — Voir page 226, n° 438.

40. Comment divise-t-on une fraction par un entier ? Combien de procédés ? Quel est le meilleur quand il est possible ? Donnez des exemples. — Voir page 227, n° 439.

41. Comment divise-t-on un entier par une fraction ? Donnez un exemple. — Voir page 228, n° 441.

42. Comment divise-t-on une fraction par une fraction? Donnez un exemple. — Voir page 228, n° 441.

43. Comment divise-t-on un entier joint à une fraction par un entier joint à une fraction? — Voir page 229, n° 442.

44. Qu'est-ce que l'inverse d'une fraction? de $\frac{4}{9}$, par exemple? — Voir page 228, Remarque. — R. L'inverse de $\frac{4}{9}$ est $\frac{9}{4}$.

45. Comment divise-t-on l'unité par une fraction, par exemple 1 par $\frac{8}{5}$, 1 par $\frac{1}{3}$, etc.? — R. En prenant l'inverse de la fraction. $1 : \frac{8}{5} = \frac{5}{8}$. $1 : \frac{1}{3} = 3$. Voir page 228, Remarque.

PROBLÈMES DE RÉCAPITULATION SUR LES FRACTIONS
(Page 231.)

1. On demandait à un berger combien il avait de moutons, il répondit : Si j'en avais la moitié, le tiers et le quart de ce que j'en ai, j'en aurais 20 de plus. Combien avait-il de moutons? — R. 240.

Solution raisonnée. On additionne $\frac{1}{2}$, $\frac{1}{3}$ et $\frac{1}{4}$, et on trouve $\frac{13}{12}$. Or $\frac{13}{12}$ surpasse $\frac{12}{12}$ de $\frac{1}{12}$; donc $\frac{1}{12}$ du nombre des moutons égale 20; donc le nombre des moutons égale $20 \times 12 = 240$.

2. Un joueur, sortant du jeu, dit qu'il a perdu les trois quarts de son argent, et qu'il ne lui en reste que le tiers moins 6 francs. Quelle somme avait-il en entrant au jeu, et combien a-t-il perdu? — R. 72 fr. et 54 fr.

Solution raisonnée. On additionne $\frac{3}{4}$ et $\frac{1}{3}$, et on trouve $\frac{13}{12}$. Donc $\frac{1}{12}$ de la somme égale 6 fr.; donc la somme égale 6 fr. $\times 12 = 72$ fr.; et comme le joueur en a perdu les $\frac{3}{4}$, il a perdu 72 fr. $\times \frac{3}{4} = 54$ fr.

3. Un voyageur fait 4 hectomètres de chemin en 3 minutes, et un second fait 5 hectomètres en 4 minutes. Quel est celui qui marche le plus vite, et combien fait-il de chemin de plus que l'autre dans une journée de 8 heures de marche? — Le premier fait 4 kilomètres de plus.

Solution raisonnée. Dans une minute, le premier voyageur fait $\frac{4}{3}$ d'hectomètres et le deuxième $\frac{5}{4}$ d'hectomètres. Je réduis ces fractions au même dénominateur, et je trouve $\frac{16}{12}$ et $\frac{15}{12}$. Donc le premier voyageur fait dans 1 minute $\frac{1}{12}$ d'hectomètre de plus; en 60 minutes, où en 1 heure, il en fera $\frac{1}{12} \times 60 = 5$ hectomètres de plus. Donc en 8 heures il en fera $5 \times 8 = 40$ hectomètres $= 4$ kilomètres de plus.

4. Deux robinets alimentent un bassin : l'un peut le remplir en 12 heures, et l'autre en 16 heures. Ce bassin a un orifice d'écoulement qui peut le vider en 8 heures : qu'arrivera-t-il si l'on fait couler ensemble les deux robinets et l'orifice ? Le bassin pourra-t-il se remplir, et en ce cas combien lui faudra-t-il de temps ? — R. En 48 heures.

Solution raisonnée. En 1 heure, le premier robinet remplit $\frac{1}{12}$ du bassin, le deuxième $\frac{1}{16}$. Or $\frac{1}{12} + \frac{1}{16} = \frac{7}{48}$. Mais l'orifice d'écoulement en vide $\frac{1}{8}$; donc il faut reconnaitre quelle est la plus grande des deux fractions $\frac{7}{48}$ et $\frac{1}{8}$. La seconde égale $\frac{6}{48}$. Donc la première surpasse la seconde de $\frac{1}{48}$. Donc, en 1 heure, $\frac{1}{48}$ du bassin sera rempli. Pour le remplir tout entier, il faudra 48 fois plus de temps, ou 48 heures.

5. Un fût est rempli de vin aux $\frac{3}{5}$ de sa capacité, et il s'en faut de 1 hectolitre 4 litres qu'il soit plein en totalité : quelle est la contenance de ce fût ? — R. 260 litres.

Solution raisonnée. Les $\frac{2}{5}$ de la capacité du fût font 1 hect. 04 ; donc $\frac{1}{5}$ de la capacité fait $\frac{1 \text{Hl},04}{2} = 52$ litres, et les $\frac{5}{5}$ de la capacité, ou la capacité, sera de 52 lit. $\times 5 = 260$ lit.

6. Un ouvrier s'est engagé à travailler chez son patron depuis six heures un quart du matin jusqu'à sept heures et demie du soir, et on lui accorde trois quarts d'heure pour son déjeuner, et une heure et demie pour son diner. Combien de temps cet ouvrier travaille-t-il réellement chaque jour ? — R. 11 heures.

7. Un marchand d'étoffes offre à un amateur deux pièces de même qualité : l'une a $\frac{5}{12}$ de mètre de largeur, et l'autre $\frac{7}{16}$. Laquelle doit-il préférer, et quelle est la différence des deux largeurs ? — R. La deuxième est plus large de $\frac{1}{48}$.

8. Un père de famille a besoin de 4 mètres $\frac{1}{3}$ de drap pour habiller ses enfants, et il en a déjà 1 mètre $\frac{3}{5}$: combien doit-il encore en acheter pour compléter ce qui lui manque ? — R. $2^m \frac{11}{15}$.

9. Un marchand avait un mètre d'étoffe, et il en a vendu le tiers et le sixième : combien lui en reste-t-il ? — R. $\frac{1}{2}$ mètre.

10. J'avais acheté $\frac{5}{6}$ de mètre de drap, que j'ai payé à raison de 27 francs le mètre, et j'ai cédé les $\frac{2}{3}$ de mon acquisition à un de mes amis. Combien m'en reste-t-il et quel a dû être le prix de la quantité cédée ? — R. $\frac{5}{18}$ de mètre et 15 fr.

11. On emploie 3 ouvriers pour faire un ouvrage : le premier le ferait seul en 12 jours, travaillant 10 heures par jour ; le second en 15 jours, travaillant 6 heures par jour ; le troisième en 9 jours, travaillant 8 heures par jour. On demande : 1° combien ces 3 ouvriers mettront de temps pour faire cet ouvrag en travaillant tous ensemble ; 2° ce que chacun fera ; et 3° ce que chacun gagnera, l'ouvrage total étant payé 216 fr. — R. 1° 30 h. — 2° Le 1ᵉʳ $\frac{1}{4}$, le 2ᵉ $\frac{1}{3}$, le 3ᵉ $\frac{5}{12}$. — 3° Le 1ᵉʳ 54 fr., le 2ᵉ 72 fr., le 3ᵉ 90 fr.

12. Un employé économe met les deux tiers de ses appointements à la caisse d'épargne, et il dépense encore 45 francs par mois pour son entretien : combien cet employé gagne-t-il par an ? — R. 1 620 fr.

13. Un ouvrier compagnon gagne 40 fr. par mois, outre sa nourriture ; il dépense les $\frac{3}{5}$ de son gain pour son entretien, et en envoie le quart à ses parents. Combien cet ouvrier a-t-il de reste à la fin de l'année ? — R. 72 fr.

14. Un tisserand met une heure trois quarts pour faire un mètre de toile, et il en fait 8 mètres dans sa journée. A quelle heure finit-il, sachant qu'il commence à 5 heures du matin, et qu'il lui faut une heure et demie pour prendre ses repas ? — R. A 8 h. 1/2 du soir.

15. Un ouvrier drapier fait $\frac{4}{7}$ de mètre par heure, et son camarade en fait $\frac{5}{8}$; lequel des deux travaille le plus vite, et combien en fait-il de plus que l'autre dans une journée de 12 heures de travail ? — R. Le 2ᵉ fait $\frac{9}{14}$ de mèt. de plus par jour.

16. On a acheté six mètres $\frac{3}{4}$ de drap, à $\frac{5}{6}$ de mètre de large, pour faire un tapis : combien faudra-t-il de toile à $\frac{3}{5}$ de mètre de large pour doubler ce tapis ? — R. 14ᵐ $\frac{1}{16}$.

17. Un ouvrier tisserand fait 8 mètres $\frac{1}{3}$ d'étoffe en 6 heures $\frac{1}{4}$: combien en fait-il de mètres par heure ? — R. 1ᵐ $\frac{1}{3}$.

18. Un tailleur a un coupon d'étoffe de 12 mètres dont il veut faire des gilets, et chaque gilet exige $\frac{3}{8}$ de mètre : combien pourra-t-il en faire ? — R. 32.

19. De deux robinets qui alimentent un bassin, le premier, coulant une heure, en remplirait le quart ; le second n'en remplirait que le sixième pendant le même temps : on demande en combien de temps le bassin sera rempli, en faisant couler les deux robinets à la fois ? — R. 2ʰ,24ᵐ.

20. Un récipient serait rempli en 4 heures par deux conduits, et l'un des deux le remplirait seul en 9 heures : combien faudrait-il de temps à l'autre pour le remplir seul ? — R. 7ʰ,12ᵐ.

21. Un robinet verse 5 litres $\frac{1}{3}$ d'eau par minute dans un bassin qui con tient 75 hectolitres 95 litres ; mais par une ouverture il en perd 3 litres $\frac{1}{4}$ en quatre minutes. En combien de temps le bassin sera-t-il plein ? — R. En 28 heures.

22. On demande la quantité d'eau contenue dans le bassin précédent, lorsque le robinet aura coulé deux heures et demie. — R. 678 lit. 12 centil.

23. Un vigneron a un fût d'une certaine contenance qui était plein de vin. Il en boit d'abord les trois quarts ; ensuite il y met le cinquième d'eau, et après cela il y a 171 litres de liquide dans le fût. Quelle en est la capacité ? — R. 380 litres.

24. Une tonne d'huile est pleine aux $\frac{7}{8}$, et il y a 1 hectolitre, 8 litres, 5 décilitres de cette huile dans la tonne : quelle en est la capacité ? — R. 1 hectolitre 240 litres.

25. Un particulier a acheté 2 chevaux pour 980 francs ; le prix de l'un est les trois quarts du prix de l'autre ; combien coûtent-ils chacun ? — R. 420 fr. et 560 fr.

26. Un certain ouvrage pourrait être fait en 12 heures par un homme, en 18 heures par sa femme, et en 30 heures par leur enfant. Combien mettront-ils de temps pour le faire en travaillant tous ensemble ? — R. 5 heures $\frac{25}{31}$.

27. Un ouvrier peut faire un ouvrage en trois jours, en travaillant 12 heures par jour ; son camarade le ferait en deux jours et demi. Combien mettraient-ils de temps en travaillant ensemble ? — R. 16 heures $\frac{4}{11}$.

PROBLÈMES DONNÉS DANS LES CONCOURS ET DANS LES EXAMENS (page 233).

1. Exposez la différence qu'il y a entre une fraction à deux termes et une fraction décimale. — Voir page 201, nᵒˢ 390, 391.
(Certificat d'études. — Meurthe-et-Moselle.)

2. Un marchand a acheté 525 mètres 20 centimètres d'étoffe à raison de 10 francs 50 centimes le mètre ; il en revend d'abord les $\frac{3}{5}$ à raison de 12 francs 10 centimes le mètre et il désire gagner 1155 francs 44 centimes sur le tout. Combien doit-il vendre le mètre de ce qui lui reste ? — R. 13 fr. 60.
(Certificat d'études. — Eure.)

Solution raisonnée. Le prix d'achat est de 10 fr. 50 × 525,20 = 5514 fr. 60. — Le prix de vente doit être de 5514 fr. 60 + 1155 fr. 44 = 6670 fr. 04. Mais les $\frac{3}{5}$ de 525ᵐ,20 ou 525ᵐ,20 × $\frac{3}{5}$ = 315ᵐ,12, se vendant 12 fr. 10 le mètre, donneront 12 fr. 10 × 315,12 = 3812 fr. 95. Il restera donc à réaliser 6670 fr. 04 — 3812 fr. 95 = 2857 fr. 09 sur les deux autres cinquièmes, c'est-à-dire sur 525ᵐ, 20 × $\frac{2}{5}$ = 210ᵐ, 08. Donc le mètre de ce qui reste doit être vendu $\frac{2857 \text{ fr. } 09}{210,08}$ = 13 fr. 60.

3. On emploie pour couvrir une maison des tuiles plates rectangulaires de 0 mètre 25 centimètres de longueur sur 0 mètre 17 centimètres de largeur ; le toit est à deux pentes, et chaque partie a la forme d'un rectangle de 14 mètres

de longueur sur 6 mètres 25 centimètres de largeur; les tuiles, en se recouvrant, perdent les $\frac{3}{5}$ de leur surface. Combien faudra-t-il de tuiles pour recouvrir ce toit? — R. 10 294, ou mieux 10 300.

(Certificat d'études. — Ardennes.)

Solution raisonnée. La surface d'une partie du toit est de $14 \times 6,25 = 87^{mq},50$, et celle des deux parties $87^{mq},50 \times 2 = 175^{mq}$. D'un autre côté, la surface d'une tuile est de $0,25 \times 0,17 = 0^{mq},0425$; mais, comme chaque tuile perd $\frac{3}{5}$ de sa surface, la partie utilisée sera $0^{mq},0425 \times \frac{2}{5} = 0^{mq},017$. Il faudra donc autant de tuiles que $0^{mq},017$ sera contenu de fois dans 175^{mq}, ou $\frac{175}{0,017} = 10\,294, 11$.

4. On fait paver une cour rectangulaire de 15 mètres 60 centimètres de longueur et dont la largeur est égale aux $\frac{2}{3}$ de la longueur. On se sert de pavés de forme carrée ayant 18 centimètres de côté. On demande le montant de la dépense totale, sachant: 1° que le mille de pavés coûte 140 francs; 2° que la main-d'œuvre revient à 4 francs 15 le mètre carré, fourniture de sable comprise. — R. 1 374 fr. 34.

(Certificat d'études. — Ardennes.)

Solution raisonnée. La largeur de la cour étant égale aux $\frac{2}{3}$ de la longueur, c'est-à-dire à $15^m,60 \times \frac{2}{3}$, la surface sera $15,60 \times 15,60 \times \frac{2}{3} = 162^{mq},24$, et la main d'œuvre coûtera $162,24 \times 4$ fr. $15 = 673$ fr. 30. D'un autre côté, la surface d'un pavé est de $(0,18)^2 = 0^{mq},0324$; donc le nombre des pavés sera $\frac{162,24}{0,0324} = 5\,007,4$; et puisque le mille coûte 140 fr., on divisera ce nombre par 1 000 et on le multipliera par 140, ce qui donne $5,0074 \times 140$ fr. $= 701$ fr. 04. Ajoutant cette dépense à celle de la main-d'œuvre qui est de 673 fr. 30, on aura pour la dépense totale $673,30 + 701,04 = 1\,374$ fr. 34.

5. Le volant d'une machine, en faisant 315 tours en 6 minutes $\frac{3}{4}$, met en mouvement une filière qui donne 240 mètres de fil de fer en 1 heure 40 minutes. On demande le temps qu'il faudrait pour faire 640 mètres du même fil, si le volant avait une vitesse de 375 tours en 4 minutes $\frac{1}{2}$. — R. $2^h29^m20^s$.

(Brevet simple. — Creuse.)

Solution raisonnée. Puisque le volant fait 315 tours en 6 min. $\frac{3}{4}$, en 1 min. il fera un nombre de tours égal à $\frac{315}{6\frac{3}{4}} = \frac{315}{\frac{27}{4}} = \frac{315 \times 4}{27} = \frac{140}{3}$ tours. Si le volant avait une vitesse de 375 tours, en 4 min. $\frac{1}{2}$, il ferait un nombre de tours égal à $\frac{375}{4\frac{1}{2}} = \frac{375}{\frac{9}{2}} = \frac{375 \times 2}{9} = \frac{250}{3}$ tours.

Cela posé, puisque 240 mètres de fil sont faits en $1^h, 40^m$, ou 100^{min}, 1 mèt. serait fait en $\frac{100^{min.}}{240}$ et 640 mèt. en $\frac{100^{min.} \times 640}{240}$, avec la vitesse de $\frac{140}{3}$ tours par minute; si la vitesse était de $\frac{1}{3}$ de tour par minute, il faudrait 140 fois plus de temps, ou $\frac{100^{\text{min.}} \times 640 \times 140}{240}$; mais la vitesse doit être de $\frac{250}{3}$ de tours, donc il faudra 250 fois moins de temps, ou $\frac{100^{\text{min.}} \times 640 \times 140}{240 \times 250} = \frac{100^{\text{min.}} \times 64 \times 14}{24 \times 25}$

$= \frac{4^{\text{min.}} \times 8 \times 14}{3} = \frac{448^{\text{min.}}}{3} = 149^{\text{m}}\ 20^{\text{s}} = 2^{\text{h}}\ 29^{\text{m}}\ 20^{\text{s}}$.

6. Un négociant achète en Turquie une certaine quantité de blé au prix de 355 sequins. Il en vend les $\frac{3}{7}$ en Autriche, pour 844 florins, et les $\frac{5}{8}$ du reste en Bavière pour 33 ducats. Exprimer en francs le bénéfice réalisé sur chacune de ces ventes et trouver à quel prix doit être vendu en France tout ce qui reste, pour réaliser sur le tout un bénéfice de 80 p. 100.
  On sait que 17293 francs valent 1460 ducats;
  On sait que 3650 ducats valent 17301 florins;
  On sait que 5767 florins valent 1975 sequins. — R. Le bénéfice réalisé en Autriche est de 999 fr. En Bavière, le marchand éprouve une perte de 534 fr. 15 et il doit revendre le reste 2162 fr. 15.

(Brevet simple. — Algérie.)

Solution raisonnée. 1460 ducats valent 17293 francs; donc 1 ducat vaut $\frac{17293\ \text{fr.}}{1460}$; 3650 ducats, ou 17301 florins, vaudront $\frac{17293\ \text{fr.} \times 3650}{1460}$; donc 1 florin vaudra $\frac{17293 \times 3650}{1460 \times 17301}$, et 5767 florins, ou 1975 sequins, vaudront $\frac{17293\ \text{fr.} \times 3650 \times 5767}{1460 \times 17301}$; donc enfin 1 sequin vaudra $\frac{17293\ \text{fr.} \times 3650 \times 5767}{1460 \times 17301 \times 1975}$

Cela posé, le négociant a acheté son blé au prix de $\frac{17293\ \text{fr.} \times 3650 \times 5767 \times 355}{1460 \times 17301 \times 1975}$

$= \frac{17293\ \text{fr.} \times 73 \times 5767 \times 71}{146 \times 17301 \times 79} = \frac{17293\ \text{fr.} \times 5767 \times 71}{2 \times 17301 \times 79} = \frac{17293\ \text{fr.} \times 71}{6 \times 79}$

2590 fr. 30, ou simplement 2590 fr.

Les $\frac{3}{7}$ du blé, vendus en Autriche, valaient donc 2590 fr. $\times \frac{3}{7} = 1110$ fr.; or le marchand les a vendus $\frac{17293 \times 3650 \times 844}{1460 \times 17301} = \frac{17293 \times 5 \times 844}{2 \times 17301} = \frac{17293 \times 2110}{17301}$

$= 2109$ fr.; donc il a gagné sur ce premier marché 2109 fr. — 1110 fr. $=$ 999 fr. — Les $\frac{5}{8}$ du reste, ou les $\frac{5}{8}$ de $\frac{4}{7} = \frac{5}{14}$ du blé acheté ont coûté au marchand les $\frac{5}{14}$ de 2590 fr. $= 925$ fr.; or il les a vendus en Bavière pour 33 ducats, soit pour $\frac{17293\ \text{fr.} \times 33}{1460} = 390$ fr. 86. Le marchand a donc éprouvé une perte de 925 fr. — 390 fr. 85 $=$ 534 fr. 15.

  Comme le marchand veut réaliser sur le tout un bénéfice de 80 p. 0/0, il doit retirer de son blé le prix d'achat 2590 fr. $+$ 2590 fr. $\times 0,80 = 2590$ fr. $\times 1,8$ $= 4662$ fr. Il en a déjà vendu pour 2109 fr. $+$ 390 fr. 85 $=$ 2499 fr. 85 : donc il doit vendre le reste 4662 fr. — 2499 fr. 85 $=$ 2162 fr. 15.

7. Quelle fraction de $\frac{6}{7}$ d'hectare faut-il prendre pour avoir les $\frac{3}{4}$ d'un are

— R. $\frac{7}{800} = 0,00875$.   (Même examen.)

Solution raisonnée. $\frac{6}{7}$ d'hectare, ou $\frac{600}{7}$ d'are multipliés par la fraction cherchée doivent donner $\frac{3}{4}$ d'are ; donc cette fraction est le quotient de $\frac{3}{4}$ par $\frac{600}{7}$, ou $\frac{3}{4} \times \frac{7}{600} = \frac{7}{800} = 0,00875$.

8. Deux compagnies d'ouvriers peuvent faire le même travail, l'une en 11 jours, l'autre en 15 jours. On prend $\frac{1}{3}$ des ouvriers de la première et les $\frac{3}{5}$ de ceux de la deuxième. En combien de jours se fera l'ouvrage ? — R. En 14 j. $\frac{13}{58}$.

(Brevet simple. — Pas-de-Calais.)

Solution raisonnée. La première compagnie pouvant faire le travail en 11 jours, en 1 jour elle en ferait $\frac{1}{11}$, et le tiers des ouvriers de cette compagnie n'en feraient que $\frac{1}{33}$; de même, en un jour, la deuxième compagnie ferait $\frac{1}{15}$ du travail, et les $\frac{3}{5}$ des ouvriers de cette compagnie n'en feraient que $\frac{1}{15} \times \frac{3}{5} = \frac{1}{25}$. Donc ces deux groupes d'ouvriers feront en 1 jour $\frac{1}{33} + \frac{1}{25} = \frac{58}{825}$ de l'ouvrage. Par conséquent, il leur faudra pour achever l'ouvrage, c'est-à-dire pour en faire les $\frac{825}{825}$, autant de jours que 58 est contenu de fois dans 825 , ou $\frac{825}{58} = 14$ jours $\frac{13}{58}$.

9. Quelle est la capacité d'un vase, sachant que l'huile qui remplit les $\frac{5}{7}$ de ce vase pèse autant que la monnaie d'argent qui vaut 385 fr. 50 ? L'hectolitre d'huile pèse 90 kilog. — R. 3 litres.

(Brevet simple. — Académie de Douai.)

Solution raisonnée. Le poids de 385 fr. 50 en monnaie d'argent est de $5^{\text{gr}} \times 385,50 = 1\,927^{\text{gr}},5$; tel est aussi le poids de l'huile contenue dans les $\frac{5}{7}$ du vase, c'est-à-dire que les $\frac{5}{7}$ du poids de l'huile contenue dans le vase plein égalent $1927^{\text{gr}},5$; donc le poids total est le quotient de $1\,927^{\text{gr}},5$ par $\frac{5}{7}$ ou $\frac{1927^{\text{gr}},5 \times 7}{5} = 2\,698^{\text{gr}},5$. Or 1 hectolitre d'huile pèse 90 kilog., donc 1 litre pèse $0^{\text{kg}},90 = 900$ gr. ; donc la capacité du vase contiendra autant de litres que 900 sera contenu de fois dans 2 698,5 ou $\frac{2698,5}{900} = 2^{\text{lit}},9983$, ou mieux, 3 litres.

10. On a acheté, pour 44 fr. 50, 8 kilog. de sucre, 7 kilog. de chocolat et 2 kilog. de thé. On sait que 3 kilog. de chocolat ont la même valeur que 5 kilog de sucre, et que 2 kilog. de thé valent 6 kilog. de chocolat. Combien vaut le

kilog. de chacune des trois substances? — R. 1 fr. 50; — 2 fr. 50; — 7 fr. 50.
(Même examen.)

Solution raisonnée. 1 kilog. de chocolat a la même valeur que $\frac{5}{3}$ de kilog.

de sucre, donc 7 kilog. de chocolat auront la même valeur que $\frac{5 \times 7}{3} = \frac{35}{3}$

$= 11\frac{2}{3}$ kilog. de sucre. 2 kilog. de thé valent 6 kilog. de chocolat, par con-

séquent 6 fois $\frac{5}{3}$ de kilog. de sucre ou 10 kilog. de sucre. Les trois marchan-

dises reviennent donc à $8 + 11\frac{2}{3} + 10 = 29\frac{2}{3}$ kilog. de sucre; donc 1 kilog.

de sucre vaut $\frac{44 \text{ fr. } 50}{29\frac{2}{3}} = \frac{44 \text{ fr. } 50 \times 3}{89} = 1$ fr. 50; 1 kilog. de chocolat vaudra

1 fr. $50 \times \frac{5}{3} = 2$ fr. 50, et 1 kilog. de thé vaudra 2 fr. $50 \times 3 = 7$ fr. 50.

11. Qu'est-ce que réduire des fractions au même dénominateur? Sur
quel principe repose la réduction des fractions au même dénominateur?
Quels sont les divers moyens pratiques employés pour réduire les fractions
au même dénominateur? — R. Voir page 210, nos 409-412.

12. Réduire au plus petit dénominateur commun les fractions suivantes:
$$\frac{3}{4}, \frac{7}{8}, \frac{11}{12}, \frac{13}{18}, \frac{17}{24}, \frac{35}{36}. \quad \text{— R.} \quad \frac{54}{72}, \frac{63}{72}, \frac{66}{72}, \frac{52}{72}, \frac{51}{72}, \frac{70}{72}.$$
Expliquer l'opération.

(Brevet simple. — Seine.)

Solution raisonnée. Le dénominateur 36 n'est pas divisible par tous les
autres dénominateurs; il n'est divisible ni par 8 ni par 24, mais on remarque facilement que $36 \times 2 = 72$ est divisible par tous les dénominateurs; on
prendra donc 72 pour dénominateur commun, puis on appliquera la règle du
n° 412. Si le plus petit dénominateur commun n'apparaissait pas si facilement,
il faudrait recourir à la règle qui donne le moyen de trouver le plus petit
multiple commun de plusieurs nombres. (Voir supplément, page 407.)

13. On paye 142 fr. pour 5 pièces de toile contenant chacune 10 mètres $\frac{1}{7}$:

combien coûte le mètre de cette toile? — R. 2 fr. 80.

(Brevet simple. — Isère.)

14. Un cultivateur a vendu successivement les $\frac{2}{5}$ de sa récolte de pommes

de terre, puis les $\frac{3}{4}$ de ce qui lui restait après cette première vente, et enfin

les $\frac{5}{7}$ de ce qui lui est resté après la seconde vente. Il en a encore 3 mètres

cubes 054: combien en avait-il de doubles décalitres? — R. 3 563.

(Brevet simple. — Vienne.)

Solution raisonnée. La première vente vaut les $\frac{2}{5}$ de la récolte; la deuxième

vente vaut les $\frac{3}{4}$ des $\frac{3}{5}$ de la récolte, ou les $\frac{9}{20}$. Les deux premières ven

tes valent $\frac{2}{5} + \frac{9}{20} = \frac{17}{20}$ de la récolte; il en reste donc les $\frac{3}{20}$. La troisième vente égale les $\frac{5}{7}$ des $\frac{3}{20}$ ou les $\frac{3}{28}$ de la récolte. Donc les trois premières ven tes égalent $\frac{17}{20} + \frac{3}{28} = \frac{119}{140} + \frac{15}{140} = \frac{134}{140} = \frac{67}{70}$ de la récolte. Donc les $\frac{3}{70}$ de la récolte valent $3^{\text{mc}},054$; donc $\frac{1}{70}$ de la récolte vaut $\dfrac{3^{\text{mc}},054}{3}$, et la récolte tout entière vaut $\dfrac{3^{\text{mc}},054 \times 70}{3} = 71\,260$ lit. $= 7\,126$ décal. $= 3\,563$ doubles décal.

15. Réduire à sa plus simple expression la fraction $\dfrac{2156}{28028}$. — R. $\dfrac{1}{13}$. On a divisé successivement les deux termes par 4, 7, 7 et 11.

(Brevet simple. — Yonne.)

16. Multiplication de deux fractions. — Démontrer et appliquer la règle sur l'exemple suivant : $\dfrac{11}{18} \times \dfrac{24}{35}$. — R. $\dfrac{44}{105}$.

(Brevet simple. — Saône-et-Loire.)

17. Un entrepreneur se charge d'un travail sur le montant du devis estimatif duquel il consent un rabais de $\dfrac{1}{15}$. Pour intéresser ses ouvriers, il leur abandonne, en dehors de leur paie journalière, $\dfrac{1}{20}$ de ce qui lui est dû après le rabais, et enfin sur le reste il prélève $\dfrac{1}{50}$ qu'il verse à une caisse d'assurances. Tous ces comptes faits, il lui revient la somme de $39\,102$ fr. Dire à combien s'élevaient le devis estimatif, la somme distribuée aux ouvriers et celle qui a été versée à la caisse d'assurances. — R. $45\,000$ fr.; — $2\,100$ fr.; — 798 fr.

(Brevet simple. — Somme.)

Solution raisonnée. Après avoir prélevé $\dfrac{1}{15}$, il reste $\dfrac{14}{15}$, dont les ouvriers reçoivent $\dfrac{1}{20}$, soit $\dfrac{14}{15 \times 20} = \dfrac{7}{150}$. La somme des deux fractions prélevées est $\dfrac{1}{15} + \dfrac{7}{150} = \dfrac{17}{150}$. Donc il reste $\dfrac{133}{150}$, sur lesquels on prélève pour l'assurance $\dfrac{1}{50}$, soit $\dfrac{133}{150 \times 50} = \dfrac{133}{7500}$. Ainsi la somme des trois fractions prélevées est $\dfrac{17}{150} + \dfrac{133}{7500} = \dfrac{850}{7500} + \dfrac{133}{7500} = \dfrac{983}{7500}$; donc il reste $\dfrac{7500 - 983}{7500} = \dfrac{6517}{7500}$ du devis. Or ces $\dfrac{6517}{7500}$ du devis valent $39\,102$ fr. Donc le devis vaut : $39\,102$ fr. : $\dfrac{6517}{7500} = \dfrac{39\,102 \times 7500}{6517} = 6 \times 7\,500 = 45\,000$ fr. La somme distribuée aux ouvriers est de $\dfrac{45000 \times 7}{150} = 300 \times 7 = 2\,100$ fr. La somme versée à la caisse d'assurances est de $\dfrac{45\,000 \times 133}{7500} = 6 \times 133 = 798$ fr.

18. On partage une somme entre quatre personnes : la première en a les $\dfrac{3}{10}$, la deuxième $\dfrac{1}{4}$, la troisième $\dfrac{1}{5}$ et la quatrième le reste, qui est égal à

5000 fr. Quelle est la somme partagée? On demande de plus quel est son poids, sachant que les $\frac{3}{4}$ sont composés de pièces d'or et le dernier quart de pièces d'argent. — R. 20 000 fr. — 29Kg,838.

(Brevet simple. — Allier.)

Solution raisonnée. $\frac{3}{10} + \frac{1}{4} + \frac{1}{5} = \frac{6}{20} + \frac{5}{20} + \frac{4}{20} = \frac{15}{20} = \frac{3}{4}$. Donc le reste 5 000 fr. est le quart de la somme partagée ; donc cette somme égale 20 000 fr., 15 000 fr. en or et 5 000 fr. en argent. 5 000 fr. en argent pèsent $5^{gr} \times 5\,000 = 25\,000^{gr} = 25$Kg. 15 000 fr. en argent pèseraient $5^{gr} \times 15\,000 = 75\,000^{gr} = 75$Kg ; en or, cette même somme de 15 000 fr. pèsera $\frac{75\text{Kg}}{15,5} = \frac{750\text{Kg}}{155} = \frac{150\text{Kg}}{31} = 4$Kg,838. Donc la somme partagée pèse 25Kg $+ 4$Kg,838 $= 29$Kg,838.

19. Un marchand a trois sortes de vins : le premier coûte 127 fr. la barrique de 230 litres, le second coûte 78 fr. la barrique de 210 litres. Il mélange 11 barriques $\frac{1}{3}$ du premier avec 14 barriques $\frac{1}{4}$ du second. Il ajoute à ce mélange 16 hectolitres 55 du troisième vin. Le mélange ainsi obtenu lui revient à 150 fr. la barrique de 250 litres. On demande ce que vaut l'hectolitre du troisième vin. — R. 108 fr. 85. .

(Brevet supérieur. — Nord.)

Solution raisonnée. 11 barriques $\frac{1}{3}$ du premier vin donnent $230^l \times 11\frac{1}{3} = 2\,606^{lit},67$. 14 barriques $\frac{1}{4}$ du second vin donnent $210^{lit} \times 14\frac{1}{4} = 2\,992^{lit},50$. Si on ajoute à ces deux nombres de litres les $16^{hect},55$ ou les 1 655 litres du troisième vin, on a pour le mélange $2\,606^{lit},67 + 2\,992^{lit},50 + 1\,655^{lit} = 7\,254^{lit},17$. Le litre de ce mélange revient à $\frac{150\text{ fr.}}{250} = \frac{3\text{ fr.}}{5} = 0$ fr.60 ; donc les $7\,254^{lit},17$ vaudront 0 fr. $60 \times 7\,254,17 = 4\,352$ fr. 496.

Dans ce total, les deux premiers vins figurent pour 127 fr. $\times 11\frac{1}{3} +$ 78 fr. $\times 14\frac{1}{4} = 127 \times \frac{34}{3} + 78 \times \frac{57}{4} = 2\,550$ fr. 80. Donc le prix des $16^{Hl},55$ du troisième vin est de 4 352 fr. 50 — 2 550 fr. 80 $= 1\,801$ fr. 70. Donc 1 hectolitre coûte $\frac{1\,801\text{ fr. }70}{16,55} = 108$ fr. 85.

20. Un poteau vertical est partagé en trois parties. L'une, blanche, a $0^m,47$ de long ; l'autre, bleue, vaut les $\frac{5}{12}$ de la longueur totale ; et la longueur de la troisième, qui est noire, s'obtient en ajoutant $0^m,70$ aux $\frac{2}{9}$ de la longueur du poteau. Quelles sont les longueurs de la partie bleue et de la partie noire? — R. $1^m,35$ et $1^m,42$.

(Brevet simple. — Pas-de-Calais.)

Solution raisonnée. $\frac{5}{12} + \frac{2}{9} = \frac{23}{36}$; donc les $\frac{5}{12}$ et les $\frac{2}{9}$ de la longueur du poteau font les $\frac{23}{36}$ de cette longueur. Donc les $\frac{13}{36}$ qui restent représentent les $0^m,47$ de la partie blanche et les $0^m,70$ de la partie noire, soit $0^m,47 + 0^m,70$

$= 1^m,17$. Puisque $\frac{43}{36}$ de la longueur font $1^m,17$, $\frac{1}{36}$ de cette longueur vaudra $\frac{1^m,17}{13}$, et la longueur totale vaudra 36 fois plus, ou $\frac{1^m,17 \times 36}{13} = 3^m,24$. La partie bleue aura donc une longueur de $\frac{3^m,24 \times 5}{12} = 1^m,35$, et la partie noire $\frac{3^m,24 \times 2}{9} + 0,70 = 1^m,42$.

21. Un kilogramme de café vert coûte, acheté en gros, 2 fr. 60 ; la perte de poids par la torréfaction s'élève à $\frac{1}{5}$; calculer combien gagne, sur 100 fr. de café brûlé vendu, un épicier qui vend ce café brûlé à 2 fr. le demi-kilogr. — R. 18 fr. 75.

(Brevet supérieur. — Seine-Inférieure.)

Solution raisonnée. Puisque la perte de poids par la torréfaction est de $\frac{1}{5}$, on n'aura pour 2 fr. 60 que les $\frac{4}{5}$ d'un kilog. ; donc 1 kilog. reviendra à 2 fr. $60 : \frac{4}{5} = \frac{2 \text{ fr. } 60 \times 5}{4} = 3$ fr. 25, et comme on revend ce kilog. 4 fr., le gain sur 1 kilog. ou sur 4 francs de vente sera de 4 fr. — 3 fr. 25 = 0 fr. 75, donc le gain sur 100 fr. sera 25 fois plus grand ou 0 fr. 75 $\times$ 25 = 18 fr. 75.

22. La différence entre les $\frac{6}{7}$ et les $\frac{5}{8}$ d'une somme en or est de 4 030 fr. On demande le poids de cette somme. On sait qu'à valeur égale la monnaie d'or pèse 15 fois $\frac{1}{2}$ moins que la monnaie d'argent. — R. 5^{kg},6.

(Même examen.)

Solution raisonnée. $\frac{6}{7} - \frac{5}{8} = \frac{13}{56}$. Donc les $\frac{13}{56}$ de la somme égalent 4 030 fr. ; donc la somme est égale à 4 030 $: \frac{13}{56} = \frac{4\,030 \times 56}{13} = 310 \times 56 = 17\,360$ fr. Son poids en argent serait 17 360 $\times$ 5 gr., et son poids en or $\frac{17\,360 \times 5}{15,5} = \frac{17\,360}{3,1} = 5\,600^{gr} = 5^{kg},6 \cdot$

23. Une usine exploite un minerai qui contient les $\frac{4}{27}$ de son poids de fer ; mais, dans la transformation du minerai en métal, on fait une perte de 7 p. 100 du fer qu'il contient. Calculer la quantité de minerai employée annuellement par l'usine, sachant qu'elle produit en moyenne 7 tonnes $\frac{1}{5}$ de fer par jour et qu'elle fonctionne 310 jours dans l'année. — R. 16 200 tonnes.

(Brevet supérieur. — Sarthe.)

Solution raisonnée. Le minerai ne contient que les $\frac{4}{27}$ de son poids de fer, et encore on fait une perte de $\frac{7}{100}$ sur le fer ; donc on ne retire du minerai que les $\frac{93}{100}$ des $\frac{4}{27}$ du poids du minerai, soit $\frac{4}{27} \times \frac{93}{100} = \frac{93}{27 \times 25} = \frac{31}{225} \cdot$

L'usine produisant en un jour 7 tonnes $\frac{1}{5} = \frac{36}{5}$ de tonne, elle en produira en

310 jours $\frac{36 \times 310}{5} = 36 \times 62 = 2232$ tonnes. Ces 2232 tonnes n'étant que

les $\frac{31}{225}$ du poids du minerai employé, ce poids sera égal à 2232 tonnes : $\frac{31}{225}$

$= \frac{2232 \times 225}{31} = 72 \times 225 = 16200$ tonnes.

24. En passant de la température de 4° à celle de 100°, l'eau pure se dilate d'un 24° de son volume. Quel sera le poids de 6 litres d'eau pure à 100°? — R. 5Kg,760.

(Brevet simple. — Sarthe.)

Solution raisonnée. Le volume à 4°, plus $\frac{1}{24}$ de ce volume, ou les $\frac{25}{24}$ du

volume à 4°, font 6 litres; donc le volume à 4° est égal à $6^l : \frac{25}{24} = \frac{6 \times 24}{25} =$

$6^l,76$, et le poids est 5Kg,760.

25. La mer recouvre les $\frac{11}{14}$ de la surface du globe. — La superficie de

l'Asie est les $\frac{121}{27}$ de celle de l'Europe, celle de l'Afrique en est les $\frac{22}{7}$, celle de

l'Amérique les $\frac{111}{27}$ et celle de l'Océanie les $\frac{31}{27}$. La surface de l'Afrique étant

de 2970000000 d'hectares, on demande de calculer celles des autres parties du monde et la surface totale du globe. — R. 61226666666 hectares.

(Brevet simple. — Meuse.)

Solution raisonnée. La surface de l'Afrique est de 2970000000 d'hectares,

mais elle est les $\frac{22}{7}$ de celle de l'Europe; donc celle de l'Europe est les $\frac{7}{22}$

de celle de l'Afrique, ou $2970000000 \times \frac{7}{22} = 945000000$ d'hectares; celle de

l'Asie est de $945000000 \times \frac{121}{27} = 4235000000$ d'hectares; celle de l'Amérique est

de $945000000 \times \frac{111}{27} = 3885000000$ d'hectares; et celle de l'Océanie est de

$945000000 \times \frac{31}{27} = 1085000000$ d'hectares. Total : 13120000000 d'hectares.

Or ce nombre ne représente que les $\frac{3}{14}$ de la surface du globe; donc la sur-

face du globe est égale à $13120000000 : \frac{3}{14} = \frac{13120000000 \times 14}{3}$

$= 61226666666$ hectares.

26. Une marchande fait confectionner 3 douzaines 1/2 de chemises avec de la toile valant 2 fr. 60 le mètre. Il faut 8m,60 de toile pour 3 chemises et l'on donne à l'ouvrière chargée de la confection 11 fr. pour 6 jours de travail. Cette ouvrière fait 7 chemises en 5 jours. Combien coûtent les 3 douzaines 1/2 de chemises et combien cette marchande devra-t-elle vendre la demi-douzaine pour gagner 25 fr. 70 sur le tout?

(Certificat d'études primaires. — Vosges.)

Solution raisonnée. Pour faire 1 chemise, il faudra $\frac{8^m,60}{3}$ de toile; pour en faire 3 douzaines et demie, ou 42, il faudra $\dfrac{8^m,60 \times}{3} = 8^m,60 \times 14 =$ 120m,40 de toile. Le prix de cette toile sera de 2 fr. 60 $\times$ 120,40 = 313 fr. 04. L'ouvrière fait 1 chemise en $\dfrac{5}{7}$ de jours; elle fera 42 chemises en $\dfrac{5 \times 42}{7} = 30$ j. et comme elle reçoit 11 fr. pour 6 jours, ou $\dfrac{11\,fr.}{6}$ pour 1 jour, elle recevra pour 30 jours $\dfrac{11 \times 30}{6} = 55$ fr. La dépense totale sera donc 313 fr. 04 $+$ 55 fr. $=$ 368 fr. 04. Pour gagner 25 fr. 70, la marchande devra vendre les chemises 368 fr. 04 $+$ 25 fr. 70 $=$ 393 fr. 74, et comme il y a 7 demi-douzaines, chaque demi-douzaine se vendra $\dfrac{393,74}{7} = 56$ fr. 25.

27. Expliquer la réduction au même dénominateur des fractions suivantes:
$\dfrac{2}{7}, \dfrac{5}{18}, \dfrac{8}{21}.$ — R. $\dfrac{36}{126}, \dfrac{35}{126}, \dfrac{48}{126}.$ (Voir page 210, n°s 409-412.)

                      (Brevet simple. — Lot-et-Garonne.)

Solution raisonnée. 21 est divisible par 7, et il contient aussi le facteur 3 de 18; il suffit donc de le multiplier par 6, pour que le produit 21 $\times$ 6 $=$ 126 soit divisible par 7 et 18, et soit leur plus petit multiple. On trouve alors facilement les trois fractions $\dfrac{36}{126}, \dfrac{35}{126}$ et $\dfrac{48}{126}.$

28. En admettant qu'une surface de 7 ares produise 12 décalitres de pommes de terre; que l'hectolitre de pommes de terre pèse 65 kilog.; que la pomme de terre donne les $\dfrac{4}{25}$ de son poids en fécule et que la fécule se vende 45 fr. les 100 kilog., on demande d'après cela le prix de la fécule provenant des pommes de terre récoltées dans une propriété de forme rectangulaire ayant 208 mètres de longueur sur 75 mètres de largeur. — R. 125 fr. 15.

                 (Certificat d'études primaires. — Vosges.)

Solution raisonnée. La surface du terrain est de 208 $\times$ 75 $=$ 15 600mq $=$ 156 ares; 1 are rapporte $\dfrac{12}{7}$ de décalitres de pommes de terre; donc 156 ares rapporteront $\dfrac{12 \times 156}{7}$ décalitres $= \dfrac{12 \times 15,6}{7}$ hectolitres de pommes de terre, dont le poids sera $\dfrac{12 \times 15,6 \times 65}{7}$ kilog. Le poids de la fécule qu'on en retirera sera $\dfrac{12 \times 15,6 \times 65 \times 4}{7 \times 25}$ kilog., et son prix $\dfrac{12 \times 15,6 \times 65 \times 4 \times 45\,fr.}{7 \times 25 \times 100}$ $= \dfrac{12 \times 15,6 \times 13 \times 4 \times 9}{700} = 125$ fr. 15.

29. Une ménagère envoie sa fille au marché avec 8 kilog. 750 de beurre qu'elle vend 1 fr. 25 le demi-kilog.; 6 douzaines 1/2 d'œufs qu'elle vend à raison de 3 œufs pour 0 fr. 175, et 3 poulets qu'elle vend 4 fr. 30 la pièce. On demande combien cette fille doit rapporter, sachant qu'elle a acheté 5$^m \dfrac{3}{4}$ d'étoffe à 2 fr. 20 le mètre et 1^m,20 de doublure à 0 fr. 75 le mètre. — R. 25 fr. 75.

                            (Même examen.)

Solution raisonnée. Le beurre rapporte 2 fr. 50 $\times$ 8,750 $=$ 21 fr. 875; les œufs rapportent 0 fr. 175 $\times \dfrac{78}{3} = 0$ fr. 175 $\times$ 26 $=$ 4 fr. 55; les poulets rapportent 4 fr. 30 $\times$ 3 = 12 fr. 90; total : 39 fr. 325. D'un autre côté, l'étoffe achetée a coûté 2 fr. 20 $\times$ 5,75 = 12 fr. 65, et la doublure 0 fr. 75 $\times$ 1,20 = 0 fr. 90; total : 13 fr. 55. La fille rapportera donc du marché 39 fr. 30 — 13 fr. 55 = 25 fr. 75.

30. 4 ouvriers ont fait un ouvrage de 3 239 mètres. Le travail du deuxième est les $\frac{4}{5}$ de celui du premier; le travail du troisième est les $\frac{2}{3}$ de celui du deuxième et le travail du quatrième est les $\frac{3}{4}$ de celui du troisième.

L'ouvrage total ayant été payé 6 724 fr., combien chaque ouvrier a-t-il fait de mètres et combien recevra-t-il ?

(Brevet simple. — Isère.)

Solution raisonnée. Si on représente par 1 le travail du premier ouvrier, celui du deuxième sera représenté par $\frac{4}{5}$, celui du troisième par $\frac{2}{3}$ de $\frac{4}{5} = \frac{8}{15}$, et celui du quatrième par $\frac{3}{4}$ de $\frac{8}{15} = \frac{6}{15}$. Le travail total sera égal à la somme de ces nombres $1 + \frac{4}{5} + \frac{8}{15} + \frac{6}{15} = \frac{15}{15} + \frac{12}{15} + \frac{8}{15} + \frac{6}{15} = \frac{41}{15}$. Donc le travail total de 3 239m est les $\frac{41}{15}$ de celui du premier ouvrier. Donc le travail du premier ouvrier est égal à 3 239m : $\frac{41}{15} = \frac{3\,239 \times 15}{41} = 1\,185^{m}$; celui du second ouvrier égale 1 185 $\times \frac{4}{5} = 948^{m}$; celui du troisième égale 948 $\times \frac{2}{3} = 632^{m}$, et celui du quatrième égale 632 $\times \frac{3}{4} = 474^{m}$. Comme vérification, il faut que la somme de ces quatre nombres fasse 3 239, ce qui a lieu.

Puisque 3 239m ont été payés 6 724 fr., 1m est payé $\frac{6\,724\,\text{fr.}}{3\,239}$; par conséquent le premier ouvrier recevra $\frac{6\,724\,\text{fr.} \times 1\,185}{3\,239} = 2\,460$ fr.; le deuxième $\frac{6\,724\,\text{fr.} \times 948}{3\,239} = 1\,968$ fr.; le troisième, $\frac{6\,724\,\text{fr.} \times 632}{3\,239} = 1\,312$ fr.; et le quatrième $\frac{6\,724\,\text{fr.} \times 474}{3\,239} = 984$ fr. Comme vérification, la somme de ces quatre nombres doit reproduire 6 724 fr., ce qui a lieu.

Remarque. On pouvait résoudre aussi ce double problème par la règle des partages proportionnels, puisque les travaux des ouvriers et leurs parts étaient proportionnels aux nombres 15, 12, 8 et 6. (Voir page 271, n° 510.)

31. Pour réparer un chemin, une commune emploie 6 hommes qui travaillent chacun 7 heures $\frac{2}{3}$ par jour et font en moyenne 15 mètres par heure. Combien de jours ces ouvriers devront-ils travailler, si la longueur du chemin à réparer est de 2 kilom. 76 décam., et à combien reviendra l'ouvrage entier si chaque ouvrier reçoit 45 centimes par heure? — R. 24 jours.— 496 fr. 80.

(Concours d'arrondissement. — Charente.)

Solution raisonnée. Le nombre des mètres faits en 1 jour est égal à 15m $\times 7\frac{2}{3} = 15^{m} \times \frac{23}{3} = 5 \times 23 = 115^{m}$. Le nombre de jours de travail sera donc de $\frac{2760}{115} = 24$ jours. — Un seul ouvrier reçoit par jour 0 fr. 45 $\times 7\frac{2}{3}$; pour

24 jours, il recevra 0 fr. 45 $\times \dfrac{23}{3} \times 24$, et les 6 ouvriers recevront

$$\dfrac{0\ \text{fr. } 45 \times 23 \times 24 \times 6}{3} = 0 \text{ fr. } 45 \times 23 \times 48 = 496 \text{ fr. } 80.$$

32. Sur un champ de 45 ares en luzerne, on a pu faire dans l'année trois coupes, dont la troisième a donné 540 kilog. de fourrage sec. Sachant que la première coupe a été les $\dfrac{7}{5}$ de la deuxième et la troisième les $\dfrac{3}{8}$ de la deuxième, on demande : 1° le produit brut de ces trois coupes, à raison de 6 fr. 50 le quintal métrique ; 2° le même produit brut pour une étendue d'un hectare. — R. 1° 259 fr. 74 ; — 2° 577 fr. 20.

(Recrutement de l'école normale primaire d'Alby. — Tarn.)

Solution raisonnée. La troisième coupe a donné 540 kilog. de fourrage ; la deuxième, les $\dfrac{8}{3}$ de la troisième, ou 540^{Kg} $\times \dfrac{8}{3} = 180^{\text{Kg}} \times 8 = 1\,440$ kilog. ; et la première les $\dfrac{7}{5}$ de la deuxième, ou $1\,440^{\text{Kg}} \times \dfrac{7}{5} = 288^{\text{Kg}} \times 7 = 2\,016$ kilog. ; total : 3 996 kilog., dont le prix, à raison de 6 fr. 50 le quintal, est 39,96 $\times$ 6 fr. 50 $= 259$ fr. 74. Cette somme est le produit brut de 45 ares ; le produit d'un are serait $\dfrac{259\ \text{fr. } 74}{45}$ et le produit d'un hectare $\dfrac{259\ \text{fr. } 74 \times 100}{45} = 28$ fr. 86 $\times$ 20 $= 577$ fr. 20.

33. A volume égal, le poids du blé est les $\dfrac{4}{5}$ du poids de l'eau. En réduisant le blé en farine et en pain, on lui fait absorber les $\dfrac{2}{5}$ de son poids d'eau ; enfin on suppose que six gerbes de blé produisent un double décalitre. Cela posé, on demande combien il faut de gerbes pour 100 kilog. de pain . — R. 26 gerbes $\dfrac{11}{14}$.

(Brevet simple. — Tarn).

Solution raisonnée. Six gerbes donnent 20 litres de blé, dont le poids est de 20$^{\text{Kg}} \times \dfrac{4}{5} = 16$ kilog. Ces 16 kilog. de blé absorbent un poids d'eau égal à 16$^{\text{Kg}} \times \dfrac{2}{5} = \dfrac{32^{\text{Kg}}}{5} = 6^{\text{Kg}},4$, de sorte que 6 gerbes produisent 16^{Kg} $+ 6^{\text{Kg}},4 = 22^{\text{Kg}},4$ de pain ; 1 kilog. de pain serait produit par un nombre de gerbes égal à $\dfrac{6}{22,4}$, et 100 kilog. de pain par $\dfrac{6 \times 100}{22,4} = \dfrac{6\,000}{224} = \dfrac{1\,500}{56} = \dfrac{750}{28} = \dfrac{375}{14} = 26$ gerbes $\dfrac{11}{14}$.

34. Un marchand a vendu les $\dfrac{3}{4}$ d'une pièce d'étoffe à un premier acheteur, puis les $\dfrac{2}{3}$ du reste à un second. Le coupon restant a une longueur de 2^{m},45 et il a été vendu 35 fr. Dire quelle était la longueur de la pièce et combien elle a été vendue, à raison du prix du coupon. — R. 29^{m},40 ; — 420 fr.

(Brevet supérieur. — Allier.)

Solution raisonnée. Le marchand a vendu d'abord les $\dfrac{3}{4}$ de sa pièce d'étoffe ;

puis les $\frac{2}{3}$ de $\frac{1}{4}$ ou $\frac{1}{6}$ de sa pièce ; en tout $\frac{3}{4} + \frac{1}{6} = \frac{9}{12} + \frac{2}{12} = \frac{11}{12}$ de sa pièce.

Il ne lui reste donc que $\frac{1}{12}$ de sa pièce, et ce douzième a une longueur de 2m,45 ; donc la pièce entière avait une longueur égale à 2m,45 $\times$ 12 = 29m,40. En outre, ce douzième valait 35 fr. ; la pièce entière vaudra 35 fr. $\times$ 12 = 420 fr.

35. On sait qu'un gramme de charbon donne en brûlant 1 litre 835 d'acide carbonique, et que l'air qui contient $\frac{1}{20}$ de son volume de ce gaz est irrespirable : trouver quel poids de charbon il faut brûler dans une salle de 5m,35 de longueur, de 4m,20 de largeur et de 3m,75 de hauteur pour en rendre le séjour dangereux. — R. 2kg,296.

(Brevet simple. — Somme.)

Solution raisonnée. Le volume de la salle est de 5,35 $\times$ 4,20 $\times$ 3,75 = 84mc,2625, dont le $\frac{1}{20}$ est 4mc,213125 = 4213lit,125. Il faudra donc autant de grammes de charbon que 1lit,835 sera contenu de fois dans 4213lit,125, soit $\frac{4213,125}{1,835}$ = 2296 grammes = 2kg,296.

PROBLÈMES SUPPLÉMENTAIRES (page 236).

1. Il faut 1 mètre $\frac{2}{3}$ de toile pour faire une paire de serviettes, et l'on voudrait en confectionner six douzaines : combien doit-on approvisionner de mètres de toile ? — R. 60 mètres.

2. Deux tours sont situées à côté l'une de l'autre ; la plus petite est égale aux $\frac{19}{20}$ de la plus grande, qui la surpasse de 2m,25 centimètres : quelle est la hauteur de chacune ? — R. La plus grande 45m, la plus petite 42m,75.

3. Un propriétaire possède les $\frac{5}{8}$ d'un domaine estimé 60 000 francs, et il veut vendre le tiers de sa portion : quel doit en être le prix ? — R. 12 500 fr.

4. Un peintre en bâtiment aurait pu faire les $\frac{5}{6}$ de son ouvrage dans une journée de travail ; mais il n'a travaillé que $\frac{2}{3}$ de journée : quelle partie de l'ouvrage a-t-il faite ? — R. Les $\frac{5}{9}$.

5. Cet ouvrage de peinture doit lui être payé 9 francs : combien le peintre a-t-il gagné dans sa journée ? — R. 5 francs.

6. Un ouvrier fait le vingtième de son ouvrage en trois quarts d'heure : combien mettra-t-il de temps pour faire l'ouvrage tout entier ? — R. 15 heures.

7. Un tailleur a coupé 4^m,80 centimètres dans une pièce de drap, et il reste encore les $\frac{4}{5}$ de la pièce : combien avait-elle de mètres de long ? — R. 24 mètres.

8. Un rentier, en mourant, a laissé par testament les trois quarts de sa fortune à son frère, et trois neveux, s'étant partagé le reste, ont eu chacun 5 000 francs : quel était le montant total de la succession ? — R. 60 000 fr.

9. Un maquignon, ayant revendu un cheval pour 480 francs, dit qu'il perd le quart du prix d'achat : combien ce cheval lui coûtait-il ? — R. 640 fr.

10. Un ouvrier dit que dans une année il a dépensé les $\frac{3}{4}$ de son gain, de sorte qu'il a économisé 217 francs : sachant que cet ouvrier a été payé a raison de 3 fr. 50 par jour, combien a-t-il travaillé de jours ? — R. 248 jours.

11. Dans une machine, le pas d'une vis, c'est-à-dire l'écartement des révolutions du filet, est de $\frac{4}{5}$ de millimètre, et la vis a 0^m,50 de longueur : combien le filet fait-il de révolutions ? — R. 625 révolutions.

12. Une armée ayant été défaite dans une bataille, $\frac{1}{8}$ des soldats ont été tués ; $\frac{2}{5}$ blessés ou faits prisonniers ; $\frac{1}{20}$ ont déserté, et il s'en faut de 2 250 hommes qu'il en reste la moitié en bonne santé : quel était, avant la bataille, l'effectif de ce corps d'armée ? — R. 30 000 hommes.

13. Il s'en faut de 2 $\frac{1}{2}$ que les $\frac{5}{6}$ et les $\frac{7}{8}$ d'un nombre soient égaux : quel est ce nombre ? — R. 60.

14. Quel est le nombre dont le tiers et le quart font 17 $\frac{1}{2}$? — R. 30.

15. Une femme, en tricotant, fait les trois quarts d'un bas dans une journée, et elle doit en faire six paires : combien mettra-t-elle de temps ? — R. 16 jours.

16. Cette femme emploie de la laine qui lui coûte 6 francs le kilogramme et il lui en faut un demi-kilogramme pour faire cinq bas : sachant qu'elle les revend 3 fr. 60 la paire, combien gagne-t-elle par jour à ce petit travail ? — R. 0 fr. 90.

CINQUIÈME PARTIE

CHAPITRE PREMIER

RAPPORTS ET PROPORTIONS

443. — On appelle **rapport** de deux nombres le quotient de l'un par l'autre.

EXEMPLES.

Le rapport de 12 à 3 est $\dfrac{12}{3} = 4$.

Le rapport de 5 à 7 est $\dfrac{5}{7}$.

Le rapport de 5,2 à 7,48 est $\dfrac{5,2}{7,48} = \dfrac{520}{748} = \dfrac{130}{187} = 0,695$.

Le rapport de $\dfrac{2}{3}$ à $\dfrac{4}{7}$ est $\dfrac{2}{3} : \dfrac{4}{7} = \dfrac{2}{3} \times \dfrac{7}{4}$ (n° 441) $= \dfrac{7}{6} = 1,1666$.

REMARQUE. — Une fraction peut toujours être considérée comme un rapport. Mais un rapport n'est pas toujours une fraction ; car les deux termes d'une fraction sont toujours des nombres entiers, tandis que les deux termes d'un rapport sont des nombres quelconques.

444. — On appelle **proportion** l'égalité de deux rapports.

EXEMPLE. $\dfrac{12}{3} = \dfrac{20}{5}$ est une proportion, car ces deux rapports sont égaux l'un et l'autre à 4.

On l'énonce :   12 tiers égale 20 cinquièmes ;

ou encore :   12 est à 3 comme 20 est à 5.

12 et 5 sont les **extrêmes** ; 3 et 20 sont les **moyens**.

AUTRE EXEMPLE. $\dfrac{3}{7} = \dfrac{6}{14}$ est aussi une proportion,

car $\dfrac{6}{14}$ n'est autre chose que la fraction $\dfrac{3}{7}$ dont on a multiplié les deux termes par 2.

445. — **Premier principe.** *Dans toute proportion, le produit des extrêmes est égal au produit des moyens.*

Soit la proportion : $\dfrac{5}{8} = \dfrac{15}{24}$

Je multiplie les deux termes du premier rapport par 24, et les deux termes du second rapport par 8, comme pour réduire deux fractions au même dénominateur (n° 410) ;

j'obtiens :
$$\frac{5 \times 24}{8 \times 24} = \frac{15 \times 8}{24 \times 8}$$

or, les dénominateurs sont égaux ; donc les numérateurs doivent l'être :

donc
$$5 \times 24 = 15 \times 8.$$

446. — **Conséquence.** Ce principe permet de calculer un des termes d'une proportion, quand les trois autres sont connus.

1° *Le terme inconnu est un des extrêmes.* Nous le représenterons par x.

Soit la proportion :
$$\frac{x}{4} = \frac{6}{8}.$$

J'ai (n° 445)
$$x \times 8 = 6 \times 4 = 24 ;$$

ou
$$8\,x = 24,$$

x égalera donc 8 fois moins.

Par conséquent :
$$x = \frac{24}{8} = 3.$$

Soit encore la proportion :
$$\frac{3}{4} = \frac{6}{x}.$$

J'ai (n° 445)
$$3 \times x = 4 \times 6 = 24,$$

ou
$$3\,x = 24 ;$$

donc
$$x = \frac{24}{3} = 8.$$

De là la règle suivante :

Règle. Pour calculer un extrême inconnu, on fait le produit des deux moyens, et on divise ce produit par l'extrême connu.

447. — 2° *Le terme inconnu est un des moyens.* Nous le représenterons encore par x.

Soit la proportion :
$$\frac{3}{x} = \frac{6}{8}.$$

J'ai
$$x \times 6 = 3 \times 8 = 24 ;$$

ou
$$6\,x = 24 ;$$

donc
$$x = \frac{24}{6} = 4.$$

Soit encore la proportion :
$$\frac{3}{4} = \frac{x}{8}.$$

J'ai
$$4 \times x = 3 \times 8 = 24,$$

ou
$$4\,x = 24 ;$$

donc
$$x = \frac{24}{4} = 6.$$

De là la règle suivante :

Règle. Pour calculer un moyen inconnu, on fait le produit des extrêmes, et on divise ce produit par le moyen connu.

448. — **Moyenne proportionnelle.** Lorsque, dans une proportion, les deux moyens sont égaux, leur valeur commune est dite *une moyenne proportionnelle* entre les deux extrêmes.

Soit la proportion : $\dfrac{9}{6} = \dfrac{6}{4}$.

Le nombre 6 est une moyenne proportionnelle entre 9 et 4.

Si le nombre 6 était inconnu, on pourrait le calculer au moyen du principe précédent (n° 445).

En effet, soit la proportion : $\dfrac{9}{x} = \dfrac{x}{4}$.

J'ai $\qquad\qquad x \times x = 9 \times 4 = 36.$

ou $\qquad\qquad\qquad x^2 = 36,$

ou $x = \sqrt{36} = 6$ (voir le chapitre sur les carrés et les racines).

De là la règle suivante :

Règle. Pour calculer la moyenne proportionnelle entre deux nombres, il faut faire le produit de ces deux nombres, et extraire la racine carrée de ce produit.

449. — **Deuxième principe.** Inversement, *quatre nombres forment toujours une proportion, si le produit des extrêmes est égal au produit des moyens.*

Soient les quatre nombres 7, 2, 21 et 6.

Le produit des deux extrêmes $7 \times 6 = 42$; le produit des deux moyens $2 \times 21 = 42$. Je dis qu'on a la proportion :

$$\frac{7}{2} = \frac{21}{6}.$$

En effet, on a l'égalité : $7 \times 6 = 2 \times 21.$

Je divise les deux membres de l'égalité par 2 et par 6 ; l'égalité

aura encore lieu, et j'aurai : $\qquad \dfrac{7 \times 6}{2 \times 6} = \dfrac{2 \times 21}{2 \times 6},$

ou, en supprimant les facteurs communs, 6 dans le premier rapport,

et 2 dans le deuxième : $\qquad \dfrac{7}{2} = \dfrac{21}{6}.$

450. — **Conséquence.** Ce principe permet d'intervertir de plusieurs manières l'ordre des termes d'une proportion. — Il suffit que le produit des extrêmes reste égal au produit des moyens.

DES QUANTITÉS DIRECTEMENT PROPORTIONNELLES

451. — Deux quantités sont **directement** *proportionnelles,* ou simplement *proportionnelles*, lorsque la première devenant 2, 3, 4... fois plus *grande* ou plus *petite,* la deuxième devient en même temps 2, 3, 4... fois plus *grande* ou plus *petite.*

EXEMPLES. — 1º Le *salaire* d'un ouvrier doit être proportionnel au *travail* qu'il fait, et au *temps* qu'il emploie à son travail.

Si un ouvrier reçoit 2 fr. 50 pour la confection d'un objet, pour 6 objets semblables il recevra 6 fois plus ; pour 10 objets, 10 fois plus, et ainsi de suite.

Si un ouvrier reçoit 4 francs pour un jour de travail, pour 6 jours de travail il recevra 6 fois plus ; pour 10 jours de travail, 10 fois plus, et ainsi de suite.

2º Le *prix* d'une marchandise est proportionnel à sa *longueur*, à son *poids*, ou à son *volume.*

Si un mètre d'étoffe coûte 20 francs, 6 mètres coûteront 6 fois plus, 10 mètres 10 fois plus, etc.

Si un kilogramme de marchandise coûte 3 fr. 50, 6 kilog. coûteront 6 fois plus, 10 kilog. 10 fois plus, etc.

Si un litre de liquide coûte 0 fr. 60, 6 litres coûteront 6 fois plus , 10 litres 10 fois plus, etc.

DES QUANTITÉS INVERSEMENT PROPORTIONNELLES

452. — Deux quantités sont **inversement** *proportionnelles*, lorsque la première devenant 2, 3, 4... fois plus grande ou plus *petite*, la deuxième devient au *contraire* 2, 3, 4... fois plus *petite* ou plus *grande.*

EXEMPLES : — 1º Les quantités de marchandises que l'on peut donner pour un même prix sont *inversement* proportionnelles à leurs qualités.

On a eu pour 100 francs 24 mètres d'étoffe ; si on veut une étoffe 2, 3, 4 ... fois *plus* chère pour la même somme de 100 fr., on aura 2, 3, 4 ... fois *moins* de mètres.

2º Le temps nécessaire à plusieurs ouvriers pour faire un certain travail est *inversement* proportionnel au nombre de ces ouvriers.

Si 30 ouvrières ont confectionné en 8 jours 200 chemises, on doit admettre que 15 ouvrières, ou 2 fois *moins* d'ouvrières, auraient mis 2 fois *plus* de temps, et que 10 ouvrières, ou 3 fois *moins* d'ouvrières, auraient mis 3 fois *plus* de temps.

CHAPITRE II

RÈGLES DE TROIS

453. — On appelle **règles de trois**, des questions qui peuvent se résoudre au moyen de *proportions* dans chacune desquelles *trois* termes sont connus. De là ce nom de *règles de trois* qui est resté à ces questions, quoiqu'on puisse les résoudre aussi et plus facilement par la méthode de **réduction à l'unité**, la seule dont il soit parlé dans les programmes.

454. — Les règles de trois ne s'appliquent qu'à des quantités *directement* ou *inversement* proportionnelles.

455. — La règle de trois est *simple* lorsqu'il n'est question que de *deux* quantités.

La règle de trois est *composée*, lorsqu'il est question de *plus de deux* quantités.

La règle de trois *simple* est *directe*, si les deux quantités considérées sont *directement* proportionnelles.

La règle de trois *simple* est *inverse*, si les deux quantités considérées sont *inversement* proportionnelles.

DE LA RÉDUCTION A L'UNITÉ
APPLIQUÉE AUX RÈGLES DE TROIS

1° Règle de trois, simple et directe.

456. — *5 mètres d'étoffe coûtent 20 francs. Combien coûteront 3 mètres de la même étoffe?*

Les mètres et les francs sont directement proportionnels.

Je dispose les données sur deux lignes horizontales, de la manière suivante, en appelant x l'inconnue :

$$5 \text{ mètres} \ldots \ldots \quad 20 \text{ francs,}$$
$$3 \text{ mètres} \ldots \ldots \quad x \text{ francs,}$$

et je dis :

Puisque 5 mètres coûtent. . . . . . . 20 francs,

1 mètre coûtera 5 fois moins, ou. . . . $\dfrac{20^f}{5}$

3 mètres coûteront 3 fois plus, ou. . . $\dfrac{20^f \times 3}{5} = 20^f \times \dfrac{3}{5}$

En effectuant l'opération, on trouve

$$x = \frac{20^f \times 3}{5} = \frac{60^f}{5} = 12 \text{ francs.}$$

Règle. L'inconnue est égale au nombre qui lui correspond (20) multiplié par le rapport *direct* $\left(\frac{3}{5}\right)$ des deux valeurs de la seconde quantité.

Nous appelons rapport direct $\left(\frac{3}{5}\right)$ celui qui est pris *de bas en haut*.

2° **Règle de trois, simple et inverse.**

457. — *6 ouvriers ont fait un certain ouvrage en 10 jours. Combien 4 ouvriers auraient-ils mis de jours à faire le même ouvrage?*

Les ouvriers et les jours sont inversement proportionnels.

Je dispose les données sur deux lignes horizontales, de la manière suivante :

$$6 \text{ ouvriers}\ldots \quad 10 \text{ jours,}$$
$$4 \text{ ouvriers}\ldots \quad x \text{ jours,}$$

et je dis :

Puisque 6 ouvriers ont mis.......... 10 jours,
1 ouvrier aurait mis 6 fois plus de temps,
   ou .... $10\,\text{j.} \times 6$
4 ouvriers auraient mis 4 fois moins de

temps, ou...................... $\dfrac{10\,\text{j.} \times 6}{4} = 10 \times \dfrac{6}{4}$

En effectuant l'opération, on trouve

$$x = \frac{10\,\text{j.} \times 6}{4} = \frac{60\,\text{j.}}{4} = 15 \text{ jours.}$$

Règle. L'inconnue est égale au nombre qui lui correspond (10) multiplié par le rapport *inverse* $\left(\frac{6}{4}\right)$ des deux valeurs de la seconde quantité.

Nous appelons rapport inverse $\left(\frac{6}{4}\right)$ celui qui est pris de *haut en bas*.

Règle de trois composée.

458. — *Une troupe d'ouvriers travaillant 9 heures par jour a mis 6 jours pour faire 18 mètres d'ouvrage. Combien ces mêmes ouvriers travaillant 12 heures par jour mettront-ils de jours pour faire 32 mètres?*

Les jours sont directement proportionnels aux mètres et inversement proportionnels aux heures de travail par journée.

Je dispose les données sur deux lignes horizontales, de la manière suivante :

$$9 \text{ heures}\ldots \quad 6 \text{ jours}\ldots \quad 18 \text{ mètres,}$$
$$12 \text{ heures}\ldots \quad x \text{ jours}\ldots \quad 32 \text{ mètres,}$$

et je dis :

Puisque ces ouvriers en travaillant 9 heures
par jour ont mis. . . . .   6 jours,

en travaillant 1 heure, ils mettraient 9 fois plus
de jours, ou. . . . .   6 j. × 9,

en travaillant 12 heures, ils mettraient 12 fois
moins de jours, ou. . . . . $\dfrac{6\,\text{j.} \times 9}{12}$

Puisque ces ouvriers ont fait 18 mètres dans ce temps-là,
pour faire 1 mètre, ils auraient mis 18 fois moins de jours, ou :

$$\dfrac{6\,\text{j.} \times 9}{12 \times 18};$$

et pour faire 32 mètres, ils auraient mis 32 fois plus de jours

ou $\qquad \dfrac{6\,\text{j.} \times 9 \times 32}{12 \times 18}$ ou $6\,\text{j.} \times \dfrac{9}{12} \times \dfrac{32}{18}.$

En effectuant l'opération, on trouve

$$x = \dfrac{6 \times 9 \times 32}{12 \times 18} = 8 \text{ jours.}$$

Règle. L'inconnue est égale au nombre qui lui corres-
pond (6 j.) multiplié par le rapport *inverse* $\left(\dfrac{9}{12}\right)$ des deux valeurs de la quantité qui lui est *inversement* proportion-
nelle, et par le rapport *direct* $\left(\dfrac{32}{18}\right)$ des deux valeurs de la
quantité qui lui est directement proportionnelle.

PROBLÈMES SUR LA RÈGLE DE TROIS (page 243).

1. Un ouvrier a gagné 72 francs en 24 jours ; combien a-t-il gagné en
7 jours ? — R. 21 fr.

2. On a eu 15 litres de vin pour 9 francs ; combien coûteraient 100 litres ?
— R. 60 fr.

3. Un cheval consomme 48 kilog. de foin en 6 jours ; combien en consom-
mera-t-il en 30 jours ? — R. 240 kilog.

4. Cinq ouvriers travaillant 12 heures par jour ont moissonné un champ
de 235 ares dans un jour : combien 8 ouvriers travaillant 10 heures par jour
en auraient-ils moissonné ? — R. 313 ares 33.

5. Une locomotive a parcouru 408 kilomètres en 12 heures : combien en
parcourra-t-elle en 20 heures ? — R. 680 kilom.

6. Une fontaine donne 27 litres d'eau en 3 minutes : combien en donnerait-
elle en 1 heure ou 60 minutes ? — R. 540 litres.

7. Douze ouvriers ont mis 15 jours pour faire un certain ouvrage : combien
9 ouvriers auraient-ils mis de jours ? — R. 20 jours.

8. Un navire n'a plus que pour 20 jours de vivres, et la ration de chaque
homme est de 1 845 grammes par jour : à combien de grammes devra être

réduite cette ration, si le navire est obligé de tenir la mer pendant 30 jours?
— R. 1230 grammes.

9. Pour faire un plancher, on a calculé qu'il fallait 360 planches de 10 centimètres de largeur sur 2ᵐ,30 de longueur : combien faudrait-il de planches de 3 décimètres de largeur sur 1ᵐ,80 de longueur? — R. 154.

10. Il a fallu 2 chariots pour transporter 2580 bottes de foin : combien 25 chariots en auraient-ils transporté? — R. 32250.

11. Dix-huit ouvriers ont mis 20 jours pour faire un ouvrage, en travaillant 5 heures par jour : combien quinze ouvriers auraient-ils mis de jours à faire le même ouvrage en travaillant dix heures par jour? — R. 24 jours 6 heures.

12. Un ouvrier a gagné 30 francs en 8 jours : combien lui aurait-il fallu travailler de jours pour gagner 45 francs? — R. 12 jours.

13. Une machine a fait 45 mètres d'étoffe en 12 heures ; combien mettra-t-elle de temps pour faire 75 mètres de la même étoffe? — R. 20 heures.

14. Une pièce de vin de 240 litres a coûté 80 francs : combien coûtera une pièce de 300 litres? — R. 100 fr.

15. Cinquante-trois hectolitres de blé ont coûté 954 francs : combien coûteront 2000 hectolitres du même blé? — R. 36000 fr.

16. Une pompe a vidé 56 mètres cubes d'eau en 3 heures : combien de temps mettra-t-elle à vider 784 mètres cubes? — R. 42 heures.

17. Il faut 18 rouleaux de papier, à 50 centimètres de largeur sur 10 mètres de longueur, pour tapisser une chambre : combien faudrait-il de rouleaux à 60 centimètres de largeur sur 12 mètres de longueur? — R. 12 rouleaux 5.

18. Il a fallu 7620 kilog. de pain pour nourrir une garnison pendant 54 jours : combien faudrait-il de kilog. de pain pour nourrir cette garnison pendant 87 jours? — R. 12276 kilog. 66.

19. Pour habiller 138 hommes, un tailleur a employé 225 mètres de drap : combien habillerait-il d'hommes avec 675 mètres du même drap? — R. 414.

20. 100 kilog. de farine donnent 140 kilog. de pain : combien faudra-t-il de farine à un boulanger pour faire 3500 kilog. de pain? — R. 2500 kilog.

21. Un plancher est composé de 25 vieilles planches ayant chacune 0ᵐ,28 de largeur sur 3ᵐ,20 de longueur; on veut les remplacer par des planches neuves dont la largeur est de 7 centimètres et la longueur de 2ᵐ,50 : combien faudra-t-il de ces dernières? — R. 128.

22. Un homme charitable voulait faire l'aumône à 12 pauvres, en leur donnant 0 fr. 50 à chacun, mais il s'en est présenté trois de plus : quelle somme a-t-il pu donner à chacun, n'ayant pas dépensé davantage? — R. 0 fr. 40.

23. Un débitant de boissons avait une pièce de vin contenant 240 litres, qui valait 0 fr. 75 le litre; il y a mis de l'eau, de manière que le litre ne lui revient plus qu'à 0 fr. 60 : combien y a-t-il mis de litres d'eau? — R. 60.

24. Un boulanger a fourni 72 kilog. de pain à un boucher, et celui-ci doit lui rendre de la viande en retour; le prix du pain étant de 0 fr. 35 le kilog. et celui de la viande de 1 fr. 20, on demande combien le boulanger doit avoir de kilog. de viande pour son pain? — R. 21.

25. Un militaire devait être 18 jours en route, en marchant 10 heures par jour; mais il est parti trois jours plus tard : combien a-t-il dû marcher d'heures par jour pour faire sa route dans le délai voulu? — R. 12 heures.

26. Un écrivain est chargé d'une expédition qui exigerait 8 journées de travail, de 12 heures chacune; mais, par suite d'autres occupations pressantes, il ne peut y travailler que 4 heures par jour : dans combien de temps ce travail sera-t-il fini? — R. 24 jours.

RÈGLES D'INTÉRÊTS

459. — Les règles d'intérêts, d'escompte, de rente, de partages proportionnels, de mélange, d'alliage, etc., sont de véritables règles de trois. Nous leur appliquerons aussi, et exclusivement, la méthode de réduction à l'unité.

INTÉRÊTS SIMPLES

460. — Toute somme d'argent prêtée produit un certain bénéfice.

La somme prêtée s'appelle *capital*.

Le bénéfice s'appelle *intérêt*.

L'intérêt annuel de **100 francs** prend le nom de **taux**.

Le taux légal est de 5 fr. pour cent francs (5 p. 0/0).

Dans le commerce il peut atteindre 6 francs pour cent fr. (6 p. 0/0).

Plus élevé, le taux devient un profit illégitime que la loi condamne sous le nom d'*usure*.

Chercher l'Intérêt par an.

461. — 100 *francs rapportant* 5 *francs par an, que rapporteront* 840 *fr.?*

Puisque 100 francs rapportent................ 5 francs.

1 franc rapportera 100 fois moins, ou........... $\dfrac{5^{f}}{100}$

640 francs rapporteront 840 fois plus, ou........ $\dfrac{5^{f} \times 840}{100}$

Si on veut appliquer la règle (n° 456), on disposera les données de la manière suivante :

$$100 \text{ francs}..... \quad 5 \text{ francs.}$$
$$840 \text{ francs}..... \quad x$$

et puisque les capitaux et les intérêts sont directement proportionnels, on aura immédiatement :

$$x = 5 \times \frac{840}{100} = \frac{5^{f} \times 840}{100} = \frac{4200^{f}}{100} = 42 \text{ francs.}$$

840 francs placés à 5 p. 0/0 rapportent en un an 42 francs.

462. — REMARQUE IMPORTANTE. Quand le taux est de 5 p. 0/0, on doit multiplier le capital par 5, et le diviser par 100 ; cela revient à le diviser par 20 ; et pour le diviser par 20, on le divise d'abord par 10, soit en retranchant un zéro, si le nombre est entier, soit en reculant la virgule d'un rang, si le nombre est décimal ; puis on en prend la moitié.

On peut ainsi calculer de tête, très facilement, l'intérêt d'une somme placée à 5 p. 0/0.

EXEMPLES. — 1º Quel est l'intérêt à 5 p. 0/0 de 460 francs pendant un an ?

Je retranche le zéro et je prends la moitié de 46. Rép. 23 francs.

2º Quel est l'intérêt à 5 p. 0/0 de 845 fr. 60 pendant un an ?

Je recule la virgule d'un rang, et je prends la moitié de 84 fr. 56. Rép. 42 fr. 28.

Chercher l'intérêt par mois.

463. — 100 *francs rapportent* 6 *francs en un an; que rapporteront* 1700 *francs en 8 mois?*

Puisque 100 francs rapportent par an........... 6^f

1 franc rapportera 100 fois moins, ou.......... $\dfrac{6^f}{100}$

1700 francs rapporteront 1700 fois plus ou........ $\dfrac{6^f \times 1700}{100}$

Tel est l'intérêt de 1700 francs en un an ou 12 mois ; mais il s'agit de trouver l'intérêt de cette somme en 8 mois. Continuons :

Puisque en 12 mois 1700 francs rapportent.... $\dfrac{6^f \times 1700}{100}$

en 1 mois ils rapporteront 12 fois moins ou...... $\dfrac{6^f \times 1700}{100 \times 12}$

en 8 mois ils rapporteront 8 fois plus ou........ $\dfrac{6^f \times 1700 \times 8}{100 \times 12}$

Si on veut appliquer la règle (nº 458), on disposera les données de la manière suivante :

100 francs...   6 francs...   12 mois.

1700 francs... x francs...   8 mois.

et puisque les intérêts sont directement proportionnels aux capitaux et aux temps, on aura immédiatement :

$$x = 6 \times \frac{1700}{100} \times \frac{8}{12} = \frac{6^f \times 1700 \times 8}{100 \times 12} = \frac{81600^f}{1200} = 68 \text{ francs.}$$

1700 francs placés à 6 p. 0/0 rapporteront en 8 mois 68 francs.

Chercher l'intérêt par jour.

464. — 100 *francs rapportent* 4 *fr.* 50 *en un an, que rapporteront* 650 *francs en* 52 *jours?*

Je dispose les données de la manière suivante :

100 francs...   4 fr. 50...   360 jours[1]

650 francs... x......   52 jours

---

1. Dans les questions d'intérêt, on ne compte que 360 jours à l'année au lieu de 365, et 30 jours par mois.

et j'ai immédiatement :

$$x = 4,50 \times \frac{650}{100} \times \frac{52}{360} = \frac{4^f 50 \times 650 \times 52}{100 \times 360}$$

$$= \frac{152100^f}{36000} = \frac{1521^f}{360} = 4^f 225.$$

650 francs placés à 4 et demi pour cent rapporteront en 52 jours 4 fr. 25.

Chercher le taux.

465. — *A quel taux faut-il placer 460 francs pendant un an pour retirer 23 francs d'intérêt? (On sait que le taux est l'intérêt de 100 francs pendant 1 an.)*

Puisque 460 fr. rapportent.............   23 fr.

1 fr. rapportera 460 fois moins ou.......... $\dfrac{23}{460}$

et 100 fr. rapporteront 100 fois plus ou....... $\dfrac{23 \times 100}{460} = 5$ fr.

RÉPONSE : On doit placer cet argent à 5 p. 0/0.

Si on veut appliquer la règle (n° 456), on dispose les données de la manière suivante :

$$460 \text{ francs}\ldots \quad 23$$
$$100 \text{ francs}\ldots \quad x$$

et on a immédiatement :

$$x = 23 \times \frac{100}{460} = \frac{23 \times 100}{460} = 5 \text{ fr.}$$

466. — *A quel taux a été placée une somme de 2000 francs pendant 3 ans 8 mois et 12 jours pour avoir rapporté 444 francs ?*

3 ans 8 mois et 12 jours font 1332 jours.

Je dispose les données de la manière suivante :

$$2000 \text{ francs}\ldots \quad 1332 \text{ jours}\ldots \quad 444 \text{ francs}$$
$$100 \text{ francs}\ldots \quad 360 \text{ jours}\ldots \quad x$$

et j'ai immédiatement :

$$x = 444 \times \frac{100}{2000} \times \frac{360}{1332} = \frac{444 \times 100 \times 360}{2000 \times 1332} = 6 \text{ fr.}$$

RÉPONSE : Cet argent a été placé à 6 p. 0/0.

Chercher le temps.

467. — *Pendant combien de temps a été placée une somme de 2560 francs à 5 0/0, pour avoir rapporté 384 francs ?*

Je dispose les données de la manière suivante :

$$100 \text{ francs...} \quad 360 \text{ jours...} \quad 5 \text{ francs}$$
$$2560 \text{ francs...} \quad x \text{.........} \quad 384 \text{ francs}$$

et puisque les jours sont directement proportionnels aux intérêts et inversement proportionnels aux capitaux, j'ai immédiatement :

$$x = 360 \times \frac{384}{5} \times \frac{100}{2560} = \frac{360 \times 384 \times 100}{5 \times 2560} = 1080 \text{ jours.}$$

Si on divise 1080 jours par 360, on trouve 3 ans juste.

Chercher le capital.

468. — *Quel est le capital qui, placé à 6 p. 0/0 pendant 90 jours, a rapporté 51 francs ?*

Je dispose les données de la manière suivante :

$$100 \text{ francs...} \quad 360 \text{ jours...} \quad 6 \text{ francs}$$
$$x \text{.........} \quad 90 \text{ jours...} \quad 51 \text{ francs}$$

et j'ai immédiatement :

$$x = 100 \times \frac{360}{90} \times \frac{51}{6} = \frac{100 \times 360 \times 51}{90 \times 6} = 3400 \text{ fr.}$$

469. — *Quelle est la somme qui, placée à 5 p. 0/0 pendant 18 mois, est devenue égale à 860 francs, capital et intérêt réunis ?*

Puisque 100 fr. rapportent 5 fr. en un an, en 18 mois, ou 1 an et demi, ils rapporteront 7 fr. 50 ; donc 100 francs deviennent 107 fr. 50 en 18 mois ; ou 107 fr. 50 proviennent de 100 fr., donc 1 fr. proviendra d'une somme 107, 50 fois plus

petite ou.. $\dfrac{100}{107,50}$

et 860 fr. proviendront d'une somme 860 fois plus grande ou..

$$\frac{100 \times 860}{107, 50} = 800 \text{ fr.}$$

INTÉRÊTS COMPOSÉS

470. — On dit qu'un capital est placé à **intérêt composé**, lorsqu'à la fin de chaque année l'intérêt est ajouté au capital, et produit à son tour intérêt pendant l'année suivante.

471. — *Un capital de 6 800 francs est laissé pendant 4 ans chez un banquier. Quelle somme le banquier devra-t-il au bout de ce temps, en supposant qu'il paye l'intérêt à 5 p. 0/0 ?*

100 fr. dans un an rapportent 5 f.,

donc 100 fr. au bout d'un an sont devenus 100 + 5 ou 105 fr

Calculons l'intérêt de ces 105 fr. pendant la deuxième année.

Puisque 100 fr. rapportent. . . . . 5 fr.

$$\text{1 fr. rapporte} \dots \dots \dots \frac{5}{100}$$

$$\text{105 fr. rapportent} \dots \dots \dots \frac{5 \times 105}{100} = 5,25.$$

Donc ces 105 fr. seront devenus, à la fin de la deuxième année, 105 + 5,25 = 110,25.

Calculons l'intérêt de ces 110 fr. 25 pendant la troisième année:

$$\text{110 fr. 25 rapportent en un an } \frac{5 \times 110,25}{100} = 5,5125.$$

Donc ces 110 fr. 25 seront devenus, à la fin de la troisième année, 110 fr. 25 + 5,51 = 115,76.

Calculons enfin l'intérêt de ces 115 fr. 76 pendant la quatrième année.

$$\text{115 fr. 76 rapportent en un an } \frac{5 \times 115,76}{100} = 5,7880.$$

Donc ces 115 fr. 76 seront devenus, à la fin de la quatrième année, 115,76 + 5,79 = 121,55.

Puisque 100 fr. en 4 ans sont devenus 121,55.

        1 fr.   —   deviendra. . 1,2155.

et 6 800 fr.   —   deviendront. 1,2155 × 6 800 = 8 265 fr. 40

PROBLÈMES SUR LA RÈGLE D'INTÉRÊTS (page 249).

1. Quel est l'intérêt annuel, à 5 p. 0/0, de 260 fr. ? — R. 13 fr. — De 580 fr.? — R. 29 fr. — De 83 fr.? — R. 4 fr. 15. — De 1 240 fr.? — R. 62 fr. — De 5 600 fr.? — R. 280 fr. — De 12 450 fr.? — R. 622 fr. 50. — De 25 800 fr.? — R. 1 290 fr.

2. Quel est l'intérêt de 2 070 fr. 80 à 5 0/0 pendant 18 jours ? — R. 5 fr. 18.

3. Quel est l'intérêt à 5 0/0 de 40 000 fr. pendant 160 jours ? — R. 888 fr. 88.

4. Quel est l'intérêt de 427 fr. à 4,5 p. 0/0 pendant 90 jours? — R. 4 fr. 80.

5. Quel est l'intérêt de 48 000 fr. à 7 p. 0/0 pendant 13 mois ? — R. 3 640 fr.

6. Quel est l'intérêt de 100 000 fr. à 5 p. 0/0 pendant 3 ans, 5 mois et 8 jours? — R. 17 194 fr. 44.

7. Quel est l'intérêt de 5 000 000 000 de fr. à 5 p. 0/0 pendant 1 an? R. 250 000 000 fr.

8. Quel est l'intérêt de 44 000 000 000 de fr. à 6 p. 0/0 pendant 10 ans? R. 26 400 000 000 fr.

9. On refuse de prêter 800 fr. à 4 fr. 50 p. 0/0; 3 mois après, on les prête pour le reste de l'année à 5 fr. 50 p. 0/0. A-t-on mieux fait d'attendre? — R. On a eu tort; on perd 3 fr.

10. 2 personnes ont placé 1 000 fr. chacune à intérêt, la première à 6 p. 0/0, et la deuxième à 5 fr. 40 p. 0/0. Combien l'une retire-t-elle de plus que l'autre de son placement? — R. La première retire 6 fr. de plus.

11. Vaut-il mieux acheter au prix de 12 600 francs une prairie qui rapporte 630 francs par an, ou bien placer son argent à 4 fr. 85 p. 0/0? — Il vaut mieux acheter la prairie; l'argent ne rapporterait que 611 fr. 10.

12. Vaut-il mieux placer 15 000 francs à 6 p. 0/0 que d'en placer la moitié à 5 p. 0/0 et l'autre à 7 p. 0/0? — R. Cela revient au même.

13. A quel taux faut-il placer 1 200 francs, pour avoir 60 francs d'intérêt par an? — R. A 5 p. 0/0.

14. A quel taux faut-il placer 40 000 francs, pour avoir 1 800 francs d'intérêt par an? — R. A 4 1/2 p. 0/0.

15. A quel taux a été placée une somme de 23 600 francs qui a rapporté 1 622 fr. 50 en 15 mois? — R. A 5,50 p. 0/0.

16. On a acheté 53 600 francs une maison qui est louée 3 500 francs par an : à quel taux a-t-on placé son argent? — R. A 6,5 p. 0/0.

17. Pendant combien de temps a été placée à 5 p. 0/0 une somme de 2 000 francs qui a rapporté 125 francs? — R. 1 an 3 mois.

18. Pendant combien de temps faudrait-il laisser placée, à 4 fr. 50 p. 0/0, une somme de 6 500 francs, pour qu'elle devînt égale à 7 000 francs? — R. 1 an, 8 mois et 15 jours.

19. Quel est le capital qui, à 5 p. 0/0, donne 4 000 francs de revenu par an? — R. 80 000 fr.

20. Quel est le capital qu'il faudrait placer à 6 p. 0/0 pour en tirer 1 800 fr. de revenu par an? — R. 30 000 fr.

21. Quelle est la valeur d'une maison dont on retire 3 000 francs de location, en comptant l'intérêt à 5 p. 0/0? — R. 60 000 fr.

22. On a acheté une terre au prix de 45 800 fr. : quel revenu doit-elle donner pour produire 4 p. 0/0 de son prix? — R. 1 832 fr.

23. Une personne a acheté, pour la somme de 3 250 francs, un pré qu'elle loue à raison de 165 francs par an, et pour lequel elle paye 15 fr. 50 de contribution. A quel taux a-t-elle placé son argent? — R. 4,6 p. 0/0.

RÈGLE D'ESCOMPTE

472. — Dans le commerce, il arrive souvent que l'acheteur, au lieu de payer la marchandise immédiatement, remet au vendeur un *billet* par lequel il s'engage à payer le prix de la marchandise dans 1 mois, dans 2 mois, dans 3 mois, ou, comme on dit encore, à 30 jours, à 60 jours, à 90 jours, quelquefois à une plus longue échéance. Ces billets se nomment des *billets à ordre*. (Voir les *Notions de commerce*.)

Si le vendeur qui a reçu ce billet a besoin d'argent immédiatement, il va le *négocier*, c'est-à-dire le faire *escompter*, chez un banquier; pour cela, il remet le billet au banquier, qui lui donne en échange la somme d'argent portée sur le billet, moins l'intérêt de cette somme pour le temps qui s'écoulera jusqu'à l'échéance. La retenue que fait le banquier se nomme l'*escompte* [1].

Ainsi l'escompte est la retenue faite sur une somme payée avant l'*échéance*, c'est-à-dire avant l'époque où elle doit être payée.

---

[1]. Indépendamment de l'escompte, le banquier, pour se rémunérer, prend une légère *commission*, nommée *agio*.

PROBLÈME RAISONNÉ.

473. — *Un billet de 355 francs est payable dans 70 jours ; quel serait l'escompte de ce billet au taux de 6 p. 0/0 ?*

L'escompte de 100 fr. pour 360 jours est de…. 6 fr.

L'escompte de 1 fr. pour 360 jours serait de… $\dfrac{6^f}{100}$

L'escompte de 1 fr. pour 1 jour serait de…… $\dfrac{6^f}{100 \times 360}$

L'escompte de 355 fr. pour 1 jour serait de…. $\dfrac{6^f \times 355}{100 \times 360}$

L'escompte de 355 fr. pour 70 jours serait de

$$\frac{6\,\text{f.} \times 355 \times 70}{100 \times 360} = 4 \text{ fr. } 15.$$

Le banquier ne donnerait que 355 fr. — 4 fr. 15 = 350 fr. 85.

En disposant les données de la manière suivante :

100 francs… 360 jours… 6 francs.
355 francs… 70 jours… x.

On aurait eu immédiatement (n° 458) :

$$x = 6 \times \frac{355}{100} \times \frac{70}{360} = 4 \text{ fr. } 15.$$

474. — *On a reçu 350 fr. 85 pour un billet payable dans 70 jours, escompté au taux de 6 p. 0/0. Quel était le montant du billet ?*

L'escompte de 100 fr. pour 360 jours est de. 6 fr.

L'escompte de 100 fr. pour 1 jour est de.. $\dfrac{6^f}{360}$

L'escompte de 100 fr. pour 70 jours est de. $\dfrac{6 \times 70}{360} = 1\,\text{fr.}\,167.$

Donc pour un billet de 100 fr. on reçoit 100 — 1,167 = 98,833.

Si on reçoit 98 fr. 833 pour……… 100 fr.

On recevra 1 fr. pour……… $\dfrac{100^f}{98,83}$

et on recevra 350,85 pour……… $\dfrac{100 \times 350,85}{98,83} = 355$ fr.

475. — *Quel est le montant d'un billet payable dans 45 jours pour lequel un banquier a pris un escompte de 3 fr. 20 à 6 p. 0/0 ?*

Je dispose ainsi les données :

100 francs… 360 jours… 6 francs
x …… 45 jours… 3 fr. 20

et j'ai :

$$x = 100 \times \frac{360}{45} \times \frac{3,20}{6} = \frac{100 \times 360 \times 3,20}{6 \times 45} = 426 \text{ fr. } 65.$$

476. — *Un banquier a pris 16 francs d'escompte pour un billet de 1200 francs payable dans 60 jours. Quel a été le taux de l'escompte?*

Je dispose ainsi les données :

$$1200 \text{ francs...} \quad 60 \text{ jours...} \quad 16 \text{ francs}$$
$$100 \text{ francs...} \quad 360 \text{ jours...} \quad x$$

et j'ai :
$$x = 16 \times \frac{100}{1200} \times \frac{360}{60} = \frac{16 \times 100 \times 360}{60 \times 1200} = 8 \text{ fr.}$$

PROBLÈMES SUR L'ESCOMPTE (page 252).

1. Quel est l'escompte à 6 p. 0/0 d'un billet de 540 fr. payable dans 82 jours? — R. 7 fr. 38.

2. Quel est l'escompte à 6 p. 0/0 d'un billet de 3 820 fr. payable dans 4 mois? — R. 76 fr. 40.

3. On fait escompter à 6 p. 0/0 le 1er juillet un billet de 475 francs payable le 15 septembre : quelle somme recevra-t-on du banquier? — R. 469 fr. 06.

4. On fait escompter à 6 p. 0/0 le 15 mars un billet de 1 000 francs payable fin avril : quelle somme retiendra le banquier, et quelle somme remettra-t-il? — R. 7 fr. 50, — 992 fr. 50.

5. On a reçu 288 fr. 70 pour un billet payable à 90 jours : quel était le montant de ce billet, l'escompte étant à 6 p. 0/0? — R. 293 fr. 10.

6. Un banquier a pris un escompte de 14 fr. 25 à 6 p. 0/0 sur le montant d'un billet payable dans 60 jours : quel est le montant de ce billet? — R. 1 425 fr.

7. Un banquier a pris 27 fr. 60 d'escompte pour un billet de 1 500 francs payable dans 3 mois et demi : quel est le taux de l'escompte? — R. 6,30 p. 0/0.

8. On fait un escompte de 3 p. 0/0 sur un billet de 832 fr. 70 : de combien ce billet est-il réduit? — R. De 24 fr. 98, soit 25 fr.

9. Quel est le montant d'un billet qui a été réduit à 427 fr. 35 par suite d'un escompte de 2 fr. 50 p. 0/0? — R. 438 fr. 30.

10. Que vaut actuellement à 6 p. 0/0 un billet de 500 fr. payable dans deux mois? — R. 495 fr.

11. Que vaut actuellement à 6 p. 0/0 un billet de 322 fr. 35 payable dans 87 jours? — R. 317 fr. 68.

12. Que vaut actuellement à 6 p. 0/0 un billet de 1 000 francs payable à 90 jours? — R. 985 fr.

13. Quel sera l'escompte à 6 p. 0/0 d'un billet de 200 fr. payable le 1er septembre et qu'on fait escompter le 1er juillet? — R. 2 fr.

14. Quel sera l'escompte à 6,25 p. 0/0 d'un billet de 472 fr. 80 payable fin décembre et qu'on fait escompter le 15 octobre? — R. 6 fr. 15.

15. Quel sera l'escompte à 5,75 p. 0/0 d'un billet de 150 francs payable fin mars et qu'on fait escompter le 25 janvier? — R. 1 fr. 55.

RÈGLE DE L'ÉCHÉANCE MOYENNE.

477. — *On a quatre billets payables aux époques suivantes : le premier, de 2 000 francs, le 10 mars; le deuxième, de 1 500 francs, le 20 mars; le troisième, de 1 800 francs, le 5 avril; et le quatrième, de 2 400 francs, le 30 avril. Calculer l'époque moyenne de leur échéance, c'est-à-dire l'époque de l'échéance d'un billet unique remplaçant les premiers.*

On résout ce problème par la condition que l'intérêt de ce nouveau billet jusqu'au jour de son échéance soit égal à la somme des intérêts des quatre billets, jusqu'à leurs échéances respectives. On peut compter le temps à partir d'une époque quelconque. Nous prendrons le 1er mars.

L'intérêt du premier billet, du 1er mars au 10 mars, est.................... $\dfrac{2000^f \times 10 \times 6}{36000} = 3,33$

L'intérêt du second billet, du 1er mars au 20 mars, est.................... $\dfrac{1500^f \times 20 \times 6}{36000} = 5$

L'intérêt du troisième billet, du 1er mars au 5 avril, est.................... $\dfrac{1800^f \times 35 \times 6}{36000} = 10,50$

L'intérêt du quatrième billet, du 1er mars au 30 avril, est.................... $\dfrac{2400^f \times 60 \times 6}{36000} = 24$

La somme des intérêts de tous ces billets sera donc de.. $\overline{42,83}$

D'un autre côté, le nouveau billet devra porter la somme 2000 + 1500 + 1800 + 2400 = 7700 francs.

La question revient maintenant à chercher au bout de combien de temps une somme de 7700 francs rapporte 42 fr. 83.

On a (voir n° 467) :

$$t = \frac{42,83 \times 36000}{6 \times 7700} = 33 \text{ jours.}$$

Donc le nouveau billet devra porter l'échéance du 3 avril.

Remarque. — On pourrait aussi exprimer que la somme des intérêts des sommes partielles est égale à l'intérêt de la somme totale ; on aurait alors :

$$(2000 \times 10 + 1500 \times 20 + 1800 \times 35 + 2400 \times 60) \times \frac{6}{36000} =$$
$$\frac{7700 \times 6 \times t}{36000}$$

On remarquera que les nombres 6 et 36000 peuvent disparaître de part et d'autre.

$$\text{D'où } t = \frac{20000 + 30000 + 63000 + 144000}{7700} = 33 \text{ jours.}$$

De là on tire la règle suivante :

Multiplier chaque somme par le temps qui reste à courir jusqu'à son échéance, et diviser la somme de ces produits par le total des montants des billets.

REMISES — GAINS ET PERTES DE TANT POUR CENT.

478. — On appelle *remise* la réduction que fait un vendeur sur le prix de sa marchandise, soit pour compenser certaines défectuosités, soit pour engager l'acheteur à augmenter l'importance de son acquisition, soit enfin pour l'intéresser à payer *comptant*, c'est-à-dire immédiatement.

Dans ce dernier cas, la remise prend le nom de *remise au comptant*, ou encore d'*escompte au comptant*.

Appliquée à la rémunération d'un marchand qui vend pour le compte d'un autre, la remise prend le nom de *commission* et le marchand intermédiaire est un *commissionnaire*.

479. — *Une personne achète dans un magasin pour 726 fr. de marchandises et on lui fait une remise de 3 p. 0/0 : quelle somme doit-elle payer?*

La remise pour 100 fr. est de........... 3 fr.

La remise pour 1 fr. est de........... $\dfrac{3}{100}$

La remise pour 726 fr. est de........... $\dfrac{3 \times 726}{100} = 21\,\text{fr.}\,78.$

REMARQUE. — Dans la pratique, on divise immédiatement 726 francs par 100, ce qui donne 7,26 et on multiplie ce résultat par 3, soit 21 fr. 78. Il est évident en effet que la remise totale sera égale à autant de fois 3 fr. que le nombre 726 contiendra de fois 100 francs.

DU TANT POUR CENT

480. — *Un négociant achète pour 8740 francs de marchandises et il veut gagner en les revendant 15 p. 0/0 : combien doit-il les vendre ?*

Pour 100 fr. le gain doit être de..... 15 fr.

Pour 1 fr. le gain sera de......... $\dfrac{15}{100}$

et pour 8740 fr. le gain sera de......... $\dfrac{15 \times 8740}{100} = 1311$ fr.

Puisque le gain doit être de 1311 fr., le négociant doit vendre sa marchandise 8740 fr. + 1311 fr. = 10051 fr.

REMARQUE. — Dans la pratique, on divise immédiatement 8740 francs par 100, ce qui donne 87,40, et on multiplie ce résultat par 15, soit 1311 francs, qu'on ajoute à 8740 francs.

S'il s'agissait d'une *perte*, on retrancherait 1311 francs de 8740 francs.

481. — *Un marchand veut gagner 28 p. 0/0 sur un objet de 3 fr. 75 : combien doit-il le vendre?*

Je divise 3 fr. 75 par 100, soit 0,0375, et je multiplie ce nombre par 28, ce qui donne 1 fr. 05. J'ajoute 1 fr. 50 à 3 fr. 75 et j'obtiens le prix de 4 fr. 80, qui représente un bénéfice de 28 pour cent.

482. — La question de savoir combien on a gagné **pour cent** dans une opération commerciale se présente à chaque instant dans le commerce. Elle se résout à l'aide d'un raisonnement analogue à tous ceux qu'on a déjà vus.

Problème. — Un marchand a vendu 12 fr. 50 un objet qui lui revient à 9 fr. 25 : combien a-t-il gagné pour cent?

Je commence par chercher le bénéfice réalisé : il est de 12 fr. 50 moins 9 fr. 25, soit 3 fr. 25. Ainsi, sur 9 fr. 25 on a gagné 3 fr. 25; à ce compte, combien gagnerait-on sur 100 francs

Si sur 9 fr. 25 on gagne . . . . . . $3^f,25,$

sur 1 franc, on gagnera . . . . $\dfrac{3^f,25}{9,25},$

sur 100 fr., on gagnera . . . . $\dfrac{3^f,25 \times 100}{9,25} = 35,13.$

Le bénéfice a donc été de plus de 35 pour cent.

PROBLÈMES SUR LES REMISES ET SUR LE TANT POUR CENT (page 255).

1. Une marchandise coûte 52 francs 30 : combien faut-il la revendre pour gagner 12 p. 0/0? — R. 58 fr. 57.

2. Une personne laisse en mourant 5 000 francs pour payer 12 000 francs de dettes : combien recevra un créancier* à qui il est dû 835 francs? — R. 347 fr. 91.

3. Un négociant en faillite donne 40 p. 0/0 à ses créanciers* : que recevra un créancier à qui il est dû 2 350 francs? — R. 940 fr.

4. On obtient une remise de 3,50 p. 0/0 sur une facture de 40 fr. 50 : quelle somme devra-t-on payer? — R. 39 fr. 09.

5. Un vendeur remet 10 p. 0/0 du poids de sa marchandise à cause de l'emballage : que doit-il rabattre sur un ballot de 85 kilog.? — R. 8 kilog. 5.

6. Une personne a gagné 30 p. 0/0 dans une affaire dans laquelle elle avait engagé 45 000 francs. Combien a-t-elle gagné? — R. 13 500 fr.

7. Sur des marchandises avariées, on fait un rabais de 20 p. 0/0. Combien diminuera-t-on sur une facture de 136 fr. 40? — R. 27 fr. 28.

8. Une facture s'élève à 847 fr. 50, et l'on accorde 7 p. 0/0 d'escompte au comptant. A quelle somme se réduit le montant de cette facture? — R. 788 fr. 18.

9. Un commissionnaire a vendu, pour le compte d'une maison de commerce, pour 6 500 francs de marchandises. Combien doit-il recevoir pour la commission, à raison de 2 0/0? — R. 130 fr.

10. Un courtier a 1/2 p. 0/0, c'est-à-dire 0 fr. 50 sur 100 francs, sur le prix

de la vente qu'il fait. Combien lui revient-il sur 4 631 francs de vente? — R. 23 fr. 15.

11. Un marchand achète du café à 2 fr. 50 le kilogramme, du sucre à 1 fr. 50, du chocolat à 3 fr. 50. Combien doit-il vendre chaque kilogramme pour gagner 10 p. 0/0? — R. 2 fr. 75, — 1 fr. 65, — 3 fr. 85.

12. Un marchand gagne 10 p. 0/0 sur un objet qu'il vend 38 fr. 50. Combien lui avait-il coûté? — R. 34 fr. 65.

13. Un ouvrier subit une retenue de 2 p. 0/0 sur un mémoire de 147 fr. 30. Que reçoit-il? — R. 144 fr. 36.

14. Une personne a acheté : 1o un pain de sucre pour 12 fr. 50; 2o de la bougie pour 3 fr. 60; 3o du riz pour 15 fr. 80; 4o du savon pour 8 fr. 75. Faites la facture avec 1 p. 0/0 de remise. — R. 40 fr. 25.

15. Un négociant a fait un chiffre d'affaires de 43 000 francs. De ce chiffre il faut déduire le prix d'achat des marchandises vendues, prix qui s'élève à 35 000 francs. On demande quel a été son bénéfice * brut et combien il a gagné pour cent. — R. 8 000 fr., — 22,85 p. 0/0.

Ce même marchand a dépensé 4 300 francs pour ses frais généraux (loyer, appointements des commis, etc.). On demande quel est son bénéfice net et combien il a gagné pour cent? — R. 3 700 fr. — 10,57 p. 0/0.

16. On peut envoyer de l'argent par la poste moyennant un droit de 1 p. °/o, plus 0 fr. 25 pour le timbre quand la somme dépasse 10 francs. Que coûtera l'envoi d'une somme de 48 francs, y compris le timbre-poste de 0 fr. 15? — R. 0 fr. 88.

17. Un quincaillier a vendu 16 fr. 50 un poêle de fonte qui lui est facturé 13 fr. 25. Combien a-t-il gagné pour cent? — R. 19 fr. 70 p. 0/0.

18. Un marchand d'étoffes a vendu 2 fr. 75 le mètre une étoffe défraîchie qu'il a payée 2 fr. 85. Combien a-t-il perdu pour cent? — R. 3 fr. 50 p. 0/0.

19. Une ménagère avait l'habitude d'acheter à crédit chez un épicier. Elle en trouve un autre qui lui offre 5 p. 0/0 de remise sur les prix du premier, si elle paye comptant. Faites-lui sa facture pour les marchandises suivantes prises chez le deuxième épicier :

    2 kilog. 500 de sucre à 1 fr. 40 ;

    0 kilog. 500 de café à 3 fr. ;

    1 kilog. 250 de bougie à 2 fr. 40 ;

    3 kilog. 750 de savon à 1 fr 30. — R. 12 fr. 23.

CHAPITRE III

PLACEMENTS

483. — Celui-là manque de prévoyance qui dépense tout ce qu'il gagne sans se préoccuper de l'avenir. On ne saurait trop recommander à l'homme jeune et valide de se précautionner contre les accidents, les maladies, les infirmités, la vieillesse, c'est-à-dire d'économiser une partie du fruit de son travail ; et il est bien rare que l'homme laborieux et bien portant ne puisse mettre de côté quelques francs chaque semaine ou chaque mois. Mais, cet argent économisé, il ne faut pas le garder chez soi et le cacher dans un tiroir ; il faut le *placer*. L'argent placé est bien plus en sûreté que

l'argent caché : d'abord, comme on ne l'a pas sous la main, on est bien moins exposé à le dépenser ; ensuite on bénéficie toujours d'un intérêt de 3 fr., 4 fr. ou 5 fr. p. 0/0 ; enfin, si l'on choisit un placement sûr, tel que ceux que nous allons indiquer, on ne court aucun risque de le perdre.

484. — Les principaux placements sont :

La caisse d'épargne.

La caisse d'assurances en cas d'accidents et de décès.

La caisse de retraite pour la vieillesse.

> Ces trois institutions sont placées sous la garantie de l'État et gérées par la caisse des Dépôts et Consignations.

Les assurances, et en particulier les assurances sur la vie, faites par des compagnies importantes, autorisées et surveillées par le gouvernement.

Les rentes sur l'État.

Les actions et les obligations.

Les placements sur hypothèque.

A cette liste nous ajouterons les *sociétés de secours mutuels*, sur lesquelles nous dirons immédiatement quelques mots.

SOCIÉTÉS DE SECOURS MUTUELS

485. — Voici un groupe d'ouvriers appartenant à la même profession ; tous vivent au jour le jour, sans argent pour le lendemain. Si l'un d'eux tombe malade, il ne pourra pas se procurer les médicaments nécessaires, et sa famille se trouvera rapidement dans un dénuement complet. Mais cet ouvrier a su prévoir cette triste éventualité, car depuis longtemps il fait partie de la *société de secours mutuels* de sa corporation ; pendant qu'il travaillait, il a payé régulièrement à cette société les 25 centimes qu'elle lui demandait chaque semaine ; cette cotisation minime, apportée par 100 ouvriers, produit chaque semaine une somme de 25 francs qui est destinée à venir en aide aux sociétaires malades. Notre sociétaire va donc recevoir gratuitement les soins du médecin, les médicaments du pharmacien, et de plus 1 fr. 50 ou 2 francs par jour, qui suffiront aux besoins les plus pressants.

Tels sont les services rendus par les sociétés de secours mutuels[1]. Il est à désirer que ces sociétés se multiplient et

---

1. Parmi les sociétés de secours mutuels, nous signalerons particulièrement à l'attention des professeurs, des instituteurs et des institutrices, l'*Association des membres de l'enseignement*, fondée par M. le baron Taylor. Nous ne pouvons entrer ici dans aucun détail sur les avantages de cette excellente institution ; mais

que tout travailleur ait soin de s'y faire inscrire. Il n'est pas jusqu'aux personnes aisées qui ne puissent aider au fonctionnement et à la prospérité de ces sociétés en se faisant porter comme *membres honoraires*, c'est-à-dire en payant les cotisations sans participer aux avantages.

CAISSE D'ÉPARGNE

Dépensez un sou de moins par jour que votre bénéfice net.

FRANKLIN.

486. — Les **caisses d'épargne** servent à recueillir et à faire fructifier les petites économies. Le cultivateur, l'ouvrier, l'employé, ne peuvent pas tous acheter des rentes, ni placer leur argent chez un banquier; or il arrive souvent que, faute de placement pour les économies qu'ils pourraient faire, ils dissipent en dépenses inutiles l'argent qui leur reste.

Les caisses d'épargne préviennent ce danger en recevant les moindres sommes, moyennant un intérêt annuel de 4 p. 0/0.

Un *livret* est délivré gratuitement à tout déposant qui verse pour la première fois; ce livret sert à inscrire toutes les sommes qui sont successivement versées ou retirées.

Cette institution excite le travailleur, le jeune homme surtout, à faire des épargnes; par là elle lui assure une ressource dans l'avenir ou pour les jours de maladie et de chômage*, et le moralise en lui donnant des habitudes de prévoyance et d'économie.

On ne saurait croire combien un livret de caisse d'épargne encourage l'ouvrier au travail; pendant qu'il se fatigue, pendant qu'il se repose, son petit pécule s'augmente de lui-même; et s'il a soin d'aller y ajouter régulièrement ses économies, si minimes qu'elles soient, il s'assure pour sa vieillesse une petite rente qui le met à l'abri du besoin.

Aujourd'hui on trouve des caisses d'épargne dans chaque localité un peu importante.

Les dépôts sont faits le dimanche; ils ne peuvent être inférieurs à 1 franc ni supérieurs à 300 francs; de plus, un même déposant ne peut avoir plus de 1000 francs à la caisse d'épargne. Si ce chiffre venait à être dépassé par les intérêts,

---

* on peut se procurer des annuaires gratuitement en s'adressant à M. Boy, agent-trésorier, rue de Bondy, 68, à Paris.

que l'on calcule à la fin de chaque année, l'administration lui achèterait d'office, c'est-à-dire sans lui demander son consentement, une rente sur l'État de 10 francs. On peut d'ailleurs toujours demander qu'une somme déposée à la caisse d'épargne soit convertie en rentes sur l'État.

CAISSE D'ASSURANCE EN CAS D'ACCIDENTS ET DE DÉCÈS

487. — Cette caisse, destinée aux personnes employées dans les travaux agricoles ou industriels, a pour but :

1° De donner 2 ou 3 francs par jour aux ouvriers qui, dans l'exercice de leurs travaux, ont été atteints de blessures entraînant un repos momentané.

2° De payer une pension à ces mêmes ouvriers si leurs blessures entraînent une incapacité permanente de travail.

3° De donner des secours aux veuves et aux enfants des personnes qui viendraient à mourir par suite d'accident.

Cette même caisse, moyennant un supplément de cotisation, paye aux héritiers de chaque assuré, quelle que soit la cause du décès, une somme déterminée à l'avance.

Les propositions d'assurances sont reçues par les percepteurs des contributions directes et par les receveurs des postes.

CAISSE DE RETRAITE POUR LA VIEILLESSE [1]

488. — L'objet de la **caisse de retraite pour la vieillesse** est de créer des rentes viagères* au profit de tout individu pour lequel les versements nécessaires auront été effectués dans ce but dans les caisses d'épargne.

Les versements sont facultatifs ; ils peuvent être interrompus ou continués au gré des parties intéressées ; ils peuvent être commencés dans un lieu et continués dans un autre ; enfin ils peuvent être faits au profit de toute personne âgée de plus de trois ans.

L'époque d'entrée en jouissance de la rente viagère a lieu

---

1. Belèze. *Dictionnaire universel de la vie pratique.*

entre cinquante et soixante-cinq ans d'âge, au gré du déposant. Cependant, les blessures graves ou les infirmités prématurées peuvent faire obtenir aux déposants la liquidation de leur pension avant l'âge de cinquante ans.

Le montant de la rente viagère varie selon que le capital versé est *aliéné*, c'est-à-dire abandonné à l'État, ou *réservé*, c'est-à-dire remboursé aux héritiers des titulaires. On peut prendre connaissance de ces tarifs dans les caisses d'épargne; en voici un extrait pour les âges de cinquante, cinquante-cinq, soixante, soixante-cinq ans.

AGE à l'époque du versement	CAPITAL ALIÉNÉ RENTE ACQUISE POUR UN VERSEMENT DE 10 FR.				CAPITAL RÉSERVÉ RENTE ACQUISE POUR UN VERSEMENT DE 10 FR.			
	à 50 ans.	à 55 ans.	à 60 ans.	à 65 ans.	à 50 ans.	à 55 ans.	à 60 ans.	à 65 ans.
	fr. cent.	fr. cent.	fr. cent.	fr. cent.	fr. cent.	fr. cent.	fr. cent.	fr. cent.
5 ans	11 34	17 36	27 99	48 71	8 65	13 24	21 35	37 16
10 ans	7 31	11 19	18 04	31 39	5 82	8 91	14 36	25 »
20 ans	4 33	6 63	10 69	18 61	3 28	5 02	8 10	14 10
30 ans	2 50	3 83	6 18	10 75	1 79	2 75	4 43	7 71
40 ans	1 43	2 20	3 54	6 16	0 94	1 44	2 32	4 03
50 ans	0 81	1 24	2 01	3 49	0 45	0 68	1 11	1 93
60 ans	» »	» »	1 02	1 78	» »	» »	0 45	0 78

ASSURANCES CONTRE L'INCENDIE

489. — Vous êtes propriétaire d'une maison. Dans la crainte qu'un incendie ne vienne détruire cette maison, vous *l'assurez*. Dans ce but, vous vous adressez à une compagnie d'assurances, vous lui versez chaque année une somme minime, et, en échange de ce versement, la compagnie s'engage à vous rembourser la valeur de votre maison dans le cas d'incendie.

La somme versée chaque année par l'assuré se nomme *prime d'assurance*.

Exemple. — Vous possédez une maison de 20 000 francs. Vous l'assurez et vous payez pour ce fait une *prime* de 10 francs par an (0 fr. 50 par 1000 francs). Si votre maison vient à être brûlée, la compagnie d'assurances vous donnera 20 000 francs, ou tout au moins la valeur approximative de votre maison.

Autre exemple. — Vous n'êtes pas propriétaire, mais vous êtes locataire d'une maison ou d'un appartement. Vous avez un mobilier, du linge, des vêtements ; tout cela représente une valeur que vous estimez à 1000 francs. Si la maison que vous habitez vient à brûler, vous êtes exposé à perdre tout ce que vous possédez. Si vous avez eu la prudence de vous assurer, en payant la modique somme de 50 centimes par an, la compagnie d'assurances vous remboursera 1000 francs, ou tout au moins la valeur approximative de ce que vous aurez perdu.

490. — L'assurance contre les risques si nombreux de l'incendie est une mesure de prudence qu'on ne saurait trop encourager. Que de gens se sont vus ruinés en quelques heures, faute d'avoir su sacrifier une très faible somme chaque année !

491. — On peut assurer de même :
Les récoltes contre la grêle ;
Les bestiaux contre la maladie ;
Les navires contre les dangers de la navigation ;
Les marchandises contre l'incendie, etc., etc.

492. — La forme d'assurance dont nous venons de parler est *l'assurance à prime fixe*, parce que la prime ne varie jamais.

493. — Il existe un autre mode d'assurance à prime variable, c'est *l'assurance mutuelle*. Dans ce genre d'assurance, un grand nombre de personnes se réunissent et se garantissent *mutuellement* contre les risques de l'incendie ; s'il n'y a pas eu beaucoup d'incendies dans l'année, la prime est faible ; si au contraire il y a eu beaucoup de sinistres, la prime est plus élevée.

L'assurance *à prime fixe* tend de plus en plus à se substituer à l'assurance *mutuelle*.

ASSURANCES SUR LA VIE

494. — En Angleterre, tout fabricant, tout négociant, tout fonctionnaire, tout individu un peu aisé fait assurer sur sa tête un capital payable à son décès. L'assurance y est considérée comme un devoir, comme un acte de probité envers la famille.

Les assurances en cas de décès ne sont pas encore aussi généralement appréciées en France, mais elles y font chaque jour des progrès réels, et il n'est pas douteux qu'elles prendront un jour dans notre pays, comme les assurances contre l'incendie, le même développement que chez nos voisins.

Voici une famille de cinq personnes : trois enfants, le père et la mère. Tous sont heureux. Ce n'est pas qu'ils possèdent déjà une fortune acquise; mais ils sont sur la voie de cette fortune, ils ont l'espérance. Le père est actif, laborieux, et, en attendant mieux, il sait procurer l'aisance autour de lui.

Mais la mort vient le frapper brusquement. Dans ce grand deuil, que devient la famille? Sa ruine sera complète, si celui qui vient de lui être enlevé n'est pas assuré. Si, au contraire, prévoyant et économe, il a eu l'heureuse inspiration de confier une partie de ses épargnes à l'assurance, alors tout est changé. Certainement, il a été enlevé pour toujours à l'affection des siens; mais ce capital, cette fortune vers lesquels tendaient tous ses efforts, qui devaient faire subsister sa famille, et qu'il n'a pu acquérir, l'assurance les a créés pour lui.

L'assurance sur la vie offre plusieurs combinaisons qui varient suivant l'âge, la situation de fortune, les préférences de chacun. Voici un exemple des cas qui se présentent le plus souvent.

PREMIER EXEMPLE. — M. A..., âgé de 28 ans, veut garantir à sa famille, au moment de son décès, une somme de 5000 francs ; il n'aura à payer que 30 francs par trimestre, 10 francs par mois.

DEUXIÈME EXEMPLE. — Un fils, devenu par sa position le seul soutien de sa mère, craint de la laisser sans ressources, s'il meurt avant elle. Il a 30 ans, et sa mère est âgée de 60 ans. Il contracte alors une assurance au profit de sa mère, et, moyennant le paiement d'une prime annuelle de 116 francs, il lui laissera, s'il meurt avant elle, une rente viagère de 1000 francs.

TROISIÈME EXEMPLE. — Un homme de 32 ans veut s'assurer pour sa vieillesse un capital qui le mette à l'abri du besoin. En versant 373 fr. 20 par an, il recevra à l'âge de 52 ans une somme de 10000 francs. S'il vient à mourir avant cette époque, les primes annuelles cesseront d'être dues, mais sa famille n'en touchera pas moins les 10000 francs à l'époque fixée.

Dans ces différentes opérations, ce ne sont pas seulement les capitaux acquis qu'il faut considérer. Ce qu'il faut remarquer surtout, c'est que ces épargnes annuelles auront pour effet immédiat de faire naître et de développer dans la famille cet esprit d'ordre, d'économie et de prévoyance, qui est le point de départ de toute fortune.

495. — Voici un tableau qui fait connaître le montant des primes annuelles à payer, pour une assurance de 100 francs, à la Compagnie d'assurances *la Nationale*, l'une des plus anciennes qui existent en France [1].

PRIMES ANNUELLES ASSURANT UN CAPITAL DE 100 FRANCS
Avec participation de moitié dans les bénéfices [2]

AGE de L'ASSURÉ	PRIME annuelle	AGE de L'ASSURÉ	PRIME annuelle	AGE de L'ASSURÉ	PRIME annuelle	AGE de L'ASSURÉ	PRIME annuelle
ans.	fr. c.	ans.	fr. c.	ans.	fr. c.	ans.	fr. c.
21	2 01	31	2 56	41	3 38	51	4 84
22	2 06	32	2 62	42	3 50	52	5 04
23	2 11	33	2 69	43	3 61	53	5 25
24	2 16	34	2 76	44	3 74	54	5 47
25	2 21	35	2 84	45	3 87	55	5 71
26	2 26	36	2 92	46	4 01	56	5 96
27	2 32	37	3 »	47	4 16	57	6 23
28	2 37	38	3 09	48	4 31	58	6 51
29	2 43	39	3 18	49	4 48	59	6 81
30	2 49	40	3 28	50	4 66	60	7 13

RENTES SUR L'ÉTAT

496. — Les ressources ordinaires de l'État sont fournies par les impôts, directs et indirects [3]. Mais certains événements graves, et surtout la guerre, l'obligent quelquefois à des dépenses extraordinaires. Dans ce cas, au lieu d'augmenter les impôts, l'État, le plus souvent, contracte un *emprunt*, c'est-à-dire qu'il demande à tous ceux qui ont de l'argent à placer

---

1. Pour bien faire comprendre la sécurité qu'offrent certaines grandes compagnies d'assurances, nous dirons que l'une d'elles, *la Nationale*, possède un capital de garanties de plus de 138 millions.

Depuis sa fondation, elle a assuré pour 507,590,217 francs.

— — elle a payé au décès des assurés 38,255,956 francs.

Bénéfices répartis entre les assurés participants : 14 408 052 francs.

De pareils chiffres sont éloquents. Nous engageons MM. les instituteurs, désireux d'étudier le mécanisme si instructif de ces assurances, à demander à la compagnie *la Nationale*, rue de Grammont, à Paris, les brochures qui développent le système. — Ces brochures sont envoyées gratuitement.

2. Cette participation a pour résultat de mettre fin aux versements annuels après une période moyenne de 25 ans. A partir de cette époque, l'assuré touche même un dividende.

3. Voir la *Troisième Année d'arithmétique*.

de lui prêter la somme dont il a besoin. Il s'engage de son côté, non à rembourser ce capital, mais à en payer perpétuellement la **rente**, c'est-à-dire l'intérêt. Pour cela, il remet à chaque prêteur un *titre de rente*, qui constate son droit à toucher l'intérêt. Ces conventions sont inscrites sur un registre qu'on nomme le *Grand-Livre de la Dette publique*.

Le titre de rente ne porte pas le montant de la somme prêtée, mais seulement la **rente** convenue.

Ce titre peut être vendu ou acheté ; mais, comme pour toute marchandise, son prix peut s'élever ou s'abaisser. Aujourd'hui il vaut 54 fr., demain 55 fr., après-demain 53 fr. Mais quel que soit le prix d'achat, le nouveau propriétaire, comme l'ancien, touchera toujours la même rente de 3 fr., si le titre porte 3 fr. de rente.

Ces ventes et ces achats ne peuvent se faire que par l'intermédiaire d'un *agent de change*, qui prélève un droit de *commission* ou de *courtage* de $\frac{1}{8}$ de franc pour 100 francs, soit 1 fr. 25 pour 1000 fr. de capital.

Le prix auquel se vend un titre de rente s'appelle le *cours* de cette rente.

Il y a actuellement trois sortes de rentes françaises : le 3 p. 0/0, le 4 1/2 p. 0/0 et le 5 p. 0/0.

Malgré ces dénominations, on ne doit pas croire que l'État donne un intérêt très différent pour le même capital de 100 fr. Quand l'État crée de la rente 3 p. 0/0, par exemple, il ne réclame pas du prêteur 100 fr. pour 3 fr. de rente, mais seulement 50 fr., 55 fr., 60 fr. ou 70 fr., suivant les circonstances ; pour le 5 p. 0/0, il réclame seulement 80, 85, 90 fr. Ce premier prix, appelé *taux* ou *cours d'émission*, est lui-même bientôt changé et varie continuellement.

Si le cours augmente, on dit qu'il y a *hausse*.

Si le cours diminue, on dit qu'il y a *baisse*.

Si le cours atteint 100 fr., on dit qu'il est *au pair*.

Si le cours est supérieur à 100 fr., on dit qu'il est *au-dessus du pair*.

S'il est inférieur à 100 fr., on dit qu'il est *au-dessous du pair*.

Les cours des rentes françaises sont *cotés* chaque jour à la *Bourse* de Paris et reproduits par tous les journaux.

La *Bourse* est le grand marché où se font les ventes et les achats des rentes et de beaucoup d'autres valeurs.

Le paiement des rentes se fait au *Trésor*, à Paris, ou chez les *payeurs* dans les départements, sur la présentation des *coupons*, bandes de papier que l'on détache du titre même à chaque échéance.

Les titres sont *nominatifs*, quand ils contiennent le *nom* de la personne à laquelle ils ont été délivrés ; les titres nominatifs sont donc personnels, et ils ne peuvent changer de propriétaire qu'après l'accomplissement de certaines formalités. Les titres sont *au porteur*, quand ils ne contiennent pas le nom du propriétaire ; ils peuvent se transmettre de la main à la main, le porteur étant réputé propriétaire.

497. — *Le cours de la rente 3 p. 0/0 est à 54 fr. 90. Quelle somme faut-il débourser pour acheter 2500 fr de rente ?*

3 francs de rente coûtent... 54 fr. 90

1 franc — coûtera... $\dfrac{54^f 90}{3}$

2500 francs — coûteront $\dfrac{54^f,90 \times 2500}{3} = 45\,750$ fr.

498. — *Une personne veut placer 20000 fr. en rentes 5 p. 0/0. Quelle inscription de rente aura-t-elle pour cette somme, le cours étant à 89 fr. 75 ?*

89 fr. 75 rapportent............ 5 francs de rente.

1 franc rapportera....... $\dfrac{5^f}{89,75}$

20000 francs rapporteront........ $\dfrac{5 \times 20000}{89,75} = 1114^f,20.$

On devrait donc avoir une inscription de rente de 1114 fr. 20. Mais la rente ne comporte pas de fraction de franc ; on prendra seulement une inscription de 1114 francs.

499. — *A quel taux place-t-on son argent en achetant du 3 p. 0/0 au cours de 54 fr. ?*

54 francs rapportent................ 3 francs de rente.

1 franc rapporte................... $\dfrac{3}{54}$

100 francs rapportent................ $\dfrac{3 \times 100}{54} = 5$ fr. 55.

Réponse : au taux de 5 fr. 55 0/0.

500. — *Quelle somme a perdue une personne qui avait acheté 6000 fr. de rente 3 p. 0/0, au cours de 71 fr. en 1869, et qui a été obligée de les revendre au cours de 54 fr. en 1873 ?*

La différence entre 71 et 54 francs étant de 17 francs,

pour   3 francs de rente, on a perdu............. 17 francs;

pour   1   —   on a perdu............. $\dfrac{17}{3}$ francs;

pour 6000   —   on a perdu.............

$$\frac{17 \times 6000}{3} = 17 \times 2000 = 34000 \text{ francs.}$$

501. — *Le cours de la rente 4 1/2 est 79 fr. 10, et le cours de la rente 3 p. 0/0 est 54 fr. 75. Quel est le placement le plus avantageux ?*

L'intérêt pour 100 du 4 1/2 est de....... $\dfrac{4,5 \times 100}{79,10} = 5,68.$

L'intérêt pour 100 du 3 est de......... $\dfrac{3 \times 100}{54,75} = 5,47.$

Le premier placement est le plus avantageux.

ACTIONS

502. — Lorsqu'une compagnie se fonde, soit pour faciliter le commerce, l'industrie ou l'agriculture (Banque de France, Comptoir d'escompte, Crédit foncier, etc.); soit pour exécuter de grands travaux (chemins de fer, canal de Suez, etc.); soit pour exploiter des mines, des forges, des forêts, des salines, etc.; soit pour organiser de grands services publics (messageries, voitures, omnibus, gaz, eaux, etc.), elle fait appel à la confiance publique et lui demande l'argent nécessaire à l'exécution de l'entreprise projetée. Le capital nécessaire est divisé en un certain nombre de parts, appelées *actions*. Celui qui fournit une ou plusieurs de ces parts est un *actionnaire*. La compagnie s'engage ordinairement à lui payer un intérêt fixe, plus un *dividende*, c'est-à-dire une part dans les bénéfices, proportionnelle à sa mise. Mais de même que l'actionnaire participe aux bénéfices, il supporte également les *pertes*; c'est donc au public à ne prendre d'actions que dans les affaires qui offrent toutes les garanties possibles de sécurité.

Les actions peuvent être *nominatives* ou au *porteur*. Elles sont *négociables* à la Bourse, c'est-à-dire mises en vente et achetées, quand elles ont été admises à être *cotées*.

Le courtage est le même que pour la rente, $\frac{1}{800}$ du capital.

503. — *Le cours des actions de la Banque de France est 4375 fr. Quelle somme devra-t-on remettre à un agent de change pour avoir 3 actions?*

Acheté 3 actions de la Banque de France à 4375 fr...   13125 fr.
     Courtage $\frac{1}{800}$ de 13125.........   16,40
     Timbre   1,50
                     13142,90

Réponse : 13142 fr. 90.

504. — *Les actions de la Banque de France rapportent 320 fr. de dividende. A quel taux place-t-on son argent, si on achète ces actions au cours de 4375 fr.?*

4375 fr.   rapportent...............   320 francs.

1 fr.   rapporte............... $\dfrac{320}{4375}$

100 fr.   rapportent............... $\dfrac{320 \times 100}{4375} = 7$ fr. 31.

Réponse : à 7 fr. 31 p. 0/0.

OBLIGATIONS

505. — Si un État, une ville ou une *compagnie constituée par actions*, ont besoin de faire un emprunt, et qu'ils offrent d'ailleurs des gages comme garanties de cet emprunt, ils émettent des *obligations*, c'est-à-dire des titres qui rapportent un intérêt fixe, et qui sont remboursables à des époques déterminées, ordinairement par voie de tirage au sort. Les obligations, à part l'intérêt fixe, ne participent ni aux bénéfices ni aux pertes; elles sont *privilégiées*, c'est-à-dire que les intérêts des obligations et les sommes affectées aux remboursements graduels sont prélevés sur les recettes avant toute répartition aux actionnaires. Le placement sur *actions* peut être plus *avantageux*; le placement sur *obligations* est toujours plus sûr.

Les obligations peuvent être cotées à la Bourse comme des actions; mais, quels que soient leur cours et leur taux d'émission, elles sont remboursables à un chiffre déterminé d'avance. Par exemple, des obligations de chemins de fer ont été émises à 300 fr. et rapportent 15 fr. d'intérêt. Chaque année le sort désigne celles qui doivent être remboursées à 500 fr., quand même le cours serait au-dessous de 300 fr.

Souvent les premiers numéros sortis à chaque tirage reçoivent une *prime* ou un *lot*, ordinairement d'une valeur considérable. La ville de Paris donne 150 000 fr. au premier numéro sortant dans chacun des tirages de ses obligations, 50 000 francs au deuxième numéro, 10 000 francs aux quatre suivants, etc. Un grand nombre de départements français et même de villes ont contracté des emprunts par obligations.

506. — *En achetant au cours de 272 fr. des obligations du chemin de fer d'Orléans, qui sont remboursables à 500 fr. et rapportent 15 fr. d'intérêt, à quel taux place-t-on son argent? et quel bénéfice fait-on sur dix obligations dont une est sortie au tirage et dont les neuf autres sont revendues au cours de 281 fr. 75?*

1°   272 fr. rapportent......   15 francs.

100 fr. rapporteront.... $\dfrac{15 \times 100}{272} = \dfrac{1500}{272} = 5$ fr. 59.

2°   1 obligation.......................... 500 francs.

    9   —   à 281 fr. 75.............. 2535,75

                      Total..... 3035,75

Prix de 10 obligations à 272 francs.. 2720

                Bénéfice..... 315,75

PLACEMENTS SUR HYPOTHÈQUE

507. — Vous êtes dans le commerce et vous avez besoin de 5000 francs, par exemple; vous êtes, il est vrai, propriétaire d'une maison qui vaut environ 15 000 francs et que vous pourriez vendre à la rigueur, mais vous ne voulez pas vous dessaisir de cet immeuble *. Vous vous adressez alors à un capitaliste auquel vous demandez à emprunter les 5000 fr. dont vous avez besoin. Le capitaliste vous répond : « Je suis disposé à vous prêter de l'argent, mais s'il vous arrive de ne pas réussir dans votre commerce, qui me garantit que vous pourrez me rendre mes 5000 francs ? — Vous lui répondez : j'ai une maison de 15000 francs, prenez sur cette maison un *gage*, une *hypothèque* de 5000 fr. ; si je ne vous paye pas, vous ferez vendre la maison et vous prélèverez le montant de votre avance. » Votre offre étant acceptée, vous vous rendez chez un notaire qui dresse un acte d'hypothèque. Cette hypothèque est inscrite chez le *Conservateur des hypothèques* (il y en a un dans chaque arrondissement).

Quand ces formalités sont remplies, votre prêteur peut, en

toute sécurité, vous avancer 5000 fr., car si vous ne réussissez pas, c'est lui qui sera remboursé le premier, avant tout autre créancier.

Lorsque l'époque fixée pour le remboursement des 5000 fr. est arrivée, vous rendez cette somme à votre prêteur et vous obtenez *mainlevée* de l'hypothèque.

Les inscriptions hypothécaires doivent être renouvelées tous les *dix* ans. Il y a encore d'autres formalités, mais ce sont les notaires qui se chargent de les remplir.

Dans les placements hypothécaires, le taux légal est toujours de 5 p. 0/0 l'an.

Si plusieurs créanciers ont pris hypothèque sur le même immeuble, ils sont remboursés dans l'ordre de leur inscription. Le capitaliste a donc intérêt à prêter sur *première hypothèque*.

CRÉDIT FONCIER DE FRANCE

508. Le **Crédit foncier** est un grand établissement financier destiné à venir en aide aux agriculteurs, aux industriels et généralement à tous les propriétaires fonciers. Il leur prête les capitaux dont ils ont besoin, mais seulement sur *première hypothèque*, et jusqu'à concurrence de la *moitié*, et dans certains cas, du *tiers* de la valeur des immeubles engagés.

Ce qui distingue les opérations du Crédit foncier des emprunts hypothécaires ordinaires, c'est que la somme empruntée n'est pas remboursable à une époque déterminée. Elle n'est même jamais remboursable; mais l'emprunteur paye chaque année une somme telle, qu'au bout d'une période qui peut varier de vingt à cinquante ans, la dette est entièrement *éteinte* ou *amortie*. Cette somme à payer chaque année se nomme une *annuité*; elle ne s'élève guère en moyenne à plus de 8 p. 100.

L'intérêt proprement dit du capital emprunté est de.............................. 4,25 p. 0/0

Les frais d'administration sont évalués à 0,60 p. 0/0

L'annuité proprement dite varie de

3 fr. 225 p. 0/0 à 0 fr. 591 .... 3,22 p. 0/0

Pour 20 ans.   Pour 50 ans.

—————————

8,07 p. 0/0

D où l'on voit que l'annuité à payer pendant   4,25
20 ans est de 8 fr. 07 p. 0/0 du capital em-   0,60
prunté ; et que l'annuité à payer pendant 50   0,60
ans serait de 5 fr. 45 p. 0/0. — L'annuité de   ‾‾‾‾
6 p. 0/0 correspond à 37 ans.   5,45

Les formalités à remplir, l'estimation des immeubles par les agents de la compagnie, la vérification des déclarations de l'emprunteur exigent quelquefois trois mois.

Les frais du contrat sont en général de 3 p. 0/0 du capital emprunté ; ils sont exigibles immédiatement, mais on peut augmenter le chiffre de l'emprunt de la somme nécessaire pour payer les frais.

L'emprunteur peut toujours se libérer par avance ; on lui tient compte naturellement des annuités déjà versées, mais la compagnie exige une indemnité de 1/2 p. 0/0.

Les *obligations foncières* sont des obligations émises par le Crédit foncier lui-même pour se procurer les capitaux considérables dont il a besoin. Elles sont garanties par les hypothèques des immeubles des emprunteurs. Le Crédit foncier les reprend au cours d'émission. Lorsqu'elles sont cotées à la bourse au-dessous du pair, le propriétaire qui veut rembourser sa dette a donc intérêt à acheter des obligations foncières pour les donner en paiement. Il bénéficie ainsi de la différence entre le cours d'émission et le cours du jour.

Il existe deux autres sociétés de Crédit foncier dont les opérations sont analogues : la société de Marseille et la société de Nevers.

CHAPITRE IV

MOYENNES — RÈGLES DE SOCIÉTÉ
RÉPARTITION DES IMPOTS — MÉLANGES
ALLIAGES.

MOYENNES

509. — On appelle **moyenne** entre 2 nombres la somme de ces 2 nombres divisée par 2.

On appelle moyenne entre 3 nombres la somme de ces 3 nombres divisée par 3.

On appelle moyenne entre 10 nombres la somme de ces 10 nombres divisée par 10, et ainsi de suite.

EXEMPLE. — Un ouvrier qui est payé suivant son travail a gagné, le lundi, 4 fr. 75 ; le mardi, 5 fr. 25 ; le mercredi, 6 fr. 10 ; le jeudi, 4 francs ; le vendredi, 3 fr. 80 ; le samedi, 5 fr. 25. Combien, en moyenne, cet ouvrier a-t-il gagné par jour ?

Faisant la somme des gains de la semaine, je trouve 29 fr. 15. Je divise cette somme par 6, nombre des jours de travail, et je trouve 4 fr. 86, qui est la *moyenne* du gain de l'ouvrier.

RÈGLES DE SOCIÉTÉ

PARTAGES PROPORTIONNELS

510. — La **Règle de société** a pour but de partager entre plusieurs associés leurs bénéfices ou leurs pertes.

Trois associés ont mis en commun pour une entreprise : le 1er, 24 300 francs; le 2e, 35 800 francs; le 3e, 42 700 fr.; leur bénéfice a été de 20 000 francs. Partager cette somme entre les trois associés.

Mise du premier associé........ 24300 fr.
— deuxième associé..... 35800
— troisième associé..... 42700

Mise totale... 102800 fr.

102800 fr. ont rapporté un bénéfice de 20000 fr.

1 fr. a rapporté un bénéfice de $\dfrac{20000}{102800}$ fr.

donc

1° 24300 fr. ont rapporté un bénéfice de $\dfrac{20000 \times 24300}{102800} = 4727,63$

2° 35800 fr. ont rapporté un bénéfice de $\dfrac{20000 \times 35800}{102800} = 6964,98$

3° 42700 fr. ont rapporté un bénéfice de $\dfrac{20000 \times 42700}{102800} = 8307,39$

REMARQUE. — Il ne faut pas négliger de faire la preuve en additionnant les trois parties. On doit retrouver 20000 fr.

RÉPARTITION DE L'IMPOT

511. — Il y a en France deux impôts qui sont proportionnels à la fortune des contribuables; ce sont : la *contribution foncière* perçue sur les *biens-fonds* (terres, maisons, etc.) et la *contribution mobilière*, qui frappe toute habitation *meublée*.

Pour établir la contribution foncière on évalue, à certaines époques, le revenu de chaque propriété, sur toute l'étendue du territoire, et on a ainsi le revenu total des propriétés foncières. C'est ce qu'on appelle le *cadastre*. On divise l'impôt total, voté par les députés de la nation, par le revenu total; on a ainsi l'impôt que doit payer 1 fr. de revenu. C'est ce qu'on nomme le *centime le franc*. Pour trouver l'impôt que doit payer une propriété particulière, il ne reste plus qu'à multiplier le *centime le franc* par le revenu de cette propriété.

Pour établir la contribution mobilière, on procède de la même manière : on divise le total de l'impôt par le total des valeurs locatives* des habitations d'une commune, le quotient est le *centime le franc* de la contribution.

Pour trouver l'impôt mobilier que doit payer la personne qui occupe une habitation, il ne reste plus qu'à multiplier le *centime le franc* par la valeur locative de cette habitation.

EXEMPLE. — La contribution foncière d'une commune étant de 15283 fr. 50, et le revenu imposable de 56817 fr. 34, quel est le *centime le franc*, et quel impôt payerait une propriété dont le revenu est estimé à 247 fr.?

1° Je divise 15283 fr. 50 par 56817 fr. 34, et le quotient 0 fr. 268993 est le centime le franc.

2° Je multiplie 268993 par 247, et le produit 66 fr. 44 est l'impôt cherché.

MÉLANGES

512. — *On a mélangé 8 sacs de farine à 34 francs avec 12 sacs d'une autre farine à 30 francs. Quel est le prix moyen d'un sac du mélange ?*

8 sacs de farine de la 1re qualité vaudront $34^f \times 8 = 272$ fr.

12 sacs — de la 2me qualité vaudront $30^f \times 12 = 360$

20 sacs de farine mélangée vaudront............ 632 fr.

1 sac — — vaudra .... $\frac{632^f}{20} = 31$ fr. 60

513. — *On mélange du vin à 0 fr. 85 et du vin à 0 fr. 60 le litre. Combien faut-il prendre de litres de chaque espèce pour faire 100 litres de vin à 0 fr. 75?*

Pour chaque litre de vin à 85 centimes, que l'on vendra 75 cent., on perdra 10 cent. ; mais pour chaque litre de vin à 60 cent. que l'on vendra 75 cent., on gagnera 15 cent.

Par conséquent, on ne ferait ni perte ni gain, si on prenait 15 litres du premier et 10 litres du second, parce que 15 litres à 10 cent.

font $10 \times 15 = 150$ centimes, et que 10 litres à 15 centimes font $15 \times 10 = 150$ centimes. Donc

sur 25 lit., on doit prendre 15 lit. du 1er vin et 10 lit. du second

sur 1 lit., — $\dfrac{15^1}{25}$ — et $\dfrac{10^1}{25}$ —

sur 100 lit., — $\dfrac{15^1 \times 100}{25} = 60^1$ — et $\dfrac{10 \times 100}{15} = 40$ lit.

Mouillage des vins.

514. — *Quelle quantité d'eau doit-on ajouter à 180 litres de vin à 0 fr. 50 le litre pour que le litre du mélange revienne à 0 fr. 40 ?*

Prix du vin : 50 cent.   perte 10 cent. par litre.
Prix de l'eau : 0 cent.   gain 40 cent. par litre.

Pour 40 litres de vin, on doit donc prendre : 10 litres d'eau.

Pour 1 litre — on prendra $\dfrac{10^1}{40}$ d'eau.

Pour 180 litres — — $\dfrac{10 \times 180^1}{40} = 45^1$ d'eau.

515. — *On mélange 6 pièces de vin de Bourgogne de 228 litres chacune et coûtant 80 francs avec 750 litres de vin de l'Hérault à 0 fr. 27 le litre, puis on soutire ce mélange dans 10 fûts de 230 litres qu'on achève de remplir avec de l'eau. A combien revient le prix du mélange? et combien a-t-on ajouté de litres d'eau ?*

Prix :
$\begin{cases} \text{Vin de Bourgogne } 80 \text{ fr.} \times 6 = 480^f \\ \text{Vin de l'Hérault } 0 \text{ fr. } 27 \times 750 = 202^f 50 \end{cases}$

Total : $682^f 50$

10 fûts à 230 litres $= 2300$ lit.

Capacité : $\begin{cases} \text{Vin de Bourgogne, 6 pièces à } 228^1 = 1368^1 \\ \text{Vin de l'Hérault, } \qquad\qquad = 750^1 \end{cases}$ $\Big\}$ 2118 lit.

eau : 182 lit.

2300 litres du mélange valent.. $682^f 50$

1 litre — vaudra . $\dfrac{682,50}{2300} = 0^f 296$ ou $0^f 30$

Rép. : 0 fr. 30 et 182 litres d'eau.

ALLIAGES

516. — On appelle **alliages** les corps que l'on obtient en fondant ensemble deux ou plusieurs métaux.

Ordinairement, l'un des métaux est précieux, comme l'or ou l'argent, on l'appelle le métal *fin*; les autres sont communs, comme le cuivre et l'étain.

517. — Le *titre* d'un alliage est le nombre qu'on obtient en divisant le poids du métal fin par le poids total de l'alliage. Ainsi le poids d'argent contenu dans une pièce de 5 francs est de 22 gr. 5 et le poids total de la pièce est de 25 gr. Le titre est égal à $\frac{22,5}{25} = 0,900$, ce qui veut dire que cet alliage contient en argent les 0,900 de son poids. Le titre s'exprime toujours en millièmes.

518. — Les principaux alliages, après ceux des monnaies, que nous connaissons déjà (p. 181), sont les suivants :

1° — Le *Laiton* ou *cuivre jaune,* alliage de *cuivre* et de *zinc.*

Laiton des fils et des épingles.
$\left\{\begin{array}{l}\text{Cuivre} \quad 64 \quad \text{pour } 100. \\ \text{Zinc} \quad\;\; 36 \qquad\quad —\end{array}\right.$

2° — Le *Maillechort,* employé dans la fabrication des couverts, des chandeliers, etc.

Cuivre............	55	pour 100.
Nickel............	23	—
Zinc	17	—
Fer	3	—
Etain.............	2	—

3° — Le *Bronze* ou *airain,* alliage de cuivre et d'étain.

Bronze des canons.........
$\left\{\begin{array}{l}\text{Cuivre} \quad 90 \quad \text{pour } 100. \\ \text{Étain} \quad\;\; 10 \qquad\quad —\end{array}\right.$

Bronze des cloches.........
$\left\{\begin{array}{l}\text{Cuivre} \quad 78 \quad \text{pour } 100. \\ \text{Étain} \quad\;\; 22 \qquad\quad —\end{array}\right.$

4° — Chandeliers et cuillers d'étain.
$\left\{\begin{array}{l}\text{Plomb} \quad 1 \;\text{partie.} \\ \text{Étain} \quad\; 4 \;\text{parties.}\end{array}\right.$

5° — Soudure des ferblantiers....
$\left\{\begin{array}{l}\text{Plomb} \quad 1 \;\text{partie.} \\ \text{Étain} \quad\;\; 1 \qquad —\end{array}\right.$

6° — Tain des glaces...........
$\left\{\begin{array}{l}\text{Mercure} \quad 4 \;\text{parties.} \\ \text{Étain} \quad\quad\; 1 \;\text{partie.}\end{array}\right.$

7° — Cuivre étamé. — Le cuivre est plongé dans l'étain fondu.

8° — Ruolz.   — Le cuivre est recouvert d'argent.

9° — Fer-blanc.   — Le fer est plongé dans l'étain fondu.

10° — Fer galvanisé. — Le fer est recouvert d'une couche de zinc par les procédés galvaniques.

11° — Alliages d'argent et de cuivre.

Médailles d'argent.........	titre	0,950.
Vaisselle plate et argenterie.	—	0,950.
Bijoux d'argent...........	—	0,800.

12° — Alliages d'or et de cuivre.

Médailles d'or............ titre 0,916.
Bijoux en or .... 1er titre 0,920.
— .... 2me titre 0,840.
— .... 3me titre 0,750.

519. — Les règles d'alliages sont les mêmes que les règles de mélange.

On a fait un alliage de 3 lingots pesant respectivement 80 gr., 45 gr., et 142 gr., et dont les titres sont respectivement 0,850, 0,630 et 0,720. Déterminer le titre de cet alliage.

1^{gr} du 1er lingot contient 0^{gr},850 de métal fin.
80^{gr} de ce lingot contiendront 0^{gr},850 × 80 = 68^{gr}

1^{gr} du 2e lingot contient 0^{gr},630 de métal fin.
45^{gr} de ce lingot contiendront 0^{gr},630 × 45 = 28^{gr},350

1^{gr} du 3e lingot contient 0^{gr},720 de métal fin.
142^{gr} de ce lingot contiendront 0^{gr},720 × 142 = 102^{gr},240

80^{gr}	Poids total du métal fin..........	198^{gr},590
45^{gr}	Poids total des trois lingots........	267^{gr}.
142^{gr}	Titre de l'alliage : $\frac{198,59}{267} = 0,744$ par excès.	
267^{gr}		

520. — *On a deux lingots d'or, le 1er au titre de 0,965 et l'autre au titre de 0,890. On demande : 1° dans quel rapport il faut les mélanger pour que le nouvel alliage soit au titre de 0,920 ; 2° combien on doit prendre de chacun pour qu'à ce titre le lingot pèse 120 grammes.*

1^{gr} du 1er lingot contient............ 0^{gr},965
1^{gr} de l'alliage doit contenir......... 0^{gr},920
donc, pour chaque gramme du 1er lingot, l'*excès* du
poids de l'or sera de........................ 0^{gr},045

1^{gr} de l'alliage doit contenir........ 0^{gr},920
1^{gr} du 2e lingot contient .... 0^{gr},890
donc, pour chaque gramme du 2e lingot, le *défaut** de
poids de l'or sera de........................ 0^{gr},030

Il y aura donc compensation, si on prend 30^{gr} du 1er lingot et 45 du 2e ; car les 30^{gr} donneront en plus 0^{gr},045 × 30 = 13^{gr},5 d'or.
et les 45^{gr} donneront en moins 0^{gr},030 × 45 = 13^{gr},5 d'or.
Pour 75^{gr} d'all., il faut donc prendre 30^{gr} du 1er ling. et 45^{gr} du 2e.

— 1^{gr} — — $\frac{30}{75}$ — et $\frac{45}{75}$ —

— 120^{gr} — — $\frac{30 \times 120}{75} = 48^{gr}$ et $\frac{45 \times 120}{75} = 72^{gr}$.

521. — Contrôle. Afin de garantir le public contre la fraude, la loi a déterminé le *titre* des objets d'or et d'argent (nº 518, 11º et 12º), tels que bagues, boucles d'oreilles, montres, chaînes, timbales, argenterie, etc. En outre, l'État appose sur tous ces objets un poinçon appelé *contrôle*. Ce poinçon a pour but de certifier que l'objet vendu est réellement en or ou en argent, et au titre fixé par la loi.

Des peines sévères (emprisonnement de trois mois à un an, et amende qui ne peut être inférieure à 50 fr.) atteignent ceux qui ne craindraient pas de vendre, comme étant en or ou en argent, des objets qui seraient fabriqués avec d'autres métaux; un marché conclu dans de telles conditions serait déclaré nul.

PROBLÈMES (page 276.)

1. Quelle somme peut-on obtenir avec un lingot d'argent pur, pesant 3 kilog. 05415, après qu'on y a ajouté l'alliage voulu par la loi? On sait que le poids du cuivre est la neuvième partie de celui de l'argent pur. — R. 678 fr. 70.

2. Dans un hôtel des monnaies, il y a un lingot d'argent pur, pesant 13 kilogrammes et demi. Quelle somme produira-t-il en argent monnayé, après qu'on l'aura mis au titre légal de neuf dixièmes de fin, c'est-à-dire après qu'on y aura ajouté l'alliage voulu par la loi? — R. 3 000 fr.

3. Quelle somme peut-on obtenir avec un lingot d'or pur pesant 979 grammes 8975, après qu'on l'a ramené au titre légal de neuf dixièmes de fin? — R. 3 375 fr.

4. Un bûcheron devait recevoir pour son salaire 750 fagots, estimés 80 fr le mille; mais il voudrait des fagots à 15 fr. le cent. Combien doit-il en avoir de ce dernier prix? — R. 400.

5. On a payé une certaine somme à 3 ouvriers qui ont travaillé, savoir : le premier 5 heures, le second 6 heures, et le troisième 9 heures. Le premier a reçu pour sa part 2 fr. 50 : on demande quelle a dû être la part des deux autres, en proportion du temps qu'ils ont travaillé. — R. Le 2ᵉ, 3 fr. — le 3ᵉ, 4 fr. 50.

6. Deux pères de famille ont acheté ensemble une pièce de toile de 95 mètres, pour la somme totale de 133 francs : quelle quantité chacun d'eux doit-il avoir en se la partageant, le premier ayant payé 51 fr. 20, et le second devant donner le reste de la somme? — R. Le 1ᵉʳ 58ᵐ, — le 2ᵉ 37ᵐ.

7. Une personne qui a fait un voyage de 5 jours a dépensé : le 1ᵉʳ jour, 15 fr. 60; le 2ᵉ jour, 18 fr. 50; le 3ᵉ jour, 24 fr. 30; le 4ᵉ jour, 12 fr. 10; le 5ᵉ jour, 31 fr. 15. On demande : 1º la dépense totale du voyage; 2º la moyenne des dépenses par jour; 3º ce qui est resté à cette personne si elle a emporté 300 francs? — R. 1º 101 fr. 65.; — 2º 20 fr. 33.; — 3º 198 fr. 35.

8. Pour faire de la confiture de coings, on met dans un chaudron des coings épluchés, du sucre et de l'eau dont les poids sont entre eux comme les nombres 5, 4 et 3, puis on fait bouillir jusqu'à ce qu'il se soit évaporé un poids d'eau égal à 1/6 du poids total. Dire combien vaut le kilog. de cette confiture, sachant que les coings reviennent, tout épluchés, à 0 fr. 75 le kilog., que le sucre coûte 1 fr. 60 le kilog., et qu'il faut dépenser 0 fr. 40 de charbon pour évaporer 1 litre d'eau. — R. 1 fr. 10.

9. Partager un ruban de 58^m,60 de longueur en trois parties proportionnelles aux nombres 4, 7/8 et 5/14. — R. 44^m,8, — 9^m,8, — 4^m.

10. Un industriel lègue à trois employés deux sommes : l'une de 3 000 fr. et l'autre de 2 000 fr. Il veut que chacun d'eux reçoive de la première somme une part directement proportionnelle à la durée de ses services, et de la deuxième somme une part inversement proportionnelle à son âge.

Calculer la part totale de chaque employé, sachant que le premier a 15 ans de service et est âgé de 56 ans; que le deuxième a 20 ans de service et 60 ans d'âge, et que le troisième a 25 ans de service et 70 ans d'âge ? — R. 1 502 fr. 70; — 1 645 fr. 15; — 1 852 fr. 15.

11. Dans une famille, on a fait par mois les dépenses suivantes :

Janvier	460 fr. 50	Mai	275 fr. 50	Septembre	358 fr. 25
Février	375　10	Juin	436　40	Octobre	302　15
Mars	296　25	Juillet	310　05	Novembre	247　50
Avril	318　30	Août	227　10	Décembre	317　20

On demande : 1° combien cette famille dépense en moyenne par mois, par semaine et par jour (on sait qu'il y a dans une année 52 semaines ou 365 jours). — R. 327 fr. par mois, 75 fr. 46 par semaine et 10 fr. 75 par jour.

2° Combien cette famille a mis de côté si ses ressources s'élèvent à 4 800 francs par an. — R. 875 fr. 70.

PROBLÈMES DONNÉS DANS LES EXAMENS ET DANS LES CONCOURS (page 277).

1. Un architecte ne doit pas dépasser une dépense totale de 12 660 francs; le devis établi par lui s'élève à 11 285 fr. 50. Quelle somme doit-il porter comme travaux imprévus, sachant qu'il est autorisé à prélever pour honoraires 5 et demi p. 0/0 de tous les travaux? On devra faire la preuve de l'opération. — R. 714 fr. 50.

(Brevet simple. — Sarthe.)

Solution raisonnée. — La somme de 12 660 fr. doit être égale au montant total du devis augmenté des 5,5 p. 0/0 de ce total. Or 100 fr. augmentés de 5,5 p. 0/0 deviennent 105 fr. 50. La question revient donc à trouver quelle somme deviendrait 12 660 fr. dans les mêmes conditions.

$$100 \text{ fr.} \ldots \ldots \ldots 105 \text{ fr. } 50.$$
$$x \ldots \ldots \ldots 12\,660$$

$$\text{On a : } x = 100 \text{ fr.} \times \frac{12\,660}{105,50} = 12\,000 \text{ fr.}$$

Le montant total du devis étant de 12 000 fr., les honoraires seront de 12 000 fr. $\times \dfrac{5,5}{100} = 120 \times 5,5 = 660$ fr. Par conséquent, les travaux imprévus devront être portés pour une somme égale à 12 660 fr. — 11 285 fr. 50 — 660 fr. = 714 fr. 50.

2. Un capital de 5 640 francs a rapporté, du 3 juillet 1871 au 3 mars 1873, un intérêt de 564 francs. Trouver à quel taux il était placé. — R. 6 p. 0/0.

(Brevet simple. — Académie d'Alger.)

Solution raisonnée. — 5 640 fr. ont rapporté 564 fr. en 20 mois; quelle somme rapporteraient 100 fr. en 12 mois?

$$5\,640 \text{ fr.} \ldots 20 \text{ mois.} \ldots 564 \text{ fr.}$$
$$100 \text{ fr.} \ldots 12 \text{ mois.} \ldots x.$$

$$\text{On a : } x = 564\,\text{fr.} \times \frac{100}{5\,640} \times \frac{12}{20} = \frac{120}{20} = 6.$$

3. Pour faire une robe, on achète 8^m,50 d'une étoffe qui a 0^m,60 de arge ; on désire doubler entièrement cette robe avec une étoffe de 0^m,80 de large ; la première étoffe coûte 6 fr. 25 le mètre ; la seconde 0 fr. 90. On demande : 1° combien il faut acheter de mètres de doublure ? 2° quel est le prix net des deux étoffes, si l'on obtient, en payant comptant, un escompte de 2 fr. 50 p. 0/0 ? — R. 1° 6^m,375. — 2° 57 fr. 38.

(Certificat d'études primaires. — Vosges.)

Solution raisonnée. — 1° Les deux étoffes devant avoir la même surface, leurs longueurs seront en raison inverse de leurs largeurs. On dispose les données de la manière suivante :

$$8^m,50. \ldots \ 0^m,60.$$
$$x \ldots \ 0^m,80.$$

$$\text{On a : } x = 8^m,50 \times \frac{0,60}{0,80} = 8^m,50 \times \frac{3}{4} = 6^m,375.$$

2° La première étoffe coûte 6 fr. 25 $\times$ 8,50 = 53 fr. 12, et la deuxième 0 fr. 90 $\times$ 6,375 = 5 fr. 73. Donc les deux étoffes coûteront 53 fr. 12 + 5 fr. 73 = 58 fr. 85, dont l'escompte à 2,5 p. 0/0 est $58,85 \times \dfrac{2,5}{100} = 1$ fr. 47. Donc le prix net des deux étoffes sera 58 fr. 85 — 1 fr. 47 = 57 fr. 38.

4. Quel est le poids de l'argent pur contenu dans 80 pièces de 1 franc, au titre de 0,835 ? — R. 334 grammes.

(Certificat d'études primaires. — Ardennes.)

5. Un marchand a acheté 29 pièces de drap de 48 mètres chacune, à raison de 19 fr. 75 le mètre ; il a vendu le tout avec un bénéfice de 7 et demi p. 0/0. On demande le prix d'achat, le prix de vente et le bénéfice du marchand. — R. 1° 27 492 fr. — 2° 29 553 fr. 90. — 3° 2 061 fr. 90.

(Brevet supérieur. — Allier.)

6. Une personne qui a placé 1 260 fr. pendant 7 mois retire 1 294 fr. 65 (capital et intérêts) : on demande à quel taux elle avait placé son argent. — R. à 4,71 p. 0/0.

Solution raisonnée. — L'intérêt de 1 260 fr. pendant 7 mois a été de 1 294 fr. 65 — 1 260 fr. = 34 fr. 65. La question revient à trouver ce que 100 fr. auraient rapporté en 12 mois.

$$1\,260 \text{ fr.} \quad 7 \text{ mois.} \ldots \ 34 \text{ fr. } 65.$$
$$100 \text{ fr.} \quad 12 \text{ mois.} \ldots \ x$$

$$\text{On a : } x = 34\,\text{fr. } 65 \times \frac{100}{1\,260} \times \frac{12}{7} = \frac{3\,465 \text{ fr.}}{105 \times 7} = \frac{693 \text{ fr.}}{21 \times 7} = \frac{99 \text{ fr.}}{21} = 4\,\text{fr. } 71 ;$$

7. Le 4 janvier, un fabricant vend à une de ses clientes 3 machines à coudre, à 285 francs pièce, valeur à recouvrer au 1er juillet de la même année ; mais la cliente, se décidant à s'acquitter sur-le-champ, remet au fabricant un billet à escompter, de 450 francs, dont l'échéance est au 1er octobre, et paie le reste en espèces : sachant que le fabricant fait bénéficier l'acquéreur de l'escompte de tout paiement en espèces, calculé depuis le jour de l'achat jusqu'au jour assigné pour le recouvrement, on demande quel sera le montant de ce paiement. L'escompte est à 6 p. 0/0. — R. 399 fr. 68.

(Brevet simple. — Yonne.)

Solution raisonnée. — Le prix des trois machines est de 285 fr. $\times$ 3 = 855 fr. ; cette somme est payable le 1er juillet ; si la cliente donne un billet de 450 fr.

payable le 1er octobre, c'est-à-dire trois mois après le 1er juillet, elle doit aussi les intérêts de ces 450 fr. pendant 90 jours, soit : $\dfrac{450\ \text{fr.} \times 6 \times 90}{36\,000}$

$= \dfrac{450\ \text{fr.} \times 90}{6\,000} = \dfrac{45\ \text{fr.} \times 9}{60} = \dfrac{81\ \text{fr.}}{12} = \dfrac{27\ \text{fr.}}{4} = 6$ fr. 75. La cliente devrait donc verser en espèces 855 fr. $+$ 6 fr. 75 $-$ 450 fr. $=$ 861 fr. 75 $-$ 450 fr. $=$ 411 fr. 75. Mais le fabricant fait un escompte de 6 p. 0/0 sur tout paiement en espèces, jusqu'au jour assigné pour le recouvrement ; par conséquent, la cliente bénéficiera de l'escompte de 411 fr. 75, du 4 janvier au 1er juillet, c'est-à-dire pendant 176 jours, soit de : $\dfrac{411\ \text{fr.}\,75 \times 6 \times 176}{36\,000} = \dfrac{411\ \text{fr.}\,75 \times 176}{6\,000}$

$= \dfrac{137\ \text{fr.}\,25 \times 88}{1\,000} = 0$ fr. 13725 $\times$ 88 $=$ 12 fr. 07. Donc le montant du paiement en espèces sera de 411 fr. 75 $-$ 12 fr. 07 $=$ 399 fr. 68.

8. Une personne achète pour la somme de 1 950 francs un pré qu'elle loue à raison de 120 francs par an ; les contributions sont de 11 fr. 75 : quel est le revenu net p. 0/0 du capital ? — R. 5,56 p. 0/0.

Solution raisonnée. — L'acquéreur du pré retire de son argent un intérêt annuel de 120 fr. — 11 fr. 75 $=$ 108 fr. 25. La question revient à trouver à quel taux est placée une somme de 1 950 fr. qui rapporte 108 fr. 25 d'intérêt. On dispose les données de la manière suivante :

$$1\,950\ \text{fr.} \dots \dots \quad 108\ \text{fr.}\,25.$$
$$100\ \text{fr.} \dots \dots \quad x.$$

On a : $x = 108\ \text{fr.}\,25 \times \dfrac{100}{1\,950} = 5$ fr. 56.

9. On a deux sortes de vins : l'hectolitre du premier peut être cédé au prix de 93 fr. 25, payables dans 80 jours ; l'hectolitre du second est évalué à 65 fr. 50, payables dans 30 jours : combien faut-il prendre de chacun d'eux pour composer 105 hectolitres d'un mélange qui puisse être cédé, sans perte ni gain, à 75 fr. 20 l'hectolitre, payables dans 90 jours ? — Taux de l'escompte : 6 p. 0/0 par an. — R. 35 hectolitres du premier et 70 hectolitres du second.
(Brevet complet. — Vienne.)

Solution raisonnée. — L'escompte de 93 fr. 25 pendant 80 jours est de $\dfrac{93\ \text{fr.}\,25 \times 6 \times 80}{36\,000} = \dfrac{93\ \text{fr.}\,25 \times 80}{6\,000} = \dfrac{93\ \text{fr.}\,25}{75} = \dfrac{18\ \text{fr.}\,65}{15} = \dfrac{3\ \text{fr.}\,73}{3} = 1$ fr. 25. Donc la valeur actuelle du premier vin est de 93 fr. 25 — 1 fr. 25 $=$ 92 fr.

L'escompte de 65 fr. 50, pendant 30 jours, est de $\dfrac{65\ \text{fr.}\,50 \times 6 \times 30}{36\,000}$

$= \dfrac{65\ \text{fr.}\,50 \times 30}{6\,000} = \dfrac{65\ \text{fr.}\,50}{200} = 0$ fr. 3275. Donc la valeur actuelle du second vin est de 65 fr. 50 — 0 fr. 3275 $=$ 65 fr. 1725 ou 65 fr. 20.

L'escompte de 75 fr. 20 pendant 90 jours est de $\dfrac{75\ \text{fr.}\,20 \times 6 \times 90}{36\,000} =$
$\dfrac{75\ \text{fr.}\,20 \times 90}{6\,000} = \dfrac{75\ \text{fr.}\,20 \times 3}{200} = 0$ fr. 376 $\times$ 3 $=$ 1 fr. 128. Donc la valeur actuelle du mélange est de 75 fr. 20 — 1 fr. 128 $=$ 74 fr. 072, ou 74 fr. 10.

Pour chaque hectolitre du premier vin entrant dans le mélange, la perte sera de 92 fr. — 74 fr. 10 $=$ 17 fr. 90 ; mais pour chaque hectolitre du second vin le gain sera de 74 fr. 10 — 65 fr. 20 $=$ 8 fr. 90. Donc la perte sera égale au gain si on prend 8 hectol. 90 du premier et 17 hectol. 90 du second ; car 17 fr. 90 $\times$ 8,90 $=$ 8 fr. 90 $\times$ 17,90. Plus généralement, il faudra prendre des quantités des deux vins qui soient dans le rapport $\dfrac{8.90}{17,90} = \dfrac{1}{2}$ environ. Donc on devra prendre deux fois plus du second vin que du premier, c'est-à-dire $\dfrac{105^{\text{Hl}}}{3} = 35$ hectol. du premier et 35 hectol. $\times 2 = 70$ hectol. du second.

10. On a une somme de 9 700 francs formée de pièces de 10 francs en or et de pièces de 5 francs en argent, le nombre des pièces de 10 francs étant à celui des pièces de 5 francs dans le rapport de 27 à 43 ; on fond toutes ces pièces en un seul lingot, auquel on ajoute 271 gr. 63 de cuivre pur : on demande combien 1 000 parties de l'alliage contiennent de parties d'or, d'argent et de cuivre. — R. Or : 66 gr. 7. — Argent : 822 gr. 9. — Cuivre : 110 gr. 4.

(Brevet complet. — Vienne.)

Solution raisonnée. — 27 pièces de 10 fr. valent 270 fr. et 43 pièces de 5 fr. valent 215 fr. Par conséquent, les deux sommes d'or et d'argent contenues dans 9 700 fr. sont proportionnelles à 270 et à 215 ; il faut donc partager 9 700 fr. dans le rapport $\dfrac{270}{215} = \dfrac{54}{43}$. La somme en or sera 9 700 fr. $\times \dfrac{54}{97} = 5\,400$ fr. ; et la somme en argent 9 700 fr. $\times \dfrac{43}{97} = 4\,300$ fr.

La somme d'argent de 4 300 fr. pèse 5 gr. $\times 4300 = 21\,500$ gr. dont $\dfrac{1}{10}$ en cuivre, soit 2 150 gr., et $\dfrac{9}{10}$ en argent, soit 19 350 gr. La somme d'or de 5 400 fr. pèse $\dfrac{5\,\text{gr.} \times 5\,400}{15,5} = \dfrac{54\,000\,\text{gr.}}{31} = 1\,741$ gr. 93, dont $\dfrac{1}{10}$ en cuivre, soit 174 gr. 193, et $\dfrac{9}{10}$ en or, soit 1 567 gr. 737. En somme, en tenant compte des 271 gr. 63 de cuivre ajoutés, le poids du cuivre contenu dans l'alliage sera de 2 150 gr. $+ 174$ gr. 193 $+ 271$ gr. 63 $= 2\,595$ gr. 823. Le poids total de l'alliage étant de 2 595 gr. 823 $+ 19\,350$ gr. $+ 1\,567$ gr. 737 $= 23\,513$ gr. 56, les poids de cuivre, d'argent et d'or contenus dans 1 gr. d'alliage seront : $\dfrac{2\,595,823}{23\,513,56}$, $\dfrac{19\,356}{23\,513,56}$ et $\dfrac{1\,567,737}{23\,513,56}$; donc les poids de ces mêmes métaux contenus dans 1 000 gr. d'alliage seront : $\dfrac{2\,595\,823}{23\,513,56}$, $\dfrac{19\,350\,000}{23\,513,56}$ et $\dfrac{1\,567\,737}{23\,513\,56}$, ou 110 gr. 4, — 822 gr. 9, — 66 gr. 7.

11. Combien faut-il ajouter d'or pur à 136 grammes d'un alliage d'or et de cuivre dont le titre est de 0,845, pour porter l'alliage au titre légal de 0,900 ? — R. 74 gr. 80.

(Brevet complet. — Aube.)

Solution raisonnée. — La quantité de cuivre contenue dans 1 gr. de l'alliage est 1 gr. — 0 gr. 845 $= 0$ gr. 155 ; dans 136 gr. de l'alliage, la quantité de cuivre sera 0 gr. 155 $\times 136 = 21$ gr. 08. Lorsque l'alliage sera au titre de 0,900, ces 21 gr. 08 de cuivre ne seront que le dixième du poids total ; donc le poids total sera 210 gr. 8. Le poids d'or à ajouter sera donc de 210 gr. 8 — 136 gr. $= 74$ gr. 80.

Vérification. — En effet, le poids de l'or sera 136 gr. $\times 0,845 + 74$ gr. 80 $= 114$ gr. 92 $+ 74$ gr. 80 $= 189$ gr. 72, et le poids total de l'alliage 136 gr. $+ 74$ gr. 80 $= 210$ gr. 80 ; et le titre de l'alliage étant le rapport du poids de l'or au poids total sera : $\dfrac{189,72}{210,80} = 0,900$.

12. Est-il plus avantageux de placer 2500 francs de manière à avoir 150 francs d'intérêt annuel, ou de les placer de manière à avoir 83 fr. 50 d'intérêt en sept mois? — R. Le premier placement est le plus avantageux.

(Certificat d'études primaires. — Ardennes.)

Solution raisonnée. — Dans le premier placement, l'intérêt d'un mois est

$\dfrac{150\,fr.}{12} = 12\,fr.\,50$; dans le second placement, l'intérêt d'un mois est

$\dfrac{83\,fr.\,50}{7} = 11$ fr. 93. Donc le premier placement est le plus avantageux. Si on veut avoir le taux annuel pour 100 fr., on multipliera ces deux nombres par 12, et on les divisera par 25. Dans le premier cas, le taux est

$\dfrac{150 \times 12}{12 \times 25} = 6\ 0/0$. Dans le second cas, le taux est $\dfrac{83,50 \times 12}{7 \times 25} = 5{,}72$ p. $^0/_0$.

13. Une personne doit un billet de 2000 francs, payable dans un mois, et un autre de 1500 fr., payable dans 2 mois et demi; elle veut les remplacer par un seul billet payable dans 2 mois : quelle doit être la valeur de ce billet, l'intérêt étant à 6 p. 0/0? — R. 3506 francs.

(Brevet supérieur. — Saône-et-Loire.)

Solution raisonnée. — L'intérêt de 2000 fr. à 6 p. 0/0 pendant un mois est

$\dfrac{2\,000\,fr. \times 6 \times 1}{1\,200} = 10\,fr.$ Donc le premier billet ne vaut actuellement que

2000 fr. — 10 fr. = 1990 fr. De même, l'intérêt de 1500 fr. à 6 p. 0/0 pendant

2 mois et demi ou 75 jours est $\dfrac{1\,500\,fr. \times 6 \times 75}{36\,000} = 18$ fr. 75; donc le second

billet ne vaut actuellement que 1500 fr. — 18 fr. 75 = 1481 fr. 25. Donc le débiteur pourrait s'acquitter avec 1990 fr. + 1481 fr. 25 = 3471 fr. 25. Il faut donc que le nouveau billet porte cette somme augmentée de ses intérêts pendant

2 mois, qui est de $\dfrac{3\,471\,fr.\,25 \times 6 \times 2}{1\,200} = 34$ fr. 71. Donc la valeur du billet à

souscrire est de 3471 fr. 25 + 34 fr. 71 = 3505 fr. 96, ou 3506 francs.

14. On a acheté une pièce de toile de 80 mètres, à 1 fr. 25 le mètre; on en a revendu la moitié à 1 fr. 75 le mètre, le quart à 1 fr. 80 et le reste à 1 fr. 90 : combien a-t-on gagné sur le tout et combien p. 0/0 du prix d'achat? — R. 44 p. 0/0.

(Certificat d'études primaires. — Ardennes.)

Solution raisonnée. — Le prix d'achat de la pièce est de 1 fr. 25 × 80 = 100 fr. La moitié de la pièce, ou 40 mètres, ont été vendus 1 fr. 75 × 40 = 70 fr. Le quart de la pièce, ou 20 mètres, ont été vendus 1 fr. 80 × 20 = 36 fr. L'autre quart de la pièce, ou encore 20 mètres, ont été vendus 1 fr. 90 × 20 = 38 fr. Le total de toutes ces ventes est de 144 fr.; donc le gain est de 144 fr. — 100 fr. = 44 fr., ou 44 p. 0/0.

15. Une personne verse d'année en année, chez un banquier, une somme de 1000 fr. à quatre reprises différentes; au milieu de la cinquième année, elle retire 850 francs et demande qu'on lui donne ce qui lui est dû à l'expiration de la cinquième année.

En supposant l'intérêt à 5 p. 0/0 et capitalisé à la fin de chaque année, que recevra cette personne? — R. 3883 fr. 50.

(Brevet simple. — Nord.)

Solution raisonnée. — Au bout de la première année, le premier versement a produit 50 fr.; donc il est devenu 1050 fr.; le deuxième versement de 1000 fr. s'ajoutant à cette somme la porte à 2050 fr., qui à la fin de la deuxième année ont rapporté $\dfrac{2\,050\,\text{fr.}\times 5}{100} = 102\,\text{fr.}\,50$. Le capital est donc actuellement de $2\,050\,\text{fr.} + 102\,\text{fr.}\,50 = 2\,152\,\text{fr.}\,50$. Le troisième versement de $1\,000$ fr. s'ajoutant à cette somme, la porte à $3\,152$ fr. 50, qui à la fin de la troisième année ont rapporté $\dfrac{3\,152\,\text{fr.}\,50\times 5}{100} = 157\,\text{fr.}\,625$. Le capital est donc actuellement de $3\,152\,\text{fr.}\,50 + 157\,\text{fr.}\,625 = 3\,310\,\text{fr.}\,125$. Le quatrième versement de $1\,000$ fr. s'ajoutant à cette somme la porte à $4\,310$ fr. 125, qui à la fin de la quatrième année ont rapporté $\dfrac{4\,310\,\text{fr.}\,125\times 5}{100} = 215\,\text{fr.}\,50$; le capital est donc actuellement de $4\,310\,\text{fr.}\,125 + 215\,\text{fr.}\,50 = 4\,525\,\text{fr.}\,625$. Cette somme, jusqu'au milieu de la cinquième année, a rapporté $\dfrac{4\,525\,\text{fr.}\,625\times 5\times 1}{100\times 2} = 113\,\text{fr.}\,14$, ce qui porte le capital à $4\,525\,\text{fr.}\,625 + 113\,\text{fr.}\,14 = 4\,638\,\text{fr.}\,765$. Or le possesseur prend à ce moment 850 fr.; son capital se réduit à $4\,638\,\text{fr.}\,75 - 850\,\text{fr.} = 3\,788\,\text{fr.}\,75$. Mais il reste encore placé pendant une demi-année; donc il rapporte $\dfrac{3\,788\,\text{fr.}\,75\times 5\times 1}{100\times 2} = 94\,\text{fr.}\,75$. Donc enfin, à l'expiration de la cinquième année, il est dû à cette personne $3\,788\,\text{fr.}\,75 + 94\,\text{fr.}\,75 = 3\,883\,\text{fr.}\,50$.

16. L'argent pur valant 222 francs le kilog. et le cuivre 370 francs le quintal, que gagne-t-on dans la fabrication de 90 000 pièces de 1 franc? — R. 6 308 fr. 80.   (Brevet simple. — Algérie.)

Solution raisonnée. — 90 000 pièces de 1 franc pèsent 5 gr. $\times$ 90 000 = 450 kilog. Le titre des nouvelles pièces de 1 franc étant de 0,835, le poids de l'argent pur contenu dans ces 90 000 pièces sera 450 kilog. $\times$ 0,835 = 375 kilog. 750, et le poids du cuivre sera de 450 kilog. — 375 kilog. 750 = 74 kilog. 250. La valeur de l'argent employé sera donc de 222 fr. $\times$ 375,75 = 83 416 fr. 50, et la valeur du cuivre de 3 fr. 70 $\times$ 74,25 = 274 fr. 725. La dépense totale sera 83 416 fr. 50 + 274 fr. 725 = 83 691 fr. 225. Donc le bénéfice sera 90 000 fr. — 83 691 fr. 225 = 8 308 fr. 775.

17. Quel serait le poids d'argent pur contenu dans une somme de 3 fr. 70 en monnaie d'argent? — R. 5 gr. $\times$ 3,70 $\times$ 0,835 = 15 gr. 45.
                                   (Brevet complet. — Vienne.)

18. On a versé à la poste une somme de 90 francs; les frais sont de 0 fr. 25 de timbre, 0 fr. 25 de port de lettre et 2 p. 0/0 de la valeur remise au destinataire : quelle somme devra-t-on inscrire sur les registres de la poste pour être expédiée et remise au destinataire? Faire la preuve. — R. 87 fr. 74.

Solution raisonnée. — Si la somme à envoyer était de 102 fr., la poste ferait un mandat de 100 fr. et garderait 2 fr.; elle prendrait bien ainsi 2 p. 0/0 de la somme à remettre au destinataire. Si la somme à envoyer était de 1 franc, le mandat serait de $\dfrac{100\,\text{fr.}}{102}$, et comme la somme à envoyer est de 90 fr. — 0 fr. 50 pour timbre et port de lettre, soit 89 fr. 50, le mandat sera de $\dfrac{100\,\text{fr.}\times 89,50}{102} = 87\,\text{fr.}\,74$.

Pour faire la preuve, on prend 2 p. 0/0 de 87,74, ce qui donne $\dfrac{87\,\text{fr.}\,74\times 2}{100} = 1\,\text{fr.}\,76$. Cette somme ajoutée aux 0 fr. 50 de frais et à 87 fr. 74 doit donner 90 fr.

En effet, 1 fr. 76 + 0 fr. 50 + 87 fr. 74 = 90 fr.

REMARQUE. — Le droit de poste n'est plus que de 1 p. 0/0.

19. Un marchand a acheté 31 mètres de drap à 18 fr. 75 le mètre ; il en a vendu 14 mètres en gagnant 11 p. 0/0 sur le prix d'achat, et, en vendant le reste, il gagne 29 francs : combien ce marchand a-t-il gagné sur la totalité ? — R. 57 fr. 87 — 9,95 p. 0/0. (Brevet simple. — Algérie.)

Solution raisonnée. — Le prix d'achat des 31 mètres de drap est de 18 fr. 75 × 31 = 581 fr. 25. Le prix de 14 mètres est de 18 fr. 75 × 14 = 262 fr. 50. Le bénéfice sur ces 14 mètres sera de $\frac{262 \text{ fr. } 50 \times 11}{100}$ = 28 fr. 87. Le gain total sera donc de 28 fr. 87 + 29 fr. = 57 fr. 87. Pour trouver le gain pour cent, on peut raisonner ainsi : 581 fr. 25 ont rapporté un bénéfice de 57 fr. 87 ; donc 1 franc aurait rapporté $\frac{57 \text{ fr. } 87}{581,25}$ et 100 fr. auraient rapporté $\frac{57 \text{ fr. } 87 \times 100}{581,25}$ = 9 fr. 95.

20. Un marchand de bestiaux a fourni à un cultivateur 3 vaches et 2 génisses : les vaches valent chacune 280 francs et les génisses valent chacune les $\frac{3}{7}$ du prix d'une vache ; le paiement doit s'effectuer dans 3 ans 5 mois 12 jours : à combien s'élèverait-il en y joignant les intérêts à 4 et demi p. 0/0 ? — R. 1247 fr. 67. (Brevet supérieur. — Isère.)

Solution raisonnée. — Le prix des 3 vaches est de 280 fr. × 3 = 840 fr. Le prix d'une génisse est de 280 fr. × $\frac{3}{7}$ = 120 fr., et le prix de 2 génisses de 240 fr. Total : 840 fr. + 240 fr. = 1080 fr. L'intérêt de 1080 fr. à 4,5 p. 0/0 pendant 3 ans 5 mois 12 jours, ou 1242 jours (l'année étant comptée de 360 jours et le mois de 30 jours), sera de $\frac{1080 \text{ fr. } \times 4,5 \times 1242}{36000}$

= $\frac{12 \text{ fr. } \times 4,5 \times 1242}{400}$ = $\frac{3 \text{ fr. } \times 4,5 \times 1242}{100}$ = 167 fr. 67. Le cultivateur devra donc payer 1080 fr. + 167 fr. 67 = 1247 fr. 67.

21. On a acheté 347 sacs à raison de 15 francs la douzaine : combien a-t-on déboursé ? quel est le prix d'un sac ? combien a-t-on de sacs pour 125 francs ? — R. 1° 433 fr. 75. — 2° 1 fr. 25. — 3° 100 sacs. (Brevet d'aptitude au titre de directrice de salle d'asile. — Tarn.)

22. Quel est le nombre de pièces de 0 fr. 50 que l'on peut fabriquer avec un lingot d'argent pur cubant 166 centimètres cubes, sachant que l'argent pur pèse 10 fois et demi plus que l'eau. — R. 835. (Brevet complet. — Algérie.)

Solution raisonnée. — Un volume d'eau de 166 centimètres cubes pèse 166 gr. ; le même volume d'argent pur pèsera 166 gr. × 10,5 = 1743 gr. Ces 1743 gr. d'argent pur ne sont que les 0,835 du poids total de l'alliage ; donc le poids de l'alliage est de $\frac{1743 \text{ gr.}}{0,835}$ = 2087 gr. 42 ; et on aura autant de pièces de 0 fr. 50 que le poids d'une de ces pièces, ou 2 gr. 5, sera contenu de fois dans 2087 gr. 42, ou $\frac{2087,42}{2,5}$ = 835.

23. On a mélangé du vin à 0 fr. 48 le litre avec du vin à 0 fr. 35 et la bouteille de 85 centilitres revient à 0 fr. 36 : dans quelle proportion le mélange a-t-il été fait ? — Répondre en indiquant le nombre de litres de chaque espèce. — R. 125 litres du premier et 96 litres du second. (Brevet simple. — Yonne.)

Solution raisonnée. — Puisque 85 centilitres du mélange reviennent à 0 fr. 36, 1 centilitre revient à $\dfrac{0\,\text{fr. }36}{85}$, et 1 litre à $\dfrac{36^{\text{f}}}{85}$. D'un autre côté, le litre du premier vin coûte 0 fr. 48 ou $\dfrac{48}{100}$, et le litre du second vin coûte 0 fr. 35 ou $\dfrac{35^{\text{f}}}{100}$. Donc, pour 1 litre du premier vin qui entre dans le mélange, la perte est de $\dfrac{48^{\text{f}}}{100} - \dfrac{36^{\text{f}}}{85} = \dfrac{96^{\text{f}}}{1\,700}$, et pour un litre du second vin le gain est de $\dfrac{36^{\text{f}}}{85} - \dfrac{35^{\text{f}}}{100} = \dfrac{125^{\text{f}}}{1\,700}$. Donc la perte sera égale au gain si on prend 125 litres du premier et 96 litres du second, car $\dfrac{96^{\text{f}}}{1\,700} \times 125 = \dfrac{125^{\text{f}}}{1\,700} \times 96$.

Remarque. — On pourrait aussi faire le calcul au moyen des fractions décimales, mais il est moins exact.

24. Au 25 mai, un négociant voit par ses livres qu'un de ses clients lui a souscrit un effet* de 800 francs, valeur au 15 septembre; un second effet de 680 francs, valeur à 90 jours; un troisième effet de 540 francs, valeur au 18 août. Ce client voudrait remplacer les trois effets par un billet unique, et le négociant accepte : indiquer la date de l'échéance*. — R. Le 31 août.

(Certificat d'études primaires. — Vosges.)

Solution raisonnée. L'intérêt du premier billet, du 25 mai au 15 septembre, c'est-à-dire pendant 110 jours, est $\dfrac{800\,\text{fr.}\times 6 \times 110}{36\,000} = \dfrac{800\,\text{fr.}\times 110}{6\,000}$; l'intérêt du deuxième billet, à 90 jours, est $\dfrac{680\,\text{fr.} \times 6 \times 90}{36\,000} = \dfrac{680\,\text{fr.} \times 90}{6\,000}$; l'intérêt du troisième billet, du 25 mai au 18 août, c'est-à-dire pendant 83 jours, est $\dfrac{540\,\text{fr.} \times 6 \times 83}{36\,000} = \dfrac{540\,\text{fr.} \times 83}{6\,000}$. La somme de tous ces intérêts est donc $\dfrac{800\,\text{fr.} \times 110 + 680\,\text{fr.} \times 90 + 540\,\text{fr.} \times 83}{6\,000} = \dfrac{194\,020\,\text{fr.}}{6\,000}$. D'un autre côté, le total des trois billets est 800 fr. + 680 fr. + 540 fr. = 2 020 fr. dont l'intérêt pendant 1 jour est $\dfrac{2\,020\,\text{fr.} \times 6 \times 1}{36\,000} = \dfrac{2\,020\,\text{fr.}}{6\,000}$. Donc le temps de l'échéance devra comprendre autant de jours que $\dfrac{2\,020}{6\,000}$ est contenu de fois dans $\dfrac{194\,020}{6\,000}$, ou autant de fois que 2 020 est contenu dans 194 020, soit $\dfrac{194\,020}{2\,020} = \dfrac{19\,402}{202} = 96$ jours. La date de l'échéance sera 96 jours après le 25 mai, c'est-à-dire le 31 août, ou fin août.

25. La fortune d'une personne est partagée en deux parties égales : la première partie, placée à 5 p. 0/0, rapporte annuellement 60 fr. de plus que la seconde moitié placée à 4 fr. 50 p. 0/0 : quelle est la fortune de cette personne? — R. 24 000 fr.

(Brevet simple. — Allier.)

Solution raisonnée. La différence entre les deux taux est 5 fr. — 4 fr. 50 = 0 fr. 50. La somme de 60 fr. provient donc de l'intérêt de la moitié de la fortune à 0 fr. 50 p. 0/0. Puisque 0 fr. 50 est l'intérêt de 100 fr., 1 fr. sera l'intérêt de 200 fr. et 60 fr. sera l'intérêt de 200 fr. $\times$ 60 = 12 000 fr. La fortune entière sera 12 000 fr. $\times$ 2 = 24 000 fr. En effet, l'intérêt de 12 000 fr. à

5 p. 0/0 est $\dfrac{12\,000\ \text{fr.}\ \times 5}{100} = 120$ fr. $\times\ 5 = 600$ fr., et l'intérêt de 12 000 fr. a

4,5 p. 0/0 est $\dfrac{12\,000\ \text{fr.}\ \times 4,5}{100} = 120$ f. $\times\ 4,5 = 540$ fr.; or la différence 600 —

540 = 60.

26. Trois voisins ont logé des troupes, savoir : le premier, 6 hommes et 4 chevaux pendant 15 jours ; le deuxième, 8 hommes et 3 chevaux pendant 12 jours ; le troisième, 10 hommes seulement pendant 9 jours. Il leur est accordé une indemnité totale de 180 francs : faire la répartition, sachant que 2 chevaux doivent entrer en compte pour un homme seulement. — R. 66 fr. 66. — 63 fr. 33. — 50 fr.   (Certificat d'études primaires. — Vosges.)

Solution raisonnée. L'indemnité du premier doit être calculée sur 6 hommes et 4 chevaux pendant 15 jours, ou sur 8 hommes pendant 15 jours, ou sur $8 \times 15 = 120$ hommes pendant un jour. L'indemnité du deuxième sera calculée sur 9 hommes 1/2 pendant 12 jours, ou sur 9 h $\dfrac{1}{2} \times 12 = 114$ hommes pendant un jour. L'indemnité du troisième sera calculée sur 90 hommes pendant un jour. Donc il faut partager 180 fr. proportionnellement aux nombres 120, 114 et 90. Si la somme à partager était 120 fr. $+$ 114 fr. $+$ 90 fr. $= 324$ fr., les trois parts seraient précisément 120 fr., 114 fr. et 90 fr. Si la somme à partager n'était que de 1 fr., les trois parts seraient $\dfrac{120\ \text{fr.}}{324}$, $\dfrac{114\ \text{fr.}}{324}$, $\dfrac{90\ \text{fr.}}{324}$; mais la somme à partager est 180 fr. ; donc les parts seront $\dfrac{120\ \text{fr.}\ \times 180}{324} = 66$ fr. 66,

$\dfrac{114\ \text{fr.}\ \times 180}{324} = 63$ fr. 33, $\dfrac{90\ \text{fr.}\ \times 180}{324} = 50$ fr. Vérification : 66 fr. 66 $+$ 63 fr. 33 $+$ 50 fr. $= 179$ fr. 99.

27. A quel taux a été placée une somme de 800 fr. qui a rapporté 114 fr. d'intérêts simples en trois ans ? — R. 4f,75 p. 0/0.
   (Certificat d'études primaires. — Ardennes.)

Solution raisonnée. Puisque 800 fr. ont rapporté 114 fr. en 3 ans, en un an ils auraient rapporté 3 fois moins, ou $\dfrac{114\ \text{fr.}}{3}$, et 100 fr. auraient rapporté 8 fois moins ou $\dfrac{114\ \text{fr.}}{3 \times 8} = \dfrac{114}{24} = \dfrac{57}{12} = \dfrac{19}{4} = 4$ fr. 75.

28. Une jeune fille a fait en 15 jours une tapisserie de 2ᵐ,25 de longueur et de 0ᵐ,50 de largeur : elle a reçu pour ce travail 32 fr. 60 : que devra-t-elle recevoir pour une tapisserie de 1ᵐ,50 de longueur sur 0ᵐ,80 de largeur, en supposant ce dernier ouvrage de la même qualité que le premier ? — R. 34 fr. 77.   (Certificat d'études primaires. — Vosges.)

Solution raisonnée. La surface de la première tapisserie est de 2mq,25 $\times$ 0,50 et la surface de la deuxième est de 1mq,50 $\times$ 0,80. La question revient à celle-ci : Une tapisserie dont la surface est de 2mq,25 $\times$ 0,50 a coûté 32 fr. 60 ; combien coûtera une autre tapisserie dont la surface est 1mq,50 $\times$ 0,80 ?

$$2\text{mq},25 \times 0,50 \dots\dots\ 32\ \text{fr. } 60$$
$$1\text{mq},50 \times 0,80 \dots\dots\ x$$

On a : $x = 32$ fr. 60 $\times \dfrac{1,50 \times 0,80}{2,25 \times 0,50} = 32,60 \times \dfrac{150 \times 8}{225 \times 5} = \dfrac{32,60 \times 6 \times 8}{9 \times 5} =$

$\dfrac{6,52 \times 2 \times 8}{3} = 34$ fr. 77.

29. Une personne présente à la Banque un billet payable dans 36 jours, et reçoit, déduction faite de l'escompte, une somme de 3 428 fr. 25 ; on demande quelle était la valeur portée sur le billet, le taux d'escompte étant de 6 p. 0/0 par an ? — R. 3 448 fr. 94.   (Brevet complet. — Vienne.)

Solution raisonnée. L'intérêt de 100 fr. à 6 p. 0/0 pendant 36 jours est $\dfrac{6 \text{ fr.} \times 36}{360} = 0$ fr. 60. Donc un billet de 100 fr. payable dans 36 jours ne vaut actuellement que 100 fr. — 0 fr. 60 = 99 fr. 40. La question revient à celle-ci : 100 fr. valent actuellement 99 fr. 40 ; quelle est la somme qui vaut actuellement 3 428 fr. 25 ?

$$100 \text{ fr.} \ldots \ldots \ldots \quad 99 \text{ fr.} 40$$
$$x \quad \ldots \ldots \ldots \quad 3\,428 \quad 25.$$

On a : $\quad x = 100 \text{ fr.} \times \dfrac{3\,428 \text{ fr.} 25}{99,40} = \dfrac{342\,825 \text{ fr.}}{99,4} = 3\,448 \text{ fr.} 94.$

30. Un capital de 4 800 francs rapporte annuellement 240 francs : on demande à quel taux il est placé. — R. A 5 p. 0/0.

     (Certificat d'études primaires. — Ardennes.)

31. Un propriétaire a le cinquième de sa fortune placé en valeurs industrielles, qui lui rapportent en moyenne 5 fr. 65 p. 0/0 ; les $\frac{2}{3}$ du reste consistent en immeubles urbains, dont il retire, tous frais prélevés, 7 fr. 35 p. 0/0 ; le surplus est représenté par des terres, qui ne lui donnent que 2 fr. 70 p. 0/0 de leur valeur ; il jouit d'un revenu annuel de 8 655 francs : trouver la valeur de la fortune. — R. 150 000 fr.   (Brevet simple. — Algérie.)

Solution raisonnée. Le $\frac{1}{5}$ de la fortune donne un revenu annuel égal à cette fortune multipliée par $\frac{1}{5} \times \frac{5,65}{100}$. Restent les $\frac{4}{5}$ dont les $\frac{2}{3}$ sont $\frac{8}{15}$, et qui rapportent un intérêt égal à la fortune multipliée par $\frac{8}{15} \times \frac{7,35}{100}$. Enfin le surplus $\frac{4}{5} \times \frac{1}{3} = \frac{4}{15}$ de la fortune donne un revenu égal à cette fortune multipliée par $\frac{4}{15} \times \frac{2,70}{100}$. Le total de ces trois revenus partiels est égal à la fortune du propriétaire multipliée par la somme des produits $\dfrac{3 \times 5,65}{1\,500} + \dfrac{8 \times 7,35}{1\,500} + \dfrac{4 \times 2,70}{1\,500} = \dfrac{86,55}{1\,500}$. Mais ce revenu est égal aussi à 8 655 fr. On aura donc le montant de la fortune en divisant 8 655 fr. par $\dfrac{86,55}{1\,500}$, soit $\dfrac{8\,655 \text{ fr.} \times 1\,500}{86,55} = 150\,000$ fr.

32. Il reste à un boulanger 12 quintaux $\frac{1}{20}$ de farine qu'il a payée 0 fr. 45 le kilog. ; il veut y mélanger de la farine à 0 fr. 20 le kilog., de manière à en faire un mélange qui revienne à 0 fr. 40 le kilog. : combien devra-t-il mélanger de la deuxième espèce à la première ? — R. 301^{Kg},25.

     (Certificat d'études primaires. — Vosges.)

Solution raisonnée. 12 quintaux $\frac{1}{20}$ valent 1 200^{Kg} + 5^{Kg} = 1 205^{Kg}.

Si on veut vendre le mélange 0 fr. 40 le kilog., pour 1 kilog. de la première farine, on perdra 0 fr. 45 — 0 fr. 40 = 0 fr. 05, et pour 1 kilog. de la deuxième on gagnera 0 fr. 40 — 0 fr. 20 = 0 fr. 20 ; donc, pour qu'il y ait compensation, il faudra prendre 5 kilog. de la deuxième et 20 kilog. de la première, ou 1 kilog. de la deuxième pour 4 kilog. de la première ; donc il faudra mélanger à 1 205 kilog. de la première le quart de 1 205 kilog., ou $\dfrac{1\,205^{kg}}{4} = 301^{kg},25$ de la deuxième.

33. 56 fr. 25 rapportent 3 francs de rente : quelle somme faudra-t-il verser pour avoir 50 francs de rente ? — R. 937 fr. 50.

(Examen des aspirants à l'École normale du Doubs.)

34. Une personne veut toucher tous les trois mois 250 francs de rente. Combien doit-elle placer en 3 p. 0/0 au cours de 59 fr. 60 ? — R. 19 866 fr. 66.

(Certificat d'études primaires. — Ardennes.)

35. La rente 3 p. 0/0 est au cours de 59 fr. 40 et le 5 p. 0/0 est au cours de 93 fr. 75. Quel est le meilleur placement ? Au cours le plus avantageux, quelle somme devrait débourser une personne qui voudrait se faire un revenu annuel de 1 800 fr. ? — R. 1° Le 5 p. 0/0. — 2° 33 750 fr.

(Même examen.)

Solution raisonnée. L'intérêt de 100 fr. au cours de 3 p. 0/0 est $\dfrac{3\text{ fr.} \times 100}{59,40}$

$= 5$ fr. 05. L'intérêt de 100 francs au cours de 5 p. 0/0 est $\dfrac{5\text{ fr.} \times 100}{93,75} = 5$ fr. 33.

Le 5 p. 0/0 est donc le placement le plus avantageux. La question se pose alors ainsi : 93 fr. 75 rapportent 5 fr. de rente ; quelle somme rapporteraient 1 800 fr.?

$$93\text{ fr. }75 \ldots \ldots \ldots \quad 5\text{ fr.}$$
$$x \ldots \ldots \ldots \quad 1\,800$$

on a : $\quad x = 93\text{ fr. }75 \times \dfrac{1\,800}{5} = 18\text{ fr. }75 \times 1\,800 = 33\,750\text{ fr.}$

36. On fond ensemble 1 200 pièces de 5 francs en argent pour faire de la monnaie divisionnaire au titre de 0,835 : combien pourra-t-on faire de pièces de 1 franc avec cette quantité d'argent, et quel poids de cuivre faudra-t-il y ajouter ? — R. 1° 6 467 pièces. — 2° 2 335 gr,329 de cuivre.

(Brevet simple. — Haute-Marne.)

Solution raisonnée. Le poids de 1 200 pièces de 5 fr. est de 25 gr $\times$ 1 200 = 30 000 gr. ; ces pièces étant au titre de 0,900, ou de 0,9, le poids de l'argent pur est de 30 000 gr $\times$ 0,9 = 27 000 gr. ; et le poids du cuivre 30 000 gr $\times$ 0,1 = 3 000 gr. Le nouveau titre devant être de 0,835, les 27 000 gr. d'argent pur ne devront plus être que les 0,835 du poids total ; donc le poids total sera $\dfrac{27\,000^{gr}}{0,835} = 32\,335^{gr},329$. Donc le poids de cuivre à ajouter sera 32 335 gr,329 — 30 000 gr = 2 335 gr,329, et le nombre des pièces de 1 fr. sera le quotient de 32 335 gr,329 par le poids de 1 fr., c'est-à-dire 5 grammes, soit $\dfrac{32\,335,329}{5} = 3\,467$ pièces.

37. Le diamètre d'une pièce de 5 francs est de $0^m,0325$; la hauteur de $0^m,0025$; on a une suite de piles de pièces de 5 francs sur une longueur de $2^m,60$; la hauteur de chacune des piles est $0^m,1$. On demande quelle est la somme d'argent représentée par cette suite de piles, et le poids de l'argent fin qui se trouve dans la même suite de piles. — R. 1° 16 000 fr. — 2° 72 kilog.

(Brevet de capacité. — Somme.)

Solution raisonnée. Le nombre des piles est $\dfrac{2,60}{0,0325} = 80$; le nombre des pièces d'une pile est $\dfrac{0,1}{0,0025} = \dfrac{1000}{25} = 40$. Donc la somme représentée par toutes ces pièces est 5 fr. $\times 40 \times 80 = 16\,000$ fr. Le poids total est $5^{gr} \times 16\,000 = 80\,000^{gr}$, et le poids de l'argent pur est $80\,000^{gr} \times 0,9 = 72\,000^{gr} = 72$ kilog.

PROBLÈMES SUPPLÉMENTAIRES

1. Trois cultivateurs ont à répartir entre eux une dépense de 950 fr. 85 pour les frais d'un canal d'arrosage dont ils ne profitent pas également. Le premier arrose 1 hectare 45 ares, et a droit à 8 jours d'arrosage par mois ; le second arrose 69 ares avec droit à 12 jours d'arrosage par mois ; enfin le troisième a droit à l'arrosage de 92 ares 65 centiares pendant le reste du mois. — Combien chacun devra-t-il payer, à un centime près ?

(Brevet simple. — Aube.)

Solution raisonnée. — Le premier cultivateur arrose 145 ares pendant 8 jours ; c'est comme s'il arrosait pendant 1 jour $145^a \times 8 = 1160$ ares ; le deuxième arrose 69 ares pendant 12 jours, ou $69^a \times 12 = 828$ ares en un jour ; le troisième arrose $92^a,65$ pendant 10 jours, ou $926^a,5$ pendant 1 jour. Il faut donc partager entre eux la dépense de 950 fr. 85 proportionnellement à 1160, à 828 et à 926,5, dont la somme est 2914,5. Les trois parts seront :

$$\frac{950^f,85 \times 1160}{2\,914,5} = 378^f,45 \qquad \frac{950^f,85 \times 828}{2\,914,5} = 270^f,13,$$

et
$$\frac{950^f,85 \times 926,5}{2\,914,5} = 302^f,27.$$

2. Un hectare de terre produit 32500 kilogrammes de betteraves que l'on vend au prix de 14 fr. 50 les 1000 kilogr. On sait que la betterave donne environ 6 °/₀ de son poids de sucre.

1° Quelle étendue de terrain faut-il cultiver pour fournir des betteraves à une fabrique de sucre qui produit annuellement 85000 kilog. de sucre ? — 2° Quelle sera la valeur de la récolte ? — R. 1° $43^{ha},59$; — 2° 20542 francs.

(Brevet de capacité simple. — Loire-Inférieure.)

Solution raisonnée. — 32500 kilogr. de betteraves, à 14 fr. 50 les 1000 kilog., valent $14^f,50 \times 32,5 = 471^f,25$, et donnent $32\,500^{Kg} \times \dfrac{6}{100} = 1950$ kilog. de sucre. Il faudra cultiver autant d'hectares que 1950 kilog. est contenu de fois dans 85000 kilog., ou $\dfrac{85\,000}{1\,950} = \dfrac{1\,700}{39} = 43^{\text{ha}},59$. — La valeur de la récolte sera de 471 fr. 25 × 43,59 = 20 542 francs.

3. Si une vache n'avait d'autre nourriture que du foin, elle en consommerait annuellement 12 fois son propre poids. Un fermier qui a 14 vaches pesant en moyenne 325 kilog. se propose de leur donner en foin pendant 6 mois la moitié de leur nourriture, et d'y employer la récolte faite sur une portion d'un pré naturel de 3e classe dont l'hectare ne donne que 2 500 kilog. de foin. Quel est au moins le nombre d'ares du pré qu'il devra réserver à cet usage? — R. 546 ares.

(Certificat d'études primaires. — Vosges.)

Solution raisonnée. — Le poids des 14 vaches est de $325^{\text{Kg}} \times 14$, et le poids du foin qu'elles mangeraient en 1 an serait de $325^{\text{Kg}} \times 14 \times 12$; le poids du foin qu'elles mangeraient en 6 mois sera de $\dfrac{325^{\text{Kg}} \times 14 \times 12}{2}$, et si elles ne reçoivent que la moitié de leur nourriture en foin, $\dfrac{325^{\text{Kg}} \times 14 \times 12}{4} = 325^{\text{Kg}} \times 42$. Il faudra donc réserver autant d'hectares que 2 500 kilog. sera contenu de fois dans $325^{\text{Kg}} \times 42$, savoir

$$\frac{325^{\text{Kg}} \times 42}{2\,500} = \frac{65 \times 42}{500} = \frac{13 \times 42}{100} = \frac{546}{100} = 5^{\text{Ha}},46 \text{ ares.}$$

4. La suie est un très bon engrais ; on peut l'employer à la dose de 1/2 hectolitre par are, mélangée avec deux ou trois fois autant de terre. Quelle serait la dépense à faire pour fumer un champ de 75 ares 50 centiares, la suie coûtant sur place 4 fr. 50 l'hectolitre, les frais de transport étant de 0 fr. 27 par 100 kilog., et le mètre cube pesant 1 205 kilog. — R. 179 fr. 50.

(Brevet de second ordre. — Doubs.)

Solution raisonnée. — Pour fumer un terrain de $75^{\text{a}},50$, il faudrait $\dfrac{75^{\text{Hl}},5}{2} = 37^{\text{Hl}},75$. Le prix d'achat sur place serait de $4^{\text{f}},50 \times 37,75 = 169^{\text{f}},90$. D'un autre côté, $37^{\text{Hl}},75$ valent $3^{\text{mc}},775$, et un mètre cube pèse 1 205 kilog. Donc ces $37^{\text{Hl}},75$ pèseront $1\,205^{\text{Kg}} \times 3,775 = 3\,548^{\text{Kg}},875$. Or les frais de transport pour 100 kilogr., ou un quintal, étant de $0^{\text{f}},27$, pour $3\,548^{\text{Kg}},875$ ou pour $35^{\text{quint}},5$, les frais de transport seront $0^{\text{f}},27 \times 35,5 = 9^{\text{f}},60$. Donc la dépense à faire pour fumer un champ de $75^{\text{a}},50$ serait de $169^{\text{f}},90 + 9^{\text{f}},60 = 179^{\text{f}},50$.

5. Un négociant achète 175 pièces de vin de 250 litres chacune à raison de 60 fr. la pièce, et paye 18 fr. de droits par hectolitre. Il veut revendre son vin au détail en gagnant 20 pour 100 sur le prix de revient; combien doit-il revendre le litre? — R. $0^{\text{f}},50$.

(Certificat d'études. — Eure.)

Solution raisonnée. — Le prix des 175 pièces de vin est de $60^f \times 175 = 10\,500$ fr. — Chaque pièce contenant $2^{hl},5$, les droits à payer sont de $2,5 \times 175 \times 18^f = 7875$ fr. Total : $18\,375$ fr., dont le 20 p. %, ou le cinquième, est $3\,675$ fr. Le négociant doit donc revendre son vin $18\,375^f + 3\,675^f = 22\,050$ fr. Or les 175 pièces contiennent $250^{lit} \times 175 = 43\,750$ litres; donc le litre doit se vendre $\dfrac{22\,050^f}{43\,750} = 0^f,50$.

6. On veut confectionner une douzaine et demie de chemises; chacune exige $3^m,15$ de calicot, à raison de 0 fr. 95 le mètre. On paie pour chacune 1 fr. 75 de façon et de fournitures. Combien coûteraient les 18 chemises, sachant que le marchand accorde une réduction de 5 % sur le prix de l'étoffe, moyennant payement au comptant? — R. 82 fr. 80.

(Certificat d'études. — Ardennes.)

Solution raisonnée. — Le prix du calicot nécessaire pour une chemise est de $0^f,95 \times 3,15 = 3$ fr. La réduction sur ce prix, étant de 5 %, sera de $\dfrac{3^f \times 5}{100} = 0^f,15$. Le prix de l'étoffe ne sera donc que de 2 fr. 85. Si on y ajoute 1 fr. 75 de façon et de fourniture, la dépense pour une chemise sera de $2^f,85 + 1^f,75 = 4^f,60$; pour 18 chemises, cette dépense sera de $4^f,60 \times 18 = 82^f,80$.

7. Un vase contient un mélange d'eau et de vin. On enlève les $\dfrac{3}{8}$ de ce mélange et l'on remplace le liquide enlevé par un volume égal d'eau pure. Après avoir fait ces mêmes opérations une deuxième et puis une troisième fois, il reste 3 litres 42 $(3^l,42)$ de vin dans le vase. On demande quelle était primitivement la quantité de vin contenue dans le mélange. — R. 14 litres.

(Brevet simple. — Tarn.)

Solution raisonnée. — En enlevant une première fois les $\dfrac{3}{8}$ du mélange, on enlève aussi les $\dfrac{3}{8}$ du vin; donc il en reste les $\dfrac{5}{8}$. En enlevant une seconde fois les $\dfrac{3}{8}$ du nouveau mélange, on enlève les $\dfrac{3}{8}$ du vin qui reste; donc il en reste les $\dfrac{5}{8}$ du premier reste, ou les $\dfrac{5}{8}$ des $\dfrac{5}{8}$ du vin primitif. La troisième fois, on enlève aussi les $\dfrac{3}{8}$ du reste; par conséquent, il reste les $\dfrac{5}{8}$ de ce reste, ou les $\dfrac{5}{8}$ des $\dfrac{5}{8}$ des $\dfrac{5}{8}$ du vin primitif, soit les $\dfrac{125}{512}$ de la quantité de vin cherchée ; or ce reste est de $3^l,42$; donc $3^l,42$ est les $\dfrac{125}{512}$ de la quantité cherchée ; donc cette quantité est égale à $3^l,42$:

$$\dfrac{125}{512} = \dfrac{3^l,42 \times 512}{125} = 14 \text{ litres.}$$

On achète une propriété du prix de 84 000 francs, composée de champs, de **prés**, de bois. Les prés valent les **6/11** de la valeur des champs, et les bois les **2/3** de ce que valent les prés.

Les champs rapportent 3 p. 0/0, les prés 4 p. 0/0, et les bois 2 p. 0/0.

8. On demande le revenu de la propriété et quel revenu on aurait en achetant de la rente 3 0/0 à raison de 69 francs au lieu de la propriété. — R. 2 600 fr. — 3 652 fr. 17.

(Brevet supérieur. — Creuse.)

Solution raisonnée. — Les prés valent les $\dfrac{6}{11}$ de la valeur des champs ; les bois, qui valent les $\dfrac{2}{3}$ de la valeur des prés, vaudront les $\dfrac{2}{3}$ des $\dfrac{6}{11}$ de la valeur des champs, ou les $\dfrac{4}{11}$ de la valeur des champs ; comme les champs valent les $\dfrac{11}{11}$ de leur propre valeur, il en résulte que les 84 000 francs représentent les $\dfrac{11}{11}$ + les $\dfrac{6}{11}$ + les $\dfrac{4}{11}$ de la valeur des champs, ou les $\dfrac{21}{11}$ de cette valeur. Donc la valeur des champs égale 84 000 francs :

$$\dfrac{21}{11} = \dfrac{84\,000^f \times 11}{21} = 44\,000 \text{ francs.}$$

— Celle des prés égale $44\,000^f \times \dfrac{6}{11} = 24\,000$ francs, et celle des bois $24\,000^f \times \dfrac{2}{3} = 16\,000$ francs. — Vérification : $44\,000 + 24\,000 + 16\,000 = 84\,000$ francs.

Les champs rapportent $\dfrac{44\,000^f \times 3}{100} = 1\,320$ francs ; les prés rapportent $\dfrac{24\,000^f \times 4}{100} = 960$ francs ; les bois rapportent $\dfrac{16\,000^f \times 2}{100} = 320$ francs. — Total : $1\,320^f + 960^f + 320^f = 2\,600$ francs ; 84 000 francs placés en rente **3 p.** 0/0 rapporteraient $\dfrac{84\,000^f \times 3}{69} = \dfrac{84\,000^f}{23} = 3\,652$ fr. 17.

9. Un marchand compte sa caisse le soir ; il trouve 815 francs d'or, 124 fr. 50 d'argent et 2 fr. 75 de bronze : quelle somme

possède-t-il? Quel est le poids de cette monnaie? Combien contient-elle d'or pur et d'argent pur?

R. 1° 942^f,25. — 2° 1160^{gr},4. — 3° 236^{gr},61 d'or pur. — 4° 519^{gr},80 d'argent pur.

(Certificat d'études primaires. — Vosges).

Solution raisonnée. — 815^f + 124^f,50 + 2^f,75 = 942^f,25. — Le poids de 815 francs en or est $\dfrac{815 \times 5^{gr}}{15,5} = \dfrac{815^{gr}}{3,1} = \dfrac{8150^{gr}}{31} =$ 262^{gr},9 ; le poids de 124^f,50 d'argent est 5^{gr} × 124,5 = 622^{gr},5 ; le poids de 2^f,75 en bronze est de 275^{gr}. — Total : 1160^{gr},4.

Le poids d'or pur contenu dans les 815 francs en or est de 262^{gr},9 × 0,9 = 236^{gr},61.

Le poids d'argent pur contenu dans les 124 fr. 50 en argent est de 622^{gr},5 × 0,835 = 519^{gr},80.

10. Une fontaine remplit un bassin en 6 heures ; par une ouverture, il peut se vider en 7 heures : si cette ouverture reste ouverte, en combien de temps la fontaine aura-t-elle rempli le bassin ? — R. En 42 heures.   (Brevet supérieur. — Allier.)

Solution raisonnée. — En 1 heure, la fontaine remplit $\frac{1}{6}$ du bassin, et en 1 heure l'ouverture en vide $\frac{1}{7}$; donc en 1 heure le bassin aura reçu $\frac{1}{6} - \frac{1}{7} = \frac{1}{42}$ du volume d'eau qu'il peut contenir. Donc, pour le remplir, il faudra 42 fois plus de temps, ou 42 heures.

11. Un père de famille consacre $\frac{1}{5}$ de son revenu à son logement, les $\frac{3}{8}$ du reste à la nourriture de sa famille, les $\frac{2}{5}$ du nouveau reste à ses vêtements, puis, les $\frac{2}{3}$ de ce qui lui reste alors à l'instruction de ses enfants, et enfin $\frac{1}{4}$ du surplus aux dépenses imprévues. Ses économies, au bout de l'année, sont de 750 fr. Trouver son revenu et le budget de ses dépenses. — R. 10000 fr.

(Brevet simple. — Somme).

Solution raisonnée. — Ce père de famille dépense d'abord $\frac{1}{5}$ de son revenu ; il lui en reste les $\frac{4}{5}$. En second lieu, il dépense les $\frac{3}{8}$ du reste ; donc il doit lui rester les $\frac{5}{8}$ de $\frac{4}{5} = \frac{1}{2}$. En troisième lieu, il dépense les $\frac{2}{5}$ de ce nouveau reste ; donc il doit lui rester les $\frac{3}{5}$ de $\frac{1}{2} = \frac{3}{10}$. En quatrième lieu, il dépense les $\frac{2}{3}$ de ce nouveau reste ; donc il doit lui rester le $\frac{1}{3}$ de $\frac{3}{10} = \frac{1}{10}$.

Enfin il dépense le $\frac{1}{4}$ de ce nouveau reste ; donc il doit lui rester les $\frac{3}{4}$ de $\frac{1}{10} = \frac{3}{40}$. Or il lui reste 750 francs ; donc 750^f = les $\frac{3}{40}$ de son revenu ; $\frac{1}{40}$ de son revenu sera $\frac{750^f}{3} = 250$ francs ; donc son revenu est 250$^f \times 40 = 10\,000$ francs.

On peut établir son budget de la manière suivante :

Logement.. . . . . 10 000$^f \times \frac{1}{5} = 2\,000^f$ 1er reste 8 000^f

Nourriture. . . . . 8 000$^f \times \frac{3}{8} = 3\,000^f$ 2e — 5 000^f

Vêtements. . . . . 5 000$^f \times \frac{2}{5} = 2\,000^f$ 3e — 3 000^f

Instruction de ses enf^{ts}. 3 000$^f \times \frac{2}{3} = 2\,000^f$ 4e — 1 000^f

Dépenses imprévues. . 1 000$^f \times \frac{1}{4} = 250^f$ 5e — 750^f

12. 133 kilog. $\frac{1}{3}$ de froment rendent 100 kilog. de farine ; 60 kilog. de farine, après l'incorporation de l'eau, 90 kilog. de pâte ; 23 kilogr. de pâte se réduisent après la cuisson à 20 kilog. de pain. Cela posé, l'on demande combien l'on obtiendrait de kilog. de pain avec l'hectolitre de ce froment, sachant que le double décalitre pèse en moyenne 15 kilog. 400. — R. 75^{kg},326.

(Brevet simple. — Yonne.)

Solution raisonnée. — 23 kilog. de pâte donnent 20 kilog. de pain ; 1 kilog. de pâte en donne $\frac{20^{kg}}{23}$; 90 kilog. de pâte en donnent $\frac{20^{kg} \times 90}{23}$; 60 kilog. de farine donnent le même poids de pain ; donc 1 kilog. de farine en donne $\frac{20^{kg} \times 90}{23 \times 60} = \frac{30^{kg}}{23}$; 100 kilog. de farine en donnent $\frac{3\,000^{kg}}{23}$. — Par conséquent, 133 kilog. $\frac{1}{3}$ de froment ou $\frac{400^{kg}}{3}$ en donnent le même poids ; $\frac{1}{3}$ de kilog.

de froment en donne 400 fois moins ou $\dfrac{3\,000^{\text{Kg}}}{23 \times 400} = \dfrac{30^{\text{Kg}}}{23 \times 4}$, et

1 kilog. de froment en donne 3 fois plus, ou $\dfrac{90^{\text{Kg}}}{23 \times 4}$. Donc 15^{Kg},400^{g}

en donneront $\dfrac{90^{\text{Kg}} \times 15,4}{23 \times 4}$, et 1 hectolitre, qui contient 5 dou-

bles-décalitres, en donnera 5 fois plus, ou $\dfrac{90^{\text{Kg}} \times 15,4 \times 5}{23 \times 4} =$

75^{Kg},326.

13. Quel bénéfice peut faire un féculier qui achète 275 hectolitres de pommes de terre à 4^{f},50 l'hectolitre, s'il retire 17 % de fécule sèche valant 43^{f},80 les 100 kilog. On sait que l'hectolitre de pommes de terre pèse 75 kilog., et que la pulpe couvre les frais de fabrication. — R. 298 francs de bénéfice.

             (Certificat d'études primaires. — Vosges.)

Solution raisonnée. — Le prix d'achat des pommes de terre est de 4^{f},50 $\times$ 275 = 1 237^{f},75. Le poids de ces pommes de terre est de 75^{Kg} $\times$ 275; le poids de la fécule qu'on en retire est de :

$$\frac{75^{\text{Kg}} \times 275 \times 17}{100},$$

et son prix est de :

$$\frac{75 \times 275 \times 17 \times 43^{\text{f}},80}{10\,000} = 1\,535^{\text{f}},75.$$

Donc le bénéfice sera de 1 535^{f},75 — 1 237^{f},75 = 298 fr.

14. On a un lingot d'argent pur qui pèse 14 kilog. 67. On demande quelle quantité de cuivre il faut allier à ce lingot pour faire des pièces de 2 francs et au-dessous, et quelle sera la valeur de l'argent monnayé. — R. 1° 2^{Kg},90 de cuivre. — 2° 3 514 francs.

    (Brevet de capacité, matières obligatoires. — Saône-et-Loire.)

Solution raisonnée. — Le titre de l'alliage devant être de 0,835, les 14^{Kg},67 d'argent pur seront les 0,835 du poids total de l'alliage; donc le poids de l'alliage sera de

        14^{Kg},67 : 0,835 = 17^{Kg},57.

Donc la quantité de cuivre à ajouter sera

        17^{Kg},57 — 14^{Kg},67 = 2^{Kg},90.

L'argent monnayé qu'on retirera de cet alliage contiendra autant de fois 1 franc que 5 grammes seront contenus de fois dans 17 570^{gr}, ou $\dfrac{17\,570}{5} = 3\,514$ francs.

15. Un négociant possède des rentes 3 % achetées au cours de 56 fr. 70. Il en donne annuellement 1/8 aux pauvres, et avec le reste il peut dépenser 3 fr. 40 par jour et faire chaque année d'autres bonnes œuvres pour une somme de 82 francs. Quelle somme a-t-il dû débourser pour se faire ces rentes? — R. 28 576 fr. 80. (Certificat d'études primaires. — Vosges.)

Solution raisonnée. — Une dépense de 3 fr. 40 par jour s'élève, en un an, à $3^f,40 \times 365 = 1241$ francs. A cette somme il faut ajouter 82 francs, ce qui fait 1323 francs; or ces 1323 francs ne sont que les $\frac{7}{8}$ de la rente du négociant; donc cette rente est égale à $1323^f : \frac{7}{8} = 1323^f \times \frac{8}{7} = 189^f \times 8 = 1512$ francs. La question revient à celle-ci : 56 fr. 70 rapportent 3 francs de rente, quel capital rapporteraient 1512 francs, 56 fr. 70. . . . . 3 fr.

$$x \quad . \quad . \quad . \quad 1512 \text{ fr.}$$

On a : $x = 56^f,70 \times \dfrac{1512}{3} = 56^f,70 \times 504 = 28\,576^f,80.$

16. Une personne achète, au prix moyen de 7200 francs l'hectare, une propriété composée ainsi : une maison de 6800 ares, un jardin de 23 ares 14 centiares, un verger de 54 ares 38 centiares, un pré de 3 hectares 8 centiares, et 3 champs contigus de 1 hectare 9 ares 43 centiares chacun. Quelque temps après, elle revend 8640 centiares de son pré à raison de 7500 francs l'hectare; on demande : 1º ce qu'elle a payé sa propriété; 2º la contenance du terrain qui lui reste; 3º combien elle a gagné sur la vente; 4º quel est le bénéfice pour cent sur cette même valeur.— R. 1º 57624 francs; — 2º $6^{ha},19^a49^{ca}$; — 3º 259 fr. 20 — 4º 41 p. º/₀.

(Certificat d'études primaires. — Landes.)

Solution raisonnée. — 1º En additionnant les contenances du jardin, du verger, du pré et des 3 champs, on trouve $7^{ha}, 5^a89^{ca}$. Au prix de 7200 francs l'hectare, ces terres valent $7200^f \times 7,0589 = 50\,824$ francs. En ajoutant à ce nombre le prix de la maison, 6800 francs, on trouve que la propriété a coûté 57624 francs. — 2º Après la vente de 8640 centiares, il reste encore au propriétaire une contenance de terrain de $70\,589^{ca} - 8640^{ca} = 6^{ha},1949.$ — 3º La différence entre le prix d'achat et le prix de vente étant de 300 francs par hectare, le bénéfice fait sur les 8640^{ca} vendus est de $300^f \times 0,8640 = 259^f,20,$ et comme le prix d'achat a été de $7200^f \times 0,8640 = 622^f,08,$ le bénéfice p. º/₀ a été de $\dfrac{259^f,20 \times 100}{622,08} = 41.$

17. Un tonneau de 228 décimètres cubes de capacité contient 198 litres de vin, qui valent 120 francs. Après avoir rempli une première fois le tonneau avec de l'eau, on enlève 15 litres du mélange et on les remplace par un égal volume d'eau. Quelle est la quantité de vin contenue dans un litre du nouveau mélange et quelle en est la valeur? — R. 1º $0^{lit},83.$ — 2º $0^f,50.$

(Brevet de capacité, matières facultatives. — Saône-et-Loire.)

Solution raisonnée. — Lorsque le tonneau a été rempli d'eau, il contient 228 litres de mélange; si on enlève 15 litres de ce mélange, on retire $\frac{15}{228}$ du vin contenu dans le mélange, soit $\frac{15}{228}$ de 198 litres; il reste donc dans le tonneau $\frac{228-15}{228}$ ou $\frac{213}{228}$ de 198 litres de vin, soit $\frac{213 \times 198^l}{228} = 190$ litres. — Puisque sur 228 litres du nouveau mélange il n'y a que 190 litres de vin, sur 1 litre du mélange il n'y aura que $\frac{190^l}{228} = 0^l,83$ de vin. Or, 198 litres de vin valant 120 francs, 1 litre vaudra $\frac{120^f}{198}$, et $0^l,83$ vaudront $\frac{120^f \times 0,83}{198} = 0^f,50$.

18. Une société industrielle s'est formée au capital de 1 000 actions de 500 francs chacune, pour l'exploitation d'une fabrique de clous. Elle a fait dans le cours d'une année un bénéfice de $56\,944^f,45$. Les statuts allouent au gérant 10 % du bénéfice total et garantissent à chaque associé 6 % de son fonds social. Ces conditions remplies, quel est le dividende qui reste à répartir entre les associés? Que revient-il en tout à un actionnaire qui a souscrit pour 3 actions, et combien ses fonds lui rapportent-ils pour %? — R. 1° 21 250 francs. — 2° $153^f,75$. — 3° 10,25 p. %.   (Certificat d'études primaires. — Vosges).

Solution raisonnée. — L'allocation du gérant étant de 10 % sur $56\,944^f,45$ s'élève à $5\,694^f,45$. L'intérêt à 6 % sur 1 000 actions de 500 fr., soit sur 500 000 francs, est de $\frac{500\,000 \times 6}{100} = 30\,000$ fr. La somme à répartir en dividende aux associés sera donc de $56\,944^f,45 - 35\,694^f,45 = 21\,250$ francs. Chaque action recevra donc un dividende de $\frac{21\,250^f}{1\,000} = 21^f,25$. Par conséquent, un actionnaire qui a souscrit pour 3 actions recevra l'intérêt de $1\,500^f$ à 6 %, soit $\frac{1\,500^f \times 6}{100} = 90$ francs, plus 3 fois 21 fr. 25, soit 63 fr. 75; total : 153 fr. 75. — 1 500 francs ayant rapporté 153 fr. 75, que rapporteront 100 francs?

$$1\,500\,\text{fr.} \ . \ . \ . \ 153^f,75.$$
$$100\,\text{fr.} \ . \ . \ . \ . \ x$$

On a : $x = 153^f,75 \times \frac{100}{1\,500} = \frac{153^f,75}{15} = 10^f,25$

19. Deux personnes se sont partagé un héritage, il y a un an et demi. L'une, qui a reçu les $\frac{2}{9}$ de l'héritage de plus que l'autre, a immédiatement placé sa part à intérêts à 6 %, et elle en re-

tire aujourd'hui, en tout, une somme qui lui permet d'acheter une inscription de rente de 500 francs en 3 % au cours de 58 fr. 25. Quelle était la valeur de l'héritage?

On tiendra compte du courtage dans l'achat du titre de rente. — R. 40 130 francs. (Brevet de 1er ordre. — Aisne).

Solution raisonnée. — Un capital de 58 fr. 25 rapporte une rente de 3 francs; quel est le capital qui rapporte une rente de 500 francs? On a immédiatement : $x = \dfrac{500^f \times 58,25}{3} = \dfrac{29\,125}{3} =$ 9 708 fr. 33. Les droits de courtage, étant de 1 fr. 25 par mille, seront de $\dfrac{9\,708,33 \times 1,25}{1\,000} = 12$ fr. 15. Donc la rente de 500 francs a coûté, frais compris, 9 708 fr. 33 + 12 fr. 15 = 9 720 fr. 50. Or cette somme est le produit d'un capital inconnu placé à 6 % par an, pendant 1 an et demi. 100 francs placés à 6 % pendant un an rapportent 6 francs, et dans un an et demi 9 francs. Donc 100 francs deviennent en 1 an et demi 109 francs. Quel est le capital qui dans le même temps est devenu 9 720 fr. 50? On dispose les données de la manière suivante :

$$100 \text{ fr.} \ldots\ldots\ldots 109 \text{ fr.}$$
$$x \ldots\ldots\ldots 9\,720 \text{ fr. } 50.$$

On a : $x = 100^f \times \dfrac{9\,720^f,50}{109} = \dfrac{972\,050^f}{109} = 8\,917^f,90$. Cette somme n'étant que les $\dfrac{2}{9}$ de l'héritage, $\dfrac{1}{9}$ de l'héritage vaudra $\dfrac{8\,917^f,90}{2}$ et l'héritage tout entier $\dfrac{8\,917^f,90 \times 9}{2} = 4\,458^f,90 \times 9 = 40\,130$ fr.

20. Trois billets, l'un de 1 000 francs, le second de 400 francs, le troisième de 700 francs, sont souscrits par un négociant pour être payés : le premier dans trois mois, le second dans six mois, le troisième dans neuf mois. Un mois après, le possesseur de ces billets les escompte et en retire 2076 francs en tout. Quel est le taux de l'escompte? — R. 3 %.

(Brevet supérieur. — Seine-et-Marne.)

Solution raisonnée. — L'escompte du premier billet, qui est de 1 000 francs, se calcule pour 2 mois; l'escompte du second billet, de 400 francs, pour 5 mois, et l'escompte du troisième billet de 700 francs, pour 8 mois; donc l'escompte total serait le même, si le premier billet était de 2000 francs à un mois d'échéance, le second de $400^f \times 5 = 2000$ francs à un mois d'échéance et le troisième de $700^f \times 8 = 5600$ francs à un mois d'échéance, ou encore si les trois billets n'en faisaient qu'un seul de $2\,000^f + 2\,000^f + 5\,600^f = 9\,600$ francs à un mois d'échéance. Or la somme des trois billets faisait 3 100 francs; donc l'escompte pris sur ces trois billets a été de $3\,100^f - 2\,076^f = 24$ francs. La question revient à celle-ci : à quel taux a été pris un escompte de 24 fr. sur un billet de 9 600 francs payable au bout d'un mois ?

$$9\,600 \text{ fr.} \ldots\ldots \quad 1 \text{ mois.} \ldots\ldots \quad 24 \text{ fr.}$$
$$100 \text{ fr.} \ldots\ldots \quad 12 \ — \ \ldots\ldots \quad x$$

On a : $x = 24^{f} \times \dfrac{100}{9\,600} \times \dfrac{12}{1} = \dfrac{24^{f} \times 12}{96} = \dfrac{12^{f}}{4} = 3$ francs.

21. Un propriétaire avait une somme en argent dont le poids égalait celui d'un volume d'eau pure de 162 décimètres cubes 500 centimètres cubes. Après avoir placé cette somme pendant quatre ans et demi, à 5 %, il a acheté avec les intérêts et le capital une propriété de 15 hectares 25 ares 50 centiares de superficie. On demande à combien revient un hectare, un are, un mètre carré. — R. 2 651 fr. 60. — 26 fr. 51. — 0 fr. 26.

(Concours cantonal. — Charente.)

Solution raisonnée. — Un volume d'eau de 162 décimètres cubes 500 pèse $162^{kg},5$. Un franc pesant 5 grammes, la valeur de $162^{kg},5$ ou $162\,500^{gr}$ d'argent est de $\dfrac{162\,500^{f}}{5} = 32\,500$ francs.

L'intérêt de cette somme pendant un an est de $\dfrac{32\,500^{f} \times 5}{100} = 1\,625$ francs. Donc le capital est devenu $32\,500^{f} + 1\,625^{f} = 34\,125^{f}$. L'intérêt de 34 125 francs pendant la deuxième année est de $\dfrac{34\,125^{f} \times 5}{100} = 1\,706$ fr. 25. Donc le capital est devenu $34\,125^{f} + 1\,706^{f},25 = 35\,831^{f},25$. L'intérêt de $35\,831^{f},25$ pendant la troisième année est de $\dfrac{35\,831^{f},25 \times 5}{100} = 1\,791^{f},55$. Donc le capital est devenu $35\,831^{f},25 + 1\,791^{f},55 = 37\,622^{f},80$. L'intérêt de $37\,622^{f},80$ pendant la quatrième année est de $\dfrac{37\,622^{f},80 \times 5}{100} = 1\,881^{f},15$.

Donc le capital est devenu $37\,622^{f},80 + 1\,881^{f},15 = 39\,503^{f},95$. L'intérêt de $39\,503^{f},95$ pendant la moitié de la cinquième année est de $\dfrac{39\,503^{f},95 \times 5}{100 \times 2} = 987^{f},60$. Donc le capital est devenu $39\,503^{f},95 + 987^{f},60 = 40\,491^{f},55$. Puisque $15^{ha},2550$ ont coûté $40\,491^{f},55$, un hectare coûte $\dfrac{40\,491^{f},55}{15,255} = 2\,651^{f},60$; par conséquent, un are coûte 26 fr. 51 et centiare 0 fr. 26.

SIXIÈME PARTIE

NOTIONS ÉLÉMENTAIRES DE COMMERCE ET TENUE DE LIVRES EN PARTIE SIMPLE[1]

LIVRES DE COMMERCE

522. — Tout commerçant est tenu par la loi :

1° D'avoir un *livre-journal*, sur lequel il doit inscrire *jour par jour* toutes les opérations de son commerce, de quelque nature qu'elles soient. Toutes ces opérations sont énoncées les unes à la suite des autres, sans distinction et sans classement. Ainsi une vente suit un achat, l'inscription d'une recette vient après celle d'un paiement effectué, etc.

Le livre-journal doit également énoncer, à la fin de chaque mois, *en bloc*, les sommes employées aux dépenses de la maison (nourriture, entretien, chauffage, etc.).

2° De copier sur un registre toutes les lettres qu'il adresse à ses correspondants[2], et de conserver les lettres qu'il reçoit.

3° De faire tous les ans un inventaire de tout ce qu'il possède, de tout ce qui lui est dû (**actif**) et de tout ce qu'il doit (**passif**), et de le copier sur un livre spécial ou *livre des inventaires*.

De là, trois livres **obligatoires** : le *livre-journal*, le *copie de lettres* et le *livre des inventaires*.

Ces livres doivent être tenus par ordre de *dates*, sans *lacunes*, ni *ratures*, ni *renvois en marge*.

523. — Indépendamment des livres obligatoires, le com-

---

1. On trouvera dans la *Troisième année d'arithmétique* des notions plus développées de commerce et de législation usuelle, ainsi qu'un traité de tenue des livres en partie double.

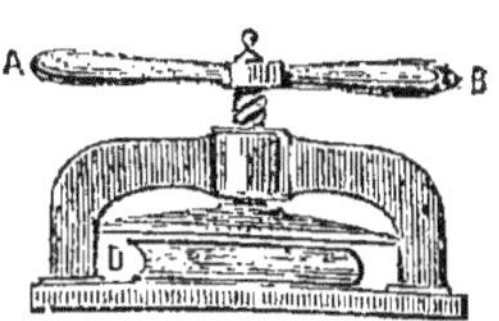

Fig. 34. — Presse à copier.

2. La copie des lettres se fait instantanément par un procédé très simple, qui consiste à *décalquer* la lettre sur un registre composé de feuilles extrêmement minces, au travers desquelles on peut lire. Ce registre est le *livre de copie de lettres*, ou simplement *le copie de lettres*. La lettre doit être écrite avec de *l'encre à copier*. Pour la décalquer, on l'insère dans le *copie de lettres*, dont on a préalablement humecté l'une des feuilles. On place le tout sous une *presse à copier* (fig. 34) ; on donne quelques tours de vis, qui ont pour but d'appliquer fortement la lettre à copier sur la feuille humectée : l'opération est faite. L'on obtient ainsi un *fac-simile* d'une concordance parfaite avec l'original.

merçant peut avoir tous les livres qu'il juge propres à sa commodité ; non seulement il le *peut,* mais il y est contraint par la diversité de ses opérations et par la nécessité où il est de les classer avec ordre et méthode.

Ces livres, qu'on appelle livres *auxiliaires,* tout aussi utiles que les livres *obligatoires,* sont :

1° Le **livre de caisse,** sur lequel le commerçant relève tous les mouvements de fonds, recettes de la journée, paiements et dépenses.

2° Le **grand livre,** sur lequel il groupe par tableaux toutes les opérations faites avec un même fournisseur, ou avec un même client. S'il s'agit d'un fournisseur, on inscrit d'un côté tout ce qu'il a fourni, de l'autre côté toutes les sommes qui lui ont été payées ; s'il s'agit d'un client, on mentionne d'une part ce qu'il a acheté, d'autre part ce qu'il a payé. Cet état de la situation du fournisseur ou du client s'appelle *compte* (p. 292).

3° Le livre des **effets à payer,** c'est-à-dire des billets que le commerçant a souscrits au profit de ses fournisseurs ; et des **effets à recevoir,** c'est-à-dire des billets que ses clients ont souscrits en sa faveur.

524. — Les commerçants sont obligés de conserver pendant **dix ans** leurs *livres* de commerce et les *lettres* qu'ils reçoivent ; mais la prudence exige qu'ils les gardent indéfiniment, afin de pouvoir à l'occasion justifier de leur prudence ou de leur bonne foi, ou simplement faire des recherches au sujet d'affaires anciennes.

525. — Le commerçant qui ne tient pas de livres, ou qui les tient irrégulièrement, s'expose, s'il vient à faire de mauvaises affaires, s'il est déclaré en faillite (n° 540), à être considéré comme *banqueroutier simple* (545).

EFFETS DE COMMERCE

526. — Les principaux effets de commerce sont : la **lettre de change** ou **traite** et le **billet à ordre.**

DE LA LETTRE DE CHANGE OU TRAITE

527. — Vous vous appelez L'Écolier, vous êtes négociant à Paris et vous expédiez pour 1000 francs de marchandises, payables dans trois mois, à M. Lemarseillais, négociant à Marseille. Pour rentrer dans cet argent, vous *ferez traite* sur Lemarseillais : autrement dit, vous écrirez sur une feuille de papier préparée pour cet usage [1] la formule suivante :

A M. Lemarseillais, négociant à Marseille.

Paris, le 15 mars 18...   B. P. F.   1000[2]

Au 15 juin prochain, il vous plaira payer à mon ordre la somme de *mille*[3] francs pour marchandises que je vous ai vendues (ou, comme on dit habituellement, *valeur en marchandises*[4]).

L'ÉCOLIER.

M. Lemarseillais, qui est négociant, sait qu'il devra remettre 1000 francs à la personne qui lui présentera la traite. Vous n'avez donc plus qu'à vous occuper de trouver quelqu'un qui se charge de présenter votre traite à Marseille à la date de l'échéance, c'est-à-dire au 15 juin. Ce quelqu'un sera votre banquier, M. Delabanque. En effet, M. Delabanque a un correspondant à Marseille, à qui il enverra votre traite par la poste, et qui la présentera à M. Lemarseillais.

Du moment que vous chargez votre banquier de toucher le montant de la traite, ce n'est plus à *votre ordre* que Lemarseillais payera, ce sera à l'ordre de Delabanque. Vous modifierez donc votre traite de la manière suivante :

Au 15 juin prochain, il vous plaira payer *à l'ordre de M. Delabanque* la somme de mille francs.

L'ÉCOLIER.

A son tour, M. Delabanque, en chargeant son correspondant de toucher la traite, écrira à son tour sur la traite :

Payez à l'ordre de M. X***.

DELABANQUE.

---

1. Les feuilles de traite sont des bandes de papier, d'environ 25 centimètres de longueur sur 10 de largeur. Celles qu'on achète sont blanches, mais la plupart des maisons de commerce en font imprimer à leur nom.

Les traites, comme tous les effets de commerce, sont soumises au droit de timbre, et ce droit est proportionnel à la somme portée au titre.

Le droit est de

15	centimes pour les effets de 100 francs et au-dessous.
30	— au-dessus de 100 fr. jusqu'à 200 fr.
45	— — 200 fr. — 300 fr.
60	— — 300 fr. — 400 fr.
75	— — 400 fr. — 500 fr.
1 fr. 50	— 500 fr. — 1000 fr.
3 —	— 1000 fr. — 2000 fr.

et ainsi de suite à raison de 1 fr. 50 par 1000.

2. BON POUR FRANCS, 1000 (en chiffres), c'est-à-dire, bon pour 1000 francs.

3. *Mille* en toutes lettres.

4. La traite doit toujours énoncer la manière dont la valeur a été fournie : en marchandises, en espèces (argent), etc.

Le billet peut ainsi passer dans plusieurs mains. Peu importe, du reste, à Lemarseillais ; il sait qu'il doit 1000 francs, et il les payera à celui qui lui présentera la traite, c'est-à-dire au *porteur* de la traite.

528. — Escompte ou négociation d'un effet de commerce. On voit, dès lors, que la traite a une valeur réelle; c'est une sorte de billet de banque qui circule de mains en mains. Cela est si vrai, que si vous, L'Écolier, avez immédiatement besoin des 1000 francs que vous doit Lemarseillais, et que d'ailleurs vous soyez connu comme un honorable commerçant, vous n'aurez qu'à présenter votre traite au banquier pour en toucher la valeur. Seulement, comme votre traite n'est payable que dans trois mois, le banquier retiendra un intérêt qu'on appelle *escompte* (n° 472), et un petit bénéfice qu'on appelle *commission* ou *agio*. Toucher ainsi la valeur d'une traite avant l'échéance s'appelle *escompter* une traite ou la *négocier*.

Tel est, dans toute sa simplicité, le mécanisme de la lettre de change. Voici maintenant quelques indications de détail.

529. — Tireur. On appelle *tireur* celui qui *tire* la lettre de change, qui lance la traite. Dans l'exemple précédent, c'est vous, L'Écolier, qui êtes le *tireur*.

530. — Tiré. On appelle *tiré* celui sur qui on tire la lettre de change, sur qui on *fait traite*. Dans l'exemple précédent, Lemarseillais est le *tiré*.

531. — Lettre d'avis. Il est d'usage de ne jamais mettre une traite en circulation sans en avertir celui sur qui on la tire. Voici comment on formule les lettres d'avis.

Paris, 4 juin 18...   A M. Lemarseillais.

J'ai l'honneur de vous donner avis qu'à la date du 15 juin prochain, je ferai traite sur vous d'une somme de mille francs, montant des marchandises que je vous ai expédiées le 15 mars dernier.

L'ÉCOLIER.

Vous envoyez cet *avis de traite* par la poste et vous attendez quelques jours; si Lemarseillais ne répond pas, vous en concluez qu'il accepte votre traite. Mais pour qu'il soit bien acquis que vous l'avez averti, vous en faites mention sur la traite de la manière suivante :

A M. Lemarseillais, négociant à Marseille.

Paris, le 15 mars 18...   B. P. F.   1000.

Au 15 juin prochain, il vous plaira payer à l'ordre de

M. Delabanque la somme de *mille* francs, valeur en marchandises, *dont vous passerez écriture suivant l'avis que je vous ai donné le 4 juin dernier*, ou simplement, *que passerez suivant avis du 4 juin dernier.*

532. — **Acceptation.** Dès que Delabanque reçoit votre traite, il l'envoie à son collègue de Marseille, qui, à titre de précaution, la présente à Lemarseillais et la lui fait *accepter*. L'acceptation se formule par ce simple mot de Lemarseillais:

Accepté.

Signé : LEMARSEILLAIS.

533. — **Protêt faute de paiement** (par suite de non-paiement). Si Lemarseillais ne payait pas, un huissier dresserait un *acte de protêt*. Un **protêt** faute de paiement est un acte par lequel le porteur d'une traite fait constater par un huissier le refus de paiement de la traite. *Laisser protester une traite*, par suite de non-paiement, est un fait extrêmement grave, que les commerçants doivent éviter par tous les moyens possibles.

La traite protestée revient au tireur (L'Écolier) grevée des frais d'huissier et de retour. Le tireur a le droit, pour se faire payer, de faire saisir tout ce qui se trouve dans le magasin de Lemarseillais et de faire vendre les marchandises aux enchères. Mais ces moyens extrêmes ont quelque chose de très pénible pour ceux qui les emploient, et l'humanité exige qu'on n'y ait recours qu'à la dernière extrémité. Cette réserve n'aurait plus de raison d'être si le débiteur était de mauvaise foi.

534. — **Retour sans frais.** Lorsqu'on craint qu'une traite ne soit pas payée, et si l'on veut éviter des frais, on y ajoute la mention :

RETOUR SANS FRAIS.

Dans ces conditions, si la traite n'est pas payée, elle revient sans qu'il y ait eu protêt. La clause du *retour sans frais* est une mesure de précaution fort usitée lorsqu'on a affaire à des personnes d'une solvabilité douteuse ou qui ne sont pas dans le commerce.

535. — **Provision.** Supposons que Lemarseillais, après avoir accepté votre traite, se trouve subitement sans argent et dans l'impossibilité de *faire honneur* à votre traite. Il vous écrit immédiatement à vous, L'Écolier, et vous demande, au nom de vos bonnes relations, de le tirer de l'embarras où il se trouve. Il vous envoie en même temps un billet, *un règlement*, par lequel il s'engage à vous payer le 15 juillet, par exemple. Vous accueillez la demande de Lemarseillais et vous lui envoyez 1000 francs sur-le-champ, par lettre chargée. Grâce à votre obligeance, la traite ne sera pas protestée, et la réputation commerciale de Lemarseillais sera intacte. Cet envoi de 1000 francs que vous faites à Lemarseillais est une *provision*.

536. — **Endossement.** Vous avez vu que M. Delabanque, votre banquier, a passé votre traite à l'ordre de son correspondant de Marseille, M. X***. Pour opérer ce transfert, il a écrit au *dos* de la traite :

Payez à l'ordre de M. X***, banquier à Marseille.

Paris, 6 juin 18...

DELABANQUE.

Ce transfert, écrit au *dos* de la lettre de change, est un *endossement*, et celui qui transmet ainsi un effet de commerce à un tiers est un *endosseur*.

Une traite peut passer ainsi de main en main par voie d'endossement. Tous les endosseurs sont individuellement et solidairement responsables du paiement de la traite.

537. — **Échéance.** L'*échéance* est le jour où la traite doit être payée.

L'échéance peut être *à jour fixe* : le 15 juin ; — *à vue* ou *à présentation*, c'est-à-dire le jour même où on présente la traite au tiré ; — *à plusieurs jours de vue* (par exemple à 15 jours, à 3 jours de vue).

Lorsque le jour de l'échéance est un dimanche ou un jour de fête légale (Noël, Ascension, Assomption, la Toussaint et le 1er janvier), le porteur peut en réclamer le paiement la veille, mais le protêt ne peut être fait que le lendemain de la fête.

BILLET A ORDRE

538. — Je suis en relations d'affaires avec votre maison. Au bout de quelque temps vous faites mon relevé de compte, et il se trouve que je suis votre débiteur de 500 francs. Au lieu de vous payer immédiatement, je vous offre de vous faire **un billet à ordre** de 500 francs, payable dans trois mois.

J'écris alors sur une bande de papier analogue aux feuilles dont on se sert pour les traites, la formule suivante :

Paris, 5 mai 18.....   B. P. F.   500.

Au cinq août prochain, je payerai à **M.** L'Écolier, ou à son ordre, la somme de cinq cents francs, valeur en marchandises.

LEJEUNE.

Entre commerçants solvables, un billet ainsi formulé a une véritable valeur, c'est une sorte de billet de banque de 500 francs; vous pourrez le donner en paiement à un de vos fournisseurs, qui s'en servira lui-même, jusqu'à ce qu'enfin, l'échéance du 5 août arrivant, le billet me sera présenté, et me sera rendu en échange de 500 francs en espèces. La transmission des billets à ordre, comme celle des traites, se fait par voie d'*endossement*. Ainsi, en remettant le billet à votre fournisseur, vous écrivez au *dos* :

Payez à l'ordre de **M. Durand.**

L'ÉCOLIER.

De même, M. Durand, en passant le billet à une troisième personne, écrira au-dessous de votre endossement :

Payez à l'ordre de **M. Robert.**

DURAND.

539. — Toutes les dispositions relatives aux traites et concernant l'acceptation, le protêt, la provision, la solidarité des endosseurs, l'échéance, sont applicables aux billets à ordre.

***

FAILLITE

540. — La **faillite** est l'état du commerçant qui cesse ses paiements.

541. — **Dépôt du bilan.** Le commerçant qui cesse ses paiements doit, sous peine d'être traité comme un banqueroutier (n° 545), en faire la déclaration dans les trois jours au greffe du tribunal de commerce, ou, s'il n'y a pas de tribunal de commerce, au greffe du tribunal de première instance. Il dépose en même temps son **bilan**, c'est-à-dire l'état de tout ce qu'il possède et de tout ce qu'il doit, le tableau des profits et des pertes, le tableau des dépenses personnelles. Il affirme la sincérité de ce bilan, qu'il date et signe.

542. — **Syndic**, **juge-commissaire.** Le tribunal de commerce rend alors un jugement qui déclare qu'il y a faillite. Ce jugement est affiché et publié dans les journaux, parce que chacun doit être averti qu'il ne faut plus con-

16.

tracter avec le failli. Le failli cesse en effet d'avoir l'administration de ses biens, qui est confiée par le tribunal de commerce à un homme qui a l'expérience de ces sortes d'affaires et qui s'appelle le *syndic* de la faillite. Le syndic est soumis au contrôle d'un membre du tribunal de commerce désigné à cet effet, et appelé le *juge-commissaire* de la faillite.

Le syndic réalise l'*actif* * et distribue les *dividendes*, c'est-à-dire la part qui revient à chaque créancier.

Pour avoir droit à cette répartition, les créanciers ont dû préalablement déposer leurs titres de créances *, les faire vérifier, et affirmer que ces créances sont sincères et véritables.

543. — Concordat. Les créanciers dont les créances ont été vérifiées et affirmées peuvent remettre le failli à la tête de ses affaires en faisant avec lui un traité qui se nomme **concordat.** En général, les créanciers font remise au failli d'une partie de la dette et lui accordent un délai déterminé pour le paiement du reste.

Le concordat ne peut être accordé que si la *moitié plus un* des créanciers y consent. Il faut en outre que les créanciers formant cette majorité représentent les *trois quarts* de la somme des créances vérifiées et affirmées.

Enfin, le traité entre les créanciers et le failli ne devient définitif que si le tribunal de commerce le sanctionne par son *homologation.*

Le failli reprend, après homologation, l'administration de ses biens, mais il n'en reste pas moins frappé de certaines incapacités (il ne peut être électeur ni éligible, il ne peut être membre d'un tribunal de commerce, etc.).

544. — Réhabilitation. Le failli ne peut être relevé de ces incapacités que par la **réhabilitation.** La réhabilitation est prononcée par la cour d'appel en faveur du commerçant failli qui a payé *toutes ses dettes* en capital, intérêts et frais

Se réhabiliter, tel doit être l'unique but de tout commerçant qui a eu le malheur d'être déclaré en faillite. Quelle que soit la cause de la faillite, insuccès ou imprudence, la réputation commerciale du failli a reçu une grave atteinte, et il ne doit jamais oublier qu'il est resté le débiteur de ses créanciers pour tout ce qu'il ne leur a pas payé. Il n'est pas même jusqu'aux enfants, soucieux de l'honneur de leur nom, auxquels il n'incombe le devoir de payer les dettes de leur père mort, et de réhabiliter sa mémoire.

545. — Banqueroute. Tout commerçant failli peut être poursuivi comme *banqueroutier simple*, s'il n'a pas de livres de commerce ou si ses livres sont tenus irrégulièrement, si ses dépenses sont jugées excessives, s'il s'est livré à des opérations hasardeuses, etc.; il peut être poursuivi comme *banqueroutier frauduleux* s'il fait disparaître ses livres de commerce, s'il dissimule une partie de ce qu'il possède, s'il commet des actes de mauvaise foi.

Légalement parlant, la faillite est un *malheur*, la banqueroute simple est un *délit*, la banqueroute frauduleuse est un *crime*.

La banqueroute *simple* entraîne un emprisonnement de un mois à deux ans; la banqueroute *frauduleuse* est punie des travaux forcés à temps.

DE L'INVENTAIRE

546. — On a vu (n° 522) que tout commerçant est tenu par la loi de faire **chaque année** un **inventaire** de tout ce qu'il possède (actif) et de tout ce qu'il doit (passif).

La date fixée pour l'inventaire doit être la même chaque année.

La plupart des commerçants font leur inventaire à la morte saison. Ceux qui tiennent un commerce de détail, et qui ne peuvent pas interrompre leur vente, le font généralement la nuit. Ils peuvent d'ailleurs sans grand inconvénient inventorier un jour ou deux à l'avance les marchandises qui se vendent peu.

547. — **L'actif** d'un inventaire comprend :

1° Le prix de l'agencement du magasin;

2° Les marchandises en magasin. On en fait le relevé très exact et on les évalue à un prix aussi rapproché que possible de la réalité, c'est-à-dire en prenant pour base le prix de *revient* et non pas le prix de *vente*;

3° L'argent en caisse et l'argent placé chez le notaire ou chez le banquier;

4° Les sommes dues par les clients de la maison;

5° Les effets à recevoir.

548. — Le **passif** comprend :

1° Les sommes dues aux fournisseurs ou au propriétaire;

2° Les effets à payer;

3° Les mauvaises créances.

MODÈLE D'INVENTAIRE

ACTIF

Marchandises en magasin............................ 15 000
En caisse 1 200
Déposé chez le notaire ou chez le banquier 3 000
Créances diverses................................. 2 400
Effets à recevoir................................. 1 800
        Total de l'actif................... 23 400 fr.

PASSIF

Dû à divers fournisseurs 8 000
Effets à payer................................. 4 000
Mauvaises créances. 500
                          12 500 fr.

             Actif.... 23 400 fr.
             Passif... 12 500

Excédant de l'actif........ 10 900 fr.
      Certifié exact et véritable.

           Beaumont, 31 avril 18...
                        L'ÉCOLIER.

Ces 10 900 francs représentent la fortune personnelle du commerçant.

Supposons que l'année précédente l'excédant de l'actif sur le passif ait été de 9 000 francs ; l'augmentation, qui est ici de 1900 francs, représente le bénéfice de la présente année.

REMARQUE. — De tous les actes commerciaux, l'inventaire est le plus grave et celui dont l'exécution défectueuse entraîne les plus fâcheuses conséquences. L'écueil principal des inventaires est la tendance qu'ont la plupart des commerçants de faire leur situation commerciale meilleure qu'elle n'est et d'augmenter l'*actif* aux dépens du passif. Cette tendance s'accentuant d'année en année (car on répugne à revenir sur des résultats acquis), on en arrive à se faire des inventaires de convention, qui ne sont en rien conformes à la réalité, et qui exposent le commerçant à d'amers déboires. *Un inventaire doit être fait avec un soin minutieux et une* **exactitude scrupuleuse**, on ne doit donner à son fonds de commerce, à ses marchandises que leur valeur réelle, et s'il y avait un *compte* à exagérer, ce serait plutôt celui du *passif* que celui de l'actif.

OBSERVATIONS ET CONSEILS.

De l'ordre. — Dans le commerce, *avoir de l'ordre* c'est savoir ce que l'on doit, ce que l'on gagne et connaître les ressources dont on dispose, de façon à ne rien entreprendre qui soit au-dessus de ses forces (ce résultat s'obtient au moyen d'inventaires exacts); c'est tenir ses livres *à jour*, c'est-à-dire au courant. Il faut aussi payer *exactement* ce que l'on doit et réclamer avec une égale exactitude ce qui est dû; mettre chaque marchandise à sa place, marquer les prix sur chaque objet, en gardant un bénéfice suffisant; enfin remplir exactement ses engagements, surveiller ses employés et leur donner l'exemple du travail. Une maison qui a de l'ordre a pour elle bien des chances de succès.

Du gain. — On doit se contenter d'un bénéfice suffisant, mais non exagéré. Il est préférable de vendre beaucoup à petit bénéfice que de vendre peu à gros bénéfice. Plus une clientèle est étendue, plus elle est sûre. Le système qui consiste à vendre à *prix fixe* et à marquer ses marchandises *en chiffres connus* est, selon nous, de beaucoup préférable aux combinaisons savantes des prix variables et des marques mystérieuses. Le public aime bien les choses claires et il redoute les surprises. En vendant à prix fixe et en faisant des chiffres que tout le monde peut lire, on manque peut-être, de loin en loin, ce qu'on appelle une *bonne affaire;* mais on inspire plus de confiance et, en fin de compte, on réussit mieux.

Comment on fait une bonne maison. — L'honnêteté, l'affabilité et la bonne qualité des marchandises sont, avec l'ordre, les premières conditions de succès. Si vous ne donnez pas le poids exact, ou si vous le donnez trop juste, le client ne reviendra pas; si vous manquez de complaisance à son égard, si la marchandise que vous lui livrez n'est pas de bonne qualité, il ira se pourvoir ailleurs. Au contraire, il reviendra si vous vous montrez désireux de lui être agréable, et si vous lui livrez de bonnes marchandises. Loin de vous quitter alors, il vous amènera de nouveaux clients.

Causes fréquentes d'insuccès. — Bien des gens ne réussissent pas dans leurs affaires, et ils s'en prennent à la dureté des temps, à la concurrence, à la stagnation des affaires, etc., etc. Ces causes d'insuccès peuvent être réelles, mais elles peuvent aussi ne pas être les seules, et l'on se garde bien d'en convenir. Souvent, un magasin mal tenu, des marchandises de mauvaise qualité, le désir de trop gagner, le défaut d'exactitude, etc., ont éloigné une clientèle qu'il eût été très prudent de s'attacher. Si avec cela on a fait des dépenses exagérées, on ne doit pas s'étonner de se trouver rapidement à bout de ressources.

Du prix des maisons de commerce. — Les maisons de commerce ont d'autant plus de valeur que leur clientèle est plus nombreuse. En général, le prix d'une maison de commerce est estimé à la somme des bénéfices nets des trois dernières années; c'est ce qu'on appelle le *pas de porte*. A cette somme il faut ajouter la valeur de l'agencement, le prix des marchandises en magasin évaluées d'un commun accord par le vendeur et par l'acheteur.

Patente. — La patente est la contribution due par tout individu qui exerce un commerce ou une industrie. La patente se compose d'un *droit fixe* et d'un droit *proportionnel.* Le droit *fixe* varie suivant l'importance de la ville et la nature du commerce exercé (il y a trois catégories). Le droit *proportionnel* est établi d'après la valeur des locaux servant à l'exercice du commerce; il s'élève ordinairement au vingtième de la valeur locative, mais il peut descendre au-dessous. Le droit proportionnel n'est pas dû dans les villes au-dessous de 20000 âmes.

Employés. — Lorsque vous prenez un employé, prenez des informations sur sa conduite et sur son honnêteté ; demandez-lui dans quelles maisons il a travaillé précédemment, et allez aux renseignements. — Traitez vos employés avec égard, faites-leur aimer votre maison pour qu'ils prennent vos intérêts ; témoignez-leur de la confiance tout en les surveillant de près. — Si vous êtes satisfait de leurs services, n'hésitez pas à améliorer leur position, c'est toujours de l'argent bien placé. — Gardez vos employés aussi longtemps que vous pourrez : de fréquents renouvellements de personnes font mauvais effet dans le public, et vous ne sauriez obtenir d'un nouveau venu les services que vous rendra un employé qui connaît votre maison, vos habitudes et votre clientèle.

Des vérifications. — On doit toujours *vérifier* les marchandises que l'on reçoit, c'est-à-dire s'assurer si la quantité et la qualité des marchandises sont telles que l'annonce la facture. A mesure que vous *reconnaissez* la livraison, vous *pointez* sur la facture, puis vous vérifiez les calculs. Vous passez alors l'écriture, et vous écrivez dans un angle de la facture le folio du journal. Ce folio indiquera que l'écriture a été passée et à quelle page vous devrez la chercher si vous avez besoin de la consulter.

Lorsque vous vous apercevez qu'un fournisseur s'est trompé à son préjudice, l'honnêteté la plus élémentaire exige que vous lui teniez compte de son erreur.

Des références. — Le 16 janvier, M. Cordier, petit marchand de drap, récemment établi dans une commune voisine, s'adresse à vous pour tout ce dont il a besoin. Cette affaire étant la première que vous traitiez avec M. Cordier, vous le priez de vous fournir quelques *références*, c'est-à-dire de vous indiquer quelques maisons de commerce avec lesquelles il ait été en relations ; vous allez alors dans ces maisons prendre des renseignements sur la *solvabilité** de votre nouveau client. Cette mesure de prudence ne saurait blesser celui qui en est l'objet, car elle est admise entre commerçants, à ce point qu'une maison qui entre en relations avec une autre fournit d'elle-même des références.

Donnez toujours une facture des ventes faites à crédit. — Le 26 janvier, madame Lambert vient faire à crédit différentes acquisitions. Vous inscrivez sur votre livre le détail de la vente, et vous remettez une facture détaillée à madame Lambert. Cette facture est la reproduction de l'écriture passée. — On doit toujours remettre une facture des ventes à crédit, c'est le seul moyen d'éviter des contestations.

Du crédit. — Évitez autant que possible de vendre à crédit, ce sont des risques à courir. — Si vous ne pouvez pas faire autrement, ne faites crédit qu'aux personnes dont la conduite régulière, les habitudes de travail sont connues. Dans tous les cas, ayez soin de faire régler le compte à des époques déterminées d'avance (chaque semaine, chaque quinzaine ou chaque mois), de manière qu'il ne s'élève pas trop haut. — Donnez une facture à chaque livraison.

Dépenses personnelles. — On a vu que la loi exige que le commerçant ne confonde pas ses dépenses personnelles (nourriture, entretien, etc.) avec les opérations commerciales. Bien qu'on ne soit tenu que d'inscrire en bloc les dépenses de chaque mois, on fera bien d'avoir un petit registre sur lequel on inscrira en détail les dépenses de chaque jour. — Le failli dont les dépenses personnelles sont jugées excessives est déclaré banqueroutier simple (no 545).

Livre de caisse. — Toutes les recettes doivent être inscrites en détail, sur un livre spécial appelé *Livre de caisse*. En regard des recettes on inscrit les dépenses. Le soir venu, on fait le total des recettes et des dépenses de la journée, et l'on vérifie son compte ; c'est ce qui s'appelle *faire sa caisse*. — L'inscription en détail du mouvement des fonds est une mesure toujours utile ; mais elle est indispensable lorsque la maison est de quelque importance et qu'on emploie des commis.

Payer comptant, c'est payer au moment où l'on reçoit la marchandise.

Payer à terme, c'est payer à une époque convenue au moment de l'achat (ordinairement à trois mois).

Payez comptant lorsqu'il y a escompte. — Payez comptant, si vous le pouvez, toutes les fois qu'il y a un escompte à gagner. Ce n'est pas d'ailleurs le seul avantage des paiements au comptant; les fournisseurs, qui sauront qu'ils sont toujours sûrs d'avoir de l'argent chez vous, seront les premiers à vous faire des offres avantageuses.

Débiter, Créditer. — Le mot *débit* correspond au mot *doit;* le mot *crédit* correspond à l'*avoir*. — *Débiter quelqu'un* d'une somme quelconque, c'est inscrire la somme à son *débit*, à son *doit*, à sa *dette*, c'est écrire qu'il *doit* la somme. — *Créditer quelqu'un* d'une somme quelconque, c'est inscrire la somme à son *crédit*, à son *avoir*.

Créances et dettes. — Vos *créances* sont les sommes qu'on vous doit; vos *dettes* sont les sommes que vous devez; vous êtes *créancier* à l'égard de vos *débiteurs;* vous êtes *débiteur* à l'égard de vos *créanciers*.

Solde d'un compte. — Le solde d'un compte est ce qui manque pour clore ce compte. Vous devez 30 francs à quelqu'un : vous lui donnez un premier acompte de 10 francs, un deuxième acompte de 15 francs, le troisième acompte (5 francs) sera pour *solde*, c'est-à-dire pour extinction de la dette. Si vous vous en teniez aux deux premiers acomptes, votre compte se *balancerait* par un **solde débiteur** de 5 francs; si au contraire votre troisième acompte était de 8 francs au lieu de 5, votre compte se *balancerait* par un *solde* **créditeur** de 3 francs.

Relevé de compte. — Un relevé de compte est l'état général du *doit* et de l'*avoir*, du *débit* et du *crédit* d'un client ou d'un correspondant. Voici, par exemple, le relevé de compte de madame Lambert.

DOIT Madame LAMBERT.

Février	3	Ma facture..................	11 fr.	30
—	28	Ma facture..................	17	10
			28 fr.	40

AVOIR.

Mars	29	Son versement à compte.....	20 fr.	
—	31	Son versement pour solde....	8	40
			28 fr.	40

Nota. — En donnant les explications qui précèdent, nous avons eu uniquement pour but de fournir quelques indications sur certains faits du commerce de détail; nous avons voulu surtout apprendre aux jeunes gens qu'ils doivent prendre note au jour le jour de toutes leurs opérations commerciales, quelle que soit, d'ailleurs, la classification qu'ils adopteront. En cela chacun suivra ses propres inspirations, et il n'y a pas pour un commerçant de meilleure manière que celle qu'il a trouvée, et à laquelle il s'est habitué. Mais ce qui est suffisant pour le petit commerce ne le serait plus pour une maison quelque peu importante : là, toutes les opérations doivent être passées d'après des règles précises, enseignées par la *tenue des livres en partie double*. Cette méthode, fort simple d'ailleurs et d'une exactitude rigoureuse, sera exposée dans le cours de *Troisième année*.

DES FACTURES

549. — Une **facture** est le tableau écrit du détail d'une vente.

Toute livraison de marchandises doit être accompagnée d'une facture.

550. — **Acquitter une facture,** c'est indiquer qu'elle a été payée. L'acquit se donne par les mots *pour acquit,* écrits au-dessous de la facture, et par la signature de celui qui acquitte. Lorsque la facture est supérieure à 10 francs, elle doit être revêtue d'un timbre mobile * de 10 centimes, que l'on colle sur la facture comme on fait d'un timbre-poste, et *sur lequel* on acquitte. C'est celui qui **doit** qui paye le timbre.

Celui qui acquitte une facture supérieure à 10 francs, sans y apposer le timbre de 10 centimes, est passible d'une amende de 50 francs.

MODÈLE DE FACTURE ACQUITTÉE

L'ÉCOLIER, Marchand drapier, à Beaumont (Seine-et-Oise)

DOIT Mme LAMBERT.

Du 26 JANVIER 18...

DÉTAIL DES MARCHANDISES LIVRÉES.	Prix de l'unité.	Prix total.
3 mètres de toile..........................	2^f	6
4 mètres de drap noir.......................	6^f	24
0^m,50 de velours de soie...................	18^f	9
		39 fr.
Timbre...	....	0 10
		39 10

TIMBRE
DE
10 centimes
Pour acquit
26 janvier 18...
L'ÉCOLIER.

MODÈLES POUR LA TENUE DES LIVRES
EN PARTIE SIMPLE

551. — **Règle unique.** On inscrit à l'**avoir** d'un compte tout ce que ce compte *donne*; on inscrit au **doit** tout ce qu'il *reçoit*.

EXEMPLE. Lebrun, avec qui je suis en compte, me vend, me remet, me donne 100 francs de marchandises; j'inscris : *Avoir Lebrun,* 100 francs de marchandises.

Je remets un acompte de 50 francs à ce même Lebrun, j'inscris : *Doit Lebrun,* mon versement acompte, 50 francs.

MODÈLE d'une page de Livre-journal

DU 2 JANVIER 18....		FR.	C.
AVOIR LEBRUN. (Acheté à Lebrun.)			
200 mètres de drap à 12 francs........................		2400	» »
DU 2			
Recettes de ce jour (vente au détail)...................		456	20
DU 3			
DOIT GILBERT. (Vendu à Gilbert.)			
100 mètres de drap à 15 francs...................	1500		
1000 mètres de toile à 2 francs...................	2000	4500	» »
400 — — à 2 fr. 50.	1000		
DU 3			
Recettes de ce jour (vente au détail)...................		385	35
DU 4			
AVOIR GILBERT. (Reçu de Gilbert.)			
A valoir sur ma facture du 3 courant....................		3000	» »
DU 4			
Recettes de ce jour (vente au détail) (voir le tableau ci-après)..		233	» »
DU 4			
DOIT LEBRUN. (Payé à Lebrun.)			
A valoir sur sa facture du 2 courant....................		1200	» »
DU 5			
Recettes de ce jour (vente au détail)...................		431	90
DU 6			
DOIT mon compte personnel.			
Prélevé pour mes dépenses personnelles...........	200	200	» »
DU 6			
Recettes de ce jour (Vente au détail)...................		625	» »
DU 7			
DOIT LEBRUN. (Remis à Lebrun.)			
Mon billet à son ordre au 12 mars....................		1200	» »
DU 7			
Recettes de ce jour (vente au détail)...................		431	» »
A reporter..............		15062	45

MODÈLE d'une page du Livre de caisse

RECETTES.   *DÉPENSES.*

	En caisse...	1835	50				
Janv. 4	Reçu de Gilbert, à valoir	3000	» »	Janv. 4	Payé à Lebrun....	1200	» »
	Vente au détail :			— 6	Prélevé pour mes		
—	3 mètres velours à 18 fr.	54	» »	—	dép. personnelles	300	» »
—	5 mètres soie à 12 fr. 50.	62	50	— 8	Payé terme janvier	300	» »
—	30 mètres calicot à 0 fr.75.	22	50	—	Payé mon commis	75	» »
—	4 mètres toile à 2 fr.....	8	» »				
—	13 mètres toile à 2 fr....	26	» »		En caisse...	3193	50
—	5 mètres drap à 12 fr....	60	» »				
		5068	50			5068	50

1er MODÈLE d'un compte au Grand-livre

DOIT LEBRUN, mon fournisseur.   *AVOIR*

Fol.du Jal.					Fol.du Jal.				
1	Janv. 4	Mon versement espèces	1200	» »	1	Janv. 2	Sa facture..	2400	» »
1	7	Mon billet au 12 mars	1200	» »	2	8	Sa facture..	615	25
14	25	Mon versement espèces	800	» »	12	21	Sa facture..	317	75
18	Fév. 3	Mon versement espèces	1000	» »	18	Fév. 3	Sa facture..	1415	» »
22	9	Mon billet à ordre....	500	» »	19	7	Sa facture..	916	» »
					39	Mars 15	Sa facture..	421	10
		Solde créditeur.	1385	10				6085	10
			6085	10		Mars 15	Créditeur à nouveau..	1385	10

2me MODÈLE d'un compte au Grand-livre

DOIT DURAND, mon client.   *AVOIR*

Fol.du Jal.					Fol.du Jal.				
12	Janv.17	Ma facture..	98	50	12	Janv.17	Son versement........	98	50
21	Févr. 7	Ma facture..	36	15	35	Mars 3	Ma traite fin avril.....	181	15
28	13	Ma facture..	145	» »	41	17	Son billet à ordre fin mai	200	» »
35	Mars 3	Ma facture..	32	75					
41	17	Ma facture..	245	35			Solde débiteur.	78	10
			557	75				557	75
	Mars 17	Débiteur à nouveau..	78	10					

SEPTIÈME PARTIE

GÉOMÉTRIE PRATIQUE[1] ET DESSIN LINÉAIRE

DÉFINITIONS

552. — Géométrie. La *Géométrie* est la science des *lignes,* des *surfaces* et des *volumes.*

553. — Dessin linéaire. Le *dessin linéaire* est l'art de tracer les *lignes* et de représenter les contours des surfaces et des volumes sans le secours des ombres ni des couleurs.

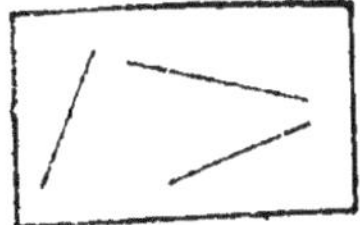

Fig. 35. Ligne droite.

554. — Ligne. La *ligne* (fig. 35) n'a qu'une seule dimension : la *longueur.*

555. — Surface. La *surface* (fig. 36) a deux dimensions : la *longueur* et la *largeur.*

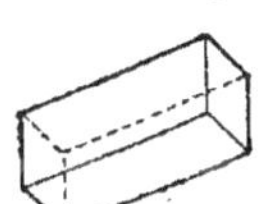

Fig. 36. Surface plane.

556. — Plan. Une surface *plane* ou *plan* (fig. 36) est une surface sur laquelle on peut appliquer une ligne droite dans toutes les directions.

557. — Volume. Le *volume* (fig. 37) a trois dimensions : la *longueur*, la *largeur* et l'*épaisseur.*

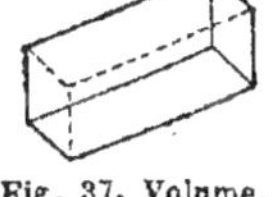

Fig. 37. Volume.

558. — Point. Le *point* n'a pas de dimensions. C'est l'extrémité d'une ligne, ou encore l'endroit A où deux lignes se coupent (fig. 38). Le point de rencontre se nomme *point d'intersection.*

Fig. 38. Point d'intersection.

559. — Angle. Un *angle* (fig. 39) est la figure formée par deux lignes droites qui se rencontrent.

Fig. 39.
Angle.

560. — Axiome. Un *axiome* est une vérité évidente par elle-même et qui n'a pas besoin d'être démontrée.

Voici les principaux axiomes :

1° La partie est plus petite que le tout.

2° Le tout est égal à la somme de ses parties.

3° Deux quantités égales à une troisième sont égales entre elles.

4° D'un point à un autre on ne peut mener qu'une seule ligne droite.

---

1. On trouvera dans *la troisième année d'Arithmétique* la démonstration de certains théorèmes que, dans ce cours élémentaire, nous avons dû nous contenter d'énoncer.

Théorème. Un *théorème* est une vérité qui a besoin d'être démontrée pour être évidente.

Corollaire. Un *corollaire* est une conséquence qui découle directement d'un théorème.

CHAPITRE PREMIER

DES LIGNES

Ligne droite, — ligne brisée, — ligne courbe.

561. — Au point de vue de la forme, la ligne est *droite*, ou *brisée*, ou *courbe*.

562. — La *ligne droite* (fig. 40) est le plus court chemin d'un point à un autre.

En général, on désigne une ligne droite par deux lettres placées aux deux extrémités; on dit : la ligne AB.

Fig. 40. Ligne droite.    Fig. 41. Ligne brisée.   Fig. 42. Ligne courbe.

563. — La *ligne brisée* (fig. 41) est une ligne composée de lignes droites.

564. — La *ligne courbe* (fig. 42) est la ligne qui n'est ni droite ni brisée.

Lignes perpendiculaires, obliques, parallèles.

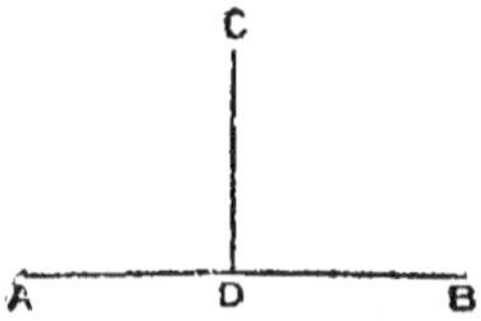

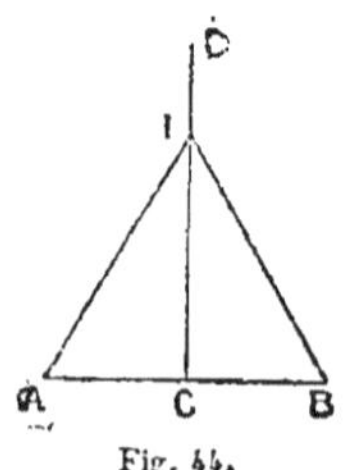

Fig. 43. Perpendiculaire.

Fig. 44.

565. — Au point de vue de leurs positions relatives, les lignes droites sont ou *perpendiculaires*, ou *obliques*, ou *parallèles*.

566. — On dit qu'une ligne droite est **perpendiculaire** sur une autre lorsqu'elle forme avec celle-ci deux angles égaux. Ces angles égaux se nomment des angles **droits**.

Ainsi la ligne CD (fig. 43), qui forme avec AB deux angles égaux, CDA et CDB, est perpendiculaire sur AB.

Le point D est le *pied* de la perpendiculaire.

567. — Si par le milieu C d'une droite AB (fig. 44) on élève une perpendiculaire CD, tout point I pris sur la perpendiculaire est *également distant des extrémités* A et B de la droite AB. AI = IB.

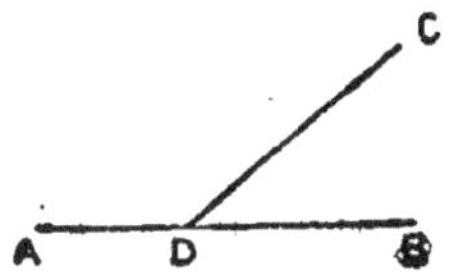

Fig. 45. Oblique.

C'est ce qu'on exprime en disant que *la perpendiculaire élevée sur le milieu d'une droite est le lieu géométrique des points également distants des deux extrémités de cette droite.*

568. — On dit qu'une ligne droite est **oblique** sur une autre lorsqu'elle forme avec celle-ci deux angles inégaux.

Ainsi la ligne CD (fig. 45) qui forme avec AB deux angles inégaux CDA et CDB, est oblique sur AB.

569. — On dit que deux droites sont **parallèles**, lorsque, situées dans le même plan et prolongées indéfiniment, elles ne peuvent se rencontrer.

Telles sont les deux lignes AB, CD (fig. 46). — Tels sont encore les deux rails d'un chemin de fer.

Fig. 46. Lignes droites parallèles.   Fig. 47. Lignes courbes parallèles.

Deux courbes sont aussi parallèles (fig. 47) lorsqu'elles sont toujours à égale distance l'une de l'autre.

Ligne verticale, — horizontale.

570. — Au point de vue de leur direction dans l'espace, les lignes peuvent être *verticales* ou *horizontales*.

571. — Une ligne est **verticale** lorsqu'elle est parallèle à la direction du *fil à plomb* (page 307) ou à la direction que suit une pierre lorsqu'elle tombe librement.

572. — Une ligne est **horizontale** lorsqu'elle est perpendiculaire à la *verticale* ou encore parallèle à la surface des eaux tranquilles.

CONSTRUCTIONS GRAPHIQUES

573. — On appelle dessin linéaire *graphique* tout dessin fait avec le secours des instruments.

Par opposition, on appelle dessin *à main levée* tout dessin fait sans le secours des instruments.

Les principaux instruments employés dans le dessin

Fig. 48. Règle plate.

linéaire sont : la *règle plate* (fig. 48), le *compas* avec ses pièces de rechange (fig. 49), le *tire-lignes* (fig. 50), l'*équerre* fig. 51), le *té* (fig. 52), et la *planchette* (fig. 53)[1].

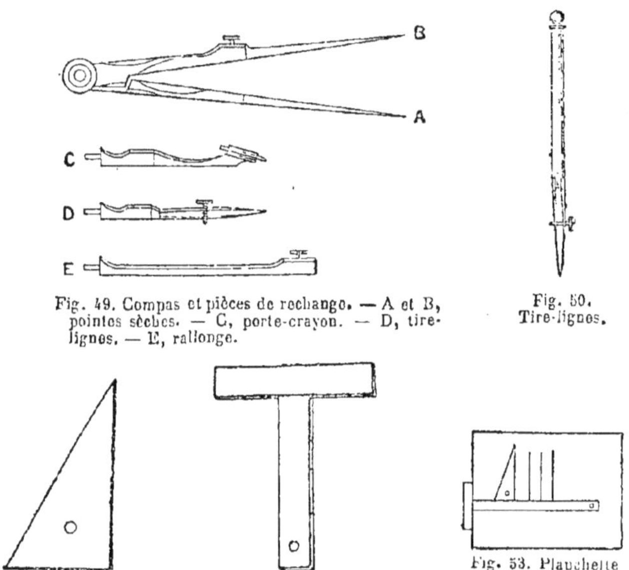

Fig. 49. Compas et pièces de rechange. — A et B, pointes sèches. — C, porte-crayon. — D, tire-lignes. — E, rallonge.

Fig. 50.
Tire-lignes.

Fig. 51. Équerre.

Fig. 52. Té.

Fig. 53. Planchette avec équerre et té.

1. Les constructions qui suivent exigent la connaissance de certains termes que nous allons définir en quelques mots dès maintenant, mais qu'on retrouvera avec de plus amples explications au chapitre de la *circonférence*.

On appelle *circonférence* une ligne courbe dont tous les points sont également distants d'un point intérieur O appelé *centre* (fig. 54).

On décrit une circonférence à l'aide du compas.

On appelle *rayon* toute ligne droite OC qui va du centre à un point quelconque de la circonférence.

Fig. 54.

On appelle *arc de cercle* une partie quelconque AB de la circonférence.

On détermine souvent un *point* par l'intersection de deux arcs de cercle (fig. 54 bis).

Fig. 54 bis.

Tracé des lignes droites.

Chacun des problèmes suivants sera exécuté à la craie sur le tableau noir, puis reproduit sur les cahiers, d'abord avec les instruments, puis à main levée.

574. — *Par un point donné* A (fig. 55) *faire passer une ligne droite.*

J'applique la règle à la hauteur du point A et je trace une ligne droite le long de la règle de manière qu'elle passe par le point donné.

Fig. 55.

575. — *Ajouter deux lignes droites* AB *et* BC (fig. 56).

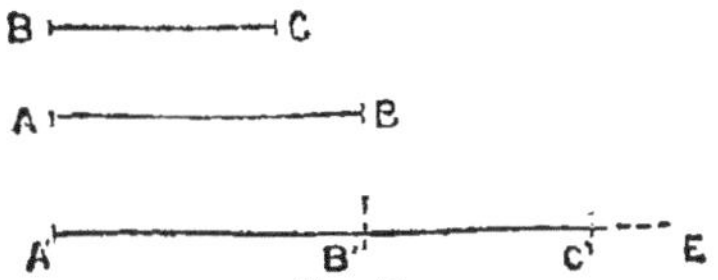

Je trace une ligne indéfinie A'E ; du point A', avec une ouverture de compas égale à AB, je prends A'B' ; du point B', avec une ouverture de compas égale à BC, je prends B'C' : la ligne A'C' sera égale à AB plus BC.

Fig. 56.

Exercice 132.

1. Faites passer plusieurs droites par un même point donné.
2. Faites passer une droite par deux points donnés.
3. Prolongez une droite déjà tracée.
4. Reconnaissez si trois points sont en ligne droite.
5. Tracez une droite égale à la somme de trois droites qui mesurent respectivement 5 millimètres, 12 millimètres, 24 millimètres.
6. Tracez une droite égale à la différence de deux droites qui mesurent : l'une, 42 millimètres; l'autre, 19 millimètres.
7. Tracez une droite de 30 millimètres, puis une seconde droite qui soit le double de la première.
8. Tracez une droite de 18 millimètres, puis une seconde qui soit le triple de la première.

Tracé des perpendiculaires.

576. — *Élever une perpendiculaire sur le milieu d'une droite donnée* AB (fig. 57).

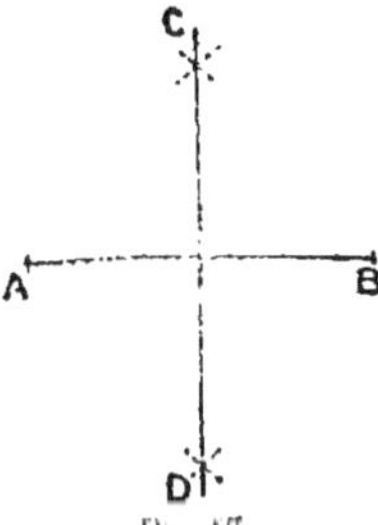

Du point A, comme centre, et avec une ouverture de compas plus grande que la moitié de AB, je décris deux arcs de cercle, l'un au-dessus, l'autre au-dessous de AB; du point B, et avec la même ouverture de compas, je décris encore deux arcs de cercle qui coupent les premiers aux points C et D. La droite CD qui passe par les deux points d'intersection est perpendiculaire sur le milieu de AB.

Fig. 57.

577. — *Élever une perpendiculaire à une droite* AB *par un point quelconque* C *pris sur cette droite* (fig. 58).

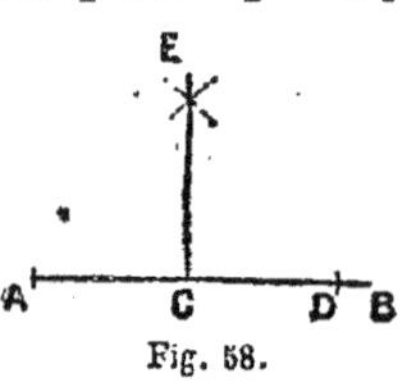

Fig. 58.

Je commence par prendre sur AB, à partir du point C, deux longueurs égales CA et CD; puis, comme dans le problème précédent, je décris, des points A et D, deux arcs de cercle qui se coupent en E; je joins le point E au point C; la droite EC est la perpendiculaire demandée.

578. — *Abaisser une perpendiculaire sur une droite* AB *d'un point* C *pris hors de cette droite* (fig. 59).

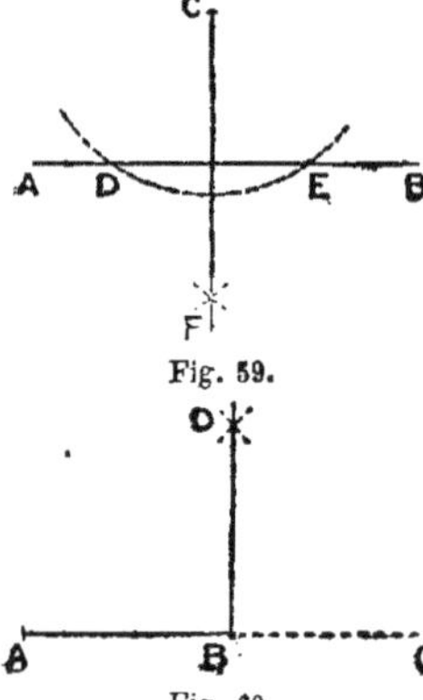

Fig. 59.

Du point C, comme centre, avec une ouverture de compas suffisamment grande, je décris un arc de cercle qui coupe AB aux deux points D et E; de chacun de ces deux points je décris deux arcs de cercle qui se coupent en F, au-dessous de AB; je joins les points C et F; la droite CF est la perpendiculaire demandée.

579. — *Élever une perpendiculaire à l'extrémité d'une droite* AB (fig. 60).

Je prolonge AB d'une longueur BC égale à AB; des points A et C je décris deux arcs de cercle qui se coupent en D; la droite DB est la perpendiculaire demandée.

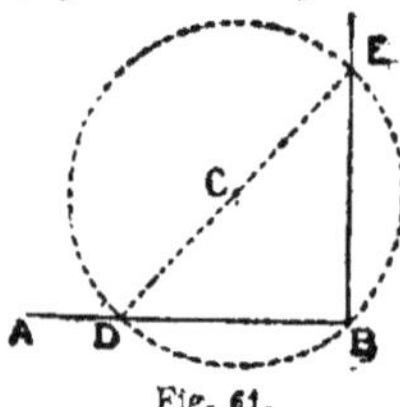

Fig. 60.

580. — *Élever une perpendiculaire à l'extrémité d'une droite* AB, *que l'on ne peut pas prolonger* (fig. 61).

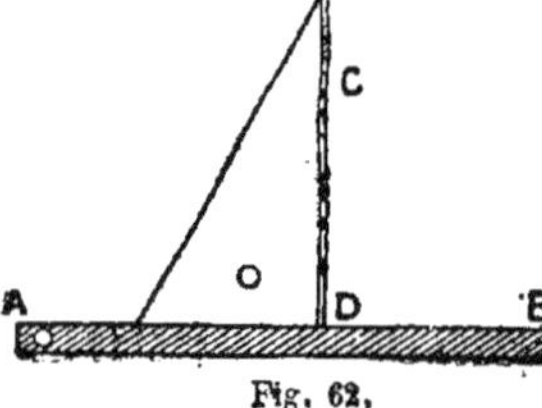

Fig. 61.

D'un point quelconque C, comme centre, avec une ouverture de compas égale à CB, je décris une circonférence qui coupe la droite AB, en un point D; je joins le point D au point C, et je prolonge DC jusqu'à la circonférence au point E; la droite EB est la perpendiculaire demandée.

EMPLOI DE L'ÉQUERRE.

581. — *Par un point donné* D *ou* C, *élever ou abaisser, au moyen de l'équerre, une perpendiculaire sur une droite* AB (fig. 62).

J'applique une règle sur la droite AB; puis je place l'un des côtés de l'angle droit de l'équerre le long de

Fig. 62.

la règle, et je fais glisser l'équerre sur la règle, jusqu'à ce que le plus grand côté de l'angle droit passe par le point donné ; la droite tracée le long de ce côté sera perpendiculaire sur AB.

Tracé des lignes parallèles.

582. — *Par le point A mener une parallèle à la droite BC.*

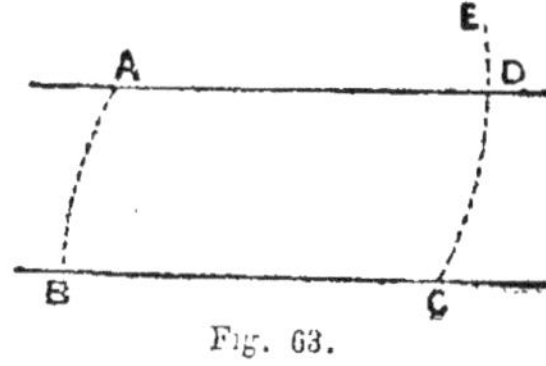
Fig. 63.

D'un point quelconque C pris sur la droite BC (fig. 63), et avec une ouverture de compas égale à CA, je décris l'arc AB ; puis du point A, avec la même ouverture de compas, je décris l'arc CE ; enfin, je prends l'arc CD égal à l'arc BA ; la droite AD est parallèle à BC.

EMPLOI DE L'ÉQUERRE.

583. — *Par le point A, mener, au moyen de l'équerre, une parallèle à la droite BC (fig. 64).*

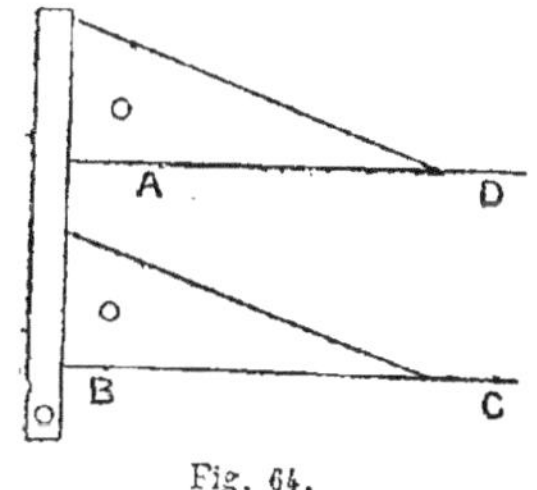
Fig. 64.

Je place l'équerre de manière que le plus grand côté de l'angle droit coïncide avec BC ; j'applique une règle contre l'autre côté de l'angle droit, puis je fais glisser l'équerre jusqu'à ce que le grand côté de l'angle droit passe par le point A. La droite AD tracée le long de ce côté sera parallèle à BC.

Fig. 65.

EMPLOI DE LA PLANCHETTE ET DU T.

584. — Lorsque la droite donnée est parallèle à un des bords de la planchette (fig. 65), il suffit de faire glisser le T le long de la planchette. Toutes les lignes tracées le long du T seront parallèles à la droite donnée.

Division des lignes droites.

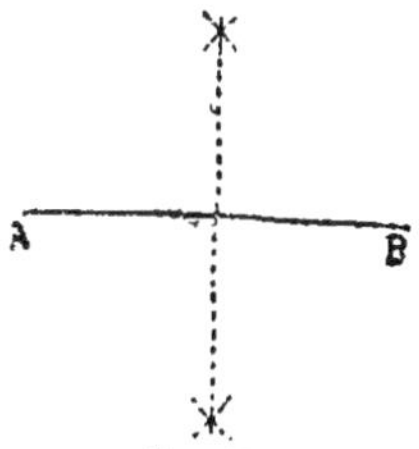
Fig. 66.

585. — *Diviser une droite AB en deux parties égales (fig. 66).*

Il suffit d'élever une perpendiculaire sur le milieu de cette droite (n° 576).

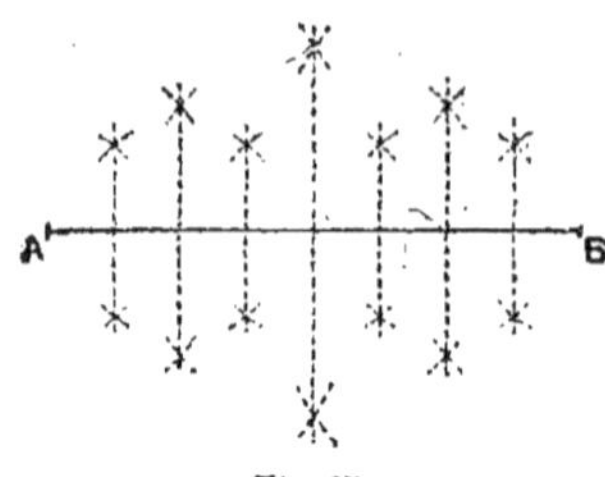

Fig. 67.

586. — *Diviser une droite* AB *en quatre, huit, seize parties égales* (fig. 67).

Je divise d'abord la droite AB en deux parties égales (n° 576), puis chaque moitié en deux parties égales, puis chacune des nouvelles parties en deux parties égales, et ainsi de suite.

587. — *Diviser une droite* AB *en un nombre quelconque de parties égales* (fig. 68).

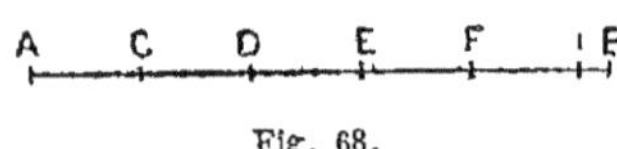

Fig. 68.

PREMIER PROCÉDÉ. — Soit à diviser la droite AB en cinq parties égales.

Je prends une ouverture de compas qui paraisse, à vue d'œil, à peu près le cinquième de AB, et je porte cette longueur 5 fois de suite de A en B. En général la cinquième division ne tombera pas au point B. Supposons qu'elle tombe au point I : j'augmente légèrement l'ouverture du compas, et je recommence l'opération jusqu'à ce qu'elle réussisse exactement.

Le même procédé s'applique à la division d'un arc.

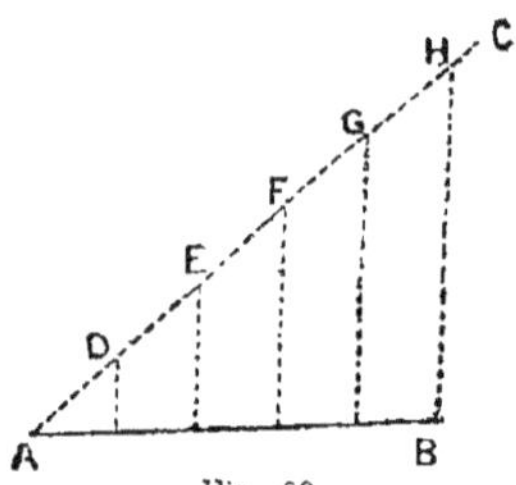

Fig. 69.

588. — DEUXIÈME PROCÉDÉ. — Soit à diviser la droite AB en cinq parties égales (fig. 69).

Je mène une droite quelconque AC, et je prends sur cette droite cinq fois une longueur quelconque A D, j'obtiens ainsi cinq points de division D, E, F, G, H ; je joins le dernier point de division H au point B, et par chacun des points de division je mène des parallèles à HB ; ces parallèles divisent la droite AB en cinq parties égales.

APPLICATIONS PRATIQUES

Comment on trace une ligne droite.

1° SUR UNE PLANCHE

589. — Pour tracer une ligne droite sur une planche ou sur une poutre qu'on veut scier, on se sert d'une longue règle et souvent aussi d'une ficelle poudrée de blanc, de rouge ou de noir.

La ficelle étant fortement tendue (fig. 70), on la soulève
par le milieu et on la lâche brusquement. La ficelle vient

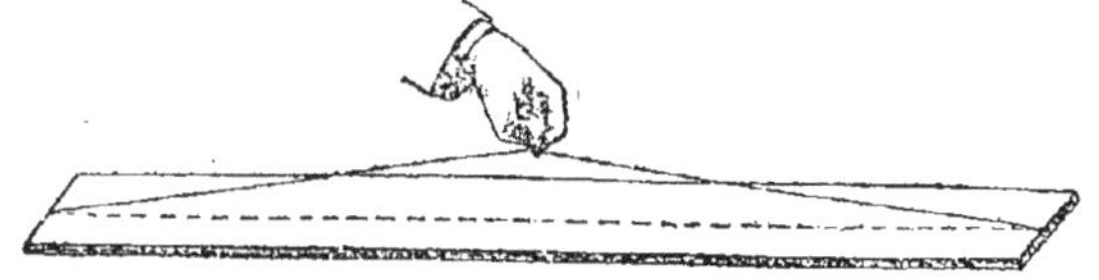

Fig. 70. La ficelle cingle la planche et trace une ligne droite.

cingler la planche et trace une ligne droite qui sert de guide
à la scie.

2° SUR LE TERRAIN

590. — Pour les longueurs ordinaires, on se sert du
cordeau (fig. 71). Les jardiniers tracent toutes leurs lignes
droites au moyen du cordeau.

Pour les lignes de grande dimension, telles que les lignes
tracées par les arpenteurs pour mesurer la surperficie des
terrains, on se sert de *jalons*.

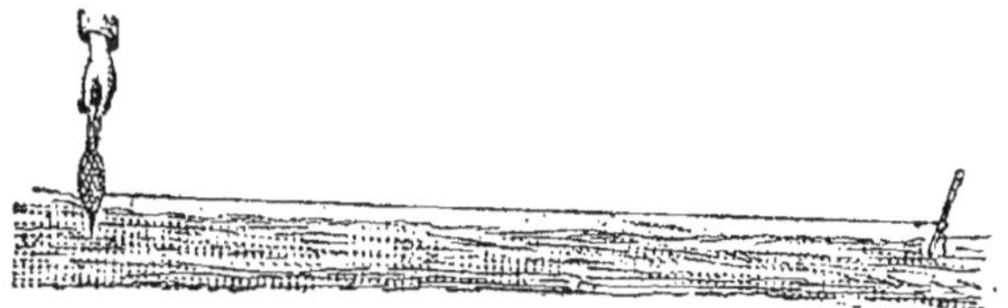

Fig. 71. Tracé d'une ligne droite au cordeau.

591. — Le *jalon* (fig. 72) est une baguette de 1^m,50 environ. Par le pied, elle est taillée en pointe, afin qu'on puisse
l'enfoncer dans la terre ; en tête, elle est munie d'un morceau
de carte appelé *mire*, qui permet d'apercevoir le jalon à
distance.

Soit à jalonner la ligne AB (fig. 72).

Fig. 72. Tracé des lignes droites sur le terrain, à l'aide de jalons.

L'arpenteur plante un premier jalon en A, puis un second

en B. Cela fait, se plaçant en **M**, un peu en avant du jalon **A**, il vise dans la direction du jalon **B**, et fait planter les jalons **D**, **E**, de manière que les quatre jalons soient juste sur le même alignement.

592. — Pour **mesurer** une ligne droite sur le terrain, on se sert de la *chaine d'arpenteur*, appelée aussi *décamètre-chaine* et de petites tiges de fer appelées *fiches*.

Le **décamètre-chaîne**, ainsi que son nom l'indique, est une chaîne de fer qui a *dix* mètres de longueur.

Cette chaîne (fig. 73) se compose de 50 *chaînons* de 20 centi-

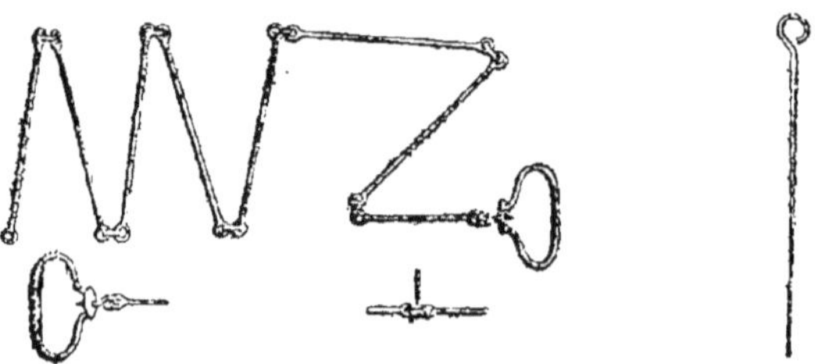

Fig. 73. Décamètre-chaîne.   Fig. 74. Fiche.

mètres de longueur chacun, réunis entre eux par de petits anneaux.

La chaîne se termine à chaque extrémité par une *poignée* dont la longueur est comprise dans celle du dernier chaînon.

593. — Les *fiches* (fig. 74) sont de petites tiges de fer, de 40 centimètres environ, terminées en pointe d'un côté, et arrondies en anneau de l'autre.

Les fiches sont au nombre de *dix*.

Soit à mesurer la ligne AB, qu'on a préalablement jalonnée (fig. 75).

Fig. 75. Comment on mesure une ligne droite sur le terrain.

L'arpenteur, placé en **A**, y applique une des poignées de la chaîne. Son aide, tenant en main l'autre poignée et muni des dix fiches, marche en avant, tend la chaîne et plante une première fiche en **C**.

Cela fait, l'arpenteur et son aide marchent en avant. Arrivé en **C**, l'arpenteur s'arrête, tandis que l'aide plante en D une deuxième fiche.

L'arpenteur, en se relevant, prend la fiche C et marche de nouveau. Arrivé en D, il s'arrête, tandis que l'aide plante en E une troisième fiche.

L'arpenteur, en se relevant, prend la fiche D et marche encore. Arrivé en E, il s'arrête. Pendant ce temps l'aide a atteint le terme B de l'opération.

L'arpenteur, en se relevant, prend la fiche E, puis il mesure la fraction de chaîne comprise entre la fiche E et le point B, soit : 7^m,50.

L'opération est terminée. L'arpenteur a entre les mains 3 fiches qui représentent chacune 10 mètres : $10^m \times 3 = 30^m$, auxquels il ajoute 7^m,50. En tout, 37^m,50.

Comment on construit suivant la verticale.

DU FIL A PLOMB

594. — Il importe beaucoup que les maçons et les charpentiers établissent leurs constructions suivant la verticale; sinon, murs, maisons et charpentes ne tarderaient pas à s'écrouler.

Pour établir une construction suivant la verticale, autrement dit *d'aplomb*, on fait usage du *fil à plomb*.

595. — Le **fil à plomb** (fig. 76) se compose tout simplement d'un fil à l'extrémité duquel est attaché un petit bloc de plomb ou de cuivre.

Si l'on suspend librement le plomb, la direction marquée par le fil est la **verticale**.

Fig. 76. Le fil à plomb donne la verticale.

Comment on construit suivant l'horizontale.

NIVEAU DE MAÇON

596. — Pour établir une construction dans une position horizontale, on se sert du *niveau de maçon* (fig. 77).

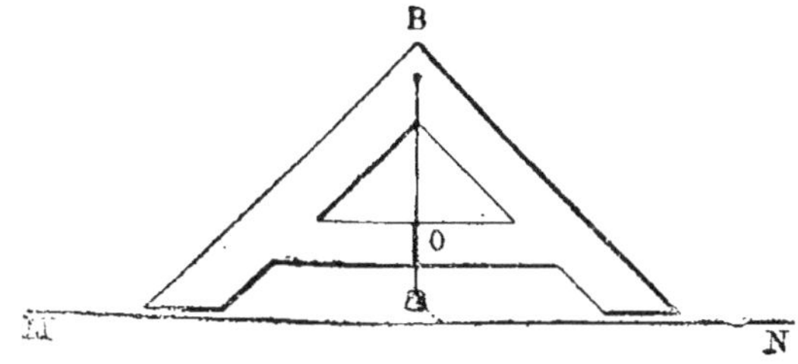

Fig. 77 Le niveau de maçon donne l'horizontale.

Le **niveau de maçon** est une sorte de triangle en bois, au sommet B duquel est attaché un *fil à plomb*.

L'instrument étant posé sur une construction, sur une ligne MN, par exemple, celle-ci est horizontale quand le fil à plomb tombe juste sur une petite marque tracée en O et qu'on nomme *ligne de foi*.

Fig. 78. Niveau rectangulaire.

Le niveau a souvent la forme d'un rectangle (fig. 78).

NIVEAU A BULLE D'AIR

597. — Le **niveau à bulle d'air** est souvent employé pour établir une planche, une pierre, etc., dans le sens horizontal.

Le niveau à bulle d'air (fig. 79) se compose d'un tube en verre CD, légèrement convexe, enchâssé dans une monture de métal. Le tube de verre est plein d'un liquide coloré,

Fig. 79. Le niveau à bulle d'air donne aussi l'horizontale.

sauf un petit espace qu'on laisse vide. Ce petit espace vide forme ce qu'on appelle la *bulle d'air*. L'instrument est disposé de telle sorte que lorsque la bulle d'air vient s'arrêter entre deux points de repère A et B, tracés sur le verre, le niveau est dans une position horizontale.

NIVEAU D'EAU

598. — Supposons qu'il faille percer une route horizontale AB au travers d'un terrain inégal (fig. 80). On a besoin

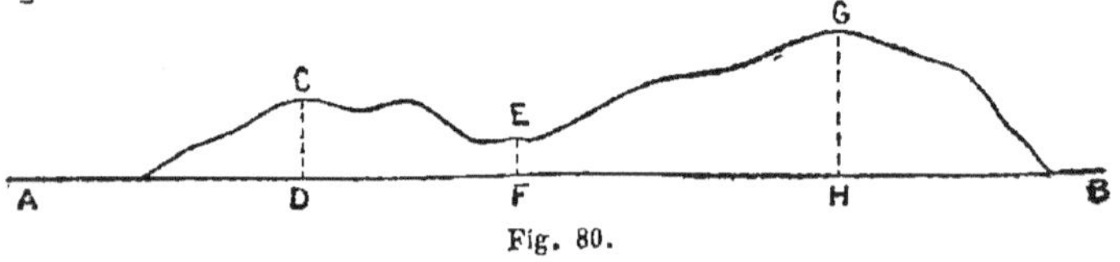

Fig. 80.

de savoir quelle épaisseur de terre CD, EF, GH il faudra enlever, en d'autres termes, on a besoin de savoir de quelle distance les différents points C, E, G du terrain sont élevés au-dessus de la ligne horizontale AB. L'opération par laquelle on obtient ce résultat est le *nivellement*.

Pour exécuter une opération de nivellement, on se sert d'un instrument appelé *niveau d'eau* et d'une règle appelée *mire*.

599. — Le **niveau d'eau** (fig. 81) se compose d'un tube en cuivre ou en fer blanc AB, de 1^m,30 de longueur environ, recourbé à angle droit à ses deux extrémités et terminé par deux fioles de verre, C et D. Si l'on remplit d'eau le tube, de façon que l'eau apparaisse dans les fioles de verre, la ligne de visée MM', passant par les deux niveaux, sera toujours horizontale. L'instrument est supporté par un pied à trois branches.

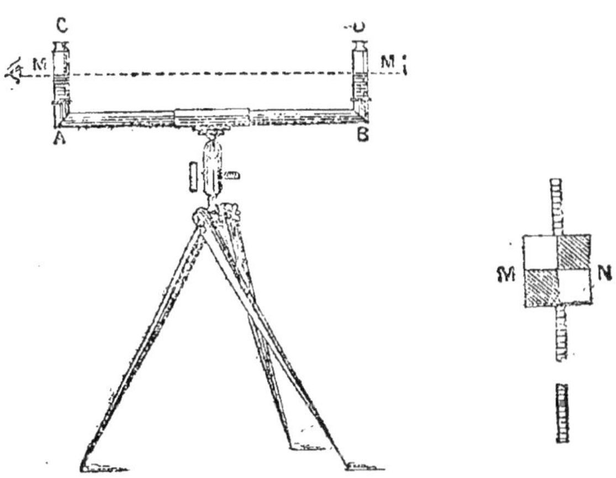

Fig. 81. Niveau d'eau.　　　　Fig. 82. Mire.

600. — La *mire* (fig. 82) est une règle en bois de 2 ou de 4 mètres de longueur. Elle est divisée en centimètres, et elle porte une plaque carrée MN appelée *voyant*, qui peut glisser sur la règle, et qu'on fixe à volonté à l'aide d'une vis de pression. Le voyant est divisé en quatre carrés égaux, dont deux sont peints en rouge et deux en blanc, de façon à rendre visible de loin la ligne MN appelée *ligne de mire*.

Soit à trouver la différence de niveau entre le point A et le point B (fig. 83). On place le niveau entre A et B, au point S, et l'on fait porter par un aide la mire au point A. L'opérateur vise alors de C en D et fait élever le voyant jusqu'à ce que la ligne de mire soit à la hauteur de la ligne de visée CD. A ce moment on lit sur la mire la hauteur DA ; supposons qu'elle soit de 2^m.20.

L'opérateur fait porter alors la mire au point B ; il vise de E en F, et il fait abaisser le voyant jusqu'à ce que la ligne de miré soit à la hauteur de la ligne de visée EF. On lit sur la mire la hauteur BF ;

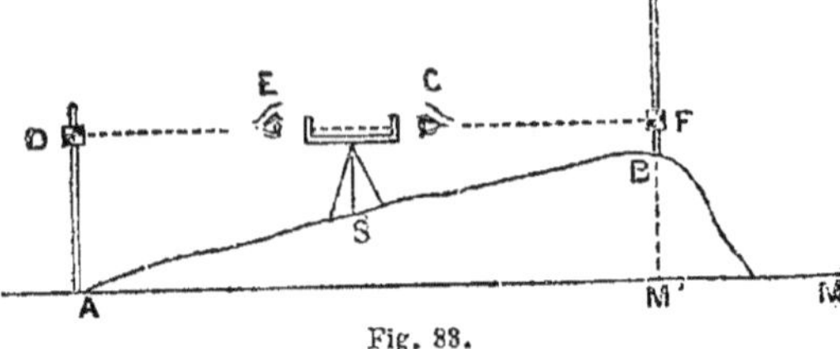

Fig. 83.

supposons qu'elle soit de 0^m,30. Si l'on retranche 0^m,30 de 2^m,20, le reste, 1^m,90, représentera la différence de niveau qui existe entre le point A et le point B.

Cette différence 1^m,90 est aussi appelée la *cote* du point B.

Comment on élève des perpendiculaires à une droite.

1° SUR LES SURFACES DE DIMENSIONS MOYENNES

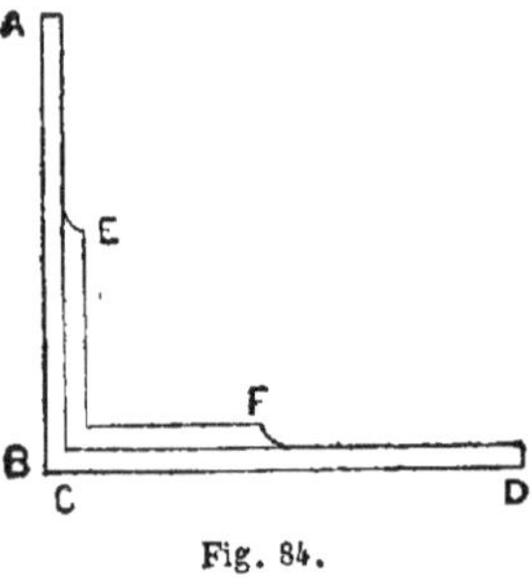

Fig. 84.

601. — Lorsque les dimensions de la surface sur laquelle on veut élever une perpendiculaire à une droite ne sont pas considérables, on peut employer le procédé indiqué au n° 577. Dans ce cas on remplace le compas par un cordeau.

602. — On se sert souvent aussi de deux règles en bois AB, CD (fig. 84), qu'on place à angle droit à l'aide d'une grande équerre EF.

2° SUR LE TERRAIN. — ÉQUERRE D'ARPENTEUR

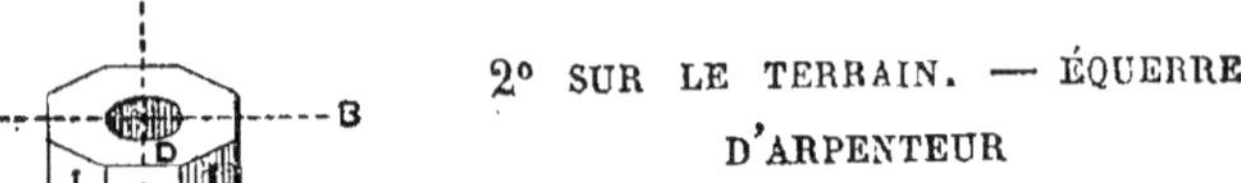

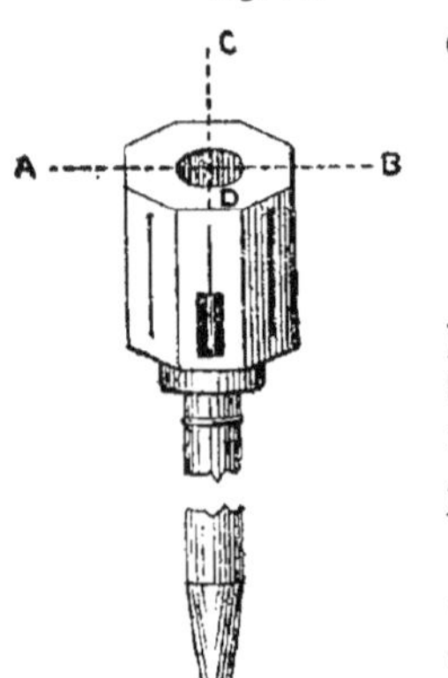

Fig. 85. Équerre d'arpenteur.

603. — Lorsqu'il s'agit de tracer des perpendiculaires sur le terrain, on se sert de *jalons* et d'une équerre de forme spéciale, appelée *équerre d'arpenteur* (fig. 85).

L'équerre d'arpenteur se compose d'une boîte en cuivre octogonale (huit côtés), vissée à l'extrémité d'un bâton de 1^m,50 environ, et qu'on fixe en terre de façon que la boîte en cuivre ou équerre se trouve à la hauteur de l'œil de l'opérateur.

Quatre[1] des faces de l'équerre sont percées d'une fenêtre appelée *pinnule*, que traverse verticalement un fil fin. Ces quatre faces sont perpendiculaires deux à deux, de telle sorte que les lignes de visée AB, CD, menées par les pinnules correspondantes, sont également perpendiculaires l'une sur l'autre.

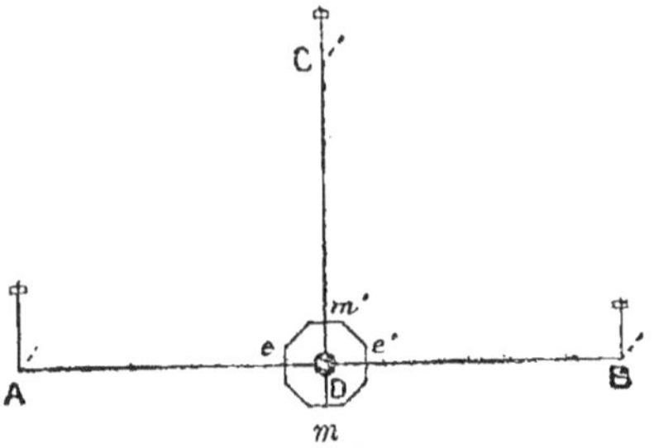

Fig. 86.

Soit donc à mener, par le point D, une perpendiculaire sur la droite AB (fig. 86). L'opérateur plante l'équerre au point D et il fait tourner l'instrument jusqu'à ce que, regardant par les pinnules *e*, *e′*, il aperçoive les jalons placés en A et en B. A ce moment, il vise par les pinnules *m*, *m′* et fait placer un jalon en un point quelconque C de la ligne de visée. La droite CD ainsi déterminée est perpendiculaire sur AB.

CHAPITRE II

DES ANGLES

604. — On a vu (n° 559) qu'un **angle** (fig. 87) est la figure formée par deux lignes droites qui se rencontrent.

Le point de rencontre A est le *sommet* de l'angle.

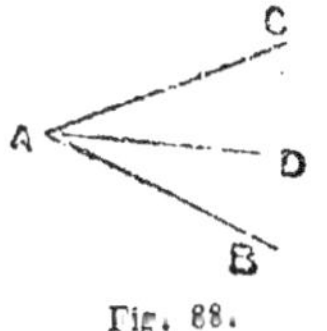
Fig. 87.

Les lignes AB, AC sont les *côtés* de l'angle.

605. — On désigne un angle par la lettre placée au sommet. Ainsi l'on dit : l'angle A.

606. — Si le sommet est commun à plusieurs angles (fig. 88), on désigne chaque angle par trois lettres, en ayant soin de placer au milieu la lettre du sommet.

Fig. 88.

Ainsi l'on dit : l'angle BAD et l'angle DAC.

607. — Les angles sont *droits, aigus,* ou *obtus.*

---

1. Pour plus de simplicité nous ne parlerons que de *quatre* faces, bien que l'instrument en ait *huit.*

17.

608. — Angle droit. Un angle *droit* (fig. 89) est un angle formé par deux perpendiculaires.

Un angle droit vaut 90° ; lisez : 90 degrés.

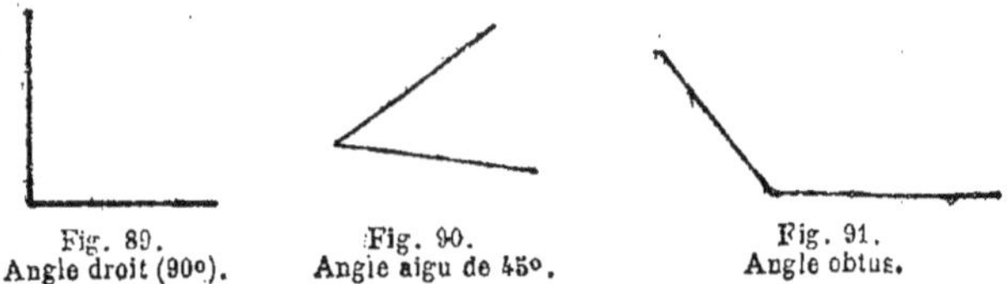

Fig. 89.
Angle droit (90°).

Fig. 90.
Angle aigu de 45°.

Fig. 91.
Angle obtus.

609. — Angle aigu. Un angle *aigu* (fig. 90) est un angle plus *petit* qu'un angle droit.

Un angle aigu vaut moins de 90°.

610. — Angle obtus. Un angle *obtus* (fig. 91) est un angle plus *grand* qu'un angle droit.

Un angle obtus vaut plus de 90°.

Angles adjacents. — Angles opposés par le sommet.

611. — Angles adjacents. Deux angles sont *adjacents* (fig. 92), lorsqu'ils un côté commun, et qu'ils sont situés de part et d'autre de ce côté commun.

Ainsi les angles CAD et DAB (fig. 92) qui ont le côté AD commun et qui sont situés l'un à droite, l'autre à gauche du côté AD, sont des angles *adjacents*.

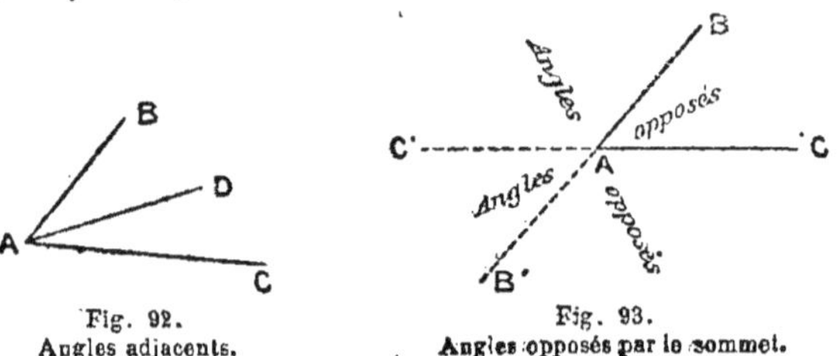

Fig. 92.
Angles adjacents.

Fig. 93.
Angles opposés par le sommet.

612. — Angles opposés par le sommet. Deux angles sont *opposés par le sommet*, lorsque les deux côtés de l'un sont les prolongements des deux côtés de l'autre.

Ainsi les angles BAC, B'AC' (fig. 93)[1], formés par les deux droites prolongées AC et AB, sont *opposés par le sommet ;* il en est de même des angles B'AC et C'AB.

---

1. Le signe ′ s'énonce *prime*, le signe ″ s'énonce *seconde*. Ainsi B'AC' s'énonce : B prime, A, C prime ; de même B″ C″ s'énoncerait : B seconde C seconde.

Angles égaux. — Angles complémentaires.
Angles supplémentaires.

613. — Deux angles sont *égaux*, lorsqu'ils peuvent se superposer. Tels sont les angles A et A' (fig. 94).

614. — Deux angles sont *complémentaires*, lorsqu'ils valent ensemble *un* angle droit ou 90°. Tels sont les angles DAC, et CAB (fig. 95).

615. — Deux angles sont *supplémentaires*, lorsqu'ils valent ensemble *deux* angles droits ou 180°. Tels sont les angles ACD et DCB (fig. 96).

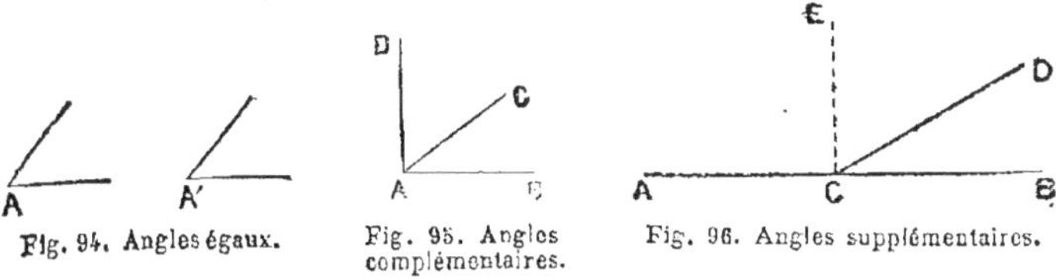

Fig. 94. Angles égaux.   Fig. 95. Angles complémentaires.   Fig. 96. Angles supplémentaires.

616. — Lorsqu'une droite rencontre une autre droite, elle forme avec celle-ci deux angles supplémentaires.

En effet, si par le point C (fig. 96), j'élève une perpendiculaire CE, je vois que les deux angles ACD et DCB occupent le même espace que les deux angles droits ACE et ECB.

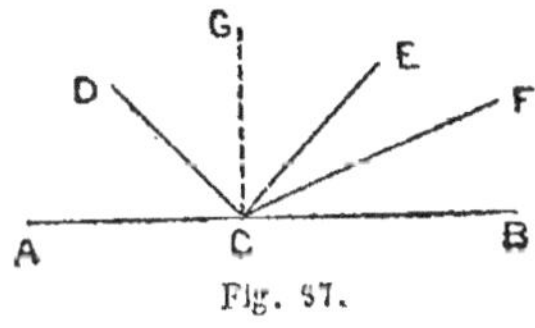

Fig. 97.

617. — Si par le point C (fig. 97) d'une droite AB, et du même côté de AB, on mène plusieurs droites, la somme de tous les angles ainsi formés est encore égale à deux angles droits.

En effet, si par le point C j'élève une perpendiculaire CG, je vois que les angles ACD, DCE, ECF, FCB occupent le même espace que les deux angles droits ACG, GCB.

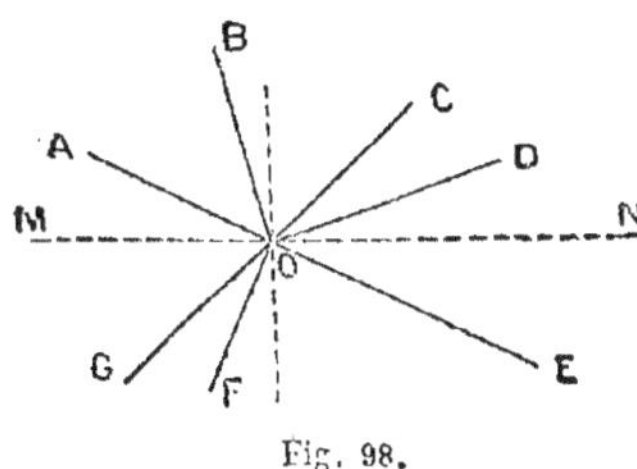

Fig. 98.

618. — Tous les angles formés autour d'un même point O valent quatre angles droits (fig. 98).

Car si on mène une droite quelconque MN par le point O, tous les angles formés d'un côté de cette droite vaudront deux droits (n° 617), et tous les angles formés de l'autre côté de la droite vaudront aussi deux droits : en tout quatre angles droits.

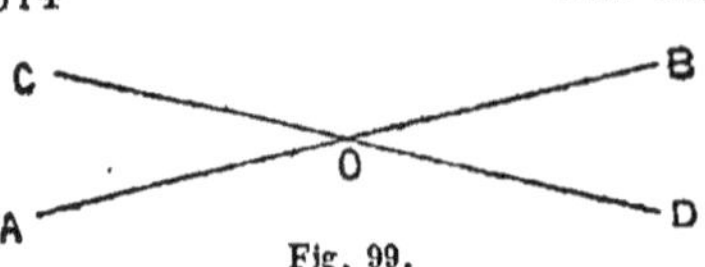
Fig. 99.

619. — Lorsque deux droites se coupent, les angles opposés par le sommet sont égaux.

Les angles aigus A O C et B O D (fig. 99) sont égaux ; les angles obtus COB et AOD sont égaux.

Angles curvilignes, — rectilignes.

620. — On appelle angle *curviligne* (fig. 100 et 101) un angle formé par deux lignes courbes.

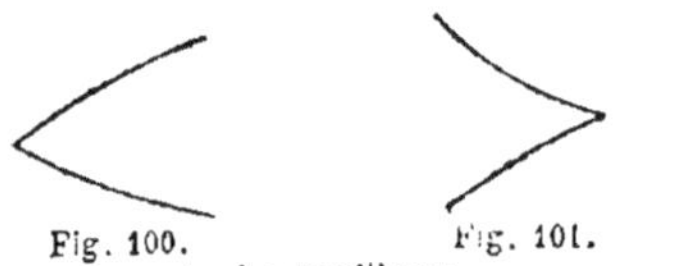
Fig. 100.   Fig. 101.
Angles curvilignes.

Fig. 102.
Angle rectiligne.

621. — Par opposition on appelle quelquefois angle *rectiligne* (fig. 102) un angle formé par deux lignes droites.

Propriété de la bissectrice d'un angle.

622. — On appelle *bissectrice* d'un angle ABC (fig. 103), la droite BD qui divise cet angle en deux parties égales.

Si on mène la bissectrice BD d'un angle ABC :

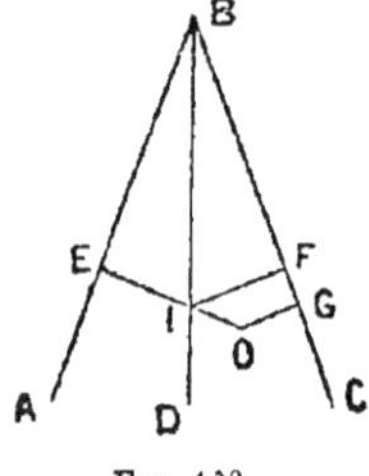
Fig. 103.

1° Tout point I de cette bissectrice est également éloigné des deux côtés de l'angle.

$$IE = IF$$

Les deux droites IE, IF sont perpendiculaires sur les côtés de l'angle.

2° Tout point O pris hors de la bissectrice est inégalement éloigné des deux côtés de l'angle

$$OE > OG^1.$$

---

1. Le signe $>$ s'énonce *plus grand que :* OE *plus grand que* OG ; le signe $<$ s'énonce *plus petit que :* OG $<$ OE, lisez : OG *plus petit que* OE.

CONSTRUCTIONS GRAPHIQUES

Construction des angles.

623. — *Construire sur une droite* AB, *en un point donné* A, *un angle égal à un angle donné* C (fig. 104).

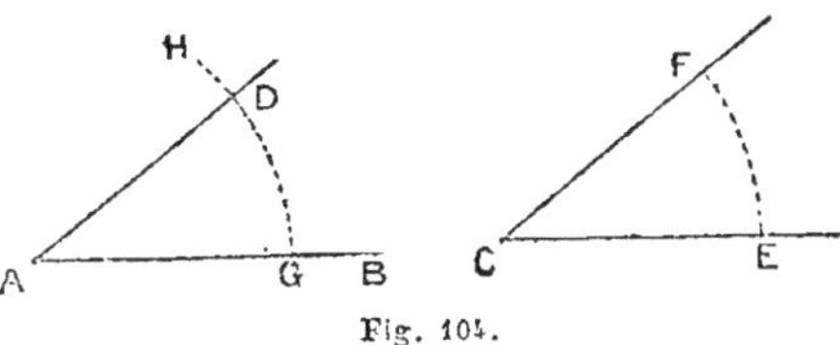

Fig. 104.

Du point C, avec une ouverture de compas quelconque, je décris un arc de cercle EF compris entre les deux côtés de l'angle donné C; du point A, avec le même rayon, je décris l'arc indéfini GH; je prends sur GH un arc GD égal à l'arc EF, et je joins le point A au point D. L'angle DAG sera égal à l'angle donné C.

Division des angles.

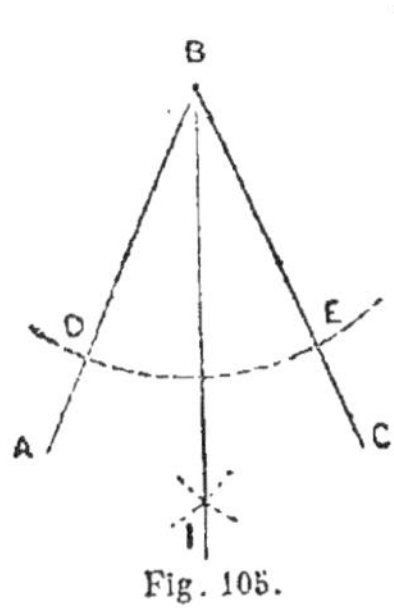

Fig. 105.

624. — *Diviser un angle* ABC *en deux parties égales, ou mener la bissectrice* BI *de cet angle* (fig. 105).

Du point B, avec une ouverture de compas quelconque, je décris l'arc DE; des points D, E, je décris deux arcs qui se coupent au point I. Je joins BI; la droite BI est la bissectrice demandée.

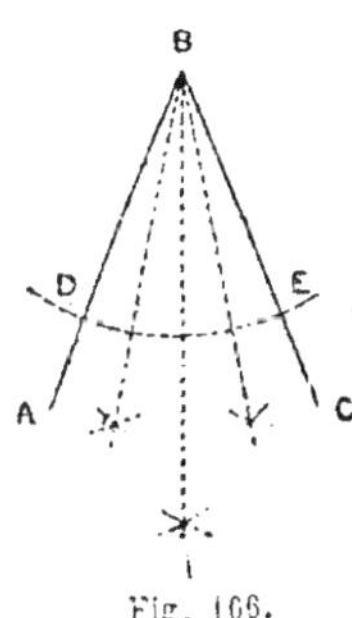

Fig. 106.

625. — *Diviser un angle* ABC *en quatre, huit, seize parties égales* (fig. 106).

Je divise d'abord l'angle ABC en deux parties égales (n° 624), puis chaque moitié en deux parties égales; puis chacune des nouvelles parties en deux parties égales, et ainsi de suite.

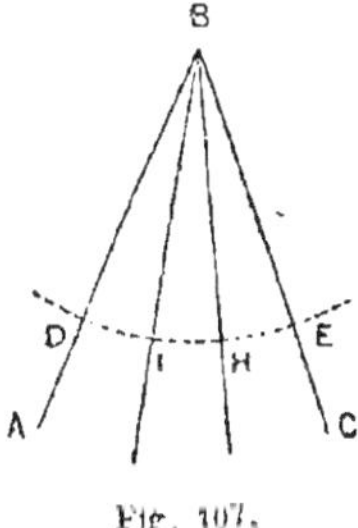

Fig. 107.

626. — *Diviser un angle* ABC *en un nombre quelconque de parties égales* (fig. 107).

Du sommet B, je décris un arc DE; je partage cet arc en trois parties égales (n° 587), et je joins les points de division au sommet B; les droites BI, BH, diviseront l'angle ABC en trois parties égales.

APPLICATION PRATIQUE

Comment on construit d'équerre.

627. — Construire **d'équerre**, c'est construire suivant un angle droit. Les angles des murs, des maisons, des fenêtres, des portes, doivent être d'équerre.

628. — Pour construire d'équerre, les maçons, les menuisiers, les charpentiers, se servent d'une équerre évidée, en bois, ou en fer (fig. 108).

Ils emploient également, dans le même but, le fil à plomb et le niveau.

Fig. 108. Équerre de charpentier.

CHAPITRE III

DES TRIANGLES

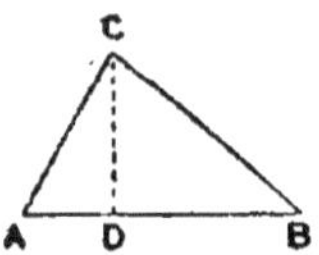

Fig. 109. CD est la hauteur.

629. — Un **triangle** (fig. 109) est une surface terminée par trois lignes droites.

Les trois lignes droites AB, BC, CA forment les trois *côtés* du triangle.

Les trois angles formés par l'intersection des lignes droites sont les trois angles du triangle, et les sommets de ces trois angles sont les sommets du triangle.

On désigne un triangle par les trois lettres placées aux trois sommets : ainsi l'on dit le triangle ABC.

630. — **Hauteur.** *La hauteur d'un triangle est la perpendiculaire* CD (fig. 109) *abaissée d'un des sommets du triangle sur le côté opposé* AB, *pris comme base.*

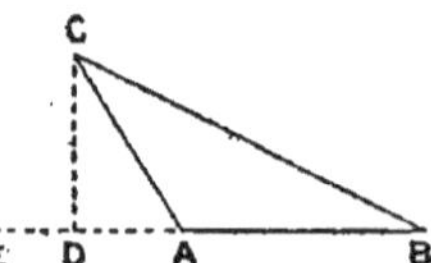

Fig. 10. CD est la hauteur.

Dans certains cas (fig. 110), la perpendiculaire CD tombe en dehors du triangle, sur le prolongement AE de la base ; cette perpendiculaire est encore la *hauteur* du triangle.

631. — *La somme de trois angles d'un triangle quelconque est égale* **à deux angles droits** *ou* **180°**.

Différentes sortes de triangles.

632. — On distingue différentes sortes de triangles : le triangle *isocèle*, le triangle *équilatéral*, le triangle *rectangle* et le triangle *scalène*.

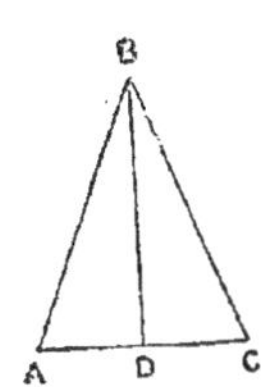
Fig. 111.
Triangle isocèle.

633. — **Triangle isocèle.** Un triangle *isocèle* (fig. 111) est un triangle qui a deux côtés égaux, BA et BC.

L'angle B est le sommet du triangle; le côté AC en est la base.

634. — Dans un triangle isocèle, les angles opposés aux côtés égaux sont égaux.

Ainsi les angles A et C, opposés aux côtés égaux BC et BA, sont égaux.

635. — Dans un triangle isocèle, la perpendiculaire BD abaissée du sommet sur la base partage celle-ci en deux parties égales AD et DC.

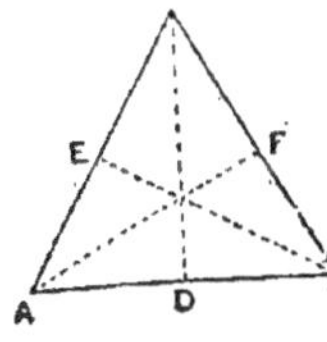
Fig. 112.
Triangle équilatéral.

636. — **Triangle équilatéral.** Un triangle *équilatéral* (fig. 112) est un triangle qui a ses trois côtés égaux.

637. — Dans un triangle équilatéral, les trois angles sont égaux et les trois hauteurs sont égales.

Ainsi les angles A, C, B sont égaux et les trois hauteurs BD, AF, CE sont égales.

638. — Dans un triangle équilatéral, toute perpendiculaire BD abaissée de l'un des sommets sur la base opposée AC partage celle-ci en deux parties égales AD et DC.

639. — **Triangle rectangle.** Un triangle *rectangle* (fig. 113) est un triangle dont l'un des angles, C, est droit.

Le côté AB, opposé à l'angle droit, se nomme *hypoténuse*.

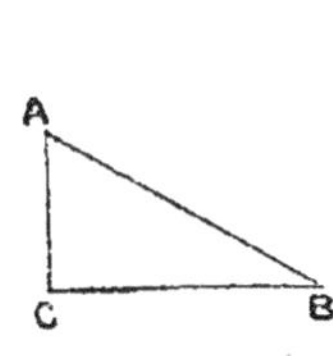
Fig. 113.

Fig. 114.
Triangles rectangles.

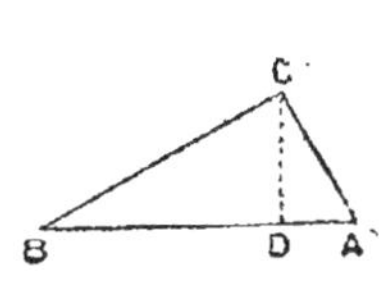
Fig. 115.

640. — Dans un triangle rectangle, si l'on prend pour base le côté CB adjacent à l'angle droit (fig. 113), l'autre côté

AC est la hauteur; si, au contraire, on prend pour base le côté CA (fig. 114), la hauteur est l'autre côté BC; si enfin on prend pour base l'hypoténuse BA (fig. 115), la hauteur est la perpendiculaire CD abaissée de l'angle droit sur l'hypoténuse.

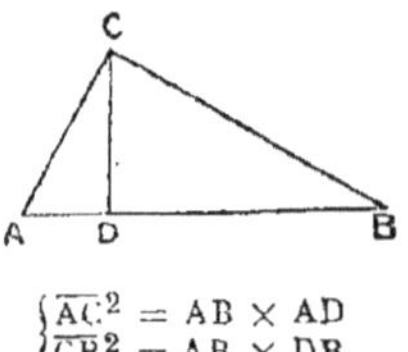

$$\overline{AC}{}^2 = AB \times AD$$
$$\overline{CB}{}^2 = AB \times DB$$
$$\overline{CD}{}^2 = AD \times DB$$
$$\overline{AB}{}^2 = \overline{AC}{}^2 + \overline{CB}{}^2$$

Fig. 116.

641. — Dans un triangle rectangle, la somme des deux angles *aigus* A et B est égale à un angle *droit* (n° 631).

642. — **Propriétés du triangle rectangle.** Si du sommet de l'angle droit d'un triangle rectangle on abaisse une perpendiculaire CD sur l'hypoténuse (fig. 116) :

1° *Le carré de chacun des côtés de l'angle droit est égal au produit de l'hypoténuse par le segment adjacent :*

$$\overline{AC}{}^2 = AB \times AD \; ; \; \text{d'où} \; AC = \sqrt{AB \times AD}$$

$$\overline{CB}{}^2 = AB \times DB \; ; \; \text{d'où} \; CB = \sqrt{AB \times DB}$$

Chacun des côtés de l'angle droit est donc **moyenne proportionnelle** *entre l'hypoténuse entière et le segment adjacent.*

2° *Le carré de la perpendiculaire est égal au produit des deux segments de l'hypoténuse :*

$$\overline{CD}{}^2 = AD \times DB, \; \text{d'où} \; CD = \sqrt{AD \times DB} \, ;$$

la perpendiculaire est donc **moyenne proportionnelle** *entre les deux segments de l'hypoténuse.*

643. — *Le carré de l'hypoténuse d'un triangle rectangle est égal à la somme des carrés des deux autres côtés :*

$$\overline{AB}{}^2 = \overline{AC}{}^2 + \overline{CB}{}^2 \; ; \; \text{d'où} \; AB = \sqrt{\overline{AC}{}^2 + \overline{CB}{}^2}.$$

EXEMPLE. — Soit un triangle rectangle dont les deux côtés de l'angle droit AC et CB sont respectivement égaux à 3 mètres et à 4 mètres; on veut trouver l'hypoténuse AB, les deux segments AD et DB, et la perpendiculaire CD :

On a : 1° $AB = \sqrt{\overline{AC}{}^2 + \overline{CB}{}^2} = \sqrt{9 + 16} = \sqrt{25} = 5.$

2° $\begin{cases} \overline{AC}{}^2 = AB \times AD \; ; \; \text{d'où} \; AD = \dfrac{\overline{AC}{}^2}{AB} = \dfrac{9}{5} = 1,8. \\[2ex] \overline{CB}{}^2 = AB \times DB \; ; \; \text{d'où} \; DB = \dfrac{\overline{CB}{}^2}{AB} = \dfrac{16}{5} = 3,2. \end{cases}$

3° $CD = \sqrt{AD \times DB} = \sqrt{1,8 \times 3,2} = \sqrt{5,76} = 2,4.$

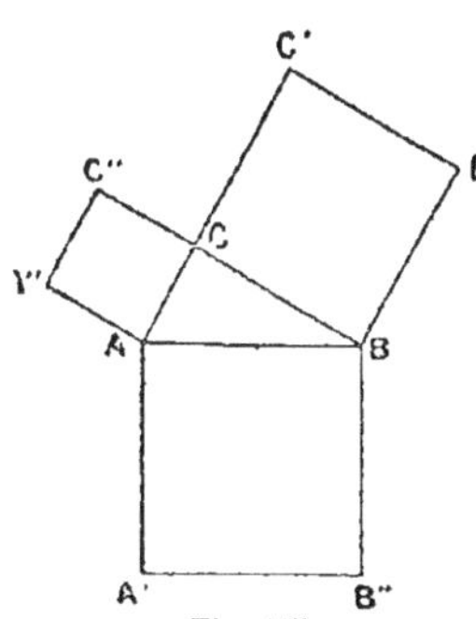

Fig. 117.

REMARQUES. — I. Il résulte de là que, si sur chacun des côtés d'un triangle rectangle on construit un carré (fig. 117), la surface du carré ABA'B″, construit sur l'hypoténuse, est égale à la somme des surfaces des carrés CBB'C', ACA″C″, construits sur les deux autres côtés.

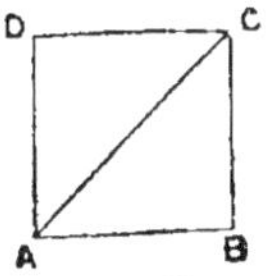

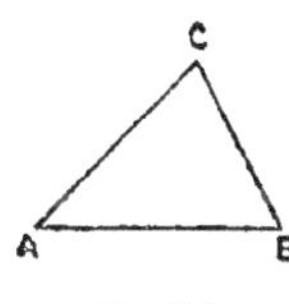

Fig. 118.

II. Si l'on mène la diagonale AC d'un carré ABCD (fig. 118), on divise le carré en deux triangles rectangles ABC et CDA, qui ont la diagonale AC pour hypoténuse. On en conclut (n° 643) que :

$$\overline{AC}^2 = \overline{AB}^2 + \overline{CB}^2 = 2\,\overline{AB}^2$$

d'où :
$$AC = AB \times \sqrt{2} = AB \times 1{,}414.$$

Ainsi pour trouver la diagonale d'un carré dont on connaît le côté, il suffit de multiplier ce côté par 1,414.

644. — Triangle scalène. Un triangle scalène (fig. 119) est un *triangle* qui a ses trois côtés inégaux.

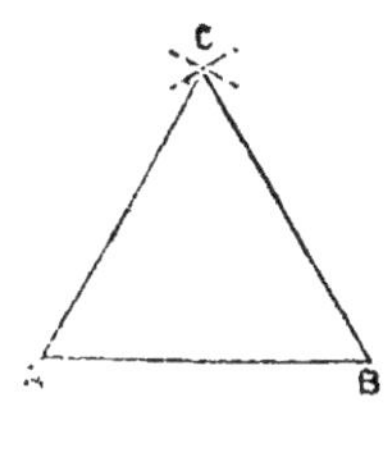

Fig. 119.

CONSTRUCTIONS GRAPHIQUES

Construction des triangles.

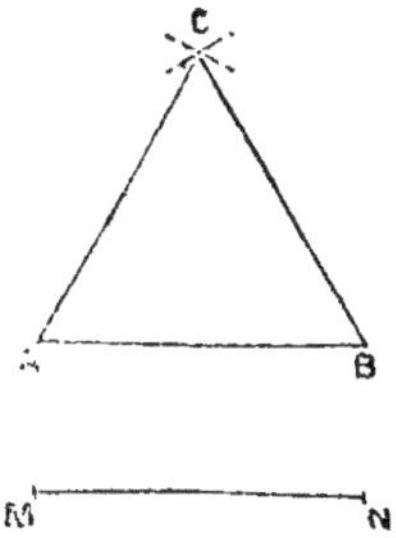

645. — *Construire un triangle équilatéral dont on connaît un des côtés MN (fig. 120).*

Je prends AB égal à MN ; des points A et B, avec une ouverture de compas égale à MN, je décris deux arcs de cercle qui se coupent au point C ; je joins le point C aux deux points A et B : le triangle ABC est le triangle demandé.

646. — *Construire un triangle isocèle dont on connaît la base MN et l'un des côtés PQ (fig. 121).*

Fig. 120.

Je prends AB égal à MN ; des points A et B, avec une ouverture de compas égale à PQ, je décris deux arcs de cercle qui se coupent au point C ; je joins le point C aux deux points A et B : le triangle ABC est le triangle demandé.

647. — *Construire un triangle dont on connaît les trois côtés M, N, P (fig. 122).*

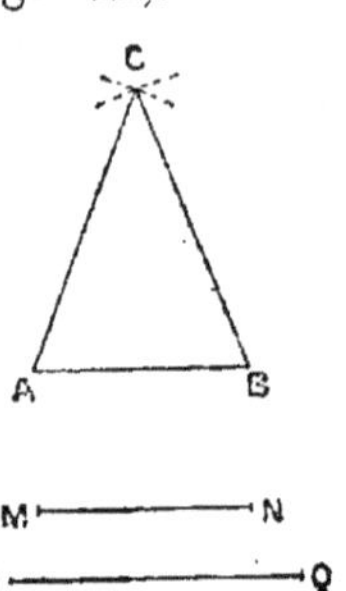

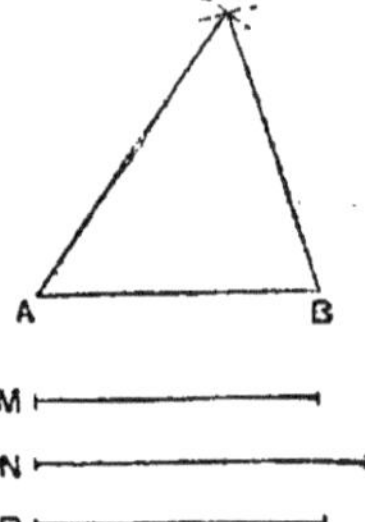

Fig. 121.   Fig. 122.

Je prends AB égal à l'un des côtés donnés M; du point A, avec une ouverture de compas égale au second côté donné, N, et du point B, avec une ouverture de compas égale au troisième côté donné P, je décris deux arcs de cercle qui se coupent au point C; je joins le point C aux deux points A et B : le triangle ABC est le triangle demandé.

648. — *Construire un triangle rectangle, connaissant un côté M de l'angle droit et l'hypoténuse N (fig. 123).*

Je prends AB égal au côté donné M; j'élève au point A sur AB une perpendiculaire indéfinie AD (n° 579); du point B, avec une ouverture de compas égale à l'hypoténuse N, je décris un arc de cercle qui coupe AD au point C; je joins le point C au point B : le triangle ABC est le triangle rectangle demandé.

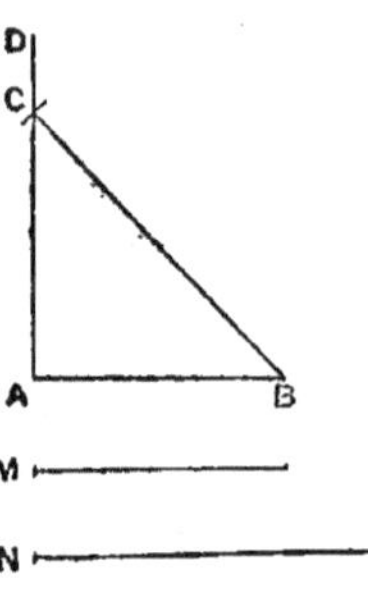

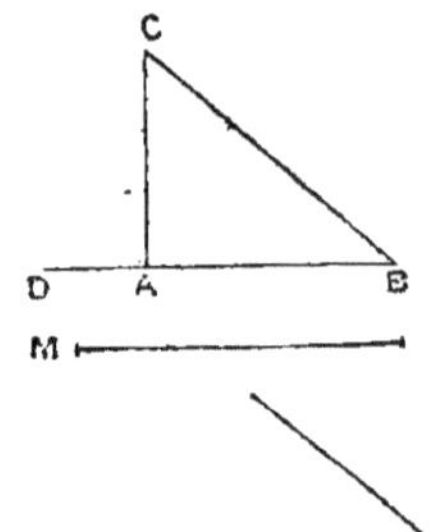

Fig. 123.   Fig. 124.

649. — *Construire un triangle rectangle, connaissant un des deux angles aigus K et l'hypoténuse M (fig. 124).*

Je prends BC égal à l'hypoténuse donnée M; je fais au point B un angle CBD égal à l'angle donné K (n° 623); du point C, j'abaisse CA perpendiculaire sur BD (n° 578) : le triangle ABC est le triangle rectangle demandé.

650. — *Construire un triangle, connaissant un de ses angles K, et les deux côtés M et N qui forment cet angle* (fig. 125).

Je trace une ligne indéfinie AE; je fais au point A un angle FAE égal à l'angle donné K (n° 623); je prends sur AE une longueur AB égale à l'un des côtés donnés M, et sur AF une longueur AC égale à l'autre côté donné N; je joins les points C et B : le triangle ABC est le triangle demandé.

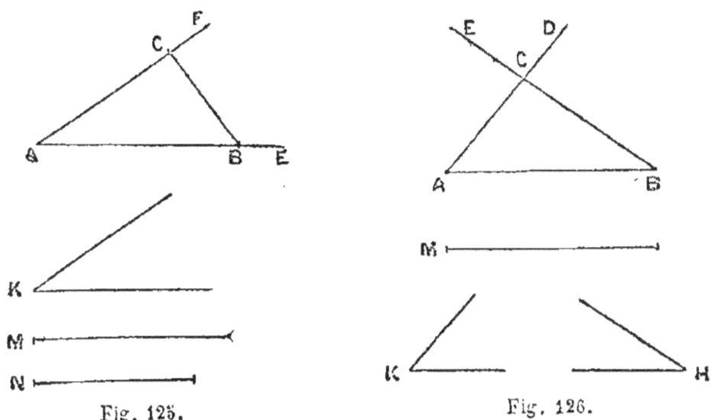

Fig. 125.   Fig. 126.

651. — *Construire un triangle, connaissant un des côtés M et les deux angles K et H qui lui sont adjacents* (fig. 126).

Je prends AB égal au côté donné M; je fais au point A un angle égal à l'angle donné K (n° 623), et au point B un angle égal à l'angle donné H : les deux droites AD et BE se coupent au point C, et le triangle ABC est le triangle demandé.

CHAPITRE IV

DES QUADRILATÈRES

652. — On appelle *quadrilatère*, une surface terminée par quatre lignes droites.

Chacune de ces lignes droites est un des *côtés* du quadrilatère.

Chacun des angles formés par deux côtés consécutifs est un des *angles* du quadrilatère.

Les sommets de ces angles sont les *sommets* du quadrilatère.

On désigne un quadrilatère par les quatre lettres placées aux quatre sommets. Ainsi l'on dit : le rectangle ABCD (fig. 128).

653. — Les principaux quadrilatères sont : le *parallélogramme*, le *rectangle*, le *carré*, le *losange*, et le *trapèze*.

654. — Le **parallélogramme** (fig. 127) est un quadrilatère dont les quatre côtés sont parallèles deux à deux. Les côtés parallèles sont aussi égaux.

On appelle *base* d'un parallélogramme un côté quelconque AB, ordinairement le plus grand.

On appelle *hauteur* d'un parallélogramme la perpendiculaire DE abaissée sur la base, d'un point quelconque du côté opposé.

Fig. 127. Parallélogramme.

Fig. 128. Rectangle.

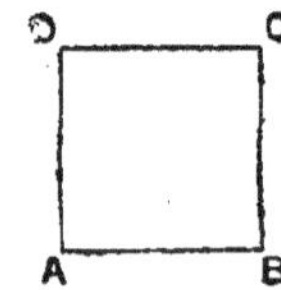
Fig. 129. Carré.

655. — Le **rectangle** (fig. 128) est un parallélogramme dont les angles sont droits. Si l'on prend le côté AB pour la *base* du rectangle, le côté BC est la *hauteur*.

656. — Le **carré** (fig. 129) est un quadrilatère dont les quatre côtés sont égaux et les quatre angles droits.

657. — Le **losange** (fig. 130) est un quadrilatère dont les quatre côtés sont égaux, sans que les angles soient droits.

658. — Le **trapèze** (fig. 131) est un quadrilatère dont deux côtés seulement sont parallèles.

Les deux côtés parallèles AB et DC sont les *bases* du trapèze; la perpendiculaire EF, abaissée d'une base sur l'autre est la *hauteur* du trapèze.

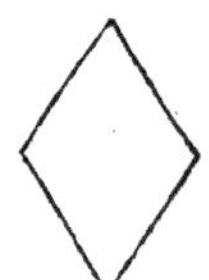

Fig. 130. Losange.

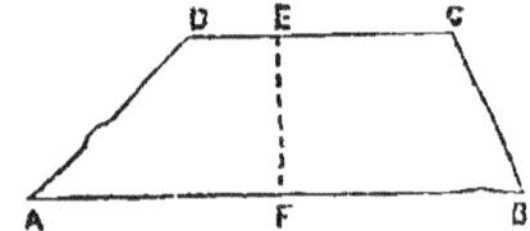
Fig. 131. Trapèze.

659. — **Diagonale.** On appelle *diagonale* dans une figure quelconque toute droite qui joint deux sommets.

Ainsi les droites BD, AC (fig. 132) qui joignent les sommets opposés du losange ABCD, sont les diagonales de ce losange.

660. — Dans un losange (fig. 132) les deux diagonales AC,

BD, sont perpendiculaires, et chacune d'elles coupe l'autre en deux parties égales.

661. — Dans un parallélogramme (fig. 133), les deux diagonales se coupent aussi en parties égales, mais elles ne sont pas perpendiculaires.

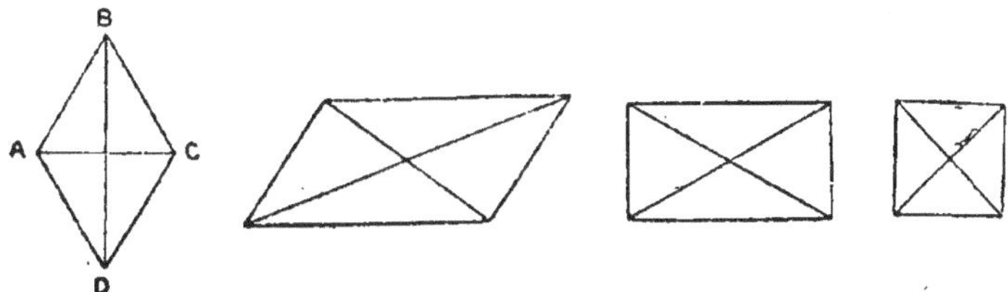

Fig. 132.   Fig. 133.   Fig. 134.   Fig. 135.

662. — Dans un rectangle (fig. 134), les deux diagonales se coupent aussi en parties égales, de plus elles sont égales, mais elles ne sont pas perpendiculaires.

663. — Dans un carré (fig. 135), les deux diagonales sont égales, se coupent en parties égales, et sont perpendiculaires.

CONSTRUCTIONS GRAPHIQUES

Construction des quadrilatères.

(Les problèmes qui suivent seront exécutés au tableau noir, puis sur le papier, d'abord à l'aide des instruments, puis à main levée.)

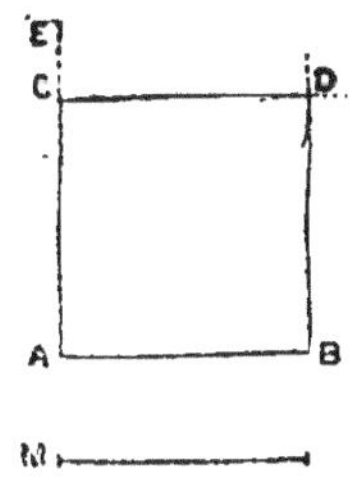

Fig. 136.

Fig. 137.

664. — *Construire un carré, connaissant le côté M (fig. 136).*

Je prends AB égal au côté donné M ; j'élève au point A sur AB une perpendiculaire indéfinie AE (n° 579). Je prends AC égal à AB. Du point B, avec une ouverture de compas égale à AB, je décris un arc de cercle ; du point C, avec la même ouverture, je décris un second arc de cercle qui coupe le premier au point D ; je joins le point D aux points B et C : la figure ABCD est le carré demandé.

665. — *Construire un rectangle, connaissant les deux côtés adjacents M et N (fig. 137).*

Je prends AB égal au côté donné M ; j'élève au point A sur AB une perpendiculaire indéfinie AE (n° 579) ; je prends AC égal au côté donné N ; du point C, avec une ouverture de compas égale à M, je décris un arc de cercle du point B, avec une ouverture de compas égale à N, je décris un second arc de cercle qui coupe le premier au point D ; je joins le point D aux points C et B ; la figure ABCD est le rectangle demandé.

666. — *Construire un parallélogramme dont on connait deux côtés adjacents M et N et l'angle K qu'ils comprennent* (fig. 138).

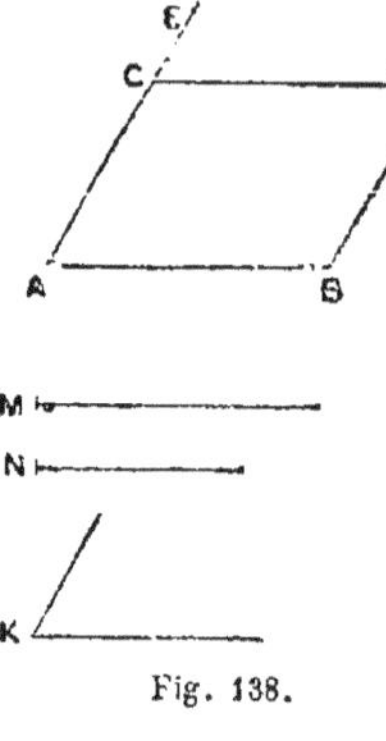

Fig. 138.

Je prends AB égal à l'un des côtés donnés M ; je fais au point A l'angle EAB, égal à l'angle donné K (n° 623) ; je prends sur AE une longueur AC égale au côté donné N ; du point C avec une ouverture de compas égale à M, je décris un arc de cercle ; du point B, avec une ouverture de compas égale à N, je décris un second arc de cercle qui coupe le premier au point D ; je joins le point D aux points C et B : la figure ABCD est le parallélogramme demandé.

667. — *Construire un losange, connaissant un côté et un angle.*

(La construction est absolument la même que la précédente.)

668. — *Construire un losange quelconque* (fig. 139).

Je trace deux droites perpendiculaires MN, EF (n° 578) ; à partir du point d'intersection O, je prends deux longueurs égales OB et OA sur la droite MN, et deux longueurs égales OC et OD sur la droite EF ; je joins les quatre points A, C, B, D : la figure ACBD sera un losange.

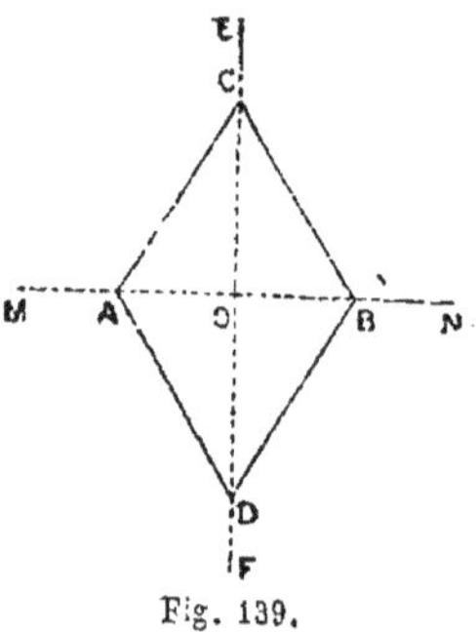

Fig. 139.

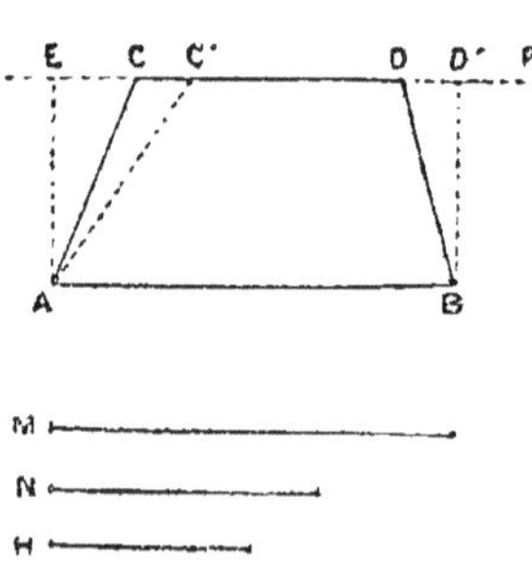

Fig. 140.

669. — *Construire un trapèze, connaissant les deux bases M et N et la hauteur H* (fig. 140).

Je prends AB égal à l'une des bases données M ; au point A j'élève une perpendiculaire à AE, d'une longueur égale à la hauteur donnée H (n° 579); par le point E, je mène une parallèle EF à AB (n° 582), et sur cette droite je prends à volonté CD égal à la seconde base donnée N; je joins le point C au point A et le point D au point B : la figure ABCD sera un des trapèzes demandés.

En prenant C'D' égal à CD, on aura un second trapèze répondant à la question. — On peut ainsi en construire une infinité.

CHAPITRE V

SURFACE DES TRIANGLES
ET DES QUADRILATÈRES

670. — **Mesurer une surface**, c'est chercher combien elle contient de *mètres carrés*, s'il s'agit d'une surface quelconque; d'*ares* ou d'*hectares*, s'il s'agit de la superficie des terrains.

Surface d'un rectangle.

671. — *La surface d'un rectangle est égale au produit de la base par la hauteur.*

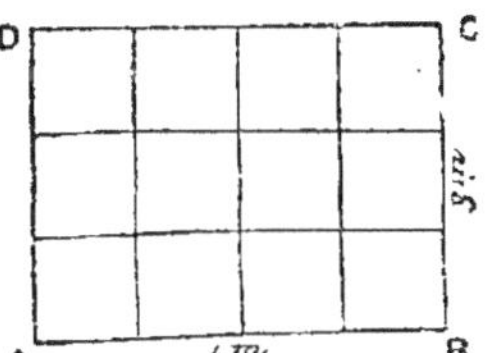
Fig. 141. $S = AB \times BC$.

EXEMPLE. — Soit à trouver la surface du rectangle ABCD (fig. 141), dans laquelle la base AB a 4 mètres, et la hauteur AD, 3 mètres.

Je dis que surface $ABCD = AB \times CB$.

En effet, si je divise la base AB en 4 parties égales et la hauteur en 3 parties égales, et si par les points de division je mène des perpendiculaires à la base et à la hauteur, je décompose le rectangle en trois bandes de 4 mètres carrés chacune, soit 3 fois 4 mètres carrés ou 12 mètres carrés.

Surface $ABCD = 4^{mq} \times 3 = 12^{mq}$.

Surface d'un carré.

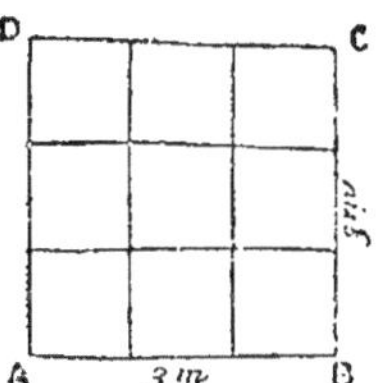
Fig. 142. $S = \overline{AB}^2$.

672. — Le carré étant un rectangle dont les quatre côtés sont égaux, il s'ensuit que *la surface d'un carré a pour mesure le carré de son côté.*

EXEMPLE. — Soit à trouver la surface du carré ABCD (fig. 142), dont chaque côté est égal à 3 mètres.

Je dis que surface $ABCD = \overline{AB}^2$.

En effet, la figure totale se compose de trois bandes de 3 mètres carrés chacune, soit 3 fois 3 mètres carrés ou 9 mètres carrés.

$$\text{Surface ABCD} = 3^{mq} \times 3 = 3^2 = 9^{mq}.$$

673. — *On donne la surface d'un carré : trouver le côté.*

Puisque la surface d'un carré est égale au carré d'un des côtés, il suffira, pour trouver le côté, d'extraire la racine carrée du nombre qui exprime la surface.

Surface d'un parallélogramme.

674. — *La surface d'un parallélogramme est égale au produit de la base par la hauteur.*

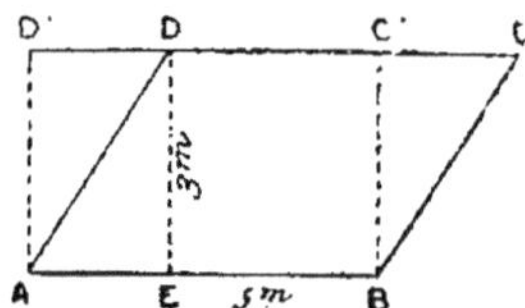
Fig. 143. 3 = AB × ED.

EXEMPLE. — Soit à chercher la surface du parallélogramme ABCD (fig. 143), dans lequel la base AB a 5 mètres, et la hauteur ED, 3 mètres.

Je dis que surface ABCD = AB × ED.

En effet, si je construis sur ce parallélogramme un rectangle ABC'D', je remarque que la surface du parallélogramme est juste égale à celle du rectangle, car le triangle ADD' est égal au triangle BCC'.

Or la surface du rectangle égale $5^{mq} \times 3$.

Donc la surface du parallélogramme égale $5^{mq} \times 3 = 15^{mq}$.

Surface d'un triangle.

675. — *La surface d'un triangle est égale au produit de la base par la* **moitié** *de la hauteur.*

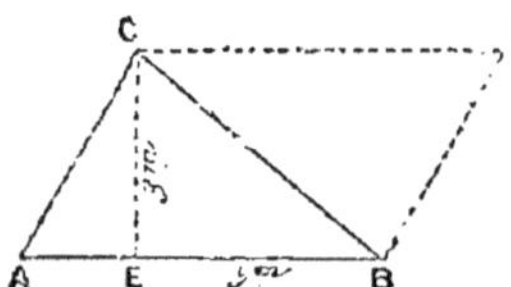
Fig. 144. $S = AB \times \dfrac{CE}{2}$

EXEMPLE. — Soit à chercher la surface du triangle ABC (fig. 144), dans lequel la base AB a 5 mètres, et la hauteur CE, 3 mètres.

Je dis que surface ABC = $AB \times \dfrac{CE}{2}$.

En effet, si je construis sur le triangle ABC un parallélogramme ABCD, je remarque que la surface du triangle est juste la *moitié* de celle du parallélogramme.

Or la surface du parallélogramme égale $5^{mq} \times 3 = 15^{mq}$.

Donc la surface du triangle égale $\dfrac{5^{mq} \times 3}{2}$

Ou, ce qui revient au même, $5^{mq} \times \dfrac{3}{2} = 7^{mq},50$, c'est-à-dire la base multipliée par la **moitié** de la hauteur.

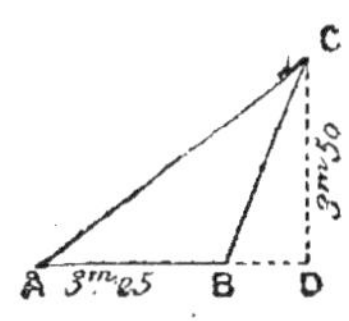

Fig. 145, $S = AB \times \dfrac{CD}{2}$

— De même la surface du triangle ABC (fig. 145), dans lequel la hauteur est la perpendiculaire CD, sera égale à $AB \times \dfrac{CD}{2}$

$$= 3,25 \times \dfrac{3,50}{2} = 5^{mq},68.$$

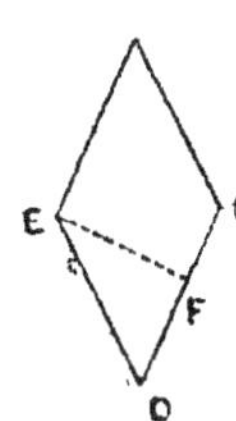

Fig. 146. $S = AB \times \dfrac{CB}{2}$

— De même encore la surface du triangle rectangle ABC (fig. 146), dans lequel la base est l'un des côtés de l'angle droit et la hauteur l'autre côté, sera égale à

$$AB \times \dfrac{CB}{2} = 6 \times \dfrac{2}{2} = 6^{mq}{}^1.$$

Surface d'un losange.

676. — PREMIER PROCÉDÉ. Le losange est un parallélogramme, puisque ses côtés sont parallèles : donc sa surface est égale, comme celle du parallélogramme, au produit de sa *base* DC par sa *hauteur* EF (fig. 147).

677. — DEUXIÈME PROCÉDÉ. On peut considérer le losange comme formé de deux triangles égaux.

Fig. 147.
$S = DC \times EF.$

---

1. La formule qui précède suppose que l'on connaît la base et la hauteur d'un triangle; mais il peut arriver que l'on connaisse les trois côtés d'un triangle sans connaître la hauteur. Voici dans ce cas la règle à suivre pour trouver la surface :

On fait la somme des trois côtés du triangle et on en prend la moitié; autrement dit, on cherche la moitié du périmètre du triangle.

On cherche l'excès de ce demi-périmètre sur chacun des côtés : on obtient ainsi trois restes.

On multiplie le demi-périmètre par le premier reste, puis le produit par le deuxième reste, puis encore le produit par le troisième reste, et l'on extrait la racine carrée du produit final ainsi obtenu.

Soient 3m, 2m,50, et 2m les longueurs respectives des trois côtés d'un triangle.

Le demi-périmètre sera égal à $\dfrac{3^m + 2^m,50 + 2^m}{2} = 3^m,75.$

Je cherche l'excès du demi-périmètre sur chacun des côtés ; j'ai :

$$3,75 - 3 = 0,75$$
$$3,75 - 2,50 = 1,25$$
$$3,75 - 2 = 1,75$$

Je multiplie successivement le demi-périmètre par chacun de ces nombres

$$3,75 \times 0,75 = 2,8125$$
$$2,8125 \times 1,25 = 3,515625$$
$$3,515625 \times 1,75 = 6,15234375$$

J'extrais la racine carrée de 6,15234375 ; je trouve 2,48.
Ainsi la surface demandée est égale à $2^{mq},48.$

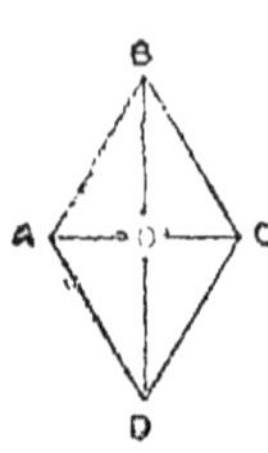

Fig. 148.

Soit le losange ABCD (fig. 148) : si je mène la diagonale AC, je forme les deux triangles égaux ABC et ACD. Je mesure l'un de ces triangles et j'en prends le double.

Soit AC $= 6$ mètres, et BO $= 8$ mètres. La surface du triangle ABC $= \dfrac{6 \times 8}{2} = 24^{mq}$; donc la surface du losange ABCD $= 24 \times 2 = 48^{mq}$.

Surface d'un trapèze.

678. *La surface du trapèze est égale à la somme de ses deux bases multipliée par la moitié de sa hauteur.*

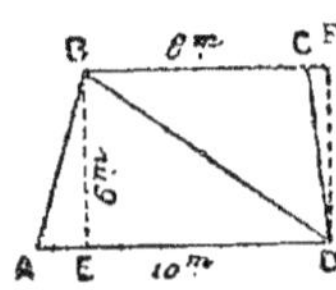

Fig. 149.

$$S = (AD + BC) \times \frac{BE}{2}$$

Soit le trapèze ABCD (fig. 149). Si je mène la diagonale BD, je décompose le trapèze en deux triangles ABD et BCD. La surface du triangle ABD est égale au produit de sa base AD par la moitié de sa hauteur BE ; la surface du triangle BCD est égale au produit de sa base BC par la moitié de sa hauteur DF, qui est égale à BE : donc la surface du trapèze ABCD est égale à la *somme de ses deux bases* AD $+$ BC multipliée par la *moitié* de sa hauteur BE.

Soit AD $= 10^m$, BC $= 8^m$ et BE $= 6^m$.

La surface du trapèze ABCD $= (10 + 8) \times \dfrac{6}{2} = 54^{mq}$

PROBLÈMES SUR LA SURFACE DES TRIANGLES ET DES QUADRILATÈRES (page 328).

1. Quelle est la surface d'un carré ayant $17^m,25$ de côté? — R. $297^{mq},5625$.

2. Calculer la surface d'un parallélogramme de $112^m,9$ de base et de 79^m de hauteur? — R. $8\,919^{mq},1$.

3. Calculer la surface d'un trapèze, sachant que l'une des bases a $43^m,25$, que l'autre base a $68^m,35$, et que la hauteur a $17^m,8$. — R. $993^{mq},24$.

4. Un jardin, murs compris, a la forme d'un trapèze rectangle qui aurait $28^m,9$ de hauteur, et dont les deux bases auraient, l'une 7^m et l'autre $9^m,2$: le mur qui entoure le jardin a une épaisseur de $0^m,64$. On demande : 1° quelle est la superficie de terre cultivable; 2° quelle est la surface enlevée par les murs. — R. 1° $188^{mq}, 3684$. — 2° $45^{mq},7216$.

5. Dans le cas où l'on voudrait convertir le trapèze en un triangle rectangle qui aurait $28^m,9$ de base, quelle hauteur faudrait-il donner à ce triangle? — R. $16^m,2$.

Solution raisonnée. La surface du triangle rectangle serait égale à la base $28^m,9$ multipliée par la moitié de la hauteur inconnue; or la surface du trapèze est égale à la même longueur $28^m,9$ multipliée par la moitié de la somme des bases $9^m,2 + 7^m = 16^m,2$. Donc la hauteur du triangle doit être égale à la somme des bases $16^m,2$.

6. Quel côté faudrait-il donner à un carré pour qu'il soit équivalent à un trapèze dont la demi-somme des bases est de 67 mètres et qui a 29 mètres de hauteur? — R. 44^m,078.

7. Un rectangle a 168 décimètres de longueur et 6^m,04 de largeur : on demande, à moins d'un demi-centimètre, quel serait le côté d'un carré équivalent à ce rectangle. — R. 10^m,07.

8. Un carré a une surface de 456 mètres carrés 6 792. Quelle est la longueur de son côté? — R. 21^m,37.

9. Quelle serait la longueur de la diagonale? — R. 30^m,22.

10. Quelle serait la longueur de la perpendiculaire abaissée d'un sommet sur la diagonale? — R. 15^m,11. Les deux diagonales sont perpendiculaires, égales, et se coupent en parties égales.

11. Si l'on divisait ce carré en deux triangles, quelle serait la surface d'un de ces triangles? — R. 228mq,3296. — Quel en serait le périmètre? — R. 72^m,96.

12. Une mare est renfermée dans un triangle dont la hauteur ne peut être mesurée ; les trois côtés du triangle ont les dimensions suivantes : le 1er, 39^m,2 ; le 2e, 42^m,8 ; le 3e, 17^m,8. Quelle est la surface de ce triangle? Quelle est la surface de la mare, si elle est égale aux $\frac{4}{5}$ de la surface totale? — R. 1° 348mq,83—. 2° 279mq,06.

13. Une salle rectangulaire a une surface de 7 463mq,5632 ; la hauteur est de 67^m,04 ; quelle est la longueur de la base? — R. 111^m,33 exactement.

14. On veut carreler cette salle avec des carreaux de forme exactement carrée, ayant 144 centimètres carrés de surface. Combien en faudra-t-il? Quel sera le côté de chaque carreau? — R. Il faudra 518 303 carreaux. — Le côté de chaque carreau sera de 12 centimètres.

15. Combien en faudrait-il si le côté du carreau avait une longueur double? — R. Quatre fois moins, soit 129 576.

16. Quelle serait la longueur de la diagonale de ce rectangle? (N° 643.) — R. 129^m,95.

17. On demande le côté d'un carré équivalent au rectangle donné. — R. 86^m,39.

18. Calculer la surface d'un triangle de 7^m,39 de base sur 4^m,08 de hauteur. — R. 15^m,0756.

19. Dans un triangle, la base a une longueur de 32 millimètres, et la surface est de 4 centimètres carrés : déterminer la hauteur à moins d'un millimètre. R. 0^m,025 exactement.

20. Un triangle isocèle a pour base 2^m,58, et la longueur de chacun des autres côtés est de 3^m,25. Quelle en est la surface? — R. 3mq,84.

21. Quelle est la surface d'un triangle équilatéral de 6^m,56 de côté? — R. 18mq,63.

22. Quelle longueur doit avoir une échelle pour atteindre à une hauteur de 6 mètres, si on lui donne 4 mètres de pied? — R. 36^m,22.

23. Une pièce de terre de forme triangulaire, ayant 27^m,50 de base sur 19^m,40 de hauteur, est cédée en échange d'une parcelle à prendre dans une pièce de forme rectangulaire ayant 49^m,5 de longueur. Quelle largeur devra-t-on prendre? — R. 5^m,38.

24. Si la pièce de terre devait être échangée pour une même surface exactement carrée, quel côté donnerait on à ce carré? — R. 16^m,33.

25. Trouver à moins d'un millimètre l'hypoténuse, les deux segments de l'hypoténuse et la hauteur de la perpendiculaire dans un triangle dont les

côtés de l'angle droit sont 14^m,05 et 8^m,32 ? — R. Hypoténuse 16^m,328, — segments 4^m,239 et 12^m,089, — hauteur 7^m,159.

26. Trouver la surface d'un triangle rectangle dont les deux côtés de l'angle droit ont 7^m,20 et 44 décimètres ? — R. 15^{mq},84.

27. Quelle est la surface d'un triangle rectangle dont l'hypoténuse a 25 mètres et l'un des côtés de l'angle droit 8 mètres ? — R. 94^{mq},72.

28. Un champ qui a la forme d'un triangle rectangle a 14ares,20 de superficie. On demande quelle est la longueur de l'hypoténuse, sachant que l'un des côtés de l'angle droit a 68^m,30. — R. 79^m,96.

On cherche d'abord le second côté de l'angle droit en divisant la surface, réduite en mètres carrés, par la moitié du premier côté, soit 34^m,15. Des deux côtés de l'angle droit, on déduit facilement l'hypoténuse.

29. Quelle est la hauteur d'un triangle isocèle qui a 8^m,50 de base et dont les deux côtés égaux ont 13^m,90 ? — R. 13^m,23.

30. La surface d'un triangle isocèle est de 12^{mq},54, sa hauteur est de 4^m,20. On demande la longueur des deux côtés égaux. — R. 5^m,15.

31. Quelle est la hauteur d'un triangle équilatéral dont chaque côté a 16^m,24 de longueur ? — R. 14^m,06.

PROBLÈMES SUPPLÉMENTAIRES

1. Combien paiera-t-on pour le pavage d'une rue qui a 72^m,6 de long sur 5^m,5 de large, sachant qu'on emploie des pavés ayant 22 centimètres de côté qui reviennent tout posés à 75 francs le cent. — R. 6187 fr. 50.

2. Dans un terrain rectangulaire de 36^m sur 22^m,5 payé 24 000 francs l'hectare, on a construit une maison qui a coûté 8100 francs. Sachant que le $\frac{1}{5}$ du prix du loyer est absorbé par les impôts et les frais d'entretien, trouver combien il faudra louer la propriété pour retirer un revenu net qui représente 5 °/₀ du capital employé. — R. 627 fr. 75.

3. Un propriétaire vend un bois de forme rectangulaire de 478^m,5 de longueur sur 200^m,90 de largeur. Mis en exploitation, ce bois produit 45 décastères 3/4 par 42 ares 20. Le marchand qui l'a acheté, à raison de 1 fr. 05 le décistère, le revend avec un bénéfice de 17 pour °/₀.

Avec le produit total de la vente de cette coupe, le marchand se procure de la rente 3 °/₀ au cours de 68 fr. 90.

On demande le revenu annuel qu'il retire de ce placement. — R. 5578 fr. 63.

4. Un terrain carré ayant 5^m,8 de côté vaut 5065 fr. 27. Dites

la valeur d'un terrain rectangulaire de même qualité, long de 135 mètres, large de 54 mètres 6 décimètres. — R. 12 899 fr. 25.

5. On achète un champ ayant la forme d'un rectangle de 124^m,75 de long sur 34^m,2 de large, à raison de 15 fr. 80 l'are. On demande : 1° quelle somme il faut payer ; 2° le poids de cette somme en argent; 3° le poids de cette somme en cuivre. — R. 1° 674 fr. 10 ; 2° poids de la somme en argent, 3 370 gr. 495 ; 3° poids de la somme en cuivre, 67 409 gr.

6. Une prairie longue de 96 mètres, large de 67^m,50, produit en moyenne par hectare 750 bottes de foin que l'on vend, tous frais déduits, 27 fr. 50 le cent. Quel prix faudrait-il payer cette prairie pour placer son argent à 2 fr. 50 °/°? — R. 5 346 francs.

7. Un propriétaire vend un champ rectangulaire de 187^m,65 de long sur 28^m,60 de large à 17 fr. 50 l'are ; puis achète, avec cette valeur, de la rente à 5 °/° au cours de 87 fr. 90. Combien le prix de ce champ lui procurera-t-il ainsi de revenu annuel? — R. 53 fr. 40.

8. Un champ rectangulaire a été labouré par un ouvrier payé à raison de 23 francs l'hectare. L'ouvrier n'a point de mètre pour mesurer son travail; mais il sait que 100 pas valent 70 mètres et il trouve que le champ a 180 pas de long sur 85 pas de large. Dites combien il devra recevoir. — R. 17 fr. 24.

9. Le maître tailleur d'un régiment a employé 320 mètres de drap pour faire un certain nombre de tuniques; si ce drap eût eu 1^m,25 de large, il n'en aurait fallu que 294^m,40 : combien le drap employé avait-il de largeur? — R. 1^m,15.

10. Un questionnaire de statistique demande le nombre de choux plantés par hectare; sachant que généralement ils sont espacés d'un demi-mètre en tous sens, et les rangs extrêmes à 0^m,25 des limites du terrain supposé régulier, on demande de répondre à la question. — R. 40 000 choux.

11. Un propriétaire possède un terrain régulier, de forme rectangulaire, ayant 266 mètres de long et 128 mètres de large. Cette propriété est entourée d'arbres à haute tige, lesquels, suivant la loi, sont plantés à deux mètres du terrain riverain; de plus, l'intérieur de la propriété ne peut être cultivé qu'à la distance d'un demi-mètre des arbres : on demande la superficie du terrain en culture et celle de la bordure qui l'entoure. — R. Culture, 3 hectares 21 ares 3 centiares; bordure, 19 ares 45 centiares.

CHAPITRE VI

DES POLYGONES

679. — Un **polygone** est une surface terminée par des lignes droites.

Le triangle est un polygone de trois côtés.

Le quadrilatère est un polygone de quatre côtés.

680. — En général, on appelle *polygone* une figure qui a plus de quatre côtés.

681. — Un polygone de 5 côtés est un pentagone. (fig. 150)

    —   de 6 côtés   —   hexagone. (fig. 151)

    —   de 7 côtés   —   heptagone. (fig. 152)

    —   de 8 côtés   —   octogone.   (fig. 153)

    —   de 10 côtés   —   décagone.

    —   de 12 côtés   —   dodécagone.

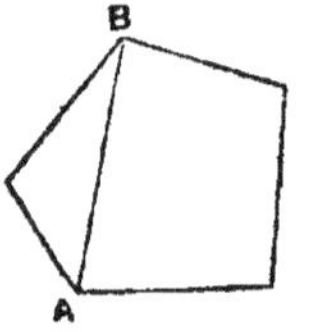
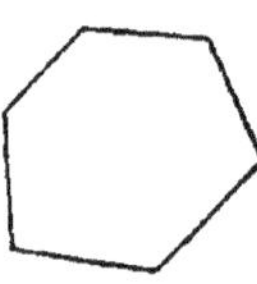
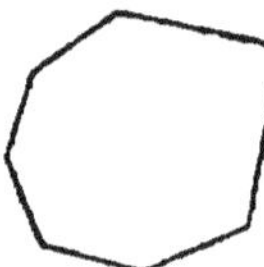
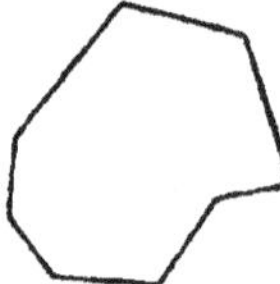

Fig. 150.   Fig. 151.   Fig. 152.   Fig. 153.

Pentagone.   Hexagone.   Heptagone.   Octogone.

On désigne aussi les polygones par le nombre de leurs côtés ; ainsi l'on peut dire : un polygone de neuf, de dix, de onze, de douze côtés, etc.

682. — Chacune des lignes droites qui forment le polygone est un des *côtés* du polygone.

L'ensemble de ces lignes droites forme le *périmètre* du polygone.

Chacun des angles formés par deux côtés consécutifs est un des *angles* du polygone.

Les sommets de ces angles sont les *sommets* du polygone.

Toute ligne AB (fig. 150) qui joint deux sommets non consécutifs d'un polygone est une *diagonale*.

On désigne un polygone par les lettres placées aux sommets du polygone ; ainsi l'on dit : le polygone ABCDEF (fig. 154).

683. — **Théorème.** *La somme des angles d'un polygone est égale à autant de fois deux angles droits qu'il y a de côtés moins deux.*

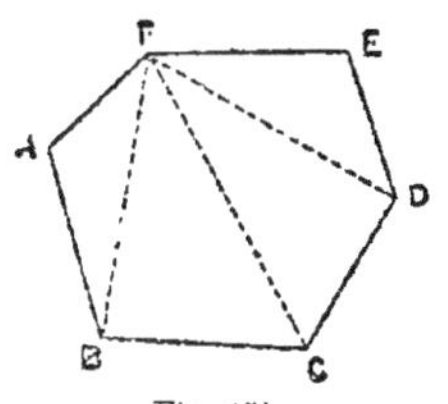

Fig. 154.

Soit le polygone à six côtés ou hexagone ABCDEF (fig. 154) : je dis que la somme de ses angles est égale à 2 angles droits $\times$ (6—2) $=$ 8 angles droits.

En effet, si d'un sommet quelconque F je mène les diagonales FB, FC, FD, je partage le polygone en quatre triangles, soit en autant de triangles qu'il y a de côtés moins 2 ; or la somme des angles de chacun de ces triangles est égale à deux angles droits (n° 631), donc la somme des angles des quatre triangles est égale à huit angles droits.

Surface d'un polygone quelconque.

684. — Un polygone quelconque peut toujours être décomposé en figures faciles à mesurer, telles que : rectangles, parallélogrammes, triangles ou trapèzes. Lorsque le polygone est ainsi décomposé, on cherche les surfaces des différentes figures et l'on en fait la somme. Cette somme représente la surface du polygone.

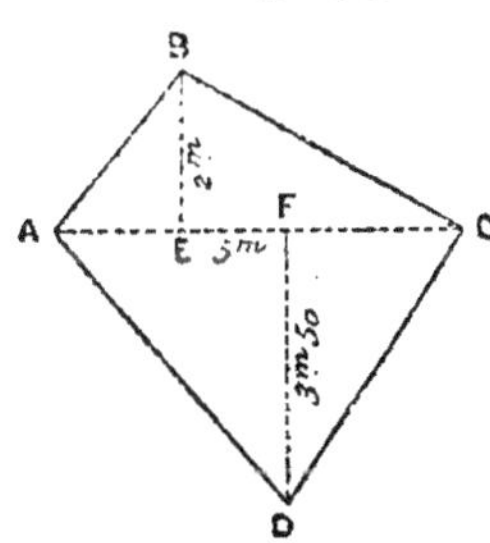

Fig. 155.

Soit à mesurer la surface du polygone ABCD (fig. 155).

Je trace la diagonale AC, qui partage la figure en deux triangles ABC et ADC : il reste à chercher la surface de ces deux triangles, ce que je fais en déterminant les hauteurs BE, DF de ces triangles.

Soit AC $=$ 5^m, BE $=$ 2^m, DF $=$ 3^m,50.

$$\text{Surface triangle ABC} = 5 \times \frac{2}{2} = 5^{mq}.$$

$$\text{Surface triangle ADC} = 5 \times \frac{3,50}{2} = 8^{mq},75.$$

Donc surface ABCD $= 5^{mq}, + 8^{mq},75 = 13^{mq},75.$

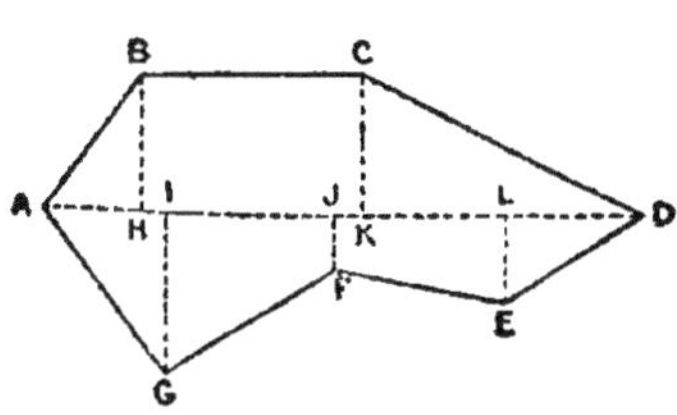

Fig. 156.

Soit encore à mesurer la surface du polygone ABCDEFG (fig. 156).

Si je trace la diagonale AD, et si j'abaisse des perpendiculaires de chaque sommet sur cette diagonale, je décompose le polygone en sept figures, dont quatre triangles rectangles : AHB, CKD, DLE, GIA, un rectangle HBCK, et deux trapèzes, GIJF et FJLE.

Je cherche la surface de chacune de ces figures et j'en fais la somme : j'aurai la surface du polygone entier.

POLYGONES RÉGULIERS

685. — Un polygone **régulier** est un polygone qui a tous ses côtés égaux et ses angles égaux.

Un *triangle équilatéral* (fig. 112) est un polygone régulier de trois côtés.

Un *carré* est un polygone régulier de quatre côtés.

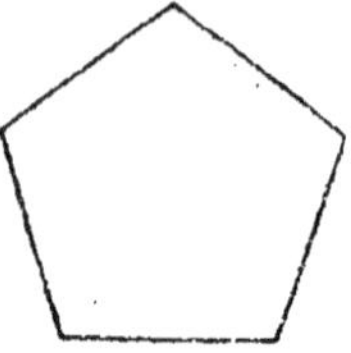

Fig. 157.

Pentagone régulier.

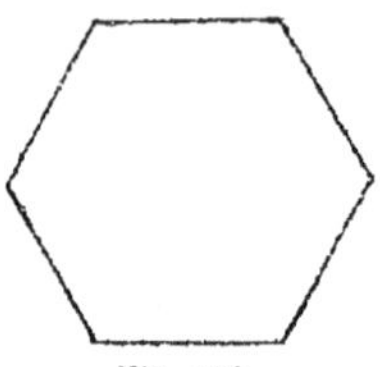

Fig. 158.

Hexagone régulier.

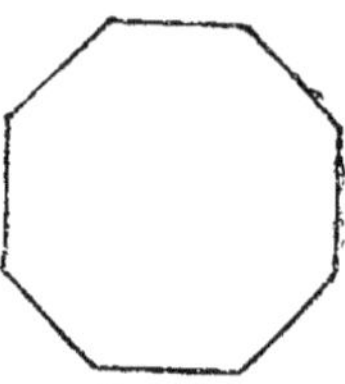

Fig. 159.

Octogone régulier.

Un *pentagone régulier* (fig. 157) est un pentagone dont les cinq côtés sont égaux et les cinq angles égaux.

Un *hexagone régulier* (fig. 158) est un hexagone dont les six côtés sont égaux et les six angles égaux.

Un *octogone régulier* (fig. 159) est un octogone dont les huit côtés sont égaux et les huit angles égaux, et ainsi de suite, car il existe des polygones réguliers d'un nombre quelconque de côtés.

REMARQUE. — La construction des polygones irréguliers ne peut donner lieu à aucune règle fixe, puisque la forme de ces polygones varie à l'infini ; mais la construction des polygones réguliers est soumise à des règles précises, dont on trouvera l'exposé plus loin, p. 360.

686. — Soit le polygone régulier ABCDEF (fig. 160).

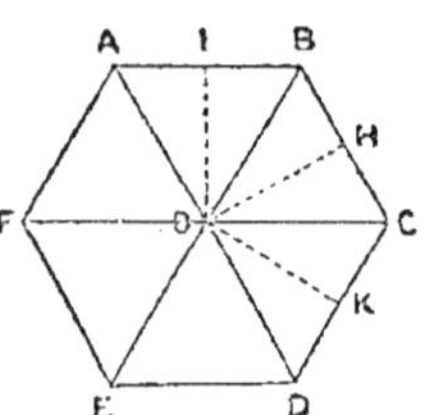

Fig. 160.

Si on élève des perpendiculaires sur les milieux des côtés AB, BC, CD, etc., toutes ces perpendiculaires se rencontrent au même point et sont égales.

On appelle **centre** du polygone régulier le point où se rencontrent toutes les perpendiculaires élevées sur les milieux des côtés.

On appelle **apothème** du polygone régulier chacune de ces perpendiculaires, telles que OI, OH, OK.

On appelle **rayon** du polygone régulier chacune des droites menées du centre aux différents sommets, telles que OA, OB, OC.

On appelle **périmètre** du polygone régulier le contour de ce polygone, c'est-à-dire la somme de ses côtés.

Surface d'un polygone régulier.

687. — Si l'on joint le centre O (fig. 160) à tous les sommets, on décompose le polygone régulier en triangles égaux.

La surface du triangle AOB est égale à AB multiplié par la moitié de OI.

La surface du triangle BOC est égale à BC multiplié par la moitié de OH.

La surface du triangle COD est égale à CD multiplié par la moitié de OK. Etc....

Comme ces droites OI, OH, OK... sont égales, on voit que la surface du polygone est égale à la somme de tous ses côtés multipliée par la moitié d'une des lignes OI, OH, OK ; c'est-à-dire que *la surface du polygone régulier est égale à son* **périmètre** *multiplié par la* **moitié** *de son* **apothème**.

Soit $AB = 10^m$, et $OI = 8^m$: le périmètre sera $10^m \times 6 = 60^m$.

La surface du polygone est alors égale à $\dfrac{60^m \times 8}{2} = 240^{mq}$.

Valeur des angles des polygones réguliers.

688. — L'angle d'un triangle équilatéral est égal à 60°.

En effet, la somme des trois angles d'un triangle étant égale à deux angles droits, ou 180° (n° 631), et les trois angles d'un triangle équilatéral étant égaux entre eux, chacun d'eux vaudra :

$$\frac{180°}{3} = 60°.$$

689. — L'angle d'un carré est égal à 90°.

Cela résulte de la définition même du carré.

690. — *L'angle d'un pentagone régulier est égal à 108°.*

En effet, la somme des angles d'un pentagone étant égale à six angles droits (n° 683), ou 540°, chaque angle vaudra $\dfrac{540°}{5} = 108°$.

691. — *L'angle d'un hexagone régulier est égal à 120°.*

En effet, la somme des angles d'un hexagone étant égale à huit angles droits (n° 683), ou 720°, chaque angle vaudra $\dfrac{720°}{6} = 120°$.

692. — *L'angle d'un octogone régulier est égal à 135°.*

En effet, la somme des angles d'un octogone est égale à douze angles droi's, ou 1080° ; donc chaque angle vaudra :

$$\frac{1080°}{8} = 135°.$$

693. — *L'angle d'un décagone régulier est égal à 144°.*

En effet, la somme des angles d'un décagone est égale à seize angles droits, ou 1440° : donc chaque angle vaudra $\dfrac{1440°}{10} = 144°$.

694. — *L'angle d'un dodécagone régulier est égal à 150°.*

En effet, la somme des angles d'un dodécagone est égale à vingt angles droits, ou 1800° : donc chaque angle vaudra $\dfrac{1800°}{12} = 150°$.

APPLICATIONS PRATIQUES

Carrelages.

695. — Les carreaux de terre cuite dont on se sert le plus souvent pour le carrelage ont la forme d'hexagones réguliers. L'adoption de cette figure vient de ce que plusieurs hexagones juxtaposés ne laissent aucun vide entre eux. En effet, on sait (n° 618) que la somme des angles formés autour d'un point est égale à quatre angles droits, ou 360° : il résulte de là que si, autour d'un point, on groupe plusieurs angles égaux dont la somme forme 360°, il n'y aura aucun vide : c'est ce qui arrive avec l'angle de l'hexagone régulier, qui vaut 120° (n° 691). En effet, trois angles de 120° font 360° (fig. 161).

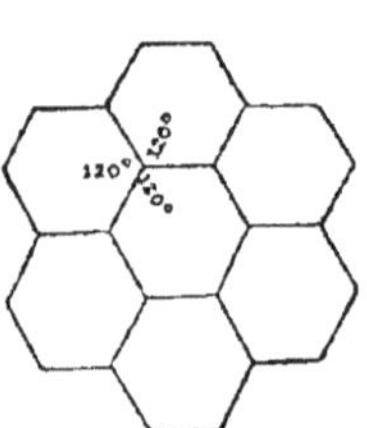

Fig. 161. Hexagones juxtaposés.

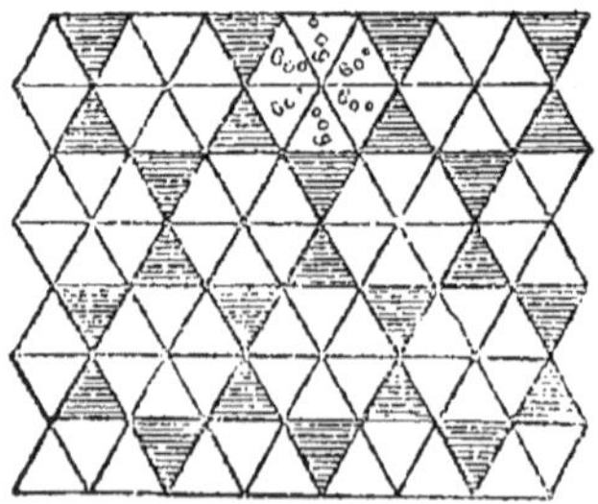

Fig. 162. Triangles équilatéraux juxtaposés.

De même, 6 angles de 60° ne laisseront aucun vide, puisque 6 fois 60° font 360°. On peut donc aussi employer pour les carrelages le triangle équilatéral, dont l'angle vaut 60° (fig. 162).

Le carré, dont l'angle est droit, est souvent employé dans les dallages (fig. 163).

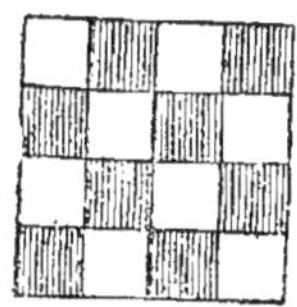

Fig. 163.

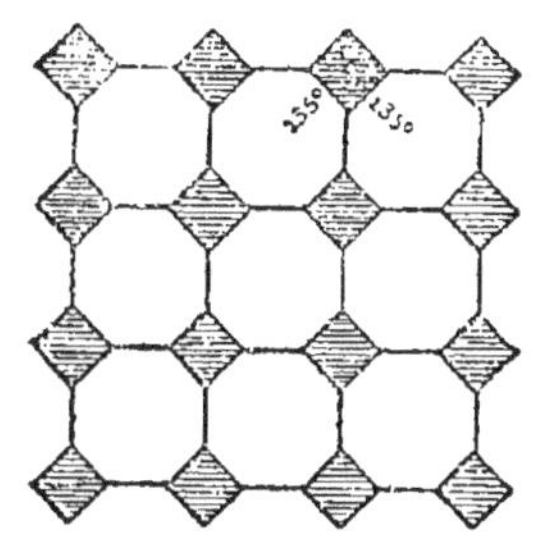

Fig. 164. Combinaison de l'octogone et du carré.

La combinaison de l'octogone et du carré (fig. 164) donne un dallage d'un aspect agréable. L'angle de l'octogone vaut 135° : deux angles de l'octogone valent donc 270°. Si on retranche 270° de 360°, il reste 90°, juste un angle droit, c'est-à-dire l'angle d'un carré.

CHAPITRE VII

FIGURES ÉGALES, SEMBLABLES, ÉQUIVALENTES

696. — Deux figures sont **égales** quand elles ont les *côtés égaux* et les *angles égaux;* autrement dit, quand ils ont **même forme** et **même grandeur.**

Ainsi les triangles ABC et A'B'C' (fig. 165) sont *égaux.*

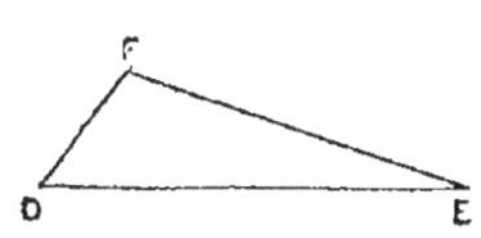

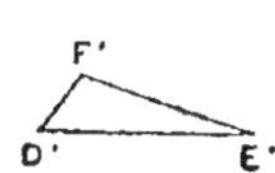

Fig. 165. Triangles égaux.   Fig. 166. Triangles semblables.

697. — Deux figures sont **semblables** quand elles ont les *angles égaux* et les côtés homologues *proportionnels,* autrement dit, quand ils ont la **même forme** sans avoir la même *grandeur.*

Ainsi les triangles DEF, D'E'F' (fig. 166) et les polygones ABCDE et A'B'C'D'E' (fig. 167) sont *semblables*.

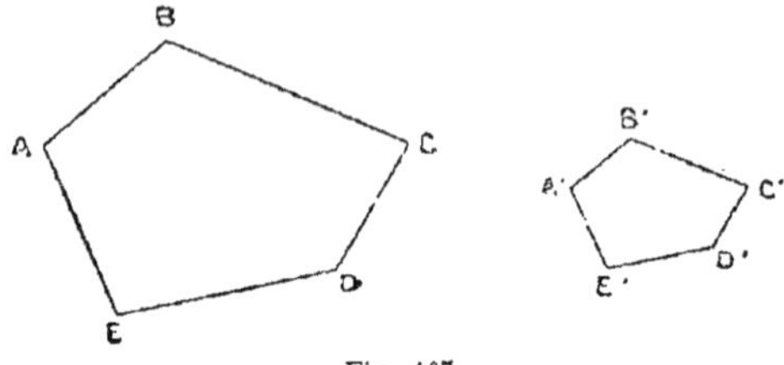

Fig. 167.

Polygones semblables.

698. — Dans les figures semblables, on appelle côtés *homologues* les côtés adjacents aux angles égaux, autrement dit, les côtés qui sont semblablement placés. Tels sont les côtés AB et A'B' (fig. 167).

Supposons que dans deux figures semblables (fig. 167), le côté AB soit le double de A'B', il résultera de la similitude des deux figures que BC sera aussi le double de B'C', et CD le double de C'D', etc.

Autrement dit : AB est à A'B' comme BC est à B'C', comme CD est à C'D', etc., ce qu'on peut écrire :

$$\frac{AB}{A'B'} = \frac{BC}{B'C'} = \frac{CD}{C'D'} = 2.$$

699. — Deux figures sont **équivalentes** quand elles ont la même surface, sans avoir la même *forme*.

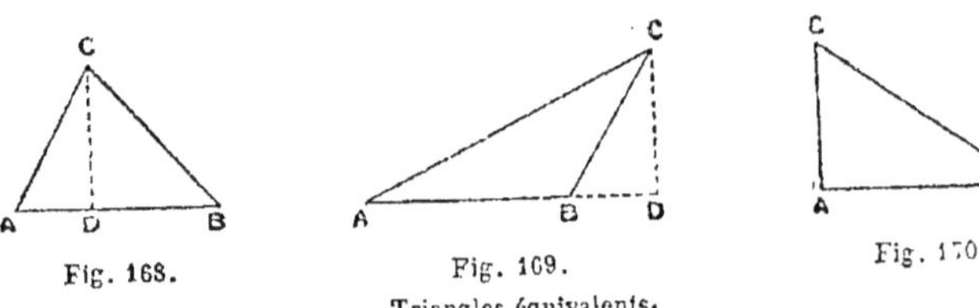

Fig. 168.   Fig. 169.   Fig. 170.

Triangles équivalents.

Tels sont les trois triangles (fig. 168 à 170) qui ont même base AB et même hauteur, CD, pour les deux premiers, et CA, pour le troisième.

REMARQUES. — I. Les *périmètres* de deux figures semblables sont entre eux comme les côtés homologues.

Si les côtés deviennent 2, 3, 4 ... fois plus grands, les périmètres deviennent 2, 3, 4 ... fois plus grands.

II. Les *surfaces* de deux figures semblables sont entre elles comme les **carrés** de leurs côtés homologues.

Si les côtés deviennent 2, 3, 4 ... fois plus grands, les surfaces deviennent **4, 9, 16** ... fois plus grandes.

700. — Il existe un moyen très commode pour mesurer les surfaces des polygones réguliers sans chercher le centre ni l'apothème (n° 687). Il suffit de connaître une fois pour toutes la surface du polygone ayant pour côté l'unité, et de multiplier cette surface par le carré du côté du polygone donné.

La surface du carré   dont le côté est 1 $= 1^{mq}$.
    —   du triangle équilatéral   —   —   1 $= 0^{mq},4330$
    —   du pentagone régulier   —   —   1 $= 2^{mq},3774$
    —   de l'hexagone régulier   —   —   1 $= 2^{mq},5980$
    —   de l'octogone régulier   —   —   1 $= 4^{mq},8284$
    —   du décagone régulier   —   —   1 $= 7^{mq},6939$

EXEMPLE. — Quelle est la surface d'un bassin de forme hexagonale, ayant 17^m de côté? La surface d'un hexagone de 1^m de côté est 2,5980 : la surface d'un hexagone ayant 17^m de côté sera de $2,598 \times 17^2 = 750^{mq},82$.

CONSTRUCTIONS GRAPHIQUES

701. — *Construire un triangle* semblable *à un triangle donné ABC, et dont le côté A′B′ soit la moitié de AB* (fig. 171).

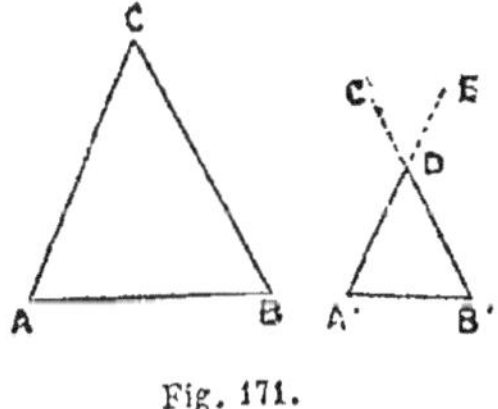
Fig. 171.

Soit A′B′ la moitié de AB ; au point A′ je fais un angle EA′B′ égal à l'angle CAB ; au point B′ je fais un angle CB′A′ égal à l'angle CBA : les droites A′E, B′C se croisent en un point D, qui est le sommet du triangle A′DB′, semblable au triangle donné.

702. — *Construire un polygone* semblable *à un polygone donné et dont l'un des côtés A′B′ soit moitié de son homologue AB* (fig. 172).

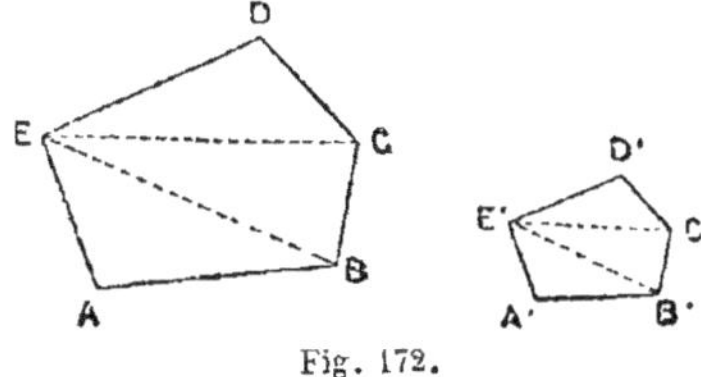
Fig. 172.

D'un sommet quelconque E du polygone donné, je trace les diagonales EC, EB qui partagent le polygone en trois triangles.

Je prends A′B′ moitié de AB ; sur A′B′ je construis le triangle A′E′B′ semblable à AEB (n° 701) ; sur E′B′, je construis E′B′C′, semblable à EBC ; sur E′C′ je construis E′D′C′ semblable à EDC : le polygone ainsi construit sera égal au polygone donné.

703. — *Construire un polygone* **égal** *à un polygone donné* (fig. 173).

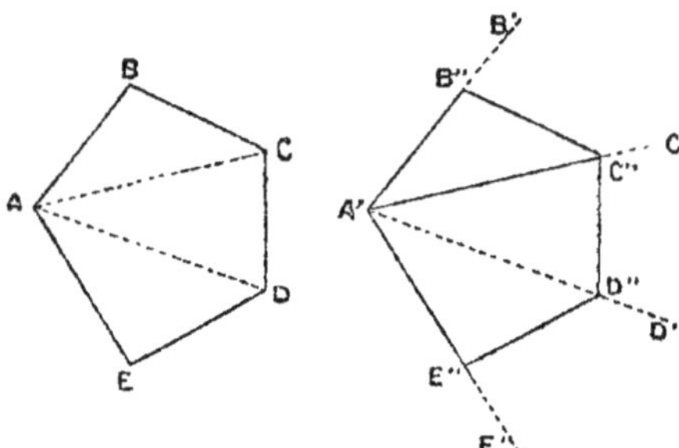

Fig. 173.

D'un sommet quelconque A du polygone donné, je trace les diagonales AC, AD, qui partagent le polygone en trois triangles.

Je trace une ligne indéfinie A'B'; sur cette droite, au point A', je fais un angle B'A'C' égal à BAC, et sur la droite AC' un angle C'A'D' égal à CAD ; sur la droite A'D' un angle D'A'E' égal à DAE. Sur A'B' je porte A'B″ égal à AB ; sur A'C' je porte A'C″ égal à AC ; sur A'D' je porte A'D″ égal à AD, etc. ; je joins B″, C″, D″, et E″ : le polygone ainsi construit sera égal au polygone donné.

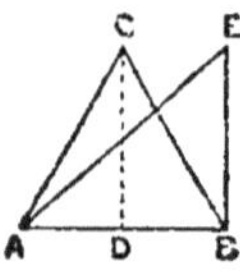

Fig. 174.

704. — *Construire un triangle rectangle* **équivalent** *à un triangle donné* ACB (fig. 174).

Du point B j'élève la perpendiculaire BE égale à la hauteur CD ; je joins AE : le triangle rectangle AEB est équivalent au triangle ACB, comme ayant même base et même hauteur.

705. — *Construire un carré* **équivalent** *à un rectangle* ABCD (fig. 175).

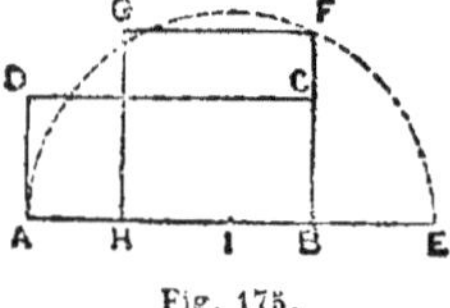

Fig. 175.

Je prolonge AB d'une quantité BE égale à BC ; du milieu I de AE, avec IE pour rayon, je décris une demi-circonférence ; je prolonge BC jusqu'en F, et sur BF je construis le carré BFGH (n° 664), qui sera équivalent au triangle donné.

706. — *Construire un carré équivalent à un triangle* ABC (fig. 176).

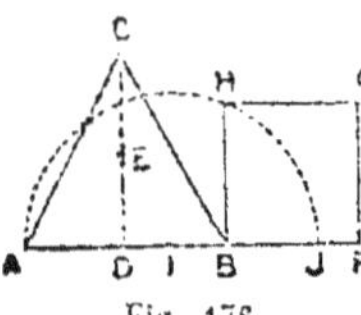

Fig. 176.

Je prolonge AB d'une longueur BJ égale à la moitié de la hauteur CD ; du milieu I de AJ, avec un rayon égal à IJ, je décris une demi-circonférence ; du point B j'élève BH perpendiculaire à AJ ; cette perpendiculaire vient couper la circonférence en un point H : je construis sur BH le carré BHGF, qui sera équivalent au triangle donné.

APPLICATIONS PRATIQUES

707. — Aux polygones semblables se rattachent les *croquis*, les *relevés*, les *plans*, les *profils*, les *coupes*, qui sont des figures semblables aux objets réels, mais réduites à une échelle déterminée.

Croquis. Échelle.

708. — Faire le *croquis* d'une porte, d'un meuble, etc., c'est en dessiner approximativement et à main levée les contours et la forme.

Coter un croquis, c'est écrire sur le croquis même et près de chaque ligne, le nombre qui mesure la longueur réelle de cette ligne sur l'objet dessiné. Ces nombres sont les *cotes* du croquis, et le croquis ainsi coté prend le nom de *relevé*.

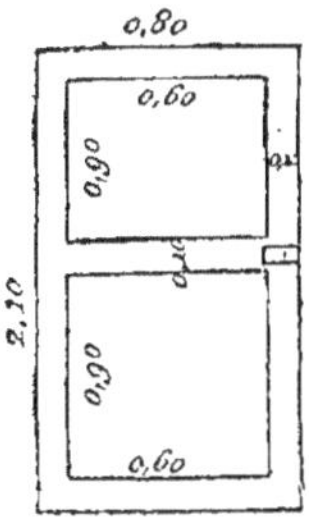

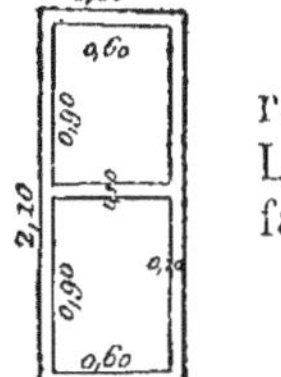

La figure 177 représente le *croquis coté* ou le *relevé* d'une porte.

La hauteur de la porte   est de 2^m,10.
La largeur   —   —   0^m,80.
La largeur du bâtis   —   0^m,10.
La largeur de la traverse   —   0^m,10.
La largeur des panneaux   —   0^m,60.
La hauteur   —   —   0^m,90.

Fig. 177.
Croquis coté.

709. — *Reproduire un croquis à une échelle donnée*, c'est le reproduire en lui donnant des dimensions *proportionnelles* à celles de l'objet réel; on convient par exemple que chaque mètre sera représenté par un centimètre. C'est ce qu'on appelle *reproduire un objet à l'échelle de un centimètre par mètre* ou à $\frac{1}{100}$.

710. — Pour reproduire à une échelle donnée un croquis coté, on se sert tout simplement d'un décimètre ou d'un double décimètre.

La figure 178 représente le croquis de la porte reproduit à l'échelle de un centimètre par mètre. Le croquis est devenu un véritable dessin, parfaitement proportionné à l'objet dessiné.

Les 2^m,10 sont devenus 2^{cm},1
Les 0^m,80   —   0^{cm},8
Les 0^m,10   —   0^{cm},1
Les 0^m,60   —   0^{cm},6
Les 0^m,90   —   0^{cm},9

Fig. 178.
Dessin à l'échelle de $\frac{1}{100}$.

711. — Le dessin qui précède est à un centimètre par mètre, mais on est libre d'adopter telle échelle qu'on préfère, le quart, le tiers, etc. Les échelles les plus simples et les plus usitées sont les échelles *décimales*, c'est-à-dire les échelles de 1 décimètre, de 1 centimètre, de 1 millimètre par mètre, etc., ou encore à $\frac{1}{10}$, à $\frac{1}{100}$, à $\frac{1}{1000}$ (lisez *au dixième, au centième, au millième*).

Exercice 133.

1. Étant données plusieurs droites de différentes longueurs : 5^m, 8^m, 12^m, 4^m, 3^m, 6^m, 14^m, 15^m, tracez ces mêmes lignes à l'échelle de $0^m,01$ par mètre. Faites connaître la longueur des droites ainsi réduites.

2. Dans un dessin on veut représenter à l'échelle de 2 centimètres par mètre une longueur de $26^m,4$. Quelle dimension aura cette ligne sur le papier?

3. Quelle dimension aurait cette même longueur à l'échelle de 25 millimètres par mètre?

4. On porte sur le papier une longueur de $27^{km},51$ à l'échelle de 3 cent-millièmes par mètre ; quelle sera la longueur portée sur le papier?

Plan, élévation, profil, coupe.

712. — On appelle *plan* d'un terrain, d'une ville, etc., la représentation en petit, sur le papier, de ce terrain ou de cette ville.

713.—*Lever le plan* d'un terrain, d'une ville, c'est mesurer toutes les lignes et tous les angles qui servent à faire connaître la position et les dimensions des différentes parties

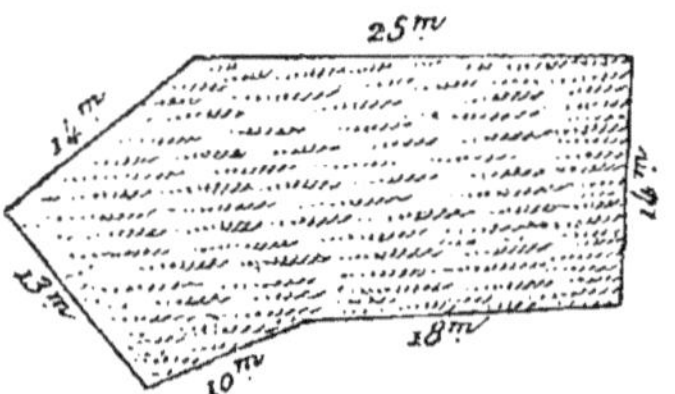

Fig. 179. Plan d'un terrain à l'échelle de
1 millimètre par mètre ou à $\frac{1}{1000}$.

de ce terrain ou de cette ville, et dessiner sur le papier une figure *semblable* (n° 697), en rapportant toutes les lignes à une échelle donnée (fig. 179 et 180).

Pour lever un plan, on se sert de la chaîne d'arpenteur p. 306), de l'équerre d'arpenteur (p. 310), du graphomètre (p. 349), du niveau d'eau (p. 309), etc.

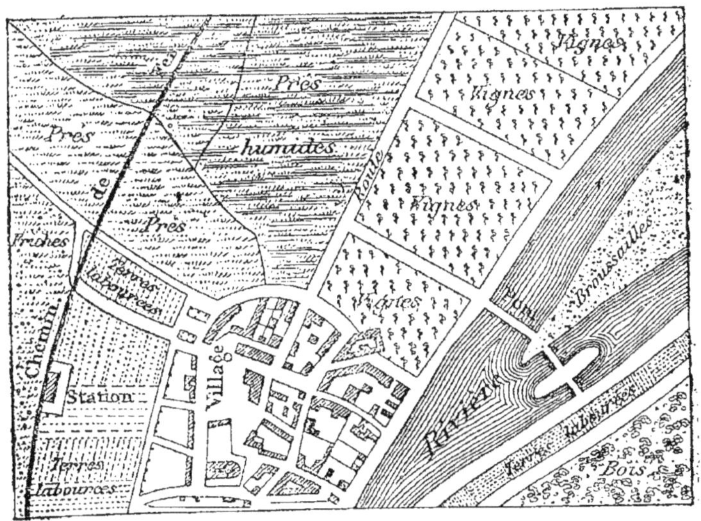

Fig. 180. Plan d'un village à l'échelle de 4 dix-millimètres par mètre ou à $\frac{1}{40000}$ (au quarante-millième).

714. — Le plan d'une maison se compose généralement de plusieurs dessins qui représentent l'édifice sous tous ses aspects, de manière à guider les ouvriers qui doivent concourir à sa construction. Chacun de ces plans porte un nom particulier : *plan, coupe transversale, coupe longitudinale, façade principale, façade latérale, profil*.

715. — On appelle *plan* la représentation de la section* faite dans la maison supposée coupée par un plan horizontal.

Plan du Rez-de-Chaussée   Plan du 1ᵉʳ Etage

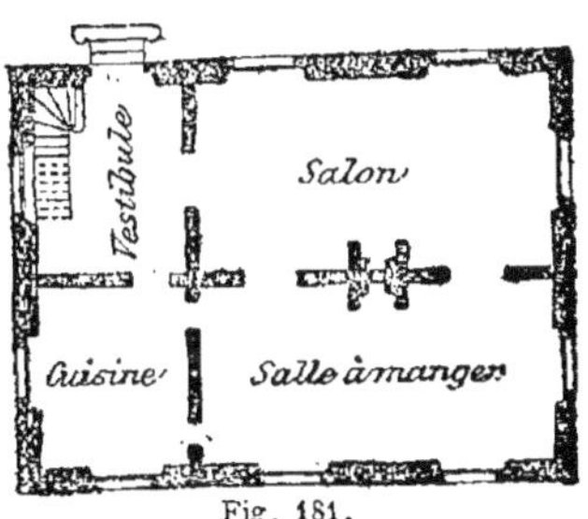

Fig. 181.

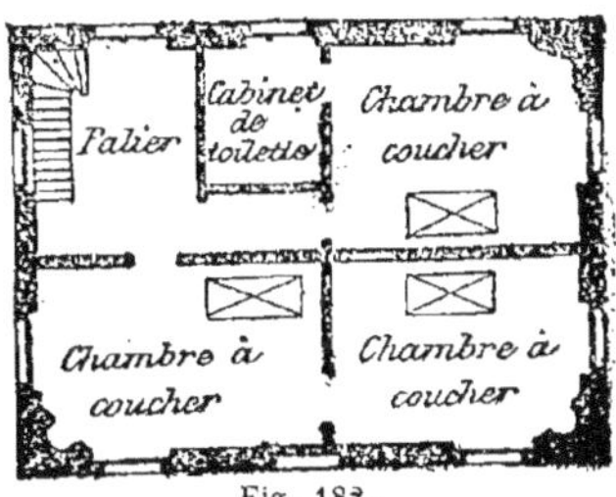

Fig. 182.

Il y a autant de plans qu'il y a d'étages : *plan des caves*, *plan* du rez-de-chaussée (fig. 181), *plan* du premier étage (fig. 182), *plan* de l'étage sous combles.

716. — On appelle *façade* ou *élévation* la représentation extérieure de la maison vue de face (fig. 183) ou de côté.

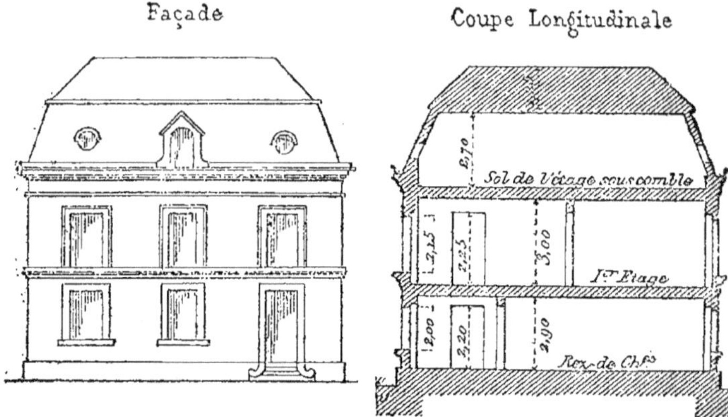

Fig. 183.   Fig. 184.

717. — On appelle *coupe* la représentation de la section faite dans la maison supposée coupée par un plan vertical : quand la section est faite dans le sens de la longueur, la coupe prend le nom de *coupe longitudinale* (fig. 184) ; quand la section est faite dans le sens de la largeur, la coupe prend le nom de *coupe transversale* (fig. 185).

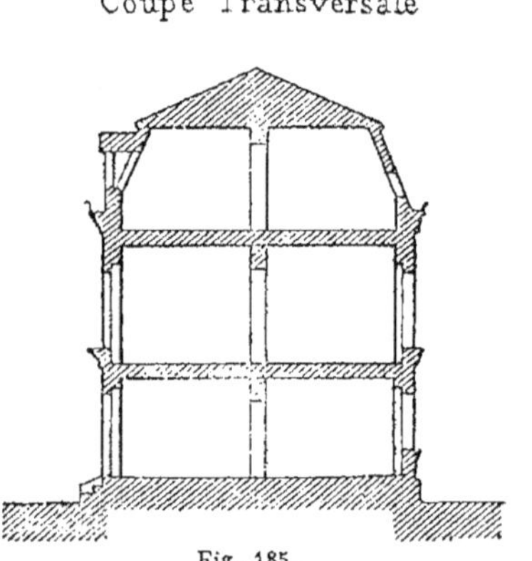

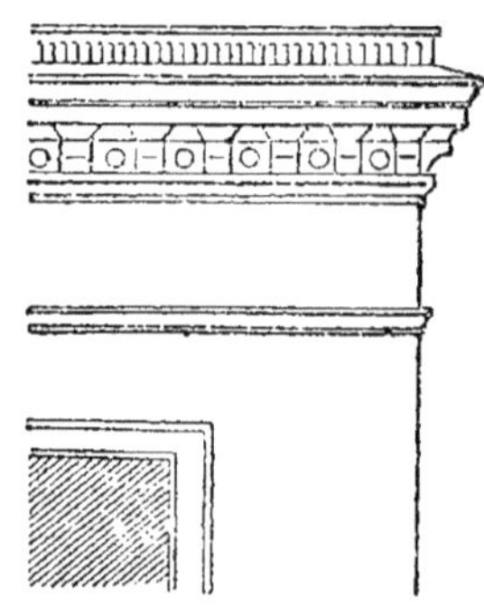

Fig. 185.   Fig. 186.

718. — On appelle en général *profil* la représentation d'un objet vu de côté ; cependant les architectes réservent plus spécialement le nom de *profil* à la représentation des moulures qui ornent une maison (fig. 186).

719. — Ce n'est pas seulement pour l'ensemble des maisons qu'on dessine des plans, des coupes, des élévations; les *détails* de la maison, fenêtres, cheminées (fig. 187), etc., les meubles, sont représentés de la même manière; mais c'est surtout pour la construction des *machines* qu'on multiplie ces sortes de dessins.

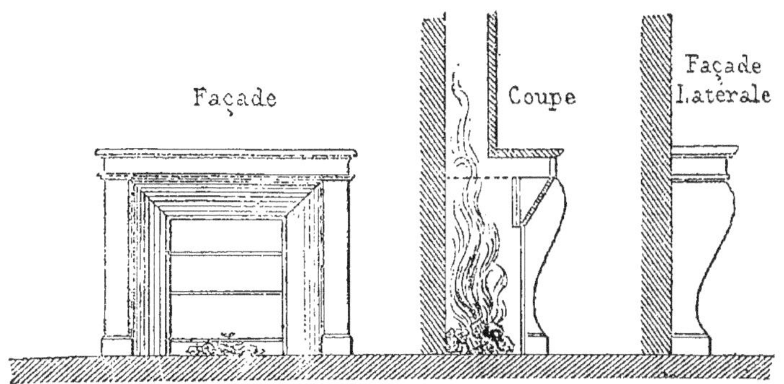

Fig. 187. — Façade, coupe et façade laterale d'une cheminée.

Méthode des carreaux.

720. — Lorsqu'on a à réduire des dessins composés de courbes irrégulières, tels que des dessins de cartes géographiques, de paysages, etc. : on emploie la méthode dite *des carreaux*.

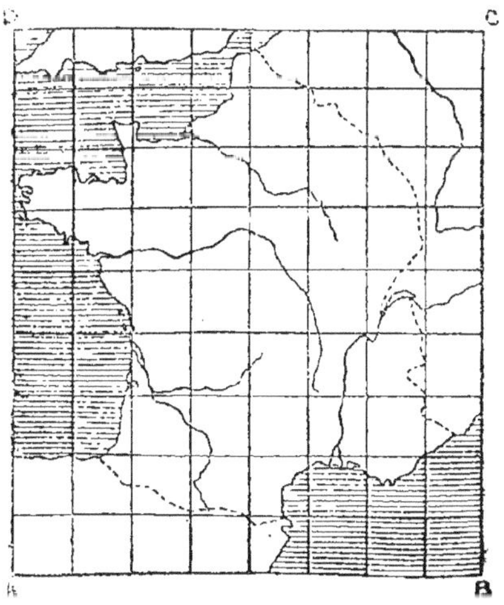

Fig. 188. Méthode des carreaux.

Fig. 189. Réduction.

Soit à réduire de moitié toutes les dimensions d'une carte de la France (fig. 188 et 189).

On trace une ligne A′B′ moitié de AB, et une ligne A′D′ moitié de AD, et on achève le cadre A B′C′D′.

On divise AB en un nombre quelconque de parties égales, 8, par exemple, et par les points de division on mène des parallèles à AD ; on fait de même sur A′B′.

On divise ensuite AD en un nombre quelconque de parties égales, 9, par exemple, et par les points de division on mène des parallèles à AB ; on fait de même sur A′D′.

On a ainsi deux surfaces partagées en un nombre égal de petits carreaux.

Il ne reste plus qu'à tracer dans chacun des carreaux du petit cadre les lignes qui passent par les carreaux correspondants du grand cadre.

CHAPITRE VIII

DE LA CIRCONFÉRENCE ET DU CERCLE

721. — On appelle *circonférence* (fig. 190) une ligne courbe dont tous les points sont également distants d'un point intérieur O appelé *centre*.

722. — On appelle *cercle* (fig. 190) la surface limitée par la circonférence.

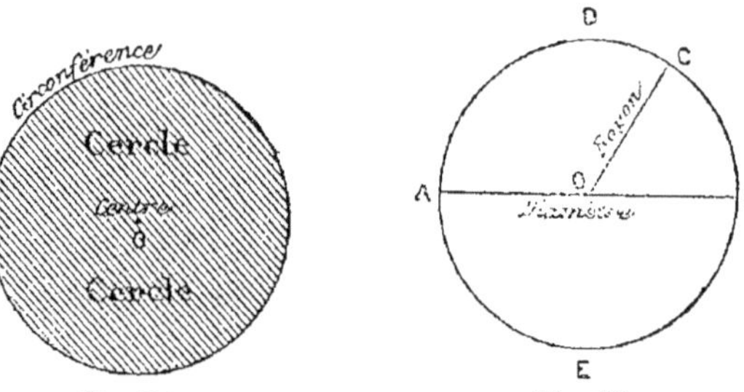

Fig. 190.   Fig. 191.

723. — On appelle *rayon* (fig. 191) toute ligne droite OC qui va du centre à un point quelconque de la circonférence.

724. — On appelle *diamètre* toute la ligne droite AB qui passe par le centre et qui se termine de part et d'autre à la circonférence.

Le diamètre est le double du rayon ; il partage la circonférence et le cercle en deux parties égales ADB, AEB.

725. — On appelle *arc* (fig. 192) une partie quelconque ADC de la circonférence.

726. — On appelle *corde* (fig. 193) la droite AC qui joint les deux extrémités d'un arc.

Le diamètre est la plus grande des cordes.

727. — On dit d'une corde qu'elle *sous-tend* un arc, et d'un arc qu'il est *sous-tendu* par une corde.

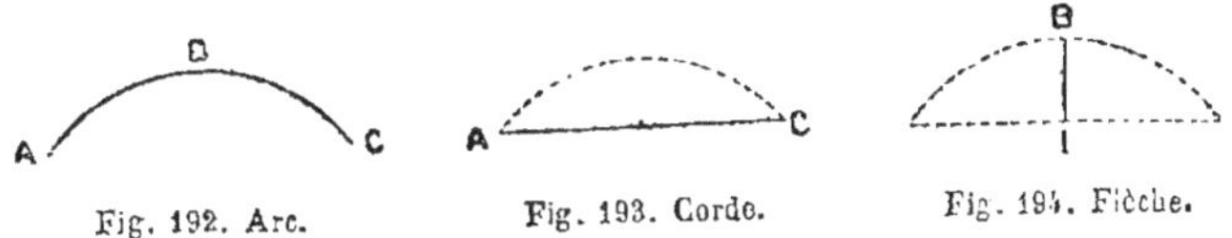

Fig. 192. Arc.   Fig. 193. Corde.   Fig. 194. Flèche.

Dans un même cercle ou dans des cercles égaux, des arcs égaux sont sous-tendus par des cordes égales, et des cordes égales sous-tendent des arcs égaux.

728. — On appelle *flèche* (fig. 194) la droite BI perpendiculaire sur le milieu de la corde et comprise entre l'arc et la corde.

729. — On appelle *tangente* (fig. 195) une droite AB qui ne touche la circonférence qu'en un seul point.

Le point où la tangente touche à la circonférence s'appelle point de *contact* ou de *tangence*.

La tangente à un cercle est perpendiculaire sur le rayon OC mené au point de contact.

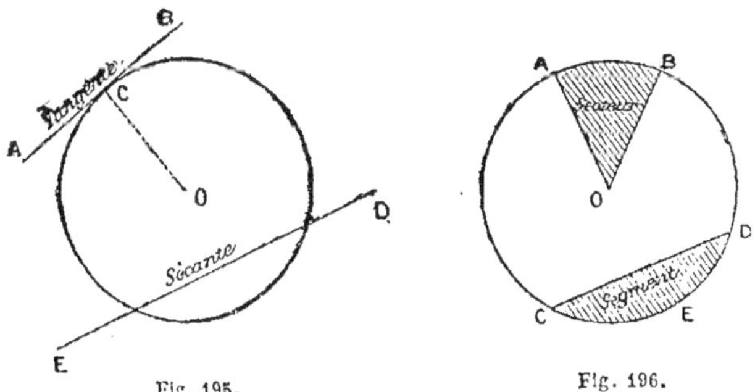

Fig. 195.   Fig. 196.

730. — On appelle *sécante* la droite ED qui coupe la circonférence en deux points.

731. — On appelle *secteur* (fig. 196) la partie AOB de la surface du cercle comprise entre un arc AB et deux rayons OA et OB.

732. — On appelle *segment* la partie CDE de la surface du cercle comprise entre un arc CED et sa corde CD.

733. — On appelle *circonférences concentriques* (fig. 197) des circonférences qui ont le même centre.

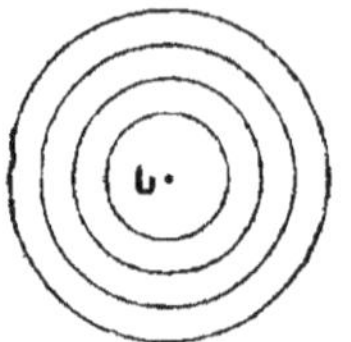

Fig. 197.
Circonférences concentriques.

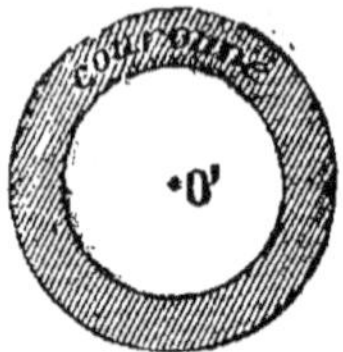

Fig. 198.
Couronne.

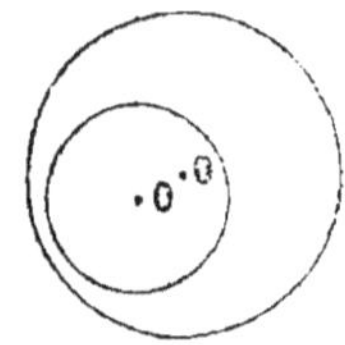

Fig. 199.
Circonférences excentriques.

734. — On appelle *couronne* (fig. 198) la surface comprise entre deux circonférences concentriques.

735. — On appelle *circonférences excentriques* ou intérieures (fig. 199) des circonférences qui n'ont pas le même centre, mais sans se couper ni se toucher.

736. — On appelle *circonférences tangentes* (fig. 200 et 201) deux circonférences qui ne se touchent qu'en un point A.

Les circonférences peuvent être tangentes *extérieurement* ou tangentes *intérieurement*.

Lorsque les circonférences sont tangentes *extérieurement* (fig. 200), la ligne OO′ des centres est égale à la *somme* des rayons.

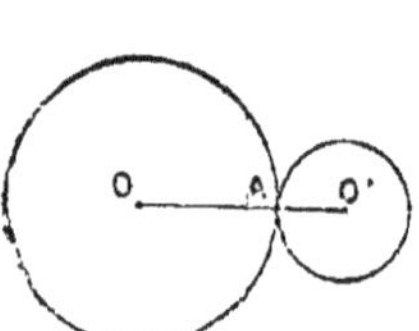

Fig. 200.
Circonférences tangentes
extérieurement.

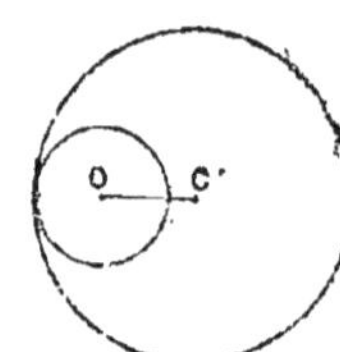

Fig. 201.
Circonférences tangentes
intérieurement.

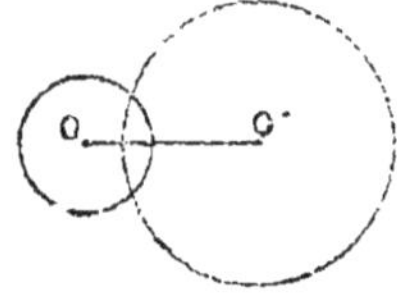

Fig. 202.
Circonférences sécantes.

Lorsque les circonférences sont tangentes *intérieurement* (fig. 201), la ligne OO′ des centres est égale à la *différence* des rayons.

737. — On appelle *circonférences sécantes* (fig. 202) deux circonférences qui se coupent en deux points.

Lorsque les circonférences sont sécantes la ligne OO′ des centres est plus petite que la somme des rayons.

DIVISION DE LA CIRCONFÉRENCE EN DEGRÉS,
EN MINUTES ET EN SECONDES

738. — Toute circonférence se divise en 360 *degrés* : 360°.
Chaque degré se divise en 60 *minutes* : 60′.
Chaque minute se divise en 60 *secondes* : 60″.

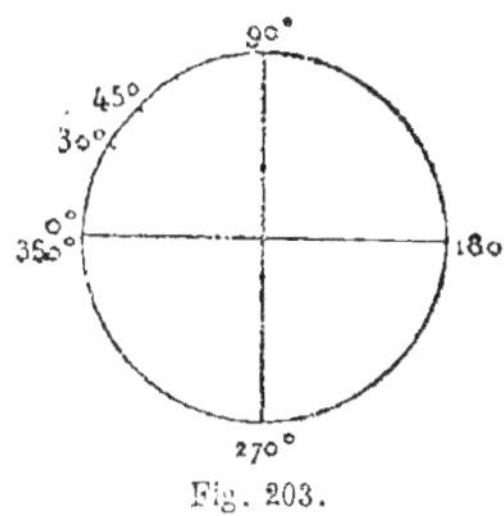
Fig. 203.

739. — Si on trace un diamètre dans une circonférence (fig. 203), la circonférence est divisée en deux parties égales : donc une demi-circonférence contient la moitié de 360°, soit 180°.

740. — Si on trace deux diamètres perpendiculaires dans une circonférence, la circonférence est divisée en quatre parties égales ; chacune de ces parties s'appelle un *quadrant*. Donc le quadrant ou le quart de la circonférence contient le quart de 360°, soit 90°.

La moitié d'un quadrant vaut la moitié de 90°, ou 45°.
Le tiers d'un quadrant vaut le tiers de 90° ou 30°, etc.

741. — Puisque la circonférence contient 360° et qu'un degré contient 60′, la circonférence vaudra 60′×360 = 21600′.

Puisque la circonférence contient 21600′ et qu'une minute vaut 60″, la circonférence vaudra 60″ × 21600 = 1296000″.

742. — Un arc peut contenir à la fois des degrés, des minutes et des secondes ; par exemple un arc peut avoir 57° 18′ 43″.

Mesure des angles.

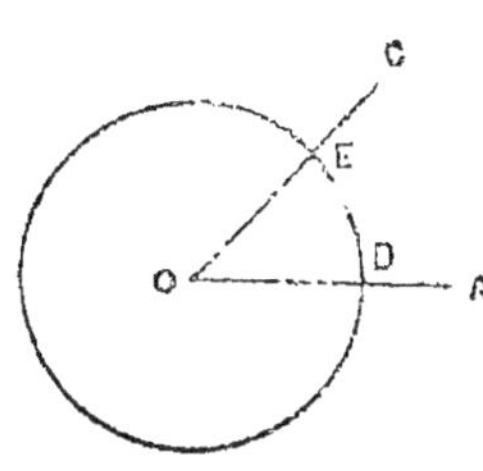
Fig. 204. Angle au centre.

743. — **L'angle au centre** est un angle tel que AOC (fig. 204) dont le sommet est au centre O de la circonférence.

744. — **La mesure d'un angle** est le nombre de degrés, de minutes et de secondes que contient l'arc DE compris entre ses côtés et décrit du sommet O comme centre.

Ainsi la grandeur d'un angle ne dépend pas de la *longueur* des côtés de l'angle, mais simplement de l'**ouverture** de ces côtés. Ainsi des deux angles A et B (fig. 205), le plus grand n'est pas l'angle B, mais bien l'angle A dont les côtés sont *plus ouverts* que ceux de l'angle B.

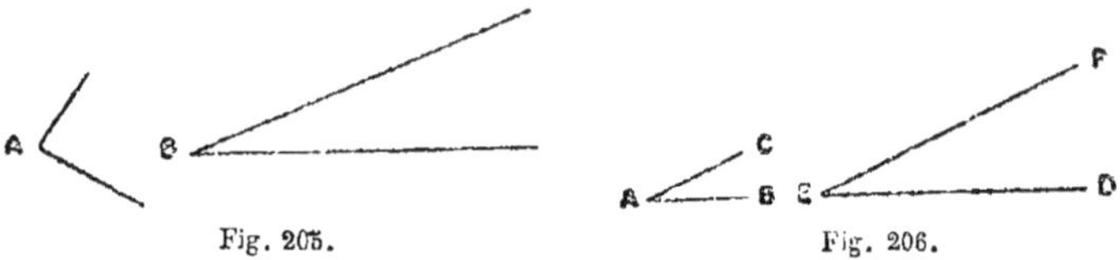

Fig. 205.   Fig. 206.

745. — On dit que deux angles sont égaux quand ils comprennent entre leurs côtés le même nombre de degrés, quelle que soit d'ailleurs la longueur de leurs côtés. Ainsi les deux angles BAC, DEF (fig. 206) sont égaux.

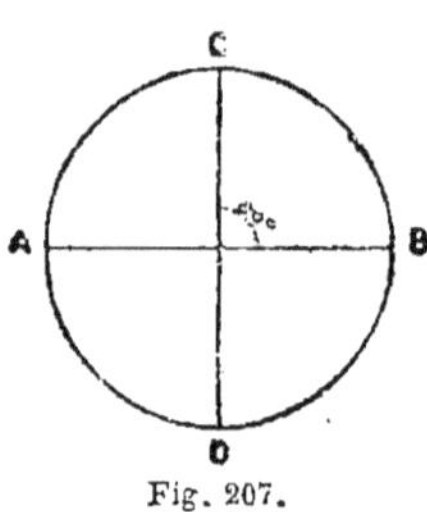

Fig. 207.

746. — Si on trace dans une circonférence deux diamètres perpendiculaires AB, CD (fig. 207) on forme au centre quatre angles égaux qui sont des angles droits, et la circonférence est divisée en quatre parties égales qui sont des quadrants; or, chaque quadrant vaut 90° (n° 740). On dira de même que l'angle droit vaut 90°. — De même, si un angle au centre intercepte entre ses côtés un arc de 5°, 10°, 25°, 60°, 150°, on dira que cet angle vaut aussi 5°, 10°, 25°, 60°, 150°. *Un angle au centre a pour mesure l'arc compris entre ses côtés.*

747. — Pour mesurer un angle sur le papier on se sert d'un petit instrument en corne ou en cuivre, évidé, appelé *rapporteur* (fig. 208).

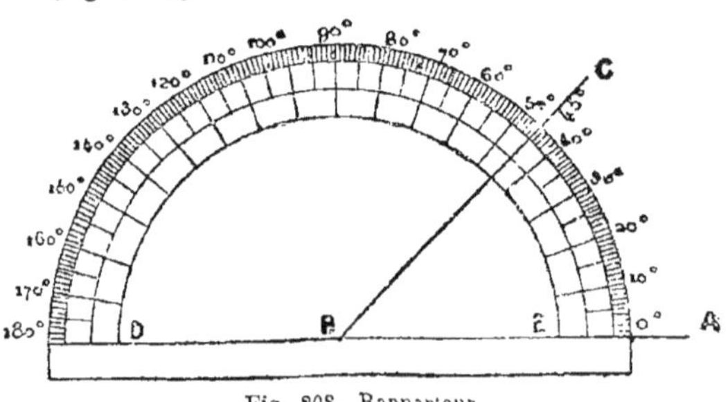

Fig. 208. Rapporteur.

748. — Le rapporteur est un demi-cercle dont l'arc contient la moitié de 360 degrés, soit 180°. Ces 180° sont indiqués sur le bord ou *limbe* du rapporteur, à partir de zéro.

Soit à mesurer l'angle ABC (fig. 208).

Je place le rapporteur sur l'angle de manière que le sommet B de l'angle coïncide avec le centre B du rapporteur, et que le côté BA de l'angle coïncide avec le diamètre DE du rapporteur.

Cela fait, je regarde à quelle division du rapporteur correspond le côté BC de l'angle : je trouve ici le nombre 45.

L'angle ABC est donc un angle de 45°, soit la moitié d'un angle droit.

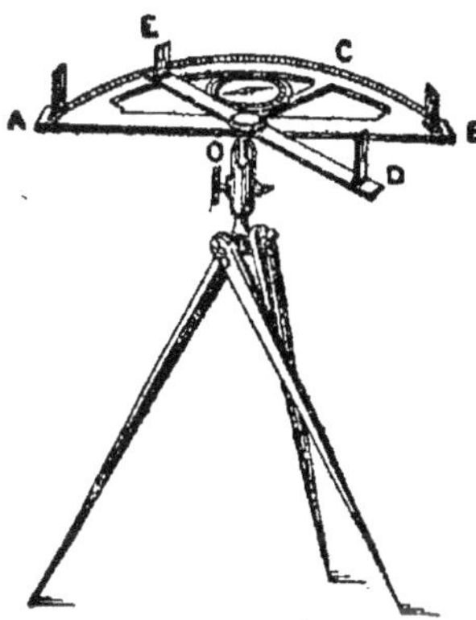
Fig. 209. Graphomètre.

749. — Du graphomètre. Lorsqu'il s'agit de mesurer un angle sur le terrain on se sert d'un instrument appelé *graphomètre* (fig. 209).

Cet instrument se compose d'un demi-cercle en cuivre ACB, nommé *limbe*, divisé comme le rapporteur en 180°. Le limbe porte deux règles : l'une AB est fixe et coïncide avec le diamètre du limbe ; l'autre DE, nommée *alidade*, est mobile et tourne autour du centre O de l'instrument. L'alidade peut ainsi parcourir toutes les divisions du limbe ABC. Les deux règles portent à leur extrémité des *pinnules* fixées verticalement et percées d'ouvertures et de fentes semblables à celles des pinnules de l'équerre d'arpenteur (p. 310). L'instrument est supporté par un pied à trois branches, et il peut prendre une position horizontale ou oblique à l'aide d'un *genou à coquilles* O.

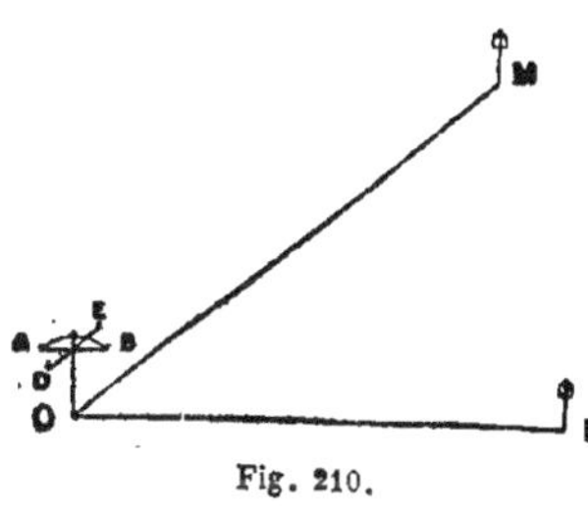
Fig. 210.

Soit à mesurer avec le graphomètre l'angle NOM (fig. 210).

On place l'instrument au sommet O de l'angle et on le dirige de façon que le rayon visuel passant par les pinnules A, B de la règle fixe passe aussi par le jalon placé en N ; à ce moment on fait tourner l'alidade DE de façon que la ligne de visée, passant par les pinnules D, E, passe aussi par le jalon M : l'angle formé par les deux alidades, et dont on trouve la mesure sur le limbe, est égal à l'angle NOM.

Longueur d'un arc dont on connaît le nombre de degrés.

750. — Un arc a pour mesure la longueur de la circonférence multipliée par le rapport du nombre de ses degrés à 360.

Soit à trouver la longueur d'un arc de 30° dans une circonférence dont le diamètre est de 4 mètres.

La longueur de la circonférence entière qui contient 360° est (n° 756) de $3^m,1416 \times 4 = 12^m,5664$.

La longueur de l'arc de 1° sera 360 fois moindre, ou $\dfrac{12^m,5664}{360}$,

et la longueur d'un arc de 30° sera 30 fois plus grande, ou

$$\frac{12^m,5664 \times 30}{360} = \frac{12^m,5664 \times 3}{36} = \frac{12^m,5664}{12} = 1^m,0472$$

De l'angle inscrit.

751. — L'angle inscrit est un angle tel que ABC (fig. 211) qui a son sommet sur la circonférence et dont les deux côtés BA et BC sont des cordes.

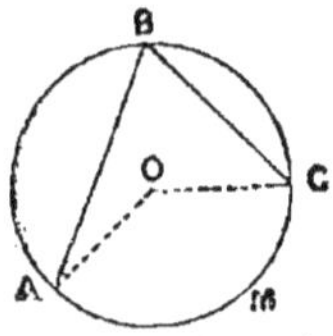

752. — L'angle inscrit a pour mesure **la moitié** de l'arc AMC compris entre ses côtés, c'est-à-dire que l'angle ABC est deux

Fig. 211. Angle inscrit.   fois plus petit que l'angle au centre AOC qui a pour mesure AMC (n° 744). On peut vérifier ce fait en mesurant les deux angles ABC et AOC, au moyen du rapporteur.

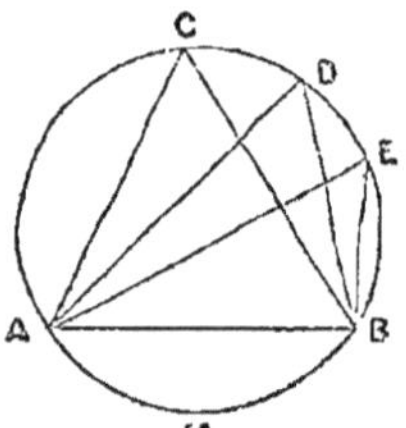

Fig. 212. Angle inscrit.

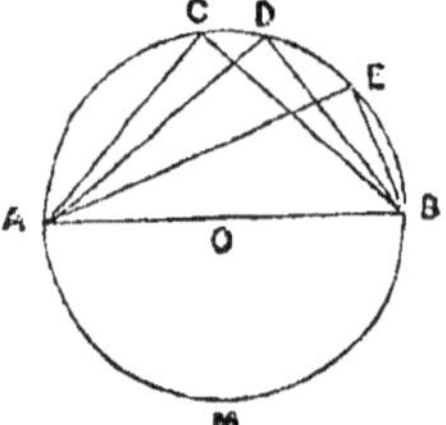

Fig. 213. Angle inscrit.

753. — Tous les angles inscrits dans le même segment sont égaux, car ils ont tous pour mesure la moitié du même arc AMB (fig. 212). Tels sont les angles ACB, ADB, AEB.

754. — *Les angles inscrits dans un demi-cercle sont* **droits,** puisqu'ils ont pour mesure la moitié d'une demi-circonférence AMB (fig. 213), c'est-à-dire la moitié de 180° ou 90°.

Tels sont les angles ACB, ADB, AEB.

Remarque. — Quand l'arc AMB est plus grand qu'une demi-circonférence (fig. 214), l'angle ACB est *obtus*; quand

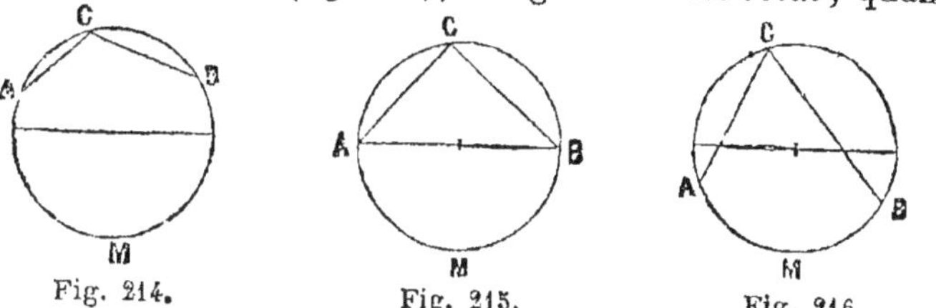

Fig. 214. Fig. 215. Fig. 216.

l'arc AM est égal à une demi-circonférence (fig. 215), l'angle ACB est *droit*; quand l'arc AMB est plus petit qu'une demi-circonférence (fig. 216), l'angle ACB est *aigu*.

CONSTRUCTIONS GRAPHIQUES.

755. — *Construire avec le rapporteur sur une droite AB, et en un point donné A, un angle égal à un angle donné C* (fig. 217).

Je commence par mesurer l'angle C : supposons qu'il soit de 60°; je place le diamètre du rapporteur sur la ligne AB, de manière que le centre de l'instrument coïncide avec le point A et

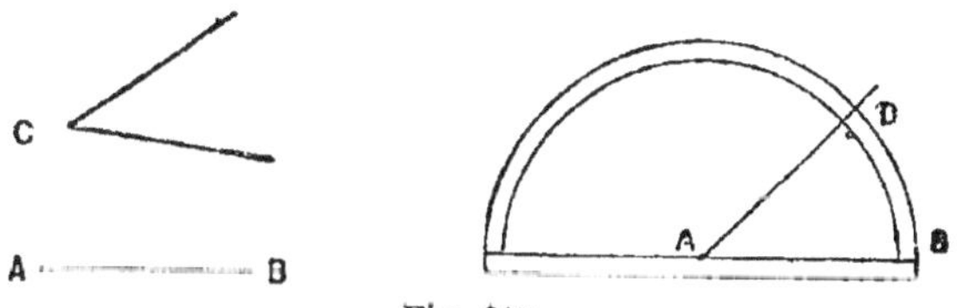

Fig. 217.

que la droite passe par le zéro; je marque au crayon un point D en face de la division 60; j'enlève le rapporteur et je joins le point A au point D : l'angle BAD sera égal à l'angle donné C.

Exercice 134 (page 351).

1. Décrivez avec le compas une circonférence qui ait 25 millimètres de rayon, — qui ait 12 millimètres de rayon, — qui ait 17 millimètres de rayon, etc.

2. Décrivez une circonférence dont le diamètre soit de 48 millimètres, — de 26 millimètres, — de 30 millimètres, etc. — R. On prend pour rayon une longueur de 24 millimètres, de 13 millimètres, de 15 millimètres, etc.

3. Tracez, dans chacune de ces trois circonférences, une corde de 8 millimètres, — de 11 millimètres. — de 23 millimètres. — R. On place la pointe

sèche du compas en un point quelconque de la circonférence, et de ce point comme centre, avec une ouverture de compas égale à 8 millimètres, 11 millimètres, 23 millimètres, on décrit un petit arc qui coupe la circonférence en un second point. On joint ces deux points par une ligne droite.

4. Décrivez une circonférence quelconque, et tracez dans cette circonférence une sécante indéfinie dont la partie intérieure soit égale au rayon, — dont la partie intérieure soit égale au diamètre, — dont la partie intérieure soit égale à la moitié du rayon. — R. 1° On prend sur la circonférence deux points distants d'une longueur égale au rayon, comme pour tracer une corde (n° 3), puis on fait passer une droite indéfinie par ces deux points; — 2° on mène une droite quelconque par le centre de la circonférence; — 3° on prend sur la circonférence deux points distants d'une longueur égale à la moitié du rayon, et on les joint par une droite indéfinie.

5. Décrivez une circonférence, et, au moyen d'une règle, tracez le plus exactement possible une tangente à cette circonférence. — Voir page 345, n° 729.

6. Décrivez une circonférence, et montrez dans cette circonférence un secteur et un segment. — Voir page 345, n°s 731 et 732, fig. 196.

7. Décrivez deux circonférences concentriques, et montrez la couronne qu'elles forment. — Voir page 346, n°s 733 et 734, fig. 197 et 198.

8. Décrivez deux circonférences excentriques. — Voir page 346, n° 735, fig. 199.

9. Décrivez deux circonférences sécantes. — Voir page 346, n° 737, fig. 202.

10. Décrivez deux circonférences tangentes extérieurement. — Voir page 346, n° 736, fig. 200.

11. Décrivez deux circonférences tangentes intérieurement. — Voir page 346, n° 736, fig. 201.

12. Prenez deux points éloignés l'un de l'autre de 20 millimètres; de ces points, comme centres, décrivez deux circonférences : l'une avec un rayon de 12 millimètres, et l'autre avec un rayon de 8 millimètres; et dites si ces circonférences seront sécantes ou tangentes? — R. Tangentes extérieurement (n° 736).

13. Prenez deux points éloignés de 17 millimètres; de ces points, comme centres, décrivez deux circonférences : l'une avec un rayon de 23 millimètres, et l'autre avec un rayon de 6 millimètres; et dites ce que seront ces deux circonférences. — R. Tangentes intérieurement (n° 736).

14. Prenez deux points éloignés de 24 millimètres; de ces points, comme centres, décrivez deux circonférences : l'une avec un rayon de 15 millimètres et l'autre avec un rayon de 18 millimètres; et dites ce que seront ces deux circonférences. — R. Sécantes (n° 737).

15. Comment se divise une circonférence? — R. En 360 degrés.

16.   —   —   chaque degré? — R. En 60 minutes.

17.   —   —   chaque minute? — R. En 60 secondes.

18. Combien une demi-circonférence contient-elle de degrés? — R. 180°.

19. Combien un quadrant contient-il de degrés? — R. 90°.

20. Combien la moitié du quadrant contient-elle de degrés? — R. 45°.

21. Combien un tiers de quadrant contient-il de degrés? — R. 30°.

22. Combien la circonférence contient-elle de minutes? — R. 21 600'.

23. Combien la circonférence contient-elle de secondes? — R. 1 296 000".

24. Combien une demi-circonférence contient-elle de minutes? — R. 10 800'.

25. Combien un quadrant contient-il de minutes? — R. 5 400'.

26. Combien une demi-circonférence contient-elle de secondes? — R. 648 000".

27 Combien un quadrant contient-il de secondes? — R. 324 000".

28. Combien y a-t-il de degrés dans $\frac{1}{3}$ de circonférence? — R. 120°. —
Dans $\frac{1}{5}$? — R. 72°. — Dans $\frac{1}{6}$? — R. 60°. — Dans $\frac{1}{9}$? — R. 40°. — Dans $\frac{1}{10}$?
— R. 36°. — Dans $\frac{1}{12}$? — R. 30°. — Dans $\frac{1}{15}$? — R. 24°. — Dans $\frac{1}{18}$? — R. 20°.
— Dans $\frac{1}{20}$? — R. 18°.

29. Combien y a-t-il de degrés dans $\frac{2}{3}$ de circonférence? — R. 240°. —
Dans $\frac{3}{5}$? — R. 216°. — Dans $\frac{5}{6}$? — R. 300°. — Dans $\frac{7}{9}$? — R. 280°. — Dans $\frac{3}{10}$?
— R. 108°. — Dans $\frac{11}{12}$? — R. 330°. — Dans $\frac{13}{15}$? — R. 312°. — Dans $\frac{17}{18}$? —
R. 340°. — Dans $\frac{3}{20}$? — R. 54°.

30. Combien y a-t-il de minutes dans 63° 48′? — R. 3 828′.

31. Combien y a-t-il de secondes dans 36° 19′? — R. 130 740″.

32. Un angle donné est égal à 123° 45′ : si on prolonge l'un de ses côtés,
à quoi est égal le second angle ainsi formé? — R. 56° 15′.

33. Si on prolonge à la fois les deux côtés de l'angle précédent, à quoi sont
égaux les quatre angles ainsi formés? — R. Deux sont égaux à 123° 45′ et
les deux autres à 56° 15′.

34. Si par un point pris sur la droite AB on mène cinq droites également
éloignées les unes des autres et du même côté de AB, à quoi sera égal chacun des angles ainsi formés? — R. 36°.

35. L'un des quatre angles formés par deux droites qui se coupent est égal
à 45° : que valent les trois autres? — R. Les deux angles adjacents valent
chacun 135°; l'angle opposé par le sommet vaut 45°.

36. Huit lignes droites partent d'un même point et rayonnent régulièrement
dans tous les sens : à quoi est égal chacun des huit angles ainsi formés? —
R. 45°.

37. Quatre droites partant d'un même point font entre elles quatre angles
dont les trois premiers valent $\frac{2}{3}$ de droit, $\frac{3}{4}$ de droit, $\frac{5}{6}$ de droit : à quoi est
égal le quatrième? — R. La somme des trois angles donnés égale $\frac{27}{12}$ de droit
$= 2\mathrm{dr}\,\frac{3}{12} = 2\mathrm{dr}\,\frac{1}{4}$. Donc le quatrième angle égale $4\mathrm{dr} - 2\mathrm{dr}\,\frac{1}{4} = 1\mathrm{dr}\,\frac{3}{4} = \frac{7}{4}$ de
droit.

38. Qu'est-ce qu'un angle inscrit? à quoi est égale la mesure d'un angle inscrit? — Voir page 350, nᵒˢ 751 et 752.

39. Que sont tous les angles inscrits dans un même segment? — R. Égaux
(nᵒ 753).

40. Que sont les angles inscrits dans un demi-cercle? — R. Droits (nᵒ 754.).

41. Que sont les angles inscrits dans un segment plus petit qu'un demi-
cercle? — R. Obtus (nᵒ 754, remarque).

42. Que sont les angles inscrits dans un segment plus grand qu'un demi-
cercle? — R. Aigus (nᵒ 754, remarque).

43. Faites un angle inscrit quelconque dans une circonférence; puis mesu-
rez au rapporteur : 1° la valeur de cet angle; 2° la valeur de l'arc compris

entre ses côtés. — Voir page 348, n° 748. La valeur de l'arc est double de la valeur de l'angle.

44. Faites un angle au centre quelconque dans une circonférence; puis faites un angle inscrit qui en soit la moitié, un angle inscrit qui lui soit égal, et un angle inscrit qui en soit le double. — R. Pour que l'angle inscrit soit la moitié d'un angle au centre, il faut qu'il comprenne le même arc entre ses côtés. — Pour qu'il lui soit égal, il faut qu'il comprenne un arc double.—Pour qu'il lui soit double, il faut qu'il comprenne un arc quadruple.

45. Faites, dans une circonférence, un angle inscrit qui soit droit. — R. Inscrivez cet angle dans un demi-cercle.

46. Faites, dans une circonférence, un angle inscrit qui soit aigu. — R. Inscrivez cet angle dans un segment plus grand qu'un demi-cercle.

47. Faites, dans une circonférence, un angle inscrit qui soit obtus. — R. Inscrivez cet angle dans un segment plus petit qu'un demi-cercle.

48. Quelle est la mesure d'un angle inscrit dont les côtés interceptent un arc de 68°? — R. 34°. — De 82? — R. 41°. — De 34° 56'? — R. 17° 28'.

49. Quelle est la mesure d'un angle au centre dont les côtés interceptent un arc de 45°? — R. 45°. — De 24°? — R. 24°. — De 130°? — R. 130°.

50. Tracez un angle aigu et mesurez-le au moyen du rapporteur. — Voir page 348, n° 748.

51. Tracez un angle obtus et mesurez-le au moyen du rapporteur. — Voir page 348, n° 748.

52. Faites, au moyen du rapporteur, un angle de 30°, — un angle de 45°, — un angle de 20°, — un angle de 60°, — un angle de 72°, — un angle de 90°, — un angle de 120°, — un angle de 150°. — R. On place le rapporteur de manière que le diamètre coïncide avec une droite quelconque et que le centre coïncide avec un point de la droite, puis on marque un point en face de la division 30°, de la division 45°, etc. ; on enlève le rapporteur et on joint par une ligne droite le point ainsi trouvé au premier point.

53. Partagez un angle de 70° en deux parties égales, au moyen du rapporteur. — R. On place le rapporteur sur l'angle (n° 748), puis on marque un point en face de la division 35°, et on joint ce point au sommet de l'angle.

54. Partagez un angle droit en trois parties égales, au moyen du rapporteur. — R. Même construction ; on marque deux points aux divisions 30° et 60°, et on joint ces deux points au sommet de l'angle.

55. Partagez un angle de 125° en cinq parties égales, au moyen du rapporteur. — R. Même construction ; on marque des points aux divisions 25°, 50°, 75°, 100°, et on joint ces quatre points au sommet de l'angle.

PROBLÈMES SUPPLÉMENTAIRES

1. Un cultivateur possède une prairie de 450 mètres de longueur sur 120 mètres de largeur; on demande : 1° Quel est, en quintaux métriques, le poids du foin vert et du foin sec produit annuellement par cette prairie; 2° quel en est le prix. On sait que l'are produit en moyenne 150 kilog. de foin vert, que le foin perd par la dessication les $\frac{13}{17}$ de son poids, et que le foin

nee se vend 58 francs les 1 000 kilog. — R. 1° 810 quintaux
et 190 quintaux et demi ; — 2° 1 105ᶠ,35.

(Certificat d'études primaires. — Vosges.)

Solution raisonnée. — La surface de la prairie est de
$450 \times 120 = 54\,000$ mètres carrés $= 540$ ares. Le poids de foin
vert sera de $150^{Kg} \times 540 = 81\,000^{Kg} = 810$ quintaux. Le foin per-
dant par la dessiccation $\frac{13}{17}$ de son poids, le poids du foin sec
sera les $\frac{4}{17}$ du poids précédent, ou

$$\frac{81\,000^{Kg} \times 4}{17} = \frac{324\,000^{Kg}}{17} = 19\,058^{Kg} = 190 \text{ quintaux et demi.}$$

Puisque le foin sec se vend 58 francs les 1 000 kilog., le prix
de ces 19 058 kilog. sera $\dfrac{19\,058 \times 58^f}{1\,000} = 19{,}058 \times 58^f = 1\,105^f,35.$

2. On veut carreler une cuisine ayant 4ᵐ,60 de long sur 3ᵐ,90
de large, avec des briques carrées ayant 2 décimètres de côté.
Combien faudra-t-il de briques et quelle sera la dépense totale,
sachant que le mille de briques coûte 95 francs, et que la pose
revient à 1 fr. 25 par mètre carré ? — R. 448 briques et demie.
— 65 francs.   (Brevet de capacité. — Aisne.)

Solution raisonnée. La surface de la cuisine est de :

$$4{,}60 \times 3{,}90 = 17 \text{ mèt. car. } 94 = 1\,794 \text{ décim. car.}$$

La surface d'une brique est de $2 \times 2 = 4$ décim. carrés. Le nombre des carreaux est $\dfrac{1\,794}{4} = 448{,}50.$ Le prix des carreaux sera

$\dfrac{448{,}50 \times 95^f}{1\,000} = 42$ fr. 60. La surface de la cuisine étant de

17ᵐᑫ,94, la pose des carreaux reviendra à $1^f,25 \times 17{,}94 = 22^f,40.$
La dépense totale sera donc de $42^f,60 + 22^f,40 = 65$ francs.

Longueur d'une circonférence.

756. — La longueur d'une circonférence dépend de la
longueur de son diamètre AB. Si le diamètre devient deux
fois, trois fois, quatre fois plus grand, la circonférence devient aussi deux fois, trois fois, quatre fois plus grande. De
sorte que lorsqu'on connaît la longueur d'une circonférence
qui a un diamètre de 1 mètre, on peut calculer la longueur
d'une circonférence qui a un diamètre de 2ᵐ, 3ᵐ, 10ᵐ, 100ᵐ.
Il suffit de multiplier la longueur de la première circonférence par 2, 3, 10, 100.

Or la longueur de la circonférence qui a un diamètre de

1^m est de **3^m,14** à un centimètre près, ou de **3^m,1416** à un dix-millimètre près. Donc :

La longueur d'une circonférence dont le diamètre est de 2^m = 3^m,1416 $\times$ 2 = 6^m,2832.

La longueur d'une circonférence dont le diamètre est de 3^m = 3^m,1416 $\times$ 3 = 9^m,4248.

La longueur d'une circonférence dont le diamètre est de 10^m = 3^m,1416 $\times$ 10 = 31^m,416.

On représente souvent ce nombre 3,1416 par la lettre grecque π (prononcez *pi*).

Donc pour mesurer la longueur d'une circonférence il faut multiplier son diamètre par π, ce qu'on écrit :
$$\text{circonférence} = D \times \pi \text{ ou } D\pi$$
Si l'on remplace le diamètre D par son équivalent 2R, ou le double du rayon, on aura :
$$\text{circonférence} = 2R \times \pi \text{ ou } 2R\pi$$
et en intervertissant l'ordre des facteurs :
$$\text{circonférence} = 2\pi R$$

REMARQUE. — *Les circonférences de deux cercles sont entre elles comme les rayons.* Autrement dit, quand les rayons deviennent 2, 3, 4 fois plus grands, les circonférences deviennent 2, 3, 4 fois plus grandes.

Surface d'un cercle.

757. — Un **cercle** peut être considéré comme un polygone régulier d'un très-grand nombre de côtés : et en effet, quand le nombre des côtés d'un polygone régulier augmente, son périmètre se rapproche de plus en plus de la circonférence ; mais alors l'apothème du polygone devient égal au rayon de la circonférence.

758. — *La surface d'un cercle est donc égale à la circonférence multipliée par la moitié de son rayon.*

Soit un cercle dont le rayon est de 4 mètres : son diamètre sera de 8 mètres ; sa circonférence (n° 756) sera de 3^m,1416 $\times$ 8 = 25^m,1328.

Donc la surface du cercle sera
$$\frac{25^m,1328 \times 4}{2} = 25^m,1328 \times 2 = 50^{mq},2656.$$

On remarquera qu'on a multiplié 3,1416 d'abord par 8, puis par 2, c'est-à-dire par 16, qui est le carré de 4, c'est-à-dire le carré du rayon.

Donc *la surface d'un cercle est égale à* π *multiplié par le carré du rayon.*

$$S = \pi\,R^2.$$

REMARQUE. — Les *surfaces* de deux cercles sont entre elles comme les *carrés* de leurs rayons.

Si le rayon d'un cercle devient 2, 3, 4... fois plus grand, la surface devient 4, 9, 16 ... plus grande.

Surface d'un secteur
dont on connaît le nombre de degrés.

759. — La surface d'un secteur a pour mesure la surface du cercle multipliée par le rapport du nombre de ses degrés à 360.

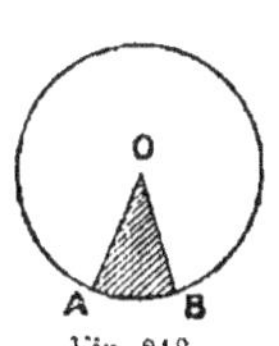
Fig. 218.

Soit le secteur AOB (fig. 218), dont l'arc AB a 20°, dans un cercle dont le rayon a 4 mètres.

La surface du cercle entier est égale à 3,1416 $\times$ 16 $=$ 50^{mq},2656.

La surface d'un secteur de 1° sera égale à $\dfrac{50^{mq},2656}{360}$, et la surface d'un secteur de 20° sera égale à

$$\frac{50^{mq},2656 \times 20}{360} = \frac{50^{mq},2656}{18} = 2^{mq},7925.$$

Surface d'un segment.

760. — La surface d'un segment a pour mesure la différence de la mesure d'un secteur et de la mesure d'un triangle.

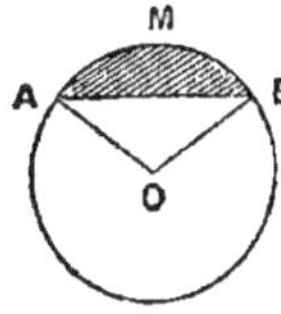
Fig. 219.

Soit le segment AMB (fig. 219).

La surface de ce segment est égale à la surface du secteur AMBO, moins la surface du triangle AOB.

On calculera donc la surface du segment, puis celle du triangle, et on retranchera la seconde de la première : le résultat de la soustraction sera la surface du segment.

Surface d'une couronne.

761. — La surface d'une couronne (fig. 220) est égale à la surface du grand cercle moins la surface du petit cercle.

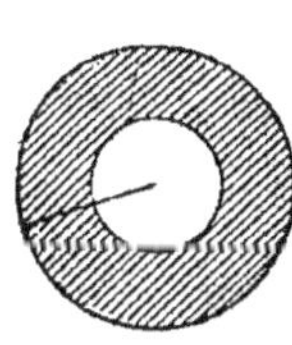
Fig. 220.

On calcule séparément la surface de chaque cercle et on retranche la plus petite de la plus grande. Le résultat de la soustraction est la surface de la couronne.

CONSTRUCTIONS GRAPHIQUES

Division des arcs.

762. — *Diviser un arc* AEB *en deux parties égales* (fig. 221).

Je mène la corde AB, et je divise cette corde en deux parties égales au moyen d'une perpendiculaire CD (n° 576) : cette perpendiculaire partage l'arc AB en deux parties égales, au point E.

REMARQUE. — Si le centre est connu, il suffit de déterminer le point C et de le joindre au centre.

763. — *Diviser un arc* AEB *en quatre, huit, seize parties égales* (fig. 222).

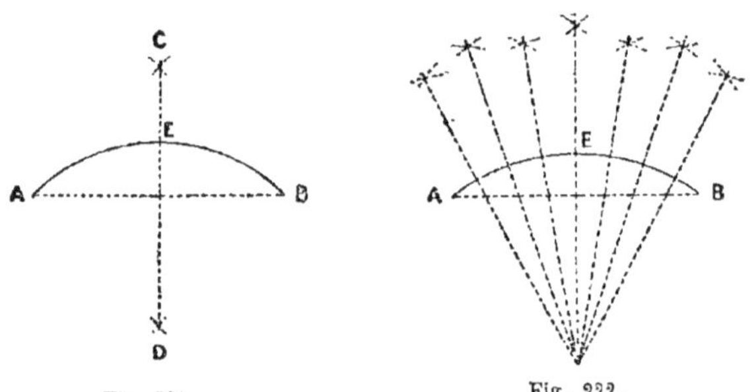

Fig. 221.   Fig. 222.

Je divise d'abord l'arc AB en deux parties égales, puis chaque moitié en deux parties égales, puis chacune des nouvelles parties en deux parties égales, et ainsi de suite.

764. — *Diviser un arc* AEB *en un nombre quelconque de parties égales.*

J'opère comme pour la ligne droite (1er procédé, n° 587) : c'est le seul procédé vraiment pratique.

Tracé des circonférences.

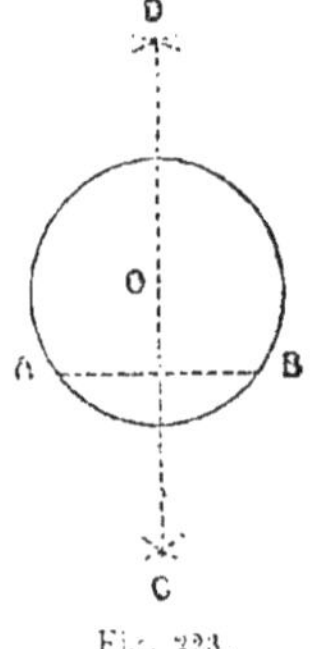

765. — *Décrire une circonférence qui passe par deux points donnés* A *et* B (fig. 223).

Je mène la droite AB ; sur le milieu de AB, j'élève une perpendiculaire CD, et d'un point quelconque O de cette perpendiculaire, avec un rayon égal à OA, je décris une circonférence qui passera par les points A et B.

REMARQUE. — On peut décrire une infinité de circonférences passant par les deux points A et B, puisque tous les points de la perpendiculaire peuvent être pris comme centres.

Fig. 223.

766. — *Décrire une circonférence qui passe par trois points donnés A, B, C, non situés en ligne droite (fig. 224).*

Je mène les deux droites AB, BC ; sur les milieux de ces droites j'élève des perpendiculaires DO, EO qui se couperont au point O ; et du point O, avec un rayon égal à OA, je décris une circonférence qui passera par les trois points A, B et C.

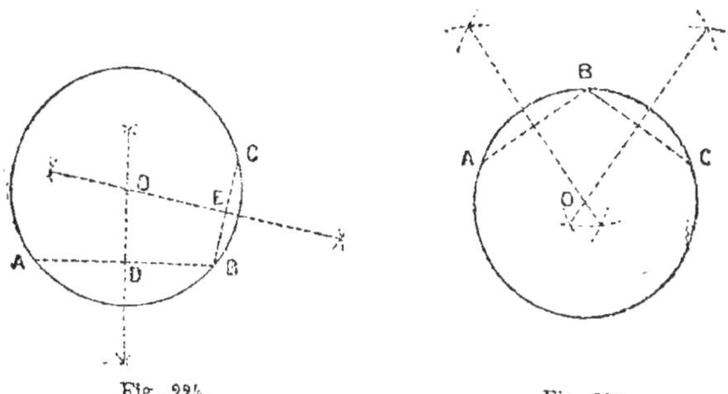

Fig. 224.   Fig. 225.

767. — *Trouver le centre d'une circonférence ou d'un arc (fig. 225).*

Je prends trois points A, B, C, sur cette circonférence ou sur cet arc ; je les joins par deux lignes droites, et j'élève des perpendiculaires sur les milieux de ces deux droites : le point d'intersection des deux droites sera le centre demandé.

Tracé des tangentes.

768. — *Mener une tangente à une circonférence par un point A pris sur cette circonférence (fig. 226).*

Je mène le rayon OA, et par le point A j'élève une perpendiculaire sur ce rayon (n° 579) : cette perpendiculaire CD sera la tangente demandée (n° 729).

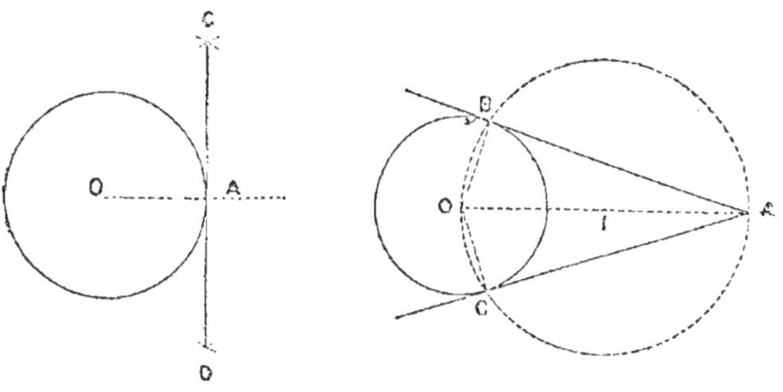

Fig. 226.   Fig. 227.

769. — *Mener une tangente à une circonférence par un point A pris hors de cette circonférence (fig. 227).*

Je joins le centre O au point A ; du point I, milieu de OA, avec un rayon égal à OI, je décris une circonférence qui coupera la première aux deux points B et C ; je joins ces deux points au point A : les deux droites AB et AC seront tangentes à la circonférence donnée (n° 754).

770. — *Décrire une circonférence tangente à une droite AB en un point donné C, et qui passe en outre par un autre point donné D (fig. 228).*

Je joins le point C au point D ; j'élève une perpendiculaire sur la droite AB au point C, et une autre perpendiculaire sur le milieu de la droite CD : le point O où se rencontrent ces deux perpendiculaires sera le centre de la circonférence demandée.

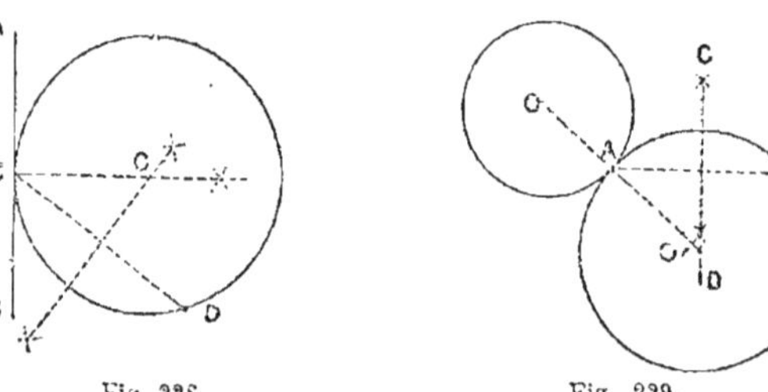

Fig. 228.   Fig. 229.

771. — *Décrire une circonférence tangente à une circonférence O en un point donné A et qui passe par un autre point donné B (fig. 229).*

Je joins le point A au point B ; je prolonge le rayon OA et j'élève une perpendiculaire DC sur le milieu de la droite AB : le point O' où ces droites se rencontrent sera le centre de la circonférence demandée.

772. — *Mener une tangente commune à deux circonférences.*

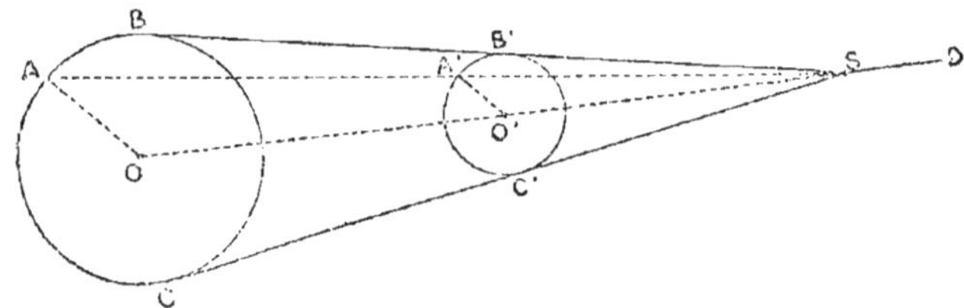

Fig. 230.

1° Je joins les centres O et O' (fig. 230) par une ligne indéfinie OO'D ; je mène deux rayons quelconques *parallèles* OA, O'A', mais dirigés dans le même sens ; je joins le point A au point A', et je prolonge AA' jusqu'à la rencontre de OO' en S ; du point S, je mène deux tangentes SB', SC' à la circonférence O' ; elles seront aussi tangentes à la circonférence O : ces tangentes sont dites tangentes *extérieures.*

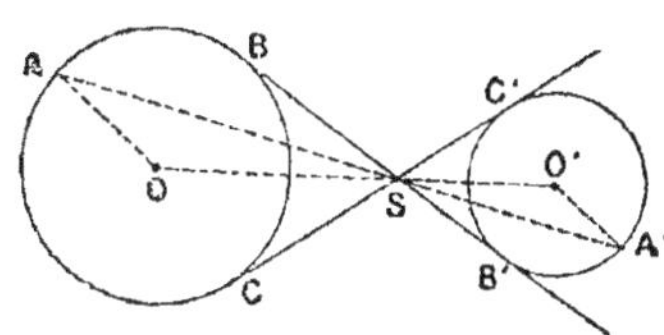

Fig. 231.

2º Je joins les centres O et O (fig. 231); je mène deux rayons parallèles OA, O′A′, mais dirigés en sens contraires; je joins le point A au point A′; la droite AA′ coupera la droite OO′ au point S; du point S, je mène deux tangentes à la circonférence O′; elles seront aussi tangentes à la circonférence O : ces tangentes sont dites tangentes *intérieures*.

APPLICATION PRATIQUE

Comment on trace une circonférence sur le terrain.

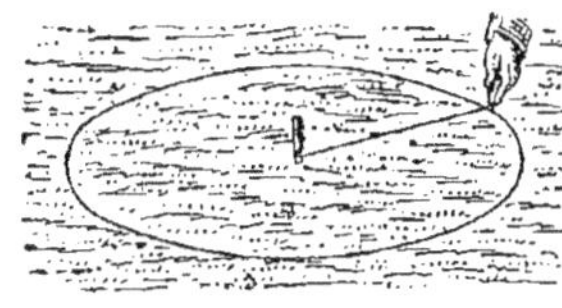

Fig. 232. Tracé d'une circonférence au cordeau.

773. — Pour tracer une circonférence sur le terrain (fig. 232) on se sert d'un *cordeau* AB qu'on attache par ses extrémités à deux piquets. On enfonce l'un des piquets A au centre, on tend fortement le cordeau et l'on trace la courbe avec la pointe de l'autre piquet.

CHAPITRE IX

POLYGONES INSCRITS ET POLYGONES CIRCONSCRITS.

774. — On dit qu'un polygone régulier est **inscrit** dans un cercle, lorsque tous les sommets du polygone sont situés sur la circonférence du cercle.

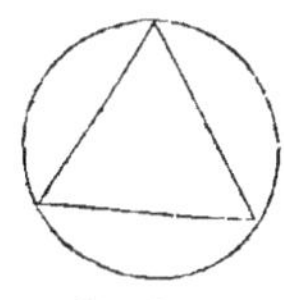

Fig. 233.
Triangle équilatéral inscrit.

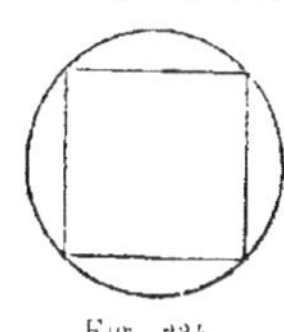

Fig. 234.
Carré inscrit.

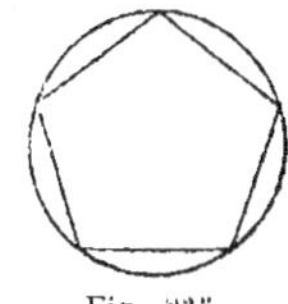

Fig. 235.
Pentagone inscrit.

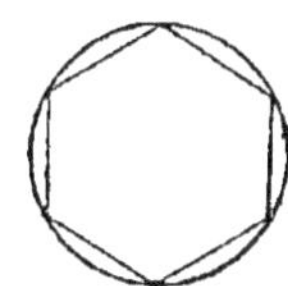

Fig. 236.
Hexagone inscrit.

La figure 233 représente un triangle équilatéral inscrit.
La figure 234 représente un carré inscrit.
La figure 235 représente un pentagone inscrit.
La figure 236 représente un hexagone inscrit.

775. — *Tout polygone régulier peut être inscrit dans un cercle.*

776. — On dit qu'un polygone régulier est **circonscrit** à un cercle lorsque tous les côtés du polygone sont tangents au cercle.

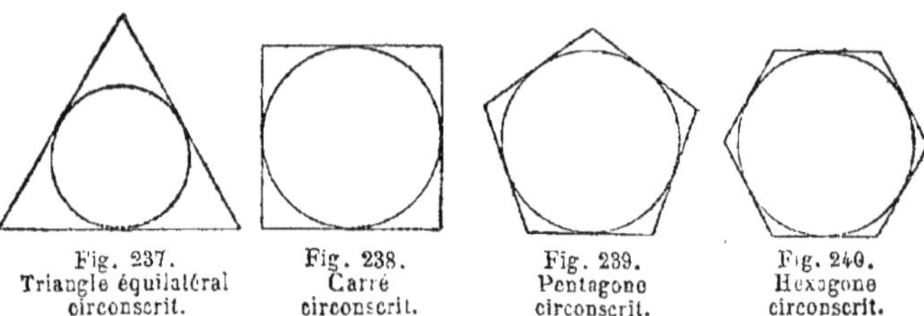

Fig. 237.
Triangle équilatéral
circonscrit.

Fig. 238.
Carré
circonscrit.

Fig. 239.
Pentagone
circonscrit.

Fig. 240.
Hexagone
circonscrit.

La figure 237 représente un triangle circonscrit.
La figure 238 représente un carré circonscrit.
La figure 239 représente un pentagone circonscrit.
La figure 240 représente un hexagone circonscrit.

CONSTRUCTIONS GRAPHIQUES

(Les constructions suivantes seront exécutées au tableau noir, puis sur les cahiers, d'abord avec les instruments, ensuite à main levée.)

777. — *Inscrire un polygone régulier quelconque dans un cercle.*

La méthode générale consiste à partager la circonférence en parties égales, et à joindre deux à deux tous les points de division. Par exemple, si on partage la circonférence en sept parties égales (fig. 241), le polygone formé en joignant tous les points de division deux à deux sera un heptagone régulier.

Pour partager la circonférence en un certain nombre de parties égales, on prend à vue d'œil une ouverture de compas qu'on porte un certain nombre de fois sur la circonférence; si la dernière division ne coïncide pas avec la première, on augmente ou on diminue l'ouverture du compas, et on recommence le tâtonnement

Fig. 241.

jusqu'à ce qu'on ait obtenu une coïncidence parfaite.

Plusieurs polygones réguliers peuvent être inscrits par des procédés rigoureux.

778. — *Inscrire un carré dans un cercle* (fig. 242).

Je mène deux diamètres perpendiculaires AB et CD ; je joins les points A, C, B, D : la figure ainsi formée est un carré.

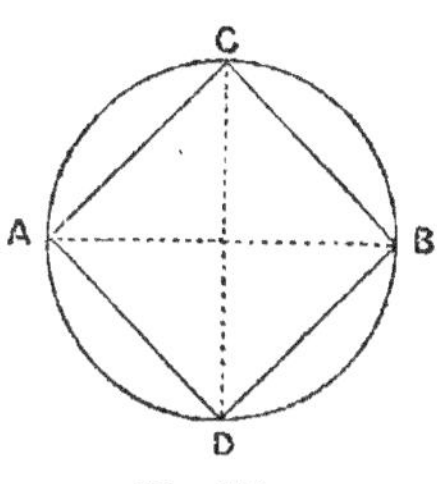

Fig. 242.

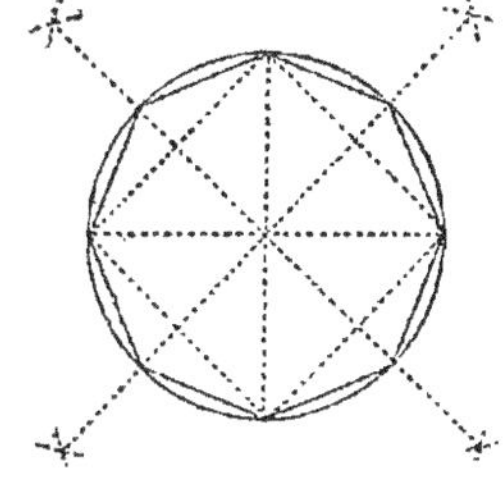

Fig. 243.

779. — *Inscrire un octogone régulier dans un cercle* (fig. 243).

J'inscris d'abord un carré ACBD ; puis je partage chacun des arcs en deux parties égales, soit par tâtonnement, soit en abaissant des perpendiculaires du centre O sur chacun des côtés ; je joins les nouveaux points de division aux premiers : la figure ainsi obtenue sera un octogone régulier.

En partageant chacun des nouveaux arcs en deux parties égales, on aurait un polygone régulier de 16 côtés, et ainsi de suite.

780. — *Inscrire dans un cercle une étoile à huit pointes* (fig. 244).

Je partage la circonférence en huit parties égales, comme si je voulais inscrire un octogone régulier dans le cercle ; je joins ensuite le point A au point D, le point B au point E, le point C au point F, et ainsi de suite en joignant chaque point au troisième point suivant : j'obtiens ainsi un octogone étoilé.

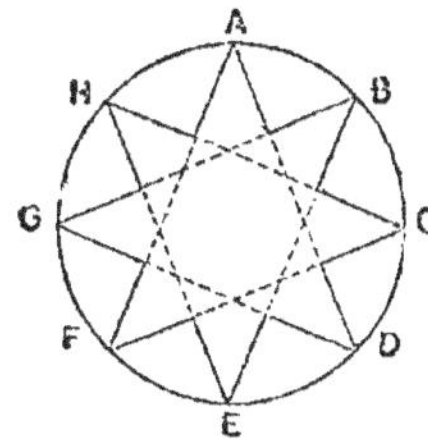

Fig. 244. Octogone étoilé.

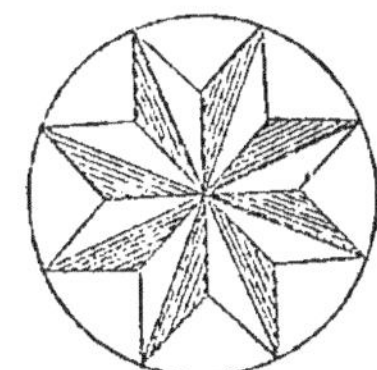

Fig. 245. Étoile ombrée.

On voit qu'un polygone étoilé se compose d'angles rentrants et d'angles sortants ; si je joins au centre les sommets de chaque angle rentrant et de chaque angle sortant (fig. 245), et si j'ombre la partie qui est à gauche de chaque rayon, j'obtiens une figure que l'on nomme une *étoile*.

781. — *Inscrire dans un cercle une étoile à 16 côtés ou rose des vents* (fig. 246).

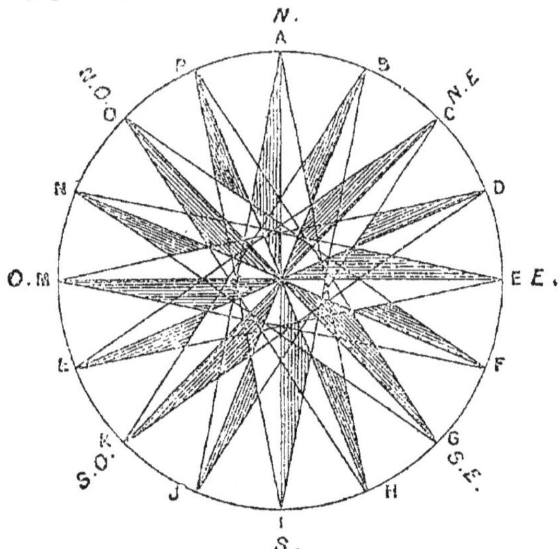

Fig. 246. Rose des vents ou étoile à 16 pointes.

J'opère comme si je voulais inscrire un polygone de seize côtés ; je joins A à H, B à I, C à J, et ainsi de suite en joignant chaque point au septième point suivant : j'ombre la partie qui est à gauche de chaque rayon : j'obtiens ainsi une rose des vents.

On opère d'une manière analogue pour une étoile à trente-deux côtés, à soixante-quatre côtés, etc.

782. — *Inscrire un hexagone régulier dans un cercle* (fig. 247).

Je porte six fois le rayon sur la circonférence et je joins entre eux les points de division : la figure ABCDEF ainsi formée sera un hexagone régulier.

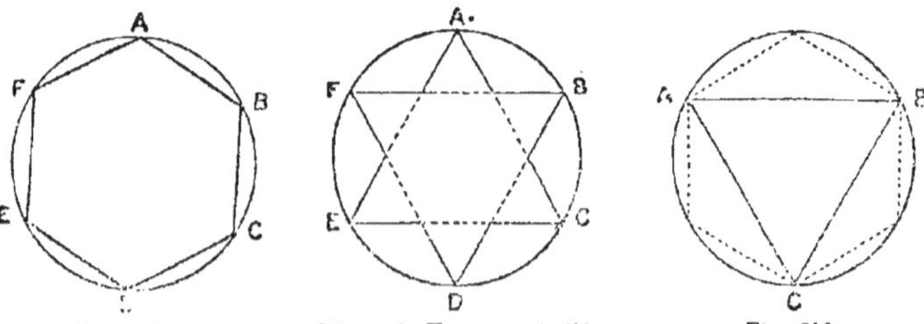

REMARQUE. — On voit par là que le côté d'un hexagone régulier est égal au rayon.

783. — *Inscrire dans un cercle une étoile à six pointes* (fig. 248).

J'opère comme s'il s'agissait d'inscrire un hexagone ; je joins A à C, B à D, C à E, et ainsi de suite : j'obtiens ainsi un hexagone à six pointes, dont je puis former une étoile à six pointes, analogue à la figure 245.

784. — *Inscrire un triangle équilatéral dans un cercle* (fig. 249).

J'inscris d'abord un hexagone régulier ; puis je joins de deux en deux les sommets de cet hexagone : la figure ainsi formée sera un triangle équilatéral.

785. — *Inscrire un dodécagone régulier dans un cercle* (fig. 250).

J'inscris d'abord un hexagone régulier (n° 782); puis je partage en deux parties égales chacun des arcs AB, BC, CD ..., et je joins les nouveaux points de division aux premiers : la figure ainsi formée sera un dodécagone régulier.

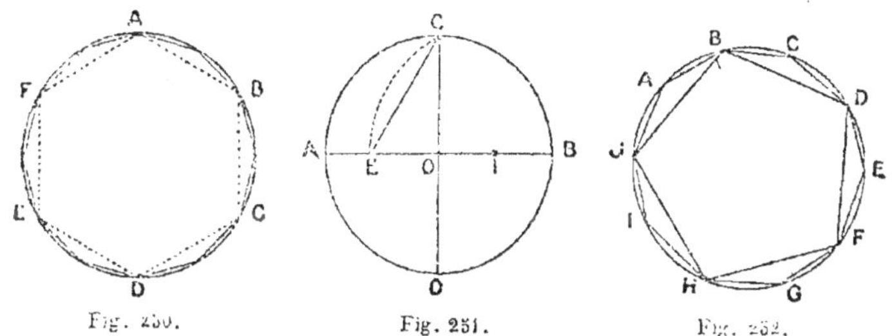

Fig. 250.   Fig. 251.   Fig. 252.

786. — *Inscrire un décagone et un pentagone réguliers dans un cercle* (fig. 251).

Je mène deux diamètres perpendiculaires AB et CD : du point I, milieu de OB, avec une ouverture de compas égale à IC, je décris un arc de cercle qui coupe AO au point E : la droite EO sera le côté du décagone régulier, et la droite CE le côté du pentagone. Il suffira de porter dix fois EO sur la circonférence (fig. 252), et de joindre les points de division entre eux : la figure ABCD..... ainsi obtenue sera le décagone régulier.

Si l'on joint de deux en deux les sommets du décagone régulier, ou bien si l'on porte cinq fois CE sur la circonférence et que l'on joigne les points de division, la figure ainsi formée sera un pentagone régulier.

787. — *Inscrire dans un cercle une étoile à cinq pointes* (fig. 253).

J'opère comme si je voulais inscrire un pentagone régulier ; je joins A à C, B à D, C à E, etc., et j'obtiens ainsi un pentagone étoilé et par suite une étoile à cinq pointes.

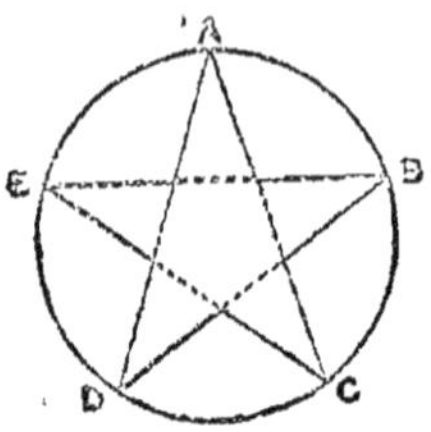

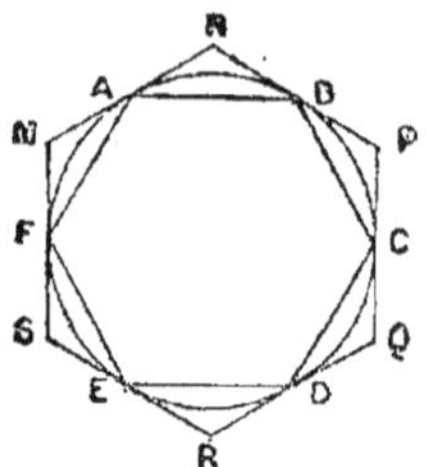

Fig. 253. Pentagone étoilé.   Fig. 254.

788. — *Circonscrire un polygone régulier quelconque à un cercle* (fig. 254).

J'inscris d'abord un polygone régulier d'un même nombre de côtés ABCDEF; puis, par chaque point de division, je mène des tangentes à la circonférence (n° 768) : ces tangentes se couperont deux à deux, et le polygone ainsi formé MNPQRS sera régulier et circonscrit au cercle.

PROBLÈMES SUR LA MESURE DES ANGLES,
SUR LA CIRCONFÉRENCE ET SUR LE CERCLE (page 364).

1. Cinq angles sont formés autour du même côté d'une droite et par un même point : le 1er a 4° 25′; le 2e, 12° 48′; le 3e, 25° 7′; le 4e, 19° 58′; quelle est la valeur du cinquième? — R. 117° 42′.

2. Sept angles égaux et consécutifs sont formés autour d'un point qui est leur sommet commun : quelle est la valeur de chaque angle, à moins d'une minute près? — R. 51° 25′.

3. Diviser un angle de 45° 8′ en trois parties égales : donner la valeur de chaque angle, à moins d'une minute près. — R. 15° 2′.

4. On vérifie une perpendiculaire au moyen d'un rapporteur; on trouve que l'un des angles a 3° 5′ de plus que l'autre : que faut-il faire pour rétablir la perpendiculaire par le calcul des angles? — R. Avancer la perpendiculaire du côté du plus grand angle de 1° 32′ 30″.

5. Quel est le complément d'un angle de 13° 28′ 56″? — R. 76° 31′ 4″.

6. Quel est le supplément d'un angle de 127° 57′? — R. 52° 3′.

7. La valeur de deux angles d'un triangle est de 43° 7′ 25″, pour le premier; de 20° 45′, pour le deuxième : quelle est la valeur du troisième angle? — R. 116° 7′ 35″.

8. Toute circonférence se divise en 360° : calculer la valeur d'un degré de la circonférence de la sphère terrestre, sachant qu'elle mesure 40 millions de mètres? — R. 111 111 mètres.

9. Le mille marin n'est autre chose que la minute terrestre : quelle est la valeur en mètres d'un mille marin? — R. 1 852 mètres.

10. Quelle est, en lieues métriques de 4 000 mètres, la valeur de 16 milles marins? — R. 29 630 mètres.

11. La lieue marine vaut 3 milles marins, ou, ce qui est la même chose, 3′ : quelle est, en lieues marines, la valeur de 16 milles? — R. 5 lieues marines $\frac{1}{3}$.

12. Combien un degré terrestre vaut-il de lieues marines? — R. 20.

13. La lieue ancienne avait une valeur de 4444 mètres : combien y avait-il de lieues anciennes dans un degré terrestre ? — R. 25.

14. Le mille français a une valeur de 1 852 mètres environ ; le mille anglais, de 1 609 mètres : combien faut-il : 1° de milles français ; 2° de milles anglais pour faire 10 lieues marines ? — R. 1° 30 milles français ; 2° 34 milles anglais 1/2.

15. L'angle au sommet d'un triangle isocèle vaut 25ˢ : quelle est la valeur des deux autres angles ? — R. Chacun d'eux vaut 77° 30′.

16. Le nombre de nœuds que file un vaisseau en 30ˢᵉᶜ· est égal au nombre de milles que parcourt ce vaisseau pendant une heure : combien un vaisseau qui a parcouru 59 kilom. 792 en 3 heures file-t-il de nœuds ? — R. 10 nœuds 8 par excès.

17. Qu'est-ce qu'une lieue de 20 au degré ? de 25 au degré ? — Voir page 129, n° 255.

18. Calculer, à moins d'un centimètre, la circonférence d'un cercle de 0ᵐ,27 de diamètre. — R. 0ᵐ,85 par excès.

19. Un arc de 25° 4′ mesure 27 mètres 4 millimètres : quel est le rayon de la circonférence ? — R. 6ᵐ,17.

Solution raisonnée. 25° 4′ = 1 504′ ; puisqu'un arc de 1 504′ vaut 27ᵐ,004 ;

un arc de 1′ vaudra $\dfrac{27^m,004}{1\,504}$, et la circonférence qui a 360°, ou 360 × 60 = 21 600,

vaudra $\dfrac{27^m,004 \times 21\,600}{1\,504}$. La circonférence étant égale au diamètre multiplié

par π, le diamètre sera égal à la circonférence divisée par π, soit $\dfrac{27^m,004 \times 21\,600}{1\,504 \times \pi}$.

et le rayon qui en est la moitié sera égal à $\dfrac{27^m,004 \times 10\,800}{1\,504 \times \pi} = \dfrac{291\,643,2}{47\,24,95} = 61^m,72$

20. Calculer, à moins d'un hectomètre, le diamètre de la terre supposée sphérique ; — calculer le rayon de la terre. — R. 127 324ᴴᵐ ; — 63 662ᴴᵐ.

21. Une couronne de 0ᵐ,25 de largeur a pour diamètre intérieur 2ᵐ,04 : quelle est la longueur des deux circonférences ? — R. 6ᵐ,40 , — 7ᵐ,97.

22. Une grille de 17ᵐ,60 de long est formée de circonférences séparées par de petits rectangles de 0ᵐ,10 de largeur ; sachant que l'ornementation commence par un rectangle et finit également par un rectangle, on demande combien il y a de circonférences, si chacune a un diamètre de 0ᵐ,60. — R. 25.

23. Les vitraux d'une église sont taillés en forme de cercle, ils ont 0ᵐ,03 $\frac{1}{2}$ de rayon : combien y en a-t-il dans un vitrail de 2ᵐ,10 de largeur sur 3ᵐ,04 de hauteur ? — R. 5160.

24. Un arc de cercle de 28ᵐ,50 est décrit avec un rayon de 6ᵐ,12 : quelle est sa valeur en degrés, à moins d'une minute près ? — R. 266° 51′.

25. Trois circonférences ont : la première, 1ᵐ,027 de longueur ; la deuxième, 1ᵐ,109 ; la troisième, 1ᵐ,9 : quel rayon prendra-t-on pour tracer une circonférence qui serait égale aux trois circonférences données ? — R. Un rayon de 0ᵐ,642.

26. Quelle est la longueur du diamètre d'un cercle dont la circonférence est de 4ᵐ,72 ? — R. 1ᵐ,50.

Quel en est le rayon ? — R. 0ᵐ,75.

Quelle est la longueur, en mètres, d'un arc de 7° 27′ de cette circonférence ? — R. 0ᵐ,097.

27. Calculer la surface d'un cercle qui a 3ᵐ,28 de circonférence ? — R. 0ᵐᵍ,8560.

28. Une pelouse a la forme circulaire; le diamètre ayant $3^m,04$, quelle en est la surface? — R. 7mq,2583.

29. Deux circonférences concentriques sont décrites : l'une avec un rayon de $1^m,28$; l'autre avec un rayon de $1^m,75$: quelle est la surface de la couronne comprise entre ces deux circonférences? — R. 4mq,4738.

30. Calculer la surface d'un secteur dont l'arc, décrit avec un rayon de $1^m,06$, mesure $2^m,45$. — R. 2mq,5235.

Solution raisonnée. Le nombre des degrés de l'arc n'étant pas donné, la surface du secteur ne doit pas se calculer d'après la règle du n° 759, mais bien d'après celle du n° 757. En effet, le secteur peut être considéré comme une portion de la surface d'un polygone régulier, de même que le cercle est considéré comme la surface entière d'un polygone régulier; la surface du secteur est donc égale à la longueur de l'arc multipliée par la moitié du rayon.

31. Un cercle a $6^m,25$ de circonférence : quel rayon devrait-on donner à un autre cercle pour qu'il fût le double du premier en surface? — R. $1^m,42$.

Solution raisonnée. Le rayon du cercle donné est $\dfrac{6^m,25}{2\,\pi}$; la surface de ce cercle est $\pi \times \left(\dfrac{6,25}{2\,\pi}\right)^2 = \pi \times \dfrac{(6,25)^2}{4\,\pi^2} = \dfrac{(6,25)^2}{4\,\pi}$. La surface du second cercle doit être le double; elle sera donc $\dfrac{(6,25)^2}{2\,\pi}$. Pour obtenir le carré du rayon, il faut diviser cette surface par π; car, en général, $S = \pi R^2$, d'où : $R^2 = \dfrac{S}{\pi}$; on a donc : $R^2 = \dfrac{(6,25)^2}{2\,\pi^2}$, et $R = \sqrt{\dfrac{(6,25)^2}{2\,\pi^2}} = \dfrac{6,25}{\pi\sqrt{2}} = \dfrac{6,25}{3,141 \times 1,414} = \dfrac{6,25}{4,4013} = 1^m,42$. — REMARQUE. On peut aussi effectuer toutes les opérations indiquées à mesure qu'elles se présentent, mais on n'obtiendra pas le résultat avec une grande approximation.

32. Quatre angles sont formés d'un même côté d'une droite : le premier vaut $14^o\,25'$; le deuxième, $32^o\,40'\,5''$; et le troisième, $120^o\,8'$: quelle est la valeur du quatrième? — R. $12^o\,38'\,55''$.

33. Cinq angles formés autour d'un même point valent : le premier, $27^o\,15'$; le second, $78^o\,4'$; le troisième, $49^o\,3'$; et le quatrième $104^o\,8'\,5''$: quelle est la valeur du cinquième? — R. $101^o\,29'\,55''$.

34. Trois angles égaux et ayant le même sommet mesurent ensemble $141^o\,5'\,34''$: on demande la valeur de chacun d'eux, celle du complément de l'un d'eux et celle du supplément de leur somme. — R. 1°. $47^o\,1'\,51'',33$, — 2°. $42^o\,58'\,8'',66$, — 3°. $38^o\,54'\,26''$.

35. Trois angles d'un quadrilatère sont égaux respectivement, à $25^o\,24'$, $81^o\,1''$ et $84^o\,7'\,8''$: quelle est la valeur du quatrième angle? — R. $219^o\,28'\,37''$.

36. Quelle est la valeur de l'angle d'un pentagone régulier? — R. 108°. Voir page 333, n° 690.

37. D'un hexagone régulier? — R. 120°. Voir page 333, n° 691.

38. D'un octogone régulier? — R. 135°. Voir page 333, n° 692.

39. D'un décagone régulier? — R. 144°. Voir page 334, n° 693.

40. D'un dodécagone régulier? — R. 150°. Voir page 334, n° 694.

41. On peut carreler une salle avec des triangles équilatéraux : pourquoi? — R. Parce que l'angle d'un triangle équilatéral vaut 60°, et que 6 fois 60° font 360°. Voir page 334, n° 695.

42. Le pourrait-on avec des pentagones? — R. Non, parce que l'angle d'un pentagone régulier vaut 108°, et que 108 n'est pas contenu un nombre de fois exact dans 360°. Voir page 334, n° 695.

43. Pourquoi les hexagones ne laissent-ils aucun vide entre eux? — R. Parce que l'angle de l'hexagone vaut 120°, et que 3 fois 120° font 360°. — Voir page 334, n° 695.

44. Pourquoi emploie-t-on les carrés avec les octogones? — R. L'angle de l'octogone vaut 135° : deux angles d'octogone valent donc 270°; pour faire 360°, il manque donc 360° — 270° = 90°, et c'est précisément la valeur de l'angle d'un carré. Voir page 335, 2e paragraphe et fig. 164.

45. On emploie encore les triangles équilatéraux avec les dodécagones : pourquoi? — R. L'angle d'un dodécagone vaut 150°; deux angles de dodécagone valent donc 300°. Pour faire 360°, il manque donc un angle de 60°, qui est l'angle du triangle équilatéral.

46. On veut décrire un cercle équivalent à un hexagone de 5m,25 de côté, quel rayon doit-on donner au cercle? — R. 4m,77.

Solution raisonnée. Un hexagone régulier dont le côté égale 1m a une surface de 2mq,5980 (page 337, n° 700); l'hexagone régulier dont le côté a 5m,25 aura une surface égale à 2mq,5980 × (5,25)² = 71mq,607375 : c'est aussi la surface que doit avoir le cercle demandé; or la surface d'un cercle est égale à π multiplié par le carré du rayon; donc le carré du rayon est égal à $\dfrac{71mq,607375}{3,1416}$ = 22mq,7934. Donc le rayon est égal à $\sqrt{22,7934}$ = 4m,77.

47. Un hexagone a pour côté 17 mètres; quelle est sa surface? — R. 750mq,82. Voir page 337, n° 700.

48. Calculer la surface d'un pentagone qui a 12m,50 de côté. — R. 268mq,82. — Voir page 337, n° 700.

49. Calculer la surface d'un octogone ayant 17 mètres de côté. — R. 1 393mq,40. Voir page 337, n° 700.

50. Calculer la surface d'un décagone ayant 19 mètres de côté? — R. 2 777mq,49. Voir page 337, n° 700.

51. Un arc de 3° 7' correspond à une longueur de 27m,04 : quel est le rayon de cette circonférence? — R. 496m,90 (voir probl. 19).

52. Deux angles ont, l'un 68° et l'autre 29° 47' : quelle est leur somme? — R. 97° 47'.

53. Quelle est leur différence? — R. 38° 13'.

54. Convertir 17 115 secondes en degrés, minutes et secondes. — R. 4° 45' 15".

55. Un charron établit une roue qui a 2m,76 de circonférence; elle est montée au moyen de 12 rais : à quelle distance les uns des autres se trouvent les rais sur la roue? — R. A 0m,23.

56. Quelle est la distance de chaque rais au suivant sur le moyeu, qui a 66 centimètres de circonférence? — R. 0m,055, ou 5 centimètres 1/2.

57. Quelle est la valeur de l'angle que forment deux rais consécutifs? — R. 30°.

PROBLÈMES SUPPLÉMENTAIRES

1. Un père de famille boit un litre et demi de vin par jour; la mère, trois quarts de litre, et les deux enfants, chacun un tiers de litre : combien mettront-ils de temps pour boire une pièce de 245 litres? — R. 84 jours.

2. Un cultivateur achète un cheval et une vache pour 850 francs,

et la vache coûte les deux tiers du prix du cheval : quel est le prix de chacun? — R. Le cheval 510 fr. — La vache 340 fr.

3. La population d'une ville sous le rapport religieux est ainsi composée : les catholiques en forment les $\frac{2}{3}$, les juifs $\frac{1}{5}$, les protestants $\frac{1}{8}$, et les mahométans sont au nombre de 75 : on demande le chiffre total de la population, et le nombre de catholiques, de protestants et de juifs. — R. 9 000 habitants. — 6 000 catholiques. — 1 125 protestants. — 1 800 juifs.

4. Un ouvrier a fait les $\frac{6}{8}$ de son ouvrage dans une semaine de 6 jours de travail : combien mettra-t-il encore de temps pour faire le reste, en travaillant également? — R. 10 jours.

5. Un autre ouvrier a mis 4 journées $\frac{1}{4}$ pour faire les $\frac{2}{5}$ de son ouvrage : combien mettra-t-il de temps pour faire l'ouvrage entier, et combien gagnera-t-il par jour, l'ouvrage total étant payé 34 francs? — R. 10 jours $\frac{5}{8}$. — 3 fr. 20 par jour.

6. Un domestique a touché le tiers de ses gages à Pâques, le quart à la Pentecôte et le sixième à Noël, de sorte qu'on ne lui redoit plus que 40 francs : combien ce domestique gagne-t-il par an? — R. 160 fr.

7. Un troupeau de 140 moutons a coûté 2 625 francs, et l'acheteur, en revendant les trois quarts de ce troupeau, a recouvré le prix d'achat : combien a-t-il revendu chaque mouton? — R. 25 fr.

CHAPITRE XI

DES VOLUMES

789. — On a vu (n° 557) qu'on appelle **volume** l'espace occupé par un corps.

790. — Tout volume a *longueur, largeur* et *épaisseur*.

791. — Les volumes sont limités par des *surfaces*.

792. — **Mesurer un volume**, c'est chercher combien il contient de mètres cubes ou de fractions de mètre cube.

793. — Le principal volume géométrique est le **cube**.

On appelle *cube* (fig. 259) le solide terminé par six carrés égaux.

794. — *Cuber* un solide, c'est en déterminer le volume.

Du parallélipipède.

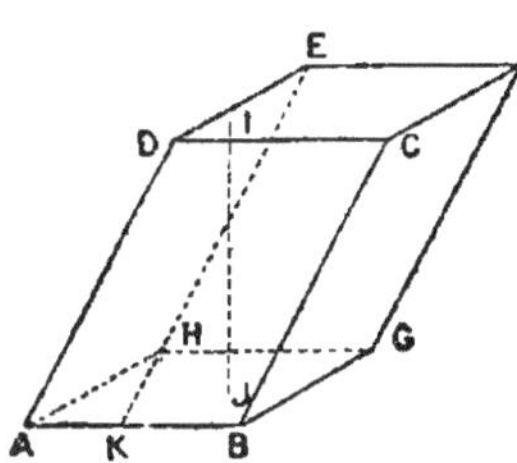

Fig. 255. Parallélipipède oblique.

795. — On appelle **parallélipipède** (fig. 255) un solide terminé par six faces parallélogrammes.

Les *arêtes* du parallélipipède sont les côtés de ces parallélogrammes.

Les *bases* du parallélipipède sont deux faces opposées quelconques.

La *hauteur* du parallélipipède est la perpendiculaire IJ abaissée d'un point quelconque de la base supérieure sur la base inférieure.

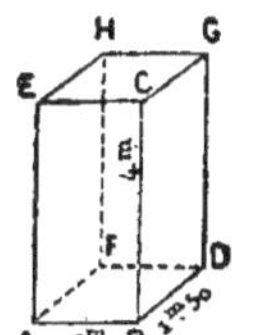

Fig. 256.
Parallélipipède droit

Le parallélipipède est *rectangle* (fig. 256) si les six parallélogrammes qui le terminent sont des rectangles.

La hauteur est alors une des arêtes AE, BC, etc.

Le parallélipipède est *droit* si les arêtes latérales sont perpendiculaires sur les bases, c'est-à-dire si quatre des faces sont des rectangles et si les deux bases sont des parallélogrammes quelconques.

Le parallélipipède est *oblique* (fig. 255) si les arêtes latérales sont obliques sur les bases, les bases étant soit des rectangles, soit des parallélogrammes.

SURFACE D'UN PARALLÉLIPIPÈDE RECTANGLE.

796. — La **surface** latérale * d'un parallélipipède rectangle s'obtient en multipliant le **périmètre** [1] de la base par la **hauteur.**

La surface *totale* s'obtient en ajoutant à la surface latérale la surface des deux *bases*.

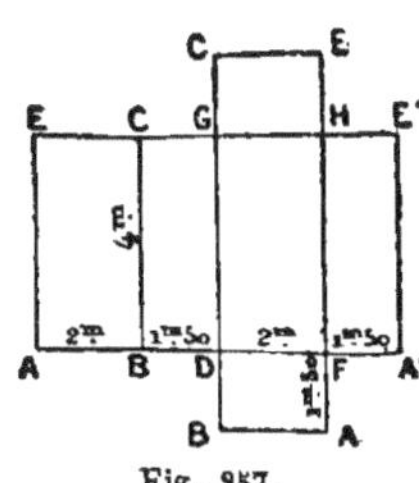

Fig. 257.

En effet, si on développe un parallélipipède rectangle sur une surface plane (fig. 257), on obtient une figure qui se compose d'un grand rectangle AA'EE' et de deux petits rectangles GHEC et BADF. La surface du grand rectangle est égale au produit de la base AA' par la hauteur ; mais cette base se compose des côtés mis bout à bout, c'est-à-dire du

---

1. On a vu (page 333, n° 686) que le périmètre d'un polygone est la somme des côtés de ce polygone.

périmètre de la base ABDF du parallélipipède (fig. 256) : il s'ensuit qu'on obtient la surface latérale d'un parallélipipède en multipliant le *périmètre* de la base par la hauteur.

Soit AB = 2^m, BD = 1^m,50, hauteur BC = 4^m : le périmètre de la base sera égal à 2 + 1^m,50 + 2 + 1^m,50 = 7 mètres.

Si je multiplie 7 par la hauteur 4, j'obtiendrai 28^{mq}, qui représentent la surface *latérale* du parallélipipède ; si à ces 28^{mq} j'ajoute 2 fois 3^{mq}, surface des bases, j'aurai 28 + 6 = 34^{mq}, pour la surface *totale* du parallélipipède.

VOLUME DU PARALLÉLIPIPÈDE RECTANGLE.

797. — *Le* **volume** *d'un parallélipipède rectangle s'obtient* *en multipliant entre elles la* **longueur**, *la* **largeur** *et la* **hauteur**; ou, ce qui revient au même, *en multipliant la* **surface** *de la base par la hauteur.*

Si l'on appelle B la surface de la base, H la hauteur et V le volume, on aura V = B × H ou BH.

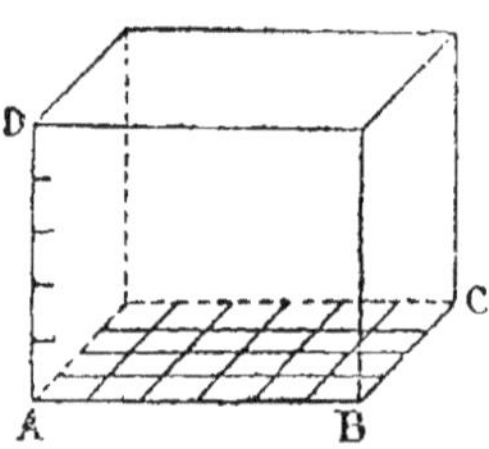

Fig. 258. V = AB × BC × AD.

Soit à cuber un parallélipipède rectangle ayant les dimensions suivantes (fig. 258) :

Longueur.... AB = 6 mètres.
Largeur. .... BC = 4 —
Hauteur. .... AD = 5 —

D'après la règle, le volume sera :

6^{mc} × 4 × 5 = 120 mètres cubes.

En effet, on peut diviser la base en 4 fois 6 ou 24 mètres carrés, sur chacun desquels on peut placer un mètre cube. On a ainsi une première couche de 24 mètres cubes.

Comme il y a cinq couches semblables, la somme totale des mètres cubes est 24^{mc} × 5 = 120 mètres cubes.

Dans la figure 256, le volume sera :

2 × 1, 50 × 4 = 12 mètres cubes.

REMARQUE. — Lorsque le parallélipipède est oblique (fig. 255), son volume est encore égal au produit de sa base par sa hauteur ; mais il ne faut pas oublier que la hauteur du solide n'est pas une des arêtes BC, mais bien la perpendiculaire IJ abaissée d'un point de la base supérieure sur la base inférieure, et que la largeur du solide n'est pas l'un des côtés BG, mais bien la perpendiculaire HK abaissée d'un des points de HG sur la base AB du parallélogramme ABHG (n° 654).

Cette remarque s'applique également à la mesure de la surface latérale.

VOLUME DU CUBE PROPREMENT DIT.

798. — Un cube étant un solide dont tous les côtés sont égaux, il s'ensuit que le volume d'un cube a pour mesure le cube d'un de ses côtés.

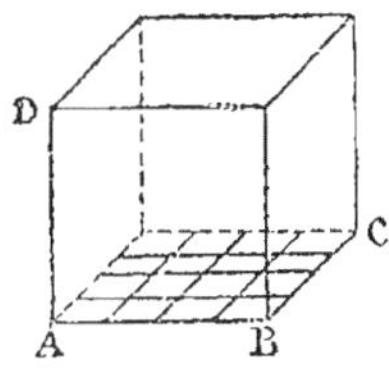

Fig. 259. Cube.

Si l'on appelle C le côté, on aura $V = C^3$.

Soit à mesurer le cube (fig. 259) :

Longueur.... $AB = 4$ mètres.
Largeur..... $BC = 4$ —
Hauteur..... $AD = 4$ —

D'après la règle, le volume sera :

$$4 \times 4 \times 4 = 64 \text{ mètres cubes.}$$

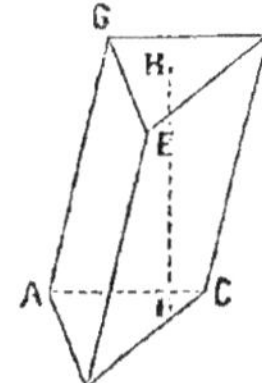

Fig. 260.
Prisme triangulaire
oblique.

Du prisme triangulaire.

799. — On appelle **prisme triangulaire** (fig. 260) un volume compris entre trois parallélogrammes et deux triangles égaux et parallèles.

Les deux triangles ABC et GEF sont les **bases** du prisme triangulaire.

La **hauteur** est la perpendiculaire HI commune aux deux bases.

Le prisme triangulaire est *droit* (fig. 261), lorsque ses arêtes latérales sont perpendiculaires sur les bases.

La hauteur est alors une des arêtes EB, FC, GA.

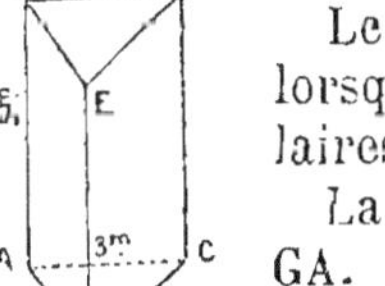

Fig. 261.
Prisme triangulaire
droit.

SURFACE DU PRISME TRIANGULAIRE DROIT.

800. — La **surface** latérale du prisme triangulaire droit s'obtient en multipliant le **périmètre** de la base par la hauteur.

La surface *totale* s'obtient en ajoutant à la surface latérale la surface des deux triangles qui forment les bases.

En effet, si on développe un prisme triangulaire sur une surface plane (fig. 262), on obtient une figure qui se compose d'un rectangle BB'EE' et de deux triangles ACB'' et GFE''. La surface du rectangle est égale au produit de la base BB' par la hauteur; mais cette base se compose des côtés mis bout à bout, c'est-à-dire du péri-

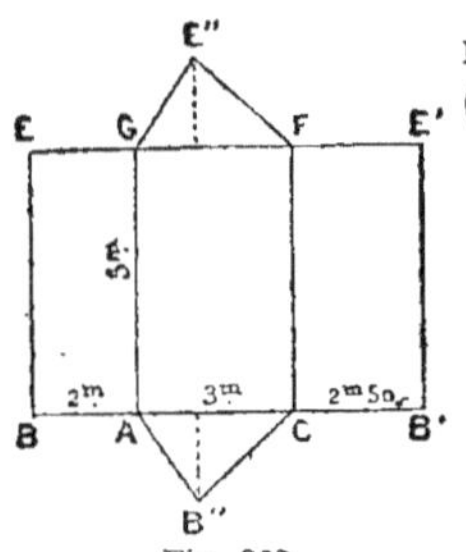

Fig. 262.

mètre de la base ABC du prisme triangulaire (fig. 261), ce qui vérifie la règle énoncée :

$$\text{Soit } BA = 2^m$$
$$AC = 3^m$$
$$BC = 2^m,50$$
$$\text{Hauteur } AG = 5^m$$

Le périmètre de la base sera égal à $2 + 3 + 2^m,50 = 7^m,50$.

Si je multiplie $7^m,50$ par la hauteur 5^m, je trouve $37^{mq},50$, qui représentent la surface *latérale* du prisme.

Si à ces $37^{mq},50$ j'ajoute 2 fois $2^{mq},48$, surface des bases, j'aurai $42^{mq},46$ pour la surface *totale* du prisme triangulaire.

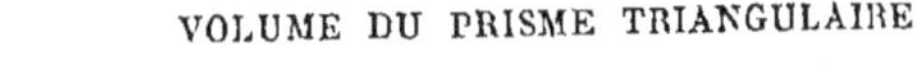

VOLUME DU PRISME TRIANGULAIRE.

801. — *Le* **volume** *d'un prisme triangulaire s'obtient en multipliant la* **surface** *de l'une de ses bases par sa hauteur.*

$$V = B \times H \text{ ou } BH.$$

En effet, le prisme triangulaire ABCGEF est la moitié du parallélipipède ABCDEFGH ; or le volume du parallélipipède (n° 797) s'obtient en multipliant la surface de sa base ABCD par sa hauteur BE : donc le volume du prisme s'obtiendra en multipliant la moitié de ABCD, c'est-à-dire ABC, par la hauteur BE.

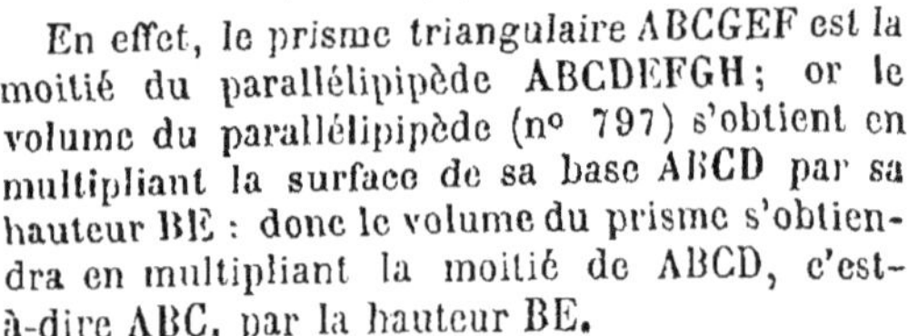

Fig. 263.

REMARQUE. — Lorsque le prisme est oblique (fig. 264), il ne faut pas oublier que la hauteur du solide n'est pas l'une des arêtes EB, mais bien la perpendiculaire EI, abaissée d'un point de la base supérieure sur la base inférieure.

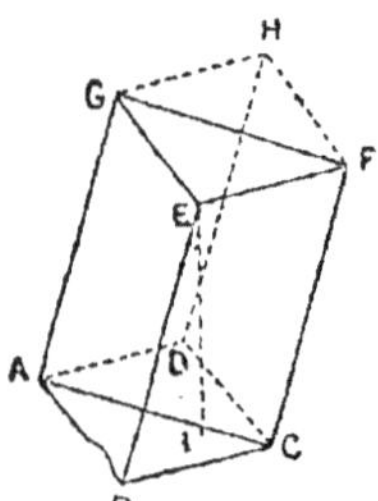

Fig. 264.

CUBAGE D'UN MASSIF DE MAÇONNERIE.

802. — Les massifs de maçonnerie, tels que les murs, par exemple, ont le plus souvent la forme de parallélipipèdes rectangles (fig. 265) dont il est facile de trouver le volume (n° 797).

Si le mur est terminé en talus, on le décompose en un parallélipipède ABCD et en un

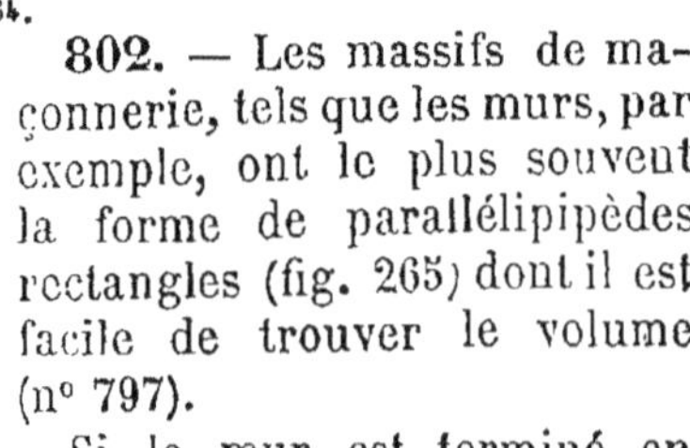

Fig. 265.

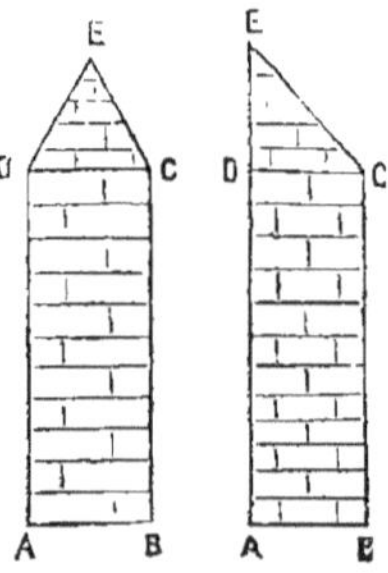

Fig. 266.

prisme triangulaire DCE, à la mesure desquels on applique les formules ci-dessus indiquées (n°ˢ 797 et 801).

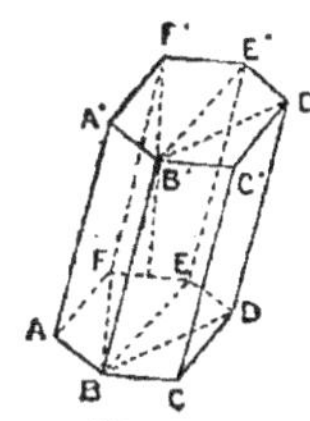
Fig. 267.
Prisme polygonal
oblique.

Prisme polygonal.

803. — On appelle **prisme polygonal** ou simplement *prisme* (fig. 267) le volume compris entre plusieurs parallélogrammes et deux polygones égaux et parallèles.

Les deux polygones égaux et parallèles ABCDEF, A'B'C'D'E'F', sont les **bases** du prisme.

Le prisme polygonal est *droit* (fig. 268), lorsque ses arêtes latérales sont perpendiculaires sur les bases.

Chacune des arêtes AA', BB', etc., est alors la **hauteur**.

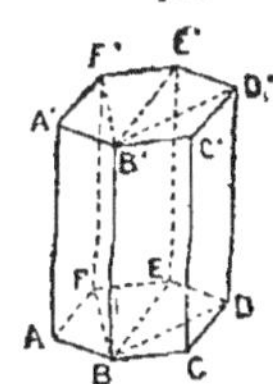
Fig. 268.
Prisme polygonal droit.

SURFACE D'UN PRISME POLYGONAL.

804. — La **surface** d'un prisme polygonal droit s'obtient en multipliant le **périmètre** de la base par la hauteur.

La surface *totale* s'obtient en ajoutant à la surface latérale la surface des *deux polygones* qui forment les bases.

En effet, le développement du prisme polygonal donne un grand rectangle

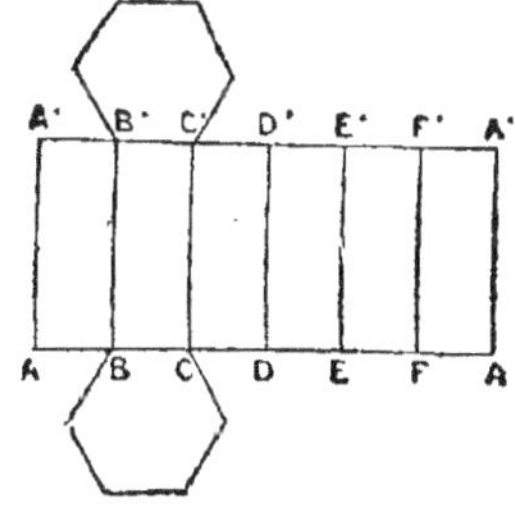
Fig. 269.

AAA'A' (fig. 269), qui a pour base l'ensemble des côtés, c'est-à-dire le *périmètre* du polygone qui sert de base au prisme.

VOLUME DU PRISME POLYGONAL.

805. — *Le* **volume** *d'un prisme polygonal s'obtient en multipliant la* **surface** *de l'une de ses bases par sa hauteur.*

$$V = B \times H \text{ ou } BH.$$

En effet, un prisme polygonal (fig. 268) peut toujours se décomposer en plusieurs prismes triangulaires, tels que ABFA'B'F', BFEB'F'E', etc. ; or le volume d'un prisme triangulaire s'obtient en multipliant la base ABF par la hauteur AA' (n° 801) : donc le volume du prisme polygonal s'obtiendra en multipliant la somme des triangles ABF, BFE, BED, BDC, c'est-à-dire la base ABCDEF, par sa hauteur AA'.

REMARQUE. — Lorsque le prisme polygonal est oblique, son volume est encore égal au produit de sa base par sa hauteur ; dans ce cas, la hauteur n'est pas l'une des arêtes AA', mais la perpendiculaire B'I abaissée d'un point quelconque de la base supérieure sur la base inférieure.

De la pyramide triangulaire.

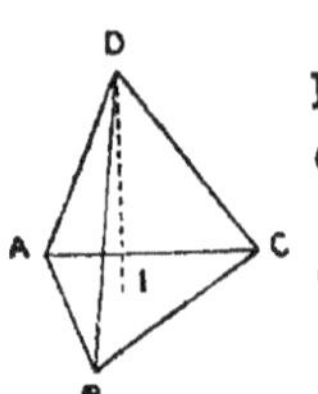

Fig. 270.
Pyramide triangulaire.

806. — On appelle **pyramide triangulaire** ou *tétraèdre* (fig. 270) le volume compris entre quatre triangles.

L'un de ces triangles ABC s'appelle la **base** de la pyramide.

La **hauteur** de la pyramide est la perpendiculaire DI abaissée du sommet opposé sur la base.

SURFACE DE LA PYRAMIDE TRIANGULAIRE.

807. — La **surface** totale de la pyramide triangulaire (fig. 270) s'obtient en calculant les surfaces des *trois triangles* qui forment les faces latérales, et celle du *triangle* qui forme la base, et en faisant la somme de ces quatre surfaces.

VOLUME DE LA PYRAMIDE TRIANGULAIRE.

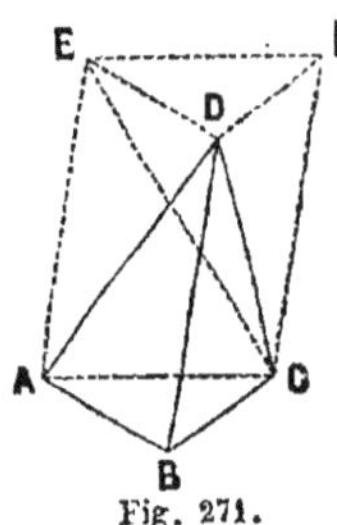

Fig. 271.

808. — *Le volume d'une pyramide triangulaire s'obtient en multipliant la* **surface** *de sa base par le* **tiers** *de sa hauteur.*

$$V = B \times \frac{H}{3} \text{ ou } \frac{BH}{3}.$$

En effet, la pyramide DABC (fig. 271) est le tiers du prisme ABCDEF qui a même base et même hauteur.

Pyramide polygonale.

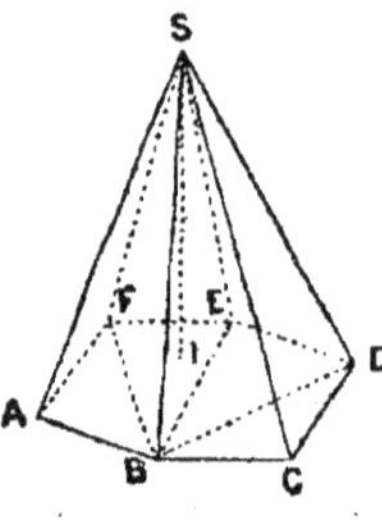

Fig. 272.

809. — On appelle *pyramide polygonale,* ou simplement *pyramide* (fig. 272), le volume compris entre un polygone et plusieurs triangles.

Le polygone est la *base* de la pyramide, la *hauteur* de la pyramide est la perpendiculaire SI abaissée du sommet commun S des triangles sur la base ABCDEF.

SURFACE DE LA PYRAMIDE POLYGONALE.

810. — La surface de la pyramide polygonale s'obtient de la même manière que la surface de la pyramide triangulaire.

VOLUME DE LA PYRAMIDE POLYGONALE.

811. — *Le* **volume** *d'une pyramide polygonale s'obtient en multipliant la surface de sa base par le* **tiers** *de la hauteur.*

$$V = B \times \frac{H}{3} \text{ ou } \frac{BH}{3}.$$

En effet, une pyramide polygonale (fig. 272) peut toujours se décomposer en plusieurs pyramides triangulaires telles que SABF, SFBE, SEBD, etc.; or, le volume d'une pyramide triangulaire s'obtient en multipliant sa base ABF par le *tiers* de sa hauteur SI (n° 808); donc le volume de la pyramide polygonale s'obtiendra en multipliant la somme des triangles ABF, FBE, EBD, DBC, c'est-à-dire la base ABCDEF, par le *tiers* de la hauteur SI.

812. — On appelle **tronc de pyramide** ou pyramide tronquée (fig. 274), le volume compris entre la base d'une pyramide et un plan parallèle à la base[1].

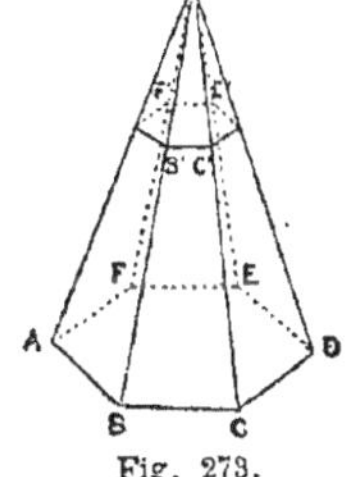

Fig. 273.

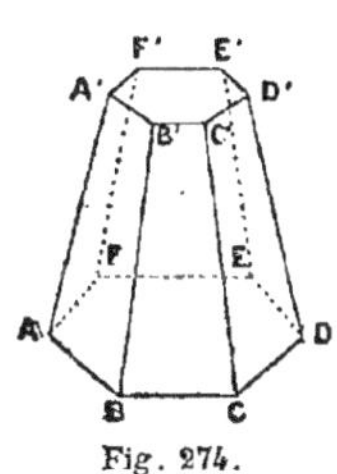

Fig. 274.
Tronc de pyramide.

SURFACE DU TRONC DE PYRAMIDE.

813. — La surface d'un tronc de pyramide s'obtient en calculant les surfaces des trapèzes qui forment les faces latérales, et celles des deux polygones qui forment les bases, et en faisant la somme de ces surfaces.

VOLUME DU TRONC DE PYRAMIDE.

814. — Le volume d'un tronc de pyramide est égal à la somme des volumes de trois pyramides qui auraient pour hauteur commune la hauteur du tronc, et qui auraient pour bases : la première, la base supérieure du tronc; la seconde, la base inférieure du tronc; et la troisième, une moyenne proportionnelle entre ces deux bases.

---

1. C'est avec intention que nous ne parlons que des sections faites par un plan parallèle à la base.

Si on appelle V le volume du tronc, H la hauteur, B la grande base et b la petite base, l'expression du volume est donnée par la formule :

$$V = \frac{H}{3} \left(B + b + \sqrt{Bb} \right)$$

CUBAGE D'UN TAS DE PIERRES OU DE SABLE.

815. — Les tas de pierres qu'on voit disposés sur les routes ne sont pas, comme on pourrait le croire, des pyramides tronquées ; ce sont des volumes d'une forme particulière qui se mesurent au moyen de la formule suivante :

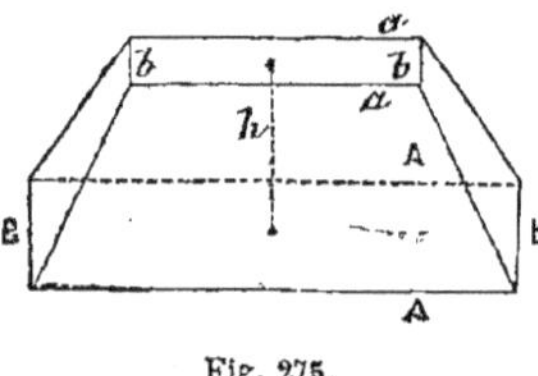

Fig. 275.

Si on représente les deux côtés de la base inférieure par A et B (fig. 275), les deux côtés de la base supérieure par a et b, la hauteur par h, et le volume par V, on a :

$$V = \frac{Bh}{6}(2A + a) + \frac{bh}{6}(2a + A)$$

REMARQUE. — Dans la pratique on se sert, pour mesurer les pierres cassées ou le sable, d'une boîte sans fond ni dessus appelée *ponton* (fig. 276). Cette boîte a ordinairement une capacité d'un mètre cube.

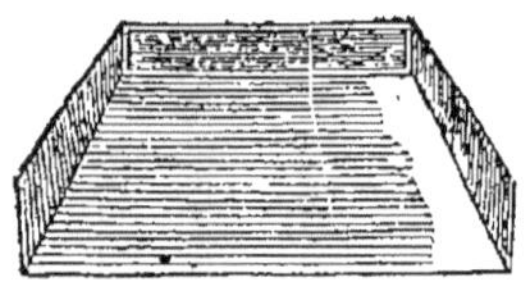

Fig. 276. Ponton.

On l'emplit de pierres ou de sable, et quand elle est pleine, on l'enlève : on a ainsi un mètre cube de pierres ou de sable.

816. — La formule qui précède sert aussi à calculer le volume d'un tombereau, ou celui d'un fossé en talus, etc.

Cylindre.

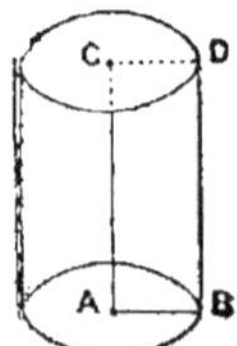

Fig. 277.
Cylindre.

817. — On appelle *cylindre* (fig. 277) un volume qui a pour bases deux cercles égaux et parallèles.

Un rouleau, un tuyau de poêle sont des cylindres.

La ligne droite CA, qui joint les centres des deux cercles, se nomme l'*axe* ou la *hauteur* du cylindre.

REMARQUE. — On peut considérer le cylindre comme engendré par un rectangle ABCD, qui tournerait autour du côté AC. Le côté AC est l'*axe* et le côté DB est la *génératrice*.

SURFACE D'UN CYLINDRE.

818. — La surface *latérale* d'un cylindre s'obtient en multipliant la **circonférence** de la base par la hauteur.

Si on appelle R le rayon de la base, H la hauteur et S la surface, on aura $S = 2\pi R \times H$ ou $2\pi RH$.

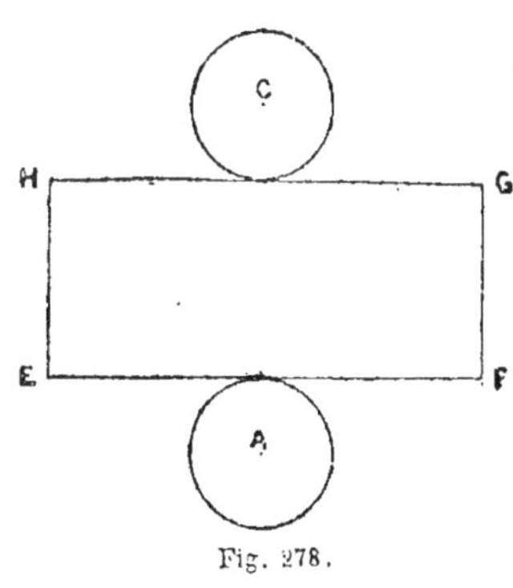

Fig. 278.

Développement d'un cylindre.

Si on développe un cylindre sur une surface plane (fig. 278), on obtient une figure qui se compose d'un rectangle EFGH et de deux cercles A et C.

La surface du rectangle est égale au produit de la base EF par la hauteur EH ; mais cette base est égale à la circonférence de la base du cylindre, ce qui vérifie la règle énoncée.

Soit le cylindre ABCD (fig. 277) dont le rayon AB de la base égale 5 mètres, et dont la hauteur BD égale 12 mètres.

La circonférence de la base (n° 756) est égale à $3,1416 \times 10 = 31,416$: donc la surface latérale sera égale à $31,416 \times 12 = 376^{mq},992$.

Si à cette surface latérale on ajoute 2 fois $3,1416 \times 25$ (n° 758) pour les surfaces des deux cercles qui servent de bases, on a $534^{mq},072$ pour la surface *totale*.

VOLUME D'UN CYLINDRE.

819. — *Le* **volume** *d'un cylindre s'obtient en multipliant la* **surface** *de l'une de ses bases par sa hauteur.*

$$V = \pi R^2 H.$$

En effet, le cylindre peut être considéré comme un prisme dont la base serait un polygone régulier d'un très grand nombre de côtés.

Soit encore le cylindre ABCD (fig. 277) dont le rayon AB de la base égale 5 mètres, et dont la hauteur égale 12 mètres.

La surface du cercle AB (n° 758) est égale à $3^{mq},1416 \times 25 = 78^{mq},54$: donc le volume du cylindre sera égal à $78^{mc},54 \times 12 = 942^{mc},48$, c'est-à-dire 942 mètres cubes 480 décimètres cubes.

Jaugeage des tonneaux.

820. — Il existe plusieurs méthodes pour *jauger* un tonneau, c'est-à-dire pour en mesurer la capacité. Toutes consistent à assimiler un tonneau à un cylindre qui aurait pour hauteur la longueur intérieure du tonneau et pour diamètre un diamètre intermédiaire entre le diamètre du tonneau à la bonde (diamètre du *bouge*) et le diamètre des fonds.

On convient généralement que ce diamètre intermédiaire est égal au diamètre du bouge moins les $\frac{3}{8}$ (0,375) de la différence entre ce diamètre et celui des fonds.

821. — Pour trouver la *longueur intérieure* du tonneau, on retranche de la longueur totale de la pièce la saillie des douves * près des fonds, et l'épaisseur des fonds (20 millimètres environ).

Pour trouver le *diamètre* du *bouge*, on plonge un mètre par l'ouverture de la bonde.

Le *diamètre des fonds* s'obtient facilement. Il est bon de vérifier si les deux fonds sont d'un diamètre égal ; s'ils diffèrent, on prend la moyenne des deux diamètres, c'est-à-dire leur demi-somme.

Soit donc un tonneau qui aurait les dimensions suivantes :

> Longueur intérieure . . . . . $0^m,90$
> Diamètre du bouge . . . . . . $0^m,60$
> Diamètre des fonds . . . . . . $0^m,51$

Le diamètre intermédiaire sera égal à

$$0^m,60 - 0,375 \times (0^m,60 - 0^m51)$$
$$= 0^m,60 - 0,375 \times 0^m,09$$
$$= 0^m,60 - 0,0337 = 0^m,566.$$

Ainsi donc, le volume du tonneau est égal à celui d'un cylindre qui aurait $0^m,90$ de hauteur et $0^m,566$ de diamètre, si l'on applique à ces nombres la formule du volume d'un cylindre, on trouve 226 litres pour la capacité du tonneau.

REMARQUE. — Les employés d'octroi opèrent d'une manière plus expéditive. Ils se servent d'une règle graduée appelée *jauge*, qu'ils introduisent par la bonde dans l'intérieur de la pièce et qui leur donne immédiatement, non seulement sa capacité totale, mais encore la quantité de liquide qu'elle contient si elle n'est pas pleine.

Les marchands de vin en gros remplissent leurs pièces avec les mesures de capacité : hectolitres, décalitres et litres. Une pièce dans laquelle on a versé 2 hectolitres, puis 2 décalitres, puis 6 litres, contient 226 litres. L'œil exercé des marchands sait d'ailleurs reconnaître la capacité d'une pièce à la seule inspection de la pièce.

CUBAGE D'UN TRONC D'ARBRE.

822. — On appelle *bois en grume* l'arbre tel qu'il est abattu, avec son écorce, mais sans les branches.

823. — Pour cuber un tronc d'arbre en *grume*, on cherche la circonférence *moyenne*, mesurée au milieu de la longueur du tronc, et on opère comme s'il s'agissait d'un cylindre.

Soit à trouver le volume d'un arbre qui aurait 6 mètres de longueur et $1^m,13$ de circonférence moyenne.

Je cherche d'abord la valeur du rayon d'une circonférence de $1^m,13$, je l'obtiens à l'aide de la formule : circonférence $= 2\,\pi\,\mathrm{R}$. Si

$$2\,\pi\,\mathrm{R} = 1^m,13,\ \mathrm{R} = \frac{1^m,13}{2\,\pi} = 0^m,18.$$

On sait que le volume d'un cylindre égale $\pi\mathrm{R}^2\mathrm{H}$; en remplaçant les lettres par leurs valeurs, je trouve pour le volume du tronc d'arbre :

$$\mathrm{V} = 8,1416 \times 0^m,18^2 \times 6 = 0^{mc},610.$$

824. — **Équarrir un tronc d'arbre**, c'est le transformer en une pièce de bois à faces planes et à bases carrées.

Pour déterminer par le calcul le côté du carré de chaque base, il suffit d'inscrire un carré dans la section moyenne du tronc.

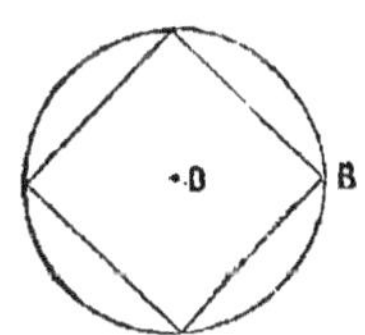

Fig. 279.

Soit (fig. 279) le cercle O, représentant la section moyenne d'un tronc d'arbre. Si on inscrit un carré dans ce cercle, le côté AB représentera le côté de la plus grande pièce équarrie qu'on pourra tirer de ce tronc d'arbre. Il suffira donc de calculer la longueur de AB.

Or le côté du carré inscrit dans un cercle est égal à $\mathrm{R}\sqrt{2} = \mathrm{R} \times 1,414$. Dans l'exemple précédent, le rayon étant égal à $0^m,36$, le côté du carré inscrit sera égal à $0,36 \times 1,414 = 0^m,51$.

Remarque. — Dans la pratique, on ne fait aucun calcul. On choisit au préalable les arbres les plus propres par leur volume à faire une pièce équarrie, et on les travaille à vue d'œil avec la cognée; on trace ensuite à la craie et par tâtonnements les dimensions des pièces de bois, madriers, poutres ou planches qu'on pourra en tirer : c'est affaire d'habitude et de métier.

Du cône.

825. — On appelle **cône** (fig. 280) un volume qui a la forme d'un *pain de sucre*. Il se termine d'un côté par un

Fig. 280. Cône.

point, qui est le *sommet*, et de l'autre par un cercle, qui est la *base*.

La ligne droite SA, qui joint le sommet au centre de la base, est *l'axe* ou la *hauteur* du cône.

La ligne SB qui va du sommet à l'un des points de la circonférence de la *base*, est le *côté* ou *l'apothème* du cône.

REMARQUE. — On peut considérer un cône [1] comme engendré par un triangle rectangle SAB, qui tournerait autour du côté SA. Le côté SA est l'*axe*, et l'hypoténuse SB, la *génératrice*.

SURFACE D'UN CÔNE.

826. — La surface *latérale* d'un cône a pour mesure le produit de la circonférence de la base par la moitié du côté.

Si on appelle R le rayon de la base et L le côté, on a

$$S = 2\pi R \times \frac{L}{2} = \pi RL.$$

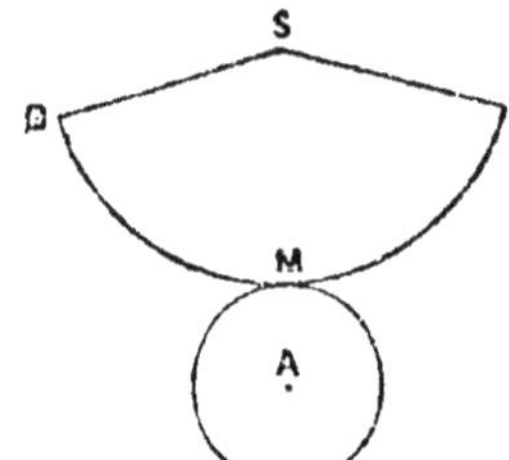

Fig. 281. Développement d'un cône.

Si on développe un cône (fig. 281), on obtient une figure qui se compose d'un secteur SBMC et d'un cercle A.

La surface du secteur a pour mesure la longueur de l'arc multipliée par la moitié du rayon ; mais l'arc CB est égal à la circonférence CMB (fig. 280), ce qui vérifie la règle énoncée.

Soit AB (fig. 281) = 5, SB = 13 mèt.

La circonférence CMB est égale à $3,1416 \times 10 = 31,416$:

donc la surface latérale sera égale à $31,416 \times \dfrac{13}{2} \times 204^{mq},204.$

Si à cette surface latérale on ajoute la surface de la base, qui est égale à $3,1416 \times 25$ (n° 758) $= 78^{mq},54$, on a $282^{mq},744$ pour la surface totale du cône.

VOLUME DU CÔNE.

827. — *Le* **volume** *d'un cône s'obtient en multipliant la surface de sa base par le* **tiers** *de sa hauteur.*

$$V = \pi R^2 \times \frac{H}{3}.$$

---

1. Nous ne parlons ici que du cône droit à base circulaire.

En effet, le cône peut être considéré comme une pyramide dont la base serait un polygone régulier d'un très grand nombre de côtés.

Soit encore le cône SAB (fig. 280) dont le rayon de la base égale 5 mètres et dont la hauteur SA égale 12 mètres.

La surface du cercle AB = $3^{mq},1416 \times 25 = 78^{mq},54$; donc le volume sera égal à $\dfrac{78^{mq},54 \times 12}{3} = 78^{mq},54 \times 4 = 314^{mc},16$ ou 314 mètres cubes 160 décimètres cubes.

Tronc de cône.

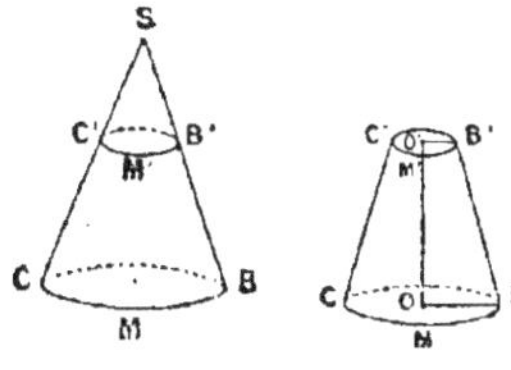

Fig. 282.

Fig. 283.
Tronc de cône.

828. — On appelle *tronc de cône* (fig. 283), le volume compris entre la base d'un cône et un plan mené parallèlement à la base [1].

La section faite par le plan parallèle à la base est un cercle comme la base.

REMARQUE. — On peut considérer le tronc de cône comme engendré par la révolution du trapèze OBO'B' autour de sa hauteur OO'.

La ligne BB' qui est opposée à la hauteur OO' dans le trapèze OO'BB' est le *côté* ou l'*apothème* du tronc de cône.

SURFACE DU TRONC DE CÔNE.

829. — La surface latérale d'un tronc de cône est égale à la demi-somme des circonférences de ses deux bases multipliée par son apothème.

Si on appelle R et R' les rayons des deux bases, et A l'apothème, la surface latérale aura pour expression :

$$S = \frac{2\pi R + 2\pi R'}{2} \times A = (\pi R + \pi R') A = \pi (R + R') A.$$

La surface totale du tronc de cône s'obtient en ajoutant à la surface latérale la somme des surfaces des deux bases $\pi R^2 + \pi R'^2$ ou $\pi (R^2 + R'^2)$.

Par conséquent, la surface totale a pour expression :

$$S = \pi [R^2 + R'^2 + (R + R') A].$$

---

1. C'est avec intention que nous ne considérons que les sections faites par un plan parallèle à la base.

VOLUME DU TRONC DE CÔNE.

830. — Le volume d'un tronc de cône est égal à la somme des volumes de trois cônes qui auraient pour hauteur commune la hauteur du tronc, et qui auraient pour bases : le premier, la base inférieure du tronc; le second, la base supérieure du tronc; et le troisième, une moyenne proportionnelle entre ces deux bases.

Si on appelle V le volume du tronc, H la hauteur, R et R' les rayons des deux bases, l'expression du volume est donnée par la formule :

$$V = \frac{\pi H}{3}(R^2 + R'^2 + RR').$$

Remarque. — Cette formule s'applique à la mesure de la capacité d'un seau, d'une cuve, d'une cuvette, et en général de tout vase ayant la forme d'un cône tronqué. Mais le procédé le plus pratique consiste à remplir d'eau le vase dont on veut mesurer la capacité, et à verser cette eau dans un litre autant de fois qu'on le pourra. Le nombre de litres remplis donnera en décimètres cubes la capacité du vase.

Sphère.

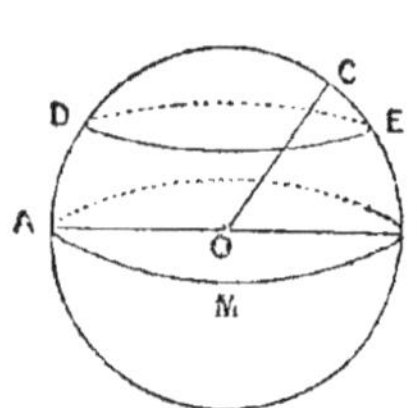

Fig. 284. Sphère.

831. — On appelle **sphère** (fig. 284), un volume terminé par une surface courbe, dont tous les points sont également distants d'un point intérieur O, appelé *centre*.

Un *rayon* de la sphère est une droite OC, qui va du centre à la surface de la sphère.

Un *diamètre* de la sphère est une droite AB, qui passe par le centre et se termine des deux côtés à la surface de la sphère; il est le double du rayon.

Un cercle AMB, tracé sur la surface de la sphère et qui a pour centre le centre O de la sphère, est un *grand cercle*.

Tous les autres cercles tels que DE, tracés sur la surface de la sphère, sont des *petits cercles*.

Une *zone* (fig. 285) est la partie ADCB de la *surface* de la sphère comprise entre deux cercles parallèles AB et DC; *zone* veut dire *ceinture*. — Les deux cercles parallèles AB et DC sont les *bases* de la zone ; — la *hauteur* de la zone est la perpendiculaire EF commune aux deux bases.

Une *calotte sphérique* (fig. 286) est la partie AMB de la *surface* de la sphère détachée par un petit cercle AB. On la nomme aussi une zone à une base.

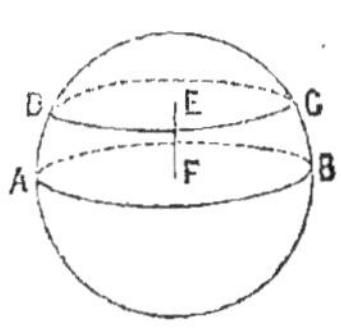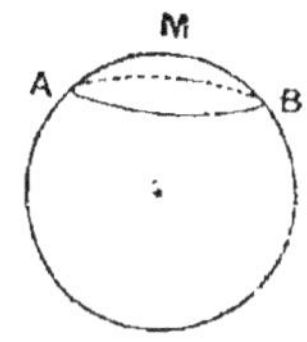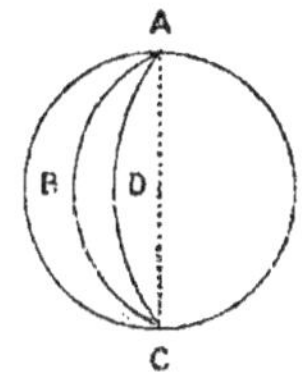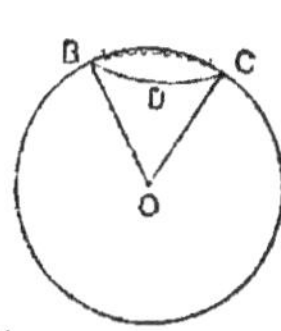

Fig. 285. Zone et segment sphérique.   Fig. 286. Calotte et segment sphérique.   Fig. 287. Fuseau et onglet.   Fig. 288. Secteur sphérique.

Un *fuseau* (fig. 287) est la partie ABCD de la *surface* de la sphère comprise entre deux demi-grands cercles qui ont un diamètre AC commun.

Un *segment sphérique* (fig. 285) est une portion de sphère comprise entre deux plans parallèles AB et DC et limitée par une zone ou comprise entre un plan et une calotte sphérique (fig. 286).

Un *onglet* (fig. 287) est une portion de sphère comprise entre deux plans ABC et ADC, qui se coupent suivant un diamètre commun, et limitée par un fuseau.

Un *secteur sphérique* (fig. 288) est un volume OBC, dont le sommet O est au centre de la sphère et dont la base BDC est une calotte sphérique.

REMARQUES. — I. On voit que la *zone*, la *calotte* et le *fuseau* sont des parties de la **surface** de la sphère ; tandis que le *segment*, l'*onglet* et le *secteur* sont des parties du **volume** de la sphère.

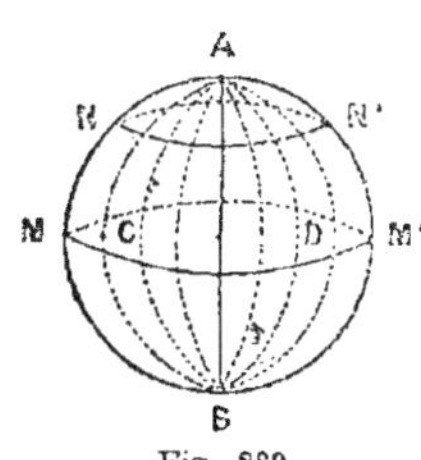

Fig. 289.

II. On peut considérer la sphère comme engendrée par la révolution d'un demi-cercle AMB (fig. 289), tournant autour de son diamètre AB.

Le diamètre AB prend le nom d'*axe*.

Les deux extrémités A et B de l'axe forment les *pôles*.

Tout grand cercle ACBD passant par les pôles est un *méridien*.

Le grand cercle M'M perpendiculaire à l'axe est l'*équateur*.

Tout petit cercle NN' parallèle à l'équateur est un *parallèle*.

Ces différents termes appartiennent autant à la cosmographie qu'à la géométrie.

SURFACE DE LA SPHÈRE.

832. — La **surface** d'une sphère est égale à quatre fois celle d'un cercle qui aurait pour rayon le rayon de la sphère, autrement dit : *la surface de la sphère est égale à quatre grands cercles.*

$$S = 4 \pi R^2.$$

Soit une sphère dont le rayon est de 5 mètres.

La surface d'un cercle dont le rayon est de 5 mètres est égale à $3,1416 \times 25$; donc la surface de la sphère est égale à $3,1416 \times 25 \times 4 = 3,1416 \times 100 = 314^{mq},16$.

VOLUME DE LA SPHÈRE.

833. — *Le* **volume** *d'une sphère s'obtient en multipliant sa* surface par **le tiers** *de son rayon.*

$$V = 4 \pi R^2 \times \frac{R}{3} = \frac{4}{3} \pi R^3.$$

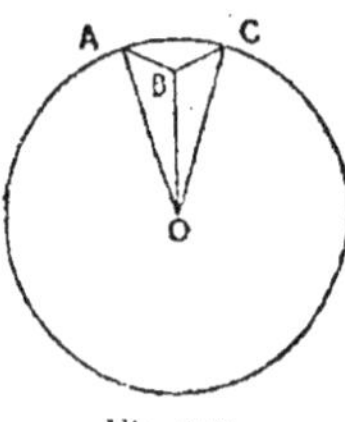

Fig. 290.

En effet, si on joint le centre O de la sphère (fig. 290) à trois points A, B, C de la surface, très rapprochés les uns des autres, le volume OABC différera très peu d'une pyramide et aura pour mesure le produit de sa base ABC par le *tiers* de sa hauteur (n° 808), c'est-à-dire par le tiers du rayon de la sphère.

Si on décompose ainsi la sphère en une infinité de petites pyramides, on voit que le volume total de la sphère sera égal à la somme de leurs bases, c'est-à-dire à la surface de la sphère, multipliée par le tiers de son rayon.

Soit une sphère dont le rayon est de 5 mètres.

La surface sera égale à $3,1416 \times 25 \times 4$; donc le volume de la sphère sera égal à $\dfrac{3,1416 \times 25 \times 4 \times 5}{3} = 1,0472 \times 100 \times 5 = 104,72 \times 5 = 523^{mc},60$, c'est-à-dire 523 mètres cubes 600 décimètres cubes.

SURFACE DE LA ZONE.

834. — La *surface* d'une zone est égale à la circonférence d'un *grand cercle* de la sphère multipliée par la *hauteur* de la zone.

$$S = 2 \pi RH.$$

Soit une zone de 3 mètres de hauteur dans une sphère dont le rayon est de 4 mètres.

La circonférence d'un grand cercle de la sphère sera égale à $2 \times 3,1416 \times 4$; donc la surface de la zone sera égale à $2 \times 3,1415 \times 4 \times 3 = 3,1416 \times 24 = 75^{mq},40$.

Polyèdres.

835. — On appelle *polyèdre* un solide terminé par des faces planes.

836. — Les polyèdres prennent des noms différents suivant le nombre de leurs faces.

Un *tétraèdre* (fig. 291) est un solide qui a *quatre* faces. — La pyramide triangulaire est un tétraèdre.

 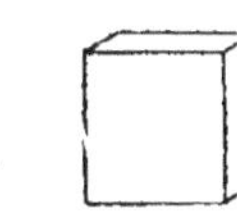  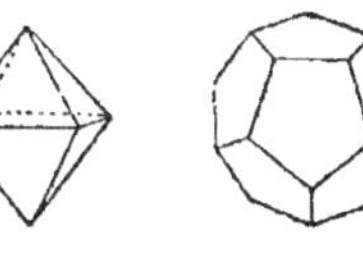 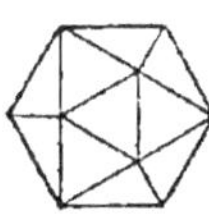

Fig. 291.	Fig. 292.	Fig. 293.	Fig. 294.	Fig. 295
Tétraèdre.	Hexaèdre.	Octaèdre.	Dodécaèdre.	Icosaèdre.

Un *hexaèdre* (fig. 292) a *six* faces. — Le cube est un hexaèdre.

Un *octaèdre* (fig. 293) a *huit* faces.

Un *dodécaèdre* (fig. 294) a *douze* faces.

Un *icosaèdre* (fig. 295) a *vingt* faces.

REMARQUE. — On remarquera l'analogie qui existe entre un *hexagone*, figure à *six* côtés, et un *hexaèdre*, solide à *six* faces, — entre un *octogone*, figure à *huit* côtés, et un *octaèdre*, solide à *huit* faces, etc., — enfin entre un *polygone*, figure à *plusieurs* côtés, et un *polyèdre*, solide à *plusieurs* faces.

PROBLÈMES SUR LES VOLUMES (page 383.)

1. Un prisme droit à base octogonale a $3^m,25$ de hauteur, le côté de l'octogone est de $0^m,56$: quelle en est la surface latérale? — R. $14^{mq},56$.

2. Un coffre de la forme d'un parallélipipède a $1^m,20$ de longueur, $0^m,45$ de largeur et $0,56$ de hauteur; ce coffre reçoit 3 couches de peinture à l'extérieur et à l'intérieur, estimée 0 fr. 50 le mètre superficiel : combien coûte cette peinture? (On suppose que la surface intérieure est égale à la surface extérieure.) — R. 8 fr. 78.

3. On demande de calculer la surface latérale d'un cylindre ayant pour base un cercle de $0^m,25$ de rayon et pour hauteur $2^m,36$. — R. $3^{mq},70$.

4. On a verni un tuyau de forme cylindrique, ayant $3^m,25$ de circonférence et $13^m,40$ de hauteur : combien paiera-t-on pour ce travail à raison de 0 fr. 75 le mètre superficiel? — R. 32 fr. 66.

5. On a tapissé le pourtour d'un cintre de la forme d'un demi-cylindre de

8^m,50 de hauteur, sur 8^m,96 de diamètre : combien a-t-il fallu de rouleaux de papier, sachant que chaque rouleau a 10^m de long et 0^m,90 de large ? —

— R. 10 rouleaux $\frac{1}{5}$ environ, exactement 10 rouleaux 16.

6. La surface latérale d'un cylindre de 8^m,96 de diamètre est de 128mq,945 : quelle en est la hauteur à moins d'un centimètre ? — R. 4^m,57.

7. Quelle est la surface latérale d'une pyramide à base quadrangulaire, sachant que chaque côté de la base a 3^m,20, et que l'apothème est de 5^m,80° — R. 37mq,12.

8. Quelle est la surface latérale d'un cône, de 3^m,25 de circonférence à la base, et de 2^m,20 d'apothème ? — R. 3mq,575.

9. Calculer la surface latérale d'un tronc de pyramide quadrangulaire tronquée, dont chaque face a 1^m,25 de base inférieure et 0^m,36 de base supérieure ; la hauteur de l'apothème entre les deux bases est de 3^m,45. — R. 11mq,1088.

10. Calculer la surface d'une sphère de 1^m,20 de rayon ? — R. 18mq,09.

11. Calculer la surface d'une zone prise sur une sphère de 0^m,96 de rayon et ayant 0^m,28 de hauteur. — R. 1mq,68.

12. Sur une sphère de 0^m,96 de rayon, on prend une calotte sphérique de 0^m,28 de hauteur : quelle est la surface de cette calotte ? — R. 1mq,68. La calotte sphérique est une zone à une base. L'expression de la surface est la même.

13. Une sphère a une surface de 7mq,4838 : quel est son rayon ? — R. 0^m,77

14. Une pierre de forme cubique, ayant 0^m,89 de côté, est taillée pour servir de socle : on demande : 1° ce que vaut la pierre à 47 fr. le mètre cube ; 2° ce qu'a gagné l'ouvrier par jour, s'il a reçu 18 fr. pour sa main-d'œuvre, sachant que la pierre est façonnée sur cinq faces, et qu'il en travaillait 0mq,96 par jour. R. 1° 33 fr. 15. — 2° 4 fr. 36.

15. Une salle de classe, ayant 8 mètres de long sur 7^m,80 de large et 4^m,20 de hauteur, doit être cubée pour qu'on fixe le nombre d'élèves qu'elle peut contenir ; réglementairement, il faut un volume de 4 mètres cubes par élève, mais il peut être toléré 3mc,020 : combien, par tolérance, la salle pourra-t-elle recevoir d'élèves ? — R. 86 élèves.

16. On creuse un fossé de la forme d'un parallépipède rectangle ; la longueur de ce fossé doit être de 15^m,25, la largeur de 1^m,96, la profondeur de 2^m,40 : combien faudra-t-il faire de voyages, avec trois tombereaux pouvant

enlever 2mc chacun, sachant que la terre remuée donne $\frac{1}{6}$ en plus de volume que la terre compacte ? — R. 14 voyages.

17. Sur un emplacement de 16mq,04 on veut établir un bassin pouvan contenir 116 hectolitres 81 litres : quelle profondeur doit-on donner à ce bassin (exprimée à moins d'un centimètre) ? — R. 0^m,73 par excès.

18. On a payé, pour la construction d'un mur, 945 fr. 72, le prix du mètre cube étant de 15 francs : on demande quelle est la longueur du mur, sachant qu'à l'une des extrémités la surface exprimée par la hauteur et l'épaisseur égale 1 mètre carré 98 décimètres carrés ? — R. 31^m,84.

19. Le chêne sec ayant pour densité $\frac{740}{1000}$, on demande de déterminer, à moins d'un millième, l'épaisseur d'un tableau noir qui a 3 mètres de longueur sur 1 mètre de largeur et dont le poids est de 44 kilog. 4? — R. 0^m,02.

20. Un tas de bois de, la forme d'un parallélipipède mesure 17st,04 ; on le

tasse dans un cellier de 3ᵐ,25 de long et de 3ᵐ,40 de hauteur : quelle largeur occupera-t-il ? — R. 1ᵐ,54.

21. Une poutre vendue à raison de 1 fr. 50 le décistère a coûté 45 fr. 50 ; la surface à l'un des bouts est exprimée par 30 centimètres sur 37 : quelle en est la longueur ? — R. 27ᵐ,32.

22. On veut ranger 10 000 pavés dont les côtés sont de 18, 21 et 22 centimètres sur un emplacement qui a la forme d'un triangle d'une base égale à la hauteur : calculer les dimensions de ce triangle, sachant que la hauteur de la pile de pavés doit avoir 2 mètres. — R. 9ᵐ,11.

23. Calculer le volume d'un cylindre ayant 1ᵐ,12 de circonférence et 5ᵉ,6 de hauteur. — R. 0ᵐᶜ,559.

24. Un bassin de forme cylindrique a une capacité de 1 500 hect. 28, la profondeur étant de 0ᵐ,56 : on demande quelle est la circonférence du bassin, — R. 58ᵐ.

25. On veut construire une citerne de forme cylindrique qui, étant remplie aux $\frac{2}{3}$ puisse contenir 208 litres 75 : quel rayon faut-il donner à la base pour que l'eau s'élève aux $\frac{2}{3}$ de la hauteur, soit à 0ᵐ,50 ? — R. 0ᵐ,36.

26. Quel est le poids d'une meule de moulin de 12ᵐ,56 de circonférence et d'une épaisseur de 0ᵐ,48, la densité de la pierre étant de 2,9 ? — R. 17 474 kilog. ou 17 tonnes 1/2 environ.

27. On a construit le mur d'un puits ayant 12 mètres de profondeur ; l'épaisseur du mur étant de 0ᵐ,36, la circonférence intérieure de 3ᵐ,80, on demande ce qu'a coûté cette construction à 25 fr. le mètre cube. — R. 533 fr. 60.

28. Un centime pèse 1 gramme, son diamètre est de 15 millimètres : donner en dixièmes de millimètre l'épaisseur de cette pièce, sachant que la densité du métal est de 8,788. — R. 0,64 de millimètre.

29. En Égypte, la colonne de Pompée a une hauteur de 30 mètres sur 1ᵐ,50 de rayon ; cette colonne est en granit dont la densité est 2,9 ; le piédestal est un bloc cubique de marbre de 5 mètres de côté ; la densité du marbre est de 2,79 : calculer le poids total du monument, colonne et piédestal. — R. 963 405 kilog., ou 963 tonnes 405.

30. Calculer le volume d'une pyramide à base hexagonale de 0ᵐ,28 de côté et de 0ᵐ,33 de hauteur. — R. 22ᵈᵐᶜ,400.

31. Une petite pyramide en argent pèse 148 gr. ; la base est quadrangulaire et a pour côté 2 centimètres $\frac{1}{2}$: quelle en est la hauteur, sachant que l'argent a pour densité 10,474 ? — R. 6ᵐᶜ,75.

32. Un obus de forme conique a 213 millimètres de diamètre à la base et pour hauteur 387 millimètres : quel est le poids de cet obus (la densité du métal étant de 2,207) ? — R. 10ᵏᵍ,144.

33. On fond des balles coniques dans un moule dont la base a 1 centimètre 3 dixièmes de rayon ; la hauteur de la génératrice ou de l'apothème est de 24 millimètres : combien fondra-t-on de balles dans un saumon * du poids de 1 tonne métrique ? (La densité du plomb est de 11,352.) — R. 6 145 balles.

34. Un officier veut faire établir une tente de forme conique d'un volume intérieur de 20 mètres cubes, la hauteur devant être de 2 mètres : quel doit être le rayon de la base ? — R. 3ᵐ,09.

35. Calculer le volume d'une pyramide tronquée, de forme octogonale, dont le côté de la grande base est de 2 mètres, celui de la petite base de 1ᵐ,75, et dont la hauteur égale 8ᵐ,75. — R. 148ᵐᶜ,741. (Voir page 337, n° 700.)

36. Quel est le volume de la petite pyramide détachée ? — **R. 301ᵐᶜ,899.**

Solution raisonnée. — Pour trouver la hauteur de la pyramide détachée, on remarque que les hauteurs des deux pyramides sont proportionnelles aux arêtes, et les arêtes aux côtés des bases ; par conséquent, les hauteurs des deux pyramides sont entre elles comme 1,75 est à 2, ou comme 7 est à 8 ; c'est-à-dire que si l'on partageait la hauteur totale en 8 parties égales, la hauteur de a petite pyramide contiendrait 7 de ces parties et la hauteur du tronc en contiendrait 1. Donc la hauteur de la petite pyramide égale 6ᵐ,75 × 7.

Donc le volume cherché égale 14ᵐᶜ,7869 × $\dfrac{8,75 \times 7}{3}$ = 301ᵐᶜ,899.

37. Une colonne de forme cylindrique, ayant 3ᵐ,25 de circonférence et 4 mètres de hauteur, est enveloppée complétement d'une feuille de cuivre estimée 8 fr. 25 le mètre carré : combien a-t-on payé pour la fourniture de cette feuille de cuivre ? — R. 111 fr. 53.

PROBLÈMES SUPPLÉMENTAIRES (page 383).

1. Combien y a-t-il de stères dans une pile de bois de chauffage qui a 7ᵐ,40 de longueur, 1ᵐ,85 de hauteur à une extrémité, et 1ᵐ,35 à l'autre, les bûches ayant 1ᵐ,15 de longueur ? — R. 14 stères.

2. Un cultivateur commande une boîte carrée de 0ᵐ,40 de côté, devant contenir juste un hectolitre, pour lui servir de mesure : quelle hauteur doit-on donner à la boîte, toutes les dimensions étant mesurées intérieurement ? — R. 0ᵐ,625.

3. On a observé que, sur une masse d'eau, le soleil en fait évaporer, par jour, une couche d'un demi-millimètre d'épaisseur : quelle quantité d'eau s'évaporerait donc par jour, sur une rivière ayant 185 kilomètres de parcours, et 18 mètres de largeur moyenne ? — R. 1 665 mètres cubes, ou 16 650 hectolitres.

4. Un vigneron a une cuve dont le diamètre supérieur est de 1ᵐ,80, le diamètre inférieur de 1ᵐ,40 et la hauteur 1ᵐ,90 : cette cuve étant pleine de vin, il veut savoir combien il pourra y soutirer de pièces de 225 litres. — R. 17 pièces.

5. Quelle est la capacité d'un fût dont le diamètre des fonds ou jables est 1ᵐ,08, celui du bouge 1ᵐ,23, et la longueur 1ᵐ,74 ? — R. 19 hectol. 03.

6. Dans une usine, il existe un arbre de couche en fer, de forme cylindrique, ayant 8ᵐ,30 de long, et 0ᵐ,104 de diamètre : quel est le poids de cette pièce, le décimètre cube de fer pesant 7 kilog. 79 ? — R. 549 kilog.

7. Une ligne télégraphique de 315 kilomètres de longueur est desservie par 8 fils de fer de même grosseur, ayant 4 millimètres de diamètre : on demande le poids de ces 8 fils, sachant que le décimètre cube de ce fer pèse 7 kilog. 785 grammes. — R. 246 561 kilog.

8. L'obélisque de Louqsor, érigé sur la place de la Concorde,

à Paris, est un monolithe en granit, ayant la forme d'un tronc de pyramide quadrangulaire, à bases carrées. La base inférieure a 2^m,42 de côté; la base supérieure 1^m,54, et la hauteur entre les deux bases 21^m,60. Cette première partie formant le fût du monolithe est de plus surmontée d'un pyramidion quadrangulaire ayant pour base la base supérieure du fût, et une hauteur de 1^m,20 : le mètre cube de granit pesant 2 750 kilog., on demande le volume et le poids de ce monolithe. — R. 1° 87 mètres cubes. — 2° 237 250 kilog.

9. Quel est le volume d'une sphère de 1^m,84 centimètres de diamètre? — R. 3^{mc},26.

10. Quel est le poids d'un boulet en fonte de 0^m,148 de diamètre, le décimètre cube de ce métal pesant 72 hectogrammes? — R. 12 kilog. 22.

11. On demande le volume du globe terrestre ayant 40 000 kilomètres de circonférence, on prendra $\pi = 3,141593$. — R. 1 080 758 707 144 400 000 000 mètres cubes.

12. Quel est le poids de l'eau contenue dans un cylindre droit de 23 centimètres de rayon et de 65 centimètres de haut? — R. 108 kilog. 023.

13. On creuse un fossé de 46 mètres de longueur, sur 2^m,3 de largeur, et 1^m,2 de profondeur. Pour transporter les déblais, on se sert d'un tombereau dont la caisse a en moyenne 2^m,3 de longueur sur 1 mètre de largeur, et 8 décimètres de profondeur. Combien de voyages devra-t-on faire? — R. 69 voyages.

14. Pour creuser une auge en pierre de 85 centimètres de long sur 60 centimètres de large et 30 centimètres de profondeur, on a payé 68 fr. 75; combien aurait-on payé si elle n'avait eu que 0^m,75 de long sur 0^m,48 de large et 0^m,24 de profondeur. — R. 38 fr. 88.

15. Une solive qui a 6^m,25 de longueur sur 12 centimètres de largeur, et 18 centimètres d'épaisseur, vaut 11 fr. 34. Dites le prix d'un décistère de ce bois. — R. 8 fr. 40.

16. Une poutre de 8^m,75 de long sur 48 centimètres de largeur, et 55 centimètres d'épaisseur, est payée 205 fr. 59. On la débite en solives de 16 centimètres d'épaisseur sur 11 centimètres de largeur. Trouver le prix d'une solive et celui d'un stère de ce bois. — R. Une solive vaut 13 fr. 706, 1 stère de bois vaut 89 fr.

17. Un marchand a acheté un tonneau d'huile à raison de 65 fr. 75 l'hectolitre; les frais de transport ont été fixés à 15 fr. 25 les 100 kilog.; la capacité du tonneau équivaut à celle d'un cube dont chaque côté aurait 75 centimètres de longueur; le poids du litre d'huile est les 0,91 de celui de l'eau, et le vase vide pèse 50 kilog. Combien le marchand doit-il vendre le litre d'huile pour réaliser un bénéfice de 12 p. %/ sur le prix d'achat? — R. 0 fr. 91.   (Brevet obligatoire. — Seine.)

CHAPITRE XI

FIGURES CURVILIGNES

Ellipse.

837. — L'ellipse (fig. 296) est une courbe telle que la somme des distances de chacun de ses points à deux points fixes appelés *foyers*, est constante.

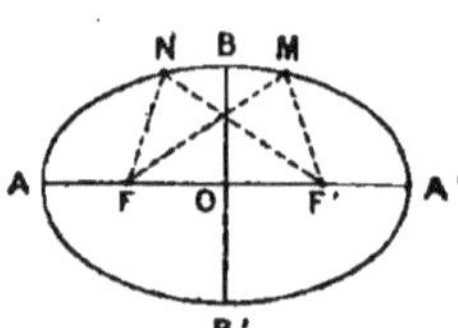

Fig. 296. Ellipse.

Soit une courbe telle que NF + NF′ = MF + MF′ = AA′, quelle que soit la position des points M et N; cette courbe est une *ellipse*; les points F et F′ sont les *foyers*; les droites MF, MF′, NF, NF′ sont appelées des *rayons vecteurs*, FF′ est la distance *focale*; AA′ est le *grand axe* de l'ellipse; le point O, milieu de AA′, est le *centre*; BB′, perpendiculaire sur AA′, est le *petit axe* de l'ellipse.

838. — *Construire une ellipse, connaissant le grand axe et les deux foyers.*

Première méthode. — Je prends un fil d'une longueur égale à AA′ (fig. 296); je fixe une de ses extrémités en F et l'autre en F′, au moyen de deux épingles; je fais glisser un crayon le long du fil, de manière que ce fil soit toujours tendu; je décrirai une demi-ellipse; je tends ensuite le fil de l'autre côté de AA′, je décrirai la seconde moitié de l'ellipse.

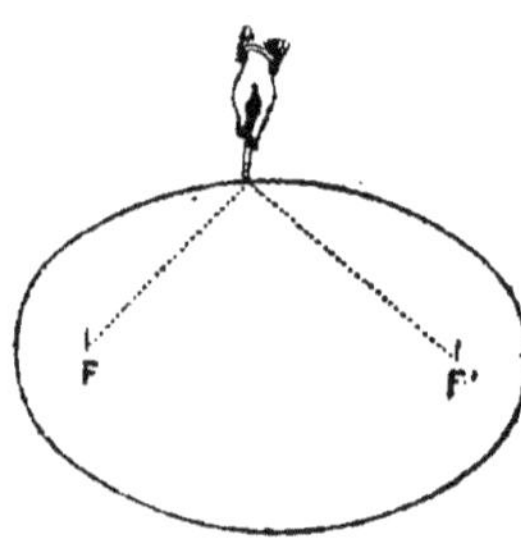

Fig. 297. Tracé au cordeau.

Remarque. — Ce procédé, très rigoureux, n'est pas facilement applicable sur une feuille de papier; il est plus commode sur une planche ou sur une feuille de carton; mais il est très facile à appliquer sur le terrain (fig. 297); on remplace alors les épingles par des piquets, et le fil par un cordeau : les ellipses ainsi tracées dans les jardins se nomment *ovales* des jardiniers.

Deuxième méthode. — Des foyers F et F′ (fig. 298), avec des rayons égaux à AO, je décris des arcs de cercle qui se coupent en B et B′ : ces deux points seront les extrémités ou les *sommets* du petit axe.

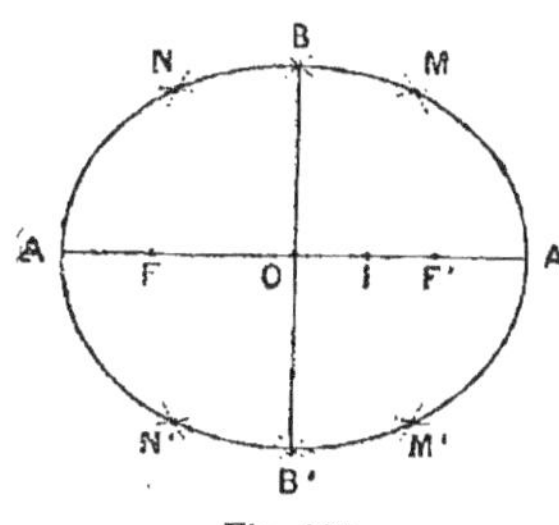

Fig. 298.

Je partage AA' en deux parties iné-
gales par un point I pris entre F et F';
du point F, avec un rayon égal à AI,
je décris deux arcs de cercle en M et
M'; du point F', avec un rayon égal
à IA', je décris deux arcs de cercle qui
couperont les deux premiers en M et
en M' : ces deux points seront deux
points de l'ellipse. Je change ensuite
de centres et de rayons, c'est-à-dire
je décris deux arcs du point F' avec
le premier rayon, et deux arcs du point F avec le second rayon;
ces arcs se couperont en N et N', et ces deux points seront encore
des points de l'ellipse. On a ainsi 8 points de l'ellipse; pour chaque
nouvelle position qu'on donnera au point I, on aura quatre autres
points de la courbe : en réunissant tous ces points, par un *trait
continu* à la main, on décrira l'ellipse demandée.

Ovale.

839. — L'ovale est une courbe formée par des arcs de
cercle, et qui ressemble à l'ellipse avec laquelle on la confond
souvent.

840. — *Construire un ovale sur une droite donnée* AB
(fig. 299).

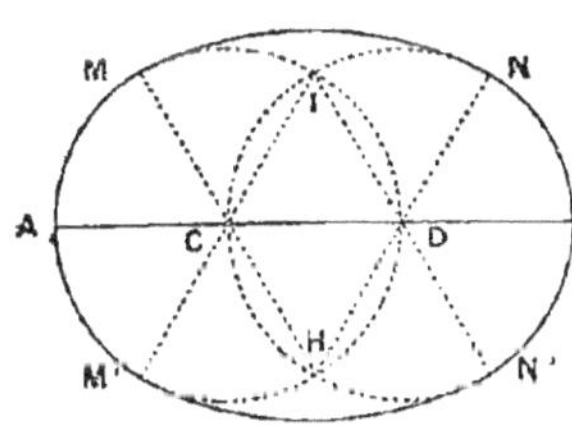

Fig. 299. Ovale.

Je partage la droite AB en trois
parties égales, AC, CD, DB ; du point
C, avec AC comme rayon, je décris
une circonférence; du point D, avec
DB comme rayon, je décris une
seconde circonférence qui coupera la
première aux deux points I et II;
je mène les droites ICM', IDN',
HCM, HDN; du point I, avec IM'
pour rayon, je décris l'arc M'N', et
du point H, avec HM comme rayon, je décris l'arc MN : ces deux arcs
forment, avec les deux arcs MAM' et NBN', l'ovale demandé : c'est
une courbe à quatre centres.

SURFACE DE L'ELLIPSE OU DE L'OVALE.

841. — La surface de l'ellipse s'obtient en multipliant la
moitié du grand axe par la moitié du petit axe et le produit
ainsi obtenu par le nombre 3,1416.

EXEMPLE. — Le grand axe d'une ellipse mesure $3^m,40$, le petit axe
mesure $2^m,60$: quelle est la surface de l'ellipse ?

Réponse : $\dfrac{3,40}{2} \times \dfrac{2,60}{2} \times 3,1416 = 6^{mq},94382.$

Remarque. — La surface ainsi déterminée est celle de l'ellipse, mais on peut la considérer comme étant celle de l'ovale.

Anse de panier.

842. — *Construire une* **anse de panier** *sur une droite donnée* AB (fig. 300).

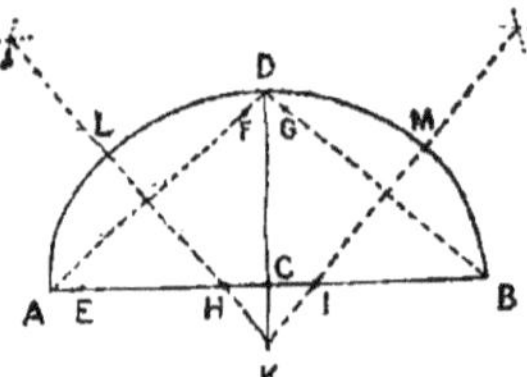

Fig. 300. Anse de panier.

J'élève sur le milieu de AB la perpendiculaire CD d'une longueur moindre que CA; je joins le point D aux points A et B; je porte sur CA une longueur CE = CD, puis je prends sur DA et sur DB deux longueurs DF et DG égales à AE; sur les milieux de AF et de GB j'élève deux perpendiculaires LK et MK qui se coupent au point K; enfin je décris, des points H et I, les arcs AL et BM, et du point K, l'arc LDM qui passe au point D et se raccorde avec les deux arcs AL et BM : la courbe ALDMB est une *anse de panier;* c'est un demi-ovale à trois centres.

Ove.

843. — *Construire un* **ove** *sur une droite donnée* AB (fig. 301).

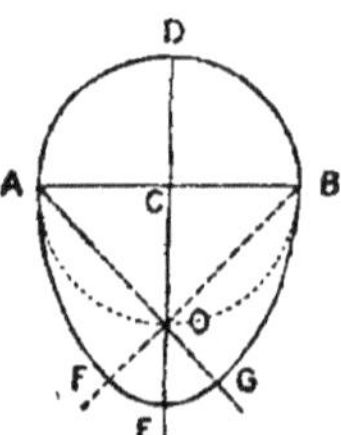

Fig. 301. Ove.

Je décris sur AB la demi-circonférence ADB, et je mène sur le milieu de AB la perpendiculaire indéfinie DE; du point C, avec CA comme rayon, je décris l'arc AO; je mène les droites AO et BO et je les prolonge indéfiniment; des points A et B, avec AB comme rayon, je décris les deux arcs BG et AF; et enfin, du point O, je décris l'arc FG : la courbe ainsi formée est un *ove,* dont la forme rappelle celle de l'*œuf.*

Spirale.

844. — *Construire une* **spirale** *au moyen d'un carré* (fig. 302).

Je trace quatre droites indéfinies AB, CD, EJ, GH formant un carré ACEG; du point A, je décris l'arc CI; du point G, l'arc IF; du point E, l'arc FD; du point C, l'arc DB; du point A, l'arc BH; et ainsi de suite.

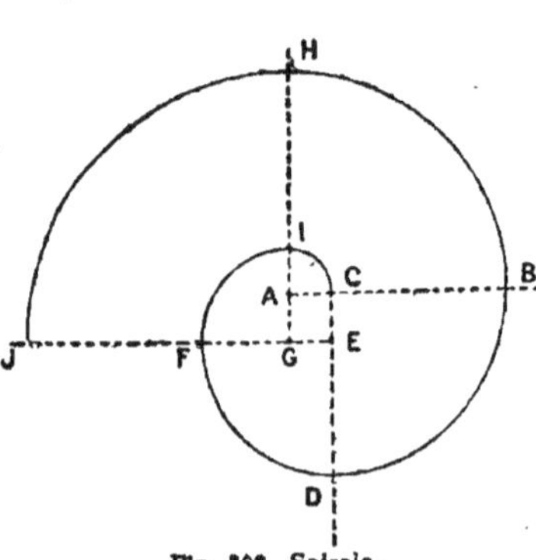

Fig. 302. Spirale.

Remarque. — Au lieu d'un carré on pourrait prendre un polygone régulier quelconque, un triangle équilatéral, un pentagone, etc.

SUPPLÉMENT

SUPPLÉMENT A LA RACINE CARRÉE
(Page 109.)

Théorie de l'extraction de la racine carrée d'un nombre entier plus grand que 100.

845. — 1° *Le nombre donné est plus grand que* 100, *mais moindre que* 10000, *c'est-à-dire qu'il a* 3 *ou* 4 *chiffres.*

Soit à extraire la racine carrée de 698.

Ce nombre 698 étant compris entre 100 et 10000, sa racine est comprise entre 10 et 100, puisque le carré de 10 est 100, et que le carré de 100 est 10000. Cette racine a donc deux chiffres, des dizaines et des unités.

Le nombre 698 se compose donc de 4 parties (n° 211) :
1° Le carré des dizaines de la racine ;
2° Le double produit des dizaines par les unités ;
3° Le carré des unités ;
4° Un reste en général.

$$
\begin{array}{r|l}
6.98 & 27 \\ \hline
29.8 & 47 \\
 7 & \\ \hline
329 &
\end{array}
\qquad
\begin{array}{r|l}
6.98 & 26 \\
4 & \\ \hline
29.8 & 46 \\
27\ 6 & 6 \\ \hline
22 &
\end{array}
$$

Le carré des dizaines de la racine est un nombre terminé par deux zéros, qui ne contient ni dizaines ni unités ; c'est un nombre exact de centaines ; il est donc contenu dans les 6 centaines du nombre 698. Je sépare donc par un point les centaines 6, et je cherche le plus grand carré contenu dans 6 ; ce plus grand carré est 4, dont la racine est 2. Je dis que 2 est le chiffre exact des dizaines de la racine. En effet, le carré de 20 est 400, nombre plus petit que 698 ; et le carré de 30 est 900, nombre plus grand que 698. Donc la racine carrée de 698 est comprise entre 20 et 30. Donc le chiffre des dizaines est 2.

Ce raisonnement pourra se reproduire dans tous les cas ; donc il est général. Donc on trouve le chiffre des dizaines de la racine en prenant la racine carrée du plus grand carré contenu dans les centaines du nombre proposé.

Le chiffre 2 des dizaines étant trouvé, on en fait le carré qui est 4, c'est-à-dire 4 centaines, et on retranche ces 4 centaines des 6 centaines de 698. Il reste 2 centaines auxquelles on ajoute les 98 unités qui n'ont pas encore servi. Dans la pratique on dit : J'abaisse la tranche suivante 98.

Le nombre 298 contient encore le double produit des dizaines par les unités et le carré des unités. Or le double produit des dizaines par les unités est un nombre terminé par un zéro, qui ne contient pas d'unités ; c'est un nombre exact de dizaines ; il est donc contenu dans les 29 dizaines de 298. Je sépare donc par un point le dernier chiffre 8.

Si le nombre 29 était égal exactement au double produit des dizaines de la racine par les unités, il suffirait de diviser 29 par le double des dizaines, c'est-à-dire par 4, pour avoir les unités; mais en général 29 est un nombre trop grand qui contient d'autres dizaines provenant du carré des unités de la racine : de sorte que, si on divise 29 par 4, on s'expose à trouver un quotient trop fort. C'est cependant cette division que l'on fait, et le quotient 7 est le chiffre cherché des unités ou un chiffre trop fort.

Pour vérifier ce chiffre 7, on le place à la droite du chiffre 4, ce qui fait 47, et on multiplie ce nombre 47 par 7. On a ainsi le produit 329 qui se compose du carré des unités, 7 unités $\times$ 7 unités, et du double produit des dizaines, 4 dizaines $\times$ 7 unités. Ce produit 329 étant plus grand que 298, le chiffre 7 est trop fort.

On essaye le chiffre 6. On le place à la droite du chiffre 4 des dizaines, ce qui fait 46, et on multiplie ce nombre 46 par 6 : le produit 276 est moindre que 298. Donc le chiffre 6 est exact. On retranche 276 de 298, et on a pour reste 22. — La racine carrée est 26, à une unité près, puisque 27 serait trop fort.

846. — 2° *Le nombre donné est plus grand que* 10000, *c'est-à-dire qu'il a plus de 4 chiffres.*

Soit à extraire la racine carrée de 69 845.

Ce nombre étant plus grand que 10000, sa racine est plus grande que 100 : donc elle se compose, comme tous les nombres plus grands que 10, de dizaines et d'unités. Par conséquent, le nombre 69 845 se compose de 4 parties :

1° Le carré des dizaines de la racine ;
2° Le double produit des dizaines par les unités ;
3° Le carré des unités ;
4° Un reste en général.

Le carré des dizaines de la racine est un nombre exact de centaines : il est donc contenu dans les 698 centaines du nombre 69845.

```
6.98.45  |  264
4        |  46  | 524
------   |  6   |  4
29.8     | ---- | ----
27 6     | 276  | 2096
------
  2 24.5
  2 09 6
  ------
    14 9
```

Je sépare donc par un point les 45 unités des 698 centaines, et je cherche le plus grand carré contenu dans 698.

Je suis ramené ainsi au premier cas, et j'extrais la racine de 698. Pour cela, il faut séparer encore les deux chiffres 98, et chercher le plus grand carré contenu dans 6. On voit donc qu'il faut partager le nombre en tranches de deux chiffres, et opérer sur les deux premières tranches à gauche comme si elles étaient seules. On trouve ainsi que la racine du plus grand carré contenu dans 698 est 26. Donc le nombre 26 représente les dizaines de la racine de 69845.

En effet, le carré de 26 est plus petit que 698 : donc le carré de 260 est plus petit que 69800, et à plus forte raison plus petit que 69845. Mais le carré de 27 est plus grand que 698, et au moins égal à 699 ; donc le carré de 270 est au moins égal à 69900, nombre plus grand que 69845. Donc la racine cherchée est comprise entre 260 et 270 ; donc le nombre des dizaines est 26.

On retranche donc de 698 le carré de 26, et on trouve pour reste 22. A ces 22 centaines on ajoute les 45 unités du nombre proposé, et on forme le nombre 2245, qui contient encore 3 des quatre produits dont se compose 69845 :

1º Le double produit des dizaines 26 par le chiffre inconnu des unités ;

2º Le carré des unités ;

3º Le reste.

Or, le double produit des dizaines par les unités est un nombre exact de dizaines et se trouve dans les 224 dizaines de 2245 : on sépare donc par un point le chiffre 5.

Pour trouver le chiffre des unités, on divisera 224 par le double des dizaines 26, c'est-à-dire 52, et le quotient sera le chiffre exact, ou un chiffre trop fort. Le quotient est 4 ; on le place à la droite des 52 dizaines, ce qui fait 524, et on multiplie 524 par 4. Le produit 2096 étant plus petit que 2245, et donnant pour reste 149, le chiffre 4 est exact. La racine cherchée est donc 264.

Le raisonnement serait le même pour un plus grand nombre de tranches.

847. — REMARQUE IMPORTANTE. On voit que l'extraction de la racine carrée d'un nombre se réduit à deux opérations :

1º Trouver le plus grand carré contenu dans un nombre de un ou de deux chiffres, et prendre la racine carrée de ce nombre. La table de multiplication suffit à cette opération. Le résultat que l'on obtient est *toujours* exact, et représente les dizaines de la racine.

2º Faire une division simple dont le quotient, qui n'a qu'un chiffre, représente le chiffre des unités ou un chiffre trop fort. Si ce chiffre est trop fort, on s'en aperçoit à l'impossibilité de faire la soustraction suivante ; on le diminue alors successivement d'une unité jusqu'à ce que la soustraction puisse se faire.

Il semble donc qu'on n'ait jamais à craindre d'avoir pour les unités un chiffre trop faible. Et, en effet, cette erreur est impossible si on procède comme il vient d'être dit ; mais souvent on néglige d'essayer tous les chiffres consécutifs, et la crainte d'employer un chiffre trop fort fait passer, sans aucun essai, au chiffre suivant, qui peut alors être trop faible.

Dans ce cas, on reconnaît que le chiffre des unités est trop faible lorsque le reste est plus grand que deux fois la racine trouvée.

En effet, le carré de 27 est égal au carré de 26, plus deux fois 26, plus un. Si donc, après avoir retranché d'un nombre le carré de 26, le reste est encore égal ou supérieur à deux fois 26, plus un, c'est-à-dire à 53, la racine carrée de ce nombre est égale ou supérieure à 27.

Extraction de la racine carrée d'une fraction ordinaire.

848. — PREMIER CAS. *Les deux termes sont des carrés parfaits.*

Pour faire le carré d'une fraction, on fait le carré du numérateur et le carré du dénominateur.

$$\text{Ex. : } \left(\frac{3}{5}\right)^2 = \frac{9}{25}. \text{ En effet, } \left(\frac{3}{5}\right)^2 = \frac{3}{5} \times \frac{3}{5} = \frac{3 \times 3}{5 \times 5} = \frac{9}{25}.$$

Réciproquement, pour extraire la racine carrée d'une fraction dont les deux termes sont des carrés parfaits, on extrait la racine carrée du numérateur et la racine carrée du dénominateur.

EXEMPLE :

$$\sqrt{\frac{49}{81}} = \frac{\sqrt{49}}{\sqrt{81}} = \frac{7}{9}. \text{ En effet, } \left(\frac{7}{9}\right)^2 = \frac{7}{9} \times \frac{7}{9} = \frac{7 \times 7}{9 \times 9} = \frac{49}{81}.$$

REMARQUE. — Le carré d'une fraction est plus petit que cette fraction.

En effet, élever $\frac{3}{5}$ au carré, c'est multiplier $\frac{3}{5}$ par $\frac{3}{5}$, c'est-à-dire prendre seulement les $\frac{3}{5}$ de $\frac{3}{5}$: donc le produit est plus petit que $\frac{3}{5}$.

Inversement, la racine carrée d'une fraction est plus grande que cette fraction : $\frac{7}{9}$ est plus grand que $\frac{49}{81}$, puisqu'il ne faut que $\frac{7}{9}$ de $\frac{7}{9}$ pour faire $\frac{49}{81}$.

Ce raisonnement suppose que la fraction est plus petite que l'unité ; ce serait le contraire si la fraction était plus grande que l'unité. Le carré de $\frac{5}{3}$ est plus grand que $\frac{5}{3}$, puisqu'il est égal aux $\frac{5}{3}$ de $\frac{5}{3}$.

849. — DEUXIÈME CAS. *Le dénominateur seul est un parfait carré.*

Pour extraire la racine carrée d'une fraction dont le dénominateur seul est un carré parfait, on extrait la racine carrée du dénominateur exactement et la racine carrée du numérateur à une unité près.

EXEMPLE. $\sqrt{\dfrac{18}{49}} = \dfrac{\sqrt{18}}{\sqrt{49}} = \dfrac{4}{7}$ à $\dfrac{1}{7}$ près.

E n effet, $\dfrac{18}{49}$ est compris entre $\dfrac{16}{49}$ et $\dfrac{25}{49}$. Donc la racine carrée de $\dfrac{18}{49}$ est comprise entre $\dfrac{4}{7}$ et $\dfrac{5}{7}$; donc elle est $\dfrac{4}{7}$ à $\dfrac{1}{7}$ près, par défaut.

850. — TROISIÈME CAS. *Aucun des deux termes n'est un carré parfait.*

Pour extraire la racine carrée d'une fraction dont aucun des deux termes n'est un carré parfait, on multiplie les deux termes de la fraction par le dénominateur, et on retombe dans le cas précédent, car le dénominateur est alors un carré parfait.

EXEMPLE. $\sqrt{\dfrac{5}{13}} = \sqrt{\dfrac{5 \times 13}{13^2}} = \dfrac{\sqrt{65}}{13} = \dfrac{8}{13}$ à $\dfrac{1}{13}$ près.

REMARQUE. — Il n'est pas toujours nécessaire de multiplier les deux termes de la fraction par le dénominateur pour que le dénominateur devienne un carré parfait. Par exemple, si le dénominateur était 12 au lieu de 13, il suffirait de multiplier les deux termes de la fraction par 3.

EXEMPLE. $\sqrt{\dfrac{5}{12}} = \sqrt{\dfrac{15}{36}} = \dfrac{3}{6}$ par défaut, et $\dfrac{4}{6}$ par excès.

Exercice 135 (page 394).

Extraire les racines carrées suivantes :

$\sqrt{\dfrac{25}{64}}$. R. $\dfrac{5}{8}$. $\sqrt{\dfrac{36}{49}}$. R. $\dfrac{6}{7}$. $\sqrt{\dfrac{4}{81}}$. R. $\dfrac{2}{9}$. $\sqrt{\dfrac{29}{196}}$. R. $\dfrac{5}{14}$. $\sqrt{\dfrac{4}{7}}$. R. $\dfrac{5}{7}$.

$\sqrt{\dfrac{8}{13}}$. R. $\dfrac{10}{13}$. $\sqrt{\dfrac{11}{17}}$. R. $\dfrac{13}{17}$. $\sqrt{\dfrac{5}{8}}$. R. $\dfrac{3}{4}$. $\sqrt{\dfrac{13}{18}}$. R. $\dfrac{5}{6}$. $\sqrt{\dfrac{11}{20}}$. R. $\dfrac{7}{10}$.

Extraction de la racine carrée d'un nombre quelconque à une approximation décimale donnée.

851. — 1º *Extraction de la racine carrée d'un nombre entier à* 0,1, *à* 0,01, *à* 0,001 *près.*

On ajoute à la droite du nombre donné *deux, quatre* ou *six zéros*, et on extrait la racine carrée du nombre ainsi formé, à une unité près; puis on sépare sur la droite de la racine 1, 2, 3 ... chiffres décimaux.

EXEMPLE. — Soit à extraire $\sqrt{2}$ à 0,001 près. — On ajoute 6 zéros à la droite de 2, et on extrait la racine carrée de 2 000 000 à 1 unité près.

On trouve $\sqrt{2\,000\,000} = 1414$: donc $\sqrt{2} = 1,414$.

$$2\,0\,0\,0\,0\,0\,0 \mid 1414$$
$$1\,0.0 \qquad 24 \qquad 281$$
$$4\,0.0 \qquad 4 \qquad 1$$
$$1\,1\,9\,0.0 \qquad\qquad 2824$$
$$6\,0\,4 \qquad\qquad 4$$

En effet, $2 = \dfrac{2\,000\,000}{1\,000\,000}$. Or, $\sqrt{\dfrac{2\,000\,000}{1\,000\,000}} = \dfrac{\sqrt{2\,000\,000}}{1\,000}$ (nº 849).

Donc $\sqrt{2} = \dfrac{1414}{1000} = 1,414.$

852. — 2º *Extraction de la racine carrée d'un nombre décimal ou d'une fraction décimale, à* 0,1, *à* 0,01, *à* 0,001 *près.*

On prend ce nombre décimal ou cette fraction décimale avec 2, 4, ou 6 chiffres décimaux. Si le nombre des chiffres décimaux surpasse le nombre indiqué, on néglige tous les autres; s'il est inférieur au nombre indiqué, on le complète par des zéros; et on achève comme dans le cas précédent.

PREMIER EXEMPLE. — Soit à extraire $\sqrt{12,061729}$ à 0,01 près. — On ne prend que 4 chiffres décimaux et on extrait la racine carrée, à 1 unité près, du nombre entier 120617; on trouve $\sqrt{120617} = 347$. Donc $\sqrt{12,061729} = 3,47$ à 0,01 près.

DEUXIÈME EXEMPLE. — Soit à extraire $\sqrt{19,332}$ à 0,001 près. — On ajoute 3 zéros pour compléter le nombre de six décimales, et on extrait la racine carrée, à 1 unité près, du nombre entier 19 332 000. On trouve $\sqrt{19\,332\,000} = 4395$. Donc $\sqrt{19,332} = 4,395$ à 0,001 près.

TROISIÈME EXEMPLE. — Soit à extraire $\sqrt{0,035}$, à 0,01 pres. On ajoute un zéro à la droite de ce nombre et on extrait la racine carrée de 350, à 1 unité près. On trouve $\sqrt{350} = 18$ à 1 unité près : donc $\sqrt{0,035} = 0,18$, à 0,01 près.

$$350 \mid 18$$
$$250 \mid \overline{}$$
$$\qquad 28$$
$$\qquad 8$$

Exercice 136.

Extraire les racines carrées suivantes, à 0,1 près :

$\sqrt{2\,256}$. R. 47,4. $\sqrt{4\,174}$. R. 64,6. $\sqrt{759}$. R. 27,5. $\sqrt{832}$.   R. 28,8.

$\sqrt{6\,247}$. R. 79. $\sqrt{120}$. R. 10,9. $\sqrt{52,463}$. R. 7,2. $\sqrt{8,76319}$. R. 2,9.

$\sqrt{47,3}$. R. 6,8. $\sqrt{0,082}$. R. 0,2. $\sqrt{0,1}$. R. 0,3. $\sqrt{0,037}$. R. 0,2.
par excès.

Extraire les racines carrées suivantes, à 0,01 près :

$\sqrt{29}$.   R. 5,38. $\sqrt{43}$.   R. 6,15. $\sqrt{6}$.   R. 2,44.

$\sqrt{57,3}$. R. 7,56. $\sqrt{63,289}$. R. 7,95. $\sqrt{0,4}$.   R. 0,63.

$\sqrt{0,7}$.   R. 0,83. $\sqrt{0,865}$.   R. 0,93. $\sqrt{543,087}$. R. 23,30.

$\sqrt{1849,1}$. R. 43. $\sqrt{36420,475}$. R. 190,84. $\sqrt{175,85024}$. R. 13,26.

PROBLÈMES SUPPLÉMENTAIRES

---

1. Un pépiniériste veut planter 2116 arbustes dans un terrain carré, en formant des rangées parallèles : combien y aura-t-il d'arbustes sur chaque ligne? — R. 46.

2. Un autre pépiniériste, voulant planter des arbustes en rangées parallèles dans un terrain carré, s'aperçut qu'en mettant un certain nombre de plants par rangée, il lui en restait 10, et qu'en voulant en mettre un de plus, il lui en manquait 31 : combien avait-il d'arbustes? — R. 410.

Solution raisonnée. — La différence des nombres de plants contenus dans les deux carrés est de $10 + 31 = 41$. Cette différence est celle des carrés de deux nombres consécutifs ; doncelle est égale au double du plus petit nombre plus un. Car $(a+1)^2 = a^2 + 2a + 1$. Le plus petit nombre est donc égal à $\frac{41-1}{2} = 20$.

Donc le pépiniériste avait $(20^2 + 10) = 400 + 10 = 410$ plants, ou $(21^2 - 31) = 441 - 31 = 410$ plants.

3. Un propriétaire a fait planter 432 jeunes arbres fruitiers dans un verger rectangulaire dont la longueur est exactement le triple de la largeur : combien y a-t-il d'arbres sur la longueur, et combien sur la largeur, sachant qu'ils sont également espacés ? — R. 36 et 12.

4. Une place publique forme un carré parfait d'une superficie de 26 406 mètres carrés 25 décimètres carrés, autour de laquelle existe un trottoir d'une largeur de 3^m,50, et le tout est entouré d'une grille en fer : on demande la superficie du trottoir, et la longueur développée de la grille. — R. Superficie du trottoir, 2 324 mètres carrés. — Longueur de la grille, 678 mètres.

5. Une échelle de 8^m,50 de long est placée contre un mur, et le pied de cette échelle est à 3^m,25 du mur : à quelle hauteur atteint-elle ? — R. A 75^m,85.

6. En donnant 1 mètre de plus d'écartement au pied de l'échelle dont il est question au problème précédent, de combien fera-t-on descendre l'extrémité supérieure ? — R. de 0^m,49.

7. Un contrefort de cathédrale menaçant ruine, on fut obligé de l'étayer extérieurement. L'étai disposé obliquement devait aboutir à la retombée des arceaux, à 8 mètres de hauteur, et l'extrémité inférieure s'appuyant sur le sol, à 6 mètres du contrefort : on demande quelle a dû être la longueur de l'étai. — R. 10 mètres.

8. En architecture, pour les plans de constructions, on se sert ordinairement de l'échelle de 1 à 100, c'est-à-dire un centimètre par mètre : en ce cas, combien le plan est-il réellement de fois plus petit que le bâtiment qu'il représente ? — R. 10 000 fois plus petit.

9. Dans le levé d'un plan, le géomètre s'est servi de l'échelle de 1 à 1000, c'est-à-dire un millimètre par mètre : combien ce plan est-il réellement de fois plus petit que le terrain qu'il représente ? — R. 1 000 000 de fois plus petit.

SUPPLÉMENT A LA RACINE CUBIQUE
(Page 117.)

Extraction de la racine cubique d'un nombre entier plus petit que 1000.

TABLE DES CUBES DES DIX PREMIERS NOMBRES.

853. — On se sert de la table suivante des cubes des dix premiers nombres, qu'il faut apprendre par cœur, ou au moins savoir retrouver rapidement :

Racines. — 1, 2, 3, 4, 5, 6, 7, 8, 9, 10.
Cubes. — 1, 8, 27, 64, 125, 216, 343, 512, 729, 1000.

Si le nombre donné est un des nombres de la seconde ligne, sa racine cubique sera le nombre correspondant de la première ligne.

EXEMPLE. — Quelle est la racine cubique de 216 ? — RÉP. 6.

Quelle est la racine cubique de 729 ? — RÉP. 9.

Si le nombre donné n'est pas un des nombres de la seconde ligne, il sera compris entre deux de ces nombres, et la racine cubique sera comprise entre leurs racines cubiques.

EXEMPLE. — Quelle est la racine cubique de 400 ? — Rép. Le nombre 400 étant compris entre 343 et 512, sa racine cubique est comprise entre 7 et 8. On dit que 7 est la racine cubique par *défaut*, et que 8 est la racine cubique par *excès*. On prend ordinairement la racine cubique par défaut, et on dit, par exemple, que la racine cubique de 400 est 7 par *défaut* et à une unité près, ou à moins d'une unité.

Composition du cube d'un nombre de deux chiffres.

854. — Le cube d'un nombre de deux chiffres se compose de 4 parties :

1° Le cube des dizaines ;
2° Le triple produit du carré des dizaines par les unités ;
3° Le triple produit des dizaines par le carré des unités ;
4° Le cube des unités.

Soit, par exemple, à faire le cube de 26. — On prend d'abord le carré de 26, qui se compose de 3 parties (voir n° 211) :

1° 400, ou le carré des dizaines de 26, que nous représenterons par d^2 ;

2° 240, ou le double produit des dizaines de 26 par ses unités, que nous représenterons par $2\,d.u$;

3° 36, ou le carré des unités, que nous représenterons par u^2.

On a ainsi : $26^2 = d^2 + 2\,d.u + u^2$.

On a d'ailleurs : $26 = d + u$.

Pour faire le cube de 26, il faut multiplier 26^2 par 26, c'est-à-dire $d^2 + 2\,d.u + u^2$ par $d + u$. Pour cela, on multiplie séparément le multiplicande par d et par u, et on a :

produit de $d^2 + 2\,d.u + u^2$ par d. . . $d^3 + 2\,d^2.u + d.u^2$,
produit de $d^2 + 2\,d.u + u^2$ par u. . . . . . . $d^2.u + 2\,d.u^2 + u^3$.

Somme de ces deux produits. . . . $d^3 + 3\,d^2.u + 3\,d.u^2 + u^3$,
ou $26^3 = 8\,000 + 7\,200 + 2\,160 + 216 = 17\,576$.

Composition du cube d'un nombre de plusieurs chiffres.

855. — Un nombre de plusieurs chiffres peut toujours être décomposé en dizaines et en unités. Par exemple : $763 = 760 + 3$.

Par conséquent, le cube de 763 se compose de 4 parties :

1º Le cube de 760 ; — 2º le triple produit du carré de 760 par 3 ; — 3º le triple produit de 760 par le carré de 3 ; — 4º le cube de 3.

Exercice 137 (page 396.)

De quoi se compose le cube de 28 ? — R. $28^3 = 20^3 + 3.20^2.8 + 3.20.8^2 + 8^3$ $= 8\,000 + 9\,600 + 3\,840 + 512 = 21\,952$. — De 45 ? — R. $45^3 = 40^3 + 3.40^2.5 + 3.40.5^2 + 5^3 = 64\,000 + 24\,000 + 3\,000 + 125 = 91\,125$. — De 67 ? — R. $67^3 = 60^3 + 3.60^2.7 + 3.60.7^2 + 7^3 = 300\,763$. — De 81 ? — R. $81^3 = 80^3 + 3.80^2.1 + 3.80.1^2 + 1^3 = 531\,441$. — De 249 ? — R. $249^3 = 240^3 + 3.240^2.9 + 3.240.9^2 + 9^3 = 13\,824\,000 + 1\,555\,200 + 58\,320 + 729 = 15\,438\,249$. — De 423 ? — R. $423^3 = 420^3 + 3.420^2.3 + 3.420.3^2 + 3^3 = 75\,686\,967$. — De 807 ? — R. $807^3 = 800^3 + 3.800^2.7 + 3.800.7^2 + 7^3 = 525\,557\,943$. — De 1015 ? — R. $1\,015^3 = 1\,010^3 + 3.1\,010^2.5 + 3.1\,010.5^2 + 5^3 = 1\,045\,678\,375$.

Extraction de la racine cubique d'un nombre entier plus grand que 1 000.

854. — 1º *Le nombre donné est plus grand que* 1 000 *et plus petit que* 1 000 000, *c'est-à-dire a* 4, 5 *ou* 6 *chiffres.*

PREMIER EXEMPLE. — Soit à extraire la racine cubique de 614 125. — Ce nombre étant plus grand que 1 000 et plus petit que 1 000 000, sa racine est comprise entre 10 et 100, puisque le cube de 10 est 1 000 et que le cube de 100 est 1 000 000. Cette racine a donc deux chiffres, des dizaines et des unités.

Le nombre 614 125 se compose donc de 5 parties : 1º le cube des dizaines de sa racine ; 2º le triple produit du carré des dizaines par les unités ; 3º le triple produit des dizaines par le carré des unités ; 4º le cube des unités ; 5º un reste en général.

$$\begin{array}{c|c} 614.125 & 85 \\ 512 & \overline{192} \\ \hline 1\,021.25 & \end{array}$$

Le cube des dizaines est un nombre exact de mille : donc il se trouve dans les 614 mille du nombre 614 125. Je sépare donc par un point les 614 mille, et je cherche dans la table des neuf premiers cubes le plus grand cube contenu dans 614. Ce plus grand cube est 512, dont la racine cubique est 8 : je dis que 8 est le chiffre exact des dizaines de la racine. En effet, le cube de 80 est 512000, nombre plus petit que 614125, et le cube de 90 est 729000, nombre plus grand que 614125. Donc la racine cubique est comprise entre 80 et 90. Donc le chiffre des dizaines est 8.

Ce raisonnement pourra se reproduire dans tous les cas : donc il est général. Donc on trouve le chiffre des dizaines de la racine en prenant la racine cubique du plus grand cube contenu dans les mille du nombre proposé.

Le chiffre 8 des dizaines étant trouvé, on en fait le cube, qui est 512, c'est-à-dire 512 mille, et on retranche ces 512 mille des 614 mille de 614125. Il reste 102 mille, auxquels on ajoute les 125 unités qui n'ont pas encore servi. Dans la pratique, on dit : j'abaisse la tranche suivante 125.

Le nombre 102125 contient encore quatre des cinq parties dont se composait le nombre 614125. Il contient, par exemple, le triple produit du carré des dizaines de la racine par les unités. Or ce produit est un nombre exact de centaines : il est donc contenu dans les 1021 centaines de 102125. Je sépare donc par un point les 1021 centaines, et je divise ce nombre par le triple du carré des dizaines trouvées 8, c'est-à-dire par 3 fois 64, ou 192. Le quotient 5 est le chiffre des unités ou un chiffre trop fort.

La manière la plus simple de vérifier ce chiffre 5 est de faire le cube de 85. Le cube de 85 doit être égal ou inférieur au nombre proposé 614125. Dans notre exemple, il lui est égal : donc 85 est la racine cubique exacte de 614125.

DEUXIÈME EXEMPLE. — Soit à extraire la racine cubique de 184693.

Pratique de l'opération.

1 8 4.6 9 3	56	$57^3 = 185193.$
1 2 5	75	$56^3 = 175616.$
5 9 6.9 3		

Le plus grand cube contenu dans 184 est 125, dont la racine cubique est 5. — 125 retranché de 184 donne pour reste 59. — J'abaisse la tranche suivante 693. — Je sépare deux chiffres sur la droite du nombre 59693 ; je fais le triple carré des dizaines 5 de la racine, ce qui donne $25 \times 3 = 75$, et je dis : en 596, combien de fois 75 ? ou en 59 combien de fois 7 ? il y est 8 fois. Mais je remarque aussitôt que 8 fois 75 font 600, nombre plus grand que 596. Donc le chiffre 8 est trop fort. J'essaye le chiffre 7, et pour cela je fais le cube de 57, qui est 185193, nombre plus grand que le nombre proposé 184693. 7 est encore trop fort. Enfin je fais le cube de 56, qui est 175616, nombre inférieur au nombre proposé 184693. Donc la racine cubique de 184693 est 56, à une unité près, par défaut.

Exercice 138 (page 398).

$\sqrt[3]{103\,823}$. R. 47. $\sqrt[3]{389\,017}$. R. 73. $\sqrt[3]{618\,224}$. R. 85 à 1 unité près.

$\sqrt[3]{836\,775}$. R. 94 à 1 unité près. $\sqrt[3]{80\,632}$. R. 43 à 1 unité près.

$\sqrt[3]{274\,625}$. R. 65. $\sqrt[3]{592\,704}$. R. 84. $\sqrt[3]{781\,329}$. R. 92 à 1 unité près.

$\sqrt[3]{900\,431}$. R. 96 à 1 unité près. $\sqrt[3]{27\,541}$. R. 30 à 1 unité près.

2° *Le nombre donné est plus grand que* 1 000 000.

857. — On divise ce nombre en tranches de 3 chiffres, à partir de la droite. La dernière tranche à gauche peut n'avoir qu'un ou deux chiffres. Ensuite on opère comme dans le cas précédent en commençant par la gauche, comme si le nombre n'avait que deux tranches ; puis on abaisse la troisième tranche et on continue l'opération en considérant les deux chiffres déjà trouvés comme formant les dizaines de la racine. On abaisse ensuite la quatrième tranche, et on considère les 3 chiffres déjà trouvés comme formant les dizaines de la racine ; et ainsi de suite.

EXEMPLE. — Extraire la racine cubique de 84 766 121.

Pratique de l'opération :

```
84 766 121        | 439
64   (Cube de 4)  |————————————————
————————————————  | 16    | 1 849
20 766            |  3    |     3
                  |————————————————
                  | 48    | 5 547

(Cube de 439)   84 766 121        84 766 121
                84 604 519        79 507  (Cube de 43)
                ——————————        ——————————
                   161 602         5 259 121

                        44³ = 85 184.
                        43³ = 79 507.
                       439³ = 84 604 519.
```

Je divise le nombre proposé en tranches de 3 chiffres à partir de la droite. La dernière tranche n'a que deux chiffres.

Le plus grand cube contenu dans 84 est 64, dont la racine cubique est 4. Je retranche 64 de 84. Le reste est 20. — J'abaisse la tranche suivante 766. Je sépare deux chiffres 66 ; je fais le triple carré des dizaines 4 de la racine, ce qui donne 48, et je dis : En 207, combien de fois 48 ? il y est 4 fois. — Je vérifie ce chiffre 4, en faisant le cube de 44. Ce cube étant 85 184, nombre plus grand que 84 766, j'essaie le chiffre 3. — Je trouve que le cube de 43 est 79 507, nombre inférieur à 84 766. Donc le second chiffre de la racine est 3. — Je retranche 79 507 ou le cube de 43 du nombre proposé. — Le reste est 5 259. J'abaisse la tranche suivante 121, et je sépare les deux chiffres 21 sur la droite du nombre 5 259 121. — Je fais le triple carré des dizaines 43, ce qui donne 5 547, et je dis :

en 52 591, combien de fois 5 547 ? Il y est 9 fois. — J'essaie ce chiffre 9 en faisant le cube de 439. Le cube de 439 étant 84 604 519, nombre moindre que 84 766 121, 439 est la racine cubique du nombre proposé, à une unité près, par défaut.

Exercice 139 (page 399).

$\sqrt[3]{146\,363\,183}$. R. 527 exactement. $\sqrt[3]{85\,766\,121}$. R. 441 exactement.

$\sqrt[3]{861\,432\,457}$. R. 951 à 1 unité près. $\sqrt[3]{1\,874\,161}$. R. 123 à 1 unité près.

$\sqrt[3]{200\,476\,523}$. R. 585 à 1 unité près.

$\sqrt[3]{6\,814\,639}$. R. 189 à 1 unité près.

Extraction de la racine cubique d'un nombre décimal.

858. — Un nombre décimal ou une fraction décimale peuvent toujours être mis sous la forme d'une fraction ordinaire.

EXEMPLE. $8{,}75 = \dfrac{875}{100}$ $0{,}026 = \dfrac{26}{1\,000}$.

859. — Le nombre des chiffres décimaux d'un nombre décimal ou d'une fraction décimale peut toujours être égal à 3, 6 ou 9, et en général à un multiple de 3.

En effet, il suffit d'ajouter un ou deux zéros à la droite du nombre. La valeur de la fraction n'est pas changée.

EXEMPLE. $1{,}34 = 1{,}340$; $0{,}5686 = 0{,}568600$.

860. — Pour extraire la racine cubique d'un nombre décimal, on commence par ajouter à sa droite, s'il y a lieu, un ou deux zéros, de manière que le nombre des décimales soit égal à 3, 6 ou 9 ; puis on extrait la racine cubique du nombre ainsi formé, considéré comme un nombre entier, abstraction faite de la virgule ; puis on sépare sur la droite de la racine *trois* fois moins de décimales que n'en avait le nombre lui-même.

PREMIER EXEMPLE. — Soit à extraire la racine cubique de 51,842.

Ce nombre peut s'écrire : $\dfrac{51\,842}{1\,000}$. Or (n° 849) $\sqrt[3]{\dfrac{51\,842}{1\,000}}$

$= \dfrac{\sqrt[3]{51\,842}}{10}$: d'où l'on voit qu'il faut extraire la racine cubique de 51 842 à une unité près, et la diviser par la racine cubique de 1 000, qui est 10 ; en d'autres termes, qu'il faut extraire la racine cubique du nombre proposé considéré comme un nombre entier, et séparer sur la droite de la racine *une* décimale, parce que le nombre proposé en a *trois*. $\sqrt[3]{51{,}842} = 3{,}7$.

DEUXIÈME EXEMPLE. — Soit à extraire la racine cubique de 1,34.

On ajoute un zéro à ce nombre ; on extrait la racine cubique du nombre entier 1 340, à une unité près, et on divise la racine par 10 ; on a $\sqrt[3]{1{,}34} = \sqrt[3]{1{,}340} = 1{,}1$ à 0,1 près.

SUPPLÉMENT
A LA CONVERSION DES FRACTIONS ORDINAIRES EN FRACTIONS DÉCIMALES ET RÉCIPROQUEMENT

(Page 204.)

Conversion des fractions ordinaires en fractions décimales

861. — PREMIER CAS. *Le dénominateur est égal à l'unité suivie d'un ou de plusieurs zéros.*

Règle. Lorsque le dénominateur est égal à l'unité suivie d'un ou de plusieurs zéros, on écrit immédiatement la fraction décimale, d'après les règles de la numération.

$$\frac{3}{10} = 0,3 \qquad\qquad \frac{6}{100} = 0,06$$

$$\frac{25}{100} = 0,25 \qquad\qquad \frac{57}{1000} = 0,057$$

$$\frac{128}{1000} = 0,128 \qquad\qquad \frac{9}{10000} = 0,0009$$

862. — DEUXIÈME CAS. *Le dénominateur est quelconque :* $\frac{5}{8}$, $\frac{5}{7}$.

Règle. Pour réduire une fraction ordinaire en fraction décimale, on divise le numérateur par le dénominateur.

$$\begin{array}{r|l} 50 & 8 \\ \hline 20 & 0,625 \\ 40 & \\ 0 & \end{array} \qquad\qquad \begin{array}{r|l} 50 & 7 \\ \hline 10 & 0,714285714285\dots \\ 30 & \\ 20 & \\ 60 & \\ 40 & \\ 5 & \end{array}$$

Cette règle résulte du théorème suivant :

863. — *Une fraction est égale au quotient de son numérateur par son dénominateur.*

Si on avait 8 à diviser par 10, 24 à diviser par 38, 3 à diviser par 5, on écrirait les quotients de la manière suivante (n° 165) :

$$\frac{8}{10}, \quad \frac{24}{38}, \quad \frac{3}{5};$$

et au lieu de dire : 8 divisé par 10, 24 divisé par 38, 3 divisé par 5, on pourrait très bien dire, comme si c'étaient des fractions :

8 dixièmes, 24 trente-huitièmes, 3 cinquièmes.

En effet, pour diviser 8 par 10, on peut diviser 1 unité par 10, ce qui donne $\frac{1}{10}$, puis une seconde unité par 10, ce qui fait encore $\frac{1}{10}$, puis une troisième unité par 10, ce qui fait encore $\frac{1}{10}$, et ainsi de suite jusqu'à 8 unités ; on aura donc $\frac{1}{10}$ répété 8 fois, ou la fraction $\frac{8}{10}$.

Ainsi, *toute fraction peut être considérée comme le quotient de son numérateur par son dénominateur, et tout quotient de deux nombres peut se mettre sous la forme d'une fraction.*

REMARQUES. — I. Il résulte de là, qu'on peut compléter au moyen d'une fraction ordinaire le quotient d'une division qui ne se fait pas exactement.

Soit, par exemple, à diviser 29 par 6 :

$$\begin{array}{c|c} 29 & 6 \\ \hline 5 & 4 \end{array}$$

Le quotient est 4, et le reste 5 , ce qui veut dire qu'il faudrait encore diviser 5 par 6 ; mais on peut aussi compléter ce quotient par la fraction ordinaire $\frac{5}{6}$, qui a pour numérateur le reste 5, et pour dénominateur le diviseur 6. Le quotient complet est donc $4 + \frac{5}{6}$.

II. Il peut arriver que la division se termine exactement, ou qu'elle continue indéfiniment.

Dans le premier cas, on a la fraction décimale exacte $\frac{5}{8} = 0,625$.

Dans le deuxième cas, on a une fraction décimale périodique ; on s'arrête à un chiffre décimal quelconque, par exemple aux centièmes, ou aux millièmes, et on néglige tous les autres chiffres : $\frac{5}{7} = 0,71$ à 0,01 près ; ou $\frac{5}{7} = 0,714$ à 0,001 près.

Conversion des fractions décimales en fractions ordinaires

864. — PREMIER CAS. *La fraction décimale est exacte.*

Règle. Pour convertir une fraction décimale en fraction ordinaire, on prend pour numérateur les chiffres décimaux significatifs (n° 51) et pour dénominateur les nombres 10, 100, 1000, suivant qu'il s'agit de dixièmes, de centièmes, de millièmes, etc.

EXEMPLE. — Soit à convertir en fractions ordinaires les fractions décimales suivantes :

        0,3   0,25   0,128   0,06   0,057   0,009

Ces fractions s'énoncent :

3 dixièmes, 25 centièmes, 128 millièmes, 6 centièmes, 57 millièmes, 9 millièmes.

Donc j'écris immédiatement, d'après les règles de la numération, des fractions ordinaires :

$$\frac{3}{10} \qquad \frac{25}{100} \qquad \frac{128}{1000} \qquad \frac{6}{100} \qquad \frac{57}{1000} \qquad \frac{9}{1000}$$

REMARQUE. — Le plus souvent on peut simplifier la fraction ainsi obtenue.

Ainsi $\frac{25}{100} = \frac{5}{20}$ en divisant les deux termes par 5 ; et $\frac{5}{20} = \frac{1}{4}$ en divisant les deux termes par 5 une seconde fois.

De même $\frac{128}{1000} = \frac{64}{500} = \frac{32}{250} = \frac{16}{125}$ en divisant 3 fois de suite les deux termes par 2.

865. — DEUXIÈME CAS. *La fraction décimale est périodique.*

Règle. Lorsqu'il s'agit de transformer en fraction ordinaire une fraction décimale périodique (n° 183), on prend pour numérateur la *période* (c'est-à-dire les chiffres qui se reproduisent), et pour dénominateur un nombre composé d'autant de 9 qu'il y a de chiffres dans la période.

EXEMPLE. — Soit à transformer en fraction ordinaire la fraction décimale périodique :

$$0,272727\ldots$$

La période est 27 et elle a deux chiffres ; j'écrirai :

$$\frac{27}{99}, \text{ ou, en simplifiant} : \frac{3}{11}.$$

De même la fraction décimale périodique

$$0,351351351\ldots$$

dans laquelle la période 351 a trois chiffres, s'écrira :

$$\frac{351}{999}, \text{ ou, en simplifiant} : \frac{39}{111} = \frac{13}{37}.$$

REMARQUE. — Pour prouver que les fractions $\frac{27}{99}$ et $\frac{351}{999}$ sont bien équivalentes aux fractions périodiques $0,272727\ldots$ et $0,351351351\ldots$ on n'a qu'à effectuer la division de 27 par 99, ou de 3 par 11, et la division de 351 par 999, ou de 13 par 37 (n° 863), on retrouvera les fractions périodiques données.

30	11
80	0,2727...
30	
80	
..	
..	

130	37
190	0,351351351...
50	
130	
190	
50	
130	
...	

Exercice 140 (page 403).

Convertissez en fractions décimales les fractions ordinaires suivantes :

$\frac{12}{13}$. R. 0,923076 923076 92... $\frac{2}{3}$. R. 0,6666.... $\frac{4}{5}$. R. 0,8.

$\frac{2}{7}$. R. 0,285714 285714 28... $\frac{3}{8}$. R. 0,375. $\frac{5}{9}$. R. 0,5555... $\frac{10}{11}$. R. 0,909090...

$\frac{13}{17}$. R. 0,76470588235294117647 0.... $\frac{21}{32}$. R. 0,65625. $\frac{57}{64}$. R. 0,890625.

$\frac{40}{75}$. R. 0,53333... $\frac{72}{99}$. R. 0,727272... $\frac{423}{999}$. R. 0,423423423...

Convertissez en fractions ordinaires les fractions décimales suivantes, et simplifiez les fractions ordinaires obtenues :

0,5. R. $\frac{5}{10} = \frac{1}{2}$.   0,25. R. $\frac{25}{100} = \frac{1}{4}$.   0,40. R. $\frac{40}{100} = \frac{2}{5}$.   0,8. R. $\frac{8}{10} = \frac{4}{5}$.

0,20. R. $\frac{20}{100} = \frac{1}{5}$.   0,75. R. $\frac{75}{100} = \frac{3}{4}$.   0,1. R. $\frac{1}{10}$.   0,32. R. $\frac{32}{100} = \frac{8}{25}$.

0,625. R. $\frac{625}{1000} = \frac{5}{8}$.   0,1024. R. $\frac{1024}{10000} = \frac{64}{625}$.   0,045. R. $\frac{45}{1000} = \frac{9}{200}$.

0,104. R. $\frac{104}{1000} = \frac{13}{125}$.   0,999. R. $\frac{999}{1000}$.   0,3. R. $\frac{3}{10}$.

0,50. R. $\frac{50}{100} = \frac{1}{2}$.   0,88. R. $\frac{88}{100} = \frac{22}{25}$.

SUPPLÉMENT A LA DIVISIBILITÉ (Page 213.)

Toute la théorie de la divisibilité des nombres repose sur les trois principes suivants :

866. — Premier principe. *Tout nombre qui divise plusieurs autres nombres divise leur somme.*

EXEMPLE. — Soit 9, qui divise 72, 45 et 18 : je dis que 9 divise $72 + 45 + 18 = 135$.

En effet : $72 = 8$ fois 9;
             $45 = 5$ fois 9;
             $18 = 2$ fois 9;

donc : $135 = 8$ fois $9 + 5$ fois $9 + 2$ fois $9 = 15$ fois 9.

Par conséquent, 135 est divisible par 9.

867. — Deuxième principe. *Tout nombre qui divise deux autres nombres divise leur différence.*

EXEMPLE. — Soit 9, qui divise 72 et 18 : je dis que 9 divise $72 - 18 = 54$.

En effet : $72 = 8$ fois 9;
             $18 = 2$ fois 9;

donc : $54 = 8$ fois $9 - 2$ fois $9 = 6$ fois 9.

Par conséquent, 54 est divisible par 9.

868. — Troisième principe. *Tout nombre qui divise un autre nombre divise les multiples de ce nombre.*

EXEMPLE. — Soit 9, qui divise 45 : je dis que 9 divise $45 \times 10 = 450$.

En effet : $45 = 5$ fois 9;

donc 450 ou $45 \times 10 = 10$ fois 5 fois $9 = 50$ fois 9.

Par conséquent, 450 est divisible par 9.

869. — *Divisibilité d'un nombre par* 9. Un nombre est divisible par 9, lorsque la somme de ses chiffres est divisible par 9.

1° 10, 100, 1000, 10000, etc., sont des multiples de 9, plus 1 :

$$
\begin{aligned}
\text{car} \quad 10 &= 9 + 1 \\
100 &= 99 + 1 \text{ ou } 9 \times 11 + 1 \\
1000 &= 999 + 1 \text{ ou } 9 \times 111 + 1 \\
10000 &= 9999 + 1 \text{ ou } 9 \times 1111 + 1
\end{aligned}
$$

Donc toutes les puissances de 10 sont des multiples de $9 + 1$.

$$
\begin{aligned}
2° \quad 400 &= 4 \text{ fois } 100 = 4 \text{ fois } 99 + 4 \text{ fois } 1 = m.\,9 + 4 \\
5000 &= 5 \text{ fois } 1000 = 5 \text{ fois } 999 + 5 \text{ fois } 1 = m.\,9 + 5 \\
20000 &= 2 \text{ fois } 10000 = 2 \text{ fois } 9999 + 2 \text{ fois } 1 = m.\,9 + 2
\end{aligned}
$$

Donc un nombre formé d'un chiffre suivi de zéros est un multiple de 9 + la valeur de ce chiffre.

3° Soit le nombre 5274.

$$
\begin{aligned}
5000 &= m.\,9 + 5 \\
200 &= m.\,9 + 2 \\
70 &= m.\,9 + 7 \\
4 &= \ldots\ldots\ 4 \\
\hline
\text{Donc} \quad 5274 &= m.\,9 + 18
\end{aligned}
$$

9 divisant les deux parties dont se compose 5274, divise 5274 lui-même (n° 866).

Donc un nombre est divisible par 9 lorsque la somme de ses chiffres est divisible par 9.

REMARQUE. — Si la somme des chiffres était 19, le reste serait 1 ; si la somme des chiffres était 20, le reste serait 2. Ainsi de suite.

870. — *Preuve par* 9 *de la multiplication.* Soit à multiplier 57 par 26. Le produit 1482 étant trouvé, on cherche les restes des divisions par 9 de 57 et de 26, qui sont 3 et 8.

$$
\begin{aligned}
\text{On a donc :} \quad 57 &= \text{multiple de } 9 + 3 \\
26 &= \text{multiple de } 9 + 8
\end{aligned}
$$

$$
\begin{aligned}
\text{ou par abréviation :} \quad 57 &= m.\,9 + 3 \\
26 &= m.\,9 + 8
\end{aligned}
$$

Par conséquent :

$$
\begin{aligned}
57 \times 26 \text{ ou } 1482 &= (m.\,9 + 3) \times (m.\,9 + 8) \\
&= m.\,9 \times m.\,9 + 3 \times m.\,9 + m.\,9 \times 8 + 3 \times 8 \\
&= m.\,9 + m.\,9 + m.\,9 + 24 \\
&= m.\,9 + 24 = m.\,9 + 6
\end{aligned}
$$

Puisque le produit 1482 est égal à un multiple de 9 plus 6, on doit aussi trouver pour reste 6, en divisant 1482 par 9, c'est-à-dire en faisant la somme de ses chiffres et en retranchant tous les multiples de 9 : c'est ce qui a lieu ici, et c'est ce qui justifie la règle connue.

871. — *Divisibilité d'un nombre par 3.* Un nombre est divisible par 3 lorsque la somme de ses chiffres est divisible par 3.

(Même raisonnement.)

Du plus grand commun diviseur de deux nombres (p. 216).

872. — PREMIER CAS. *L'un des deux nombres donnés divise l'autre exactement.*

Dans ce cas, le plus petit des deux nombres est leur plus grand commun diviseur.

En effet, soient les deux nombres 48 et 12. — 12 est évidemment divisible par lui-même ; d'un autre côté, 48 est aussi divisible par 12 : donc 48 et 12 sont divisibles par 12. D'ailleurs aucun nombre plus grand que 12 ne peut diviser 12. Donc 12 est bien le plus grand commun diviseur des deux nombres donnés.

873. — DEUXIÈME CAS. *Les deux nombres donnés sont quelconques.*

Règle. — Pour trouver le plus grand commun diviseur de deux nombres, on divise le plus grand par le plus petit. Si la division ne se fait pas exactement, on divise le plus petit nombre par le reste ; si cette seconde division ne se fait pas exactement, on divise le premier reste par le second, et ainsi de suite, jusqu'à ce qu'on trouve un quotient exact. Le diviseur de la dernière division est le plus grand commun diviseur cherché.

EXEMPLE. — Soient les deux nombres 56 et 16.
L'opération se dispose de la manière suivante :

		3	2
56		16	8
8		0	

Je divise 56 par 16 ; le quotient est 3, et le reste 8 : donc 16 n'est pas le plus grand commun diviseur.

Maintenant, je démontre que le plus grand commun diviseur de 56 et de 16 est le même que le plus grand commun diviseur de 16 et de 8.

En effet, $56 = 16 \times 3 + 8$;
or tout nombre qui divise à la fois 56 et 16 divisera 16×3, qui est un multiple de 16 (3me principe) ; et, divisant 56 et 16×3, il divisera leur différence 8 (2me principe).

Inversement, tout nombre qui divise à la fois 16 et 8 divisera 16×3 ; et, divisant 16×3 et 8, il divisera leur somme 56 (1er principe). Par conséquent, si on faisait un tableau des diviseurs communs de 56 et de 16, et un autre tableau des diviseurs communs de 16 et de 8, ces deux tableaux n'en feraient qu'un : donc le plus grand commun diviseur de 56 et de 16 est le même que celui de 16 et de 8.

Je cherche donc le plus grand commun diviseur de 16 et de 8, en divisant 16 par 8. Comme la division se fait exactement, 8 est le plus grand commun diviseur de 16 et de 8, et par conséquent de 56 et de 16.

Remarque. — L'opération se termine toujours, puisque les nombres employés dans les divisions successives vont toujours en diminuant. Mais il peut arriver que le dernier diviseur soit 1. Dans ce cas, les deux nombres sont premiers entre eux, puisque leur plus grand commun diviseur, ou plutôt leur unique diviseur commun, est l'unité.

NOMBRES PREMIERS

874. — Pour reconnaître si un nombre est *premier*, il faut le diviser successivement par les nombres premiers, 2, 3, 5, 7, 11, etc., jusqu'à ce que le quotient soit inférieur au diviseur.

Soit à reconnaître si le nombre 137 est un nombre premier ; on voit immédiatement qu'il n'est divisible ni par 2, ni par 3, ni par 5 ; la division par 7 ne réussit pas ; la division par 11 ne réussit pas et donne pour quotient 12.

$$
\begin{array}{c|c}
137 & 11 \\
27 & 12 \\
5 &
\end{array}
\qquad
\begin{array}{c|c}
137 & 13 \\
7 & 10
\end{array}
$$

La division par 13 ne réussit pas non plus et donne pour quotient 10, nombre inférieur à 13. Il est dès lors inutile d'essayer un autre diviseur, car si 137 était divisible par 17, par 19, 23 ... le quotient serait moindre que 10, et par conséquent 137 serait divisible par ce quotient, ce qui est impossible, puisqu'on a essayé tous les diviseurs inférieurs à 10, et même à 13, et qu'aucun n'a réussi. 137 est donc un nombre premier.

L'opération que nous venons de faire est laborieuse et longue. Il vaut mieux avoir sous les yeux une table de nombres premiers, qu'il est facile de construire.

Construction d'une table de nombres premiers.

875. — On écrit à la suite les uns des autres tous les nombres *impairs*, jusqu'à la limite qu'on s'est fixée ; puis on barre tous les nombres sur lesquels on tombe, en les comptant de 3 en 3 à partir de 3, de 5 en 5 à partir de 5, de 7 en 7 à partir de 7.

Il est d'abord évident que les nombres pairs, excepté 2, ne peuvent être premiers, puisqu'ils sont divisibles par 2 ; c'est pour cela qu'on s'est dispensé de les écrire.

En comptant les nombres de 3 en 3, on trouve les multiples de 3 ; en comptant les nombres de 5 en 5, on trouve les multiples de 5, et ainsi de suite. Il ne restera donc plus que les nombres qui n'auront pas de diviseurs, c'est-à-dire les nombres premiers.

876. — Voici la table des nombres premiers jusqu'à 100.

1, 2, 3, 5, 7, 11, 13, 17, 19, 23, 29, 31, 37, 41, 43, 47, 53, 59, 61, 67, 71, 73, 79, 83, 89, 97.

Décomposition d'un nombre en facteurs premiers.

.877. — Pour décomposer un nombre en facteurs premiers, on divise d'abord ce nombre par 2, puis le quotient par 2, puis le nouveau quotient par 2, et ainsi de suite autant de fois que possible ; puis on divise par 3 autant de fois que possible ; puis par 5, par 7, par 11 ...... c'est-à-dire par tous les facteurs premiers successifs, aussi longtemps que les divisions peuvent se faire.

Soit à décomposer en facteurs premiers le nombre 360.

On dispose l'opération de la manière suivante :

360	2	360 divisé par 2 donne 180
180	2	180 — par 2 — 90
90	2	90 — par 2 — 45
45	3	45 — par 3 — 15
15	3	15 — par 3 — 5
5	5	5 — par 5 — 1
1		

Par conséquent : $360 = 2 \times 180 = 2 \times 2 \times 90 = 2 \times 2 \times 2 \times 45$
$$= 2 \times 2 \times 2 \times 3 \times 15$$
$$= 2 \times 2 \times 2 \times 3 \times 3 \times 5$$

On voit que 360 contient trois fois le facteur 2, deux fois le facteur 3, et une fois le facteur 5 ; on a donc :

$$360 = 2^3 \times 3^2 \times 5.$$

REMARQUE. — La décomposition des nombres en facteurs premiers permet de trouver le plus grand commun diviseur et le plus petit multiple commun de plusieurs nombres.

Plus grand commun diviseur de deux ou plusieurs nombres.

878. — Règle. Pour trouver le plus grand commun diviseur de deux ou plusieurs nombres, on décompose d'abord les nombres en facteurs premiers ; puis on forme un produit de tous les facteurs *communs* à ces nombres, en donnant à chacun son plus *petit* exposant.

Soit à chercher le plus grand commun diviseur des nombres 300, 504, 528 ; on fait les trois opérations suivantes ·

300	2	504	2	528	2
150	2	252	2	264	2
75	3	126	2	132	2
25	5	63	3	66	2
5	5	21	3	33	3
1		7	7	11	11
		1		1	

on a .
$$300 = 2^2 \times 3 \times 5^2$$
$$504 = 2^3 \times 3^2 \times 7$$
$$528 = 2^4 \times 3 \times 11$$

Donc le plus grand commun diviseur de ces trois nombres est $2^2 \times 3 = 12$.

Pour diviser l'un de ces nombres par 12, il suffit de supprimer ceux de ses facteurs qui sont contenus dans 12.

Ainsi : $\dfrac{300}{12} = \dfrac{2^2 \times 3 \times 5^2}{2^2 \times 3} = 5^2 = 25$

$\dfrac{504}{12} = \dfrac{2^3 \times 3^2 \times 7}{2^2 \times 3} = 2 \times 3 \times 7 = 42$

$\dfrac{528}{12} = \dfrac{2^4 \times 3 \times 11}{2^2 \times 3} = 2^2 \times 11 = 44$

Plus petit multiple commun
de deux ou plusieurs nombres (p. 210).

879. — Règle. Pour trouver le plus petit multiple commun de deux ou plusieurs nombres, on décompose d'abord ces nombres en facteurs premiers : puis on forme un produit de tous les facteurs *différents* de ces nombres, en donnant à chacun son plus *fort* exposant.

Soit à chercher le plus petit multiple commun des nombres 12, 18, 30 ; on fait les trois opérations suivantes :

12	2		18	2		30	2
6	2		9	3		15	3
3	3		3	3		5	5
1			1			1	

on a :

$$12 = 2^2 \times 3$$
$$18 = 2 \times 3^2$$
$$30 = 2 \times 3 \times 5$$

Donc le plus petit multiple commun de ces trois nombres est
$$2^2 \times 3^2 \times 5 = 180.$$

Pour diviser 180 par l'un de ces nombres, il suffit de supprimer ceux de ses facteurs qui sont contenus dans ce nombre.

Ainsi : $\dfrac{180}{12} = \dfrac{2^2 \times 3^2 \times 5}{2^2 \times 3} = 3 \times 5 = 15$

$\dfrac{180}{18} = \dfrac{2^2 \times 3^2 \times 5}{2 \times 3^2} = 2 \times 5 = 10$

$\dfrac{180}{30} = \dfrac{2^2 \times 3^2 \times 5}{2 \times 3 \times 5} = 2 \times 3 = 6$

FIN

LEXIQUE DES MOTS MARQUÉS D'UN ASTÉRISQUE

Actif, tout l'avoir d'un commerçant, par opposition au mot *passif*, qui est l'ensemble de ses dettes.

Agraire, qui est relatif aux champs.

Avariée (marchandise), endommagée, gâtée.

Bénéfice brut, ce que gagne un négociant avant le prélèvement des frais généraux. *Bénéfice net*, ce qui reste du bénéfice brut, après qu'on en a déduit les frais généraux. C'est le seul auquel appartienne véritablement le nom de *bénéfice*.

Bille, pièce de bois de toute la grosseur de l'arbre.

Billon, monnaie de cuivre, se dit surtout des pièces de 5 et de 10 centimes.

Bissextile (année), ainsi nommée, parce que, chez les Romains, on comptait *deux fois* le 24 février, qui était le *sixième* jour avant les calendes de mars.

Céréale, se dit des plantes et des graines propres à la fabrication du pain (blé, seigle, orge, maïs, etc.).

Chenevière, terrain où l'on cultive le chanvre.

Chômer, ne pas travailler par manque d'ouvrage.

Colombine, fiente de pigeon ou de volaille utilisée comme engrais.

Combustible, tout ce qui peut brûler ; se dit particulièrement du bois, de la houille, du coke, etc.

Compagnon, ouvrier qui a fini son apprentissage et qui travaille pour un entrepreneur.

Conservatoire des Arts et Métiers, établissement créé à Paris en 1794 et destiné à recevoir les modèles, plans et dessins des machines, appareils scientifiques, etc., afin d'y servir à l'enseignement et à l'histoire des sciences.

Créances, les sommes qu'on vous doit, — par opposition aux *dettes*, qui sont les sommes que vous devez.

Créancier, celui à qui on doit.

Défaut, ce qui manque, ce qui est en moins, — par opposition à *excès*, ce qui est en trop.

Devis, estimation des sommes que doit coûter la construction d'un bâtiment.

Distillée (eau), eau transformée en vapeur, puis refroidie et recueillie goutte à goutte.

Douve, l'une des planches d'un tonneau dans le sens de la longueur.

Droit d'entrée, impôt indirect qui frappe toutes les boissons (à l'exception de la bière), à leur entrée dans une ville de 4000 habitants et au-dessus. Ce droit est perçu au profit de l'État et ne doit pas être confondu avec le *droit d'octroi* qui est perçu au profit de la ville.

Échéance (voir p. 286).

Effet de commerce (voir p. 282).

Engrais, tout ce qui augmente la fertilité de la terre arable.

Étalon (mètre), type, modèle, donnant la longueur du mètre telle qu'elle a été fixée par les calculs.

Faillite (voir p. 287).

Garnison, troupes qu'on met dans une place pour y séjourner quelque temps ou pour la défendre.

Génie, corps de troupe chargé d'exécuter les travaux de fortification.

Grosse, douze douzaines.

Immeuble, de *immobile*, qui ne peut bouger. Se dit des maisons, des champs, par opposition aux actions, aux obligations, aux titres de rente, aux animaux, etc., qui sont des biens *meubles*, c'est-à-dire *mobiles*.

Itinéraire, qui est relatif aux chemins.

Jury d'expropriation, commission chargée de statuer sur les indemnités à accorder aux propriétaires privés de leurs maisons ou de leurs champs pour cause d'utilité publique.

Latéral, qui est relatif au côté.

Linéaire (mètre), le mètre en longueur, par opposition au *mètre superficiel*, qui est un *mètre carré*.

Loch, espèce de triangle que l'on jette à l'eau et qui surnage immobile, l'une des pointes en l'air, pendant que la corde qui y est attachée se déroule sur le navire. Cette corde porte des *nœuds* de 15 mètres en 15 mètres. On la laisse glisser pendant 30 secondes ou la 120e partie de l'heure ; si, pendant ce temps, on a compté 8 nœuds, on dit que le navire *file 8 nœuds à l'heure*, ce qui en réalité veut dire 8 milles à l'heure, puisque dans un temps 120 fois plus grand, c'est-à-dire en une heure, il aurait filé 120 fois 8 nœuds ou 8 milles.

Locomobile, machine à vapeur montée sur roue et pouvant changer de place.

Locative (valeur), ce qu'un immeuble peut rapporter quand on le donne à loyer.

Maquignon, celui qui fait commerce de chevaux.

Méridien, tout grand cercle passant par les pôles.

Mobile (timbre), qui se colle, par opposition au timbre *fixe*, qui est imprimé.

Minerai, terre mélangée à un métal quelconque, fer, cuivre, plomb, etc.

Navette, variété du chou-navet, dont la graine fournit de l'huile à brûler.

Nue (marchandise), sans le vase s'il s'agit d'un liquide, sans l'emballage s'il s'agit d'un solide. Ex : Le prix d'une pièce de vin *nu* est le prix de ce vin non compris le prix du tonneau.

Pépinière, terrain dans lequel on fait un semis d'arbres pour en obtenir de jeunes plants destinés à être transplantés ailleurs.

Pipe, grande futaille.

Quintal métrique, 100 kilogrammes.

Recoupe, deuxième farine tirée du son.

Saumon, masse de métal.

Section, action de couper.

Solvabilité, état d'une personne qui a le moyen de payer ses dettes ou de faire face à ses engagements.

Taille, division du kilogramme d'or en une certaine quantité de pièces.

Testateur, celui qui fait un testament.

Toison, fourrure du mouton, la laine qui recouvre sa peau.

Torréfaction du café, action de le brûler.

Train-poste, se dit des trains qui emportent les lettres ; l'une des voitures des trains-poste est un véritable bureau de poste ambulant, dans lequel des employés opèrent le classement des correspondances.

Trimestre, espace de trois mois (voir p. 191, n° 377).

Viagère (rente), dont on ne jouit que durant sa vie.

Vicinaux (chemins), chemins qui établissent des communications entre les communes et dont l'entretien est à leur charge.

TABLE DES MATIÈRES

Supplément.

FIN DE LA TABLE.

LA PREMIÈRE ANNÉE

DE GÉOGRAPHIE

CARTES — TEXTES — DEVOIRS

Contenant : 23 cartes chromo-typographiques, — 24 gravures sur bois, — 20 pages de texte à réciter, placées en regard des cartes, — 1500 questions formant 130 devoirs oraux et écrits, placées également en regard des cartes, par M. P. FONCIN, ancien élève de l'École normale supérieure, recteur de l'Académie de Douai. 1 volume in-4°, cart. Prix... 1 fr. 30

CET OUVRAGE EST COMPLÉTÉ :

1° Par un fascicule offrant *pour chaque département* une carte détaillée, plusieurs gravures représentant les vues et les monuments les plus remarquables du département, une notice agricole, industrielle et commerciale, par MM. JULES VERNE et TH. LAVALLÉE.

Chaque fascicule.. 10 c.

Les départements du Rhône, des Bouches-du-Rhône........... 20 c.

Le département de la Seine... 30 c.

2° Par une série de **Cartes muettes** (2 cartes à la feuille) imprimées en bleu, sur grand format, avec devoirs. Chaque carte........ 5 c.

LISTE DES CARTES MUETTES

France physique.	Bassin du Rhône.	Europe politique.
France politique.	Bassin du Rhin.	Asie et Océanie.
Bassin de la Seine.	France (chemins de fer).	Afrique.
Bassin de la Loire.	France par provinces.	Amérique.
Bassin de la Garonne.	Europe physique.	Planisphère.

LA PREMIÈRE ANNÉE DE GÉOGRAPHIE (partie du maître). In-4° cartonné... 2 fr. 50

TEXTES ET RÉCITS

D'HISTOIRE SAINTE

(ANCIEN ET NOUVEAU TESTAMENT)

Ouvrage contenant : *cinq cartes, des devoirs à rédiger, un lexique et vingt et une gravures* reproduisant les peintures murales exécutées par Hippolyte Flandrin dans l'église Saint-Germain-des-Prés de Paris, par M. TH. BÉNARD, chef de bureau au Ministère de l'Instruction publique. In-12, cartonné.. 90 c.

Paris. — Imp. E. CAPIOMONT et V. RENAULT, rue des Poitevins, 6.